KB260419

카 에어컨디셔닝

(Automotive Heating and Air Conditioning)

공학박사 **김 재 휘** 著

★ 불법복사는 지적재산을 훔치는 범죄행위입니다.

저작권법 제97조의 5(권리의 침해죄)에 따라 위반자는 5년 이하의 징역 또는 5천만원 이하의 벌금에 처하거나 이를 병과할 수 있습니다.

하이브리드 자동차 및 전기자동차의 양산, 연료전지 자동차의 등장 그리고 환경보호에 대한 규제가 강화됨에 따라 자동차 냉방/난방 시스템(Vehicle Heating & Air Conditioning system)에도 급격한 기술적 변화가 이루어지고 있습니다.

대표적인 예를 들면, 다음과 같습니다.
- 기존의 냉매(예 : R134a)를 대신할 수 있는 친환경 냉매의 도입
- 하이브리드 자동차, 전기자동차 및 연료전지 자동차용 냉/난방 시스템
- 에너지 절약 극대화 및 성능향상 기술
- 차실내 쾌적성 개선 기술
- 보조 난방 시스템 기술

자동차 에어컨디셔닝 분야의 기술자들이 이와 같은 기술적 변화를 이해하고 이로부터 파생되는 다양한 문제들을 해결할 수 있는 기본능력을 갖추어야 할 필요성이 증대되고 있습니다. 이 책은 이와 같은 현실에 근거하여, 자동차 에어컨디셔닝 기술을 쉽게 이해하고 현장에 적용할 수 있는 능력 배양을 목표로 집필하였습니다.

이 책은 대학에서 자동차를 공부하는 학생들, 그리고 현장기술자 등, 자동차 에어컨디셔닝 분야에 관심을 가지고 있는 다양한 계층이 읽을 수 있도록 기초부터 전문지식까지 체계적으로 서술하였습니다.

이 책의 특징은 다음과 같습니다.
1. 외래어는 모두 외래어 표기법에 따랐으며, 단위체계는 주로 SI단위를 사용하였습니다.
2. 제1장에서는 공기조화의 기본 개념, 온도와 압력, 열역학 기초, 공기의 성질, 습공기 선도, 냉동원리 및 냉동방식에 대해 쉽게 그리고 상세하게 설명하였습니다.
3. 제2장에서는 카르노 사이클, 역(逆) 카르노사이클, 그리고 증기압축 냉동사이클에 대해 알기 쉽게 상술하였습니다.

4. 제 3장에서는 오존과 온실가스, 그리고 오존층 파괴지수(ODP)와 지구온난화지수
   (GWP)에 대해서, 그리고 제4장에서는 기존의 냉매 R134a, 대체냉매 R1234yf와
   R744, 이들 냉매에 적용되는 사이클과 시스템 구성 및 작동원리, 특징 등을 상세하
   게 설명하였으며, 냉동기유와 건조제에 대해서도 많은 정보를 제공하였습니다.
5. 제5장에서는 몰리에르선도의 구성, 몰리에르선도에 냉동사이클을 작도하는 방법 및
   냉방사이클 계산 방법을 쉽게 그리고 예를 들어 상세하게 설명하였습니다.
6. 제6장에서는 압축기, 응축기, 팽창밸브, 증발기와 같은 냉방장치 주요 구성부품에
   대해서, 제7장에서는 하이브리드자동차와 전기자동차의 에어컨디셔닝 시스템 특허,
   전기구동식 압축기, PTC-히터, 열펌프, 그리고 구동축전지 온도제어에 대해 설명하
   였습니다.
7. 제 8장에서는 시스템 운전, 제9장에서는 여러 가지 형식의 에어컨 시스템의 고장진
   단 및 정비 방법에 대해 상세하게 설명하여 비교 가능하도록 하였습니다.

이 책이 자동차공업의 발전에 다소나마 기여할 수 있기를 기대하면서, 뜻하지 않은 오
류가 있다면 독자 여러분의 기탄없는 질책과 조언을 수용하여, 수정해 나갈 것을 약속드
립니다.

끝으로 이 책에 인용한 많은 참고문헌 및 논문의 저자들에게 감사드리며, 특히 이 책을
집필에 필요한, 많은 참고문헌을 구입해 주시고 기꺼이 출판을 맡아주신 도서출판 골든
벨 김길현 사장님께 깊은 감사를 드립니다.

또 많은 참고문헌을 제공해 주시고, 세심하게 교정을 보아주신 O.Y KIM께 감사의 말
씀을 드립니다.

아울러 독자 여러분을 위해 심혈을 기울여 읽기 좋은 책을 만들어 주신 편집부 직원 여
러분 특히, 조경미 님께 진심으로 감사를 드립니다.

2016. 1. 5

저자 김 재 휘

차 례

01

공기조화의 기초
Basics of air conditioning

공기조화의 기본개념
(Basic concepts of air conditioning)

1 공기조화의 정의 (Definition of air conditioning)

ASHRAE(The American Society of Heating, Refrigerating and Air-conditioning Engineers, Inc. : 미국 냉난방 공조 기술자 학회)의 정의에 따르면, 완벽한 공기조화란 "공기의 온도(냉각 또는 가열), 습도(가습 또는 감습), 청정도(세정 및 여과) 및 분산(순환 또는 재순환)을 해당 장소의 사용목적에 적합하게, 동시에 제어하는 과정"이다.

2 냉동기의 역사 (time line for refrigerating machines)

1834년 퍼킨스(Jacob Perkins : 1766∼1849, 미국)는 에테르(ether)를 사용하는, 최초의 실질적인 증기압축 사이클 냉동기계(제빙기)를 제작하였다.(The first practical refrigerating machine was built by Jacob Perkins in 1834 ; it used ether in a vapor compression cycle.(출처 : inventors.about.com/library/.../blrefrigerator.htm)

퍼킨스 냉동기는 에테르(ether)를 증발시켜, 그림 1−1에서 우측의 통에 들어있는 물을 냉동시켰다. 작동원리는 오늘날의 냉동기계(제빙기)와 큰 차이가 없다.

1876년 린데(Carl Paul Gottfried von Linde : 1842∼1934, 독일)가 현재까지 계속 사용되고 있는, 암모니아(R717) 냉동기계를 최초로 제작하였다.

오늘날 다시 각광을 받고 있는 이산화탄소(CO_2) 냉동시스템은 암모니아 냉동시스템보다 먼저 개발되었다. 1850년 트위닝(Alexander S. C. Twining)은 그의 영국특허에서 이산화탄소(CO_2)를 증기압축 냉동시스템의 냉매로 제안하였고, 1866년 빈트하우젠(Franz Windhausen, 1829∼1904, 독일)이 CO_2-압축기를 개발(영국특허 2864)했으며, 1867년 로웨(Thaddeus S. C. Lowe, 1832∼1913, 미국)가 CO_2-냉동기(영국특허 952)를 개발하였다. 이는 암모니아 냉동기가 개발되기 10년 전의 일이다.(출처 : ASHRAE Journal, April 1999 by

William S Bodinus, P.E.)

1930년대 초에 미국에서 염화불화탄소(CFC ; freon) 냉매가 개발되었으며, 자동차 냉방 시스템은 1936년 미국에서 처음으로 도입되었다.

오늘날은 대부분의 자동차들에 HVAC(Heating, Ventilating & Air-Conditioning)로 표현되는, 냉방(冷房)/난방(暖房)과 가습(加濕)/감습(減濕), 그리고 환기 및 공기의 품질을 동시 복합적으로 관리/제어하는 시스템들이 시리즈 사양으로 장착되고 있다.

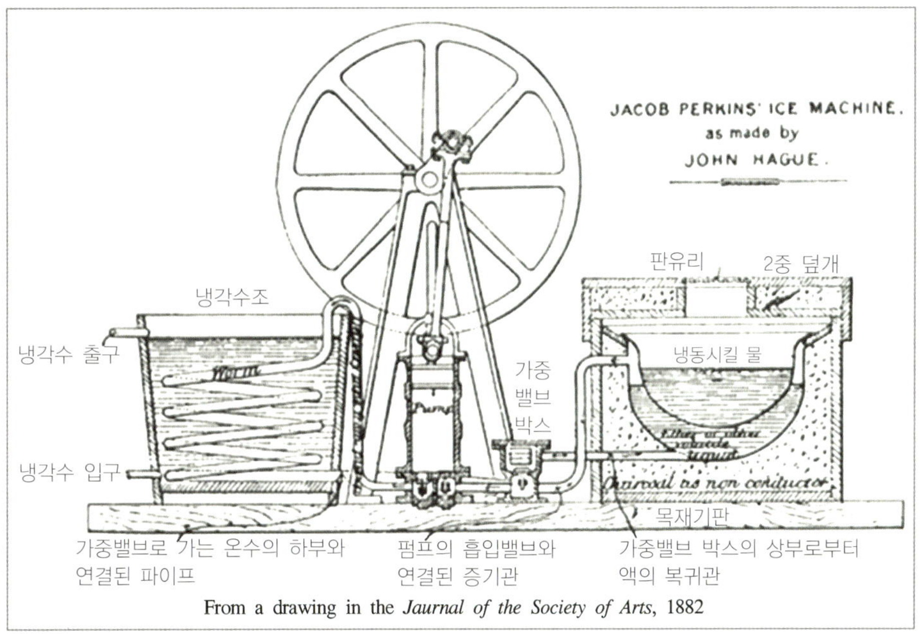

▲ 그림 1-1 JOHN HAGUE가 제작한 퍼킨스 제빙기(ICE MACHINE) (출처 : www.bphs.net)

3 건물 실내의 쾌적 조건(climatic requirements in working room of building)

열에 대한 인간의 민감도는 공기의 온도, 습도 및 유동속도, 그리고 밀폐공간의 벽 온도 등의 영향을 크게 받는다. 이 4가지 요소들은 일부, 서로에게 영향을 미친다.

인간이 쾌적함을 느끼는 실내온도는 개인의 신체적 조건 및 취향, 복장, 또는 활동 정도에 따라 그 차이가 많으나, 일반적으로 인간은 피부(skin) 온도 33℃~37℃ 범위에서 신체적 열평형(방출열＝생성열)에 도달하는 것으로 알려져 있다.

따라서 여름에는 외기온도보다 5~7℃ 낮은 온도를, 겨울철에는 20~24℃ 범위를 유지하는 것이 좋으며, 응접실이나 회의장은 여름이라도 24℃ 이하가, 식당은 기준온도보다 더 낮은 온도가, 그리고 실온이 적절한 경우 상대습도는 20~60%가 적당하다고 한다.

인체에 부딪히는 기류속도는 0.1~0.3m/s가 적당하지만, 실온이 높을 경우 기류속도가 빠르면 시원함을 더 느낄 수 있다. 그러나 기류 속도가 높은 장소에 오래 있으면 오히려 불쾌감을 느끼게 된다.

실내에는 호흡으로 발생한 이산화탄소를 제거하고, 체취를 희석하고, 산소를 공급하기 위해 반드시 신선한 외기를 공급해야 한다. 일반적인 경우는 이산화탄소 농도를 0.1%(vol.) 이하로 유지하고, 성인 남자 1인당 31.4m³/h(약 8l/s/인)의 신선한(미세 먼지나 아황산가스 등이 제거된) 외기(fresh air)를 공급할 것을 권장하고 있다. 단, 실내습도가 쾌적할 경우에는 신선한 외기의 양을 20m³/h (약 6l/s/인) 정도까지로 낮추어도 된다고 한다.

쾌적한 기류를 얻기 위해서는 실내 용적에 적합한 유입 공기량, 분출구의 크기/수량/설치 위치 및 분출속도 등을 고려해야 한다. 물론 공조기(air conditioner)의 소음수준도 고려 대상이다.

■ **겨울철 실내설계 조건(최적 활동온도 범위 : T_{op})**
- 상대습도(Rh) 60%에서 20.0~23.5℃
- 노점온도(DPT) 2℃에서 20.5~24.5℃

■ **여름철 실내설계 조건(최적 활동온도 범위 : T_{op})**
- 상대습도(Rh) 60%에서 22.5~26.0℃
- 노점온도(DPT) 2℃에서 23.5~27.0℃

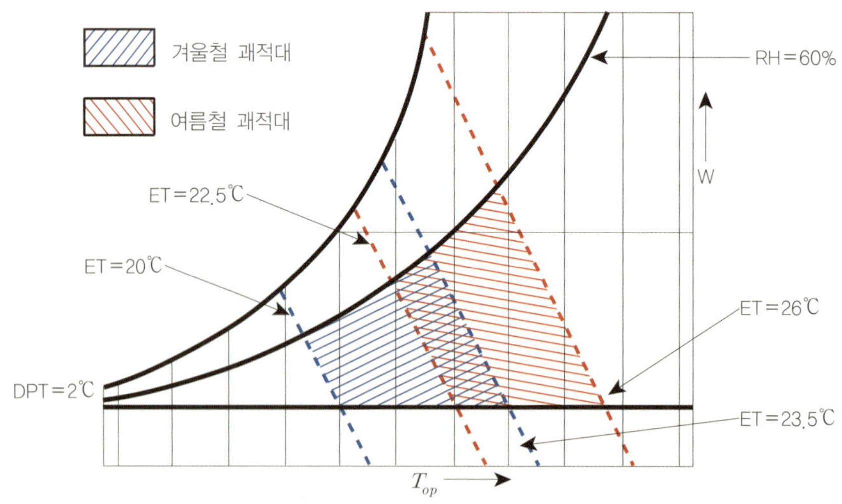

ET : 유효 온도   DPT : 노점온도   Rh : 상대습도 T_{op} : 최적 활동온도 범위

▲ 그림 1-2 ASHRAE의 쾌적선도(앉아서 일하는, 신진대사도 1.2인 사람을 대상으로 하는)

그림 1-2는 일반 건축물의 실내설계에 적용되는 ASHRAE의 쾌적선도(comfort chart)로서, 앉아서 일하는 사람(신진대사도 : 1.2)들의 90%를 만족시킬 수 있는 최적 활동온도(T_{op})와 습도의 관계를 나타내는 유효온도(ET) 범위를 실험적으로 구한 것이다. 그림의 빗금 친 부분이 쾌적하다고 느끼는 범위로서 이 영역을 쾌적대라고 한다.

이 선도에 따르면, 겨울철 실내설계 조건은 상대습도(Rh) 60%에서 20.0~23.5℃, 노점온도(DPT) 2℃에서 20.5~24.5℃의 범위이다. 그리고 여름철 실내설계 조건으로는 상대습도(Rh) 60%에서 22.5~26.0℃, 노점온도(DPT) 2℃에서 23.5~27.0℃의 범위이다. 결론적으로 최적 활동온도 및 습도 범위는 상대습도 60% 이하, 노점온도 2℃ 이상에서, 온도범위 20~26℃임을 알 수 있다.

> **⬤ 군집독(crowd poisoning)**
> 실내공기의 물리화학적 변화에 의해 사람들에게 불쾌감, 두통, 현기증, 구토 등의 생리적 이상을 초래하는 현상
> **※ 많은 사람들이 밀폐된 공간에 장시간 머무를 경우에**
> ① 호흡에 의한 이산화탄소(CO_2) 농도 증가(위생적 허용 한계 : 0.1%(vol))
> ② 입, 피부, 의복, 실내의 내장재 등으로부터 유기물질 및 악취의 배출
> ③ 체열의 발산
> ④ 수분 배출 및
> ⑤ 환기 불량 등으로 공기의 온도 및 습도는 상승하고, 품질은 저하된다.

4 차실내 기후의 필요조건(Climatic requirements for cabin)

차실내(車室內) 환경은 건물의 주거환경과는 크게 다르다. 여름철보다 겨울철에 온도를 더 높게 유지해야 한다. 그 이유는 다음과 같다.

겨울철에 운전자와 승차자는 긴 파장의 복사 형태로 차가운 유리에 열을 방출한다. 측면 유리와의 간격은 건물의 경우와 비교해서 아주 좁다(약 0.2m). 더 나아가 발(feet) 공간의 온도는 머리(head) 공간의 온도에 비해 현저하게 높아야 한다.(권장하는 온도차이 : 5~12℃). 따라서 외기온도가 −20℃일 경우, 정적인(stationary) 상태에서 차실내 평균온도는 28℃ 정도를 유지해야 한다.(표 1-1 및 그림 1-4 참조)

여름철에는 운전자와 승차자의 복장이 겨울철에 비해 가볍다. 그리고 에어컨 공기분출구로부터 분출되는 차가운 공기(약 5~10℃)를 직접 얼굴로 향하게 할 수 있다. 이를 통해 외부로부터 직접 신체에 가해지는 태양열을 보상할 수 있다. 머리 공간의 공기온도는 약 20℃ 정

도로 유지해야 한다. 그러나 발 공간의 온도는 머리 공간의 온도보다 훨씬 더 높다.

예를 들어, 다음은 최신 에어컨 시스템이 설치된 승용자동차에서의 실험결과이다:

외기온도 40℃, 태양의 복사열 1000W/m² 그리고 상대습도 30%인 상태에서 자동차 에어컨을 순환공기모드로 작동하면서 차실내 공기온도를 측정한 결과, 대쉬보드 중앙의 공기분출구에서의 공기온도 8℃, 머리 공간의 평균 공기온도 21℃ 그리고 증발기 입구 공기온도 27℃이었다. 이는 8℃로 분출된 차가운 공기가, 입사되는 태양열과 승차자의 방출열에 의해 27℃로 가열되어 다시 증발기에 유입되고 있음을 의미한다.

배기가스, 먼지, 꽃가루, 포자 및 악취는 공기의 품질을 저하시킨다. 따라서 오염된 공기를 정화하기 위한 공기여과기를 필요로 한다. 그리고 전기장(電氣場)과 이온농도가 인간에게 미치는 영향에 대해서는 현재로서는 충분한 설명이 없다. 그러나 건물의 공기조화는 물론이고 자동차 공기조화에도 이들을 고려해야 함은 재론의 여지가 없다.

도로교통 안전의 주역인 운전자의 집중도를 장시간에 걸쳐 보장하기 위한, 다양한 대책들이 강구되어야 한다. 인간의 집중력은 열악한 환경조건 예를 들면, 고온, 다습, 분진, 소음 및 악취 등에 의해 부정적인 영향을 받는다. 자동차 공기조화를 통해 이와 같은 부정적인 영향 요소의 대부분을 제거할 수 있다.

자동차의 안전운전에 필요한 핵심 전제조건 외에도 운전자의 주관적인 요구 조건도 큰 의미를 가지고 있다. 따라서 운전자 개개인이 느끼는 쾌적감의 차이도 반드시 고려해야 한다.

자동차 공기조화 시스템은 운전자/승차자의 안전 및 쾌적감에 결정적인 영향을 미친다.

표 1-1 사무실과 승용 자동차 실내의 공기조화 비교(중부 유럽 기준)

특성 값	사무실	승용자동차의 실내
공간 체적	약 30 [m³]	약 3 [m³]
1인당 점유 공간	10 [m³] 이상	약 0.6 [m³]
공기조화 방식	정상적(定常的 : stationary)	대부분 역동적(dynamic)
공기 온도	15~30 [℃]	−25~80 [℃]
표면 온도	15~40 [℃]	−25~100 [℃]
온도장(temp. field)	거의 균일	불 균일
유동장(flow field)	거의 균일	불 균일
복사장(radiation field)	거의 균일	불 균일
직사광선	차단 장치 있음	차단 장치 적음
얼굴에서의 풍속	약 0.2 [m/s]	5 [m/s] 이하
창문으로부터의 거리	1 [m] 이상	약 0.2 [m]
환기율(air exchange rate)	2~8 (회/시간)	10~200(회/시간)

그림 1−3(a)는 외기온도가 39℃인 맑은 날, 외부 도색 및 내장이 모두 흑색인 자동차를 햇볕(1000W/m²)이 내리쬐는 야외에 3시간 동안 방치한 후에 차실내 온도를 측정한 결과이다. 실내온도는 그림에 제시된 바와 같으며, 자동차 도장표면의 온도도 60℃ 이상이었다.

정상 체온이 36.8℃에 불과한 우리 인간이 감당할 수 없는 가혹한 열부하임을 쉽게 확인할 수 있다.

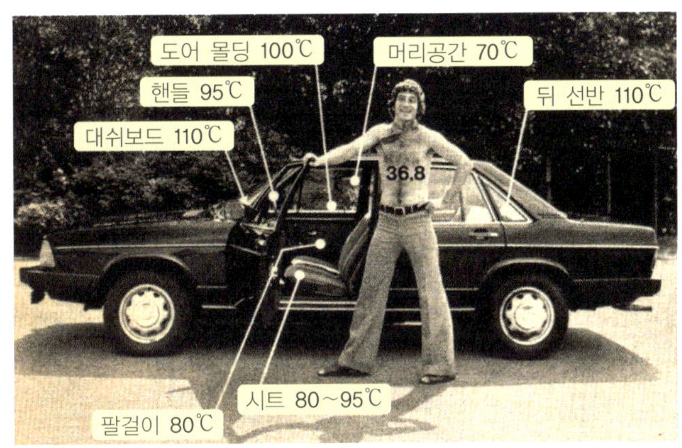

▲ 그림 1-3(a) 외기온도 39℃, 3시간 주차한 자동차의 실내온도 측정 결과

그림 1−3b는 중형 승용 자동차를 외기온도 30℃인 맑은 날, 1시간 동안 주행하면서 측정한 차실내 온도 프로파일이다. 에어컨을 사용한 경우와 에어컨을 사용하지 않은 경우를 비교하였다. (햇볕 강도 : 1000W/m², 구름 한 점 없음(0/8))

■ 중형승용자동차에서의 온도 분포
- 주행시간 : 1시간
- 승용차에 일사 유입(1000W/m²)
- 외기온도 : 30℃

영 역	에어컨 사용	에어컨 사용 않음
머리	23℃	42℃
가슴	24℃	40℃
발	28℃	35℃

▲ 그림 1-3(b) 중형 승용 자동차에서의 차실내 온도 프로파일

2006~07년 전 세계의 외기온도 범위는 대략 −40℃~55℃를 기록하였다. 같은 해에 수행된 연구에 따르면 스칸디나비아, 미국, 알제리 등에서 조사한 외기온도 범위는 −45℃~52℃이었다. 즉, 지역에 따라 그리고 계절 및 시간에 따라 기온과 습도가 다르다. 따라서 지역에 따라 필요로 하는 에어컨 출력 및 송풍량에는 큰 차이가 있다.

표 1−2는 외기모드로 에어컨을 작동시킬 때, 지역에 따른 대기온도와 습도의 영향을 나타내고 있다. 단, 증발기를 통과, 차실내로 분출되는 공기온도는 10℃, 송풍량은 6kg/min을 기준으로 하였다. 기후 조건에 따라 에어컨 증발기의 출력과 생성되는 응축수의 양에 큰 차이가 있음을 알 수 있다.

표 1-2 지역에 따른 대기온도와 습도가 에어컨 성능에 미치는 영향

도시명	대기온도 [℃]	상대습도 [%]	수분함량 g(w)/kg(air)	증발기 출력 [kW]	응축수의 양 [ℓ/h]
Phoenix (USA)	43	15	8.18	3.46	0.14
Muenchen (Germany)	30	50	13.47	3.50	2.1
Tokyo (Japan)	30	75	20.43	5.30	4.6

공기의 온도, 습도 및 분산은 공기조화 시스템으로 제어할 수 있다. 밀폐된 공간의 온도는 내부 벽 마감재와 단열의 정도는 물론이고 공간형상의 영향을 받는다. 차가운 내부 벽 표면의 온도가 쾌적감에 미치는 부정적인 영향은 3가지 요소들(온도, 습도 및 분산)을 적절하게 제어하여 감소시킬 수 있다.

오늘날 대부분의 차량공기조화 시스템은 한정된 공간의 공기온도 및 습도를 제어한다. 공기유동이 강해, 앉아있는 사람의 어느 한 쪽에 심하게 집중되면 강한 통풍으로 느끼게 된다. 강한 통풍현상을 피하기 위해 공기배출구 플랩(flap)을 이용하여 추가로 공기의 유동방향과 유동량을 제어한다. 이를 통해 공기를 공간에 균등하게 분배할 수 있다. 예를 들면, 여름철에 큰 효과를 거둘 수 있다. 트럭에서 운전자 머리 공간의 공기온도는 약 50℃ 또는 그 이상이 될 수도 있다. 일정한 양의 공기가 유입될 때, 외기온도에 따른 실내온도의 쾌적감은 그림 1−4에서 확인할 수 있다.

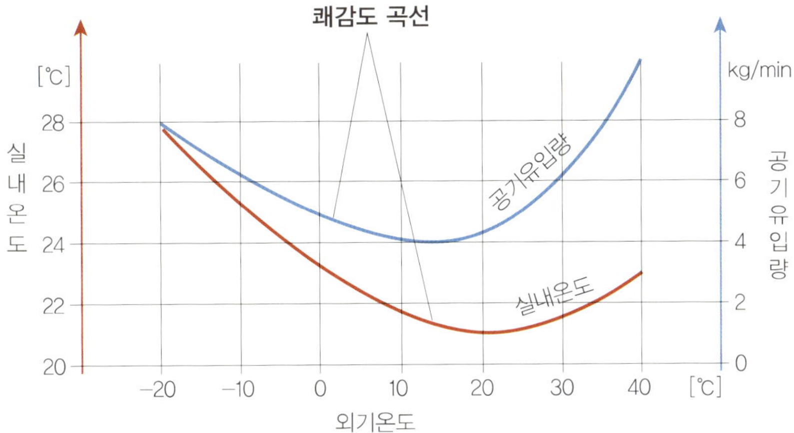

▲ 그림 1-4 외기온도 변화에 따른 쾌감도 곡선(공기 유입량과 실내온도)

그림 1-4에서 외기온도가 −20℃일 경우에. 실내 온도는 28℃를 유지하고, 신선한 외기는 8kg/min의 비율로 유입 시켜야 쾌적함을 느낄 수 있음을 알 수 있다.

또 외기 온도가 40℃일 경우, 실내 온도는 23℃정도를 유지하고 신선한 외기는 10kg/min 이상을 유지시켜야 함을 알 수 있다.

온도와 압력
(Temperature and pressure)

 **온도와 온도체계**

(1) 온도(溫度 : temperature; t)

온도란 차갑거나 더운 정도를 나타내는 비교 표준이다.(열역학 제 0법칙)

① **Celsius 온도(℃)** → Anders Celsius(1701~1744, 스웨덴)가 제안

　표준 대기압 하에서 순수한 물의 빙점(氷點 : icing point)과 비등점(沸騰點 : boiling point)을 각각 0℃와 100℃로 정의하고, 그 사이를 100등분한 온도체계

② **Fahrenheit 온도(℉)** → Gabriel Daniel Fahrenheit(1686~1736, 독일)가 제안

　표준 대기압 하에서 순수한 물의 빙점(氷點 : icing point)과 비등점(沸騰點 : boiling point)을 각각 32℉와 212℉로 정의하고, 그 사이를 180등분한 온도체계

③ **절대온도(absolute temperature : T_K)**

　열역학에서 모든 분자운동이 정지되는 것으로 생각되는 $-273.15℃$를 0K (kelvin)으로 정의하고, Celsius 온도체계에서의 척도와 같은 크기로 눈금을 매긴 온도체계.

　→ 절대온도체계는 First Baron Kelvin으로 더 잘 알려진 William Thomson(1824~1907, 영국)의 이름을 따서 켈빈(Kelvin)-온도체계라고도 한다.

　　※ 1967년 CGPM에서 Kelvin 온도척도의 1도를 물의 3중점(증기압 4.58mmHg)에서의 온도의 $\dfrac{1}{273.16}$로 정의함.(물의 삼중점 : 273.16K=0.01℃, 물의 빙점 : 273.15K=0℃)

④ **Rankine 온도** → William John Macquorn Rankine(1820~1872, 영국)이 제안.

　절대온도체계를 Fahrenheit 온도눈금으로 표시한 것으로, 단위는 °R(rankine)을 사용하며, $0°R = 0K ≒ -459.67℉$ 가 된다.

(2) 온도체계 관계식

① Celsius온도와 Fahrenheit 온도의 관계식

정의로부터

$$\frac{(t_c - 0)}{100} = \frac{(t_F - 32)}{180} \quad \cdots\cdots\cdots\cdots\cdots\cdots\cdots \text{(1-1)}$$

이므로

$$t_c = \frac{5}{9}(t_F - 32)[\text{℃}] \ \text{또는} \ t_c = \frac{5}{9}(t_F + 40) - 40\,[\text{℃}]$$

$$t_F = \frac{9}{5}t_c + 32\,[\text{℉}] \ \text{또는} \ t_F = \frac{9}{5}(t_c + 40) - 40\,[\text{℉}] \quad \cdots\cdots\cdots \text{(1-1a)}$$

> **참고** $0\text{℃} \fallingdotseq 32\text{℉},$ $0\text{℉} \fallingdotseq -17.78\text{℃},$ $-40\text{℃} = -40\text{℉}$

② 절대온도 관계식

절대온도를 $T_K[\text{K}]$, $T_R[\text{°R}]$이라 하면,

$$T_K = (t_c + 273.15)[\text{K}] \fallingdotseq (t_c + 273)[\text{K}]$$

$$T_R = (t_F + 459.67)[\text{°R}] \fallingdotseq (t_F + 460)[\text{°R}] \quad \cdots\cdots\cdots\cdots\cdots \text{(1-2)}$$

③ 온도 단위 눈금의 크기

$$1\text{K} = 1\text{℃} = 1.8\text{℉} = 1.8\text{°R} \quad \cdots\cdots\cdots\cdots\cdots\cdots\cdots \text{(1-3)}$$

④ 온도체계의 절대 0도

$$0\text{K} \fallingdotseq -273.15\text{℃} \fallingdotseq 0\text{°R} = -459.67\text{℉} \quad \cdots\cdots\cdots\cdots\cdots \text{(1-4)}$$

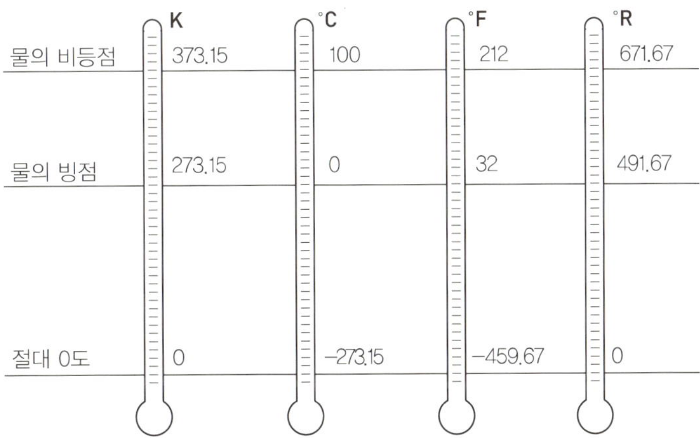

▲ 그림 1-5 온도 눈금체계 및 그 환산

○ 섭씨와 화씨

온도 체계 ℃를 섭씨, ℉를 화씨라고 하는 것은 전형적인 일제의 잔재(?)이다. 일본은 제안자들의 성씨(姓氏)의 첫 음을 차용하여, 셀시우스(Celsius : 일본사람들은 세르시우스라고 읽음)를 攝氏(Sesshi : 세씨), 화렌하이트(Fahrenheit)를 華氏(kashi : 카씨)라고 번역하였다. 일본다운 번역이다. 우리는 일본의 번역을 그대로 우리 발음으로 바꾸어 세씨(攝氏)를 섭씨, 카씨(華氏)를 화씨라고 한다. 국적 불명의 우스운 번역이 되어버렸다. 차라리 섭씨 대신에 일본처럼 세씨(Sesshi), 아니면 셀씨가 더 합리적일 것 같은데!! 아니면 셀시우스, 화렌하이트라고 하든지!!! 여러분의 생각은??^^^

○ 온도의 상한과 하한

(1) 온도의 상한

원칙적으로 온도의 상한은 없다. 열운동이 증가함에 따라 고체는 먼저 액체로, 이어서 액체는 기체로 변한다. 온도가 더욱 더 상승하면 분자는 원자로 해리된다. 그리고 원자는 그들의 전자 중 일부 또는 전부를 잃게 된다. 이때 전기적으로 대전된 입자들의 구름이 형성된다. → **플라즈마(plasma)의 생성**

플라즈마는 인공적으로 생성할 수도 있지만 온도가 아주 높은 별에도 존재한다. → **온도의 상한은 없다. (실제로 지구인은 아무도 온도의 상한을 모른다)**

(2) 온도의 하한 – 절대 0도(ABSOLUTE ZERO)

온도의 상한과는 반대로 **온도의 하한은 명확한 한계**를 가지고 있는 것으로 추정하고 있다.

① 제로-체적(zero-volume)

기체는 가열하면 팽창하고, 냉각시키면 수축한다. 모든 기체는 그들의 초기압력 또는 체적과는 관계없이 일정한 압력 하에서는 온도를 1℃ 변화시킬 때마다 0℃ 때 체적의 1/273씩 변한다. 즉, 온도 0℃상태의 기체를 −273℃까지 냉각시키면 체적은 273/273으로 수축하여 제로-체적(zero volume)이 되어야 한다. 그러나 명백한 사실은 "**지구상의 인간은 어떤 물질도 제로-체적으로 만들 수 없다.**"

② 절대 0도(ABSOLUTE ZERO)

압력도 마찬가지이다. 체적이 일정한 상태 하에서 그 내부의 기체의 온도를 1℃ 낮출 때마다 기체의 압력은 1/273씩 감소한다. 만약 −273℃까지 냉각시키면 기체는 완전한 무압력 상태가 될 것이다. 그러나 실제로 모든 기체는 이 온도에 도달하기 전에 액체로 변한다. 그럼에도 불구하고 온도를 1℃ 낮출 때마다 압력과 체적이 1/273씩 감소하는 가장 낮은 온도는 −273℃(정확하게는 −273.15℃)인 것으로 추정하고 있다.

→ 이 상상의 극한 온도를 **절대 0도**(ABSOLUTE ZERO)라 한다.

절대 0도에서, 모든 분자는 사용 가능한 운동에너지를 가지고 있지 않게 된다. 즉, 절대 0도에서는 모든 물질로부터 더 이상의 에너지를 제거할 수 없다. → 더 이상 온도를 낮출 수 없다.

③ 영점 에너지(zero-point energy)

절대 0도에서도 분자가 가지고 있는 소량의 운동에너지를, 소위 **영점 에너지**(zero-point energy)라고 한다. 예를 들면 헬륨(He)은 절대 0도에서도 빙결을 방지하는 데 충분한 운동에너지를 가지고 있다. 이 현상은 **양자이론**(quantum theory)으로 설명한다.¿¿¿

(3) 건구 온도/ 습구 온도/ 노점 온도

① 건구 온도(乾球溫度 : dry bulb temperature: DBT) : t 또는 t_{DB}

우리들이 일반적으로 사용하는 온도계가 지시하는 온도를 말한다. 특히 습구온도와 구별할 때 사용하는 말이다.

② 습구 온도(濕球溫度 : wet bulb temperature: WBT) : t' 또는 t_{WB}

그림 1−6에서와 같이 온도계의 구(球) 부분을 거즈와 같은 얇은 천(布)으로 싼 다음, 천의 한쪽 끝을 물에 담근다. 그러면 모세관현상(毛細管現象 : capillarity)에 의해 천이 수분을 흡수하므로 구(球) 부분, 즉 감열부(感熱部)가 젖게 되고, 이어서 감열부를 싸고 있는 천의 표면으로부터 수분이 증발하게 된다.

일정한 통풍상태(풍속 약 5m/s(최소 3m/s))에서 수분이 증발될 때, 감열부와 그 주위 공기로부터 증발잠열(latent heat)을 빼앗아 감으로서 감열부는 차가워지게 된다. 이때 이 온도계가 지시하는 온도를 "습구온도(wet bulb temperature ; WBT)"라고 하며, 기호로는 t' 또는 t_{WB}를 사용한다. 공기 중의 습도가 낮을수록 감열부를 싸고 있는 천으로부터 수분의 증발이 많아지고 따라서 습구온도는 더욱더 낮아진다.

건구 온도/ 습구 온도 환산표나 습공기선도(濕空氣線圖 : psychrometric chart)를 이용하여 상대습도(相對濕度)와 절대습도(絶對濕度)를 구할 수 있다.

▲ 그림 1-6 Sling 습도계(위쪽이 습구온도계, 아래쪽이 건구온도계)

③ 노점 온도(露點溫度 : dew point temperature: DPT), t'' 또는 t_{DP}

습공기(濕空氣)의 온도를 낮추어 일정 온도에 도달하면, 습공기 중의 수분의 일부가 응축되어 이슬이 맺히기 시작한다. 이때의 온도를 "노점온도"라 한다. 즉 습공기의 수증기 분압과 동일한 수증기 분압을 가진 포화습공기의 온도를 말하며, 기호로는 t''를 사용한다.

압력(p)이란 단위면적 $A\,[\mathrm{m}^2]$에 작용하는 수직력(垂直力) $F\,[\mathrm{N}]$이다.

$$p = \frac{F}{A} \left[\frac{\mathrm{N}}{\mathrm{m}^2}\right] \quad\text{---} \quad (1\text{-}5)$$

단위면적 $1\,\mathrm{m}^2$에 힘 $1\mathrm{N}$이 수직으로 작용할 때, 이를 $1[\mathrm{Pa}]$(pascal)이라고 정의한다.

$$1[\mathrm{Pa}] = 1\left[\frac{\mathrm{N}}{\mathrm{m}^2}\right] \quad\text{---} \quad (1\text{-}6)$$

국제단위계에 포함되어 있지 않으나 통용되는 단위들 → $[\mathrm{bar}]$와 $[\mathrm{atm}]$

$$1[\mathrm{bar}] = 10^5[\mathrm{Pa}] = 0.1[\mathrm{MPa}] \quad\text{-----------------------------------} \quad (1\text{-}6\mathrm{a})$$

(1) 표준 대기압(大氣壓 : atmospheric pressure, atm)

표준 대기압이란 해수면 또는 해수면과 같은 높이의 지표면 단위면적(예 : $1\mathrm{cm}^2$)에 수직으로 작용하는 대기의 무게를 말한다. (기온 $15℃$, 중력가속도 $9.80665\mathrm{m}^2/\mathrm{s}$ 기준)

이때 단위면적에 수직으로 작용하는 대기의 무게는 해수면에서부터 대기권 끝까지의 가상적인 공기 기둥의 무게로서, 단위면적$[\mathrm{cm}^2]$의 수은 기둥(水銀柱) 760mm가 가하는 힘과 같다.

※ 수은을 나타내는 'Hg'는 라틴어 'Hydrargyrum(수은)'에서 유래함.

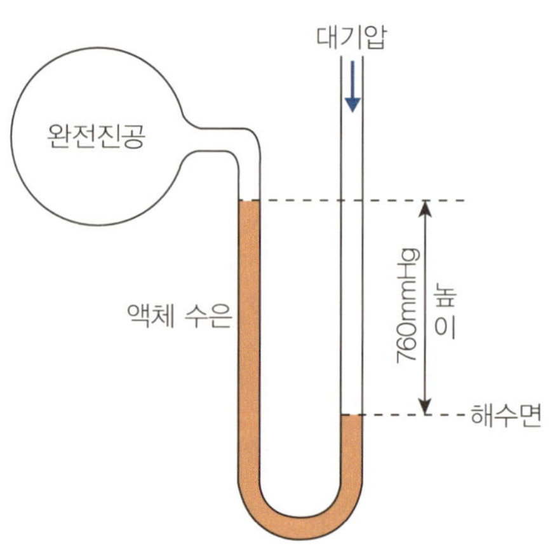

▲ 그림 1-7(a) 대기압의 측정 원리

$$1[\mathrm{atm}] = 760\mathrm{mmHg} = 76\mathrm{cmHg} \quad \cdots\cdots\cdots\cdots\cdots\cdots\cdots \quad (1\text{–}6\mathrm{b})$$

수은의 밀도 $13.595[\mathrm{g/cm^3}]$ 대신에 밀도가 $1[\mathrm{g/cm^3}]$ 인 물로 환산하면, 물기둥의 높이는

$$1[\mathrm{atm}] = 76\mathrm{cmHg} \times \frac{13.595\mathrm{cm\,Aq}}{1\mathrm{cmHg}} = 1033.2[\mathrm{cm\,Aq}] = 10.332[\mathrm{m\,Aq}]_{\mathrm{abs}} \quad (1\text{–}6\mathrm{c})$$

이 된다. 이를 압력의 기본단위 [Pa]로 환산하면,

$$1[\mathrm{atm}] = 10.332[\mathrm{m\,Aq}] \times \frac{1000[\mathrm{kgf}]}{1[\mathrm{m^3 Aq}]} \times \frac{9.807[\mathrm{N}]}{1[\mathrm{kgf}]} \approx \frac{101325[\mathrm{N}]}{1[\mathrm{m}]^2} = 101325[\mathrm{Pa}]_{\mathrm{abs}}$$

$$1[\mathrm{atm}] = 101325[\mathrm{Pa}]_{\mathrm{abs}} = 1013.25[\mathrm{hPa}]_{\mathrm{abs}} = 0.101325[\mathrm{MPa}]_{\mathrm{abs}} \quad (1\text{–}6\mathrm{d})$$

$$1[\mathrm{atm}] = 1.01325[\mathrm{bar}]_{\mathrm{abs}} = 1013.25[\mathrm{mbar}]_{\mathrm{abs}} \quad \cdots\cdots\cdots\cdots\cdots \quad (1\text{–}6\mathrm{e})$$

이고, 이를 공학 단위 $[\mathrm{kgf/cm^2}]$ 로 환산하면, 식 $(1-6\mathrm{f})$가 된다.

$$1[\mathrm{atm}] = 1033.2[\mathrm{cmAq}] \times \frac{1[\mathrm{kgf}]}{1000[\mathrm{cm^3 Aq}]} = 1.0332\left[\frac{\mathrm{kgf}}{\mathrm{cm^2}}\right]_{\mathrm{abs}} \quad \cdots\cdots \quad (1\text{–}6\mathrm{f})$$

> **○ 해수면(Normal Null, NN)에서의 정상 대기의 기준 값**
>
> 대기압 : $1013.25[\mathrm{hPa}]_{\mathrm{abs}}$, 공기온도 : $15[\mathrm{℃}](=288.15[\mathrm{K}])$, 공기밀도 : $1.225[\mathrm{kg/m^3}]$

따라서 지역적으로 지표상에서 측정한 대기압은 해수면에서 측정한 표준대기압으로 환산해야 한다. 또는 필요에 따라 역으로 해수면에서 측정한 대기압을 지역 고도에 따른 대기압(p)으로 환산할 수도 있다.

$$p = p_0 \cdot \exp\left(-\frac{g}{R_a \cdot T_0} \cdot z\right) \approx p_0 \cdot \exp\left(-\frac{z}{8430}\right) \quad \cdots\cdots\cdots\cdots\cdots\cdots \quad (1\text{–}7)$$

여기서 p_0 : 해수면 기준 대기압 [hPa]

$\quad\quad\quad g$: 중력가속도($=9.81[\mathrm{m/s^2}]$)

$\quad\quad\quad R_a$: 공기의 기체상수 ($=287.1[\mathrm{J/kg\,K}]$)

$\quad\quad\quad T_0$: 켈빈 온도($T_0 = 273.15 + \vartheta_0\,[\mathrm{K}]$)

$\quad\quad\quad z$: 해수면으로부터의 고도 [m]

지표상의 대기압은 정확도 측면에서 보면, 대기의 질량유량을 측정하는 것이 좋다. 그 이유는 대기압은 대기밀도에 비례하기 때문이다. 고도가 아주 높은 지역에서는 해수면에서에 비해 대기밀도가 현저하게 낮다.

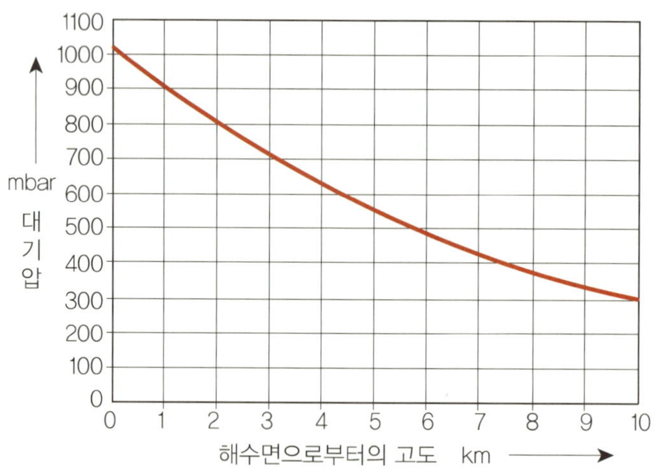

▲ 그림 1-7(b) 해수면 기준 지표 고도에 따른 대기압의 변화

따라서 고지대에서는 기관냉각에 사용되는 공기의 밀도와 질량유량이 감소하므로, 기관이 쉽게 과열될 수 있다. 기관냉각수의 온도가 최대 허용한계에 도달하면, 에어컨 회로의 압축기는 작동을 정지한다. 이 경우, 상황에 따라서는 자동차 윈드쉴드의 안쪽에 김이 서릴 수도 있다.

압력 스위치와 압력 조절기(에어컨회로에서 컨트롤밸브) 등을 설계할 때는 고도가 높은 지역에서는 대기압을 고려해야 한다. 흡입압력이 너무 낮을 경우, 압축기가 결빙될 수도 있다.

예제 01 기상청이 발표한 해수면 기준 대기압을 고도에 따른 대기압으로 환산하시오.
해수면 기준 대기압 : $1026.6[\text{hPa}]_{abs}$, 온도 7.4℃, 같은 시각 고도 384m에서의 대기압은?

▶ **풀이** $p = 1026.6 \times \exp\left(-\dfrac{9.81}{287.1 \times (273.15 + 7.4)} \times 384\right) \approx 980[\text{hPa}]_{abs}$

(2) 진공(眞空 : vacuum)

그림 1-7(a)(pp 22)에서 밀폐된 유리구의 내부에 들어있는 공기를 제거해 가면, 이와 연결된 U자관의 수은(Hg)은 점차 상승한다. 유리구의 내부가 100% 진공(완전 진공)이 되었을 때, 수은 기둥의 높이 h는 760mm가 된다. 즉 임의의 용기 내부의 압력이 대기압 이하로 될 때의 압력을 진공도로 나타내며, h[mmHg]로 표시한다. 진공도와 대기압의 관계는 다음 식으로 표시할 수 있다.

$$p = 1013.25 \times \left(1 - \frac{h}{760}\right)[\mathrm{hPa}]_{abs} \quad \cdots\cdots\cdots\cdots\cdots\cdots\cdots\cdots\cdots\cdots \quad (1\text{--}8)$$

여기서 h : 진공도$[\mathrm{mm\,Hg}]$

p : 절대압력$[\mathrm{hPa}]_{abs}$

(3) 절대압력(絶對壓力 : absolute pressure, p_{abs})

100% 진공상태 즉, 완전 진공상태를 0으로 하고, 측정한 압력을 절대압력이라 한다.

완전 진공 $= 0[\mathrm{Pa}]_{abs}$ 또는 $0[\mathrm{kgf/cm^2}]_{abs}$

대기압 $= 1013.25[\mathrm{hPa}]_{abs} = 1.0332[\mathrm{kgf/cm^2}]_{abs} \quad \cdots\cdots\cdots\cdots\cdots\cdots \quad (1\text{--}8a)$

(4) 계기압력(gauge pressure : p_g)

표준 대기압을 기준으로 측정한 압력, 즉 대기압 하에서 압력계 지침을 0에 맞춘 다음, 측정한 압력을 말한다. 따라서 절대압력보다는 항상 대기압만큼 적게 표시된다.

표시 압력에 G 또는 g를 추가하기도 한다. 그러나 이 책에서는 특별한 표시가 없는 경우는 계기압력이다.

$$p_{abs} = p_g + 101.325[\mathrm{kPa}]_a$$

$$p_g = p_{abs} - 101.325[\mathrm{kPa}]_g \quad \cdots (1\text{--}9)$$

여기서 p_{abs} : 절대압력$[\mathrm{kPa}]_{abs}$

p_g : 계기압력$[\mathrm{kPa}]_g$

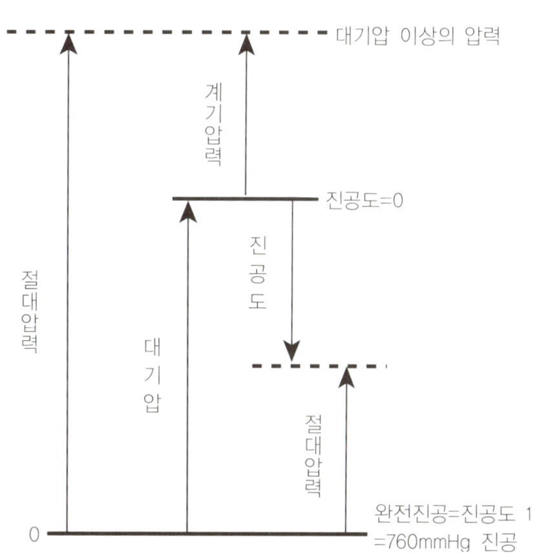

▲ 그림 1-8 절대압력, 진공, 대기압력, 계기압력의 상관관계

열역학 기초
(Basics of thermodynamics)

1 이상 기체 법칙

기체는 많은 분자들로 구성되어 있는 데, 이들 분자 사이에 분자력이 작용하지 않으며, 분자의 크기(체적)도 무시할 수 있다는 가정 하에서 성립하는, 상태방정식을 만족하는 기체를 **이상기체(ideal gas)** 또는 **완전가스(perfect gas)** 라고 한다.

이상기체는 열역학에서 하나의 약속으로 정한 것이지 실제로 존재하는 기체는 아니다. 다만 가스는 액체에 비해 분자간의 거리가 멀고, 분자력도 약하며, 또 분자 하나의 체적도 전체 체적에 비해 무시할 수 있을 정도로 작기 때문에 공업적으로 이용되는 공기나 수소, 산소, 질소 그리고 연소가스 등은 완전가스로 취급한다.

이에 반해 수증기나 냉매(예 : R1234yf)와 같은 물질은 액체와 기체의 두 상태에서 사용되며, 또 액체는 기체에 비해 분자간의 거리가 가깝기 때문에 분자력이나 분자의 크기도 무시할 수 없다. 따라서 이상기체와는 거리가 멀다. 그러므로 수증기나 냉매에 관한 열역학적 계산에서는 대부분 컴퓨터 기반으로 계산된 증기표나 특성값을 사용한다.

실제 기체는 분자량이 적을수록, 압력이 낮을수록, 온도가 높을수록, 비체적이 클수록 이상 기체의 상태 방정식을 근사적으로 만족한다.

(1) 보일–샤르의 법칙

① 보일(Boyle)의 법칙 – 등온 변화
온도(T)가 일정할 때, 이상기체의 압력(p)은 체적(V)에 반비례한다.

$$pV = \text{일정} \tag{1-10}$$

예제 02 실린더에 표준 대기압 상태의 이상기체가 들어있다. 온도가 일정한 상태에서 체적을 절반
으로 압축하면, 압력은 얼마인가?

▶ **풀이** 온도가 일정하므로 $pV = p_1 V_1 = p_2 V_2 = $ 일정

문제에서 $\dfrac{V_1}{V_2} = 2$, 그러므로

$$p_2 = p_1 \frac{V_1}{V_2} = 101325[\text{Pa}]_{\text{abs}} \times 2 = 202650[\text{Pa}]_{\text{abs}} = 2.0265[\text{bar}]_{\text{abs}}$$

② 샤르(Charles)의 법칙 – 정압 변화

압력(p)이 일정할 때, 이상기체의 체적(V)은 절대온도에 비례한다.

$$\frac{V}{T} = \text{일정} \quad \cdots\cdots\cdots\cdots\cdots\cdots\cdots\cdots\cdots\cdots\cdots\cdots\cdots\cdots\cdots\cdots\cdots \text{(1–11)}$$

예제 03 0℃에서 체적이 0.75m³인 이상기체가 일정한 압력 하에서 70℃로 가열되었다. 체적은?

▶ **풀이** $\dfrac{V_1}{T_1} = \dfrac{V_2}{T_2} = $ 일정하므로

$$V_2 = V_1 \times \frac{T_2}{T_1} = 0.75 \times \frac{273 + 70}{273 + 0} \approx 0.94\text{m}^3$$

③ 보일–샤르의 법칙(Boyle–Charles' Law)

보일의 법칙과 샤르의 법칙을 결합하여, 이를 이상기체 상태 방정식이라 한다.

$$pV = (\text{상수}) \times T$$

상수는 질량(m)과 가스상수(R)의 곱으로 표시된다. 그러므로

$$pV = mRT \quad \cdots\cdots\cdots\cdots\cdots\cdots\cdots\cdots\cdots\cdots\cdots\cdots\cdots\cdots\cdots\cdots \text{(1–12)}$$

예제 04 가스상수 $R = 287\text{J}/(\text{kgK})$인 이상기체 5kg이 표준대기압 하에서 20℃로 가열된 상태이
다. 이상기체의 체적은?

▶ **풀이** $pV = mRT$로부터

$$V = \frac{mRT}{p} = \frac{5 \times 287 \times (273 + 20)}{101325} \approx 4.15\text{m}^3$$

(2) 돌턴의 법칙 (Dalton's Law)

다수의 성분 기체가 혼합된 혼합기체에서, 한 성분기체가 단독으로 존재할 때 나타내는 압력을 그 기체의 **분압**(partial pressure)이라고 하며, 혼합기체의 압력을 **전압**(total pressure)이라고 한다.

"혼합기체의 각 성분 기체의 분압을 합하면, 혼합기체의 전압과 같다" - 이를 **돌턴의 법칙** 또는 **돌턴의 분압법칙**이라고 하며, 다음과 같이 나타낸다.

$$p = p_1 + p_2 + p_3 + \cdots\cdots = \Sigma p_i \quad\text{...} \quad (1\text{--}13)$$

> **예제 05** 1m^{3}의 용기에 질소 0.906kg, 산소 0.278kg, 그리고 아르곤 0.015kg이 들어 있다. 가스 온도는 모두 20℃이며, 각각의 가스상수는 질소 297J/(kgK), 산소 260J/(kgK), 아르곤 208J/(kgK)이다. 성분 가스 각각의 분압 및 혼합가스의 전압은?
>
> ➡ **풀이** $pV = mRT$, $V = 1\text{m}^3$이므로 $p = mRT$
> - 질소의 경우 ; $p_N = 0.906 \times 297 \times 293.15 = 78881 [\text{Pa}]_a$
> - 산소의 경우 ; $p_O = 0.278 \times 260 \times 293.15 = 21189 [\text{Pa}]_a$
> - 아르곤의 경우 ; $p_A = 0.015 \times 208 \times 293.15 = 915 [\text{Pa}]_a$ (+
>   전압(total pressure) $= 100985 [\text{Pa}]_{abs} = 1.00985 [\text{bar}]_{abs}$

2 열(熱 : heat)에 의한 물질의 상태 변화

열은 물질의 분자운동으로 설명할 수 있다. 물질의 온도가 상승함에 따라 물질의 분자운동은 활발해지며, 온도가 하강하면 분자운동은 느려진다. 우리는 -273.15℃에서는 모든 물질의 분자운동이 정지되는, 즉 열이 없는 상태가 된다고 믿고 있다.

열에 의해서 물질의 분자운동의 속도가 어느 한계를 벗어나면 물질은 그 상태를 바꾸어 액체에서 기체로, 또는 그 반대가 된다. 이와 같은 현상에 따라 열을 분류할 수 있다.

물질의 상태변화는 온도-엔탈피 선도를 이용하면, 쉽게 이해할 수 있다. 그림 1$-$9는 0℃, 1기압을 기준으로 1kg의 물에 대한 온도-엔탈피(T-h) 선도이다. 엔탈피(h)의 단위 [kJ/kg]은 단위질량 당 열에너지를 말한다.

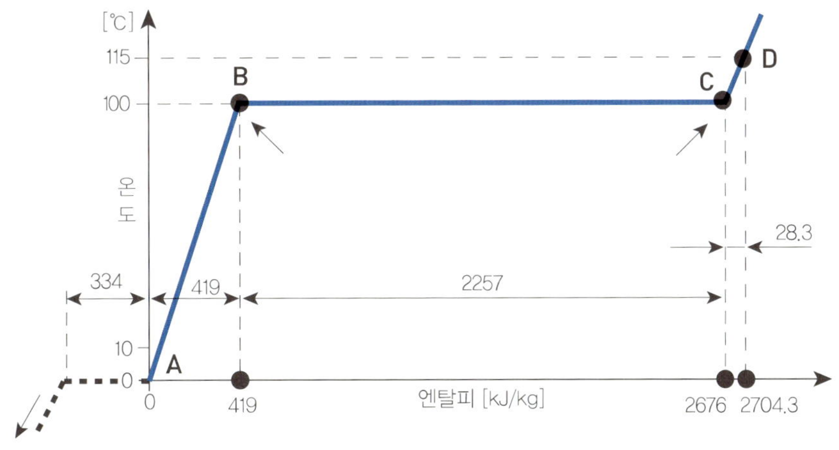

▲ 그림 1-9 물의 온도-엔탈피(T, h) 선도

(1) 감열(感熱 : sensitive heat)(A → B)

일반적으로 물체를 가열하거나 냉각시키면 물체의 온도는 변화한다. 구간 (A → B)는 0℃의 물이 100℃의 물로 변하는데 필요한 열이 419kJ/kg(= 100kcal/kgf)임을 나타내고 있다. 그리고 구간 (C → D)는 100℃의 수증기를 115℃의 과열증기로 온도를 15℃ 상승시키는데 필요한 열이 28.3kJ/kg임을 나타내고 있다. 이와 같이 물체의 온도변화에 직접적으로 관여하는 열을 감열(感熱 : sensitive heat) 또는 현열(顯熱)이라고 한다.

$$※ 419kJ/(kg \cdot 100℃)(= 100kcal/(kgf \cdot 100℃)) = 4.19kJ/kg℃ = 1kcal/kgf℃$$

(2) 잠열(潛熱 : latent heat)

어떤 특정한 상태의 물질에 열을 가해도 온도변화는 나타나지 않고 물질 자체의 상태에 변화가 발생할 때, 상태변화에 필요한 에너지를 잠열이라 한다.

① 융해잠열(融解潛熱 : latent heat of fusion) ⇄ 凝固潛熱 (latent heat of solidification)

표준 대기압 하에서 얼음에 열을 가하면 0℃의 얼음이 된 다음, 이 상태에서 열을 더 가하면 0℃의 얼음과 0℃의 물이 공존하는 상태로 된다. 즉, 얼음이 녹아서 0℃의 물이 된 다음에, 물의 온도는 상승하기 시작한다. 이와 같이 얼음에 가해진 열은 먼저 얼음을 녹이기 위해 사용되지, 온도를 상승시키는데 사용되지 않는다. 이처럼 고체를 녹여서 동일한 온도의 액체로 만드는데 사용되는 열을 융해잠열, 또는 융해열이라고 한다. 반대로 액체가 고체로 될 때 방출되는 열을 응고잠열 또는 응고열이라고 한다. 그림 1-9 에서 점 A의 좌측 수평 점선은 0℃ 얼음이 녹아서 0℃ 물이 되는데 약 334kJ/kg

(79.68kcal/kgf)의 융해잠열이 필요함을 나타내고 있다.

② **증발잠열**(蒸發潛熱 : latent heat of evaporation) ⇄ 凝縮潛熱 (latent heat of condensation)

표준 대기압 하에서 100℃의 물에 열을 가해도 물의 온도는 100℃ 이상 상승하지 않고 증발만 계속한다. 즉 물이 100℃가 되면, 이때부터 가해진 열은 물의 온도를 상승시키지 못하고 물을 증발시키는 데에만 사용된다.

그림 1−9에서 구간 (B → C)의 수평 실선은 증발과정으로서 100℃의 물이 100℃의 수증기로 변하는데 2257kJ/kg(539kcal/kgf)의 열을 소비함을 나타내고 있다. 이와 같이 액체를 증발시켜 기체로 만드는데 소비되는 열을 증발잠열 또는 증발열이라 하고, 이때의 온도를 비등점(boiling point)이라 한다. 반대로 기체가 동일한 온도의 액체로 될 때 방출되는 열을 응축잠열 또는 응축열이라고 한다.

③ **승화**(昇華 : sublimation) **잠열** ⇄ **응착**(凝着 : deposition) **잠열**

드라이−아이스(dry ice : 固形 이산화탄소)나 나프탈렌(naphthalene)은 고체에서 직접 기체로 변화되는 성질이 있다. 이와 같이 고체가 곧바로 기체로 변화되는 성질을 승화(昇華)라고 한다. 이때의 상태변화에 소비되는 열을 승화잠열 또는 승화열이라 하고, 이때의 온도를 승화점(昇華點)이라 한다. 반대로 기체가 고체로 될 때의 방출열을 응착(凝着)잠열 또는 응착열이라 한다. (그림 1−10 참조)

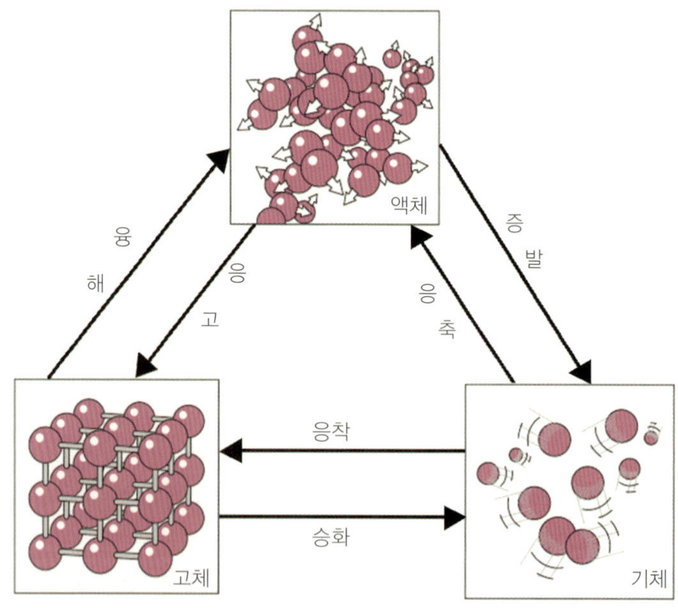

▲ 그림 1−10 물질의 상태 변화

냉동사이클에서도 냉매는 기체에서 액체로 또는 액체에서 기체로 상태를 변화하면서 시스템을 순환, 냉방작용을 한다. 그런데 똑같은 물질도 압력이 다르면 비등점이 변한다. 압력이 높으면 비등점이 상승하고, 압력이 낮으면 비등점도 낮아진다.(그림 1-11 참조)

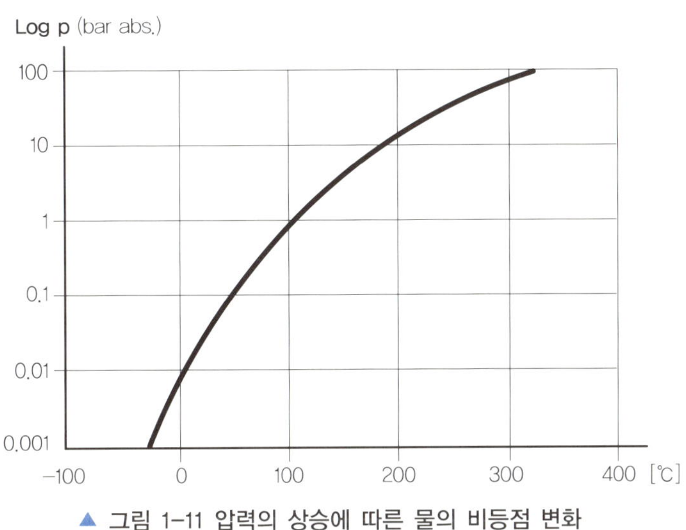

▲ 그림 1-11 압력의 상승에 따른 물의 비등점 변화

3 순수 물질의 $P-v-T$ 상태면

(1) 순수 물질(純粹物質 ; pure substance)

순수 물질이란 화학적 조성이 균일하면서도, 일정불변(一定不變)인 물질을 말한다. 예를 들면, 액상(液相)의 물과 수증기의 혼합물, 또는 얼음과 액상의 물의 혼합물은 모두 H_2O라는 화학적 조성을 갖는 순수 물질이다. 이에 반해 액체공기와 기체공기의 혼합물은 화학적 조성이 서로 다르기 때문에 순수 물질이 아니다.

순수 물질의 상태는 일반적으로 전기, 자기 또는 표면장력의 효과가 없는 한, 두 개의 독립 성질(independent property)의 값에 의해 완전히 결정된다. 독립 성질(獨立 性質)이란, 한 성질이 일정할 때, 다른 성질이 어떤 범위 내에서 변할 수 있는 성질을 말한다.

예를 들면, 수증기의 압력과 온도가 결정되면 수증기의 밀도, 내부에너지, 엔탈피, 점성계수 등 다른 모든 성질의 값을 구할 수 있다. 그러나 일반적인 경우에는 온도, 압력, 체적, 열 등을 측정하여 내부 에너지, 엔탈피, 엔트로피 등을 구한다.

(2) 순수 물질의 $P-v-T$ 상태면(狀態面 ; $P-v-T$ Surface for a Substance)

어떤 물질이든 간에 온도, 압력, 체적의 함수{$f(P, v, T) = 0$}이므로, 압력(P), 체적(v), 온도(T)의 관계에 따라 상태면(狀態面)을 작도할 수 있다.

그림 1−12는 x축에 비체적(v), y축에 온도(T), z축에 압력(P)을 나타내는 3차원 좌표계를 사용하여 기체에서 고체까지의 상태를 개략적으로 표시한, 입체적 형상이다.

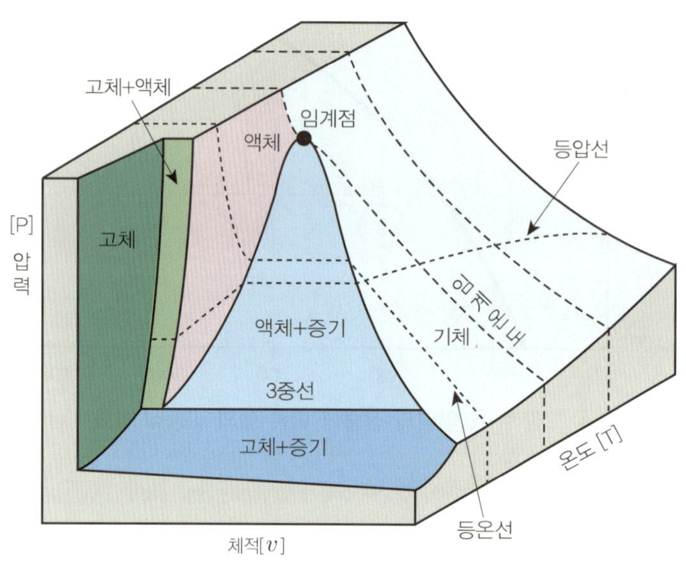

▲ 그림 1-12 응고할 때 수축하는 물질의 $P-v-T$ 상태면

그림에 표시된 바와 같이 고체, 액체, 기체의 3개의 단상(單相) 영역과, 고체/액체, 고체/기체, 액체/기체의 2상(二相) 영역 3개 그리고 고체/액체/기체가 공존하는 영역 등 총 7개의 영역으로 구분할 수 있다. 그리고 등온선과 등압선을 표시할 수 있다.

그림 1−13은 그림 1−12를 이해하기 쉽게 $P-v-T$ 상태면을 중앙에 배치하고 좌/우에 각각 $P-T$ 선도와 Pv 선도로 분해하여 배치하였다.

$P-T$(압력-온도) 선도에서 고체와 액체의 영역에 구획이 생성되는 것은 고체의 비체적이 액체의 비체적보다 크기 때문이다. 또 3개의 2상(二相) 영역에서 비체적(v)이 변해도 압력(P)과 온도(T) 간에 일정한 곡면이 형성되는 것은, 압력(P)과 온도(T) 사이에 일정한 관계가 성립하기 때문이다.

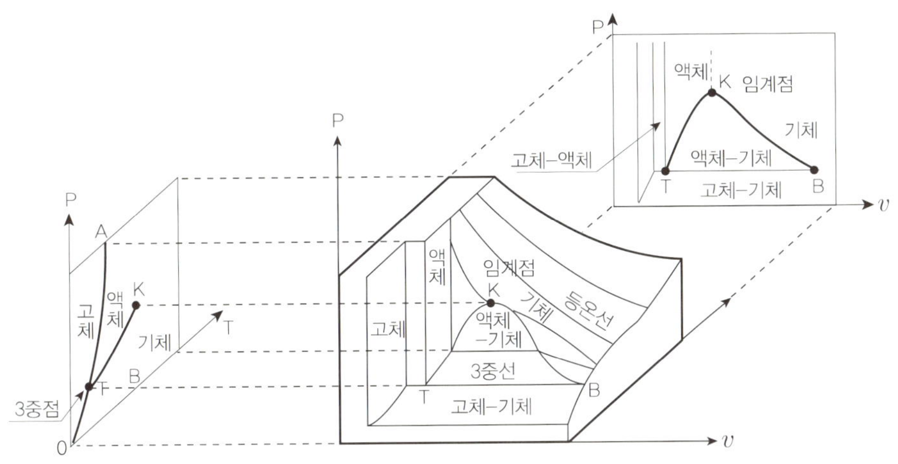

▲ 그림 1-13 순수물질의 $P-v-T$ 상태면 선도의 분해

(3) 순수 물질의 $P-T$(압력-온도) 선도

그림 1-13의 $P-T$ 선도를 보다 더 상세하게 그리면 그림 1-14와 같다. 그림 1-14에서 $\underline{OT}$는 승화곡선, $\underline{TA}$는 융해곡선, $\underline{TK}$는 증발곡선이다. 그리고 점 T는 고체, 액체, 기체의 3상(3相)이 동시에 존재하면서 서로 평형을 유지하는 점이다. - 3중점(tripple point)

① 3중점(三重點 ; tripple point)

고체, 액체 그리고 기체가 동시에 공존하는 3중점은 3상의 평형곡선이 만나는 점으로서, 온도와 이에 대응하는 압력에 의해 결정된다. 대부분의 물질에서 단 하나의 점만 존재한다. 3중점 이하의 온도에서는 고체와 기체가 공존하면서 평형을 이루고, 액체는 공존하지 못한다. 즉, 3중점 압력 이하에서만 승화(sublimation) 현상이 가능하다.

표 1-3 3중점에서의 온도와 압력

물질	분자식	3중점 온도[℃]	3중점 압력[kPa]a
물	H_2O	0.01 (273.16K)	0.6113
이산화탄소	CO_2	−56.6 (216.55K)	517
수소	H_2	−259.1 (14.05K)	7.0
암모니아	NH_3	−78 (195.15K)	6.1

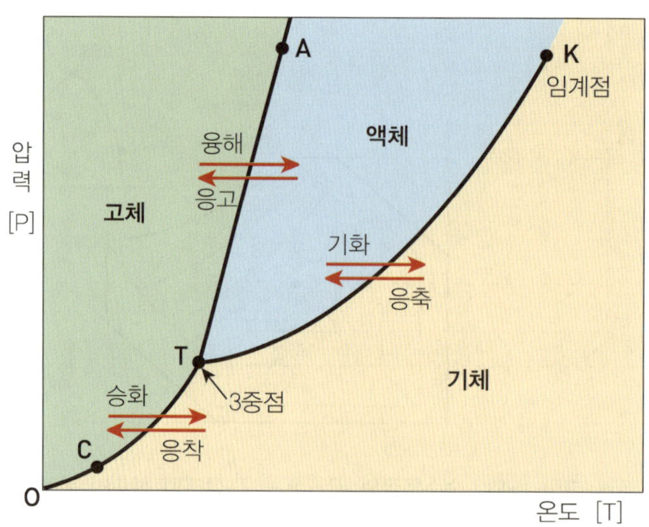

▲ 그림 1-14 순수 물질의 $P-T$ 선도

② 임계점(臨界点 : critical point)

그림 1-14에서 K점은 증발을 시작하는 점과 증발이 종료되는 점이 일치하는 위치이다. 즉, 액체와 기체의 상이 구분될 수 있는 최대의 온도-압력 한계점을 임계점(critical point)이라고 한다. 임계점에서의 온도와 압력을 각각 임계온도(臨界溫度 : critical temperature)와 임계압력(臨界壓力 : critical pressure)이라고 한다.

예를 들면, R-134a, R-1234yf, R-744 및 암모니아(ammonium: R-717) 등의 기체는 상온(常溫)에서도 압축하면 포화증기로 되고 결국에는 액화(液化)한다. 그러나 어떤 온도 이상에서는 아무리 가압(加壓)해도 액화되지 않는다. 이와 같이 기체는 압축에 의해서 액화될 수 있는 한계점 즉, 임계점을 가지고 있다.

임계점 이상의 온도와 압력 상태의 물질을 초임계 유체(supercritical fluid)라고 한다.

표 1-4 주요 냉매의 임계온도와 임계압력

주요 냉매	임계온도[℃]	임계압력[bar]a	참 고
R-134a (CH_2FCF_3)	101.06	40.65	HFC(수소화불화탄소)
R-1234yf (CF_2CFCF_3)	94.70	33.80	HFO(탄화불화올레핀)
R-152a (CH_3CHF_2)	113.50	44.92	DFE(디플루오로에탄)
R-744 (CO_2)	31.06	73.80	이산화탄소
R-717 (NH_3)	132.25	113.53	암모니아

(4) 순수 물질의 Pv (압력 · 체적) 선도

그림 $1-13$의 Pv 선도를 보다 더 상세하게 그리면 그림 $1-15$와 같다. 그림 $1-15$에서 곡선 TK를 포화액선(飽和液線 ; saturated liquid line), 곡선 KB를 포화증기선(飽和蒸氣線 ; saturated vapour line)이라고 한다. 이 두 곡선은 압력이 상승함에 따라 점차 서로 가까워져, 임계점(그림 $1-15$의 점 K)에서 서로 만나 하나의 곡선을 만든다. 이 선을 포화선(saturated line) 또는 포화한계선(boundary curve)이라고 한다.

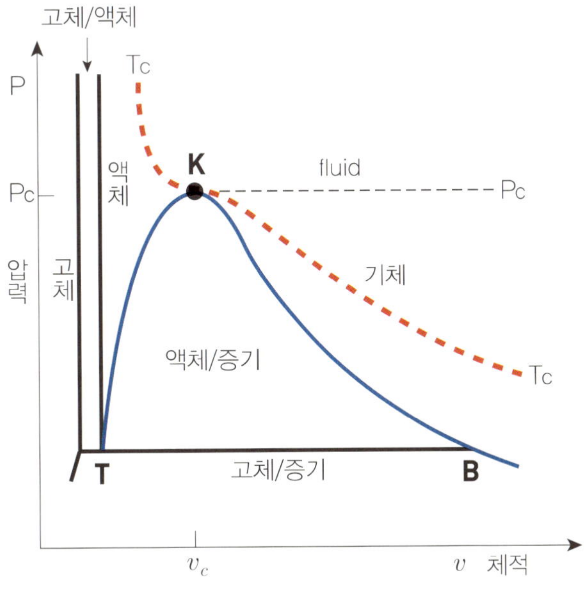

▲ 그림 1-15 순수 물질의 Pv 선도

포화액선의 좌측 영역은 액체(과냉각액)이고, 포화증기선의 우측 영역은 증기(과열증기) 영역이다. 포화액선과 포화증기선 사이의 영역(TKB 안의 영역)은 액체와 기체가 공존하는, 습포화 영역(wet saturated area)이다. T 점에 근접할수록 액체의 양이, B 점에 근접할수록 기체의 양이 증가한다.

4 열량(熱量)

(1) 열량의 단위

James Joule(1818~1889, 영국)이 '**역학적 일＝열**'의 등가성을 증명함.(열역학 제 1법칙)

① **열량의 SI 단위**

$$1[\text{J}] = 1[\text{N} \cdot \text{m}]$$

$$1[\text{kJ}] = 1000[\text{J}] = 1000[\text{N} \cdot \text{m}]$$

$$= \frac{1000[\text{N} \cdot \text{m}]}{\dfrac{9.80665[\text{N}]}{1[\text{kgf}]}} \fallingdotseq 102[\text{kgf} \cdot \text{m}] \quad \cdots\cdots\cdots (1-14)$$

② **열량의 공학 단위**

- **1[kcal]** : 표준 대기압 하에서 14.5℃의 순수한 물 1kgf의 온도를 15.5℃로 1℃ 올리
  는데 소비되는 열량 → 15°kcal

$$1[\mathrm{kcal}] = 1[\mathrm{kgf} \cdot ℃] = 427[\mathrm{kgf} \cdot \mathrm{m}]\,(=426.649[\mathrm{kgf} \cdot \mathrm{m}])$$

$$1[\mathrm{kcal}]_{15} = \frac{427[\mathrm{kgf} \cdot \mathrm{m}]}{\dfrac{102[\mathrm{kgf} \cdot \mathrm{m}]}{1[\mathrm{kJ}]}} = 4.1858[\mathrm{kJ}]$$

$$1[\mathrm{kJ}] = \frac{1}{4.186}[\mathrm{kcal}] \fallingdotseq 0.2389[\mathrm{kcal}] \quad\cdots\cdots (1\text{--}15)$$

> **○ 1 cal의 정의**
> - 1 cal$_{\mathrm{IT}}$ = 4.1868 J　(1J = 0.23885 cal$_{\mathrm{IT}}$) (International Steam Table calorie, 1956)
> - 1 cal$_{\mathrm{th}}$ = 4.184 J　　(1J = 0.23901 cal$_{\mathrm{th}}$) (Thermochemical calorie)
> - 1 cal$_{15}$ = 4.18580 J (1J = 0.23890 cal$_{15}$) (15°C calorie)

- **1[Btu] : 영국 열량 단위**(British thermal unit)

  표준 대기압 하에서 순수한 물 1[1bf]의 온도를 32°F로부터 212°F까지 올리는데 필
  요한 열량의 1/180 (책자에 따라서는 표준 대기압 하에서 순수한 물 1[1bf]의 온도
  를 63°F로부터 64°F까지 올리는데 필요한 열량으로 정의하고 있음)

$$1[\mathrm{lbf}] = 453.6[\mathrm{gf}],\ 1[°\mathrm{F}] = \frac{5}{9}[℃]\ \text{이므로}$$

$$1[\mathrm{Btu}] = 453.6[\mathrm{gf}] \times \frac{5}{9}[℃] = 252[\mathrm{cal}] = 0.252[\mathrm{kcal}] = 1.055[\mathrm{kJ}] \quad (1\text{--}16)$$

$$1[\mathrm{kcal}] = \frac{1}{0.252}[\mathrm{BTU}] = 3.968[\mathrm{BTU}] = 4.187[\mathrm{kJ}]\,(4.184\mathrm{kJ}) \ \cdots\ (1\text{--}17)$$

※ 영국의 중량단위 [1bf]는 고대 로마의 중량단위 libra[laibra]에서 유래

- **1[Chu]** ; Centigrade heat unit

  표준 대기압 하에서 순수한 물 1[lbf]의 온도를 0℃로부터 100℃까지 올리는데
  필요한 열량의 1/100

$$1[\mathrm{Chu}] = 1[\mathrm{lbf}] \times 1[℃]$$

$$= 1[\mathrm{lbf}] \times 1[℃] \times \frac{0.4536[\mathrm{kgf}]}{1[\mathrm{lbf}]}$$

$$= 0.4536[\mathrm{kgf} \cdot ℃] \fallingdotseq 0.454[\mathrm{kcal}] \quad\cdots\cdots (1\text{--}18)$$

$$1[kWh] = 1[kW] \times 1[h]$$

$$= 1[kW] \times 1[h] \times \frac{1\left[\dfrac{kJ}{s}\right]}{1[kW]} \times \frac{3600[s]}{1[h]} = 3600[kJ]$$

$$= 3600[kJ] \times \frac{102[kgf \cdot m]}{1[kJ]} \times \frac{1[kcal]}{427[kgf \cdot m]} \fallingdotseq 860[kcal]$$

1[cal]의 정의에서 확인할 수 있듯이, [cal]를 [J]로 환산한 값이 [cal]의 정의에 따라 서로 다르기 때문에 일관성을 유지하기 위해 "1[kWh] = 860[kcal]"로 정하였음.(제 5차 국제 증기표 회의, 1956년, 런던)

$$1[kW] = 860\,\frac{kcal}{h} = 102\,\frac{kgf{\cdot}m}{s} = 1.36PS$$

예제 06 1PSh는 몇 [kcal], 또는 몇 [kJ]인가?

➡ 풀이

$$1[PSh] = 1[PS] \times 1[h] \times \frac{75\left[\dfrac{kgf \cdot m}{s}\right]}{1[PS]} \times \frac{3600[s]}{1[h]} = 270000[kgf \cdot m]$$

$$= \frac{270000[kgf \cdot m]}{\dfrac{427[kgf \cdot m]}{1[kcal]}} \fallingdotseq 632.3[kcal] = 632.3[kcal] \times \frac{4.186[kJ]}{1[kcal]} = 2647[kJ]$$

표 1-5 열량 단위 비교

[kJ]	$[kcal]_{IT}$	[Btu]	[Chu]
1	0.23885≒0.24	0.94783	0.52675
4.1868	1	3.968	2.205
1.05504	0.252	1	0.5556
1.899	0.4536≒0.454	1.8	1

(2) 비열(比熱 : specific heat)

단위 질량의 물질의 온도를 1[K] 변화시킬 때 필요한 열량을 그 물질의 비열(specific heat : c)이라고 한다. 단위로는 $[kJ/(kg \cdot K)]$을 사용한다.

공학단위로는 $[\mathrm{kcal}/(\mathrm{kgf} \cdot ℃)]$, 영/미 단위로는 $[\mathrm{Btu}/(\mathrm{lbf} \cdot ℉)]$를 사용하지만, 공학단위와 영/미 단위의 크기는 서로 같다. $1[\mathrm{kcal}/(\mathrm{kgf} \cdot ℃)]$는 $4.186[\mathrm{kJ}/(\mathrm{kg} \cdot \mathrm{K})]$이다.

$$1\left[\frac{\mathrm{kcal}}{(\mathrm{kgf} \cdot ℃)}\right] \times \frac{3.968\,[\mathrm{Btu}]}{1\,[\mathrm{kcal}]} \times \frac{1\,\mathrm{kgf}}{2.205\,[\mathrm{lbf}]} \times \frac{1\,[℃]}{\frac{9}{5}\,[℉]} = 1\left[\frac{\mathrm{Btu}}{(\mathrm{lbf} \cdot ℉)}\right] \quad (1\text{-}19)$$

수소와 헬륨, 그리고 액체 암모니아 등을 제외하면, 물의 비열이 가장 크다. 즉 물은 다른 물질보다 가열하기도 어렵고, 냉각시키기도 어렵다. (표 1-6)

기체를 가열할 때는 압력이 일정한 정압상태에서 체적이 팽창할 때와, 체적이 일정한 정적상태에서 압력이 상승할 때를 생각할 수 있다. 이때 정압상태에서는 체적이 팽창되는 만큼 외부에 일을 한다. 따라서 정압비열(c_p)이 정적비열(c_v) 보다 더 크다. ($c_p > c_v$)

$$\kappa = \frac{c_p}{c_v} \quad\cdots\cdots\cdots\cdots\cdots\cdots\cdots\cdots\cdots\cdots\cdots\cdots\cdots\cdots\cdots\cdots\cdots (1\text{-}20)$$

여기서, κ: 기체의 비열비 > 1

표 1-6   물질의 평균 비열 [kJ/(kg·K)]

물질	비열	물질	비열	물질	비열
공기	1.005	R-134a*	1.341	에탄올	2.43
질소	1.046	R-1234yf*	1.283	글리세린	2.37
수소	14.304	R-744*	2.345	알루미늄	0.897
물	4.186	R-717*	3.745	철	0.459
포화수증기	1.8867	* 0℃ 액체에서의 정압비열		구리	0.385

1) 액체와 기체는 대기압 하에서의 정압비열 적용

예제 07   80℃에서 물의 비엔탈피는 0℃를 기준으로 334.91kJ/kg이다. 0~80℃까지의 평균비열은?

➡ 풀이 $c_m = \dfrac{h}{\Delta T} = \dfrac{334.91}{(80-0)} = 4.186[\mathrm{kJ}/(\mathrm{kg} \cdot \mathrm{K})]$

(3) 열용량(熱容量 : heat content)

물질 전체의 온도를 $1[\mathrm{K}]$ 또는 $1[℃]$ 높이는 데 필요한 열량을 말한다.

$$Q' = c \cdot m \quad\cdots\cdots\cdots\cdots\cdots\cdots\cdots\cdots\cdots\cdots\cdots\cdots\cdots\cdots\cdots\cdots (1\text{-}21)$$

여기서 Q' : 열용량[kJ]　　　c : 물질의 비열[kJ/(kg · K)]

m : 물질의 질량[kg]

따라서 온도 변화 $\Delta t\,[\mathrm{K}]$에 소요되는 열량 Q 는,

$$Q = c \cdot m \cdot \Delta t \quad \text{···(1-21a)}$$

로 되며, 일반적으로 이를 열용량(heat content)이라고 하는 경우가 많다.

예제 08 표준 대기압(1.013bar)abs에서 물의 증발잠열이 2257kJ/kg이라고 하면, 30℃의 물 1kg을 증발시키는 데 필요한 열량은?

▶ **풀이**　$Q = 4.186(100 - 30) + 2257 = 2550.02[\mathrm{kJ}]$

예제 09 공기 5kg을 −20℃에서 30℃까지 정적 가열하는 경우와 정압 가열하는 경우에 필요한 열량을 구하라. 단, 공기의 비열비 $\kappa = 1.4$, 정압비열 $c_p = 1.005[\mathrm{kJ/(kg \cdot K)}]$이다.

▶ **풀이**　식 (1-21a)로부터 $Q_p = c_p \cdot m \cdot \Delta t = 1.005 \dfrac{\mathrm{kJ}}{\mathrm{kg \cdot K}} \times 5\mathrm{kg} \times (30 - (-20))\mathrm{K} = 251.25\mathrm{kJ}$

식 (1-20) $\kappa = \dfrac{c_p}{c_v}$ 로부터 $c_v = \dfrac{c_p}{\kappa} = \dfrac{1.005[\mathrm{kJ/(kg \cdot K)}]}{1.4} = 0.7178[\mathrm{kJ/(kg \cdot K)}]$

$Q_v = c_v \cdot m \cdot \Delta t = 0.7178 \dfrac{\mathrm{kJ}}{\mathrm{kg \cdot K}} \times 5\mathrm{kg} \times (30 - (-20))\mathrm{K} = 179.45\mathrm{kJ}$

계산 결과로부터 정압 가열의 경우가 정적가열의 경우에 비해 더 많은 열(＝에너지)을 필요로 함을 알 수 있다. 정압가열의 경우는 체적이 팽창되는 일을 하기 때문이다.

(4) 엔탈피(enthalpy : TH, $h\,[\mathrm{kJ/kg}]$)

어떤 압력상태 하의 기체를 가열하면 내부에너지가 증가하고, 또 동시에 온도가 상승함에 따라 체적팽창을 동반하는 에너지가 발생한다. 이때 이 내부에너지(u)와 압력×체적(Pv)에 의해서 발생하는 에너지의 합을 엔탈피($h = u + Pv$) 또는 총 열량(總 熱量)이라 한다. 즉, 물체가 보유하고 있는 감열과 잠열의 합을 엔탈피라고 표현할 수 있다.

엔탈피는 그 절대량을 사용하지 않고, 어떤 변화 전/후의 차이를 사용한다. 그리고 기준점은 임의로 선택이 가능하다.

그림 1-16은 물의 압력-엔탈피 선도이다. 1기압(1.013bar)에서 100℃의 물 1kg이 100℃의 증기로 상태변화를 하는 데 필요한 엔탈피는 2257kJ/kg(=2676-419)임을 알 수 있다.

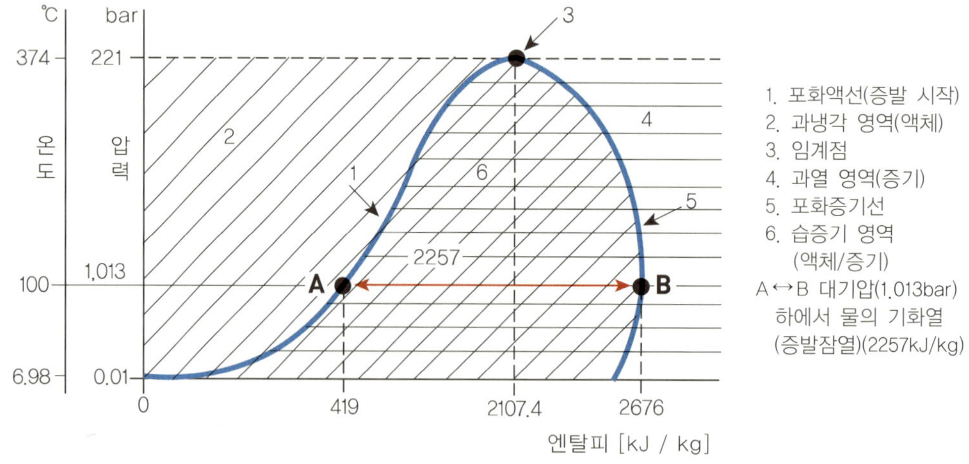

▲ 그림 1-16 물의 압력-엔탈피(p-h) 선도

공기조화에서 취급하는 습공기의 엔탈피는 기준온도, 보통 0[℃](정확하게는 0.01℃)에서, 건조공기의 엔탈피를 0[kJ/kg]으로 정의하고, 이를 기준으로 계산한다.

식(1-21a) $Q = c \cdot m \cdot \Delta t$로부터 비엔탈피($h$) 식(1-22)을 유도할 수 있다.

$$h = Q/m = c \cdot \Delta t \ [\text{kJ/kg}]$$
$$= c_{air} \cdot \Delta t + c_{vapor} \cdot \Delta t + x \cdot r \quad \cdots\cdots\cdots\cdots\cdots (1\text{-}22)$$

여기서 $c_{air} \cdot \Delta t + c_{vapor} \cdot \Delta t$: 건조공기와 수증기의 온도를 상승시키는 데 필요한 현열
$x \cdot r$: 0℃에서 수증기의 증발에 필요한 열(증발잠열)

따라서 온도변화 $\Delta t\,[℃]$이고 $x[\text{kg}]$의 수증기를 함유하고 있는 습공기의 엔탈피는 다음 식으로 구한다.

$$h = 1.005\Delta t + (2501.4 + 1.8867\Delta t)x \ [\text{kJ/kg}] \quad \cdots\cdots\cdots\cdots (1\text{-}22a)$$

여기서 1.005 : 건조 공기의 정압 비열[kJ/(kg K)]
2501.4 : 0℃에서 수증기의 증발 잠열[kJ/kg]
1.8867 : 수증기의 정압 비열[kJ/(kg K)]

따라서 습공기의 비열은 보통 $c = 1.005 + 1.8867x$로 표시하며, 이는 절대습도를 일정하게 유지하고 가열 또는 냉각하는 경우의 현열(또는 감열)의 비열이다.

또 식 $(1-22a)$를 공학단위로 표시하면 식 $(1-22b)$가 된다.

$$h = 0.24\Delta t + (597.1 + 0.444\Delta t)x \ [\text{kcal/kgf}] \qquad \cdots\cdots\cdots\cdots\cdots\cdots (1\text{–}22b)$$

여기서 0.24 : 건조 공기의 정압 비열[kcal/(kgf℃)]

597.1 : 0℃에서 수증기의 증발 잠열[kcal/kgf]

0.444 : 수증기의 정압 비열[kcal/(kgf℃)]

(5) 엔트로피(entropy : S)

온도 $T\,[\text{K}]$의 기체에 $q\,[\text{kJ/kg}]$의 열량이 가해졌을 때, 이 기체는 $dS\,[\text{kJ}/(\text{kg}\cdot\text{K})]$만큼 엔트로피가 증가하였다고 한다. 즉, 열량의 변화(dq)를 온도(T)로 나눈 값이 엔트로피의 변화(dS)이다.

$$dS = \frac{dq}{T} \qquad \cdots\cdots\cdots\cdots\cdots\cdots\cdots\cdots\cdots\cdots (1\text{–}23)$$

여기서 d_s : 엔트로피의 변화 　　　　 d_q : 열량의 변화

따라서 시스템 경계를 통한 열의 출입이 없는 단열변화(斷熱變化 : adiabatic process)에서는 엔트로피의 변화가 없다.

5 　열전달(熱傳達 : heat transfer)

자연 상태에서 열은 온도가 높은 곳으로부터 온도가 낮은 곳으로 이동한다. -**열역학 제 2 법칙**. 열의 이동을 흔히 열전달(熱傳達 : heat transfer) 또는 전열(傳熱)이라고 하며, 열전달 형식은 크게 전도, 대류, 복사로 구분한다.

실제로 한 매질의 온도분포는 이 3가지 형식의 열전달의 복합적인 상호작용에 의해 제어되며, 한 형식의 열전달을 다른 형식의 열전달과의 상호작용으로부터 완전히 분리시킬 수는 없다. 그러나 해석을 간단히 하기 위해서, 예를 들어 대류와 복사가 무시해도 좋을 만큼 적을 경우에는 전도만을 고려할 수 있다.

(1) 열전달의 형태

① 전도(傳導 : conduction) - 고체 내부에서의 전열

정지상태의 유체에서는 분자의 운동 또는 직접 충돌에 의해서, 금속일 경우는 전자의 이동에 의해 고온영역에서 저온영역으로 에너지 교환이 진행되는 형식의 열전달이다.

전기 양도체인 고체에서는 다수의 자유전자가 격자 사이에서 이동하므로, 일반적으로 전기 양도체(예 : 구리, 은 등)는 열을 잘 전도한다.

금속의 열전도율은 그 값이 크며, 온도 상승에 따라 감소한다. 즉, 열전도율의 온도계수(α)의 값이 (−)인 경우가 많고 합금의 열전도율은 순수 금속의 열전도율보다는 작다.

비금속 고체의 열전도율은 금속의 열전도율에 비해 훨씬 더 작다. 또 액체의 열전도율은 고체의 열전도율보다 작으며, 기체의 경우는 훨씬 더 작다.

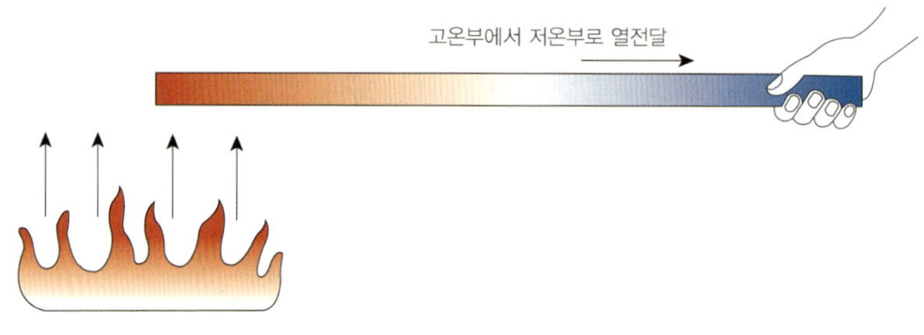

▲ 그림 1-17 금속에서의 열전달

② 대류(對流 : convection) - 유체 내부에서의 전열

유체(流體 : 액체와 기체의 총칭)는 자신의 운동으로 열을 이동시킬 수 있다. 즉, 유체의 내부에 온도차가 발생하면, 고온부의 밀도가 저온부의 밀도보다 낮아져 고온부는 위로, 저온부는 아래로 이동하게 되는데, 이때 열도 함께 이동한다. 이와 같은 열전달 메커니즘을 대류(convection)라고 한다. 대류에는 자연대류(自然對流)와 강제대류(强制對流)가 있다.

그림 1−18은 수랭식 내연기관의 냉각시스템으로서, 실린더 안에서의 연소열에 의해 가열된 냉각수가 물 펌프에 의해 강제적으로 방열기 또는 히터로 압송되어, 차실 내 또는 외기로 열을 전달(방출)하고 다시 엔진으로 순환하는 대표적인 강제대류 열전달방식이다.

대류(convection)의 해석에서는 자연대류와 강제대류의 여부 외에도 유체의 밀도, 비열 및 점도, 그리고 상호 작용하는 표면의 형상과 같은, 많은 변수들을 고려해야 한다. 따라서 대류 열전달에 대한 해석은 고체에서의 열전도처럼 간단하지 않다. 관측 또는 측정한 데이터의 해석은 변수들을 결합하여 대류 열 흐름을 추정하기 위해 사용할 수 있도록 가공된, 다수의 무차원 수들을 사용함으로서 가능하게 되었다.

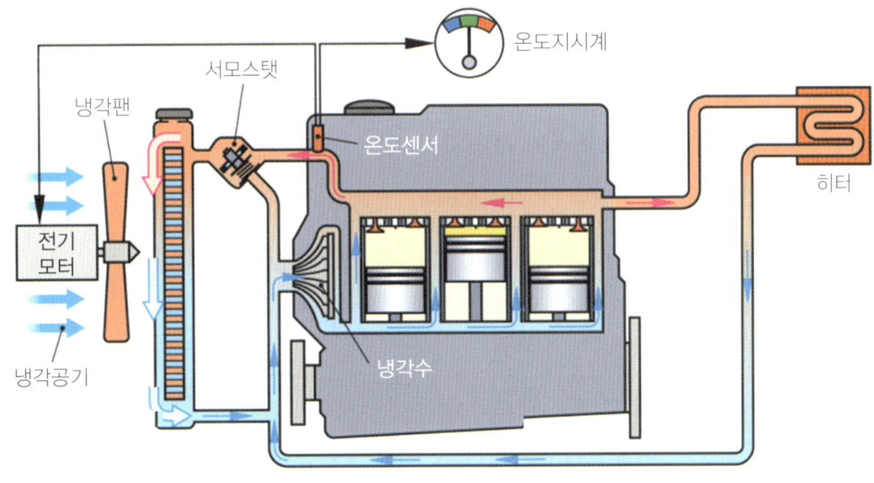

▲ 그림 1-18 강제 대류에 의한 열전달

이들 무차원 수의 전형적인 조합은 유체 자체의 특성 및 그 유동 특성의 관점에서 관 (pipe) 내에서의 난류 유동에 대한 열전달률을 표현하는데 사용한다.

표 1-7 대류 열전달에 사용되는 무차원의 수(예)

수의 이름	기호	수식	변수	전형적인 관련성
레이놀드 수 (Reynolds)	Re	$\dfrac{\rho c x}{\mu}$	ρ : 유체 밀도 c : 유체 속도 x : 표면 치수 μ : 유체 점도	파이프 내에서의 강제 유동
누슬 수 (Nusselt)	Nu	$\dfrac{h x}{k}$	h : 열전달계수 x : 표면 치수 k : 유체 열전도도	대류 열전달률
프란틀 수 (Prandtl)	Pr	$\dfrac{C_p \mu}{k}$	C_p : 유체 비열 μ : 유체 점도 k : 유체 열전도도	유체 특성
그라스호프 수 (Grashof)	Gr	$\dfrac{\beta g \rho^2 x^3 \Delta T}{\mu^2}$	β : 유체의 팽창계수 g : 중력가속도 ρ : 유체 밀도 x : 표면 치수 ΔT : 온도차 μ : 유체 점도	자연대류

$$N_U = 0.023\,(\text{Re})^{0.8}(\text{Pr})^{0.4} \quad\text{……………………………}\quad (1\text{–}24)$$

여기서 Nu : 누슬 수　　　　　　Re : 레이놀드 수
　　　　 Pr : 프란틀 수

냉동 또는 공기조화 시스템에서 개별 열전달률의 계산은 현대적인 계산방법을 사용한다고 해도 아주 시간 소모적인 과정일 수 있다. 이들 계수에 기초한 수식은, 열전달 핸드북을 이용하는 것이 더 합리적이다.

③ 복사(輻射 : radiation) – 떨어져 있는 두 물체 간의 열전달

고온의 고체 표면(예 : 태양)이나 불꽃 등은 빛을 방출하면서 주위에 열에너지도 방출한다. 이와 같은 방법에 의한 전열을 복사라 한다. 태양으로부터 방출된 열에너지는 복사의 형태로 지구에 도달한다. 즉, 복사는 떨어져 있는 두 물체 간의 열전달이며, 물체의 온도차이가 클수록 증가한다.

모든 물체는 복사에 의해 표면에서 다소 간의 열-에너지를 방사하

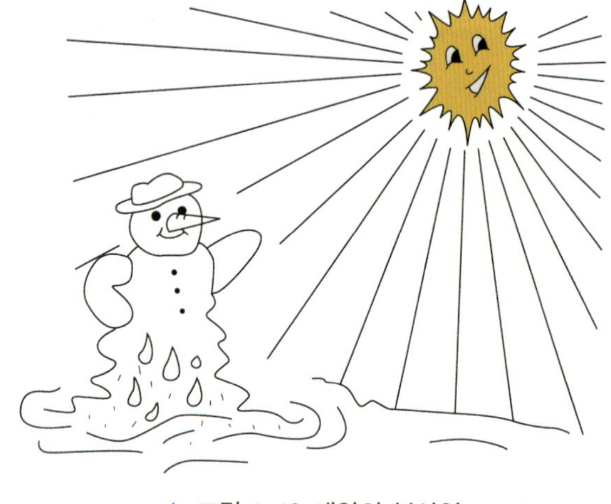

▲ 그림 1-19 태양의 복사열

며, 이것은 광파(光波)와 같은 일종의 전자파이다. 복사파가 물체에 도달하면 그 일부는 표면에서 반사되고, 일부는 물체를 투과(투명체)하며, 나머지 일부는 물체에 흡수되어 열로 변해 그 물체의 온도를 상승시킨다.

● **키르히호프의 법칙**(Kirchhoff's law)

"동일한 온도에서 모든 물체의 복사능 E 와 흡수율 A 의 비는 일정하며, 그 값은 그 온도에서 완전 흑체의 복사능과 같다"

$$\frac{E}{A} = \frac{E_b}{A_b} = E_b \quad\text{………………………………}\quad (1\text{–}25)$$

여기서 E_b : 완전 흑체의 복사능
　　　 A_b : 완전 흑체의 흡수율$=1$

즉, $E = E_b \cdot A$

$$\frac{E}{E_b} = \frac{A}{A_b} = A \quad \cdots\cdots\cdots\cdots\cdots\cdots\cdots\cdots\cdots\cdots\cdots\cdots\cdots\cdots\cdots \quad (1-25a)$$

어떤 물체의 복사율 $\left(\dfrac{E}{E_b}\right)$ 은 그 물체의 흡수율과 같다.

● 슈테판-볼츠만의 법칙(Stefan-Boltzmann's law)

"절대온도 $T\,[\mathrm{K}]$ 의 완전 흑체표면의 단위면적으로부터의 복사능은 열역학적 온도의 4제곱에 비례한다."

$$E_b = \sigma T^4 \ [\mathrm{W/m^2}] \quad \cdots\cdots\cdots\cdots\cdots\cdots\cdots\cdots\cdots\cdots\cdots\cdots\cdots \quad (1-26)$$

여기서. E_b : 완전 흑체의 복사능

$\sigma = 5.6697 \times 10^{-8}\,[\mathrm{W/(m^2 \cdot K^4)}]$ 슈테판 볼츠만 상수

자동차 에어컨 시스템의 응축기를 흑색으로 도장하는 것은 표면을 흑체에 가깝게 하여, 대류와 함께 복사에 의한 방열도 고려한 것이다.

이상(理想) 복사체 또는 소위 흑체만이 식(1−26)에 따른 복사 플럭스를 방사할 수 있다. 절대온도가 T 인 실제 물체가 방사하는 복사 플럭스(q)는 완전 흑체의 복사능 E_b 보다 항상 적으며

$$q = \epsilon E_b = \epsilon \sigma T^4 \quad \cdots\cdots\cdots\cdots\cdots\cdots\cdots\cdots\cdots\cdots\cdots\cdots \quad (1-26a)$$

로 표시할 수 있다. 여기서 방사율(emissivity) ϵ (epsilon)은 0과 1 사이의 값이며, 실제 물체의 방사율은 항상 1보다 작다.

에어컨 시스템의 작동 온도 범위(예 : $-40\,℃ \sim +50\,℃$)에서는 흡수율과 방사율이 거의 같으며, 에어컨 시스템에 사용된 금속(예 : 철, 구리 알루미늄 등)은 공기 중에서 쉽게 산화되고 광택이 없어지기 때문에 방사율 값은 0.5에 근접하는 값으로 증가한다.

표 1-8 방사율(= 흡수율)의 예

거친 표면(벽돌, 콘크리트, 타일 등, 색깔과 무관)	0.85~0.95
금속 페인팅	0.40~0.60
무광택 금속	0.20~0.30
광택 금속	0.02~0.28

(2) 열전달 평가를 위한 특성값

열전달을 평가하기 위한 특성값으로 열전달률, 열플럭스 그리고 열저항을 정의한다.

① **열전달률($\dot{Q}$) 또는 열출력**

$$\dot{Q}= \frac{dQ}{d\tau} \rightarrow (\text{정상적인 경우}) \ \dot{Q}= \frac{Q}{\tau}\left[\frac{\text{J}}{\text{s}}=\text{W}\right] \quad\text{............................ (1-27)}$$

② **열플럭스(q) 또는 열 밀도**

$$q= \frac{\dot{Q}}{A}\left[\frac{\text{W}}{\text{m}^2}\right] \quad\text{.. (1-28)}$$

③ **열저항(R)**

$$R= \frac{\text{온도 기울기}}{\text{열 전달률}} = \frac{\Delta T}{\dot{Q}}\left[\frac{\text{K}}{\text{W}}\right] \quad\text{.................................... (1-29)}$$

(3) 열교환기에서의 전열 관계식

에어컨 시스템에서 응축기나 증발기는 일종의 열교환기이다. 유체의 운동방향에 따라 열교환기를 분류하면 다음과 같다.

① **병류형(parallel flow) 또는 평행류형** (그림 1-20(a))

② **항류형(counter flow) 또는 대항류형** (그림 1-20(b))

③ **직교류형(cross flow)** (그림 1-20(c))

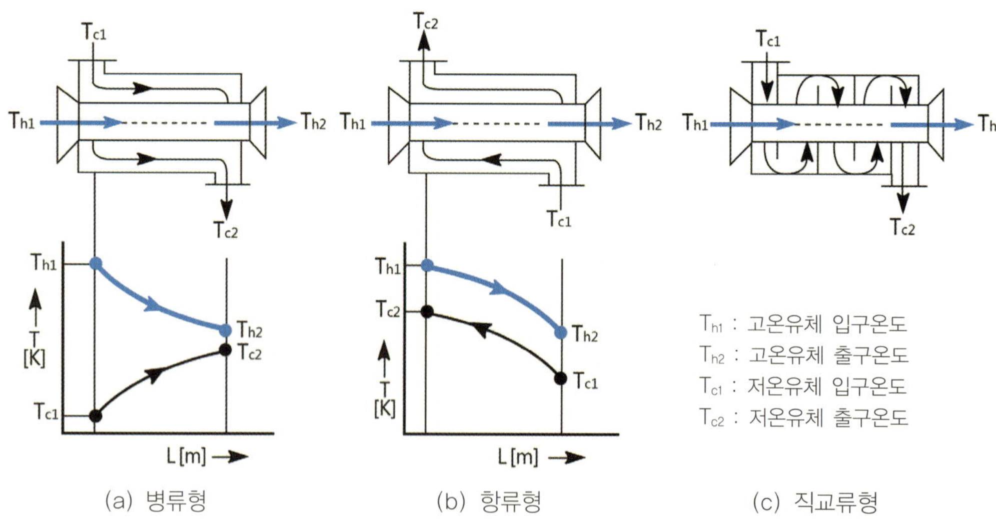

▲ 그림 1-20 열교환기에서의 유체 유동 및 온도 변화 경향성

그림 1-20과 식(1-30)에서 하첨 영문자 h와 c는 각각 고온(high)과 저온(cool)을, 숫자 1, 2는 각각 유체의 입구(1)와 출구(2)를 나타낸다. 열교환기에서의 전열 관계식은 다음과 같다.

$$Q = U \cdot A \cdot \Delta T = W_h \cdot c_{ph}(T_{h1} - T_{h2})$$

$$= W_c \cdot c_{pc}(T_{c2} - T_{c1}) \quad \cdots\cdots\cdots\cdots\cdots\cdots (1-30)$$

여기서, Q : 열전달률 [kW]　　　　　　　U : 열관류율 [kJ/(m$^2 \cdot$ h $\cdot$ K)]

A : 열관류 단면적 [m^2]

ΔT : 로그 평균온도차(LMTD) $= \dfrac{T_1 - T_2}{\ln \dfrac{T_1}{T_2}}$ [K]　단, $T_1 > T_2$

W : 유체의 유량 [kg/h]　　　c_p : 정압비열 [kJ/(kg $\cdot$ K)]

※ LMTD : Logarithmic Mean Temperature Difference(로그 평균온도차)

예제 10 증발기의 냉매는 일정한 온도 3℃에서 계속 증발하고, 증발기를 통과하는 공기는 28℃에서 8℃로 냉각되었다. 대수 평균 온도차(LMTD)를 구하라. 그리고 증발기 표면적이 1m^{2}이고 열관류율이 100W/(m$^2 \cdot$ K)일 때의 열전달률 $\dot{Q}$ 를 구하라.

➡ 풀이　　$\Delta T_{\max} = 28 - 3 = 25[\mathrm{K}]$　　　　　　$\Delta T_{\min} = 8 - 3 = 5[\mathrm{K}]$

1) $LMTD = \dfrac{25 - 5}{\ln \dfrac{25}{5}} = \dfrac{20}{\ln 25 - \ln 5} = \dfrac{20}{\dfrac{2\ln 5}{\ln 5}} = \dfrac{20}{2} = 10[\mathrm{K}]$

2) $\dot{Q} = U \cdot A \cdot \Delta T = 100 \dfrac{\mathrm{W}}{\mathrm{m}^2 \cdot \mathrm{K}} \times 1\mathrm{m}^2 \times 10\mathrm{K} = 1000\mathrm{W} = 1\mathrm{kW}$

실제로는 이 값들에 변화가 많다. 관내를 흐르는 유체가 증발 또는 응축함에 따라 압력이 강하하고, 압력이 강하하면 포화온도가 변하게 된다. 어떤 유체는 온도가 변화하면 열전달률이 변하게 될 것이다. 이와 같은 이유에서, 로그 평균 온도차(LMTD) 공식이 모든 열전달의 경우에 정확하게 일치하는 것은 아니다.

열교환기(예제 10에서는 증발기)의 크기가 무한하다면, 공간 온도곡선은 결국은 증발기 온도와 일치하고, 더 이상의 열전달이 진행되지 않을 것이다. 예제 10에서 공기온도는 3℃로 강하할 것이다. 열교환기의 효율성(effectiveness)은 이상적인 최댓값까지와 실제로 전달된 열의 비율로 나타낼 수 있다.

$$\text{열교환기(증발기)의 효율성} = \dfrac{T_{A.in} - T_{A.out}}{T_{A.in} - T_{B.in}} \quad \cdots\cdots\cdots\cdots\cdots (1-31)$$

여기서, $T_{A.in}$: 입구공기온도　　$T_{A.out}$: 출구공기온도　　$T_{B.in}$: 증발기 냉매온도

(예제 10)의 경우는 열교환기의 효율성을 다음과 같이 표시할 수 있다.

$$\text{열교환기의 효율성} = \dfrac{T_{A.in} - T_{A.out}}{T_{A.in} - T_{B.in}} = \dfrac{28 - 8}{28 - 3} = 0.8 \text{ 또는 } 80\%$$

공기의 성질
(Properties of air)

지구상의 공기 즉, 대기(atmospheric air)는 건조공기(dry air)와 수증기(water vapor)의 혼합기이다. 수증기를 수분(moisture)이라고도 하며, 건조공기에 수분이 혼입된 공기를 습공기라고 한다.

1 건조공기와 습공기

(1) 건조공기(乾燥空氣) 또는 건공기(乾空氣 : dry air : DA)

건조공기는 질소와 산소가 약 4 : 1의 체적비율로 혼합된 상태에 소량의 이산화탄소, 아르곤, 헬륨 등의 기체가 혼합된 상태이다. 그러나 이와 같은 건조공기(dry air)는 실험실에서나 존재한다.

공기조화에서는 1기압(1013hPa), 15℃에서 평균분자량 28.9644[kg/kmol], 가스상수 $R_a = 287.1\left[\dfrac{\text{J}}{\text{kgK}}\right]$, 밀도 $\rho_a = 1.225[\text{kg/m}^3]$을 공기의 기준 값으로 사용한다.

 표 1-8 건조공기의 조성 (평균분자량 28.96kg/kmol)

성분 조성구분	질소(N_2)	산소(O_2)	아르곤(Ar)	이산화탄소(CO_2)	수소(H_2)
체적 [%]	78.03	20.99	0.933	0.030	0.01
질량 [%]	75.47	23.20	1.28	0.046	0.001

열역학적 계산에서는 편의상 산소를 제외한 다른 성분들을 모두 질소로 취급한다. 그리고 산소의 체적분률은 21.%(vol.), 질량분률은 23.2%(wt.)를 주로 사용한다.

표 1-8에서 대기 중의 이산화탄소 비율을 0.030%(vol.)로 제시하고 있으나, 2013년 유엔 기후협약기구는 0.040%(vol.)라고 공표하였다. - 대기 중 이산화탄소 농도의 증가

대기압 하에서 산소(Oxygen)의 비등점(또는 액화온도)은 −182.7℃(−297℉)이고, 질소

의 비등점(또는 액화온도)은 $-195℃(-319℉)$로서 두 기체 모두 상온에서는 과열도가 아주 높은 상태이다. 따라서 대부분 이들 두 기체로 구성된 공기 역시 과열도가 아주 높은 기체(super-heated gas)이다.

그러므로 공기조화 과정에서 공기 온도가 비교적 좁은 범위에서 변화할 경우에 공기의 밀도와 체적은 아주 조금 변화할 뿐이다. 즉, 건조공기가 냉각(또는 가열)될 때 감열(sensible heat)만 제거(또는 추가)될 뿐, 잠열(latent heat)은 관여하지 않는다. 이유는 위에서 설명한 바와 같이 공기는 그 자체가 이미 과열도가 아주 높은 기체이기 때문이다.

(2) 습공기(濕空氣 : moist air or humid air : MA)

실제로 지구상에 존재하는 공기는 건조공기에 수분이 포함된 습공기이다.

기체열역학에 따르면, $0℃$, 1기압에서 체적 1리터의 공기에서는 약 2.7×10^{22} 개의 기체 분자가 음속의 약 1.5배 정도로 고속운동하고 있다. 또한 분자 자체가 차지하는 체적은 전체 체적에 비해 아주 작다.

그러므로 이와 같은 공기분자 사이에 수증기 분자가 들어가면, 습공기가 된다. 공기의 온도가 상승하면 분자운동이 활발해지고, 분자 간의 거리가 멀어지므로 더 많은 수증기 분자가 들어 갈 수 있다. 반대로 온도가 강하하면 분자운동이 감소하여 분자간격이 좁아지므로 수증기 분자는 공기로부터 배제되게 된다. 그러면 수분의 증발이나 응축현상이 발생한다.

표 1-9 습공기에서의 포화 증기압(발췌)

온도 ℃(℉)	포화증기압 mmHg.abs	밀도 [g/cc]	온도 ℃(℉)	포화증기압 mmHg.abs	밀도 [g/cc]
0(32)	4.6	0.018	26.7(80)	26.2	0.098
4.4(40)	6.3	0.026	29.4(85)	30.8	0.115
7.2(45)	7.6	0.03	32.9(90)	36.1	0.133
10 (50)	9.2	0.036	35(95)	42.2	0.154
12.8(55)	11.1	0.043	37.8(100)	49.1	0.177
15.5(60)	13.2	0.052	40.5(105)	57	0.205
18.3(65)	15.8	0.06	43.3(110)	66	0.235
21.1(70)	18.8	0.072	46.1(115)	76.1	0.269
23.9(75)	22.2	0.084	48.9(120)	87.6	0.307

습공기는 건조공기와 수증기가 완전 혼합되어 있는 기체라고 생각할 수 있다. 습공기에 포함된 수증기의 양은 기후조건에 따라 다르지만 질량분률로 약 $0.5 \sim 3\%$ 정도에 이른다.

그리고 건조공기와 수증기는 각기 서로 독립적으로 자신의 압력 즉, 분압을 가지고 있다. 이들 분압이 합쳐서 전압(total pressure)을 형성한다. 그러나 수증기 분압은 건조공기 분압에 비하면, 아주 낮다.(표 1-9 참조)

2 습도(濕度 : humidity)

습도는 공기중에 포함된 수증기의 양에 대한 표현으로, 공기의 습(濕)한 정도, 또는 건조(乾燥)한 정도를 나타내는 척도이다. 일반적으로 사람은 습도가 높으면 불쾌하게, 습도가 낮으면 쾌적하게 느낀다.

(1) 절대습도(絕對濕度 : absolute humidity)

절대습도에는 비습도(질량 절대습도)와 용적 절대습도가 있다.

① **비습도(specific humidity) 또는 질량 절대습도 : x[kg/kg′] 또는 [kg/kg(DA)]**

습공기 중에 함유되어 있는 건조공기(DA : Dry Air) 1kg에 대한 수분의 질량을 말한다. 예를 들면 지금 1kg의 건조공기에 들어있는 수증기의 질량을 m_w[kg]이라 하면 습공기의 총질량은 $(1+m_w)$[kg]이 된다. 표시기호는 x 또는 SH(specific humidity)를, 단위는 [kg/kg′] 또는 [kg/kg DA]를 사용한다. [kg′]와 [kg DA]는 각각 건조공기 1[kg]당을 의미한다. 공기조화에서는 주로 비습도(질량 절대습도)를 사용한다.

$$x = \frac{m_w}{m_D}[\text{kg/kg}'] \quad \cdots\cdots (1\text{-}32)$$

여기서　x : 비습도(또는 질량 절대습도)
　　　　m_D : 건조공기 1kg[kg′ 또는 kg DA]
　　　　m_w : 건조공기 1kg에 포함된 수증기 질량[kg]

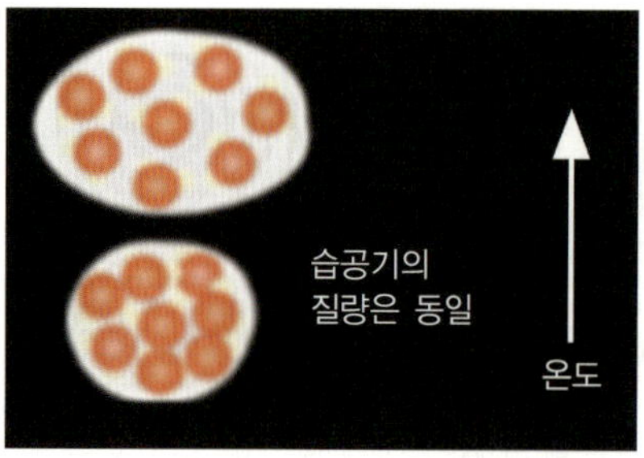

기준 질량 (건조 공기)	수증기 질량	비습도 (질량 기준)		
1kg′	1g	1g/kg′	20℃	온도와 무관
1kg′	1g	1g/kg′	10℃	

▲ 그림 1-21 비습도(질량 절대습도)의 정의

이는 5%의 식염수가 총질량 100g 중에서 식염 5g, 물 95g인 것과는 다르다. 그리고 온도상승으로 용적이 커져도 비습도(specific humidity) 값은 변하지 않는다. 온도와 무관하다.

② **용적 절대습도**(VH : Volumetric absolute Humidity) : $[\mathrm{g/m^3}]$(밀도 기준)

용적 절대습도는 단위 용적의 대기에 포함되어 있는 수증기의 질량 즉, 밀도를 말한다. 수증기 질량이 일정한 상태에서 온도가 상승하여 체적이 증가하면, 용적절대습도는 낮아진다. 널리 사용되지 않는 개념이다.

$$VH = \frac{m_w}{V_a}\left[\frac{\mathrm{g}}{\mathrm{m^3}}\right] \quad\cdots\cdots\cdots\cdots (1\text{-}33)$$

$$\text{여기서} \quad VH : \text{용적 절대습도} [\mathrm{g/m^3}]$$
$$m_w : \text{수증기 질량} [\mathrm{g}]$$
$$V_a : \text{대기의 용적} [\mathrm{m^3}]$$

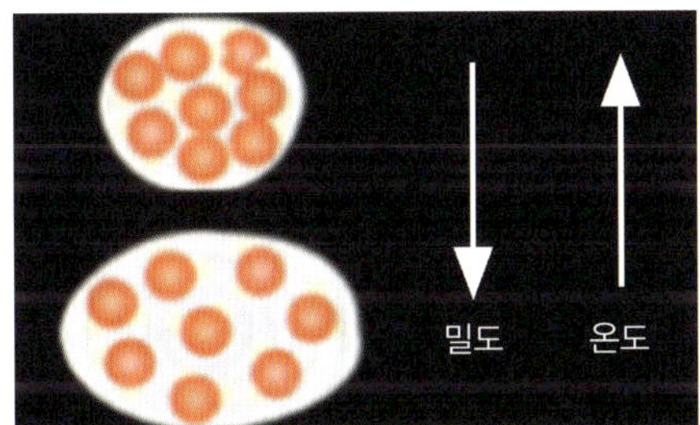

기준 용적	수증기 질량	용적 절대습도	
$2\mathrm{m^3}$ (증가)	10g	$5\mathrm{g/m^3}$ (감소)	온도가 상승하면 밀도 감소
$1\mathrm{m^3}$	10g	$10\mathrm{g/m^3}$	

▲ 그림 1-22 용적 절대 습도의 정의

(2) 상대(相對) 습도(relative humidity)

① **상대습도**(相對濕度 : relative humidity : RH, φ(%))

상대습도는 특정 온도의 대기에 포함되어 있는 수증기의 양(질량)을 그 온도에서 최대로 포함할 수 있는 수증기 질량 즉, 포화 수증기 질량으로 나눈 값이다. 또는 특정 온도의 대기 중에 포함되어 있는 수증기의 압력을 그 온도의 포화 수증기 압력으로 나눈 값을 말한다. 백분율(%)로 표시한다.

상대습도는 공기 중의 수증기의 양과 공기온도에 따라 변한다. 어떤 양의 공기 중에 포함될 수 있는 수분의 양은 공기의 온도가 높아질수록 많아지지만, 무제한으로 많아지는 것은 아니다. 어느 양(量)으로 한계에 도달하고, 이 한계량의 수분을 포함한 상태를 포화상태(飽和狀態 : saturated condition)라고 한다.

그림 1-23은 10℃공기 1kg에 포함된 수증기 질량이 8g일 경우를 기준으로 상대습도의 원리를 나타낸 그림이다. 즉, 어떤 온도에서는 100%의 습도일지라도 온도가 상승하면 상대습도가 낮아진다는 것을 알 수 있다.

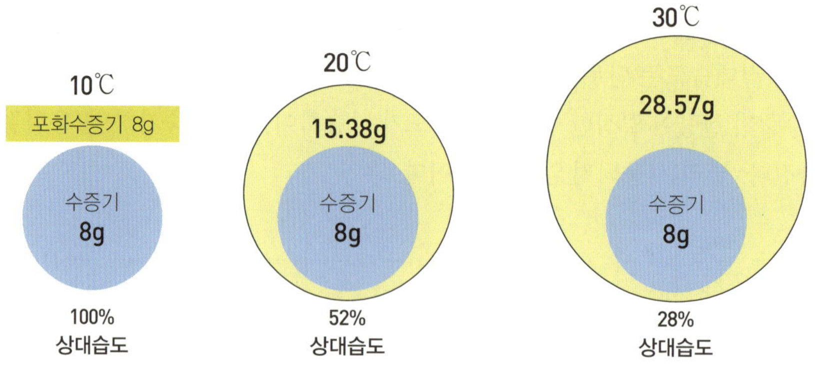

▲ 그림 1-23 상대습도의 원리

상대습도(φ ; varphi)는 다음과 같이 정의한다.

$$\varphi = \frac{p}{p_s} \times 100(\%) = \frac{r}{r_s} \times 100(\%) \qquad\qquad (1\text{-}34)$$

여기서 p : 온도 t℃에서, 공기 중의 실제 수증기의 분압 [mm Hg]

p_s : 온도 t℃에서, 공기 중의 포화수증기의 분압 [mm Hg]

r : 온도 t℃에서, 단위체적의 공기 중에 포함된 수증기 질량 [kg/m^3]

r_s : 온도 t℃에서, 단위체적의 포화 습공기에 포함된 수증기 질량 [kg/m^3]

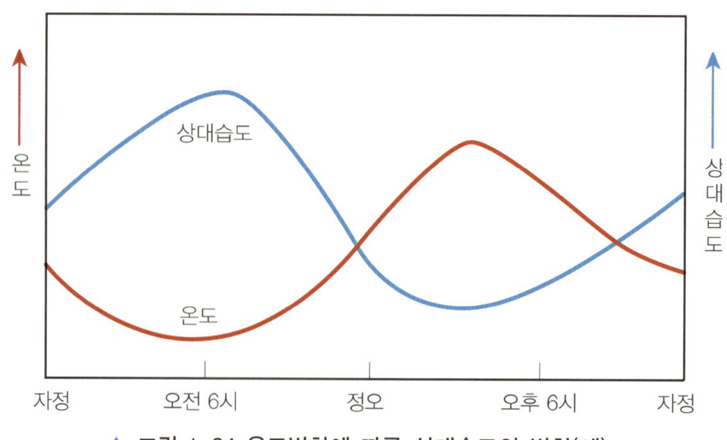

▲ 그림 1-24 온도변화에 따른 상대습도의 변화(예)

② **비교습도(比較濕度 : percentage humidity) : ψ**

비교습도란 습공기의 절대습도 x와 그 온도와 동일한 포화공기의 절대습도 x_s와의 비를 말한다. 표시기호로는 ψ(psi)를 사용하며, 이를 포화도(degree of saturation)라고도 한다. 비교습도에 100을 곱하면, 상대습도와 같은 의미가 된다.

$$\psi = \frac{x}{x_s} \quad \text{...} \quad (1-34a)$$

예제 11 온도 $t_1 = 18℃$ 에서의 포화증기는 $x_{s1} = 15.4\text{g/m}^3$이고, 온도 $t_2 = 8℃$ 에서의 포화증기는 $x_{s2} = 7.8\text{g/m}^3$이다. 온도 $t_1 = 18℃$ 에서의 비교습도가 $\psi_1 = 0.82$일 때
① 온도 $t_1 = 18℃$ 인 공기 1m^3 중의 수분 함량은?
② 온도가 $t_1 = 18℃$ 에서 $t_2 = 8℃$ 로 강하할 때, 석출(응축)되는 수분의 양은?

▶ **풀이** ① $x_1 = \psi_{t1} \cdot x_{s1} = 0.82 \times 15.4\text{g/m}^3 = 12.6\text{g/m}^3$
② 응축수 : $x_1 - x_{s2} = (12.6 - 7.8)\text{g/m}^3 = 4.8\text{g/m}^3$

(3) 이슬점 온도 또는 노점 온도(露點溫度 : dew point temperature : DP), t''

습공기(濕空氣)의 온도를 낮추어 일정 온도에 도달하면, 습공기 중의 수분이 응축되어 이슬이 맺히기 시작한다. 이때의 온도를 "노점온도(또는 이슬점 온도)"라 한다. 즉 습공기의 수증기 분압과 동일한 수증기 분압을 가진 포화습공기의 온도를 말하며, 기호로는 t''를 사용한다.

온도 ℃(℉)	포화증기압 mmHg.abs	밀도 [g/cc]
21.1(70)	18.8	0.072
23.9(75)	22.2	0.084
26.7(80)	26.2	0.098
29.4(85)	30.8	0.115

위의 자료는 표 1-9에서 발췌한 것이다. 온도 26.7℃, 수분 함량 0.072g/cc, 증기압 18.8mmHg, 상대습도 73.5%인 공기를 냉각시켜보기로 하자.

온도가 23.9℃로 낮아졌다면, 상대습도는 0.072/0.084 = 85.7%로 상승할 것이다. 수분 0.084g/cc는 23.9℃에서 포화에 필요한 수분의 양이다. 온도가 21.1℃로 내려가면 상대습도는 100%가 된다. 수분 0.0728/cc는 21.1℃에서 포화에 필요한 수분의 양이기 때문이다.

이제 공기는 21.1℃에서 포화되었다. 온도가 조금이라도 더 내려가면, 수분의 일부가 응축되기 시작한다. 이때의 온도를 노점온도(또는 이슬점 온도)라고 한다.

따라서 온도 26.7℃, 수분의 양 0.072g/cc, 증기압 18.8mmHg, 상대습도 73.5% (0.072/0.098)인 공기의 노점온도는 21.1℃가 된다.

(4) 착상(着霜 : frost)

공기를 냉각시킴에 따라 공기가 포함할 수 있는 수증기의 양은 점점 감소한다. 물체표면의 온도가 노점온도 이하로 내려가면, 물체의 표면에 직접 접촉하는 공기 중의 수분의 일부는 이슬이 되어 물체의 표면에 나타난다. 이 상태에서 이슬이 맺힌 물체 표면의 온도가 0℃ 이하로 내려가면 이슬은 서리 또는 얼음으로 변한다.

예를 들면 냉동(냉방) 사이클에서 증발기(evaporator)를 통과하는 공기의 온도가 노점온도 이하로 낮아지면, 공기 중의 수분이 응축되어 물방울이 되고, 증발기 표면의 온도가 0℃ 이하로 내려갈 경우는 증발기 표면에 서리(霜)가 끼거나, 얼음이 얼게 된다. 이때 서리가 끼는 것을 착상(着霜 : frost)이라고 한다.

(5) 불쾌지수(Discomfort Index) : 1957년 E. C. Thom(미국)이 제안

불쾌지수란 기온과 습도의 조합으로 사람이 느끼는 온도를 지수로 표현한 것으로서, 온습도지수(THI: Temperature-Humidity-Index)라고도 한다. 불쾌지수는 여름철 실내의 무더위의 기준으로서만 사용되고 있을 뿐, 복사나 바람의 조건은 포함되어 있지 않기 때문에 그 적정한 사용에는 한계가 있으며, 개인에 따라 쾌감대의 범위가 다른 것처럼 불쾌지수 값에 따라 불쾌감을 느끼는 정도도 개인에 따라 차이가 있다. (출처 : 기상청)

① 계산식

$$불쾌지수(THI) = \frac{9}{5}T - 0.55(1 - RH)\left(\frac{9}{5}T - 26\right) + 32 \qquad (1\text{-}35)$$

여기서 T : 건구 온도 [℃]

RH : 상대습도 [%]

보다 더 간단한 다음 식을 사용하기도 한다.

$$불쾌지수(UI) = 0.72(DBT + WBT) + 40.6 \qquad (1\text{-}35a)$$

여기서 DBT : 건구온도 [℃]

WBT : 습구온도 [℃]

② 단계별 지수 범위 및 내용

단계	지수범위	설명 및 주의사항
매우 높음	80 이상	모든 사람이 불쾌감을 느낌
높음	75~80 미만	50% 정도 불쾌감을 느낌
보통	68~75 미만	불쾌감을 나타내기 시작함
낮음	68 미만	모든 사람이 쾌적함을 느낌

(6) 공기의 엔탈피 또는 열용량 (heat content or enthalpy of air)

공기의 총 열용량 또는 엔탈피는 감열과 잠열의 합이다.

감열은 대부분 건조공기로부터 나온다. 수증기도 감열이 있으나 습공기에서 건조공기와 비교할 때 수분이 차지하는 양이 아주 적기 때문에 일반적으로 이를 무시한다. 감열은 $0℃$를 기준으로 계산한다. 건조공기의 비열에 공기량(무게)을 곱하고 건구온도를 판독하여 감열량을 구한다. (식 1-22 참조)

잠열량은 공기중의 수분의 양에 의해 결정된다. 공기중의 수분의 양은 공기의 노점에서의 수분의 양이므로, 잠열은 공기의 노점온도에 따라 좌우된다. 공기의 노점온도가 변하지 않는 한, 공기의 잠열량도 변하지 않는다. 공기의 잠열량은 노점온도에서의 수분의 양에 노점온도에서 물의 잠열을 곱하여 구할 수 있다.

따라서 공기의 총 열용량 또는 엔탈피는 건구온도(감열)와 노점온도(잠열)에 의해 좌우된다.

공기의 건구(DB)온도와 습구(WB)온도는 일정하지 않으며, 하루 동안에도 수시로 변한다. 이와 같은 변화는 습공기선도를 사용하여 분석, 추적할 수 있다. (다음 장에서 설명한다.)

습공기선도를 분석하여 다음 사항을 확인할 수 있다.
① 임의의 건구온도와 노점온도의 조합에서 단 하나의 습구온도가 결정된다.
② 동일한 습구온도에서도 건구온도와 노점온도의 조합은 다수일 수 있다. 그리고 건구온도와 노점온도가 달라도 습구온도만 같으면, 총 열용량은 같다.
이는 표 1-10에서 확인할 수 있다.

표 1-10 습공기 선도 분석(예) – 습구온도가 동일할 경우 ※ 1kcal=4.186kJ

건구온도 ℃(℉)	노점온도 ℃(℉)	습구온도 ℃(℉)	상대습도 RH%	열용량 또는 엔탈피 (kcal/kgf)		
				감열	잠열	합계
18.3(65)	18.3(65)	18.3(65)	100	8.6	8	16.6
23.9(75)	13.7(56.7)	18.3(65)	58	10	6.6	16.6
29.4(85)	11.7(53)	18.3(65)	33	11.3	5.3	16.6
35(95)	7.2(45)	18.3(65)	18	12.8	3.8	16.6

표 1-11은 건구온도는 같으나 습구온도가 다를 경우의 열용량이다.

건구온도는 같아도 습구온도가 다르면, 총 엔탈피가 다르다. 이는 공기조화에서 습구온도가 중요함을 의미한다. 시스템 성능을 확인하고, 고장을 점검하기 위해서는 건구온도만으로는 부족하다. 반드시 습구온도를 고려해야 한다.

표 1-11 습공기 선도 분석(예) – 건구온도가 동일할 경우 ※ 1kcal=4.186kJ

건구온도 ℃(℉)	습구온도 ℃(℉)	상대습도 Rh%	총 엔탈피 kcal/kgf
29.4(85)	26.7(80)	81	24.25
29.4(85)	23.9(75)	63	21.42
29.4(85)	21.1(70)	48	18.92
29.4(85)	18.3(65)	33	16.65
29.4(85)	15.6(60)	21	14.71

3 습공기 선도(Psychrometric chart)

앞에서 공기조화에 적용할 수 있는, 습공기(건조공기와 수분의 혼합기)의 특성을 검토하였다. 그리고 이 책의 첫 머리에서 언급한 바와 같이 공기조화란 "해당 장소의 필요에 따라 공기의 온도(냉각 또는 가열), 습도(가습 또는 감습), 청정도(세정 및 여과) 및 분산(순환 또는 재순환)을 해당 장소의 사용목적에 적합하게, 동시에 제어하는 과정"이다.

(1) 습공기 선도의 구성

습공기의 여러 가지 상태량을 나타내는 선도를 습공기 선도라고 한다. 습공기 선도에는 절대습도(x)와 엔탈피(h)를 사교좌표로 하는 $h-x$ 선도, 절대습도(x)와 건구온도(t)를 직교좌표로 하는 $t-x$선도, 그리고 건구온도(t)와 엔탈피(h)를 직교좌표로 하는 $t-h$선도 등이 있으며, 일반적으로 $t-x$선도를 가장 많이 활용한다.

공기조화 과정에서 발생하는 공기의 상태변화는 습공기 선도를 사용하여 추적 및 분석할 수 있다. 습공기 선도($t-x$선도)는 다음과 같은 상태량의 상관관계를 나타내고 있다.

① 건구(DB)온도

② 습구(WB)온도

③ 상대습도(%Rh)

④ 이슬점 온도(또는 노점온도)

⑤ 수분함량

⑥ 열용량 또는 엔탈피

⑦ 비체적

위에 열거한 ①~④항 중에서 2가지 요소를 알고 있으면, 나머지 다른 요소들의 특성값을 구할 수 있다.

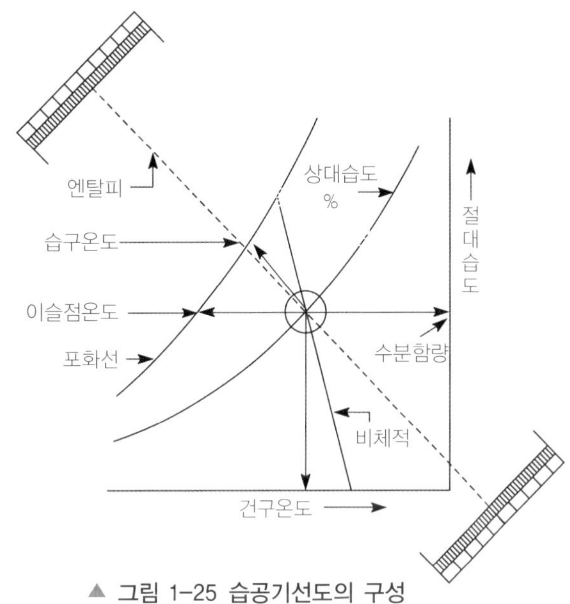

▲ 그림 1-25 습공기선도의 구성

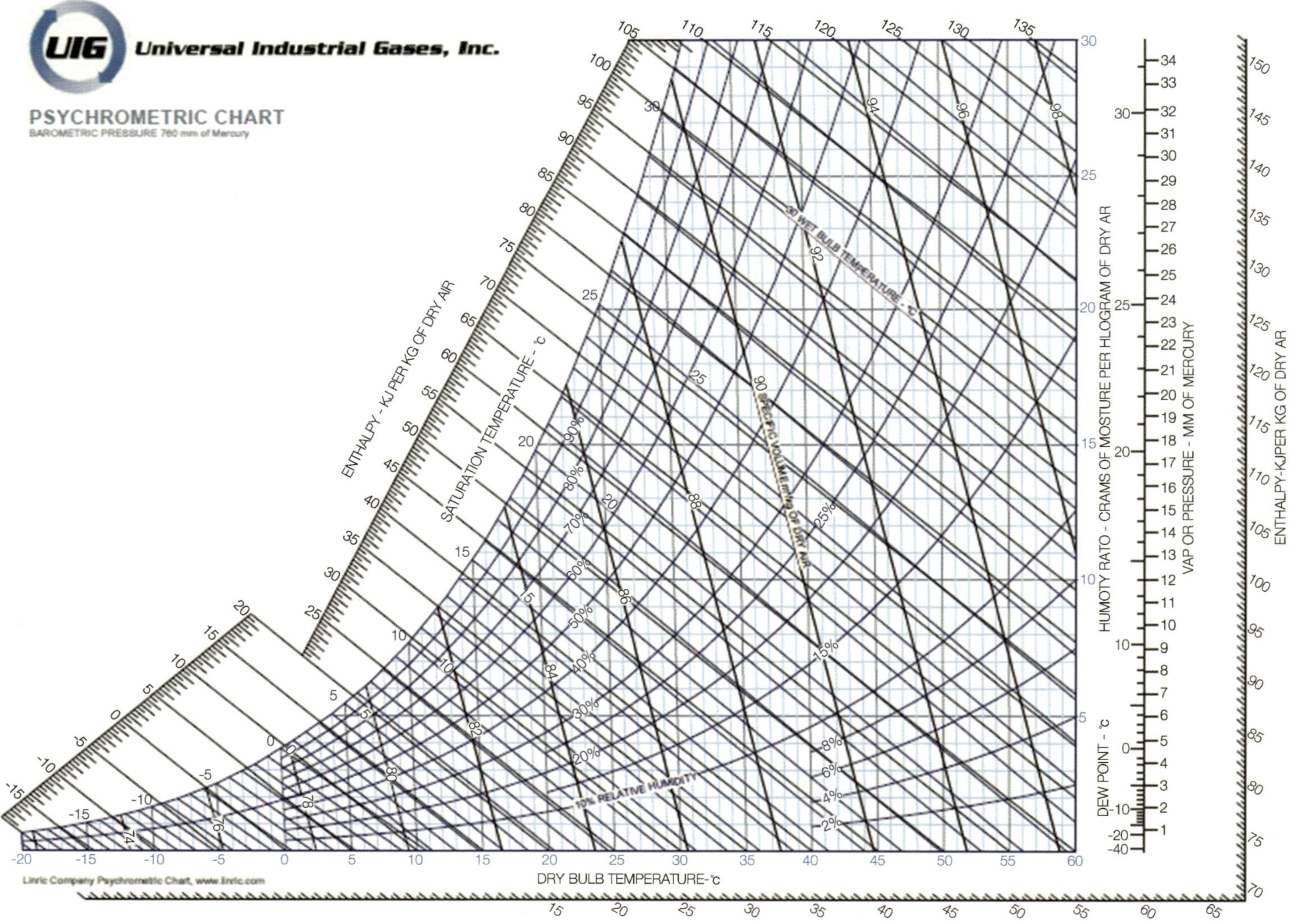

▲ 그림 1-26 실제 습공기 선도(예)

(2) 습공기선도 판독 방법

① 건구온도(t_{DB})와 습구온도(t_{WB})를 알고, 다른 상태값을 확인하는 방법(그림 1-27a)

(예) 건구온도 t_{DB}= 29.4℃ (85°F)
　　　습구온도 t_{WB}= 21.1℃ (70°F)

가로축(x축) 건구온도 눈금에서 29.4를 찾아 수직선을 그어, 습구온도 21.1℃선(사선)과의 교점(O)을 찾는다. 이 교점(O)은 선도에서 습구온도 21.1℃와 건구온도 29.4℃의 조건을 만족하는 유일한 점으로서, 상태점(condition point)이라고 한다. 상태점에서 수평선을 그으면 y축에서 수분함량(12.28g/kg)을, 포화선에서 이슬점 온도(17.22℃)를 확인할 수 있다. 그리고 상태점(O)을 지나는 상대습도선에서 상대습도(48%Rh)를, 습구온도 연장선을 엔탈피 눈금까지 연장하여 건조공기의 엔탈피(18.94kcal

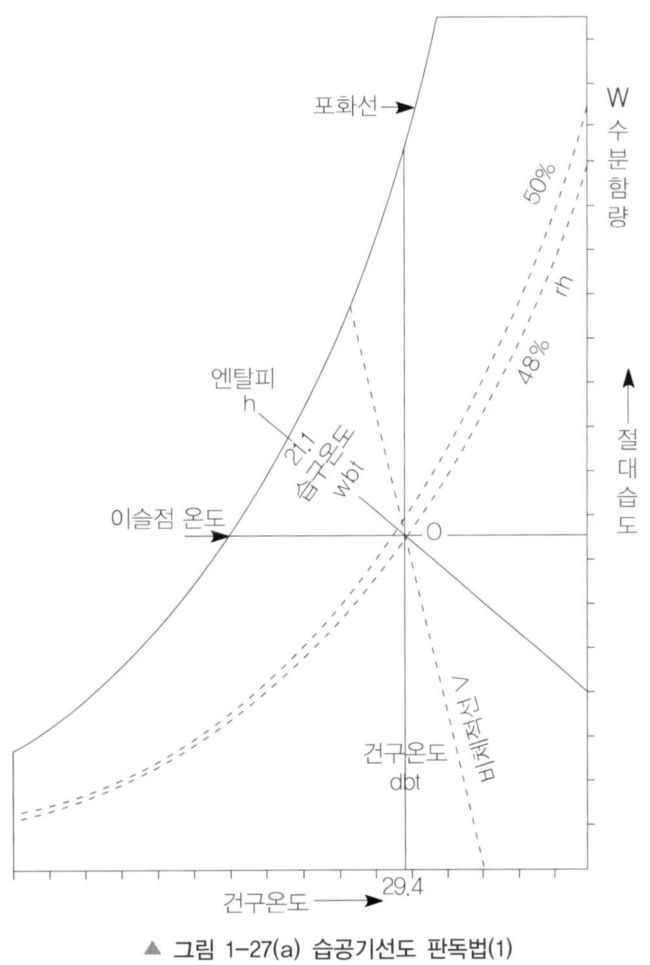

▲ 그림 1-27(a) 습공기선도 판독법(1)

/kg) ; 79.11kJ/kg)를, 비체적선에서 건조공기의 비체적(0.8736m^3/kg)을 각각 확인할 수 있다. 상대습도선이 40%선과 50%선 사이에 존재한다. 이 경우는 두 선 사이의 상태점 위치를 고려하여 보간법으로 구한다. 예의 경우는 48%가 된다.

② **건구온도(t_{DB})와 노점온도(t_{DP})를 알고, 다른 상태값을 확인하는 방법(그림 1–27b)**

(예) 건구온도 t_{DB}= 13.3℃ (56℉)

노점온도 t_{DP}= 11.7℃ (53℉)

가로축(x축)　건구온도 눈금에서 13.3℃를 찾아 수직선을 그은 다음에, 포화선에서 노점온도 11.7℃ 점을 찾아 가로축(x축)에 나란한 직선을 그어 건구온도 13.3℃선과의 교점(O) 즉, 상태점을 찾는다. 이 상태점(O)은 선도에서 습구온도 13.3℃와 노점온도 11.7℃의 조건을 만족하는 유일한 점이다. 상태점에서 수평선을 그으면 y축에서 수분함량(8.57g/kg)을 확인할 수 있다. 그리고 상태점(O)을 지나는 상대습도선에서 상대습도(89%Rh)를, 습구온도 연장선을 엔탈피 눈금까지 연장하여 건조공기의 엔탈피(12.68kcal/kg); 53.05kJ/kg)를, 비체적선에서 건조공기의 비체적(0.827m³/kg)을 각각 확인할 수 있다.

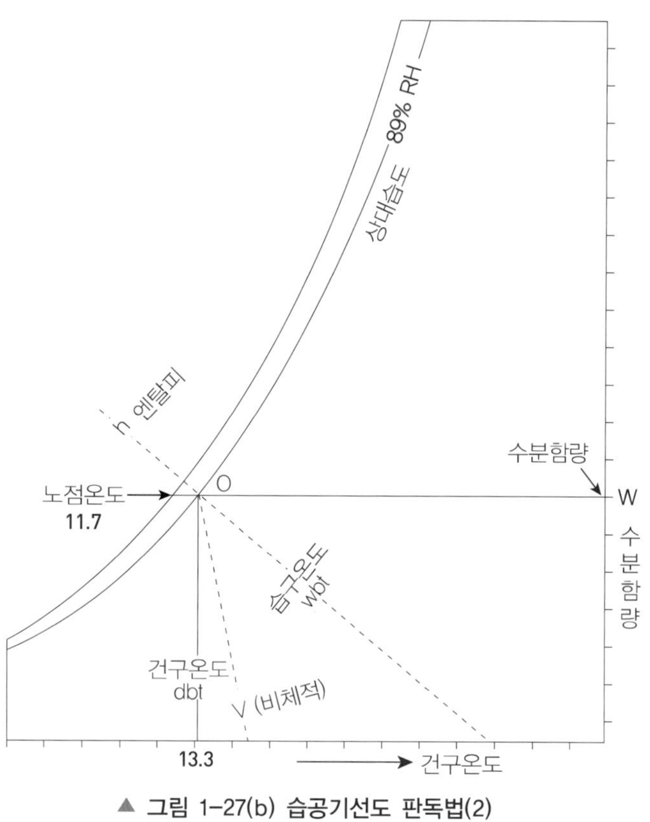

▲ 그림 1–27(b) 습공기선도 판독법(2)

③ **건구온도(t_{DB})와 상대습도(%Rh)를 알고, 다른 상태값을 확인하는 방법(그림 1–27c)**

(예) 건구온도 t_{DB}= 23.3℃ (74℉)

상대습도 Rh = 50%

가로축(x축) 건구온도 눈금에서 23.3℃를 찾아 수직선을 그은 다음에, 상대습도 50% 선과의 교점을 확인한다. 교점에서 가로축(x축)에 나란한 수평선을 그어 y축에서 수분

함량(8.85g/kg)을, 좌측의 포화선에서 노점온도(12.22℃(54℉))를 확인한다. 그리고 상태점(O)을 지나는 습구온도선을 연장하여 포화선에서 습구온도(16.5℃(61.7℉))를, 습구온도선을 엔탈피 눈금까지 연장하여 건조공기의 엔탈피(15.32kcal/kg) ; 64.10 kJ/kg)를, 비체적선에서 건조공기의 비체적(0.85m^3/kg)을 각각 확인할 수 있다.

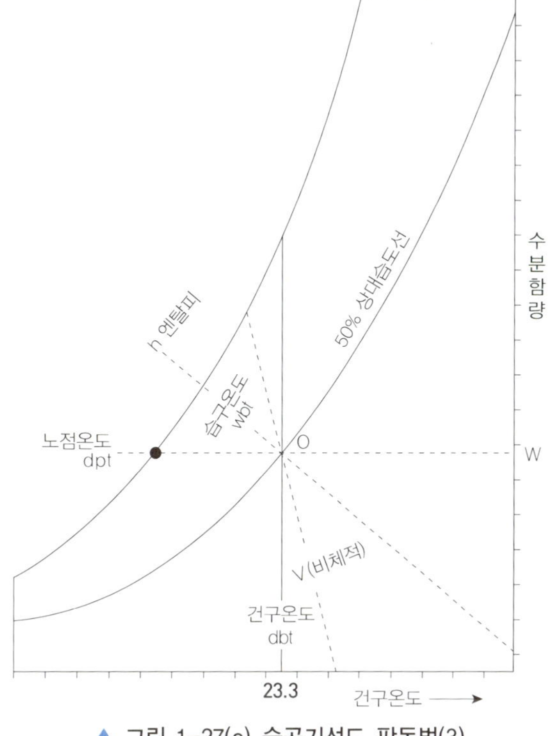

▲ 그림 1-27(c) 습공기선도 판독법(3)

(3) 습공기선도상에서 공기조화 진행 방향 (그림 1-28)

공기조화를 할 때 $t-x$ 선도상에서 습공기의 상태변화가 진행되는 방향은 그림 1-28과 같다. 만약에 목표로 하는 쾌적점이 O라면, 점 A, B---, H에서는 각각 화살표 반대방향으로 공기의 상태를 변화시켜야 한다.(pp 12 그림 1-2 ASHRAE의 쾌적선도 참조)

예를 들면, 점 A에서는 공기를 냉각시켜야 하고, 점 E에서는 공기를 가열시켜야 점 O에 근접할 수 있다.

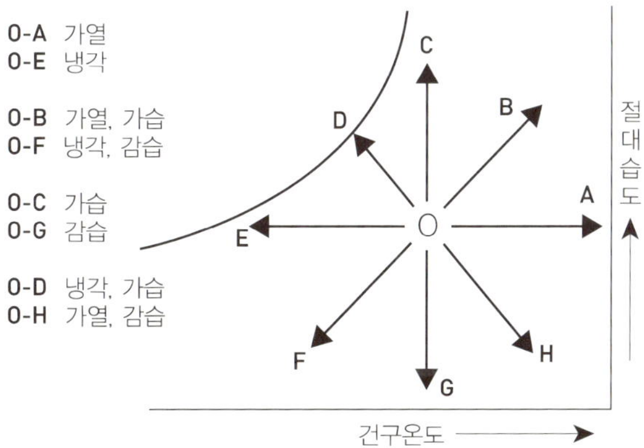

▲ 그림 1-28 공기조화의 진행 방향

(4) 공기조화에 습공기 선도 활용하기(예)

① 불포화 공기의 가열(그림 1-29)

불포화 공기의 경우는 온도가 변해
도 절대습도(수분의 질량 기준)는 변
하지 않는다. 상태 ①에서 상태 ②로
가열되어도 절대습도는 변하지 않음
을 알 수 있다.$(x_1 = x_2)$ 그러나 고온
에서는 포화증기량이 많기 때문에,
습공기를 가열 또는 냉각하면 상대습
도는 변한다. 이때 방출 또는 흡수하
는 열량은 엔탈피의 변화(Δh)로 나
타난다.

그림 1-29에서 상태 ①에서 상태
②로의 변화는 가열, 반대방향으로의
변화는 냉각이 된다.

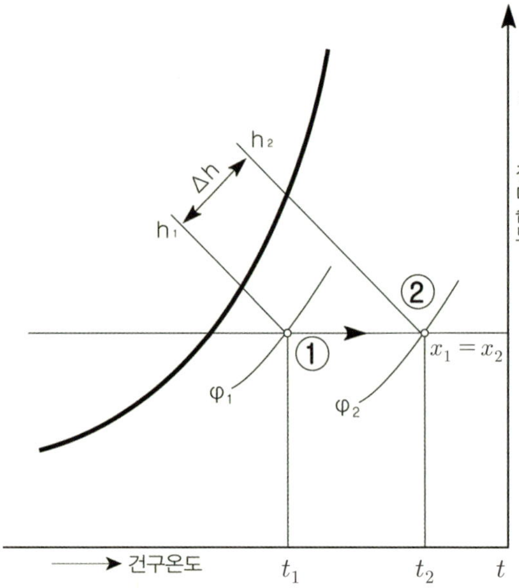

▲ 그림 1-29 불포화 공기의 가열

② 냉각과 감습(그림 1-30)

증발기 표면 온도(t_k)는 대부분 습
공기의 노점온도(t_{DP})보다 낮다. 증
발기 표면을 통과하는 공기는 응축에
의해 포함하고 있는 수분의 일부를
방출한다. 공기출구 상태 ②는 공기
입구상태 ①과 포화선상의 증발기 표
면온도(t_k)의 교점을 연결하는 직선
상에 존재한다. 증발기로부터 방출되
어야 하는 열량은 다시 엔탈피 변화
(Δh)로 확인할 수 있다. 그리고 방출
되는 응축수의 양은 수분의 감소량
(Δx_{cool})과 같다.

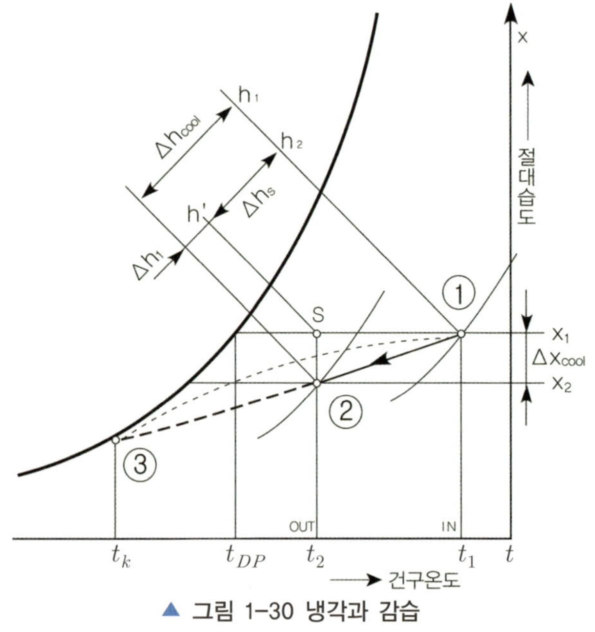

▲ 그림 1-30 냉각과 감습

③ 혼합을 통한 가습(그림 1-31)

　일반적으로 자동차 공기조화장치에서는 가습을 목표로 하지 않는다. 그럼에도 불구하고 냉각된 공기에 외기(fresh air)를 혼합할 경우, 공기는 건조해진다.

　그림 1-31은 입구상태 ①과 ①″간의 공기 혼합 과정을 나타내고 있다. 여기서 새로운 상태 ②는 상태 ①과 ①″의 혼합비에 따라 결정되며, 상태 ①에 비해 절대습도는 증가(Δx)한다.

　즉, 상대습도가 높은 저온의 공기(①)를 상대습도가 낮은 고온의 공기(①″)에 혼합하여, 온도는 낮추고 상대습도는 높여 상태 ②의 공기를 만들 수 있다.

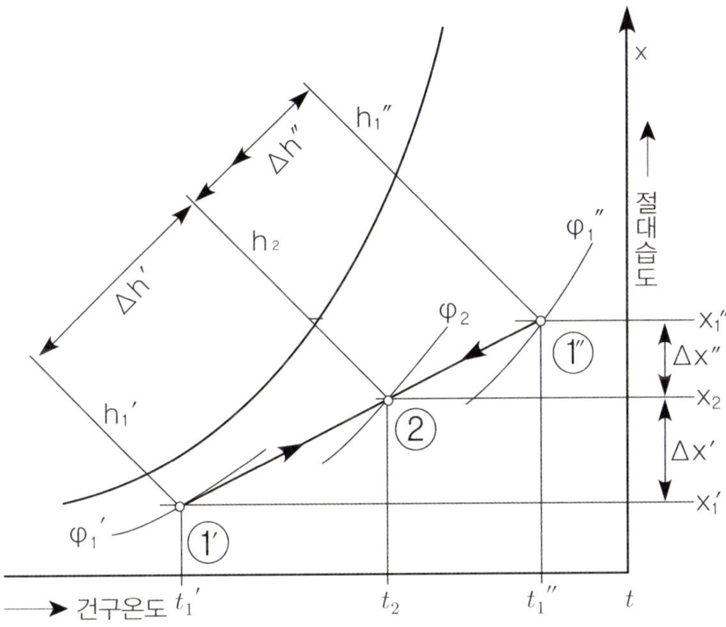

▲ 그림 1-31 혼합을 통한 가습

냉동 원리와 냉동 방식
(The principles & methods of refrigeration)

1 냉동의 원리(The principle of refrigeration)

알코올을 피부에 바르면 차게 느껴지는 것은 알코올이 증발할 때 피부로부터 증발잠열을 빼앗아 가기 때문이다. 또 더운 여름날 마당에 물을 뿌리면 시원하게 느껴지는 것은 마당에 뿌려진 물이 주위 공기로부터 증발잠열을 흡수하여 증발하기 때문이다. 따라서 마당에 물보다 증발잠열이 더 큰 물질을 뿌린다면, 서늘하다는 느낌보다는 오히려 춥게 느껴질 것이다.

옛날 인도에서는 유약을 바르지 않은 옹기 도가니에 물을 넣어 밤에 외기에 노출시켜 물을 차게 했다고 한다. 이것은 도가니 내의 물이 도가니 벽의 무수히 작은 구멍을 통해서 조금씩 흘러나가 외부로 증발하면서 도가니 내의 물로부터 증발열을 흡수하기 때문이다. 이와 같이 증발잠열을 이용하여 저온상태로 만드는 방법이 바로 냉동의 원리이다.

냉동 방식에는, 예를 들면 알코올이나 물을 사용하여 주위의 물질로부터 증발잠열을 흡수하는 것처럼 물질의 특성을 이용하는 방법, 기계적/화학적 장치와 냉매를 이용하여 냉동하는 기계 냉동방식, 그리고 전자 냉동 방식 등이 있다.

오늘날은 냉동기와 냉매를 이용하는 기계냉동방식이 대부분이며, 자동차에는 주로 증기압축(蒸氣壓縮) 냉동방식을 사용한다.

2 냉동방식(The methods of refrigeration)

주로 많이 사용하는 냉동방식에는 4종류가 있다.
① 증기 압축식(蒸氣 壓縮式)
② 흡수식(吸收式)
③ 증기 분사식(蒸氣 噴射式)
④ 전자 냉동식(電子 冷凍式)

자동차(승용자동차나 버스 등)에는 증기압축 냉동방식을 사용한다. 다른 방식은 장치의 크기, 무게, 효율 또는 비용문제 때문에 자동차에는 거의 사용하지 않는다.

(1) 증기압축 냉동방식 (그림 1-32 참조)

증기압축 냉동방식은 압축기, 응축기, 수액기 또는 축압기(accumulator), 팽창밸브 또는 고정 오리피스(orifice), 증발기 등으로 구성되며, 이들 각 기기를 연결하는 호스(hose)나 파이프(pipe)를 필요로 한다.

이들 각 기기 내부를 순환하는 냉매(冷媒) - 증발잠열이 큰, 휘발성 물질 - 는 각 기기에서마다 그 상태가 다르다.

표 1-12 증기압축 냉동 시스템의 작동원리

기기(機器)	냉매의 상태		냉동 사이클
압축기(compressor)	고온 고압의 기체	압축일	(단열) 압축
응축기(condenser)	입구부근 : 고온, 고압의 기체	방열	응축
	출구부근 : 고온, 고압의 액체		
수액기(receiver & dryer)	청정화(淸淨化)된 액상의 냉매	여과/제습	
팽창밸브(expansion valve)	안개 상태(霧狀)의 냉매	감압	(단열) 팽창
증발기(evaporator)	입구부근 : 안개 상태(霧狀)	흡열	증발(냉방작용)
	출구부근 : 완전 기화된 상태		

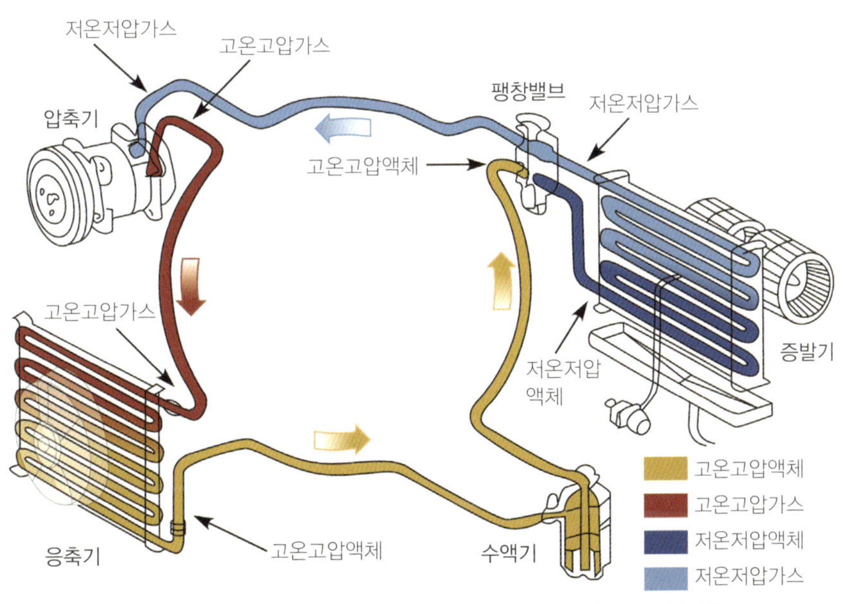

▲ 그림 1-32 자동차 냉방시스템의 기본 구성(증기 압축식)

① 저온, 저압의 기체냉매를 압축기에서 압축(단열압축)하여 고온, 고압의 기체냉매로 변환시켜 응축기로 보낸다.

② 응축기는 이 냉매를 강제 냉각시켜 액화한다.

③ 액화된 고온/고압의 냉매를 팽창밸브를 통해 증발기 안으로 고압으로 분사하면, 급격히 팽창하면서 저온, 저압, 안개상태(霧狀)의 냉매로 변한다.

④ 증발기 안에 분사된 저온, 저압, 안개상태의 냉매는 증발기 표면의 냉각핀(cooling fin)을 통해서 차실내 공기로부터 열을 흡수, 증발하면서 기체로 변환된다. 이 과정에서 냉매의 증발잠열에 해당하는 열을 빼앗긴 차실내 공기는 차가워진다. **— 냉방작용**

(2) 흡수 냉동방식 (그림 1-33)

이 방식은 냉매를 압축하지 않고 고온의 열을 직접 이용하여 냉동하는 방식이다. 흡수 냉동방식에서는 보통 서로 잘 용해하는 두 종류의 물질을 사용한다. 차가운 상태에서는 한 물질의 기체가 다른 물질의 액체에 강하게 용해되고, 반대로 열을 가하면 이 두 물질은 서로 잘 분리되는 특성을 가지고 있다. 이때 차가운 상태에서 흡수되었다가 가열되면 분리되는 기체는 증기 압축식에서와 마찬가지로 냉동장치에서 열을 운반하는 동작유체 즉, 냉매이며 이 기체를 용해하는 물질을 흡수제 또는 용매(溶媒)라고 한다.

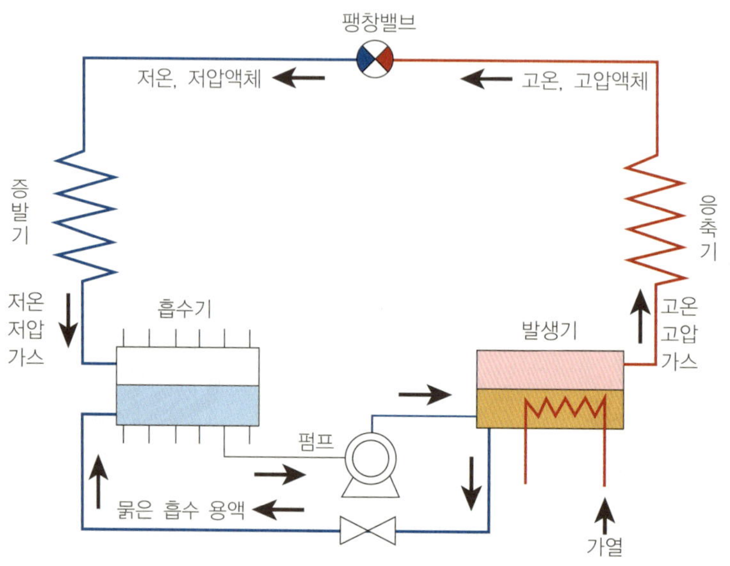

▲ 그림 1-33 흡수냉동 시스템의 구성

흡수냉동에 사용되는 냉매와 흡수제에는 여러 가지가 있으나 암모니아(냉매)와 물(흡수제), 물(냉매)과 브롬화 리튬(LiBr : 흡수제)이 주로 많이 사용된다.

흡수냉동 시스템에서는 압축기 대신에 발생기와 흡수기를 사용하며, 이들 내부에는 흡수제와 냉매가 봉입되어 있다.

발생기에는 냉매가 용해된 흡수제가 들어 있는데, 이 흡수제를 가열하여 냉매와 흡수제를 분리한다. 분리된, 고온/고압 기체상태의 냉매는 증기 압축식에서와 마찬가지로 발생기로부터 응축기, 팽창밸브 그리고 증발기를 차례로 거치면서 냉동작용을 하게 된다. 증발기를 통과한 냉매는 흡수기 내에서 묽은 흡수용액에 흡수되며, 흡수용액은 다시 순환 펌프에 의해 발생기로 압송된다. 이어서 발생기에서 냉매는 다시 고온, 고압의 기체로 분리된다.

(3) 증기 분사식 냉동방식 (그림 1-34)

이 방식도 흡수식에서와 마찬가지로 발생기에서 고온, 고압의 냉매 증기를 발생시킨다. 이 냉매증기를 이젝터(ejector)에서 고속으로 분출시켜, 그 분류(噴流)에 의해서 증발기 내부를 저압으로 만들어, 냉매를 순환시켜 냉동작용이 이루어지게 한다.

냉매로 사용하는 수증기는 인체에 무해하고, 값이 싸고, 증발잠열도 크지만 저온을 얻기 위해서는 증발압력을 높은 진공(眞空)상태로 만들지 않으면 안 된다. 또한 증발한 포화증기의 비체적이 다른 냉매의 비체적에 비해 크기 때문에 보통의 압축기로는 처리가 곤란하다. 따라서 압축기 대신에 증기 이젝터(ejector)를 사용한다. 그림 1-34는 간단한 장치를 도식화한 것이다. 이 방식은 공기조화용으로 사용되는데, 일반적으로 대규모 공장에서와 같이 1년 내내 계속 보일러를 가동하고, 압력 3~10bar 정도의 폐증기(廢蒸氣)를 손쉽게 이용할 수 있는 특수한 입지조건이 아니면 사용하지 않는다.

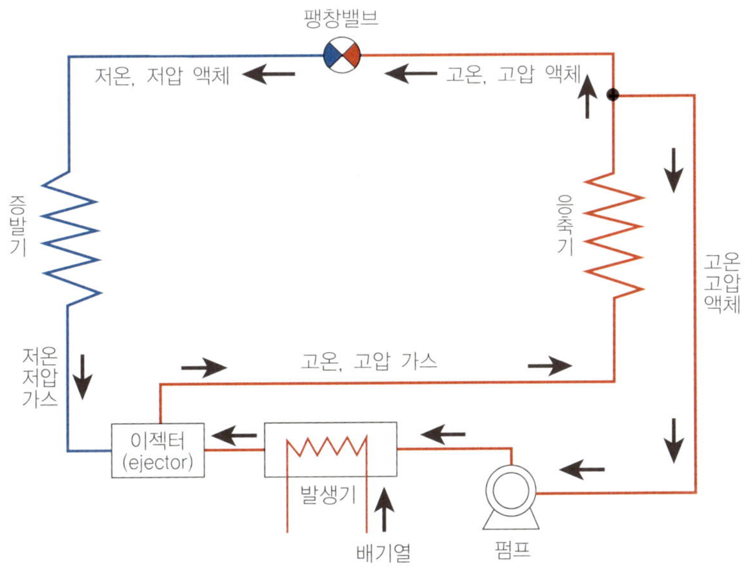

▲ 그림 1-34 증기 분사식 냉동 시스템의 구성

(4) 전자 냉동방식 (그림 1-35)

　1834년 펠티에(J. C Peltier : 1785～1845, 프랑스)는 두 종류의 서로 다른 금속을 접합한 회로에 전류를 흘리면 한 쪽의 접합부에서는 열의 흡수가, 다른 쪽의 접합부에서는 열의 방출이 이루어지는 현상을 발견하였다. 이 효과(펠티에 효과(Peltier effect))를 응용한 냉동방식이 전자냉동이다.

　금속 도체에서는 양단에 온도차이가 있을 때, 금속도체 자체의 열전도도가 크기 때문에 고온 측에서 저온 측으로 열이 이동되어 냉동효율이 저하되므로 반도체 소자를 사용한다. 다수의 반도체 소자를 직렬로 연결한 모듈(module)을 다시 병렬로 연결한다.

　가동 부품이 없기 때문에 소음이 없고, 냉매나 윤활유의 누설 및 보충작업도 필요 없으며 고장 개소도 거의 없다. 초기에는 잠수함 등에 사용된 비밀병기였으나 이제는 일반용도(예: 침실용)의 냉장고로까지 보급되고 있다. 전류의 극성을 바꾸면 열을 흡수하는 쪽과 방출하는 쪽이 반대가 되므로 전류의 극성만을 바꾸는 것만으로 냉·난방의 절환이 가능하다. AC 전원을 사용할 경우, 정류기를 필요로 한다.

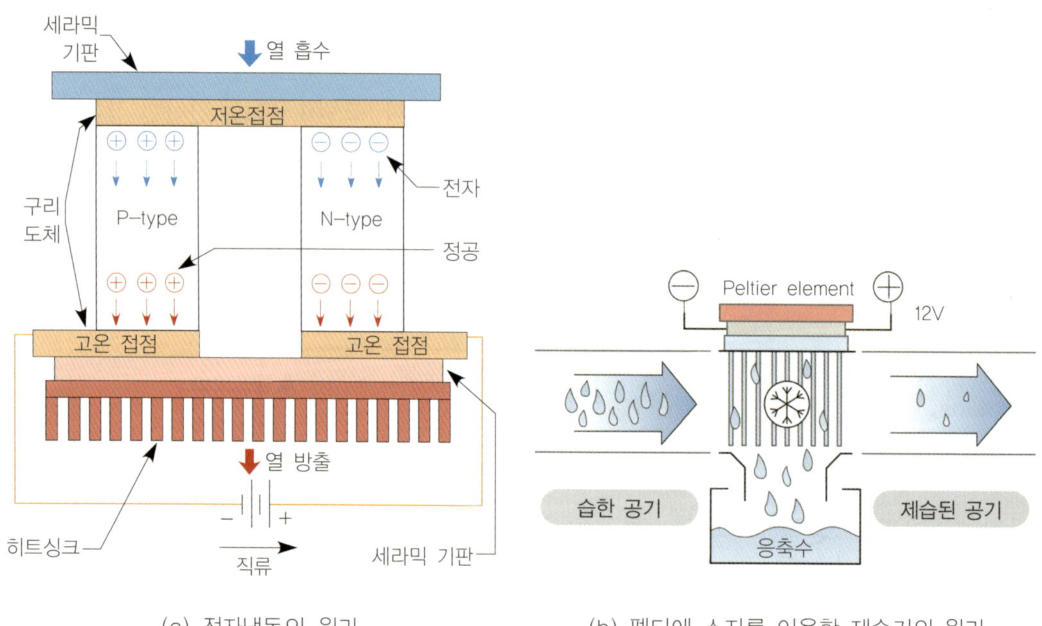

(a) 전자냉동의 원리　　　　(b) 펠티에 소자를 이용한 제습기의 원리

▲ 그림 1-35 전자 냉동 시스템의 구성

(1) 냉매(冷媒 : refrigerant ; R)

　냉방(또는 냉동)사이클을 순환하면서 냉동작용을 하는 물질을 냉매라 한다. 자동차 냉방 시스템 냉매로는 현재 R−134a(GWP : 1430)가 주로 사용되고 있다. 그러나 EU는 2017년 생산 자동차부터는 GWP(지구 온난화 지수) 150이하인 냉매만 사용하도록, 규제를 강화하였다.

　하니웰과 듀폰이 개발한 대체냉매 HFO−1234yf(GWP : 4)는 인화성 때문에 논란이 있으나 GM을 비롯한 다수의 자동차회사들이 채택 의사를 표시하고 있다. SAE 인터내셔널은 지난 2009년 2년간의 조사를 통해 "HFO−1234yf가 자동차용 냉매로 적합하다."는 판정을 내렸으며, 미국 SAE는 에어컨 냉매로서 R−1234yf를 다른 냉매로 교체할 이유가 없다는 입장을 거듭 밝히고 있으나, 인화성에 대한 논란은 계속되고 있다. (위험등급 A2)

　DB(다이믈러 벤츠), BMW, VW(폭스바겐) 등 독일의 주요 자동차회사들은 이산화탄소(CO_2)를 새 냉매로 선택하였다. 겨우 3개 회사지만 자동차의 트렌드를 선도하는 다이믈러와 BMW, 그리고 유럽 최대의 자동차회사인 폭스바겐이기 때문에 파급력이 크다. 그리고 안전을 화두로 하고 있어 일부 소비자단체들도 가세하고 있다.

　현재는 각자의 테스트에서 문제가 '있다'와 '없다'로 입장이 크게 엇갈리고 있어 대체냉매 논란이 어떻게 종결될지 관심사이다. 내면적으로는 미국과 유럽의 대결이며, 거대 화학회사 듀폰의 이익 독점에 관한 문제이기도 하다. 참고로 듀폰과 하니웰은 R1234yf에 대한 거의 모든 특허를 소유하고 있다.

　역으로 독일 자동차회사들은 대체냉매보다는 효율적인 R744−시스템 개발에 집중해 왔다. 개별 냉매에 대해서는 제 4장에서 자세하게 설명한다.

(2) 냉동능력(冷房能力)

단위시간 당 냉동기가 흡수하는 열량[kJ/h](또는 [kcal/h])을 말한다.

　① **미터제 냉동톤**(metric refrigeration ton : RT 또는 TR(Ton of Refrigeration))

　　1냉동톤(1RT)은 0 [℃]의 물 1톤(ton)을 24시간 동안에 0 [℃] 얼음으로 만드는 능력이다.

　　물의 응고잠열이 약 334[kJ/kg](=79.68kcal/kg)이므로, 1 RT는 다음과 같이 표시된다.

$$1\,RT = 334[\text{kJ/kg}] \times 1000[\text{kg}] \div 24[\text{h}] \approx 13,900[\text{kJ/h}] \quad \cdots\cdots\cdots\cdots \text{(1–36)}$$

$$1\,RT = 79.68[\text{kcal/kgf}] \times 1000[\text{kgf}] \div 24[\text{h}] \approx 3320[\text{kcal/h}] \quad \cdots\cdots \text{(1–36a)}$$

② **영/미의 냉동톤**(RT_{us}, 또는 TR_{us}(Ton of Refrigeration))

32°F의 물 2000[lbf]를 24시간 동안에 32°F의 얼음으로 만드는데 필요한 열량으로, 물 1[lbf]의 응고잠열은 144[Btu/lbf]이므로 $1RT_{u.s.} = 12000$ Btu/h이다.

$$1RT_{u.s.} = \frac{144 \times 2000}{24} = 12,000 \left[\frac{\text{Btu}}{\text{h}}\right] \times 0.252 \frac{[\text{kcal}]}{[\text{Btu}]} = 3024[\text{kcal/h}] \qquad \text{(1–36b)}$$

$$1RT_{u.s.} = \frac{144 \times 2000}{24} = 12,000 \left[\frac{\text{Btu}}{\text{h}}\right] \times \frac{1.055[\text{kJ}]}{1[\text{Btu}]} = 12,660[\text{kJ/h}] \qquad \text{(1–36c)}$$

따라서 미터제 냉동톤은 영/미의 냉동톤보다 약 10% 정도 더 크다.

$$1\,RT = \frac{13,900}{12,660} \approx 1.098\,RTu.s. \quad \cdots\cdots\cdots\cdots\cdots\cdots\cdots\cdots\cdots\cdots \text{(1–37)}$$

> ● **제빙톤**(製氷 ton)
> 제빙공장에서는 원료인 물을 먼저 0[℃]로 냉각시킨 다음에, 얼음을 만들고 이 얼음을 다시 –10[℃] 정도로 냉동한다. 따라서 보통 1제빙톤은 1.6~1.7RT(냉동톤)과 같다. 참고로 정압상태에서 공기 1[kg]의 온도를 1[℃] 상승시키는데 약 1.005[kJ]이 필요하므로, 물에 비하면 공기는 약 1/4의 열량으로 같은 온도까지 온도를 상승시킬 수 있다.

(3) 표준 냉동능력

냉동 시스템의 냉동능력은 응축온도, 증발온도, 과열과 과냉각 등의 온도조건에 따라 크게 다르다. 따라서 서로 동일한 조건에서의 냉동능력, 성적계수 등을 파악하기 위해서 각국은 냉동 시스템의 작동 기준온도를 정해두고 있다. 이 기준온도로 작동하는 사이클을 표준냉동사이클이라고 한다. 그리고 표준냉동사이클에서의 냉동능력을 표준냉동능력이라고 한다.(표 1–13 참조)

① ISO 단위

$$RT = \frac{60\,\dot{V}_c}{v''} \cdot \frac{(h_A - h_C)}{13900} \cdot \eta_v \quad \cdots\cdots\cdots\cdots\cdots\cdots\cdots\cdots\cdots \text{(1–38)}$$

② 공학 단위

$$RT = \frac{60\,\dot{V}_c}{v''} \cdot \frac{(h_A - h_C)}{3320} \cdot \eta_v \quad \cdots\cdots\cdots\cdots\cdots\cdots\cdots\cdots\cdots \text{(1–38a)}$$

여기서 $\dot{V_c}$: 표준 회전 속도에서의 압축기 압출량[m^3/min]

v'' : $-15℃$에서의 건포화 냉매 증기의 비체적[m^3/kg] 또는 [m^3/kgf]

h_A : $-15℃$에서의 건포화 냉매 증기의 엔탈피[kJ/kg 또는 kcal/kgf]

h_C : 응축온도 30℃, 팽창밸브 직전 온도 25℃에서 냉매의 엔탈피[kJ/kg 또는 kcal/kgf]

η_v : 압축기 체적효율

$13900 : 1\ RT = 334[kJ/kg] \times 1000[kg] \div 24[h] \approx 13{,}900[kJ/h]$

$3320 : 1\ RT = 79.68[kcal/kgf] \times 1000[kgf] \div 24[h] \approx 3320[kcal/h]$

표 1-13 표준냉동사이클의 기준온도

온　도	한국/일본	미　국
응축온도(t_1)[℃]	30	30
증발온도(t_2)[℃]	-15	-15
팽창밸브 입구온도[(t_u)	25	25
과열도[℃]	$-$	5

(4) 냉동 효과와 체적 냉동 효과

① 냉동 효과

냉매 1kg이 흡수하는 열량[kJ/kg]

② 체적 냉동 효과

압축기 입구에서 냉매 증기(건포화 증기)의 단위체적 당 흡열량[kJ/m^3]

(5) 냉동률(冷凍率)

단위시간 당 공률(＝출력)로 얻을 수 있는 냉동능력(＝냉동톤)을 냉동률이라 한다.

$$냉동률 = \frac{\dot{m}[kg/h] \times q_2[kJ/kg]}{L_i[kW]}\ [kJ/kWh]$$

$$= \frac{3600kJ}{1kWh} \times \frac{Q_2[kJ/h]}{W[kJ/h]}\ [kJ/kWh] \quad \cdots\cdots\cdots (1\text{-}39)$$

여기서　$\dot{m}$: 단위시간 당 냉매 순환량[kg/h]

q_2 : 저온열원으로부터 흡수한 열량[kJ/kg]

Q_2 : 저온열원으로부터 1시간당 흡수한 열량[kJ/h]

L_i : 이론 지시동력 [kW]

W : 단위시간 당 압축기 일의 열 상당량[kJ/h]

냉동기의 이론 사이클

The Theoretical Cycles of Refrigeration Machines

1. 카르노 사이클
2. 역 카르노 사이클
3. 증기압축 냉동 사이클

카르노 사이클
(The Carnot Cycle)

1 카르노 사이클 기관의 원리

열기관(熱機關)에서 동작유체가 행하는 사이클은 고온 열원(熱源)으로부터 열을 공급받아, 이 중의 일부를 외부에 대해 일을 하는데 사용하고 나머지는 저온 열원으로 방출한다. 이는 열역학 제 2법칙으로 설명할 수 있다. 따라서 열기관의 효율은 절대 100%가 될 수 없다.

1824년 카르노(N. L. Sadi Carnot, 1769~1832, 프랑스)는 두 열원(熱源) 사이에서 작동하는, 이상적인 가역 사이클을 제안하였다.

카르노(Carnot) 사이클은 완전가스를 동작유체로 사용하는 이상적인 사이클로서 등온팽창 → 단열팽창 → 등온압축 → 단열압축의 과정을 가역적으로 수행하면서 외부에 일을 하는, 열기관 사이클이다.

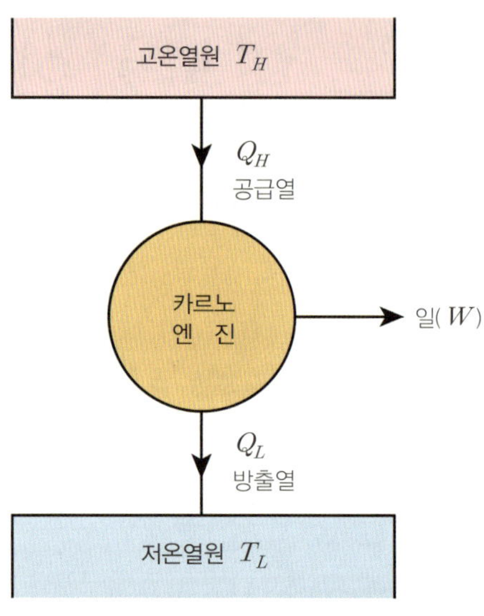

▲ 그림 2-1 카르노 사이클 기관의 원리

카르노 사이클에서의 변화는 준정적(準靜的)이다. 즉, 이상기체(理想氣體)인 동작유체는 항상 평형상태에 있으며, 기관은 열손실이나 마찰이 전혀 없다고 가정한 사이클이다.

따라서 카르노 사이클은 실현이 불가능한 사이클이지만 어떻게 하면 효율이 좋은 열기관을 만들 수 있는가에 대한 이론적인 방향 제시, 가역(可逆)/비가역(非可逆) 사이클의 특성 비교 또는 자연현상의 비가역성 증명 등, 열역학 제 2법칙의 이해에 기여하는 사이클이다.

2 카르노 사이클의 구성

그림 2-2에서 사이클의 각 과정은 다음과 같이 시계방향으로 진행된다.

① 1 → 2 : **등온 팽창**

동작유체는 온도 $T_H = T_I$ 인 고온 열원으로부터 열량 $Q_H = Q_1$을 공급 받으면서, 등온팽창하면서 외부에 일을 한다.

② 2 → 3 : **단열 팽창**

외부로부터의 열공급 및 외부로의 열방출이 없는 단열상태에서, 동작유체는 단열변화를 하면서 외부에 대해 일을 하고 동시에 온도는 $T_L = T_{II}$ 로 내려간다.

③ 3 → 4 : **등온 압축**

외부로부터 일을 공급하여 동작유체를 등온 압축한다. 이때 기관은 열 $Q_L = Q_2$를 저온열원으로 방출하면서 등온 압축한다. 저온열원의 열용량이 무한대이므로 이 변화 중 온도는 T_{II} 로 일정하다. 그리고 이때 점 4는, 다음에 동작유체를 단열압축시킬 때 다시 점 1로 복귀할 수 있는 위치로 제한된다.

④ 4 → 1 : **단열 압축**

열방출을 중단하고 동작유체를 단열압축하여 점 1로 복귀시킨다. 이와 같이 동작유체가 출발점 1로 다시 복귀하면, 한 사이클이 완성된다.

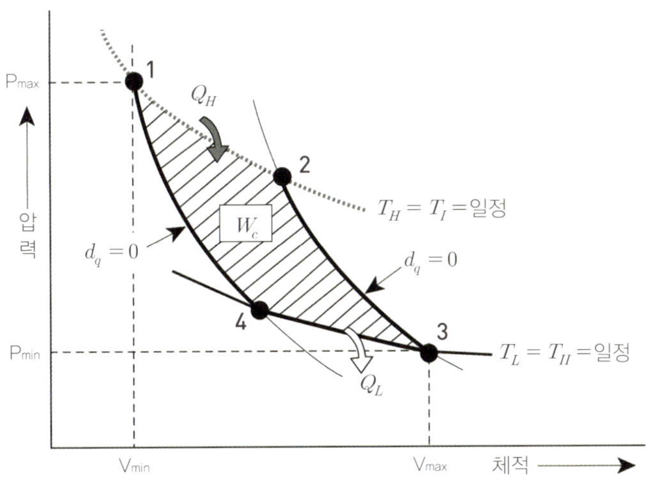

▲ 그림 2-2 카르노 사이클의 p-v 선도

3. 카르노 사이클의 효율

카르노 사이클의 과정 1 → 2에서는 온도 T_I 의 고온 열원(熱源)에서 열량 $Q_1[\mathrm{kJ}]$이 동작유체에 공급되었으며, 과정 3 → 4에서는 열량 $Q_2[\mathrm{kJ}]$가 온도 T_II 의 저온열원으로 방출되고 있다. 이 두 열량의 차이에 해당하는 열이 일로 변환된다. 이때 행해진 일을 W_c라 하면,

$$W_c = Q_1 - Q_2 \quad \text{또는}$$
$$Q_1 = Q_2 + W_c \quad \cdots\cdots\cdots\cdots\cdots\cdots\cdots\cdots\cdots\cdots\cdots\cdots \text{(2-1)}$$

열기관의 효율은 행해진 일 W_c와 이를 얻기 위해 공급된 열량 Q_1과의 비이다.

따라서 카르노 기관의 열효율(η_{thc})은 다음과 같다.

$$\eta_{thc} = \frac{W_c}{Q_1} = \frac{Q_1 - Q_2}{Q_1} = 1 - \frac{Q_2}{Q_1} \quad \cdots\cdots\cdots\cdots\cdots\cdots\cdots \text{(2-2)}$$

이상적인 열기관 사이클에서 열의 최대량이 일로 변환된 경우, 공급된 열량 Q_1과 방출된 열량 Q_2의 비가 공급된 열의 절대온도 T_I 과 방출된 열의 절대온도 T_II 의 비와 동일하다는 것을 열역학적으로 증명할 수 있다. (표 (2-1) 참조)

$$Q_1 = RT_\mathrm{I} \times \log_e \frac{P_1}{P_2} = RT_\mathrm{I} \times \ln \frac{P_1}{P_2}$$

$$Q_2 = RT_\mathrm{II} \times \log_e \frac{P_4}{P_3} = RT_\mathrm{II} \times \ln \frac{P_4}{P_3} \quad \text{및}$$

$$\frac{P_2}{P_3} = \frac{P_1}{P_4} = \left(\frac{T_\mathrm{I}}{T_\mathrm{II}}\right)^{\frac{K}{K-1}} \quad \text{로부터}$$

$$\frac{Q_1}{Q_2} = \frac{T_\mathrm{I}}{T_\mathrm{II}} \quad \cdots\cdots\cdots\cdots\cdots\cdots\cdots\cdots\cdots\cdots\cdots\cdots \text{(2-3)}$$

그러므로

$$\eta_{thc} = \frac{Q_1 - Q_2}{Q_1} = \frac{T_\mathrm{I} - T_\mathrm{II}}{T_\mathrm{I}} = 1 - \frac{T_\mathrm{II}}{T_\mathrm{I}} \quad \cdots\cdots\cdots\cdots\cdots \text{(2-4)}$$

식(2-4)로부터 카르노 사이클의 열효율은 동작유체의 성질과는 관계가 없으며 고온열원의 온도($T_H = T_\mathrm{I}$)가 높을수록, 저온열원의 온도($T_L = T_\mathrm{II}$)가 낮을수록 크다는 것을 알 수 있다.

과정	P, v, T 관계	열[kJ/kg] 또는 일[kNm/kg]
1 → 2 등온팽창	$T_\mathrm{I} = T_1 = T_2 = const.$ $P_1 v_1 = P_2 v_2$ 급열과정	$Q_1 = p_1 v_1 \ln\dfrac{v_2}{v_1} = p_1 v_1 \ln\dfrac{P_1}{P_2}$ $= RT_1 \ln\dfrac{v_2}{v_1} = RT_1 \ln\dfrac{P_1}{P_2}$
2 → 3 단열팽창	$Pv^\kappa = const. \qquad Tv^{\kappa-1} = const.$ $T^\kappa P^{1-\kappa} = const.$ $\dfrac{T_3}{T_2} = \left(\dfrac{v_2}{v_3}\right)^{\kappa-1} = \left(\dfrac{P_3}{P_2}\right)^{\frac{\kappa-1}{\kappa}} = \dfrac{T_\mathrm{II}}{T_\mathrm{I}}$	$\dfrac{1}{\kappa-1}(P_2 v_2 - P_3 v_3) = \dfrac{R}{\kappa-1}(T_2 - T_3)$ $= \dfrac{R}{\kappa-1}(T_\mathrm{I} - T_\mathrm{II})$
3 → 4 등온압축	$T_\mathrm{II} = T_3 = T_4 = const.$ $P_3 v_3 = P_4 v_4$ 방열과정	$Q_2 = -p_3 v_3 \ln\dfrac{v_4}{v_3} = -p_3 v_3 \ln\dfrac{P_3}{P_4}$ $= p_3 v_3 \ln\dfrac{v_3}{v_4} = p_3 v_3 \ln\dfrac{P_4}{P_3}$ $= RT_\mathrm{II} \ln\dfrac{v_3}{v_4} = RT_\mathrm{II} \ln\dfrac{P_4}{P_3}$
4 → 1 단열압축	$Pv^\kappa = const. \qquad Tv^{\kappa-1} = const.$ $T^\kappa P^{1-\kappa} = const.$ $\dfrac{T_1}{T_4} = \left(\dfrac{v_4}{v_1}\right)^{\kappa-1} = \left(\dfrac{P_1}{P_4}\right)^{\frac{\kappa-1}{\kappa}} = \dfrac{T_\mathrm{I}}{T_\mathrm{II}}$	$\dfrac{1}{\kappa-1}(P_1 v_1 - P_4 v_4) = \dfrac{R}{\kappa-1}(T_1 - T_4)$ $= \dfrac{R}{\kappa-1}(T_\mathrm{I} - T_\mathrm{II})$

(1) 등온 팽창 과정(1 → 2)에서의 공급 열량 (q_1)[kJ/kg]

열역학 제 1법칙의 식 $dq = du + pdv = c_v dT + pdv$[열 공급]에서 $dT = 0$이므로 $dq = pdv$가 된다. 이를 적분하면,

$$q_1 = \int_1^2 pdv = \int_1^2 p_1 v_1 \frac{dv}{v} = p_1 v_1 \ln\frac{v_2}{v_1} = RT_1 \ln\frac{v_2}{v_1}$$

※ 등온과정$(dT = 0)$이므로 $(pv = p_1 v_1 = p_2 v_2 = C)$ 로부터 $p = \dfrac{p_1 v_1}{v}$ 이 된다.

(2) 등온 압축과정(3 → 4)에서의 방출 열량(q_2)[kJ/kg]

열역학 제 1법칙의 식 $-dq = du + pdv = c_v dT + pdv$[열 방출]에서 $dT = 0$이므로 $dq = -pdv$가 된다. 이를 적분하면,

$$q_2 = -\int_3^4 pdv = -\int_3^4 p_3 v_3 \frac{dv}{v} = -p_3 v_3 \ln\frac{v_4}{v_3} = -RT_\mathrm{II} \ln\frac{v_4}{v_3} = RT_\mathrm{II} \ln\frac{v_3}{v_4}$$

역(逆)카르노 사이클
(The reverse carnot cycle)

냉동(冷凍 : refrigeration)이란 물체나 일정한 공간으로부터 열을 제거하여, 온도를 상온(常溫)보다 낮게 유지하는 행위를 말한다. 얼음의 융해열, 드라이-아이스(dry ice)의 승화열 또는 액체질소의 증발열을 이용하여 온도를 낮출 수 있다. 그러나 얼음이나 드라이-아이스가 녹거나 승화하여 없어지면, 냉동작용도 종료된다.

이에 비해 동작유체(소위 냉매)를 순환시켜, 저온열원($T_L = T_{Ⅱ}$ [K])의 물체로부터 열을 흡수하여 이보다 고원열원($T_H = T_{Ⅰ}$ [K])인 물체로 열을 계속적으로 이동시킬 수 있다. 이때 두 열원 중 저온열원의 열용량을 한정시키면 저온열원은 열을 빼앗김에 따라 온도가 강하한다. 이것이 바로 냉동의 원리이다. 이와 같은 목적에 사용하는 기계를 냉동기(冷凍機: refrigerator)라고 하며, 냉동기에 적용되는 사이클을 냉동 사이클이라고 한다.

열은 자력(自力)으로 저온열원으로부터 고온열원으로 이동할 수 없다.(열역학 제 2법칙). 따라서 냉동 사이클에서는 기계적 일 또는 그밖에 다른 에너지를 사용하여, 저온열원에서 고온열원으로 열을 이동 시킨다.

역(逆)카르노 사이클은 외부로부터 일을 공급하여 저온열원($T_L = T_{Ⅱ}$)에서 열량 $Q_L = Q_2$를 흡수하고, 고온열원($T_H = T_{Ⅰ}$)으로 열량 $Q_H = Q_1$을 방출하는 이상적(理想的)인 냉동 사이클이다.

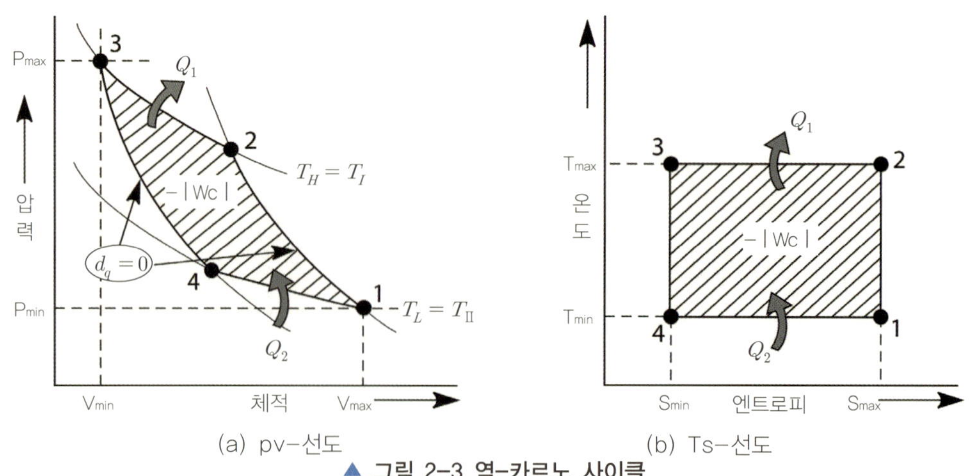

▲ 그림 2-3 역-카르노 사이클

1 역 카르노 사이클의 구성

그림 2−3의 역-카르노 사이클은 다음과 같이 반시계방향으로 진행된다.

① 1 → 2, 단열압축

저온열원의 온도 $T_L = T_{II}$ 에서 고온열원의 온도 $T_H = T_I$ 로 온도가 상승한다. 즉, 기계적 에너지로 동작유체(냉매)를 단열 압축한다. 온도는 $T_{II} → T_I$ 로 상승한다.

② 2 → 3, 등온압축

열량 Q_1을 고온열원으로 방출, 온도 T_I 을 유지하면서 압축한다.

③ 3 → 4, 단열팽창

고온열원의 온도 T_I 에서 저온열원의 온도 T_{II} 로 강하한다.

(실제는 교축팽창(throttling expansion)한다.)

④ 4 → 1, 등온팽창

열량 Q_2를 저온열원으로부터 흡수, 온도 T_{II} 를 유지하면서 팽창한다.

이때 4 → 1의 등온팽창에서는 온도 T_{II} 의 저온열원으로부터 열량 Q_2가 동작유체에 가해지며, 2 → 3의 등온압축(응축)에서는 열량 Q_1이, 동작유체로부터 온도 T_I 의 고온 열원으로 방출된다. 즉, 저온 열원에서 고온 열원으로 열을 이동시키는 냉동사이클이 된다.

2 역 카르노 사이클의 분석

열을 저온열원에서 고온열원으로 이동시키는데 소비된 일을 열로 환산하면, "$|Q_1| - Q_2$" 이므로 일의 양을 W_c 라 하면 다음의 관계가 성립한다.

$$W_c = |Q_1| - Q_2$$

$$Q_2 = |Q_1| - W_c \quad \cdots\cdots\cdots (2\text{--}5)$$

동작유체 1kg에 대해 외부로부터 일(w_c)을 공급하여 저온 열원으로부터 열량 q_2를 흡수하고, 고온 열원에 열량 q_1을 방출하는 역 카르노 사이클에서 q_1, q_2 및 이론 성적계수(ϵ)는 각각 다음과 같다.

(1) 흡수 열량(q_2)[kJ/kg]

과정 $4 \rightarrow 1$은 등온($dT = 0$) 팽창과정이다. 따라서 열역학 제1법칙의 식

$dq = du + pdv = c_v dT + pdv$에서 $dT = 0$이므로 $dq = pdv$가 된다. 이를 적분하면,

$$q_2 = \int_4^1 pdv = \int_4^1 p_4 v_4 \frac{dv}{v} = p_4 v_4 \ln\frac{v_1}{v_4} = RT_{\mathrm{II}} \ln\frac{v_1}{v_4} \quad \cdots\cdots\cdots\cdots \text{(1)}$$

$$\left(pv = p_1 v_1 = p_4 v_4 = C \text{로부터 } p = \frac{p_4 v_4}{v} \text{이므로}\right)$$

(2) 방출 열량(q_1)[kJ/kg]

과정 $2 \rightarrow 3$은 등온($dT = 0$) 압축과정이다. 따라서 열역학 제1법칙의 식

$-dq = du + pdv = c_v dT + pdv$(열 방출)에서 $dT = 0$이므로 $dq = -pdv$가 된다.

이를 적분하면,

$$q_1 = -\int_2^3 pdv = -\int_2^3 p_2 v_2 \frac{dv}{v} = -p_2 v_2 \ln\frac{v_3}{v_2} = -RT_{\mathrm{I}} \ln\frac{v_3}{v_2} = RT_{\mathrm{I}} \ln\frac{v_2}{v_3} \quad \text{(2)}$$

$$\left(pv = p_2 v_2 = p_3 v_3 = C \text{ 로부터 } p = \frac{p_2 v_2}{v}\right)$$

(3) 이론 성적계수 (coefficient of performance ; ϵ)

① 냉동기의 이론 성적계수(COP : coefficient of performance)

두 열원 중에서 저온열원의 열용량을 한정시키면, 저온 열원은 열을 빼앗김에 따라 온도가 강하한다. 이때 저온열원에서 제거되는 열량 Q_2[kJ]이 냉동력(냉동효과)이다.

냉동성능은 저온열원에서 제거되는 열량 Q_2가 크면 클수록 증가한다. Q_2를 공급한 일 즉, 압축기일 W_c로 나눈 값이 곧 성능을 나타내며, 이것을 냉동 사이클의 이론 성능계수 또는 이론 성적계수라고 하며 표시기호로는 ϵ(epsilon)을 사용한다.

(※ 효율이라는 용어를 사용하지 않는다는 점에 유의할 것)

냉동기의 이론 성적계수 : 냉동기 성능을 표시하는 무차원의 수

= 증발기에서 냉매가 흡수한 열량(Q_2) / 압축기 일의 열 상당량(W_c)

동작유체 1kg에 대해서는 아래와 같이 표시할 수 있다.(식 (1), (2)로부터)

$$\epsilon = \frac{q_2}{|w_c|} = \frac{q_2}{|q_1|- q_2} = \frac{RT_{\mathrm{II}}\ln\dfrac{v_1}{v_4}}{RT_{\mathrm{I}}\ln\dfrac{v_2}{v_3} - RT_{\mathrm{II}}\ln\dfrac{v_1}{v_4}} \quad \cdots\cdots\cdots\cdots\cdots\cdots (3)$$

그림 2−3에서 과정 1 → 2와 3 → 4는 단열과정이고,

$T_{\mathrm{I}} = T_2 = T_3,\; T_{\mathrm{II}} = T_4 = T_1$ 이므로

$$\frac{T_2}{T_1} = \left(\frac{v_1}{v_2}\right)^{\kappa-1}, \quad \frac{T_3}{T_4} = \left(\frac{v_4}{v_3}\right)^{\kappa-1} \text{ 로부터 } \frac{v_1}{v_2} = \frac{v_4}{v_3} \text{ 이므로}$$

$\dfrac{v_2}{v_3} = \dfrac{v_1}{v_4}$ 를 유도할 수 있다.

따라서 식 (3)은 다음과 같이 된다.

$$\epsilon = \frac{q_2}{|w_c|} = \frac{q_2}{|q_1|- q_2} = \frac{RT_{\mathrm{II}}\ln\dfrac{v_1}{v_4}}{RT_{\mathrm{I}}\ln\dfrac{v_1}{v_4} - RT_{\mathrm{II}}\ln\dfrac{v_1}{v_4}} = \frac{T_{\mathrm{II}}}{T_{\mathrm{I}} - T_{\mathrm{II}}} \quad \cdots (2{-}6)$$

여기서, T_{I} : 고온열원 온도(응축 온도) [K]

$\qquad\qquad T_{\mathrm{II}}$: 저온열원 온도(증발 온도) [K]

식(2−6)에서 이상적인 냉동기의 성적계수는 두 온도에 관계하고 실린더 내의 동작유체의 종류와는 무관한 온도함수로 표시할 수 있음을 알 수 있다. (pp 83, 예제 2 참조)

$$\text{냉동기의 이론 성적계수 } \epsilon = \frac{Q_2}{|W_c|} = \frac{Q_2}{|Q_1|- Q_2} = \frac{T_{\mathrm{II}}}{T_{\mathrm{I}} - T_{\mathrm{II}}}$$

② 열펌프(heat pump)의 이론 성적계수

동일한 냉동기에서 냉매순환 통로를 절환하여 고온을 이용하는 경우를 열펌프(heat pump)라고 한다. 열펌프에서는 냉동기와는 반대로 두 열원 중 고온열원의 열용량을 한정시킨다. 따라서 고온 열원은 열을 공급 받음에 따라 온도가 상승한다. 이때 고온 열원으로 공급(또는 방출)되는 열량 Q_1[kJ]이 열펌프 성능의 척도이다.

열펌프의 성능은 고온열원에 공급되는 열량 Q_1이 크면 클수록 증가한다. Q_1을 공급한 일 W_c로 나눈 값이 곧 성능을 나타내며, 이것을 열펌프 사이클의 이론 성능계수 또는 이론 성적계수라고 하며 표시기호로는 ϵ_h(epsilon h)를 사용한다.

$$\boxed{\text{열 펌프의 이론 성적계수} \quad \epsilon_h = \frac{|Q_1|}{|W_c|} = \frac{|Q_1|}{|Q_1| - Q_2} = \frac{T_{\mathrm{I}}}{T_{\mathrm{I}} - T_{\mathrm{II}}}}$$

$$\epsilon_h = \frac{|Q_1|}{|W_c|} = \frac{|Q_1|}{|Q_1| - Q_2} = \frac{T_{\mathrm{I}}}{T_{\mathrm{I}} - T_{\mathrm{II}}}$$

$$= \frac{T_{\mathrm{I}}}{T_{\mathrm{I}} - T_{\mathrm{II}}} = \frac{T_{\mathrm{I}} - T_{\mathrm{II}} + T_{\mathrm{II}}}{T_{\mathrm{I}} - T_{\mathrm{II}}} = \frac{T_{\mathrm{I}} - T_{\mathrm{II}}}{T_{\mathrm{I}} - T_{\mathrm{II}}} + \frac{T_{\mathrm{II}}}{T_{\mathrm{I}} - T_{\mathrm{II}}}$$

$$= 1 + \frac{T_{\mathrm{I}}}{T_{\mathrm{I}} - T_{\mathrm{II}}} = 1 + \epsilon \quad \cdots\cdots\cdots\cdots\cdots (2\text{-}7)$$

식(2-7)과 같이 열펌프의 이론 성적계수는 냉동기의 이론 성적계수에 1을 더한 값이다.

(4) 실용상의 성적계수

실용상의 성적계수는 일(W_c)을 나타내는 동력에 압축기의 압축효율(η_c)과 기계효율(η_m)이 포함되어야 하기 때문에 다음 식으로 계산한다.

① 냉동기의 실용 성적계수(ϵ_0)

$$\epsilon_0 = \epsilon \cdot \eta_c \cdot \eta_m = \frac{Q_2}{|W_c|} \cdot \eta_c \cdot \eta_m \quad \cdots\cdots\cdots\cdots\cdots (2\text{-}8)$$

② 열펌프의 실용 성적계수(ϵ_{h0})

$$\epsilon_{h0} = \epsilon_h \cdot \eta_c \cdot \eta_m = \left| \frac{Q_1}{W_c} \right| \cdot \eta_c \cdot \eta_m \quad \cdots\cdots\cdots\cdots\cdots (2\text{-}8a)$$

> **예제 01** 역카르노 사이클 냉동기에서 저온열원온도와 고온열원온도는 각각 −5℃와 60℃이다. 이 냉동기의 이론 성적계수(ϵ)는?
>
> ▶ **풀이** 저온열원 온도 $T_{\mathrm{II}} = 273 - 5 = 268\mathrm{K}$,
> 고온열원 온도 $T_{\mathrm{I}} = 273 + 60 = 333\mathrm{K}$
>
> $$\epsilon = \frac{T_{\mathrm{II}}}{T_{\mathrm{I}} - T_{\mathrm{II}}} = \frac{268}{333 - 268} = \frac{268}{65} = 4.12$$

여기서 이론 성적계수(ϵ)는 저온열원(예 : 자동차 실내)의 온도가 높을수록, 고온열원(예 : 응축기)의 온도가 낮을수록 커진다는 것을 알 수 있다.

예제 02 역카르노 사이클 냉동기에서 저온열원 온도와 고온열원 온도는 각각 0℃와 90℃이다. 그리고 1사이클당 압축기 일의 열상당량은 42kJ이다. 이 냉동기의 이론 성적계수(ϵ), 1사이클당 저온 열원에서 제거되는 열은?

▶ **풀이** 저온열원 온도 $T_{\mathrm{II}} = 273 - 0 = 273\mathrm{K}$,
고온열원 온도 $T_{\mathrm{I}} = 273 + 90 = 363\mathrm{K}$

① $\epsilon = \dfrac{T_{\mathrm{II}}}{T_{\mathrm{I}} - T_{\mathrm{II}}} = \dfrac{273}{363 - 273} = \dfrac{273}{90} = 3.033$

② $\epsilon = \dfrac{Q_2}{W_c} = \dfrac{T_{\mathrm{II}}}{T_{\mathrm{I}} - T_{\mathrm{II}}}$ 에서 $Q_2 = \epsilon \cdot W_c$ 이므로

$Q_2 = \epsilon \cdot W_c = 3.033 \times 42\mathrm{kJ} = 127.4\mathrm{kJ}$

예제 03 압축기가 구동출력 1kW로 작동할 때, 증발기의 냉방능력은 22752kJ/h이다. 이 냉방 시스템의 실용 성적계수는? 단, 압축기의 압축효율과 기계효율의 곱은 0.95이다.

▶ **풀이** $W_c = 1\mathrm{kW} \times \dfrac{1\mathrm{kJ/s}}{1\mathrm{kW}} \times \dfrac{3600\mathrm{s}}{1\mathrm{h}} = 3600\mathrm{kJ/h}$

$Q_2 = 22752\mathrm{kJ/h}$ $\qquad\qquad \eta_c \times \eta_m = 0.95$

$\epsilon_0 = \dfrac{Q_2}{W_c} \cdot \eta_c \cdot \eta_m = \dfrac{22752}{3600} \times 0.95 = 6.004 \approx 6$

[예제 3]을 좀 더 정확하게 분석하여 **성적계수와 효율을 구별**해 보자.

공급한 에너지의 6배에 해당하는 에너지를 얻었다면 효율은 600%이다. 그러나 열역학적으로 이상적인 경우에도 효율이 100% 이상은 될 수 없으며, 실제로 효율 100%를 달성하는 것은 불가능하다. **성적계수 6은 열효율 600%가 아니다.**

우리는 시간당 3600kJ의 에너지를 사용하였지만, 시간당 22752kJ의 에너지를 얻지는 않았다. 정확하게 말하면 시간당 3600kJ의 에너지를 사용하여, 시간당 22752kJ의 **에너지를 저온열원으로부터 고온열원으로 이동**시켰을 뿐이다.

이는 시간당 3600kJ에 상당하는 연료를 소비하는 탱크로리를 이용하여, 22752kJ의 에너지에 상당하는 휘발유를 저유소로부터 주유소로 운송한 것과 마찬가지이다. **성적계수**는 냉동사이클 성능을 설명하는, 하나의 **아이디어(idea)**일 뿐이다. **성적계수가 열역학적 효율을 의미하는 것은 아니다.**

증기압축 냉동(蒸氣壓縮冷凍) 사이클
(Vapor compression refrigeration cycle)

실용 냉동 사이클에는 공기-, 증기압축-, 2단 압축-, 흡수-냉동식 등 여러 가지 사이클이 있다. 그러나 여기에서는 자동차 냉방장치에서 사용하는 증기압축 냉동 사이클에 대해서만 설명한다. (공기 냉동기 사이클은 제4장, 4-2-5 참조)

1 증기압축 냉동사이클의 구성

증기압축 냉동사이클은 2개의 정압과정과 1개의 교축과정 및 1개의 단열과정으로 구성되며, 그 설비의 기본 구성은 그림 2-4와 같다. (p-h(압력-엔탈피)선도는 제5장, 5-1, 5-2 참조)

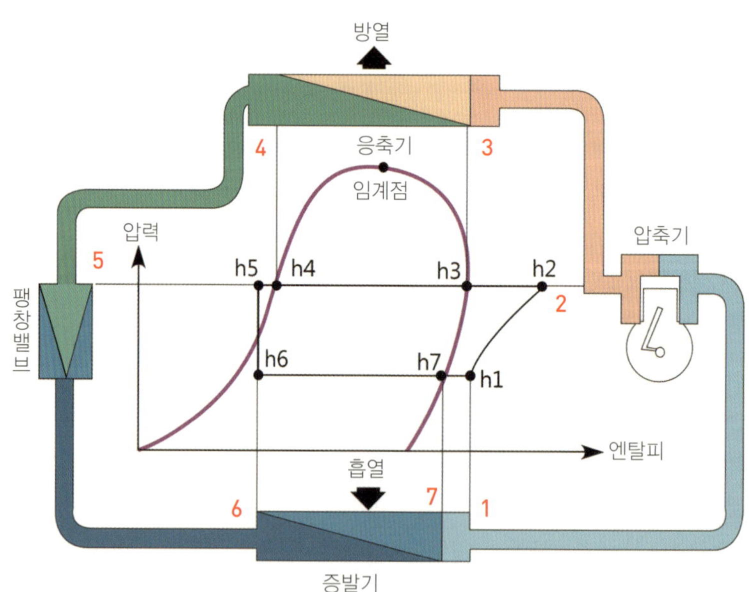

▲ 그림 2-4 증기압축 냉동사이클의 기본 구성 및 p-h 선도

증기압축 냉동사이클의 동작과정은 다음과 같다.

① 1 → 2 : 기체 상태의 동작유체(냉매)를 압축기에서 단열 압축하여 고온, 고압의 과열

증기 상태의 기체냉매로 변환시킨다. ←일(W_c)

② 2 → 3 : 압축기에서 토출되어 응축기로 유입되는 초기과정까지 과열증기 상태의 기체냉매는 정압 하에서 방열($h_2 - h_3$)한다.

③ 3 → 4 : 과열증기 상태의 기체냉매는 응축기에서 정압 방열($h_3 - h_4$)하면서 포화액(飽和液) 냉매로 변환된다.

④ 4 → 5 : 포화액 상태의 냉매는 응축기에서 그리고 팽창밸브에 도달할 때까지 정압 하에서 방열($h_4 - h_5$)하여 과냉(過冷) 포화액 냉매로 변환된다.

⑤ 5 → 6 : 과냉 포화액 냉매는 팽창밸브를 통과하면서, 교축팽창(엔탈피 일정 $h_5 = h_6$, 비가역, 단열)한다. 교축팽창과정에서 온도와 압력이 강하되고, 포화액 냉매는 안개상태(霧相)의 냉매로 변환된다.

⑥ 6 → 7 : 안개상태의 냉매는 증발기에서 저온열원(예 : 차실 내)으로부터 열($h_7 - h_6$)을 흡수하면서 포화증기 상태의 기체냉매로 변환된다.

⑦ 7 → 1 : 포화증기 상태의 기체냉매는 계속해서 저온열원(예 : 차실 내)으로부터 열($h_1 - h_7$)을 흡수하여 저온, 저압 과열증기 상태의 냉매로 변환된다.

다시 과정 1→2를 반복한다.

2 역(逆)-카르노 사이클과 증기압축 냉동 사이클의 비교

증기압축 냉동 사이클은 역(逆)−카르노 사이클에 가장 가까운 냉동 사이클이다. 역−카르노 사이클과 증기압축 냉동사이클을 요약, 비교하면 다음과 같다. (그림 2−3과 2−4의 비교)

표 2-2 역-카르노 사이클과 증기압축 냉동 사이클의 비교

역-카르노 사이클 (그림 2-3)		증기압축 냉동사이클 (그림 2-4)	
1 → 2	단열압축	압축기에서의 단열압축	1 → 2
2 → 3	등온압축	응축기에서의 정압 방열(응축)	2 → 5
3 → 4	단열팽창	팽창밸브에서의 교축팽창	5 → 6
4 → 1	등온팽창	증발기에서의 정압, 흡열(증발)	6 → 1

실제 자동차 냉방장치에서는 압축기에서 고온, 고압(예 : R−134a의 경우, 약 55℃에서 15bar(abs))으로 압축된 냉매는, 응축기에서 냉각팬이나 주행풍(走行風)에 의해 강제 냉각된다. 이때 냉매는 응축기를 통과하는 공기에 열(응축잠열)을 방출하면서 액화(液化)한다. 액화되었을 때의 온도는 약 50℃ 정도이다.

액화된 냉매는 수액기(receiver & dryer)에서 수분과 오염물질 등을 분리, 제거시킨 후에 팽창밸브로 이동한다.

팽창밸브에서 고압의 액체냉매는 급격히 팽창(교축팽창)되어 안개 상태로 증발기에 분사된다. 온도와 압력이 크게 낮아진(예 : R−134a의 경우, 약 0℃, 3bar(abs)) 안개상태의 냉매는 증발기 냉각핀(fin)을 통해 증발기 주위의 공기(차실내 공기)로부터 열을 흡수, 기체로 변환된다. 이때 열을 빼앗긴 차실내 공기는 냉각되어 냉방작용을 하고, 기체로 변환된 냉매는 다시 압축기에 흡입된다. 이와 같은 과정을 거쳐 냉매는 냉동시스템 회로를 반복적으로 순환하면서 냉방작용을 한다. (pp 129, 그림 4−13 참조)

동작유체(냉매) 1kg에 대해서 각 과정에서의 방출열량/흡수열량 및 성적계수는 다음과 같이 계산한다. (그림 2−4, 그림 2−5 참조)

(1) 흡수열량(q_2[kJ/kg]) : 과정 6 →1에서의 흡수열량

팽창밸브에서의 교축팽창과정부터 증발기를 완전 통과할 때까지 냉매가 흡수한 열량

$$q_2 = h_1 - h_6 = h_1 - h_5$$

(2) 방출열량(q_1[kJ/kg]) : 과정 2 →5에서의 방출열량

압축기에서 방출된 고온, 고압의 냉매가 팽창밸브에 도달할 때까지 대기로 방출한 열량의 총합

$$q_1 = h_2 - h_5$$

(3) 압축기 일의 열 상당량 ($w_c \, [\mathrm{kJ/kg}]$)

흡수한 총 열량에서 대기로 방출한 총 열량을 뺀 값

$$w_c = q_1 - q_2 = (h_2 - h_5) - (h_1 - h_5) = h_2 - h_1$$

(4) 성적계수(ϵ)

냉매가 흡수한 총 열량(q_2)/압축기 일의 열 상당량(w_c)

$$\epsilon = \frac{q_2}{w_c} = \frac{h_1 - h_5}{h_2 - h_1}$$

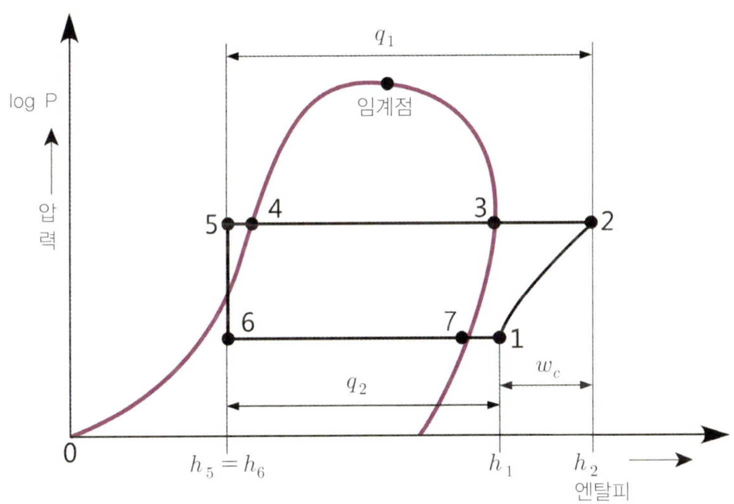

▲ 그림 2-5 증기압축 냉동사이클의 p-h(압력-엔탈피) 선도

증기압축 냉동사이클에는 이 외에도 압력비가 클 경우에는 과열도를 낮추고 소요 동력을 절약하기 위해 중간냉각을 이용하는 다단(多段) 압축 냉동사이클, 1개의 압축기로 2단 압축과 거의 동일한 효과를 얻을 수 있는 다효(多效 : multi-effect)압축 냉동사이클 등이 있다.

 냉동회로는 온도 30℃의 외기를 이용하여 실내 온도를 0℃로 냉각시키고자 한다. 냉매는 R-134a이다. 증발기와 응축기를 통과하는 냉매는 각각 실내 및 외기와의 온도차가 5K이다. 카르노 사이클에서의 성적계수, 냉동사이클의 카르노 성적계수 그리고 R-134a를 사용했을 때의 이론 증기압축 냉동사이클의 성적계수를 구하시오.

➡ 풀이

(1) 0℃(273K)와 30℃(303K) 사이에서 카르노 사이클의 성적계수

$$\epsilon = \frac{Q_2}{W_c} = \frac{T_{\mathrm{II}}}{T_{\mathrm{I}} - T_{\mathrm{II}}} = \frac{273}{(303-273)} = 9.1$$

(2) 냉동사이클의 카르노 성적계수

증발기에서는 $T_{\mathrm{II}} = 0-5 = -5℃ = 268K$,(냉매온도가 실내온도 보다 낮다.)
응축기에서는 $T_{\mathrm{I}} = 30+5 = 35℃ = 308K$ 이므로,(냉매온도가 외기온도 보다 높다.)

$$\epsilon = \frac{Q_2}{W_c} = \frac{T_{\mathrm{II}}}{T_{\mathrm{I}} - T_{\mathrm{II}}} = \frac{268}{(308-268)} = 6.7$$

(3) R-134a의 경우 부록의 R-134a 증기표와 log P-h선도에서 찾는다. (제 5장을 공부한 다음에 풀어 볼 것)

① 냉각효과 $q_2 = 395.9 - 249.2 = 146.7 \text{kJ/kg}$

* -5℃에서 냉매(R134a)의 증기 엔탈피 : 395.9kJ/kg
* 35℃에서 냉매(R134a)의 액체 엔탈피 : 249.2kJ/kg

② 압축일(에너지) $w_c = 422.5 - 395.9 = 26.6 \text{kJ/kg}$

※ R134a 몰리에르선도(log P-h선도)의 포화증기선에서 증발온도 0℃의 등온선을 -5℃의 등온선과 만날 때까지 수평으로 연장하고, 그 교점을 통과하는 등엔트로피 선을 따라 위로 올라가서, 응축온도 35℃선의 연장선과 만나는 점에서의 증기 엔탈피 : 422.5kJ/kg
(그림 2-5에서 점 2에 대응)
※ R134a 증기표에서 -5℃의 증기 엔탈피 : 395.9kJ/kg(그림 2-5에서 점1에 대응)

③ R-134a를 사용한 이론 증기압축 냉동사이클의 성적계수

$$\epsilon = \frac{q_2}{w_c} = \frac{146.7}{26.6} = 5.5$$

● 교축 팽창(throttling expansion) – Joule–Thomson effect

참고도와 같이, 증기가 흐르는 단면에서 증기의 평균속도를 $w\,[\text{m/s}]$, 단면적을 $b\,[\text{m}^2]$, 압력을 $P\,[\text{N/m}^2]$, 비체적을 $v\,[\text{m}^3/\text{kg}]$, 외부에서 가해진 열을 $q\,[\text{kJ/kg}]$, 외부에 대한 일을 $W\,[\text{Nm}]$ 라 할 때, 단위질량에 대하여

- 속도 에너지의 변화 $= \dfrac{1}{2}m(u_2^2 - u_1^2)$
- 내부 에너지의 변화 $= u_2 - u_1$
- 내부일 $= P_2 v_2 - P_1 v_1$
- 외부에 한 일 $= W$를 모두 합하면,

외부로부터 공급한 열에너지 q와 같으므로 다음 식이 성립한다.

$$q = \frac{1}{2}m(u_2^2 - u_1^2) + (u_2 - u_1) + (P_2 v_2 - P_1 v_1) + W$$

$$= \frac{1}{2}m(u_2^2 - u_1^2) + (h_2 - h_1) + W$$

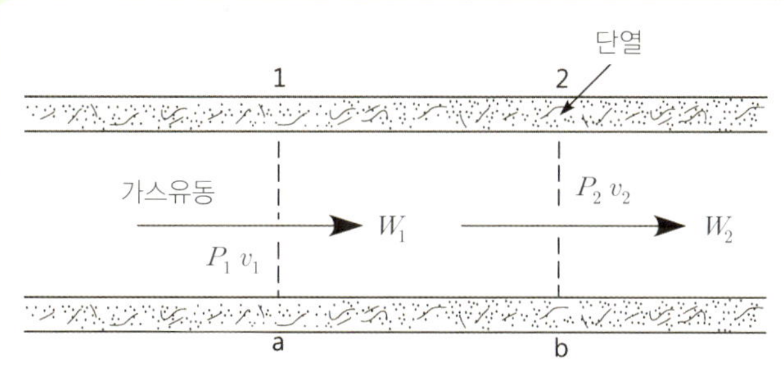

참고도 : 교축팽창

기체가 단면적이 좁은 오리피스(orifice))를 정상(定常)상태, 정상유동(定常流動)으로 통과할 때는 마찰 또는 흐름의 교란 등으로 압력이 강하한다. 그 전형적인 예는 일부만 열려 있는 밸브 또는 관로의 좁은 부분을 통과할 때의 유동이다. 대부분의 경우, 교축팽창은 매우 급속하게 그리고 아주 좁은 장소에서 발생하기 때문에 많은 열을 외부로 전달할 만한 충분한 시간도, 표면적도 없다. 따라서 수행한 일 또는 공급 받은 일이 없고, 또 위치에너지의 변화도 없고, 열전달도 없다고 가정해도 문제가 없다.

그리고 유체가 기체 상태이면 교축팽창 과정에서 비체적은 언제나 증가하므로, 관의 지름이 일정하다면 유체의 운동에너지는 증가한다. 그러나 대부분의 경우, 이 운동에너지의 증가는 적다.(또는 출구관의 지름이 입구관의 지름보다 크기 때문에) 즉, 위 식에서 $W = 0$, $q = 0$이고 속도 에너지가 무시되므로 "$h_2 = h_1$"이 된다. 즉, 교축 전/후의 엔탈피가 같다.

이와 같이 압력이 강하하고, 상태변화 전/후의 엔탈피가 일정한 단열팽창을 **교축 팽창(throttling expansion)**이라 한다. 그러나 **교축팽창은 비가역 변화**이다.

교축팽창에 의해 냉매의 일부는 증발하여 습증기가 되는 데, 이 습증기를 플래시 가스(flesh gas)라고도 한다. 이 증발은 냉매 자체 내부에서의 에너지 변환 때문에 발생하므로 외부에 대해 냉각작용을 하지 않으며, 단지 냉매 자신만 냉각된다.

냉매가 교축팽창을 하게 되면, 냉매의 압력과 온도는 동시에 강하하며, 이때의 냉매온도는 그 압력에서의 포화온도와 같다. – **팽창밸브 또는 오리피스에서의 팽창**

오존과 온실가스

Ozone and GreenHouse Gas

오존(Ozone)

1 오존의 구조 및 성질

냉매를 R-12에서 R-134a로 대체한 지 20여 년 만에 또다시 다른 물질로 대체해야 하는 가장 큰 이유는 이들 냉매가 오존층 파괴와 지구온난화의 원인 물질로 판명되었기 때문이다. 따라서 냉매에 대해 설명하기 전에 먼저 오존과 온실가스 그리고 오존층 파괴 및 지구온난화의 원인에 대해 개략적으로 살펴보자.

오존(ozone: O_3)*은 산소 원자 3개로 구성된, 산소의 동소체(同素體 : allotrope)로서, 상온, 대기압에서는 엷은 청색(pale blue)의 기체이지만, 영하 120℃(비등점 : -111.9℃) 이하에서는 흑청색의 액체, 그리고 영하 193℃(융점 : -192.5℃) 이하에서는 암자색의 고체이다. 그리고 물에 대한 용해도는 0℃에서 약 0.105g/100ml이다.

오존(O_3)은 약간의 비린내가 나며, 산화력이 강하다. 우리가 호흡하는 지표면 대기 중의 오존은 인체에 해로운 대기오염물질이지만, 오존층(ozone layer)의 오존은 치명적인 자외선을 차단하여 지구상의 생명체를 보호하는 좋은 기능을 한다. - 오존의 두 얼굴*

* 오존(ozone)은 그리스어 "ozein(냄새가 나다)"에서 유래

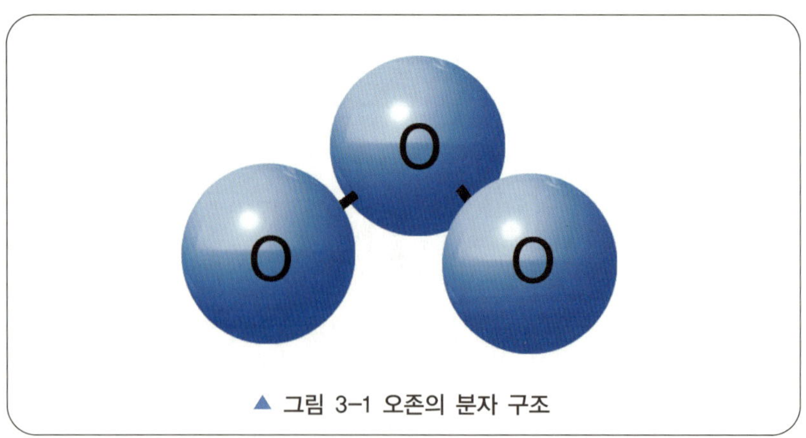

▲ 그림 3-1 오존의 분자 구조

2 대기권의 분류 (classification of atmosphere)

지구의 대기권은 기체층으로서 지표에서 고도 약 1,000km까지 존재한다. 고도에 따라 지상으로부터 대류권(對流圈 : troposphere, 해수면으로부터 10km까지), 성층권(成層圈 : stratosphere, 10~50km), 중간권(中間圈 : mesosphere, 50~88km), 열권(熱圈 : thermosphere, 88~500km), 외기권(外氣圈 : exosphere, 500km 이상) 등으로 구분한다.

기상의 변화는 대류권에서 나타나며, 다른 권역 예를 들면, 성층권에는 오존층이, 중간권과 열권에는 전자기파의 반사와 같은 성질을 보이는 층(전리층)이 존재한다.

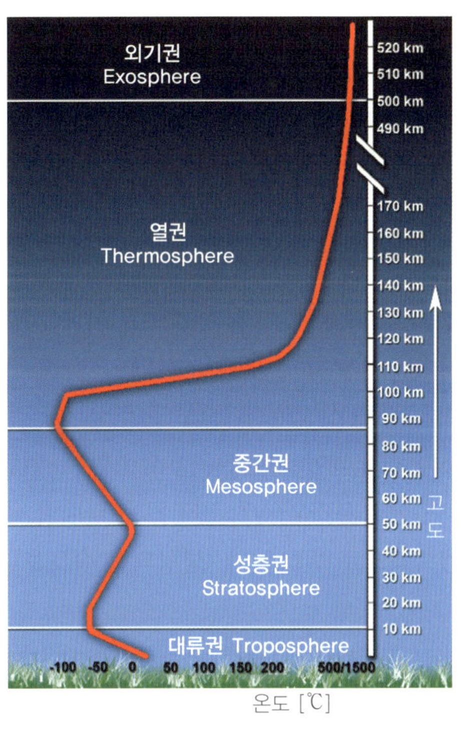

▲ 그림 3-2 대기권의 구성 및 온도 분포

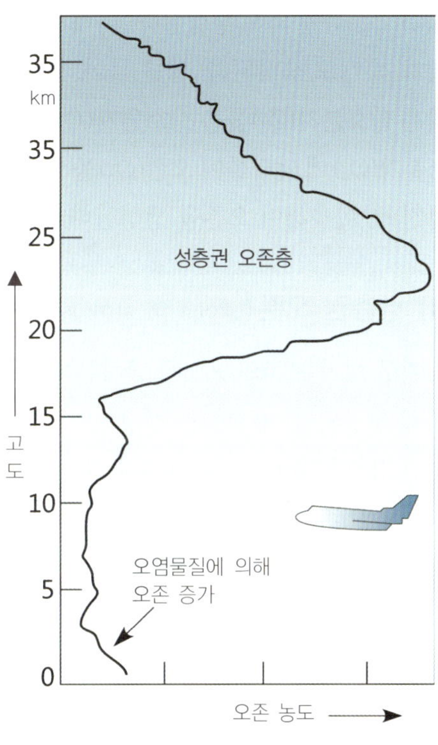

▲ 그림 3-3 오존의 분포

3 대기 중의 오존 (Ozone in the atmosphere)

산소와 질소 같은 기체들은 주로 대류권에 존재하는데 반해, 오존의 약 90%는 성층권 내에서도 고도 15~35km의 영역에 주로 많이 분포되어 있으며(그림 3-3 참조), 이 영역을 오존층(ozone layer)이라고 한다. 오존층의 오존 평균농도는 체적비로 약 2~8ppm 정도이며, 농도가 높은 곳에서도 대부분 약 10ppm을 초과하지 않는다.

예를 들면, 대기 중의 모든 오존을 해수면에 대기압으로 압축시킬 경우, 그 두께는 약 3 mm(0.125 inch) 이하가 된다. 대기에는 총 약 $3,000 \times 10^6$톤의 오존이 포함되어 있으나, 이는 대기권 공기 전체의 질량에 비하면, 무시해도 좋을 만큼 아주 적은 양이다.

 4 오존 사이클(ozone cycle)

오존(O_3)은 불안정하여 산소분자(O_2)와 산소원자(O)로 분해되려는 경향이 있는데, 이러한 경향성은 온도가 상승할수록, 압력이 낮아질수록 강하다. 오존은 전기방전(electrical discharges)에 의해 생성된다. 따라서 고전압 전기장치(예 : 프린터나 복사기)에서, 또는 번개가 칠 때도 생성된다. 예를 들어, 번개가 칠 때 발생하는 강력한 전기 에너지가 공기 중의 많은 산소분자(O_2)들을 산소원자(O)로 분리한다. 이렇게 생성된 산소원자(O)가 주변의 산소분자(O_2)에 달라붙어 오존(O_3)을 생성한다. 우리가 사용하는 오존 발생기는 이 원리(전기방전)를 이용하여 오존을 생성한다.

(1) 성층권 오존(ozone in stratosphere)

지구 대기 오존의 90%에 달하는 성층권 오존은 주로 태양의 단파 자외선(예 : 200nm)에 의해 생성된다. 자외선은 정상적인 산소분자(O_2)를 2개의 산소원자(O)로 분리시킨다. 분리된 산소원자(O)는 분리되지 않은 산소분자(O_2)와 결합하여 오존(O_3)을 생성한다. 일단 생성된 오존은 다시 자외선(예 : 250nm)과 충돌하여 산소 분자와 산소 원자로 분리되며, 소위 오존-산소 사이클(ozone-oxygen cycle)을 계속적으로 반복한다. 생성되는 속도보다 파괴되는 속도가 빠를 경우, 오존층은 파괴된다.(그림 3-4)

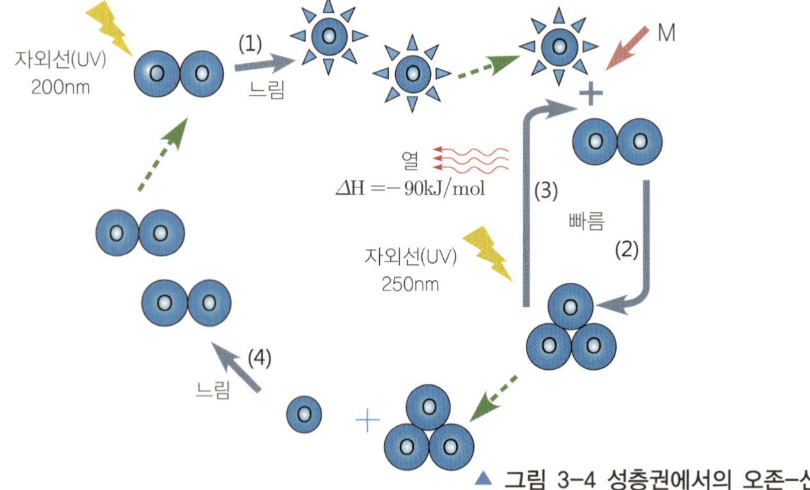

▲ 그림 3-4 성층권에서의 오존-산소 사이클

따라서 성층권에서 오존이 생성되기 위해서는 태양의 복사선 특히, 자외선이 필수적이다. 오존은 주로 태양의 복사가 가장 강력한 적도 부근에서 많이 생성되어, 지구 바람(globe wind)의 순환에 의해 전체 성층권으로 확산된다. 그러므로 성층권의 오존 농도는 일반적으로 적도 부근에서 가장 높고, 극지방(남극/북극)에서 가장 낮다.

(2) 대류권 오존(ozone in troposphere)

지구 대기 오존의 나머지 10%는 대류권에 존재하는 데, 대류권 오존의 일부(약 19%)는 성층권으로부터 내려온 것이며, 나머지는 다른 메커니즘에 의해 생성된다.

예를 들면, 지표면 오존(ground level ozone)은 오염된 대기 중에서 질소산화물(NOx)과 휘발성 유기화합물 (VOC : Volatile Organic Compounds)이 화학적으로 반응하여 생성된다.

반응이 일어나기 위해서는 햇빛을 필요로 하기 때문에 광화학 반응이라고 부르며, 기온이 높을 때 반응속도가 빨라진다. 이산화질소(NO_2)와 자외선이 충돌하면 산소원자(O)가 생성되어 온전한 산소분자(O_2)와 결합하여 오존(O_3)이 된다. 오존은 불안정하므로 생성된 오존은 곧바로 주변 물질과 반응하여 빠르게 사라진다. 여름철 낮에 오존 농도가 높은 것은 소멸되는 속도보다 생성되는 속도가 빠르기 때문이다. 햇빛이 없는 밤에는 오존농도가 아주 낮다. (그림 3-5, 3-6 참조)

오존은 보통 기온이 높을수록, 질소산화물과 휘발성 유기화합물의 농도가 높을수록, 풍속이 느릴수록, 일사량이 많을수록, 상대습도가 낮을수록 많이 생성된다. 오존은 직접 배출되지 않고 다른 오염물질로부터 간접적으로 생성되는 2차 오염물질로서 전형적인, 인위적 오염물질이다.

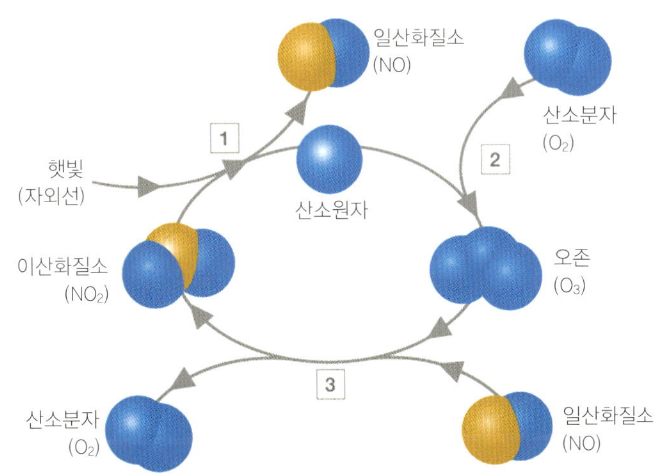

▲ 그림 3-5 이산화질소에 의한 오존 사이클

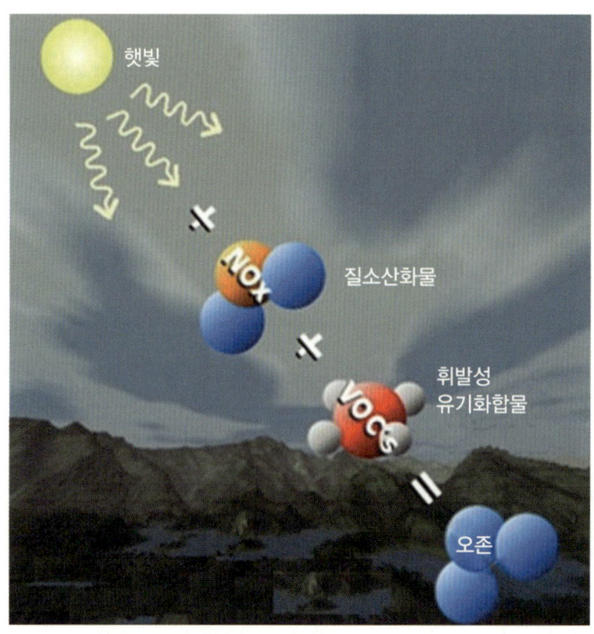

▲ 그림 3-6 지표면 오존의 생성 기구 (출처 : NASA)

5 오존의 자외선 흡수 (absorption of ultraviolet radiation by ozone)

태양으로부터 지구로 오는 전자파(電磁波)는 x－선, 자외선(ultraviolet), 가시광선(可視光線), 적외선(infrared) 그리고 마이크로파 등 다양한 파장의 복사선으로 구성되어 있다.

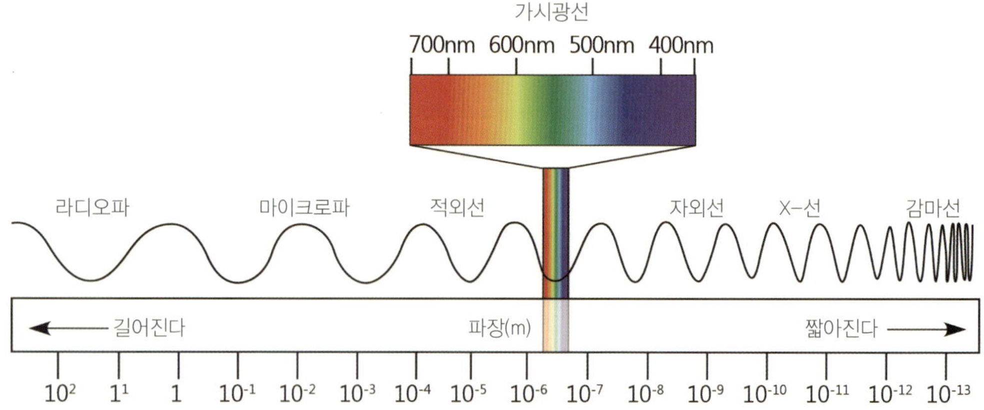

▲ 그림 3-7 태양으로부터의 전자파 스펙트럼

(1) 자외선의 영향 (Impact of ultraviolet)

태양으로부터 오는 전자파 중에서 자외선은 피부를 태우고, 피부암을 일으키며, 백내장을 포함해서 눈을 손상시키며, 피부의 노화를 촉진하며, 주름을 생기게 하고, 면역체계를 약화시키는 등 인간에게 피해를 준다. 또 과도한 자외선은 식물의 엽록소를 감소시키고 광합성 작용을 억제하여 농작물이나 식물을 황폐화 시킬 수 있다. 예를 들어, 식물성 플랑크톤의 광합성 작용이 억제되면, 수중생물의 먹이사슬이 파괴될 수도 있다. 이 외에도 대기오염이 심화되고, 지구온난화가 가속된다.

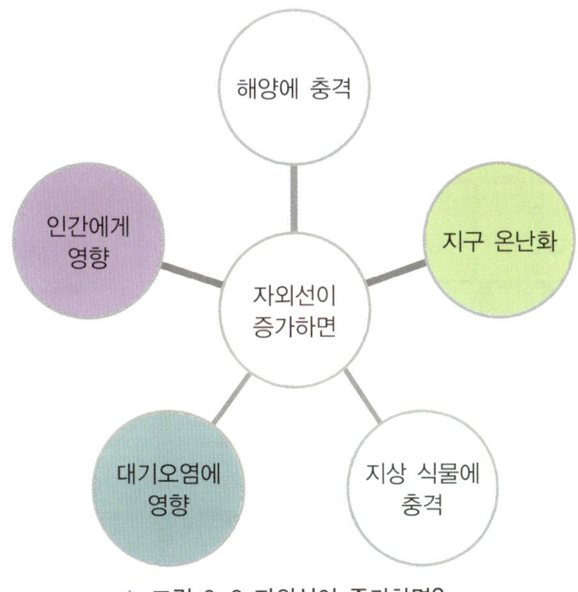

▲ 그림 3-8 자외선이 증가하면?

다행스럽게도, 성층권의 오존층은 오존 농도가 아주 낮더라도 태양으로부터 지구로 오는 자외선 중에서 생물에 해로운 단파 자외선의 97~99%를 흡수, 지구에 도달하지 못하게 차단한다. 즉, 오존층은 지구를 감싸고 있는 거대한 자외선 차단막 또는 우산의 역할을 수행하고 있으며, 지표면(ground level) 오존과는 반대로 좋은 기능을 하는 오존의 집단이다.

(2) 자외선(UV)의 분류 및 그 특성

자외선은 파장에 따라 3가지 － UV－A(400~315nm), UV－B(315~280nm), 그리고 UV－C(280~100nm)－로 분류한다.

인간에게 아주 해로운 UV－C는 대략 고도 35km에 존재하는 오존에 의해 완전히 차단된다. 피부에 유해하고 햇볕에 타는 주된 원인이 되는 UV－B도 아주 효율적으로 차단된다. 지구 표면에서 파장 290nm의 강한 자외선은 대기의 맨 꼭대기에서보다 350×10억 배 더 약하다. 그럼에도 불구하고, 약간의 UV－B는 지구표면에 도달한다. 대부분의 UV－A는 지구표면에 도달하지만 현저하게 유해하지는 않다. 그러나 UV－A에도 과도하게 노출되면, 유전적 손상을 유발할 수도 있는 것으로 알려져 있다. (따라서 가능하면 자외선에 과도하게 노출되지 않는 것이 좋다)

오존이 태양에너지를 흡수한 결과, 성층권 상부가 성층권 하부보다 온도가 약간 더 높아, 지구의 기온을 조절하는 데 도움을 준다. 성층권 오존은 태양으로부터 지구로 오는 복사파의 약 3%를 흡수하는, 열 흡수원(heat sink)의 기능을 수행한다. 오존층이 손실되면, 성층권의 온도는 낮아지고, 대신에 대류권의 온도가 상승하게 되어, 결과적으로 지상의 기후도 변하게 될 것이다.

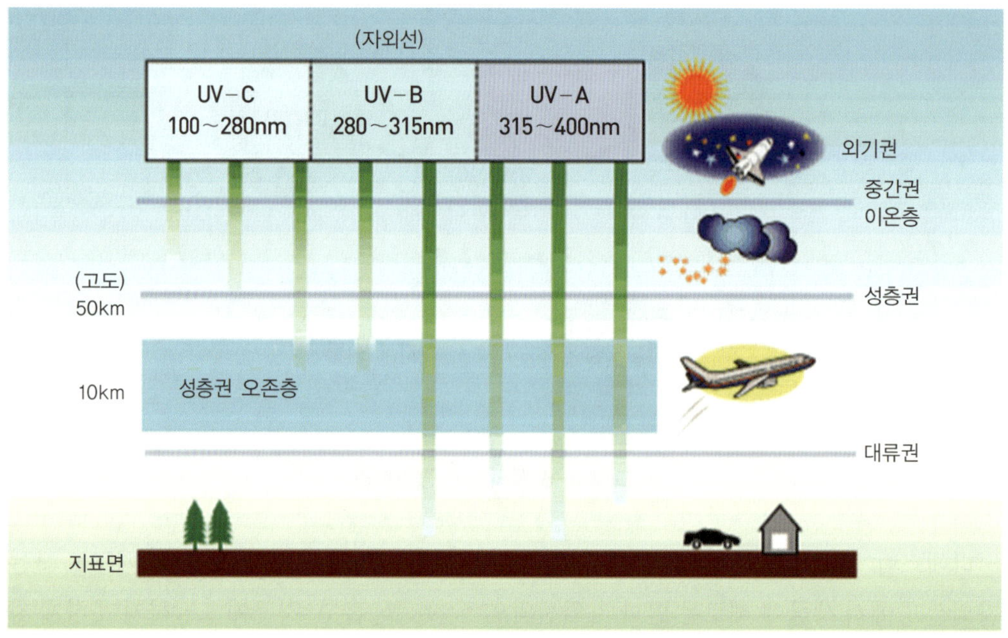

▲ 그림 3-9 성층권 오존층에 의한 자외선의 차단

○ 오존의 두 얼굴

　　오존은 강력한 산화제로 악취제거나 살균에 사용되는 유익한 화학물질이다. 수돗물을 소독할 때 염소나 오존을 사용하는 것은 잘 알려진 사실이다. 하지만 우리가 숨 쉬는 공기에 들어있는 오존은 인간에게 아주 해롭다.

1. 오존의 좋은 얼굴

　　오존의 살균력은 염소의 6배에 달한다. 따라서 공기 살균(박테리아와 바이러스 살균) 및 냄새제거, 하수의 살균소독. 주방/집기류의 살균소독, 악취제거 등에 사용한다. 또한 강력한 표백력을 가지고 있어, 표백제로도 사용한다.
　　그리고 성층권(stratosphere)의 오존층은 태양으로부터의 치명적인 자외선을 차단하여 지구상의 생명체를 보호하는 보호막의 역할을 수행한다.

2. 오존의 나쁜 얼굴

　　우리가 호흡하는 대류권(troposphere) 대기에 포함된 오존은 일정 농도 이상이 되면 인간의 건강에 해를 끼친다. 공기 중의 오존 농도가 높아지면 눈과 목이 따갑고 두통, 기침 증세 등이 나타나고, 장시간 호흡하면 호흡기관이 손상된다. 또 인체 단백질을 파괴하는 성질을 가지고 있어 암을 일으키기도 한다. 약 0.25ppm 이상에서 호흡기가 손상되고, 5~10ppm에서는 죽음에 이르게 된다.
　　가끔 오존을 악취를 제거하고 공기를 정화시키는 좋은 화학물질로만 잘못 알고 있는데, 공기를 정화시킬 정도로 오존 농도가 높다면, 여러분의 허파는 이미 심각한 영향을 받았을 것이다. 복사기나 레이저 프린터를 사용할 때 방출되는 오존도 아주 해로운 오염물질이므로 자주 환기하여 제거하여야 한다.

　　참고로 우리나라의 지표면(ground level) 오존에 대한 환경기준은, 1시간 평균 0.1ppm, 8시간 평균은 0.06 ppm이다. 미국의 경우 1시간 평균 0.12 ppm, 8시간 평균 0.075 ppm을 적용하고 있다.

○ 오존 주의보 및 경보

　　주로 5월부터 9월까지 발생하는 도시 오존에 반복적으로 노출될 경우는 가슴의 통증, 기침, 메스꺼움, 목 자극 등의 증상이 나타나며, 기관지염, 심장질환, 폐기종 및 천식을 악화시키고 폐활량을 감소시킬 수 있다. 특히 기관지 천식환자나 호흡기 질환자, 어린이, 노약자 등에게는 심각한 영향을 미치므로, 오존농도가 '오존 주의보'를 발령해야 되는 수준에 이르면 주의해야 한다.

우리나라는 오존 경보를
① 오존 주의보(공기 중의 오존 농도 0.12ppm 이상)
② 오존 경보(0.3ppm 이상)
③ 오존 중대 경보 (0.5ppm 이상) 등 3단계로 나누어 발령하고 있다.

(1) 오존의 측정(measurement of ozone)

오존층 파괴 문제가 공식적으로 거론되기 훨씬 이전인 1920년대에 이미 대기권의 오존을 측정하기 시작했다. 오존층의 두께를 나타내는 단위로는 분광광도계(spectrophotometer)를 개발, 최초로 오존을 측정한 영국의 기상학자 고든 돕슨(Gordon M. B. Dobson : 1889~1976)의 이름을 따서 돕슨 단위(DU : Dobson Unit)를 사용한다. 지구대기에 포함된 오존의 총량을 표준 대기압상태에서의 두께로 환산하여 1mm를 100 DU(Dobson Unit)으로 정의하고 있다. 참고로 대기권 공기의 두께를 오존과 마찬가지로 표준 대기압상태에서의 두께로 환산하면 약 10 km 정도가 된다. 즉, 10km 두께의 공기 중에 포함되어 있는 약 3mm(약 300DU) 두께의 오존층이 지구의 모든 생명체를 해로운 자외선으로부터 보호하고 있다

(2) 오존층의 발견(detection of the ozone layer)

성층권의 대기에서는 파장 150~320nm인 자외선을 관측할 수 있지만 지표에서는 거의 관측되지 않는 현상으로부터, 성층권에 파장 150~320nm인 자외선을 흡수하는 그 무엇이 존재할 것이라는 가설 하에, 연구를 거듭한 결과, 오존의 생성과 파괴 시에 파장 150~320nm의 자외선을 흡수한다는 사실을 규명하였으며, 지상으로부터 고도 15~35km 영역에서 오존농도가 높다는 사실도 발견하였다. - 오존층의 발견

오존 홀(Ozone hole)은 오존이 하나도 없는 상태를 말하는 것은 아니다. 단지 오존의 두께가 주변과 비교하여 현저하게 얇아져 220 DU(돕슨 유닛)보다 낮은 현상을 말한다.

1966년 남극대륙 헬리 베이(Halley bay)의 영국기지에서 오존을 측정한 결과, 9월과 10월 사이에 그 수준이 150 DU - 정상(320DU)의 절반 수준 - 으로 급격히 낮아지는 것을 발견하였다. 이 값은 또 봄에 북반구에서 측정한 수준의 절반이었다. 8월 중순부터 10월 초순 사이에는 고도 16.5km(10.25 mile)에서 오존 수준이 97%까지 낮아졌다. 오존은 11월에 다시 기대했던 수준으로 상승하였다. 즉, 남극대륙 상공의 오존층에 '구멍'이 주기적으로 나타나며, 남극의 오존층 오존농도가 정상에 비해 40~50% 정도 낮음을 발견하였다.

　　북극의 성층권도 예외는 아니다. 매년 30% 수준이던 오존층 파괴가 40%를 넘어섰으며, 특히 지상 18~20km 상공에서는 오존의 80% 가량이 사라진 것으로 추정하고 있다. 이런 심한 부분적 감소는 자연적인 현상으로 설명되지만, 일부 대기오염 물질, 특히 염화불화탄소(CFC), 할론(클로로 - 플루오르 - 브롬 화합물)과 질소산화물 등에 의해 오존층의 파괴가 가속되었을 것으로 추측하고 있다.

　　NASA의 연구에 따르면 염화불화탄소(CFC)는 물론이고 메탄과 이산화탄소와 같은 온실가스도 기후변화에 큰 영향을 미칠 뿐만 아니라, 오존층의 회복을 지연시키는 것으로 확인되고 있다.

▲ 그림 3-10 남극의 오존홀(예)
(2006년 9월 : 출처 NASA)

　　오존의 감소는 성층권에 수증기가 유입되거나 생성되었을 때 발생할 수도 있다. 이 높은 고도에서 수증기는 오존 분자를 공격하는 물질로 분해될 수 있다. 이 현상은 성층권에 진입한 메탄(CH_4)이 수증기로 변환되었을 때 발생할 수 있다. 온실효과 역시 오존의 대부분이 존재하는 하부 성층권의 온도를 상승시킬 수 있다. 하부 성층권의 대기온도가 상승하면, 오존을 파괴하는 화학반응도 가속된다.

　　NASA의 컴퓨터 모델링에 따르면, 오존층에 생긴 구멍은 2006년 9월 21~30일 사이에 가장 컸든 것으로 나타났다. 또 다른 연구는 염화불화탄소(CFC)의 수준이 낮아짐에 따라 오존층에 대한 영향이 감소하여 2065년이면 오존층이 1980년대 수준으로 회복될 것으로 전망하고 있다. 그러나 불행하게도 이 연구에서는 다른 변수들 - 성층권의 수증기와 온실효과가 상호작용하여, 2040년까지 오존층의 두께가 약간 두꺼워질 뿐이라고 예측하고 있다. 희망이 없는 것은 아니지만, 염화불화탄소(CFC)의 감소는 난해한 문제를 해결하는데 있어서 극히 작은 열쇠에 지나지 않는다.

(1) 염소를 포함하고 있는 냉매 – 염화불화탄소(CFC)

오존(O_3)은 산소분자(O_2)에 자외선이 작용하여 생성 및 파괴된다고 앞에서 설명하였다. 염소($C\ell$: Chlorine)는 오존을 파괴하는 주요 기체로서, 1개의 염소원자가 연쇄반응을 시작하여 100,000개의 오존분자를 파괴할 수 있다. 이 반응은 -염소가 대류권으로 다시 밀려 내려오거나 화학적으로 다른 화합물과 영구적으로 결합할 때까지- 수 년 동안 또는 100년 이상까지도 지속될 수 있다.

염소($C\ell$)를 포함하고 있는 주요 원인물질은 염화불화탄소(CFC)이다. CFC는 1928년 처음 개발된, 인공적인 화학물질로서 다음으로 구성되어 있다.

- 염소($C\ell$)
- 불소(F)
- 탄소(C)
- (드물게) 수소(H)

CFC(예 : R－12)는 화학적으로 아주 안정되어 있으며, 인화성, 폭발성, 부식성이 없으며, 냄새도 없다. 또 무자극성이며, 비교적 독성이 적은 물질이다. CFC는 특히, 증발온도가 낮기 때문에 냉매로 사용하기 좋은 성질을 가지고 있으며, 전자부품의 세정제, 스펀지나 식품 포장제의 발포제, 드라이클리닝 용제 및 스프레이용 불활성가스로 많이 사용되었다. 1970년대에는 전 세계적으로 1년에 약 700,000톤씩 사용하였다. CFC를 에어로졸 스프레이로 사용하는 것이 금지된 후에는 다른 부문에서 사용이 증가하였다. 참고로 CFC를 가장 많이 소비하는 나라는 미국이며, 중국이나 인도도 소비가 많은 나라들이다. CFC는 오존층 파괴와 온실효과에 모두 관여한다.

(2) 염소(CI)에 의한 오존층 파괴

염화불화탄소(CFC)가 직접 오존을 파괴하는 것은 아니지만, CFC에서 분리된 염소가 오존을 파괴한다는 사실은 과학자들이 남극의 성층권 대기를 분석, 규명하였다. 또 남극의 겨울에 아주 차가운 성층권 공기에 의해 형성된 극성층권 구름이 오존의 파괴에 관여한다는 사실도 확인하였다.

빙결된 수증기의 미세 입자가 봄에 응축되어 구름을 형성한다. 이 구름은 봄에 녹을 때까지 겨울 동안은 염소 저장창고와 같은 역할을 한다. 봄이 되면 구름으로부터 방출된 염소가 5~6주에 걸쳐 오존과 반응하며, 남극 성층권의 불안정한 기류에 의해 생성된 와류(vortex)가 강해짐에 따라, 하부 성층권 오존의 약 50%가 파괴된다.

염소원자($C\ell$)는 오존(O_3)과 반응하여 오존을 파괴하고, 자신은 오존에서 분리된 산소원자(O) 1개와 결합하여 불안정한 일산화염소($C\ell O$)가 된다. 불안정한 일산화염소들의 결합은 햇빛에 의해 산소분자(O_2)와 염소($C\ell$)로 분해된다. 분해된 염소원자($C\ell$)는 다시 다른 오존(O_3)을 공격하는 연쇄반응을 계속한다. ($C\ell O + C\ell O \xrightarrow{광분해} C\ell_2 + O_2$)

염화불화탄소(CFC)가 대기를 통해 성층권까지 올라가는 데는 약 6~8년이 걸린다. 참고로 표백제나 수영장 소독제로 사용되는 염소는 불안정하여, 성층권으로 올라가지 못하고 급격하게 분해된다. 문제는 이미 과거에 인간이 방출한 엄청난 양의 CFC가 성층권에서 사라질 때가지 오존홀이나 오존층 파괴가 지속될 것이라는 점이다.

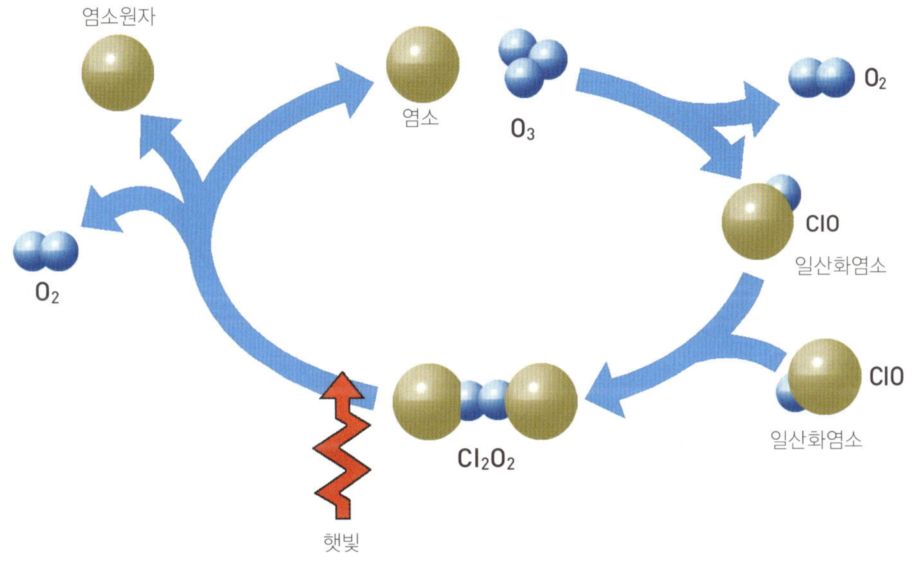

▲ 그림 3-11 염소에 의한 오존 사이클

오존층 파괴지수(ODP: Ozone Depletion Potential) : WMO(세계기상기구) 2006 기준

어떤 물질의 오존층 파괴능력을 상대적으로 나타내는 지표로서 R-11의 ODP를 1이라고 할 때, 주요 ODP 물질인 R-12와 R-113은 각각 1, R-22는 0.05, R-134a와 R-1234yf는 각각 0, HCFC는 0.005~0.2, 브롬화 물질은 5~15, 그리고 사염화탄소($CC\ell_4$)는 1.1이다.

예를 들어, R-11 1kg의 오존층 파괴능력은 R-22 20kg과 같다.

온실효과와 기후변화
(Greenhouse effect & climate change)

1 온실 효과 (greenhouse effect)

온실효과(溫室效果)란 온실의 유리를 통과한 햇빛이 온실 내부를 덥게 하는 것과 마찬가지로 대기 중의 온실기체들이 온실의 유리와 같은 작용을 하여 지표에서 우주 공간으로 방출되는 적외선 복사를 흡수함으로서 지구온도를 상승시키는 작용을 말한다.

태양으로부터 지구로 오는 적외선은 지구의 대기층을 통과하면서 일부는 대기에 반사되어 외계로 방출되거나 대기에 곧바로 흡수된다(그림 3−12(a)). 그리고 나머지 약 50% 정도의 적외선이 지표에 도달하게 되는데, 이때 지표에 도달한 에너지 중 일부는 다시 적외선의 형태로 방출된다(그림 3−12(b)). 이 방출되는 적외선의 절반 정도는 대기를 뚫고 외계로 빠져나가지만, 나머지는 온실기체들에 흡수되어 다시 지표로 되돌아온다. 이와 같은 작용의 반복으로 지구 온도는 상승한다(그림 3−12(c)).

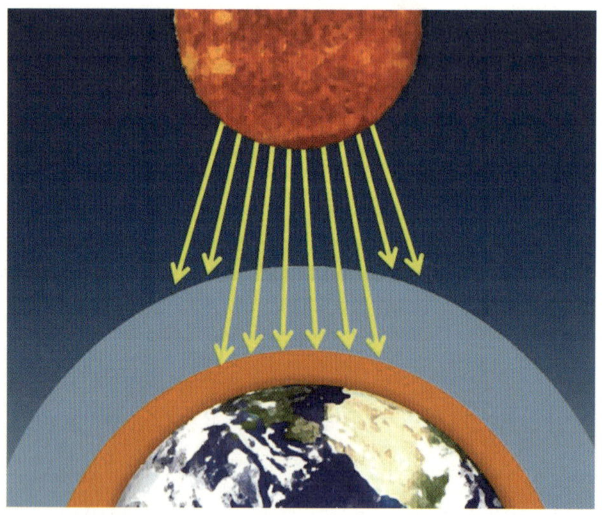

▲ 그림 3-12(a) 지구로 오는 태양의 햇빛은 쉽게 대기를 통과, 지표에 도달한다.
이 햇빛의 약 51% 정도가 육지, 바다 및 식물 등에 의해 지구표면에 흡수된다.

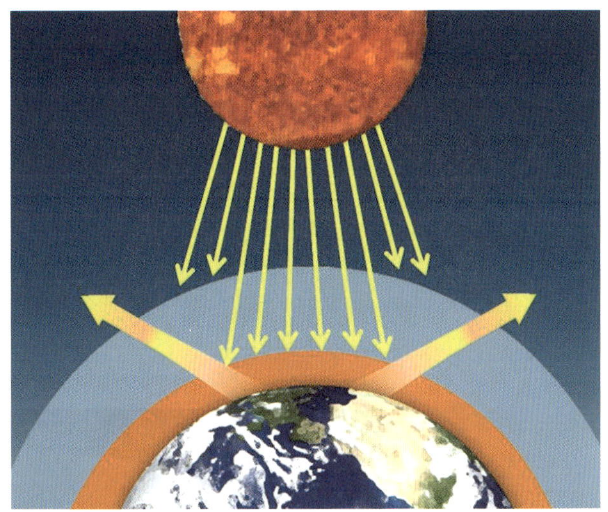

▲ 그림 3-12(b) 지표면에 도달한 에너지의 일부는 지표면에서 반사되어 다시 적외선 형태로 방출된다.

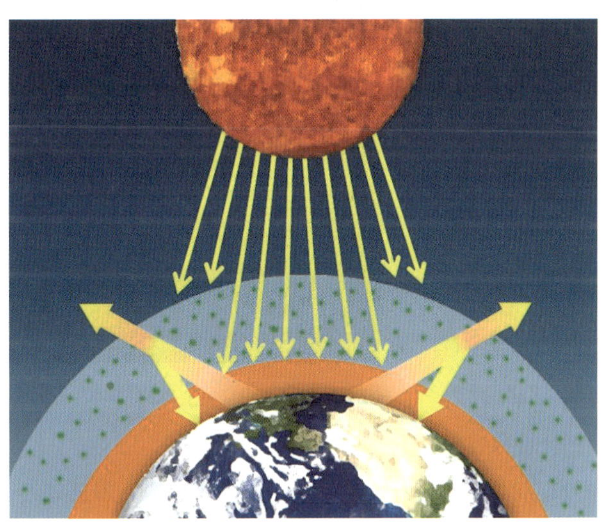

▲ 그림 3-12(c) 지표로부터 방출된 적외선 복사의 많은 양은 대기에 포함된 온실기체들에 흡수되어, 다시 복사의 형태로 지표면으로 되돌아온다.

실제 대기에 의해 일어나는 온실효과는 지구의 온도를 항상 일정하게 유지시켜 주는 아주 중요한 자연 현상이다. 태양이나 해류의 순환과 같은 많은 요소들에 의해 지구의 기상과 에너지 균형이 유지되지만, 온실효과가 없다면 지표면의 연간 평균온도는 현재(약 $15℃$)보다 약 $33℃(60℉)$ 더 낮아져, 영하 $18℃$가 되어 지구상에 인간이 살기 어려울 것이라고 한다. 따라서 온실효과 그 자체가 문제가 아니라, 온실기체를 인위적으로 지나치게 많이 방출함으로서 야기되는 인위적인 지구 온난화가 문제이다.

온실기체란 지구표면과 대기 그리고 구름으로부터 우주로 방출되는 특정한 파장의 적외선 복사 에너지를 흡수하여 온실효과를 일으키는 기체들을 말한다. 수증기, 이산화탄소, 아산화질소, 메탄, 오존, 염화불화탄소(CFCs) 등이 대표적인 온실기체이다. 이들 중 수증기에 의한 자연적인 온실효과가 가장 크고, 구름도 온실기체와 마찬가지로 적외선 복사를 흡수, 방출하기 때문에 온실기체의 특성을 가지고 있다.

오늘날 문제가 되고 있는 온실기체는 수증기와 같은 자연적인 온실기체가 아니라 화석연료의 사용으로 생성되는 이산화탄소와 같은, 인위적인 온실기체이다. 온실기체 방출량은 지난 150년 동안에 걸쳐 약 25% 증가하였으며, 더욱이 지난 20년 동안 배출된 이산화탄소의 약 75%는 화석연료의 연소에 의한 것이라고 한다.

이산화탄소(CO_2), 메탄(CH_4), 아산화질소(N_2O), 수소화불화탄소(HFCs), 과불화탄소(PFCs) 및

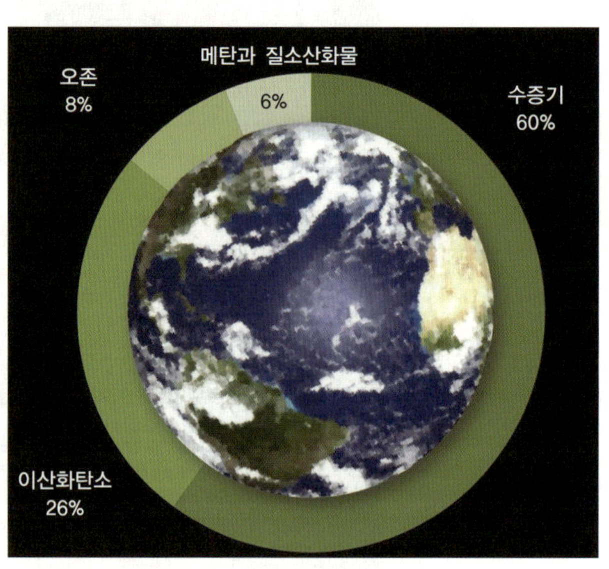

▲ 그림 3-13 주요 온실기체의 온실효과 기여도

육불화황(SF_6)과 같은 물질들은 6대 인위적 온실기체로서 감축대상이다. 염화불화탄소(CFCs)도 온실기체로 지정되어 있는데, 이는 CFCs가 지구온난화에 미치는 직접적인 영향 때문이라기보다는 CFCs로 인한 오존농도의 감소 때문이다.

2010년 한해에 전 세계적으로 소비한 수소화불화탄소(HFC)의 총량은 이산화탄소로 환산할 경우, 1087MMT(Mega Metric Ton)이며, 냉동/냉방 부문에서 사용한 양은 이산화탄소 858MMT에 해당하며, 자동차 에어컨 부문에서 소비한 HFC의 양은 이산화탄소 257MMT과 같다 (그림 3 - 14 참조).

따라서 온실효과가 낮은 냉매의 도입이 시급한 과제임을 알 수 있다. (출처 : EPA)

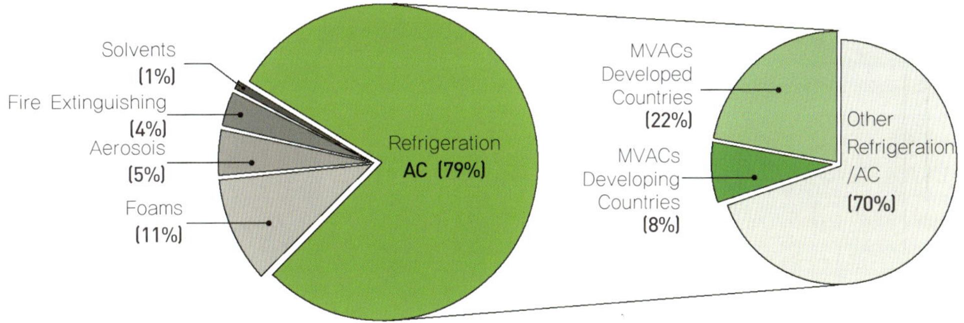

- 전세계 HFC 총 소비 : 1087 MMTCO$_2$ eq
- 전세계 냉동/냉방 부분 총 소비 : 858 MMTCO$_2$ eq
- 전세계 MVAC HFC 소비 : 257 MMTCO$_2$ eq

▲ 그림 3-14 2010년도 전 세계의 수소화불화탄소(HFC) 소비량

지구는 이산화탄소의 농도를 자연적으로 조절하는 "탄소 사이클(carbon cycle)"이라는 자연적인 순환 과정(natural process)을 가지고 있다. 이 과정에서 대기 중의 이산화탄소는 바닷물에 용해되어 바다로 그리고 식물의 광합성을 통해서 육지로 이동하여, 자연적인 평형을 이룬다. 문제는 지구의 "탄소 사이클" 능력을 초과하는, 엄청난 양의 온실가스가 인위적으로 배출되고 있다는 사실이다. 최근 사이언스에 의하면, 1991년과 1997년 사이에 화석연료의 연소로 매년 230억 톤의 이산화탄소가 대기 중으로 배출되었으며, 그 중에서 51억 톤은 광합성에 의해 육지에서 그리고 74억 톤은 바다에 흡수됐으며 나머지(1백5억 톤)는 대기의 이산화탄소 농도를 증가시키는 것으로 나타났다. – 온실가스의 증가

지구 기후는 자연적인 변화가 심하기 때문에 인간의 활동에 의한 결과를 정확하게 예측하기 어렵다. 그러나 컴퓨터 분석에 따르면, 온실가스의 증가와 기온의 상승이 상관관계가 있으며, 기온의 상승으로 해수면의 높이가 높아지고, "기후 변화"가 나타날 것이며, 이와 같은 지구적 변화가 생태계와 인간에게 미치는 영향은 상상을 초월할 것이라고 한다.

⬤ 대기의 주요 구성성분인 질소와 산소, 아르곤은 온실기체가 아니다. 산소와 질소는 안정된 2원자 분자이고 아르곤은 안정된 1원자 기체이기 때문에 태양의 복사파와 만났을 때 정전기적 전하를 띄지 않으며, 복사에 의한 영향도 받지 않는다. 따라서 이들은 온실효과에 영향을 미치지 않는다.

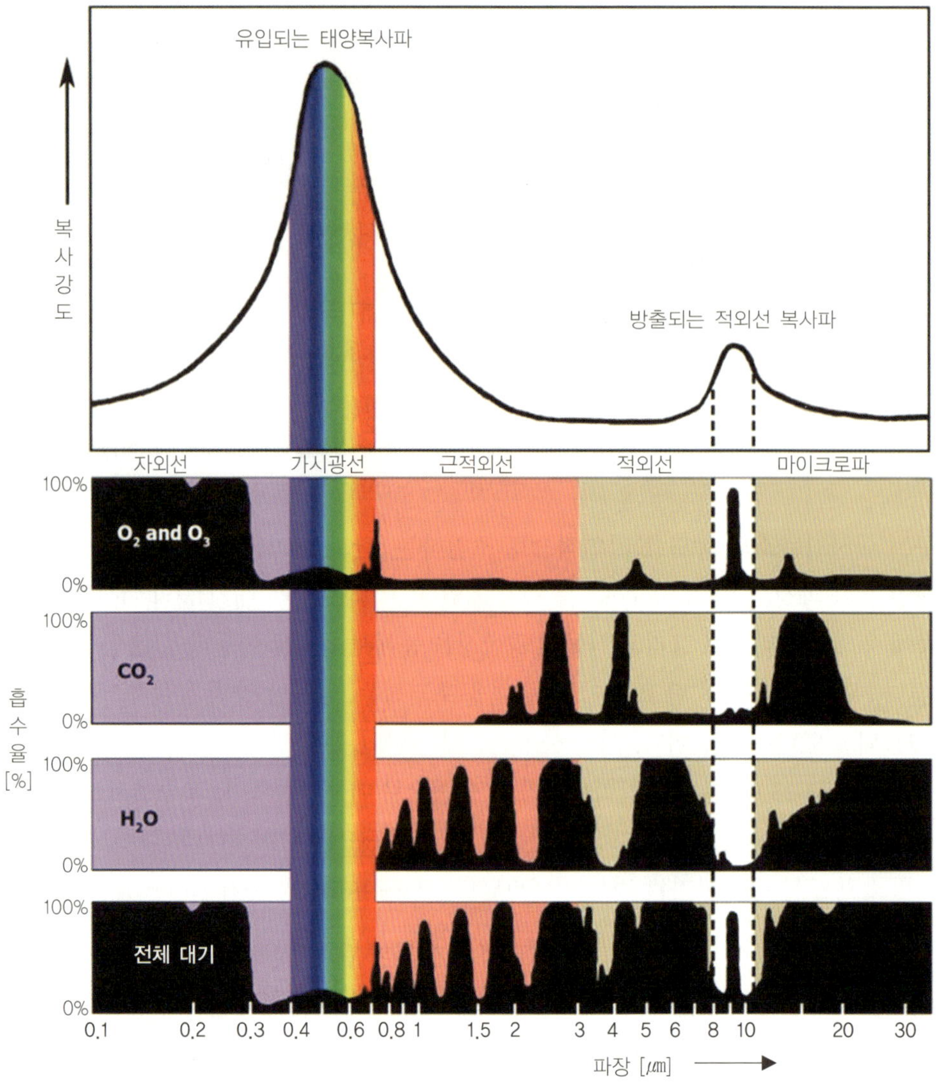

▲ 그림 3-15 온실기체의 태양광 흡수 스펙트럼

3 지구온난화지수(GWP : Global Warming Potential) : WMO(세계기상기구) 2006기준

　온실기체들은 화학적 구조와 고유 특성에 따라 열을 축척하고 재방출하는 능력이 서로 다르고, 온실효과 잠재력도 서로 다르다. 온실기체가 온실효과에 미치는 영향을 숫자로 표시한 것이 지구온난화지수(global warming potential : GWP)이다. 또 GWP_{100}이란 100년 누적 GWP를 말한다.

지구온난화지수(GWP_{100})는 이산화탄소(CO_2)를 1이라고 할 때, 메탄 : 21, 아산화질소(N_2O) : 310, R－12 : 10900, R－134a(HFCs) : 1430, R－1234yf : 4, R－113 : 6130, 과불화탄소(PFCs) : 7000, 그리고 육불화황(SF_6) : 23900 등이다.

예를 들어 R－134a 1kg은 100년 동안 이산화탄소(R－744) 1430kg만큼의 온실효과를, 반면에 R－1234yf는 이산화탄소(CO_2) 4kg 만큼의 온실효과를 발휘한다.

(PP 115, 표 4－1 주요 냉매의 ODP와 GWP 참조)

04

냉매(冷媒), 냉매 사이클, 냉동기유
Refrigerants, Refrigerant's cycles & Lubricants

냉매 일반
(Introduction to Refrigerants)

냉매(冷媒 : refrigerant)란 냉동 사이클을 순환하면서 저온 열원에서 고온 열원으로 열을 운반하는 동작유체이다. 사이클을 순환하면서 액체에서 기체로, 그리고 다시 기체에서 액체로 그 상태변화를 반복하는 냉매를 **1차 냉매**(primary refrigerant), 브라인(brine) 또는 물과 같이 그 상태는 변하지 않으면서 냉각의 중간 매개체 역할을 하는 물질을 **2차 냉매**라 한다.

참고로 브라인(brine)이란 염화칼슘이나 염화나트륨(식염) 등의 수용액(水溶液)으로서, 빙결온도를 빙점 이하로 낮추어 주는 기능을 하며, 제빙이나 $0\,℃$ 이하의 냉장장치에 사용한다.

1 냉매의 변천사 (time line for refrigerants)

냉동 시스템의 개발초기에는 이산화탄소(CO_2 : R–744), 암모니아(NH_3 : R–717), 아황산(SO_2 : R–764), 염화메틸(CH_3CI : R–40) 등과 같이 자연에 존재하는 천연냉매를 사용하였다.(그림 4–1 참조)

이산화탄소(CO_2)는 정치식(定置式) 냉동기 개발 초기부터 저온 냉동에 사용하였으나, 시스템 압력이 높다는 단점 때문에 다른 냉매로 대체되었다. 암모니아(NH_3)는 현재까지도 대형 냉동시스템에 사용되고 있으나 독성 물질이다. 이들 천연 냉매는 1930년대에 개발된 염화불화탄소(CFC) 및 수소염화불화탄소(HCFC)와 같은 인조 냉매로 빠르게 대체되었다.

프레온(freon)으로 더 잘 알려져 있는 염화불화탄소(CFC, 예 : R–12)와 CFC–대체물질인 수소염화불화탄소(HCFC, 예 : R–22)는 독성이 없고, 인화성이 없으며, 냉동/냉방 시스템에 적용하기 좋은 열역학적 특성을 갖추고 있어, 1990년대까지 많이 사용하였다. 그러나 이들이 자연환경을 파괴하는 물질로 판명됨에 따라 몬트리올 의정서(ODP 물질 규제, 1987년) 및 교토 의정서(온실가스 규제, 1997년, 2005년 2월 발효)에 의거, 사용 중단 또는 점진적 퇴출이 결정되었다. 그리고 현재 자동차용 냉매로 사용하고 있는 R–134a와 같은 수소화불화탄소(HFC)는 오존층을 파괴하지는 않지만, 이 역시 강력한 온실가스로서 규제 대상이다.

유럽연합(EU)은 2017년도부터 신차에 R134a를 사용할 수 없도록 규제(MAC Directive-2006/40/EC, 2006년 6월 통과)를 강화하였다. 따라서 대체 냉매의 도입은 시급하고도 불가

피한 과제이다.

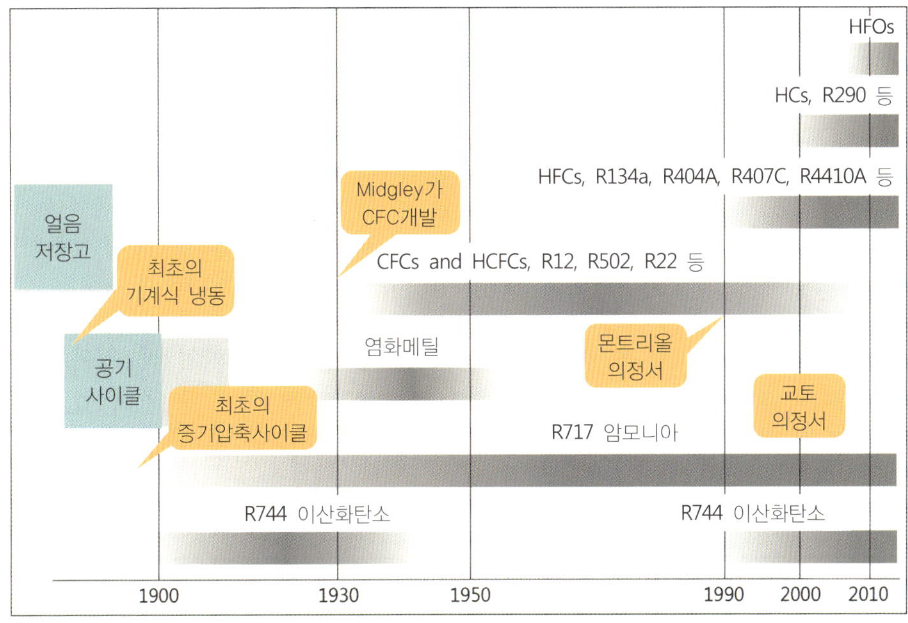

▲ 그림 4-1 냉매의 변천사(time line for refrigerants)

2 냉매의 용도 및 사용 온도범위(application temperature & usage of refrigerants)

그림 4－2는 오늘날 생산되고 있는 주요 냉매의 적용 온도범위 및 용도를 나타내고 있다. 저온 냉동(－25℃ 이하), 중간 냉동 및 냉방(－25～－5℃), 추진제/발포제(－5～＋10℃) 그리고 상온에서 사용하는 용제(solvent)에 이르기까지 용도가 다양하다. 적색은 현재 사용되고 있는 대표적인 냉매, 그리고 녹색은 대체냉매이다.

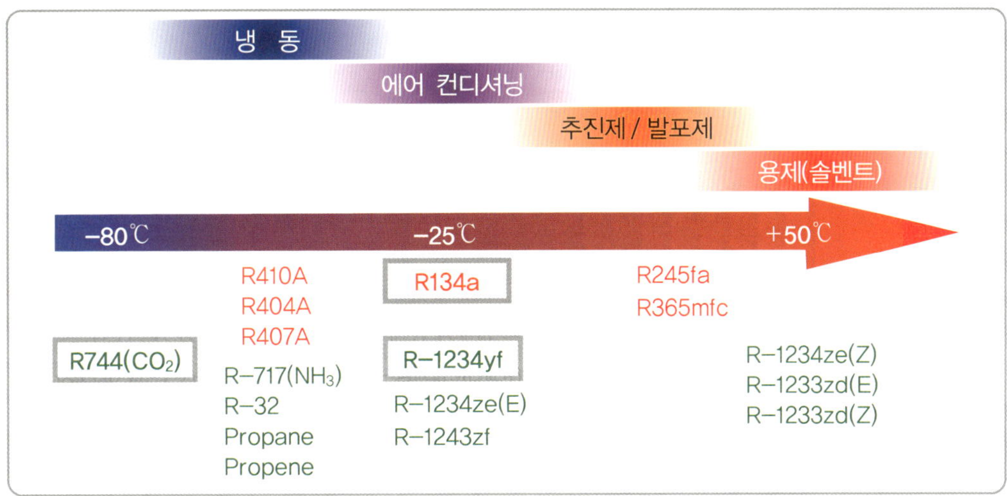

▲ 그림 4-2 주요 냉매와 그 사용온도 범위(출처 : Mexichem)

냉매는 무엇보다도 환경 친화적이어야 한다. 자동차 공조시스템(MAC)의 냉매가 R−12에서 R−134a를 거쳐서, 또 다른 냉매로 대체되어야 하는 가장 큰 이유가 GWP(Global Warming Potential ; 지구 온난화 지수)와 ODP(Ozone Depletion Potential ; 오존층 파괴지수) 때문이다. 다양한 대체물질들이 개발되고 있으나, 가연성(인화성) 때문에 자동차에 적용할 수 있는 냉매(GWP 150이하이면서 ODP 0(zero)인 냉매)는 극히 제한적이다.

그림 4−3에서 실선 화살표는 현재 사용되고 있는 냉매를, 점선 화살표는 거론되고 있는 차세대 냉매를 나타내고 있다. 현재로서는 냉동기 개발 초기에 사용하였으며, 요즈음 다시 각광을 받고 있는 이산화탄소(CO_2 : R−744), 그리고 최근에 개발된 HFO−1234yf 정도가 자동차 공조장치에 사용 가능한 대체 냉매로 고려되고 있다.

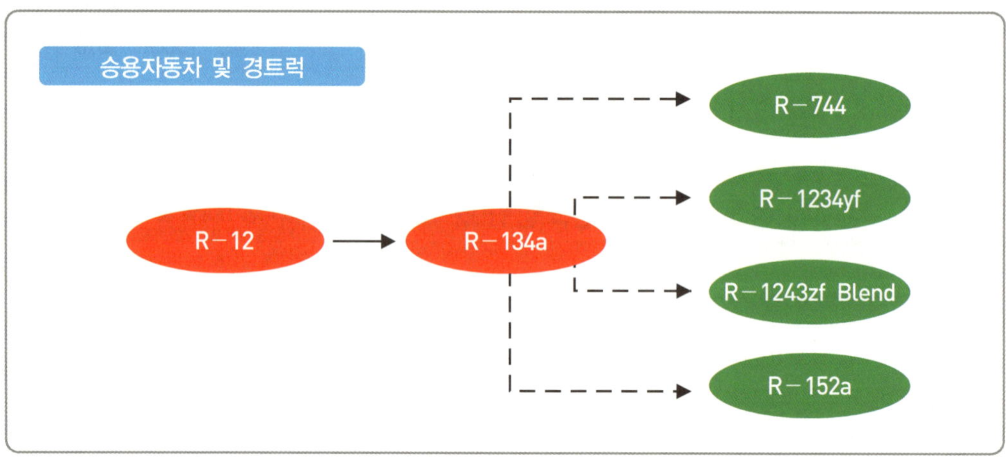

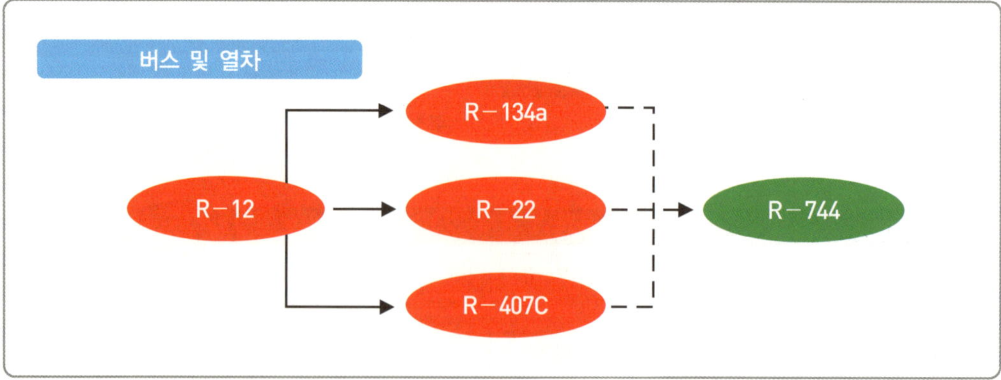

▲ **그림 4-3 차량 공조기용 냉매의 진화**(출처 : EPA & ASHRAE)

자동차용 공조시스템(MVAC : Motor Vehicle Air-Conditioner) 냉매는 다음과 같은 여러 가지 조건을 충족해야 한다.

(1) 환경 친화성(environmental sustainability)

① ODP(오존층파괴지수)는 0이고,

② GWP(지구온난화지수)는 150이하이어야 하며,(EU 기준)

③ LCCP(Life Cycle Climate Performance)가 낮아야 한다.

라이프 사이클 기후 성능(LCCP)이란, 기본적으로 냉동/냉방시스템의 전체 수명기간 동안에 시스템의 모든 측면과 관련된 이산화탄소 배출량을 고려한다. 여기에는 제조, 운송, 조립, 보수, 전기 사용, 냉매 누설, 해체, 그리고 재활용 등의 수명기간 전 과정이 포함된다.

표 4-1 주요 냉매의 ODP와 GWP

냉매	ODP	GWP	참고 사항
CFC-12	1	10890	몬트리올 의정서에 따라 퇴출
HCFC-22	0.055	1810	염소원자 때문에 단계적 퇴출
HFC-134a	0	1430	GWP 높음, 2017년 퇴출(EU)
HFC-152a	0	124	GWP는 낮으나, 인화성이 높다
R-407C	0	1774	GWP가 높다
HFO-1234ze(E)	0	6	GWP는 낮으나, 약한 인화성, 불안정(이중 결합)
HFO-1234yf	0	4	GWP는 낮으나, 약한 인화성, 불안정(이중 결합)
R-290(프로판)	0	3	천연 냉매, 인화성 높음
R-600a(이소부탄)	0	3	인화성 높음
DME	0	1	천연냉매, GWP는 낮지만, 인화성
R-744(CO_2)	0	1	천연 냉매, 인화성 없음, GWP 낮음, 작동압력 높음

(2) 고성능 (high performance)

① 증기의 비체적[m^3/kg]이 작고, 증발 엔탈피[kJ/m^3]가 가능한 한 클 것

주어진 온도와 압력에서 증기의 비체적[m^3/kg]이 작으면, 냉매 압축기의 배기량을 작게 할 수 있다. 냉매 압축기의 크기와 비용을 최소화하기 위해서는 주어진 온도와 압력에서 냉매의 비체적이 가능한 한 작아야 한다.

또 냉매의 증발 엔탈피가 크면 시스템이 차지하는 공간체적을 작게 하고, 에너지를 적게 사용해도 된다.

② **압력비(응축압력/증발압력)가 작을 것**

압력비가 크면, 압축비가 높아지고, 또한 냉매 압축기의 체적효율도 낮아진다.

③ **소요 동력(power requirement)이 적을 것**

단위 냉동에 필요한 소요 동력이 작아야 한다. 압력비, 증기의 밀도와 비열 그리고 증발잠열은 소요동력에 영향을 미치는 중요한 요소들이다.

표 4-2 주요 냉매의 증발엔탈피, 증발잠열 및 압력비

	증발 엔탈피 $[kJ/m^3]$	포화증기밀도[1] $[kg/m^3]$	증발잠열[1] $[kJ/kg]$	압력비
R-744	22535	97.6	230.89	3.71(130/35)[2]
R-1234yf	2841	17.6	161.46	5.76(18.005/3.125)[3]
R-134a	2845	14.4	197.56	6.45(18.894/2.929)[3]
R-152a	2980	9.9	301	6.28(16.956/2.699)[3]

※ [1] 0℃에서의 값.　[2] 120℃/0℃에서의 비.　[3] 65℃/0℃에서의 비

(3) 열역학적/물리적 특성(thermodynamic/physical characteristics)

① **압력-온도 특성(the pressure-temperature characteristics)**

에너지 소비를 최소로 제한하기 위해서는, 시스템의 압력비가 낮아야 한다. 이를 위해서는 증발온도에서 냉매의 포화압력은 가능한 한 높아야 하고, 고온의 대기온도 조건에서 응축 가능한 온도와 압력은 가능한 한 낮아야 한다.

② **임계압력(critical pressure)이 높을 것**

냉매의 임계압력이 낮으면, 증기의 압축에 필요한 동력(power)이 상승한다. 또한 임계압력이 아주 낮으면, 외기온도가 높을 때 응축기에서 증기를 응축시킬 수 없다.

③ **임계온도(critical temperature)가 시스템의 응축온도보다 충분히 높을 것**

냉매의 응축온도가 임계온도에 근접하게 되면, 냉매의 냉동능력 및 성적계수(COP)가 현저하게 감소한다. 따라서 냉매의 임계온도는 시스템의 응축온도보다 충분히 높아야 한다.

이산화탄소(R-744)는 임계온도가 31℃로 낮기 때문에 냉각물질(물이나 공기)의 온도가 조금만 높아도 기체가 액화되지 않는다. 따라서 냉동사이클의 형태가 다른 냉매와는 다르다. 이산화탄소와 에탄(ethane)을 제외한, 대부분의 냉매는 임계온도가 100℃ 이상이다.

표 4-3 주요 냉매의 임계온도와 임계압력

	임계온도 [℃]	임계압력 [kPa(bar)]abs
R−744	31.06	7381.8 (73.8)
R−1234yf	94.7	3382　(33.8)
R−134a	101.08	4060　(40.6)
R−152a	113.50	4492　(44.9)

④ 빙점(freezing point)이 증발기 최저온도보다 충분히 낮을 것

냉매의 빙점은 사이클 최저온도보다 충분히 낮아야 한다. 사이클 최저온도에서 냉매가 응고된다면 냉매로서의 이용가치가 없으므로 재론의 여지가 없다.

⑤ 증발잠열은 크고 액체비열은 작을 것

증발잠열이 크면 클수록 소량의 액체냉매를 증발시켜 큰 냉동능력을 얻을 수 있다. 반대로 증발잠열이 작으면 증발기에서 다량의 냉매를 증발시켜야 하기 때문에 1 냉동톤(1RT)당 냉매 순환량이 증가한다.(관로 치수 증가), 동시에 압축기에서는 쉽게 과열도가 높아지고, 비체적도 커져서 압축기 성능을 저하시킨다.

그리고 증발잠열에 비해 액체비열이 크면 팽창밸브를 통과하는 액체냉매가 냉각될 때 증발하는 액체냉매의 비율이 높아져, 다량의 냉매가스 소위 프레쉬 가스(flesh gas)가 발생한다. 냉동효과가 없는 다량의 프레쉬 가스(flesh gas)가 증발기를 통과하게 되면 전열작용이 불량해지고, 증발기 내의 압력강하(압력손실)도 커진다.

⑥ 냉매 기체의 비열비가 작을 것

비열비($\kappa = c_p/c_v$)가 작으면 압축해도 기체온도가 큰 폭으로 상승하지 않기 때문에 압축비를 크게 할 수 있다. 즉 이상기체의 단열압축 시에 온도(T)와 압력(p) 사이에는 $T_2/T_1 = (P_2/P_1)^{\frac{\kappa-1}{\kappa}}$ 의 관계가 성립하므로 비열비가 작으면 증발온도가 낮아도 1단 압축으로 냉매기체를 충분히 압축할 수 있다. 비열비가 크면 기체의 토출온도가 크게 상승하여 압축기 내부의 윤활유가 변질되고, 동시에 압축기가 소손될 수도 있다.

⑦ 열전달 계수가 가능한 한 클 것

전열작용이 불량하면 응축기와 증발기의 전열면적을 크게 하든지, 온도차를 크게 해야 하므로 비경제적이 되기 쉽다. 열전달계수가 크면, 열교환 면적을 작게 할 수 있다.

냉매	액	증기
R-744	0.11	0.0146 @25℃
R-1234yf	0.064	0.014
R-134a	0.092	0.012
R-152a	0.1108	0.0126

표 4-4 주요 냉매의 열전도도(W/(m K)) @-1.1℃

⑧ **상온(常溫)에서 비교적 저압에서 액화(液化)되고, 온도가 낮아도 대기압 이상의 압력에서 쉽게 증발할 것**

압축기의 압축비와 기계적 부하를 낮추기 위해서

⑨ **액상 및 기상의 점도가 낮을 것**

점도가 높으면 관로에서의 유동저항이 크고, 동시에 밸브를 통과할 때도 저항이 커 냉매 압축기의 체적효율이 감소한다.

⑩ **액상 및 기상의 밀도가 낮을 것**

다른 조건이 동일할 경우, 관로를 흐르는 액체의 마찰저항에 의한 압력강하는 액체의 밀도에 비례한다. 압력강하를 작게 하기 위해서는 액상 및 기상의 밀도가 낮은 것이 좋다. 단, 압축기 특히, 원심식에서의 압축일은 냉매증기의 밀도가 높을 때 감소한다.

⑪ **전기 절연성이 좋을 것**(high dielectric strength)

특히 자동차 공조시스템과 같은 밀폐(hermetic) 시스템에서는 전기 절연강도가 높아야 한다. 전기 절연성은 냉매의 수분함량을 나타내는 지표로도 사용된다.

(4) 안정성 및 화학적 불활성(stability and chemical inertness)

① **화학적으로 안정되고, 분해되지 않을 것**

냉매는 어떠한 사용온도에서도 화학적으로 안정을 유지할 수 있어야 한다. 화학적으로 안정되어 있지 않으면 압축 시에 고온, 고압에 의해서 분해되며, 사용 도중에 냉매특성이 변화한다. 이렇게 되면, 토출가스의 압력이 비정상적으로 상승하거나 냉동능력이 저하될 수 있다. 따라서 화학적으로 안정되어 있어야 함은 물론이고 반복해서 사용해도 변질되거나 분해되지 않아야 한다.

② **불활성일 것**

냉매는 냉동기유, 수분 등과 화학적으로 반응해서는 안 된다.

③ **구성 재료(예 : 고무 씰, 패킹 재료 및 금속재료)와 화학적으로 반응하지 않을 것**

고무 씰이나 패킹 재료의 부풀음, 재료금속의 부식 등이 없어야 한다.

④ **냉동기유와 잘 혼합되고, 분리도 잘되어야 하며, 냉동기유를 열화시키지 않아야 한다.**

냉매가 냉동기유와 잘 혼합되어야만, 냉매와 함께 냉동기유가 운반되어 압축기 가동 부품을 효과적으로 윤활할 수 있다. 그러나 냉동기유가 지나치게 냉매에 용해되어 열화되면, 냉동기유의 점성이 낮아져 윤활불량이 되기 쉽고, 또 냉매의 증발온도를 상승시키고, 증발기에 냉동기유가 많이 모이게 되어 전열저항을 증가시킴으로서 냉방능력이 저하될 수도 있다. 반대로 압축기는 냉동기유가 부족하여 소손될 수도 있다.

⑤ **수분 용해성**(solubility of water in refrigerants)**이 높을 것**

암모니아를 제외하면, 대부분의 냉매는 수분 용해도가 낮다. 따라서 냉매에 수분이 많으면, 수분이 팽창기구(팽창밸브나 오리피스)에서 빙결되어 냉매의 통과를 방해한다. 또 냉매가 가수분해하여 산(acid)을 생성하게 되면, 부식을 유발하거나 냉동기유에 침전물이 생성된다. 따라서 냉매는 수분의 용해성이 높은 것이 바람직하다.

(5) 안전성(safety)

① 독성이 없을 것

독성이 없고, 악취가 없어야 한다.

표 4-5 AEL(허용 노출 수준 : Acceptable Exposure Level)
기준 : 8-12시간/일, 40시간/주

냉매	AEL(ppm)	냉매	AEL(ppm)
R-744(CO$_2$)	1,000	R-134a	1,000
R-1234yf	500	R-152a	1,000

표 4-6은 30분 이하의 시간에 노출되었을 경우, 건강에 악영향을 미치지 않는 한계이다. 그러나 이는 단지 하나의 예에 지나지 않으며, 노출시간을 계산하는 실질적인 지침으로 사용해서는 안 된다.

표 4-6 극심한 독성 노출 한계(ATEL by ASHRAE 34)

냉매	ATEL(ppm)	냉매	ATEL(ppm)
R-744(CO$_2$)	40,000	R-134a	50,000
R-1234yf	101,000	R-152a	50,000

※ ATEL(Acute Toxicity Exposure Limit)

② 인화나 폭발의 위험이 없을 것

③ 적당한 기구를 사용하여 누설을 쉽게 탐지할 수 있을 것

독성 낮음 Lower Toxity	독성 높음 Higher Toxity	
A3	B3	높은 인화성 Higher Flammability
A2	B2	낮은 인화성 Lower Flammability
A2L	B2L	최대연소속도 10cm/s 이하
A1	B1	화염 전파 없음 No-Flame Propagation

※ • A, B : 독성 수준　• 1, 2, 3 : 인화성 수준
　• A1 : R-744, R-134a, R-407C, R-22
　• A2L : R-1234yf,　• A3 : R-290(프로판)　B2 : R-717(암모니아)

(6) 경제성

① 값이 싸야 한다.
② 쉽게 구할 수 있어야 한다.
③ 취급 및 운반이 용이해야 한다.

이들 구비조건을 완벽하게 충족시키는 냉매는 존재하지 않는다. 따라서 여러 가지 요인들 예를 들면, 냉매의 물리적/열역학적 특성, 시스템 구성, 적용 환경, 안전성 및 비용 등을 고려하여 용도에 적합한 냉매를 선택해야 한다.

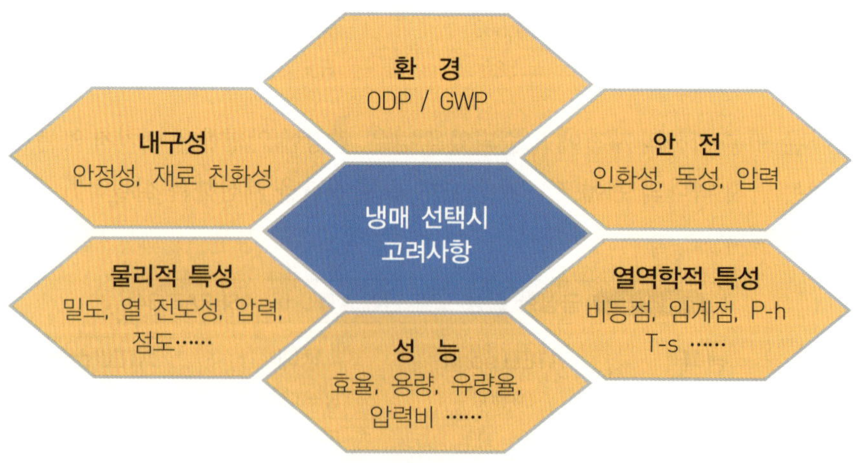

▲ 그림 4-4 냉매를 선택할 때의 고려 사항

우리나라에서는 자동차 공조장치용 냉매로 2015년 현재 R−134a를 사용하고 있으나, 일부 수출용 자동차에는 이미 R−1234yf를 사용하고 있다. R−134a를 대체할 수 있는 친환경 냉매로는 R−744, R−1234yf를 비롯해서, 다수의 새로운 냉매들이 거론되고 있다.

○ **자동차 에어컨(MAC) 냉매의 구비조건 요약**
① 환경 친화적일 것(Eco-friendly)
   ODP는 0이고, GWP는 150이하일 것.(EU 2017년 기준)
② 증발잠열은 크고 액체비열은 작을 것(high latent heat of vaporization)
③ 비체적 출력이 클 것(high specific volumetric power)
④ 열전도 능력이 우수할 것(good thermal conductive capability)
⑤ 임계온도와 삼중점이 작동범위 밖일 것
   (critical temperature & tripple point are in outside the working range)
⑥ 작동압력이 적당할 것.(reasonable working pressure)
   압축압력이 너무 높지 않아야 하며, 동시에 증발압력이 대기압 이상일 것
   (Compression pressure must not be too high, and evaporation pressure must be higher than atmospheric pressure)
⑦ 온도가 낮아도 대기압 이상의 압력에서 쉽게 증발할 것.
   (must vaporize easily in the evaporator at low temperature condition)
⑧ 습증기 영역에서 응축 또는 증발할 때 온도변화가 없을 것(no temperature glide)
⑨ 비가연성이고 폭발성이 없을 것(non-flammable & non-explosive)
⑩ 무독, 무취하고 부식성이 없을 것(non-toxic, odorless, non-corrosive)
⑪ 화학적으로 안정되고, 변질되지 않을 것(chemically stable, no change in quality)
⑫ 점도가 낮을 것(low viscosity)
⑬ 부품 재료 및 냉동기유와의 친화성이 좋을 것
   (good compatibility with component-materials & refrigeration oils)
⑭ 전기 절연성이 우수할 것(high dielectric strength)
   − 전기모터가 집적된 압축기의 경우(for compressor with integral motors)
⑮ 누설을 쉽게 감지할 수 있을 것(ease of leak detection)
⑯ 취급이 용이하고, 가격이 쌀 것(ease of handling and low cost)

 4 주요 냉매의 분자구조

냉매는 물, 공기, 이산화탄소, 암모니아, 탄화수소와 같은 천연냉매, 그리고 할로겐 화합물과 같은 인조 냉매로 구분할 수 있다.

연료로도 사용하는 탄화수소(메탄, 에탄, 프로판 등)는 산소 또는 공기와 일정 비율로 혼합되면 폭발적으로 연소한다는 사실을 우리는 잘 알고 있다. 이들 탄화수소에서 수소원자(H)를 할로겐 원소인 불소(F : Fluorine), 염소(Cl : Chlorine) 및 브롬(Br : Bromine) 등으로

대체하여 만든 불연성(또는 약한 가연성) 기체를 단일 물질 형태로 또는 혼합하여 냉매를 제조한다. 탄화수소 화합물 냉매는 소형 냉동기 및 자동차 공조시스템(MVAC : Motor Vehicle Air-Conditioner)에 주로 사용한다.

(1) 메탄의 분자구조

메탄(methane : CH_4)은 가장 간단한 구조의 탄화수소 화합물로서, 탄소 원자 1개가 4개의 수소 원자와 결합하여 포화상태를 이루고 있다. 우리가 잘 알고 있는 압축천연가스(CNG)의 주성분이 메탄이다.

메탄에서 4개의 수소원자를 염소원자 2개와 불소원자 2개로 치환하여, 만든 물질(CCl_2F_2)이 바로 프레온-12(freon-12 ; R-12))이다.

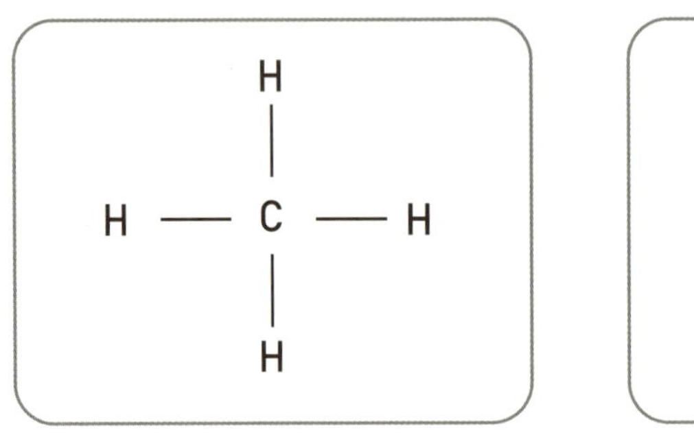

▲ 그림 4-5 메탄의 분자 구조

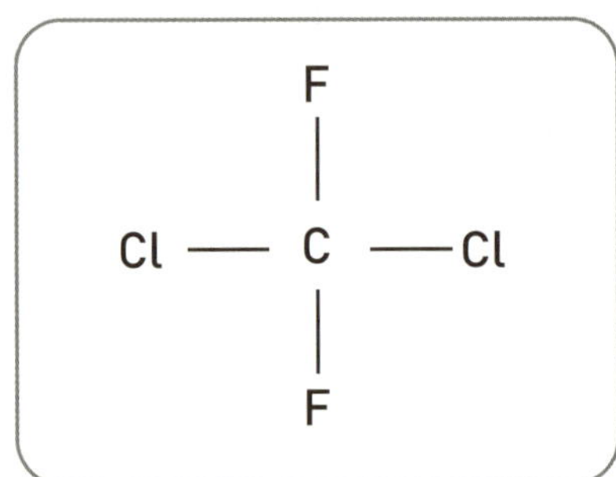

▲ 그림 4-6 CFC(예 : R-12 ; CCl_2F_2)

(2) 할로겐 포화 탄화수소

4가의 탄소원자에 수소원자(H), 염소원자(Cl) 및 불소원자(F)를 결합하여 여러 종류의 냉매를 만들 수 있으며, 다음과 같이 구분한다.

① **염화불화탄소(CFC : Chlorofluorocarbons), (예 : R-11, R-12, R-113 등)**
분자에 수소원자가 없으며 안정성이 높다. 따라서 공기 중에서의 수명이 길어, 성층권까지 올라가서 분해되어 염소원자 2개를 배출하여 오존층을 파괴한다.

② **수소염화불화탄소(HCFC : Hydro-ChloroFluorocarbons), (예 : R-21, R-22)**
CFC에서 하나 또는 다수의 할로겐 원자를 수소로 치환하였다. CFC에 비해 대기에서의 수명이 현저하게 짧아서 환경에 가하는 충격이 적으나, 포함된 염소원자 1개가 오존층 파괴에 관여한다.

③ **수소화불화탄소(HFC : Hydrofluorocarbons), (예 : R-134a)**
탄소, 수소 및 불소원자만으로 구성된다. 분자구조에 염소가 들어있지 않기 때문에

오존층 파괴에는 관여하지 않으나 강력한 온실가스이다.

(R−134a, R−152a, R−32, R−125 등)

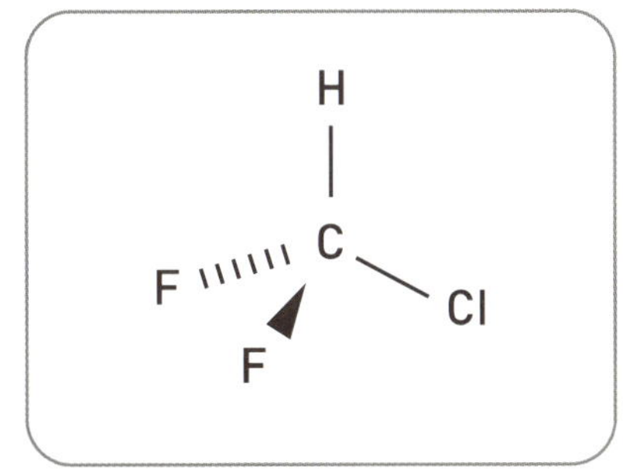

▲ 그림 4-7   HCFC(예 : R-22 ; HCF₂Cl)

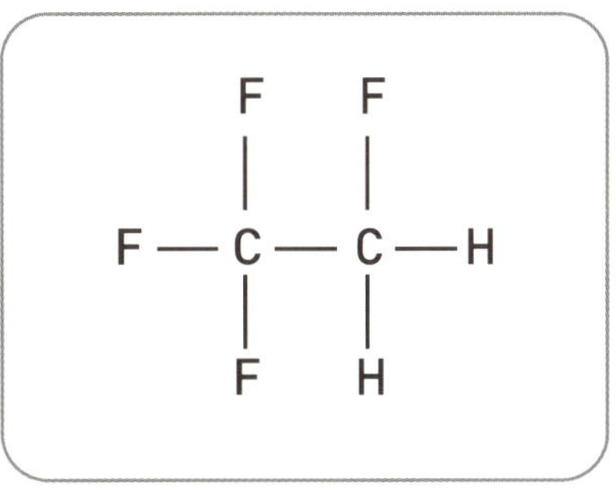

▲ 그림 4-8 HFC(예 : R-134a ; CH₂FCF₃)

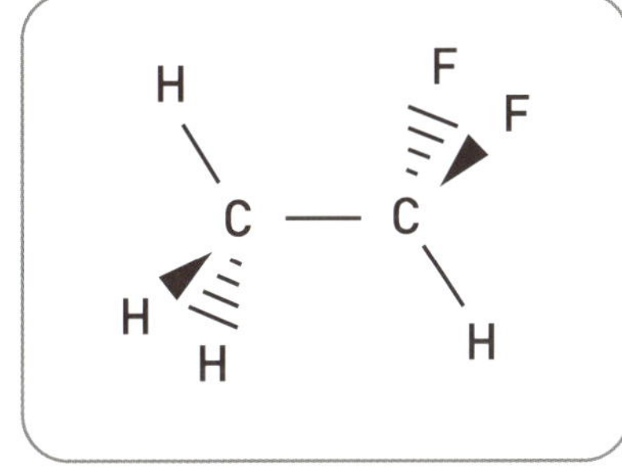

▲ 그림 4-9 HFC(예 : R-152a ; CH₃CHF₂)

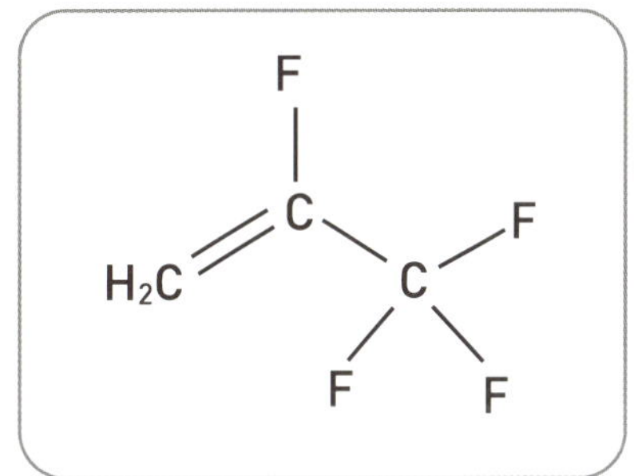

▲ 그림 4-10 HFO(예 : R-1234yf : CH₂=CFCF₃)

(3) 할로겐 불포화 탄화수소(유기 불소 화합물 ; HFO, 예 : R-1234yf)

수소화불화탄소(HFC)와 마찬가지로 분자구조에 염소가 들어있지 않으며, 탄소(C), 수소(H) 및 불소(F) 원자만으로 구성된다.

예를 들어, R−1234yf는 탄소의 2중 결합이 하나 존재하며, ODP(오존층 파괴지수)는 0이며, 지구온난화지수(GWP)는 4이다. R−134a의 대체물질로 개발되었으나, 약한 인화성이 있으며, 2015년 현재는 R−134a에 비해 약 10배 이상 비싸다.

5 냉매번호 표기 방법

냉매는 긴 이름 또는 화학식 대신에 간단한 번호를 붙여 구별한다. 번호 앞의 R은 "냉매(Refrigerant)"를 의미한다. "R" 다음에 곧바로 번호를 쓰거나, 하이픈(−)을 넣기도 한다. 예를 들면 CH_2FCF_3은 R134a, R−134a 또는 HFC−134a, HFC134a 중, 어느 하나로 표기할 수 있다.

(1) 무기 화합물과 유기 화합물

① 무기 화합물(inorganic compounds)

암모니아와 물, 공기 등은 오래 전부터 냉매로 사용된 물질이며, 이산화탄소는 2015년 현재 자동차용 냉매로 고려되고 있다. 그리고 일부는 특수목적에 사용되기도 한다. 무기 화합물 냉매에는 700번 단위의 번호를 붙이며, 그 뒤 두 자릿수 번호는 그 물질의 분자량이다.

표 4-8 무기질 냉매의 냉매 번호

이름	분자식	분자량	냉매번호	이름	분자식	분자량	냉매번호
수소	H_2	2	R-702	공기	-	29	R-729
헬륨	He	4	R-704	산소	O_2	32	R-732
암모니아	NH_3	17	R-717	이산화탄소	CO_2	44	R-744
물	H_2O	18	R-718	아황산가스	SO_2	64	R-764
질소	N_2	28	R-728				

② 유기 화합물(organic compounds)

이소부탄(C_4H_{10} : R-600a)과 같은 유기화합물에는 600단위의 번호가 부여된다. 6을 제외한 나머지 두 자릿수 번호는 ASHRAE의 승인 번호이다.

(2) 탄화수소계열 냉매

① 할로겐 포화-탄화수소계열(예 : R-134a, $CH_2FCF_3 \rightarrow C_2H_2F_4$)

할로겐 포화-탄화수소계열 냉매는 일반적으로 R-ⓐⓑⓒ의 3 자릿수로 표기한다. 냉매의 분자식 "$C_aH_bCl_cF_d$"에서 a, b, c, d 사이에는 "$2a+2 = b+c+d$"의 관계가 성립한다. 그리고

ⓐ $= a-1$ (분자식 속의 탄소(C) 원자 수보다 하나 적은 수)

ⓑ $= b+1$ (분자식 속의 수소(H) 원자 수보다 하나 많은 수)

ⓒ $= d$ (분자식 속의 불소(F) 원자 수)를 의미한다.

예를 들어 $C_2H_2F_4$의 경우는 a = 2, b = 2, c = 0, d = 4이므로

ⓐ $= a-1 = 2-1 = 1$

ⓑ $= b+1 = 2+1 = 3$

ⓒ = d = 4가 된다.

따라서 $C_2H_2F_4$의 냉매번호는 R−134a이다. 여기서 a는 이성체(isomer)를 나타낸다.

냉매번호가 정해지면 Cl의 개수는 2a + 2 = b + c + d에서 c을 구하면 된다. c = 2a + 2 − b − d = (2×2) + 2 − 2 − 4 = 0으로서, Cl의 원자 수는 0이다.

그러나 여기서 100 자릿수 ⓐ가 0이 될 경우는 0을 생략하고 표기한다. 실제로 CCl_2F_2의 경우, R−012 또는 R012가 되지만 R12 또는 R−12라고 표기한다.

② **할로겐 불포화 탄화수소 계열**(예 : R−1234yf, $C_3H_2F_4$)

최근에 개발된 R−1234yf(또는 HFO−1234yf)의 경우는, 이중결합의 수를 가장 앞에 쓰고, 이어서 R−134a와 똑같은 방법으로 3자릿수 번호를 정한다.

분자식 $C_3H_2F_4$에서 a = 3, b = 2, c = 0, d = 4이므로

  ⓐ = a − 1 = 3 − 1 = 2

  ⓑ = b + 1 = 2 + 1 = 3

  ⓒ = d = 4가 되어 둘째 자릿수부터의 번호는 234가 된다. 이중결합의 수 1을 앞에 쓰면 번호는 1234가 된다.

HFO는 하이드로−플루오르−올레핀(Hydro−Fluoro−Olefin) 즉, 유기 불소화합물을 의미하며, yf는 치환된 원소의 이름 및 위치를 나타낸다.

따라서 분자구조가 CH_2 = $CFCF_3$인 유기 불소화합물($C_3H_2F_4$)은 HFO1234yf, HFO−1234yf, R1234yf, 또는 R−1234yf 중에서 어느 하나로 표기할 수 있다.

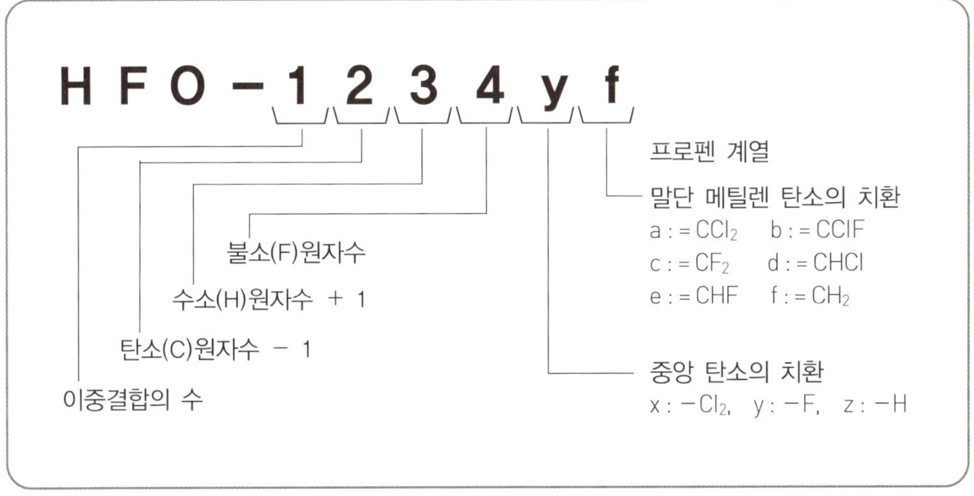

▲ 그림 4−11 HFO 계열 냉매의 냉매번호 구조

(3) 공비혼합물(共沸混合物 : azeotrope)

번호 R-500 단위의 냉매는 공비 혼합냉매를 나타낸다. 공비혼합물이란, 두 종류의 냉매의 혼합물이면서도, 단일(單一) 냉매와 같은 특성을 가진 냉매로서, 증발이나 응축 시에 비등점과 성분 조성에 변화가 없다. 5를 제외한 나머지 두 자릿수는 ASHRAE의 승인번호이다.

(예 : R-502는 R22/R115(48.8wt.%/51.2wt.%)의 공비혼합물)

(4) 비-공비혼합물(非-共沸混合物 : zeotrope)

번호 R-400 단위의 냉매는 비-공비혼합물을 나타낸다. 비-공비혼합물은 비등과정에서 온도변화가 현저한 혼합물을 말한다. 버스와 기차 등에도 사용되고 있는 R-407C는 R-134a(52wt.%), R-125(25wt.%) 및 R-32(23wt.%)의 비-공비혼합물이다. 4를 제외한 나머지 두 자릿수는 ASHRAE의 승인번호이다.

참고로 R-407C는 R-22와 비슷한 특성을 가지고 있으며, R-22에 비해 응축과 증발과정에서의 온도변화(glide)가 비교적 크다(약 5.6℃). 냉동기유는 POE(POlyol Ester)를 사용한다.

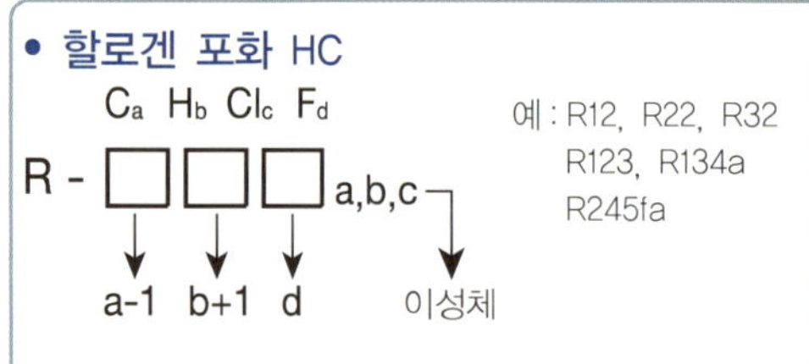

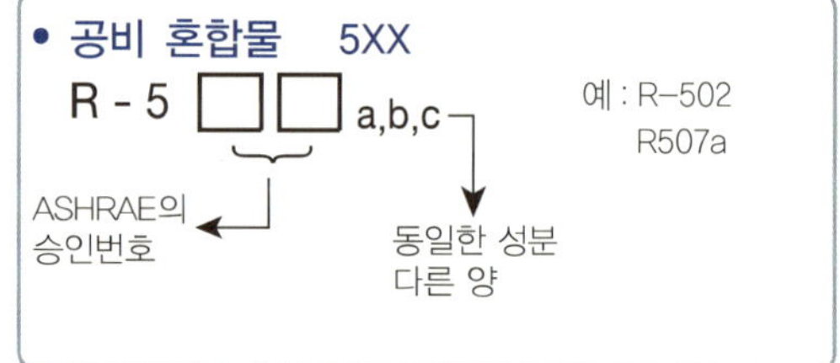

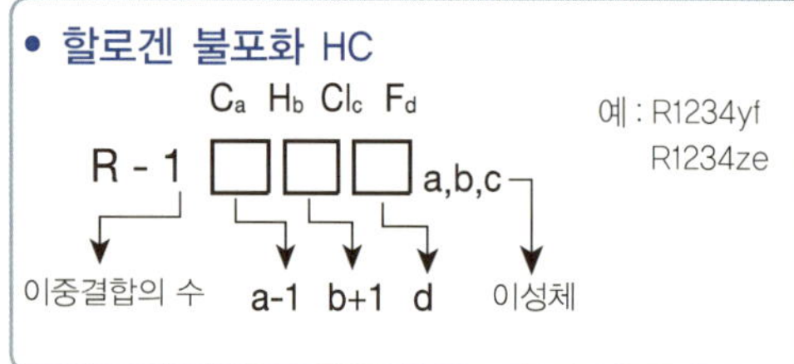

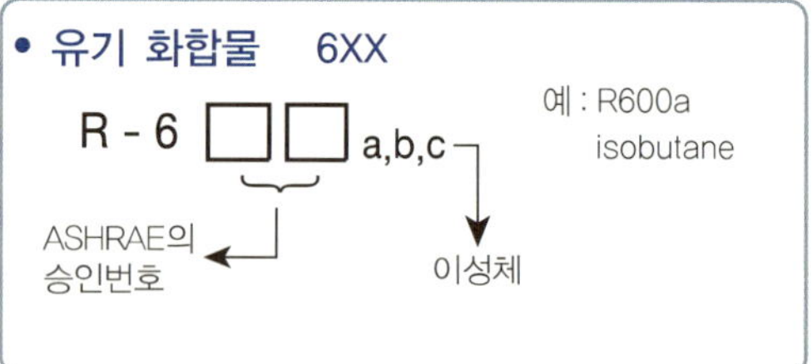

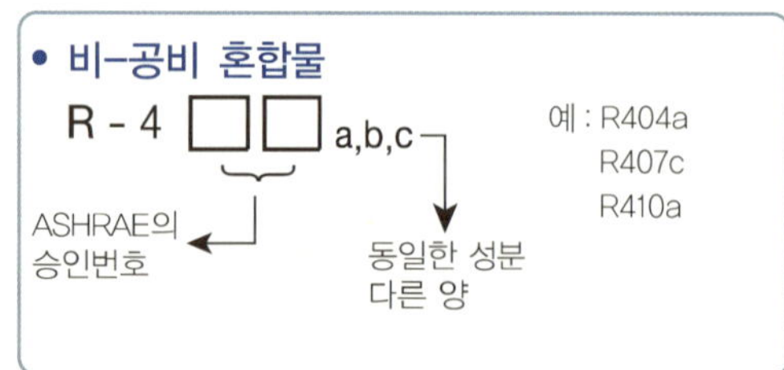

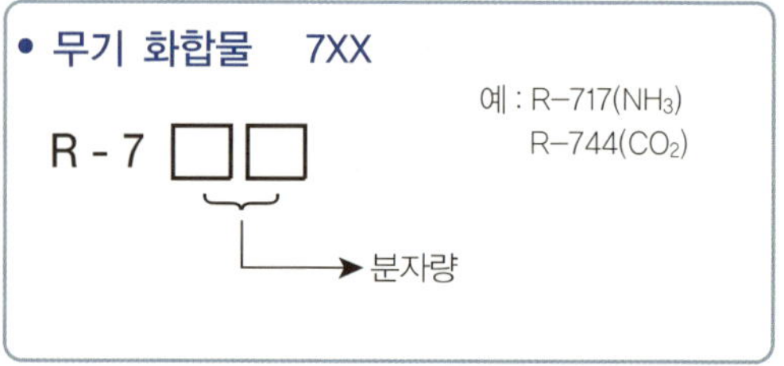

▲ 그림 4-12 냉매번호 표기 방법

주요 냉매와 그 사이클
(The main refrigerants and their cycles)

냉매에 따라, 그리고 냉동시스템의 용도에 따라 시스템 구성 및 작동압력이 달라진다. 여기서는 자동차 공조장치에 사용되는 주요 냉매를 중심으로 냉매의 특성, 시스템 구성 및 작동압력 등에 대해 설명한다.

1 냉매 HFC-134a(R-134a)

유럽연합에서는 2017년부터 신차에 R−134a를 사용할 수 없다. 그러나 이미 출시된 자동차들의 수명이 다할 때까지는 유럽연합에서도 R−134a를 사용할 것이다. R−134a는 온실가스(GWP＝1430)라는 점을 제외하면, 자동차 에어컨 냉매로서 좋은 특성들을 고루 갖추고 있다.

상온(30℃)에서 약 6.8bar의 압력에서 액화하며 공기와 혼합되어도 인화, 폭발의 위험이 없는 불연성 가스이며, 금속 및 고무부품(elastomer)과의 친화성에 큰 문제가 없다.

(1) 냉매 R−134a의 주요 특성

① 증발잠열이 크고 액화가 용이하다.(0℃에서 197.56kJ/kg)

② 불연성(不燃性)이며, 폭발 위험이 없다.

　고온의 불꽃과 반응하면 유독성 TFA(Trifluoroacetic acid : CF_3CO_2H)를 생성한다.

③ 화학적으로 안정되어 있으며, 반복 사용해도 변질되지 않는다.

④ 임계온도(101.1℃)가 시스템의 응축온도(16.8bar(abs)에서 60℃)보다 더 높다.

⑤ 증발기 압력이 대기압보다 높다.(0℃에서 2.929 bar(abs))

⑥ 독성이 없다.(안전도 등급 : A1)

⑦ 부식성이 없다.

⑧ PAG(폴리−알킬−글리콜) 오일과의 혼합성이 양호하다.

　R−134a시스템의 냉동기유로는 주로 POE(POlyol Ester)와 PAGs(폴리 알킬 글리콜)를 사용한다.

⑨ 쉽게 구할 수 있다.

(2) R-134a 시스템 구성 및 냉매의 상태 변화(예 : 팽창밸브 식)

　시스템 구성요소에서의 작동온도와 압력은 시스템 부하에 따라 크게 변한다. 여기에 제시된 온도와 압력은 하나의 보기일 뿐이다.

<table>
<tr>
<td>① 압축기
(Compressor)

저온(약 −3℃), 저압(1.5 ~1.2barG)의 기체 냉매를 압축하여, 고온(70℃), 고압(16~13barG)의 기체 냉매로 토출한다.</td>
<td></td>
<td>② 응축기
(Condenser)

고온, 고압의 냉매는 응축기를 통과하는 냉각공기에 의해 냉각된다.
압력은 그대로, 온도는 강하하면서 응축을 시작하여, 출구 부근에서는 거의 액체로 변환된다.
(온도 약 60~55℃, 압력 16~13barG)</td>
<td></td>
<td>③ 수액기
(Receiver/Dryer)

유입된 냉매는 액체와 기체로 완전 분리된다. 액체냉매만 팽창밸브로 공급된다. 또 냉방부하의 변동에 대응하기 위해 액체냉매를 일부 저장한다.</td>
</tr>
</table>

<table>
<tr>
<td>⑥ 증발기 출구
(Evaporator outlet)

출구 부근에 이르면 습증기 상태의 냉매는 완전 기화된다. 출구에 이르면 과열된다. 압력은 그대로 1.5 ~1.2barG이지만 온도는 약 −3~0℃로 상승한다.</td>
<td></td>
<td>⑤ 증발기 입구
(Evaporator inlet)

팽창밸브를 통과, 팽창된 저온, 저압(예 : −5℃, 1.5 ~1.2barG)의 습증기는 차실내로부터 열을 흡수하면서 증발한다. 이때 온도와 압력은 변하지 않는다.</td>
<td></td>
<td>④ 팽창밸브
(Expansion Valve)

고온, 고압(예 : 60~55℃, 16~13barG)의 액체 냉매는 팽창밸브를 통과하면서, 급격히 팽창되어 저온, 저압(예 : −5℃, 1.5~1.2 barG)의 습증기가 된다.</td>
</tr>
</table>

	압축기 → 응축기	응축기 → 팽창밸브	팽창밸브 → 증발기	증발기 → 압축기
냉매 상태	가스	액체	습증기(액체/가스)	과열증기
냉매 압력	약 16bar(G)	약 16bar(G)	약 1.2bar(G)	약 1.2bar(G)
온도 [℃]	약 70~60℃	약 60~55℃	약 −7~−5℃	약 −3~0℃

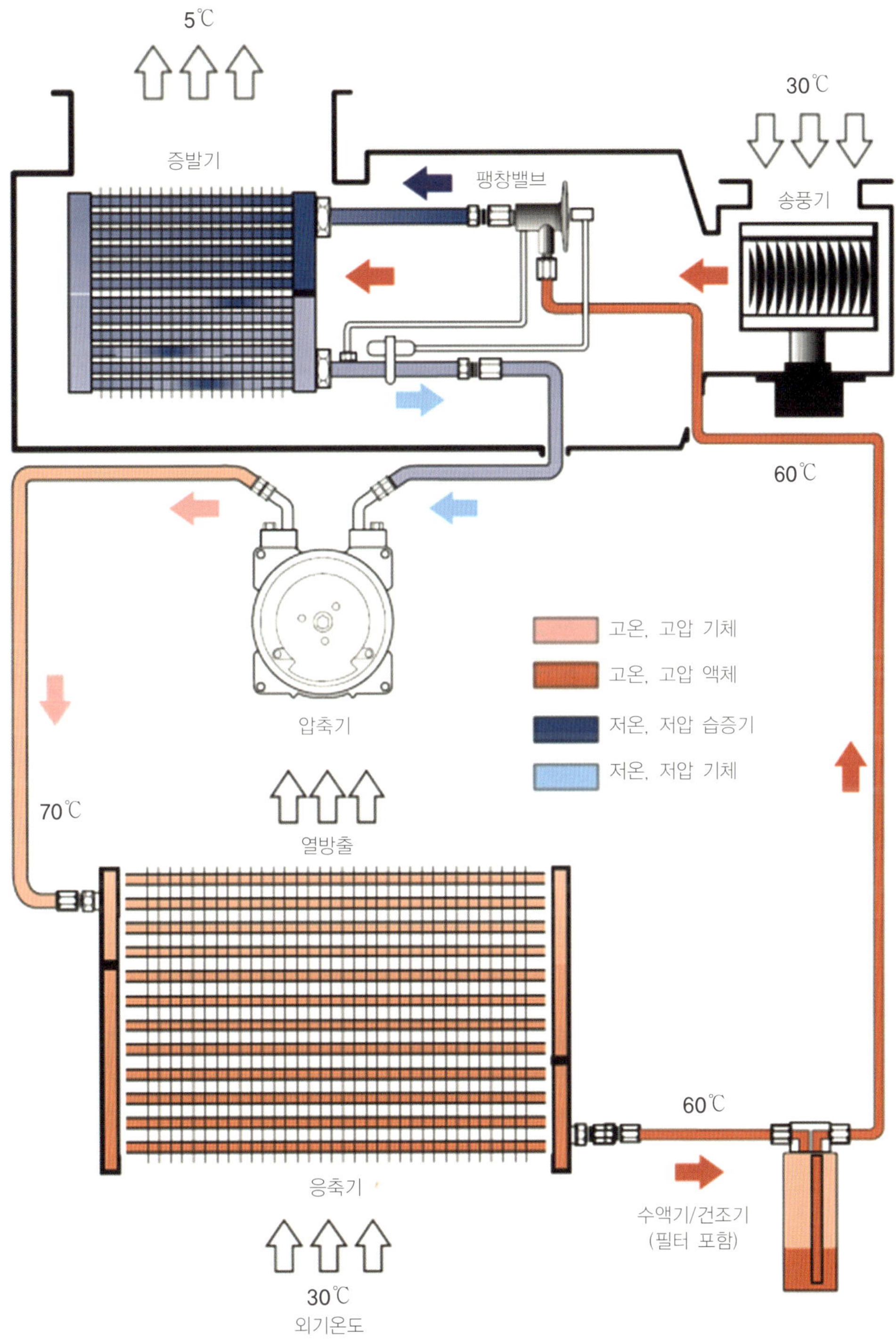

▲ 그림 4-13 R-134a 시스템(팽창밸브 식) 구성 및 냉매의 상태 변화

(3) R-134a 시스템 구성 및 냉매의 상태 변화(예 : 고정 오리피스 식)

시스템 구성요소에서의 작동온도와 압력은 시스템 부하에 따라 크게 변한다. 여기에 제시된 온도와 압력은 하나의 보기일 뿐이다.

① 압축기 (Compressor)	② 응축기 (Condenser)	③ 오리피스 (Orifice)
저온(약 −1℃ 이상), 저압(1.8~1.5barG)의 기체 냉매를 압축하여, 고온(75~70℃), 고압(약 20barG)의 기체 냉매로 토출한다.	고온, 고압의 기체냉매는 응축기를 통과하는 냉각공기에 의해 냉각된다. 압력은 그대로, 온도는 강하하면서 응축을 시작하여, 출구 부근에서는 거의 액체로 변환된다. (온도 약 60℃, 압력 약 20barG)	고온, 고압(예 : 60℃, 20barG)의 액체 냉매는 오리피스를 통과하면서, 급격히 팽창되어 저온, 저압(예 : −4℃, 1.8~1.5barG)의 습증기가 된다.

⑥ 축압기 (Accumulator/Dryer)	⑤ 증발기 출구 (Evaporator outlet)	④ 증발기 입구 (Evaporator inlet)
습증기 상태의 냉매는 액체와 기체로 완전 분리된다. 과열증기 상태의 기체 냉매만 압축기로 공급된다. 나머지는 어큐뮬레이터에 저장되어, 부하변동에 대응한다. 압력은 1.8~1.5barG, 온도는 −1~5℃로 상승한다.	출구 부근에 이르면 냉매는 거의 기화된다. 그러나 일부는 습증기 상태로 어큐뮬레이터로 이동한다. 압력은 1.8~1.5barG로 그대로이지만 온도는 약 −1℃ 이상으로 상승한다.	저온, 저압(예 : −4℃ 이상, 1.8~1.5barG)의 습증기는 차실내로부터 열을 흡수하면서 증발한다. 이때 온도와 압력은 변하지 않는다.

	압축기 →응축기	응축기 →오리피스	오리피스 →증발기	증발기→어큐뮬레이터 →압축기
냉매 상태	가스	액체(일부 가스)	습증기(액체/가스)	과열증기
냉매 압력	약 20bar(G)	약 20bar(G)	약 1.5bar(G)	약 1.5bar(G)
온도[℃]	약 75~70℃	약 65~60℃	약 −4℃ 이상	약 −1℃ 이상

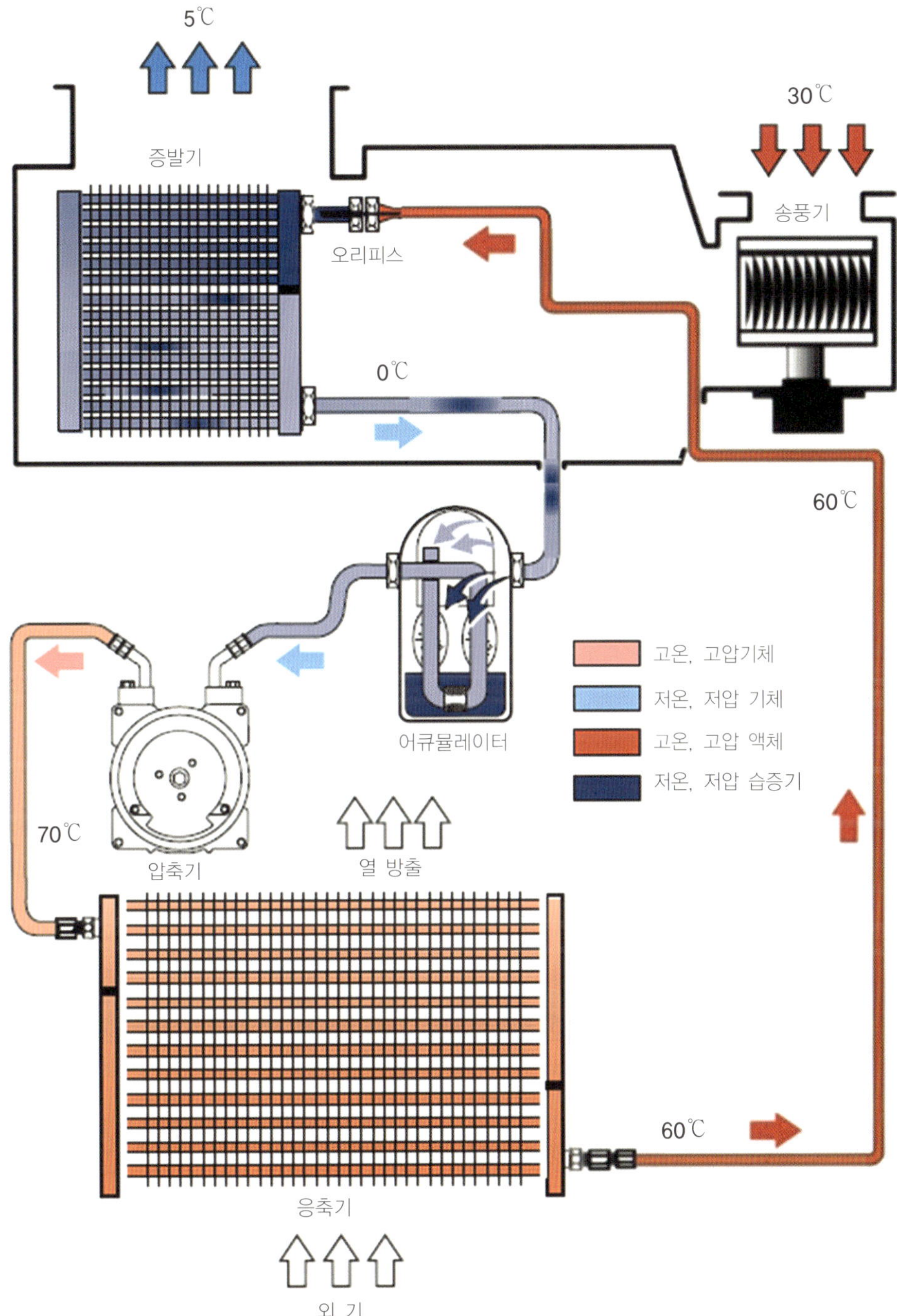

▲ 그림 4-14 R-134a 시스템(고정 오리피스 식) 구성 및 냉매의 상태 변화

표 4-9 **R-134a의 특성**(발췌 : Dupont사 자료 기준)

■ 일반 특성	
명칭	1,1,1,2-테트라-플루오로-에탄
화학식	CH_2FCF_3
분자량	102.03[kg/kmol]
분자직경(최소)	420pm(4.2Å)
색상	무색(colorless)

■ 환경 특성	
ODP(R11=1)	0
GWP(100년 누적, CO_2 =1)	1430(WMO, 2006)
안전도 등급	A1(무독, 무취, 비가연성)

■ 열역학적/물리적 특성		
비등점(@ 1013hPa)a		−26.1℃
빙점(@ 1013hPa)a		−103.3℃
임계 온도		101.1℃
임계 압력		4060kPa (40.6bar)abs
임계 밀도		515.3 kg/m^3
임계 체적		0.00194 m^3/kg
포화 증기압 [bar(abs)]	5℃	3.49bar
	20℃	5.72bar
	25℃	6.65bar
	50℃	13.17bar
	80℃	26.35bar
증발잠열	0℃	197.56[kJ/kg]
	5℃	193.70[kJ/kg]
	60℃	139.24[kJ/kg]
증기 밀도 @ −1.1℃ 포화증기		13.9 kg/m^3
용해도(wt.%)	냉매가 물에	0.15
	물이 냉매에	0.28g/100g 냉매, @ 25℃

■ 0℃에서의 특성(포화상태에서)		단위	액체	증기
포화 압력		kPa(bar)abs	292.9(2.929)	292.9(2.929)
비체적		dm^3 / kg	0.772	69.01
비열	정압	kJ/(kg K)	1.34	0.90
	정적	kJ/(kg K)	0.88	0.76
비열비(정압/정적)			1.523	1.184
점도		10^{-6} Pa·s	271.08	10.73
열전도도		W/(m K)	0.092	0.012
표면 장력		N/m	0.01053	

■ 기 타	
성적계수(COP)	
냉동기유	PAG(Poly−Alkylene Glycol) 또는 POE(Polyol Ester)
건조제	몰리큘러시브 XH7 또는 XH9

2 냉매 HFO - 1234yf (R - 1234yf)

R－1234yf(또는 HFO－1234yf)는 GWP는 4, ODP는 0으로서, R－134a를 직접 대체할 수 있는 잠재력을 가진 냉매이다. 냉방성능 및 연료소비는 R－134a와 비교 가능한 수준이다. 그리고 재료와의 친화성 측면에서도 현재까지는 중대한 문제가 발견되지 않고 있다.

R－1234yf는 약간의 가연성(A2L)을 가지고 있으며, 가격이 비싸다는 점을 제외하면, R－134a의 대체냉매로서 손색이 없다.

R－1234yf는 R－134a와 물리적/열역학적 특성이 비슷하기 때문에, 기존의 R－134a 시스템의 구성 자체는 그대로 두고, 일부 구성부품(예 : 팽창밸브)을 약간만 변경하면 된다.(그림 4－13, 4－14, 4－20 참조)

(1) HFO–1234yf의 주요 특성(R–134a와 비교)

① 증발 특성이 서로 비슷하다

그림 4－15는 두 냉매의 포화 증기압과 온도의 상관관계가 서로 비슷함을 보이고 있다. 작동온도 30℃를 기준으로 그 이하에서는 R－1234yf의 포화 증기압이 더 높고, 그 이상에서는 R－134a의 포화 증기압이 더 높다. 그리고 증발기 온도 4.4℃, 응축기 온도 37.8℃를 기준으로 구한 압력비는 R134a가 2.8, R1234yf가 2.6임을 보이고 있다.

참고로 표준 대기압(1,013hPa)에서의 비등점은 R－1234yf가 －29.45℃, R－134a가 －26.1℃로서 서로 근접한다.

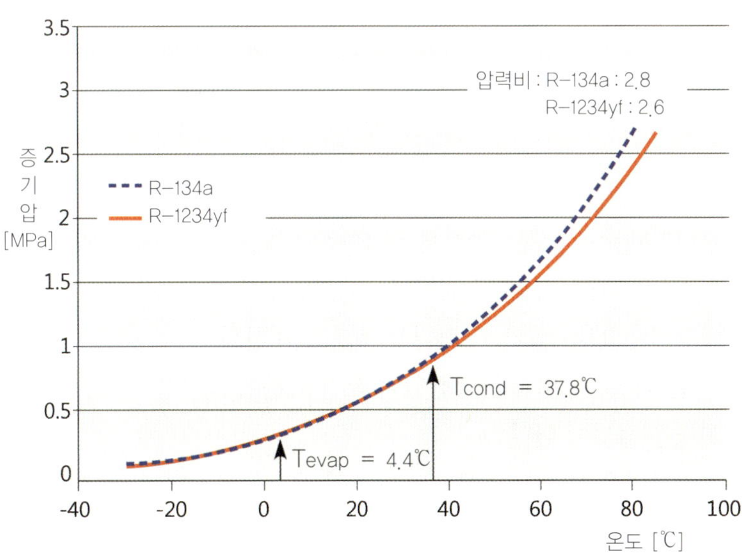

▲ 그림 4-15 R134a와 R1234yf의 증발압력 및 증발온도의 상관관계 (출처 : Honeywell)

② 냉동성능은 1234yf가 R-134a에 비해 약간 더 우수하다

그림 4-16은 도요타 자동차에서 수행한 'Drop-in' 시험의 결과이다. 차실 내 온도 56℃에 작동을 시작해서 시간 경과에 따른 차실내 온도 변화이다. 온도강하는 R-1234yf가 더 크고 빠르며, 고압 압력은 서로 비슷함을 나타내고 있다. 참고로 여기서 'Drop-in'이란 시스템의 최적화를 위해 냉매와 팽창밸브만을 바꾼 상태를 말한다.

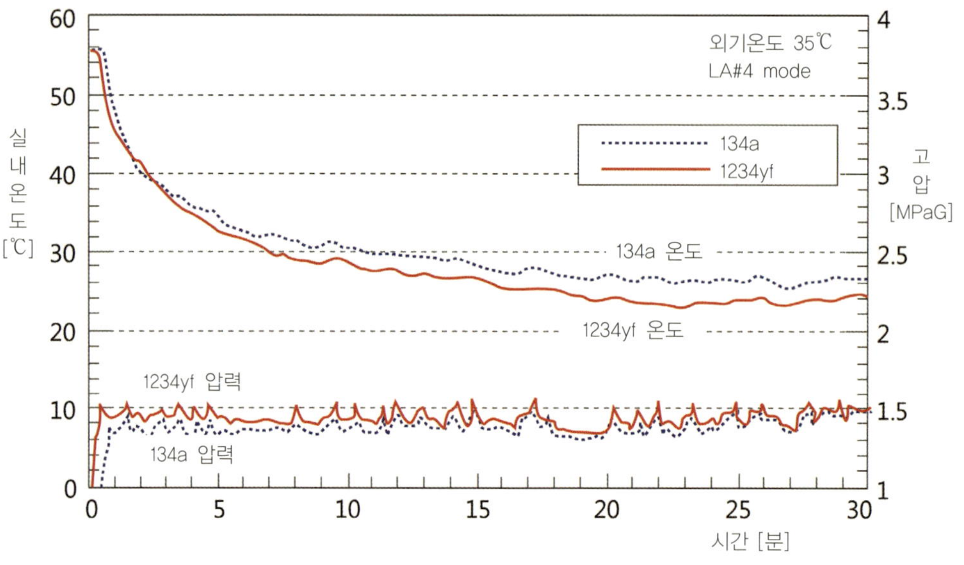

▲ 그림 4-16 1234yf와 R134a의 Drop-in 테스트 (출처 : Toyota)

③ 증발잠열은 R-1234yf가 더 작다

증발잠열[kJ/kg]	R-134a	R-1234yf	차이
0℃에서	197.56	161.46	−36.10(−22.3%)
5℃에서	193.70	158.23	−35.47(−22.4%)

그림 4-17 log p-h 선도에서 R-1234yf와 R-134a의 포화액선은 거의 겹치지만, 포화증기선은 R-134a가 더 밖에 있다. 이는 두 냉매의 작동압력과 온도는 거의 비슷하지만 증발잠열은 R1234yf가 더 작다는 것을 의미한다.

R1234yf는 R134a에 비해 증발잠열이 작기 때문에 똑같은 냉동능력을 얻기 위해서는 냉매 순환량을 늘려야 한다.

냉매의 순환량을 늘리기 위해서는 기존의 R134a 시스템에 비해 흡입 관로의 직경을 크게 하고, 팽창밸브의 용량 및 세팅을 변경해야 한다. 예를 들면, 흡입관로의 직경을 5/8″에서 3/4″로 변경한다. 그리고 냉매 주입량도 증가시켜야 한다. 실제로 R-1234yf

시스템은 R−134a 시스템보다 냉매를 약 5% 정도 더 많이 주입한다.

④ 응축압력과 증발압력은 서로 비슷하다

그림 4−17 log p−h 선도에서 응축압력선과 증발압력선이 길이는 서로 다르지만, 각각 서로 겹쳐 있으며, 팽창밸브에서의 팽창도(좌측 수직선의 길이)가 거의 같음을 확인할 수 있다. 이는 두 냉매의 시스템 구성 및 작동온도와 압력이 서로 비슷함을 의미한다.

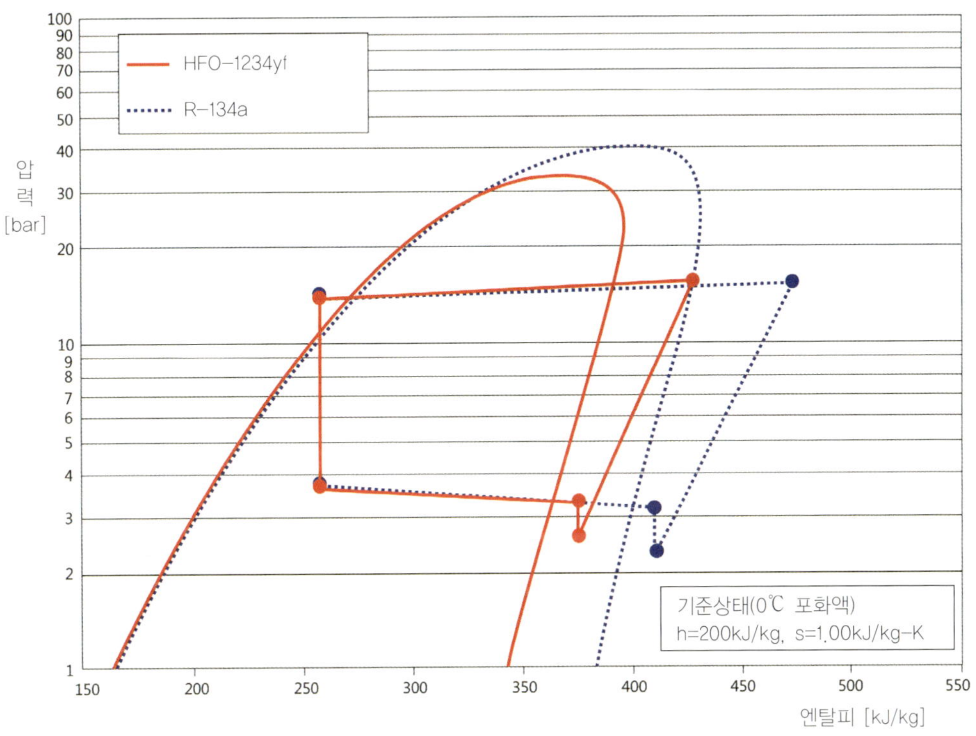

▲ 그림 4-17 R134a와 R-1234yf의 log P-h 선도 (출처 : Honeywell)

⑤ 증기밀도는 R-1234yf가 약간 더 높다

증기밀도 [kg/m³]	R-134a	R-1234yf	차이
0℃에서	14.435	17.60	3.165(21.9%)
5℃에서	17.140	20.65	3.510(20.4%)

증기밀도는 R−1234yf가 R−134a 보다 약간 더 높다. 따라서 증발잠열에서의 차이를 어느 정도 보완하는 효과가 있다. 일반적으로 R−1234yf 시스템은 R−134a 시스템에 비해 압축기토출온도는 낮고(최대 약 8.3℃), 질량유량은 많으며(최대 약 17%), 성적계수(COP)는 약간(5% 정도) 작다. 결론적으로 R−1234yf 시스템과 R−134a 시스템의 실제 냉방효과 측면에서는 큰 차이가 없다.

⑤ 수분 용해도는 R-134a가 R-1234yf에 비해 훨씬 더 높다

	냉매의 수분 용해도	
	25℃에서(ppm)	50℃에서(ppm)
R-134a	1000	1850
HFO-1234yf	320	810

※ AHRI-700, SAE-J2776 냉매 규격에서의 수분 함량 : 20ppm Max.

　필요한 건조제의 종류와 양은 냉매의 수분 용해도와 반응성, 시스템 내로의 수분 침투율, 목표로 하는 시스템 건조도 등을 고려하여 결정한다. 참고로 냉매는 수분 용해도가 높은 것이 바람직하다. R-1234yf 시스템은 R-134a 시스템에 비해 수분의 혼입이나 침투가 적은 구조이어야 함을 알 수 있다. R-134a 시스템에는 몰리큘러시브 XH-7 또는 XH-9를 40~60g 정도 사용한다. R-1234yf는 R-134a에 비해 흡착제와의 반응이 적어, R-134a에 사용하는 것과 동일한 건조제를, 거의 동일한 양을 사용한다.

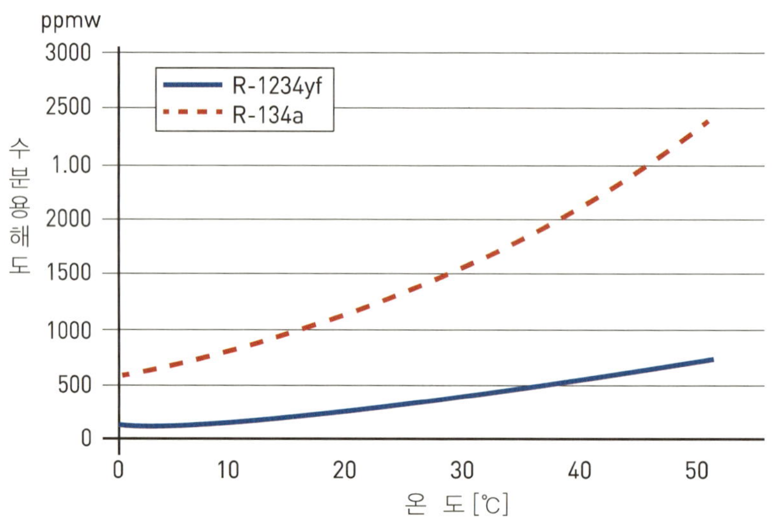

▲ 그림 4-18 온도변화에 따른 냉매의 수분 용해도(ppm wt.%) (출처 : Honeywell)

⑥ R-1234yf는 플라스틱 및 탄성 중합체(elastomer)와의 친화성은 좋으나, 고무호스에 대한 침투성은 R-134a에 비해 약간 높다

　R-1234yf는 R-134a에 비해 분자량이 많으므로 상대적으로 몰질량이 크다. 일반적으로 몰질량(mole mass)이 크면, 몰질량이 작은 물질에 비해 침투성이 약한 것으로 알려져 있다. 그러나 냉매의 몰질량, 밀도, 점도 및 압력은 누설 원인 중의 일부에 지나지

않는다. 여러 가지 요소들이 복합적으로 작용한다.

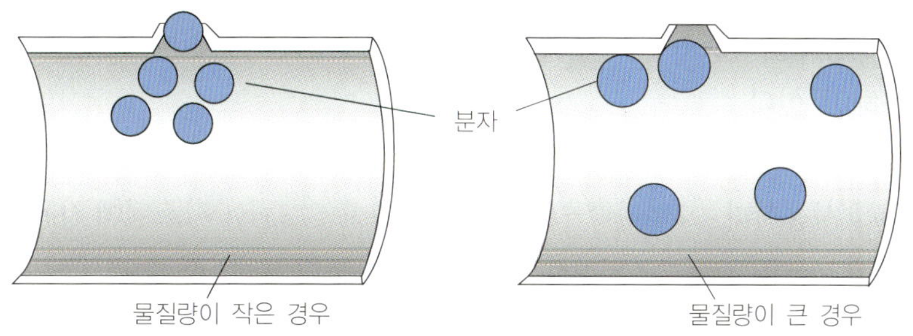

▲ 그림 4-19 누설 시 냉매의 서로 다른 거동

⑦ R-134a는 불연성 물질인 반면에, R-1234yf는 가연성 물질이다

R-134a는 안전도 등급이 가장 안전한 A1이지만, R-1234yf는 A2L로 약간의 가연성을 가지고 있다. R-1234yf가 연소 및 열분해되는 경우에는 독성이 강한 불산(弗酸 : HF)이 생성된다. 일부 자동차 회사들이 R-1234yf 대신에 R-744(이산화탄소)를 사용하려고 하는 첫째 이유는, R-1234yf가 가연성에 의한 화재사고, 그리고 연소 및 열분해에 의한 유독성 가스의 생성 위험을 내포하고 있기 때문이다.

표 4-10 R-1234yf의 가연 한계(ASTM E681-01, @21℃)

(출처 : Honeywell)

연소한계 – ASTM E681-01, 21℃에서	값
LFL (Vol%, 공기 중)	6.2
UFL (Vol%, 공기 중)	12.3
최소 점화 에너지 (mJ)	5000 – 10000
자기 착화 온도 ℃ (@1020hPa)	405
연소열 (kJ/g)	9.5
연소속도 (cm/s)	1.5

※ LFL : 아래 가연 한계(Lower Flame Limit), UFL : 위 가연 한계(Upper Flame Limit)

순수한 R-1234yf는 900℃ 이상, PAG-냉동기유가 3% 정도 혼합된 R-1234yf는 약 700℃ 이상의 고온 표면에 분사될 경우, 연소 또는 열분해되어 유독 가스를 생성한다.

R-1234yf는 연소 시에 여러 가지 연소가스(HF, COF_2 및 TFA (Trifluoroacetic acid : CF_3CO_2H)를 생성한다. 특히 R-1234yf가 연소 또는 고온 표면과 접촉하여 열분해되면, 독성이 강한 불산(HF)이 생성된다. 생성된 불산은 공기 또는 액체에 고루 분산되어 피부 또는 호흡기관에 작용한다. 결과적으로 피부, 눈, 호흡기관의 점막 등에 치명적인 손상을 유발할 수 있다. 화재사고가 발생할 경우에는 사고 장소의 모든 사람들(사고 당

사자 및 구조인력)이 위험에 노출될 수 있다.

⑧ **냉동기유로는 POE**(POlyol Ester) **또는 R−1234yf용 PAG**(Poly−Alkylene Glycol)**를 사용해야 한다**

R−134a시스템과 R−1234yf 시스템은 모두 POE(POlyol Ester)와 PAGs(폴리 알킬 글리콜)를 사용한다. 그러나 R−134a용 PAG를 R−1234yf 시스템에 사용해서는 안 된 다. R−1234yf용으로 제조된 PAG를 사용해야 한다.

POE(폴리올 에스테르)를 R−1234yf 시스템에 사용할 경우, 시스템에 수분이 있으면, 산도(acid level)가 상승한다. POE의 전기특성은 하이브리드 및 R−1234yf 시스템에 사 용하는 데 문제가 없다.

(2) R−1234yf 시스템 구성 및 냉매의 상태 변화(예 : 팽창밸브 시스템)

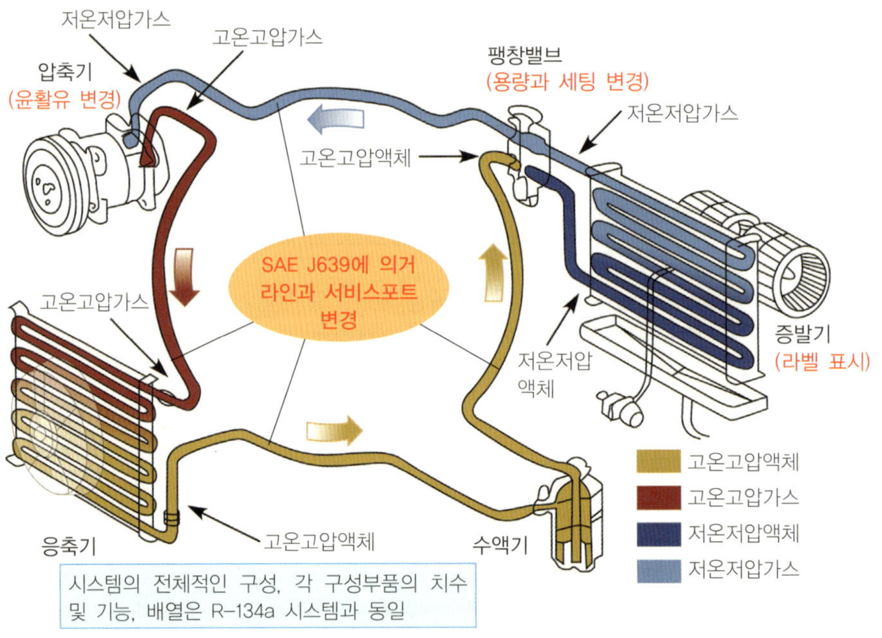

	압축기 → 응축기	응축기 → 팽창밸브	팽창밸브 → 증발기	증발기 → 압축기
냉매 상태	가스	액체	습증기(액체/가스)	과열증기
냉매 압력	약 16bar(G)	약 16bar(G)	약 1.5bar(G)	약 1.5bar(G)
온도[℃]	약 70~60℃	약 60~55℃	약 −7~−5℃	약 −3~0℃

※ 시스템 구성요소에서의 작동온도와 압력은 시스템 부하에 따라 크게 변한다. 여기에 제시된 온도와 압력은 하나의 보기일 뿐이다.

▲ 그림 4−20(a) R−1234yf 에어컨 시스템 구성 및 구성 부품

■ 일반 특성	
명칭	2,3,3,3-테트라플루오르프로프-1-엔 (2,3,3,3-tetrafluoroprop-1-ene)
화학식	$CF_3CF = CH_2$
분자량	114[kg/kmol]
분자직경(최소)	* pm
색상/냄새	무색, 투명, 약간의 에테르 냄새,

■ 환경 특성	
ODP(R11＝1)	0
GWP(100년 누적, CO_2＝1)	4 (WMO, 2006)
안전도 등급	A2L(무독, 약간의 가연성)

■ 열역학적/물리적 특성	
비등점 (@ 1013hPa)a	$-29.45℃$
빙점 (@ 1013hPa)a	$-150℃$
임계 온도	94.7℃
임계 압력(abs)	3382kPa(33.82bar)
임계 밀도	$478kg/m^3$
임계 체적	$0.00209m^3/kg$
증기 압력(25℃) abs	6.83bar

■ 열역학적/물리적 특성		
증기 압력(80℃) abs	24.7bar	
증기 밀도	$37.6kg/m^3@25℃$, $5.98kg/m^3@BP$	
액 밀도	$1092[kg/m^3]$	
용해도(wt.%)	냉매가 물에	0.020, (198.2mg/l @24℃)
	물에 냉매가	0.028

■ 0℃에서의 특성(포화상태에서)				
		단위	액체	증기
압력		kPa (bar)abs	3125(3.125)	3125(3.125)
비체적		dm^3/kg	1.178	0.0176
엔탈피		kJ/kg	200	361.46
증발잠열		kJ/kg	161.46	
비열@25℃	정압	kJ/(kg K)	1.392	1.053
	정적	kJ/(kg K)		
점도 @25℃		$10^{-6}\,Pa \cdot s$	155.4	12.3
열전도도 @25℃		W/(m K)	0.064	0.014
표면 장력		N/m		

■ 기 타	
냉동기유	POE(POlyol Ester) 또는 R－1234yf 전용 PAG(Poly－Alkylene Glycol)
건조제	몰리큘러시브 XH7 또는 XH9

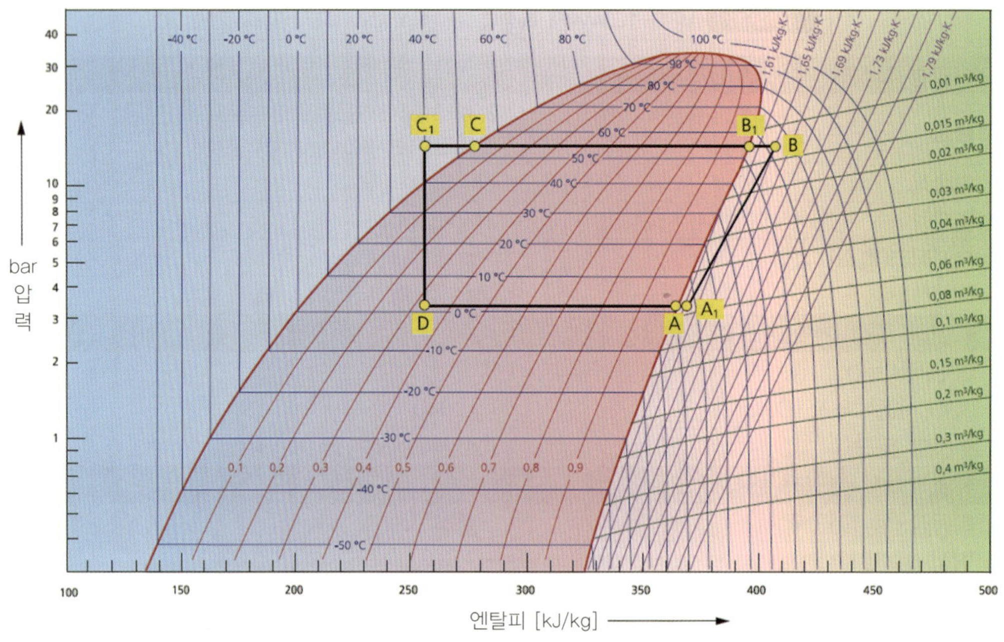

▲ 그림 4-20(b) R-1234yf의 log p-h 선도상의 냉동사이클(예)

3 냉매 R-744

R-744(CO_2)는 색깔, 맛, 그리고 독성이 없는 기체로서, 공기의 약 0.03vol.%를 차지하고 있는 친환경, 천연 냉매이다. (참고 : 유엔환경기구는 2014년 공기 중의 이산화탄소 농도를 400 ppmv(0.04 vol.%)으로 공표함).

R-744는 1867년부터 냉매로 사용되었으나 작동압력이 높고, 임계점 부근에서의 성능계수와 용량의 손실이 크다는 약점을 가지고 있다. 1930년대에 할로겐 탄화수소의 등장으로 경쟁력을 상실, 극히 제한적인 용도로만 사용되었다. 그러나 오늘날 친환경 냉매로서 다시 각광을 받고 있다. 새로운 열교환기 기술과 구성부품 기술은 R-744 초임계사이클의 효율이 다른 냉매들과 경쟁할 수 있는 수준에 도달하게 하였다. 특히 디젤/하이브리드/연료전지 자동차에서 냉동기와 열펌프(heat pump)를 함께 사용하는 경우에는 R-744가 다른 냉매들에 비해 그 성능이 우수한 것으로 확인되고 있다. 유럽에서는 일부 버스와 열차에 이미 사용하고 있으며, 승용자동차용으로도 개발이 완료된 상태이다.

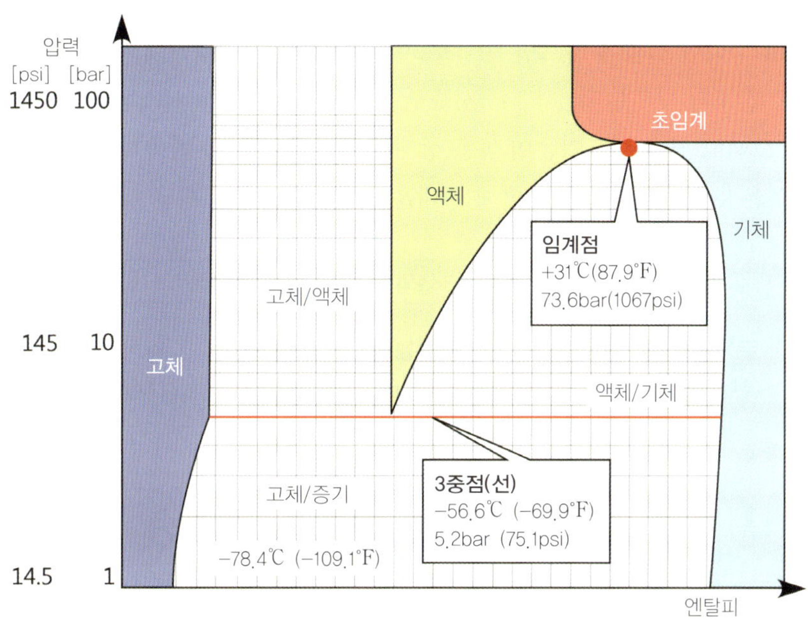

▲ 그림 4-21 R-744의 log p-h 선도 (출처 : FRITERM)

(1) R-744(CO_2)의 특성

냉방성능, 에너지효율 및 연료소비는 대부분의 자동차에서 R-134a와 비교 가능한 수준이다. 냉매로서 이산화탄소(CO_2)의 장점과 단점은 다음과 같다.

▶ R-744(CO_2)의 장점

① 환경 친화적이다

GWP는 1이고, ODP는 0이다.

② 독성이 없고, 불연성이다

ISO 817 냉매 안전도 등급 A1로서, 독성(A)과 인화성(1) 등급 모두가 가장 낮은 수준이다. 그리고 독성 부산물도 생성하지 않으며, 화재시 소화재로 사용된다.

③ 증기밀도가 높고, 단위체적당 냉동능력(＝열 이송능력)이 크다

R-744(CO_2)는 작동압력이 높아 고압으로 압축되기 때문에 R-134a에 비해 증기밀도가 높다. 그리고 냉매증기 단위체적당 냉동능력이 크기 때문에 효과적인 열전달이 가능하다. 따라서 상대적으로 적은 체적유량(순환량)으로 목표로 하는 냉동능력을 얻을 수 있다.

Behr의 실험 결과에 따르면 70℃로 가열된 챔버(chamber)에서 쾌감대 온도인 25℃ 이하로 온도를 낮추는데, R−744 시스템은 약 8분, R−134a 시스템은 약 25분이 소요되었다. 그리고 최대부하(기온이 높은 상태에서 가다/서다를 반복하는) 상태에서 R−744 시스템은 R−134a 시스템에 비해 실내온도가 지속적으로 평균 약 4℃ 정도 더 낮았다.

표 4-12 R−744와 R−134a의 주요 특성 비교 (출처 : FRITERM)

	증기밀도[1] [kg/m³]	액상밀도[2] [kg/m³]	냉동능력[2] [kJ/m³]	비열용량[2] [kJ/kg]	증기비열[3] [kJ/kg K]	열전도도[2] [W/mK]
R−744	94.148	1298.9	22089.00	2.5	2.162	0.11
R−134a	13.9	934.26	2773.75	1.3	0.9271	0.09

※ [1] −1.1℃, 포화증기에서, [2] −1.1℃, 포화액에서 [3] 비등점 7.2℃에서

- 냉동능력 = 증발잠열×포화증기밀도

④ 비체적이 작아, 장치의 소형화가 가능하다

압축기 행정체적은 비교 가능한 R−134a 압축기의 1/6~1/7 정도이면 충분하다. 그러므로 벽 두께가 두꺼워도 실제 시스템의 무게는 R−134a 시스템과 비교 가능한 수준이다.

따라서 다른 냉매에 비해 시스템의 배관 직경을 작게 하고, 장치를 소형화할 수 있다. 배관의 직경은 고압관(고온관) 및 저압관(저온관) 모두 R−134a 시스템에 비해 약 30% 더 작다. 그리고 압력 손실도 적다.

▲ 그림 4-22 패키지 사이즈 비교(동일 스케일 적용) (출처 : CARB)

⑤ 열펌프를 이용하여 추가 히터를 도입할 수 있다(디젤/하이브리드/연료전지 자동
   차)

⑥ 회수할 필요가 없거나(선진국), 회수한다(개발도상국가)

⑦ 구하기 쉽고, 가격이 저렴하다(화학산업의 부산물로 전 세계적으로 생산)

⑧ 장기적으로는 시스템 비용도 저렴해질 것으로 예측

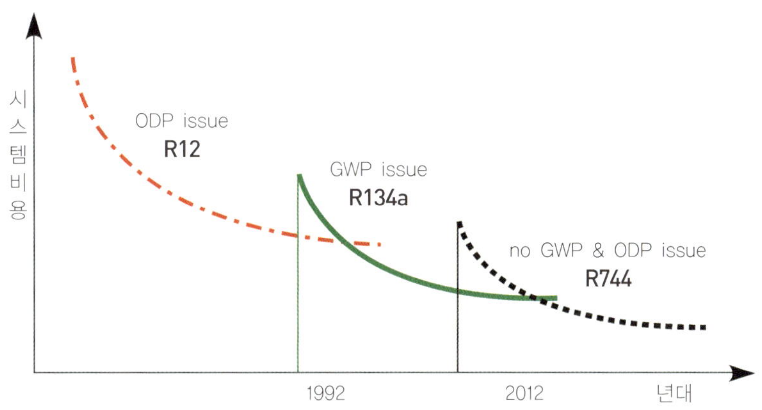

▲ 그림 4-23 시스템 비용 비교(출처 : CARB)

▶ R-744(CO_2)의 단점

① 임계온도(31.1℃)가 낮아서 응축하기가 어렵다 – 최고 응축온도 31℃

우리나라와 같은 북반구 중위도 국가에서는 여름철 대기온도가 30℃를 넘는 경우가 많다. 따라서 30℃가 넘는 고온 공기를 냉각공기로 이용하기 위해서는 압축기가 토출하는 냉매(CO_2)의 압력이 임계압력보다 훨씬 더 높아야 한다. → 초임계 사이클(transcritical cycle)을 적용

압축기 토출압력이 120bar 이상일 경우, 압축기가 토출하는 냉매(CO_2)의 온도는 130℃를 상회한다. 따라서 고온공기로 냉

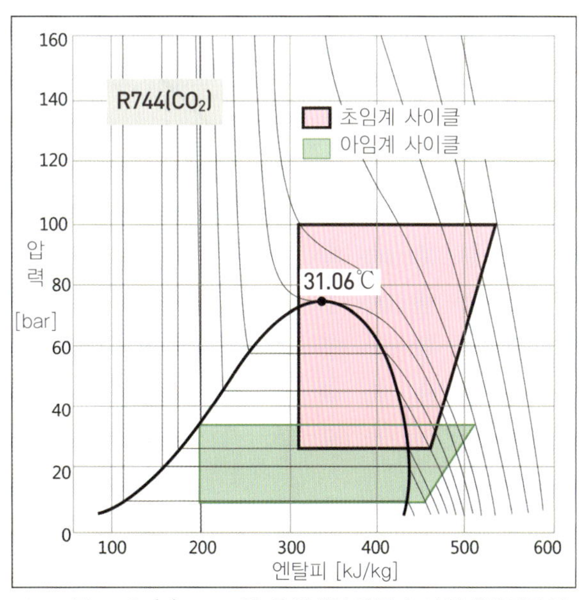

▲ 그림 4-24(a) R744의 초임계사이클과 아임계사이클의
   비교

매(CO_2)를 어느 정도 냉각시킬 수다. 그러나 임계온도 이하로 냉각시키는 것은 불가능하다. 즉, 외기를 이용한 냉각방식만으로는 기체-CO_2를 완전히 액화시킬 수 없다. 따라서 응축기 대신에 가스 냉각기를 사용하고, 시스템 성능을 향상시키기 위해 내부 열교환기(IHX : internal heat exchanger)를 추가한다.

② 임계압력(73.8bar(abs))이 높다 – 작동압력이 높다

R-744 초임계 사이클(transcritical cycle)의 경우, R-134a 아임계 사이클에 비해 시스템 압력은 최고 약 7~10배까지, 작동온도는 약 2배 더 높다. 그러므로 재료 자체는 물론이고 구성부품들이 받는 기계적/열적 부하가 크다. 이와 같은 이유에서 배관이나 구성부품의 벽 두께를 충분히 두껍게 제작해야 한다. 그리고 연결부(joint), 씰(seal), 개스킷(gasket), 자동제어 부품과 냉동기유 등도 고온/고압에 충분히 견딜 수 있어야 하며, 고압에 대한 안전성 확보도 중요하다.

회로의 위치	최대(평균)작동압력 [bar] G	최대(평균)작동온도 [℃]
압축기 출구	약 140 (120~130)	약 160 (130~140)℃
가스 냉각기 출구	약 140 (120~130)	약 60 (45)℃
증발기 출구	약 40	약 30℃

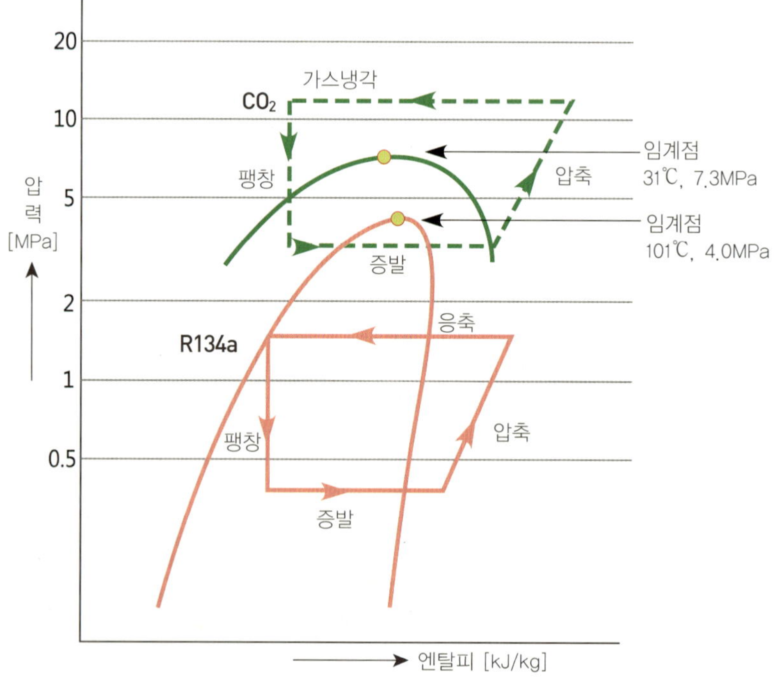

▲ 그림 4-24(b) R-134a 아임계 사이클과 R-744 초임계 사이클의 비교(예)

③ 농도가 높을 경우, 질식 위험이 있다

차실내 증발기로부터 이산화탄소(CO_2)가 누설되어, 실내 이산화탄소 농도가 상승할 수 있다. 이산화탄소 농도가 높은 공기를 호흡할 경우

- **2~8%** : 구역질, 현기증, 두통, 정신 혼란, 혈압 상승, 호흡 곤란
- **8%~10%** : 구역질, 구토
- **10% 이상** : 수 분 이내에 질식, 사망에 이르게 된다.

> – 장시간(8시간) 노출 한계(Long Term Exposure Limit) – 0.5%(5000ppm)
> – 단시간(15분) 노출 한계(Short Term Exposure Limit) – 1.5%(15000ppm)

그리고 냄새로는 이산화탄소를 감지할 수 없다. 또 공기보다 무겁기 때문에 누출되면, 차체의 바닥에서부터 차오르게 된다.

따라서 이에 대한 대책으로는 1차로 냉매가 누출되지 않을 만큼, 튼튼한 시스템의 구축, 2차로 아주 소량의 이산화탄소가 누출되더라도 즉각적으로 감지할 수 있는 고감도 센서 시스템 도입, 그리고 냉매에 냄새를 추가하고, 순환공기를 제한(예: 최대 80%)하고, 주입량을 감축하는 방법 등을 사용한다.

④ 기존의 냉동기유와 잘 혼합되지 않아 새로운 냉동기유를 사용해야 한다

냉동기유로는 POE(POlyol Ester), Alkyl Naftenic(AN) 및 PVE(Plyvinyl Ether)를 사용할 수 있다.

⑤ 수분 용해도가 아주 낮으며, 수분과 반응하면 강한 산성의 탄산(炭酸)을 생성한다

CO_2 – 시스템은 전체 시스템의 압력이 항상 대기압보다 높기 때문에 외부로부터 공기나 수분이 침투할 수 없다. 그러나 CO_2 자체에 포함된 수분, 개방된 시스템의 진공작업이 충분하지 않아 내부에 응축된 상태로 남아있는 수분, 압축기에 냉동기유 주입시 유입된 수분, 또는 냉동기유의 분해에 의한 수분이 시스템 내에 존재할 수 있다.

CO_2의 수분 용해도는 액체에서는 작고, 기체에서는 상대적으로 크다. 그리고 CO_2 – 시스템의 허용 가능한 수분 용해도는 다른 냉매 시스템에 비해 아주 낮다. 수분, 산소, 산화물, 냉동기유, 이물질 및 시스템 금속은 가장 중요한 반응물질들이며, 이들은 냉매(CO_2)와도 반응한다. 탄산은 특히 철 금속을 심하게 부식시킨다.

또 시스템 내의 수분은 에스테르 – 오일과 반응하여, 알코올과 약한 산성의 유기산(organic acid)을 생성한다.

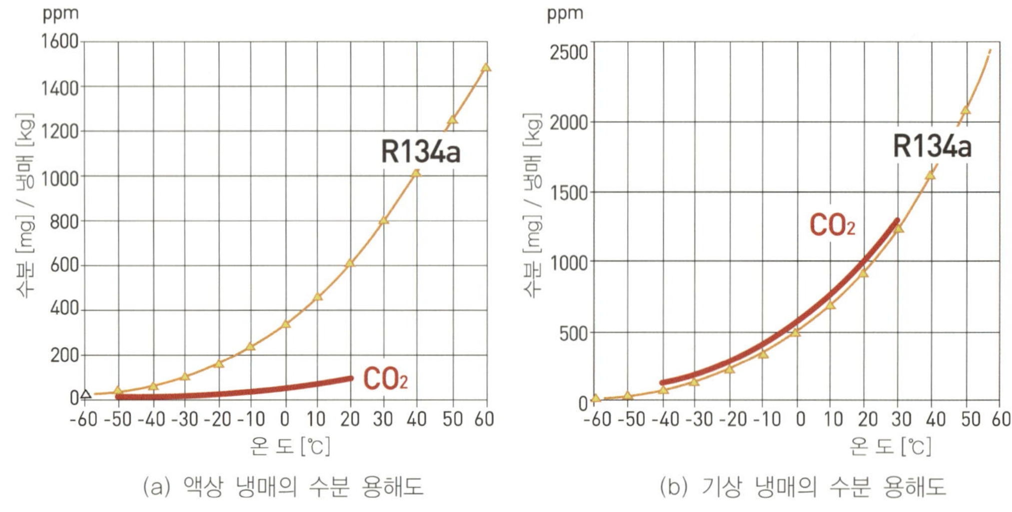

▲ 그림 4-25 R-744와 R-134a의 수분 용해도 비교(출처 : Danfoss)

CO_2 - 시스템의 수분 농도가 아주 높으면, CO_2 - 함수화물(hydrate)이 생성된다. CO_2 - 함수화물(hydrate)의 형상은 얼음 결정과 비슷해 보인다. 고온에서도 존재하며, 여과기(filters)에서 문제를 일으킬 수 있다.

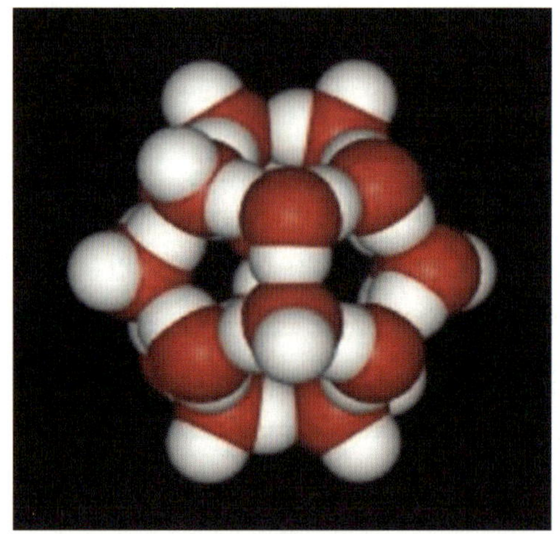

▲ 그림 4-26 CO_2-가스 함수화물($CO_2(H_2O)_8$)
(출처 : Danfoss)

⑥ **R-744의 용해 특성 때문에, 고무부품(예 : 링, 씰 등)을 대체해야 한다.**

R-744는 구리, 황동 및 알루미늄을 사용할 경우에는 친화성 측면에서 문제가 없다. R-744는 불활성이며 안정된 물질이기 때문에 중합체와의 화학적 반응에는 큰 문제가 없으나 물리-화학적 현상이 문제이다. 예를 들면, 냉매의 침투(permeation)에 의한 고

무부품의 부풀음(swelling), 그리고 내부 조직의 파열 및 공동(cavities) 등이다. 이러한 현상은 R-744의 용해도 및 확산성과 관련이 있다.

⑦ 냉매를 고압용기에 보관해야 한다.

⑧ 자동차에 적용하기 위해서는 현재(2015년)로서는 법적 승인이 필요한 단계이다.

(2) R-744 초임계 사이클 시스템의 구성 및 냉매의 상태 변화

R-744 초임계 사이클은 그림 4-27과 같이 압축기, 가스 냉각기, 내부열교환기(IHX), 팽창밸브, 상-분리기, 증발기, 어큐뮬레이터 등으로 구성된다. p-h 선도의 각 점(A, B, C …)은 시스템 구성의 각 점(A, B, C …)에 서로 대응한다.

① 압축기(compressor), (A→B)

압축기는 내부 열교환기(IHX)를 통과한, 저온/저압의 기체 냉매를 흡입, 압축하여, 고온/고압의 기체로 토출한다.

② 가스 냉각기(gas cooler), (B→C)

가스 냉각기에서는 고온, 고압의 기체 냉매를 외기로 냉각 시킨다. R-134a 시스템에서는 응축기에서 포화증기가 포화액이 될 때까지 온도는 일정하다. 그러나 R-744 시스템의 가스 냉각기에서는 기체 냉매가 온도만 낮아질 뿐, 응축되지 않는다. 그러므로 응축기라고 하지 않고, 가스냉각기라고 한다.(그림 4-27, 4-28 참조)

R-744 시스템의 가스 냉각기는 R-134a 시스템의 응축기에 비해 벽 두께가 두껍고, 튼튼하며, 내압성이 강한 형식을 사용한다.(예 : 튜브 & 핀 식)

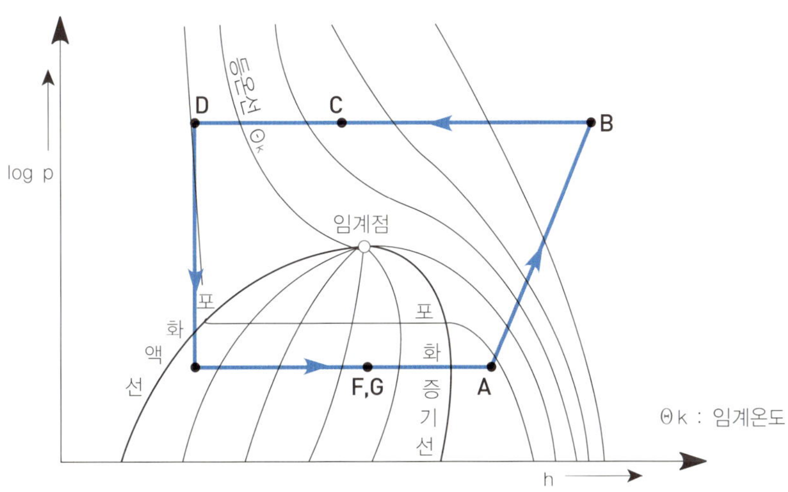

(a) R-744 초임계 사이클의 log p-h 선도(예)

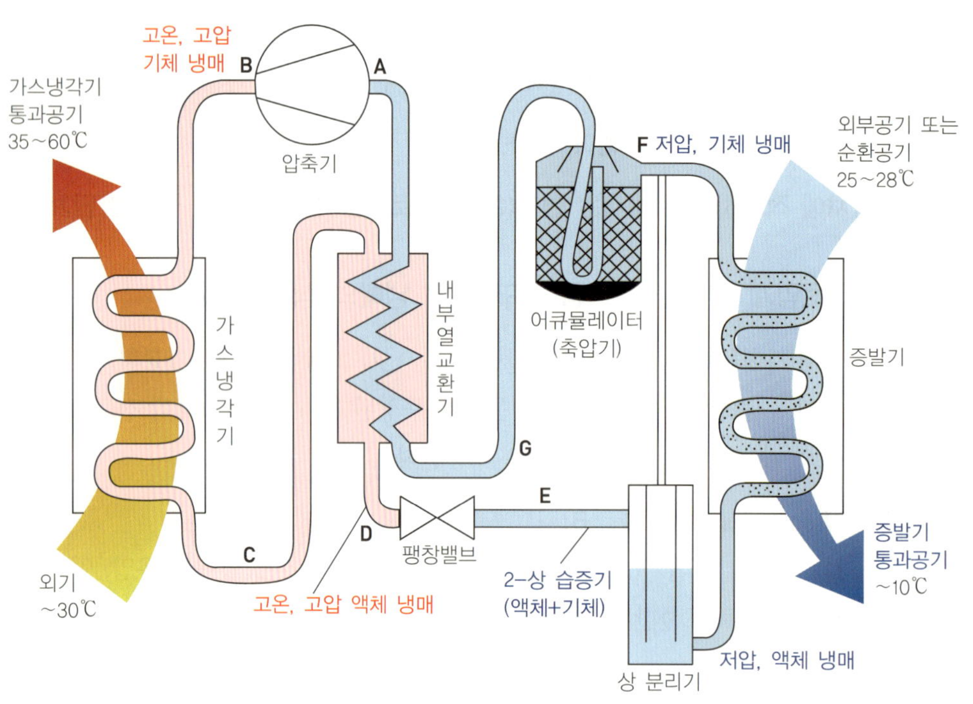

	압축기 → 가스 냉각기	가스냉각기→ IHX	IHX → 팽창밸브	팽창밸브 → 증발기	증발기 → 어큐뮬레이터 → IHX → 압축기
냉매 상태	가스	가스	액체	습증기	가스
냉매압력[1] [bar]G	약 135	약 135	약 135	약 40	약 40
온도[1][℃]	약 120℃	약 60~45℃	약 40~30℃	약 0℃	약 15~30℃

※ [1] 시스템 구성요소에서의 작동온도와 압력은 시스템 부하에 따라 크게 변한다.
여기에 제시된 온도와 압력은 하나의 보기일 뿐이다.

(b) R-744 초임계 사이클 시스템 구성(예)

▲ 그림 4-27 R-744 초임계 사이클 시스템(자동차 공조시스템 용)

③ **내부 열교환기**(internal heat exchanger), (C → D(열 방출) 및 G → A(열 흡수))

내부 열교환기에서는 가스 냉각기로부터 팽창밸브로 가는 고온, 고압의 기체 냉매와
어큐뮬레이터로부터 압축기로 가는 저온, 저압의 기체 냉매가 서로 반대방향으로 흐른
다. 열은 고온 냉매로부터 저온 냉매로 이동한다. 즉, 고온의 기체 냉매는 열을 방출, 완
전 액화되고, 저온의 기체냉매는 열을 흡수, 과열증기가 된다. 이 과정을 통해서 사이클
효율은 개선되고, 동시에 압축기의 액압축 위험은 감소한다.

④ **팽창밸브**(expansion valve), (D→E)

전자제어식 팽창밸브는 내부 열교환기로부터 유입되는 액상의 냉매를 급격히 팽창시켜 온도와 압력이 강하된, 습증기(액체＋기체) 상태의 냉매로 변환시킨다.

⑤ **상－분리기**(phase－separator)**와 증발기**(evaporator), (E→F)

상－분리기에서는 팽창밸브를 통과한 저온/저압의 습증기 냉매가 기체와 액체로 분리된다. 기체 냉매는 바이패스(bypass)를 통해 곧바로 어큐뮬레이터(accumulator)로 가고, 액체 냉매는 증발기를 통과하면서 차실내 공기로부터 열을 흡수, 기화한다. 이때 차실내 공기는 냉각되어, 냉방효과를 나타낸다.

⑥ **어큐뮬레이터**(accumulator)**와 내부 열교환기**(IHX), (F→G→A)

증발기를 통과한 저온/저압의 냉매는 어큐뮬레이터로 이동한다. 아직 기화되지 않은 액상의 냉매는 어큐뮬레이터에서 분리된다. 어큐뮬레이터는 시스템 부하에 따라 압축기로 공급되는 기체냉매의 양을 조절, 또는 보상하는 완충 탱크의 기능을 수행한다.

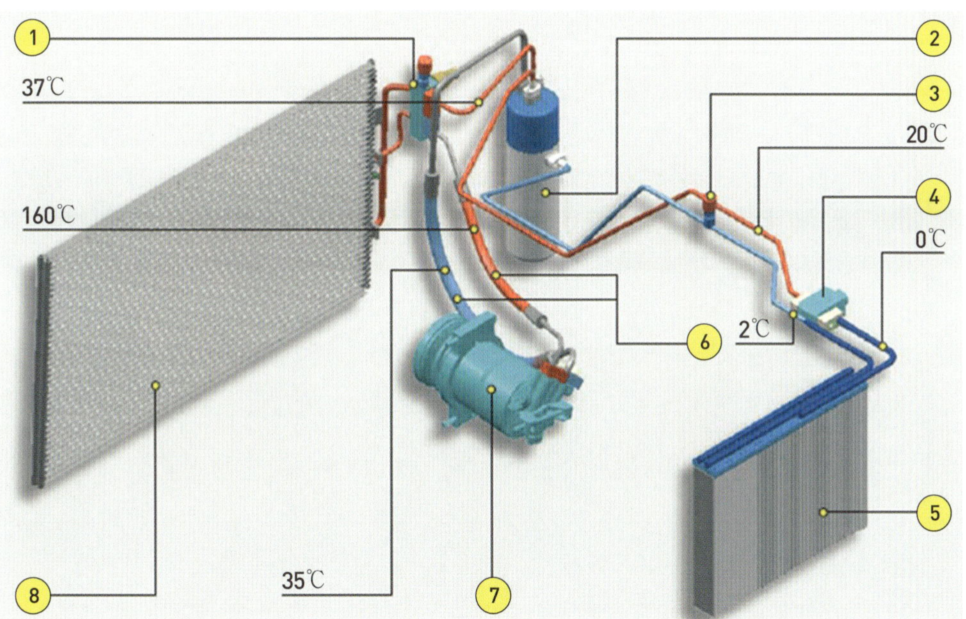

① 압력－온도 콤비 센서 및 주입 밸브　② 축압기(내부 열교환기 포함)　③ 주입 밸브
④ 팽창밸브　⑤ 증발기　⑥ 플렉시블 관　⑦ 압축기　⑧ 가스냉각기

※ 시스템 구성요소에서의 작동온도와 압력은 시스템 부하에 따라 크게 변한다.
　여기에 제시된 온도와 압력은 하나의 보기일 뿐이다.

▲ **그림 4-28 자동차용 R-744 에어컨 시스템**(출처 : BEHR)

정적(stationary) 작동상태에서 어큐뮬레이터 입구와 출구(F와 G)에서 냉매의 상태
는 습증기이다. 다른 경우에는 어큐뮬레이터에 저장된 액냉매가 기체냉매와 함께 휩쓸
려 나가면서 습증기가 된다. 어큐뮬레이터로부터 흘러나오는 습증기 상태의 냉매는 내
부열교환기를 거치면서 열을 흡수, 과열증기가 된다. 압축기는 과열증기 상태의 냉매를
흡입한다. 따라서 액압축의 위험은 감소한다.

어큐뮬레이터의 구조와 기능은 R−134a 시스템(고정 오리피스식)의 그것과 같다. 냉
매로부터 수분을 흡수하고, 이물질을 여과시키며, 동시에 냉동기유를 정확히 계량(計
量)하여 압축기로 보낸다. 이와 같은 과정을 거쳐 사이클을 완성한다.

최신 하이브리드 자동차나 전기자동차에서는 냉동기와 열펌프(heat pump)를 함께
사용하는 시스템을 사용한다. 이에 대해서는 별도의 장에서 상세하게 설명할 것이다.

<table>
<tr><td colspan="4">표 4-13   R-744(CO₂)의 특성 (발췌 : Danfoss 자료)</td></tr>
</table>

■ 일반 특성

명칭	Carbon dioxide
화학식	CO_2
분자량	44.01[kg/kmol]
결합거리(bond length)	C−O, 116.3pm
색상	무색

■ 환경 특성

ODP(R11=1)	0
GWP(100년 누적, CO_2=1)	1
안전도 등급	A1(무독, 무취, 무미, 불연성)

■ 열역학적/물리적 특성

비등점(@ 5185hPa, 5.185 bar)a	−56.6℃
빙점(@ 1013hPa)a	−78.5℃(승화)
임계 온도	31.1℃
임계 압력(abs)	7381.8kPa(73.8bar)
임계 밀도	$468kg/m^3$
삼중점	−56.6℃ @518kPa,abs
증기 압력(abs)	2082kPa(20.82bar)(@−16.7℃) 5730kPa(57.3bar)(@ 20℃)
증기 압력(25℃)	
증기 압력(80℃)	
증기 밀도	$94.148kg/m^3$(@1.1℃)
용해도(wt.%)	냉매가 물에 0.90vol/vol, @20℃
	물이 냉매에

■ 0℃에서의 특성(포화상태에서)

	단위	액체	증기
압력(abs)	kPa(bar)	3485.10(34.85bar)	3485.10(34.85)
비체적	dm^3/kg		
비열@25℃ 정압	kJ/(kg K)		0.850
비열@25℃ 정적	kJ/(kg K)		0.657
비열비(@0℃)			1.310
포화액 동점도	$10^{-6}\,Pa\cdot s$	101@ 1.1℃, 포화액	
열전도도 @1.1℃	W/(m K)	0.11	
표면 장력	N/m	0.003125	
증발열 @BP	kJ/kg		
증발잠열	kJ/kg	199 @−56.6℃, 1atm	276.8 @−16.7℃
가스의 비중 @21.1℃, 1atm			1.522
밀도	kg/m^3	1014 (−16.7℃) 770 (@ 56bar, 20℃)	1.833 (@1atm,21.1℃)

■ 기 타

냉동기유	POE, PAO, PAG
건조제	몰리큘러시브 XH9

※ specific heat capacity 37.135kJ/mol K,   승화잠열 571kJ/kg @−78.5℃)   고체밀도 @−78.5℃, $1563kg/m^3$

(1) 주요 냉매의 특성 비교 (출처 : Konvekta AG)

항 목 \ 냉 매	R-134a	R-1234yf	R-744
분자식	$C_2H_2F_4$	$C_3H_2F_4$	CO_2
분자량 [g/mol]	102.03	114.04	44.01
비등점 [℃]	−26	−29	비응축 @대기압
임계온도 [℃]	102	95	31
수명	14년	11일	약 120년
GWP	1430	4	1
ODP	0	0	0
안전 등급	A1	A2L	A1
환경에 대한 영향	일부 확인	모름	알려져 있음
가연성	없음	있음	없음
작업장 최대 농도	1000ppm	400ppm*	5000ppm
분해생성물	TFA	HF, COF2, TFA*	없음
안정성	중간	낮음	높음
물질 데이터	알려져 있음	일부 알려짐	일려져 있음
응축	가능(아임계사이클)	가능(아임계사이클)	초임계사이클
작동압력	낮음	낮음	높음
압축비	5~10	4.5~9	3~5
체적 냉동능력 @0℃	1	0.9 [3]	7.87
효율	1	0.9 [3]	1.25 [2]
열전달	양호	R134a 대비 13~19% 낮음	아주 양호
이론 구동출력 AC	100%	110%	75%
흡입관 단면적	NW25	NW30 [4]	NW20
시스템 테스트 종료	종료	미 종료	종료
냉동기유	POE SE55	PAG/POE?	POE C55E
히트펌프 도입	불량	불량	양호
ATEX	No	No	Yes [5]
최초 주입 비용(single bus)	120€	1800€	10€
냉매 가격 비용	1	15 [6]	0.1
LCC 비용	중간	불량	양호
연간 서비스 비용(약)	450€	1000~2000€	첫해 : 150€ 2년차 : 100€
리사이클링	필요함	필요함	필요 없음
서비스 스테이션 & 리사이클링	5000~10000€	8000~10000€	1000~2000€
AC 추가연료소비 (약) single bus(예측)	$4\ell/100km$	$4.4\ell/100km$	$3\ell/100km$

[1] 안전자료 표, Honeywell, 2009 [2] 비교, UBA 2008, ADAC 2008, Hrnjak(SAE ARCRP1) 2007,
[3] 비교, Visteon 2009, [4] 비교, Dupont 2009, [5] 비교, Arkema 2009,
[6] Weissler(SAE ICCC)2010 * ATEX : ATmosph res EXplosibles.(EU 방폭 인증)
 * TFA(Trifluoroacetic acid : CF_3CO_2H) * LCC(Life Cycle Cost : 라이프 사이클 비용)

(2) 냉매 주입량

냉매 주입량(증발기를 통해 차실내로 유입되는 냉매의 양)은 차실내 공간용적(m^3)을 기준으로 산정한다. 지금까지의 경험값 기준은 다음과 같다.

①R-134a시스템 : 0.25kg/m^3

②R-1234yf 시스템 : R-134a 시스템보다 약 5% 정도 더 많이 주입한다.

③R-744 시스템 : 0.10kg/m^3

차실내 공간 용적이 3m^3일 경우, 위의 경험값을 기준하면, 냉매 주입량은 R-134a는 약 750g, R-1234yf 약 790g, R-744는 약 300g이면 된다. 그러나 최근에는 냉매 주입량을 적게 하고 대신에 압축기 회전속도를 높이고, 증발기와 응축기의 열교환 성능을 극대화하는 기술을 적용하고 있다.

(3) 추가 연료소비

그림 4-29는 R-744 시스템과 R-134a 시스템을 유럽주행사이클(NEFZ ; NEDC)로 운전하면서 추가 연료소비율을 측정한 자료이다. 두 기관의 시험결과는 외기온도 28℃까지는 R-744 시스템의 연료소비가 적은 것으로 나타나 있다. 그러나 외기온도 35℃에서는 서로 상반된 시험결과를 제시하고 있다. 따라서 이는 두 냉매에 대한 논쟁이 계속되고 있음을 의미한다. 또 R-744 시스템의 경우 아직 도입 초기단계이고, 시스템 구성 및 구성부품의 설계 및 사양에 따라 편차가 많은 것으로 해석해도 좋을 것이다.

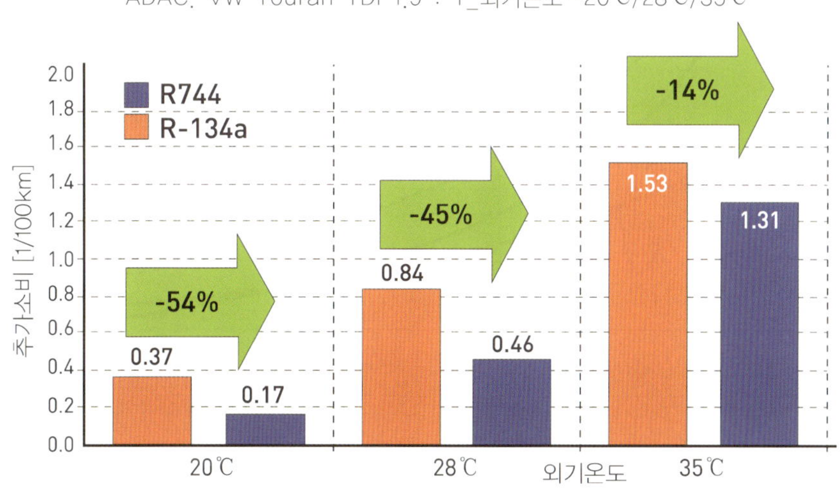

(a) 독일연방 환경부 시험 결과

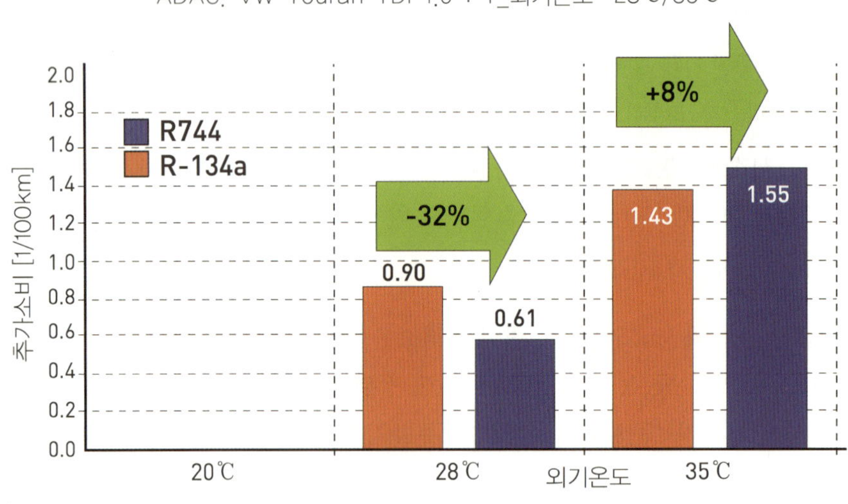

▲ 그림 4-29 에어컨의 추가 연료소비 비교(유럽 주행사이클)

(4) 성적계수 비교

그림 4-30에서 주행시 외기온도 35℃ 이하에서는 R-744 시스템의 성적계수가, 그 이상의 온도에서는 R-134a 시스템의 성적계수가 높게 나타나 있다. 그리고 공전속도에서는 외기온도 25℃ 이상에서 R-134a 시스템의 성적계수가 높게 나타나고 있다. 이 시험 결과는 앞서의 연료소비 시험과 유사한 결과를 보여주고 있다.

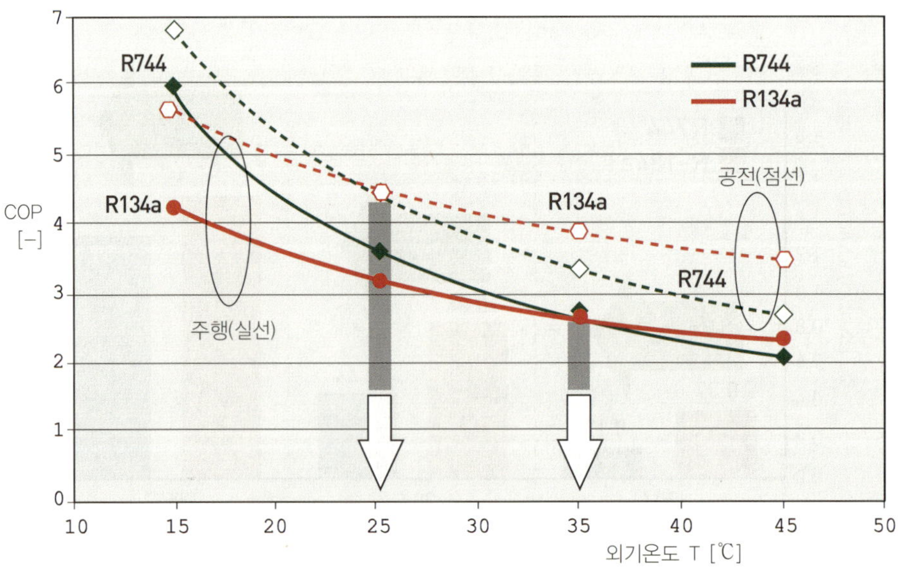

▲ 그림 4-30 성적계수 비교(출처 : Pedrag Hrnjak, VDA-Wintermeeting, 2007)

그림 4−31은 중부 유럽 기준으로 작동시간 비율 90% 범위인 35℃ 이하의 기온에서는 R−744의 COP가, 작동시간 비율 10%인 35℃ 이상의 기온에서는 R−134a의 COP가 높음을 나타내고 있다. 이는 냉각공기(외기) 온도가 35℃ 이상일 때는 R−744 시스템의 성능이 크게 저하되며, 동시에 이때는 용량(capacity)이 중요함을 의미한다. 즉, 기온이 35℃ 이상일 경우는 성적계수 보다는 충분한 냉방능력이 중요하기 때문이다.

참고로 위도 50도 이상의 지역에서는 거의 모든 주행조건에서 R744가 R134a 보다 성능이 더 우수한 것으로 확인되고 있다.

하이브리드 자동차나 연료전지 자동차는 물론이고 고효율 디젤기관 자동차에서도 열펌프의 도입이 가시화되고 있다. R−744는 열펌프에 가장 적합한 냉매이며, 환경적으로 검증된 물질이며, 가격이 싸고, 구하기 쉽다는 측면에서 충분한 경쟁력을 갖추고 있다.

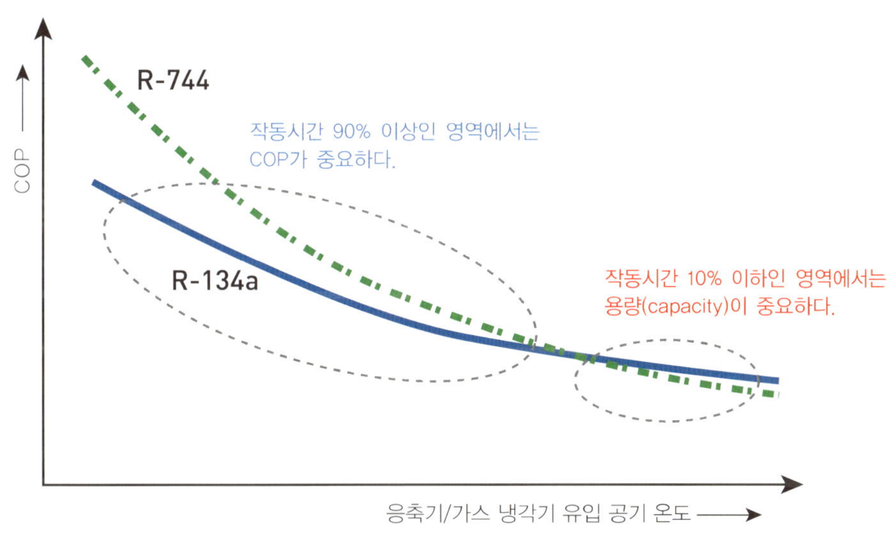

▲ 그림 4-31 응축기 / 가스 냉각기 입구온도에 따른 COP 비교
(출처 : Pedrag Hrnjak, VDA-Wintermeeting, 2007)

(5) 폭발 에너지 비교

시스템 압력이 R−134a 시스템에 비해 최대 10배나 더 높은 R−744 시스템이 파열될 경우, 고압의 CO_2는 급속하게 팽창할 것이다. 팽창속도가 급격하고 빠르기 때문에 주위와 열교환을 할 수 있는 시간적인 여유가 없다. 따라서 순간적으로 다량의 CO_2가 차실 내에 확산되어 치명적인 결과를 가져올 수 있다고 주장하기도 한다.

그러나 큰 폭발 에너지는 냉매 주입량의 감축(예 : R−134a가 750g일 때, R−744는 300g),

증발기의 소형화 등에 의해 보상된다. 그리고 R−744는 실온에서 많은 에너지를 방출하지만, 고온(예 : 화재)에서는 소화 기능을 하기 때문에 실제로는 R−134a 시스템과 비슷한 정도에 에너지를 방출한다.(그림 4−32 참조)

에어컨 시스템을 통해 방출될 수 있는 팽창에너지는 약 10∼160kJ/kg 범위인 것으로 확인되고 있다. (프로판의 열량 ; 46000kJ/kg)

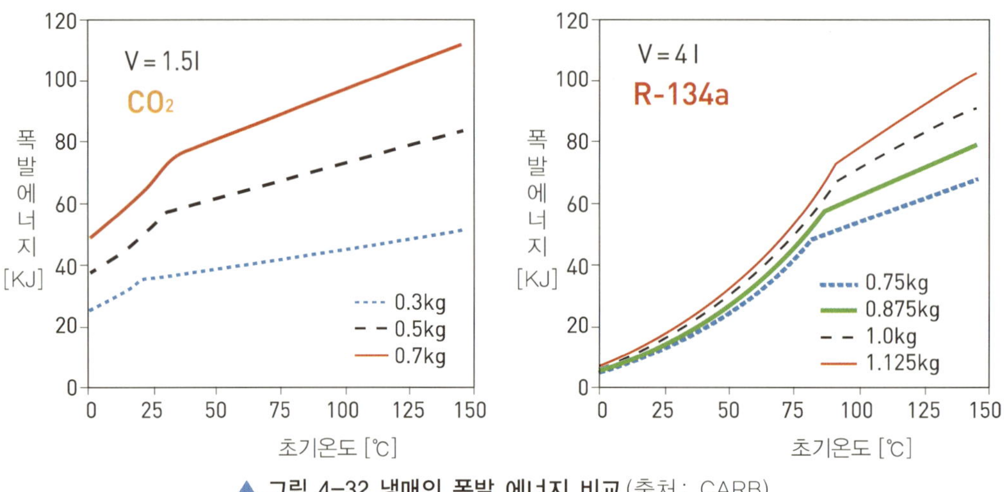

▲ 그림 4-32 냉매의 폭발 에너지 비교(출처 : CARB)

(6) 증발기 구조 비교

고압에 대한 저항성 및 내구성이 가장 크게 요구되는 증발기의 경우, 사출 튜브 형식의 튼튼한 내압 구조로 제작한다. 그러나 R−744 시스템은 R−134a 시스템에 비해 전체적인 냉매 순환량이 상대적으로 적기 때문에 증발기의 크기가 상대적으로 더 작다.

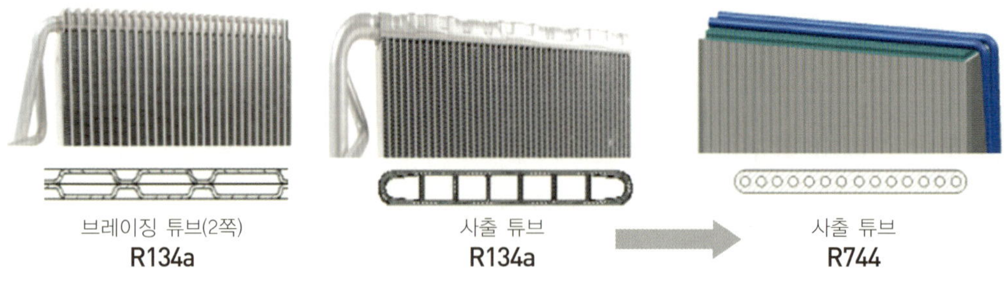

▲ 그림 4-33 증발기의 구조 비교(출처 : BEHR)

(7) 고압/저압 호스의 구조 및 특성

R-744 시스템의 압력과 온도는 R-134a 시스템에 비해 현저하게 높다. 따라서 R-744 시스템의 고압/저압 호스의 가장 안쪽의 차단층은 특히, 내압성과 내온성 및 기밀유지성이 좋아야 한다.

R-744(CO_2)는 탄성체(elastomer) 재료의 표면에 대한 친화성이 아주 좋다. 그런데 이 친화성이 CO_2의 높은 용해성을 탄성체에 작용시킨다. 탄성체 호스에 작용하는 높은 시스템압력(최대 약 140bar)이 급격하게 변동하면 탄성체 호스와 외부 사이에 압력구배(pressure gradient)가 발생한다. 이때 호스의 재료(탄성체)는 팽창하며, 냉매는 확산에 의해 재료 조직에 침투한다. 이렇게 확산된 냉매는 재료 조직에 이미 존재하는 또는 새로 생성된 중공(中空: hollow)에 모여, 기포를 형성한다. 강력하게 팽창할 경우, 이 기포들이 탄성체 재료에 구조적 손상을 유발한다. 이러한 현상을 "**폭발적 감압(explosive decompression)**"이라고 한다.

폴리머-차단층은 침투를 약화시키는 탄성체의 중간층과 결합하여 냉매(CO_2)의 작용을 효과적으로 억제한다. 차단층 고무에서의 침투율(permeation rate)은 저압 영역에서는 0.21g/년, 고압 영역에서는 0.7g/년 이하이며, 자동차회사들이 요구하는 기준은 1g/년 이하이다.

그리고 두 호스의 차단층은 추가로 냉동기유에 대한 내성을 가지고 있어야 한다. 호스는 아라미드(aramid) 섬유 그물망의 압력 보강층(pressure carrier)을 사용하여 600bar 이상의 고압도 감당할 수 있는 제품을 만들고 있다. EPM(Ethylen -Propylen -Copolymer)-탄성체-표피층은 대부분의 엔진룸에서 발생하는 모든 부하를 감당할 수 있다. 이 호스들은 가요성(구부려질 수 있는 성질)이 우수하여, 작은 반경으로 구부릴 수 있다.

① 고압 호스(그림 4-34 참조) 및 고압 파이프

고압 호스는 압축기 토출구부터 가스냉각기 입구까지에 사용한다. 가스 냉각기 출구부터 팽창밸브 입구까지의 고압 라인은 고압 파이프를 사용한다. R-744 시스템은 가장 높은 압력(예 : 최대 약 140bar)과 온도(예 : 최대 약 160℃)에 노출된다. 초임계 상태인 CO_2의 높은 용해성 때문에 고압 호스의 가장 안쪽의 차단층으로는 스테인리스강 주름관(corrugated stainless steel pipe)을 사용한다. 이어서 HNBR-내부층, 강철 그물망, HNBR-표피층으로 구성되어 있다.

참고로 HNBR은 NBR 폴리머 분자구조에서 이중 결합부분을 수소화한 것으로서, 물리적 특성과 내마모성이 우수하며, 오일첨가제, 오존, 묽은 산과 염기 등에 대한 저항성도 좋다. 공조시스템 외에도 연료시스템, 유압 시스템 등에 사용한다. 상용온도 범위는 대략 -32℃~135℃ 범위이다.

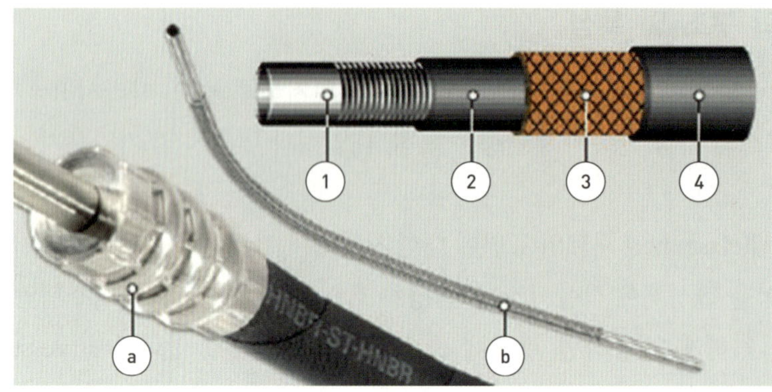

▲ 그림 4-34 R-744 시스템의 고압 호스 (출처 : BEHR)

② 저압 호스(그림 4-35 참조) 및 저압 파이프

팽창밸브 출구부터 압축기 흡입구까지에는 저압 호스/ 파이프가 사용된다. R-744 시스템의 저압은 약 40bar로 R-134a 시스템(약 2bar)에서 보다는 아주 높다. 그러나 저압회로의 냉매온도는 두 시스템에서 거의 같다.

R-744 시스템의 저압호스는 폴리머(polymer)－내부 고무층, 탄성체(elastomer)－중간층, 압력 보강층(아라미드 섬유) 그리고 EPM(Ethylen -Propylen -Copolymer)-표피층으로 구성되어 있다.

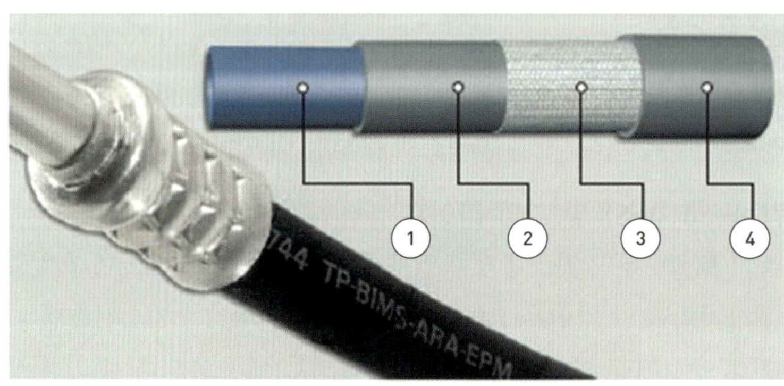

▲ 그림 4-35 R-744 시스템의 저압 호스 (출처 : BEHR)

③ 결합 기술(그림 4-36 참조)

R-744 시스템의 결합부에서는 누설이 전혀 없어야 하고(0.05g/년 이하), 수명이 길어야 한다. 그림 4-36은 양면에 고무층(NBR)을 얇게 입힌 스프링강제의 씰 디스크(sealing disk)를 사용하는 플랜지(flange) 결합이다. 실제 씰(흑색)이 고정용 개스킷(황색)에 조립되어 있기 때문에 씰의 설치가 쉽고, 조립도 간편한 구조이다. 씰(seal element)은 유연성이 우수하면서도 온도변화와 진동을 충분히 보상할 수 있어야 하고, 기밀유지 능력 외에도 내압성과 내온성이 좋아야 한다.

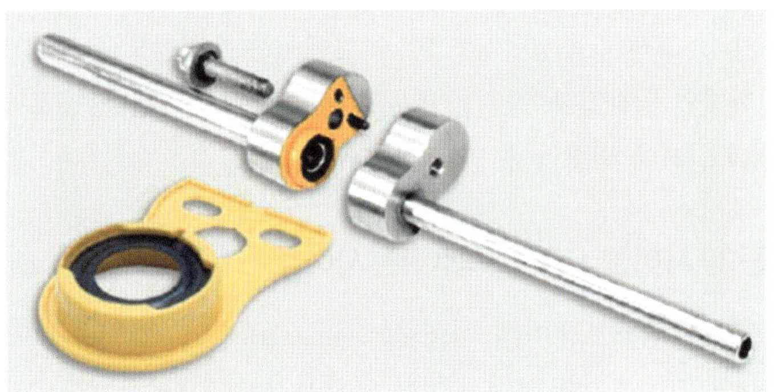

▲ 그림 4-36 R-744 시스템의 플랜지 결합기술(ContiLock R) (출처 : ContiTech)

(8) 수분 제거 방법

CO_2는 R-134a와는 다르게 분자크기가 작기 때문에 건조제(예 : 몰리큘러시브 XH9)의 마이크로 세공(micro-pore)을 통해 건조제 내부로 침투한다. 수분이 존재하면, 수분도 건조제의 마이크로 세공을 통해 건조제 내부로 침투하며, 수분과 CO_2의 극성(polarity) 차이에 의해 수분은 CO_2를 건조제 밖으로 밀어낸다. 몰리큘러시브는 CO_2 건조에 아주 효과적이다. 몰리큘러시브의 효율은 CO_2-시스템과 R-134a 시스템에서 거의 같다. 참고로 R-134a는 분자가 크기 때문에 건조제의 마이크로 세공으로 침투하지 못한다.(건조제에 대해서는 pp 176 참조)

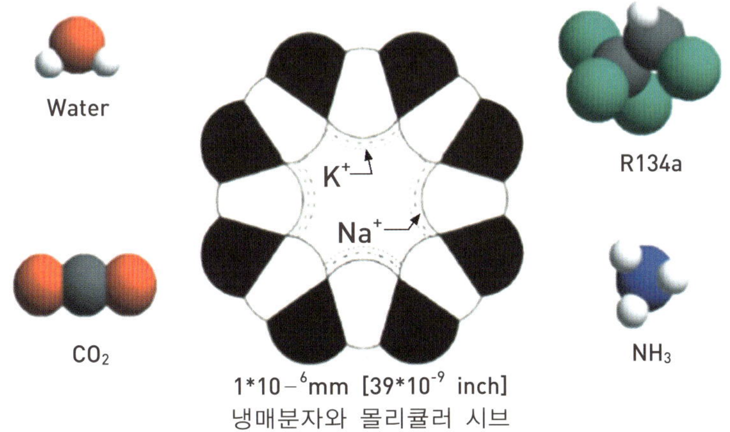

▲ 그림 4-37 제올라이트(Zeolite) LTA에서 마이크로 세공의 크기 (출처 : Danfoss)

공기는 색깔, 맛 그리고 독성이 없으며, 어디에서든 무제한으로 그리고 공짜로 이용할 수 있는 환경 친화적인 물질이다. 공기를 냉매로 사용할 수 있다면, 냉매로 인한 자연환경 파괴의 모든 문제를 일거에 해결할 수 있을 것이다.

(1) 공기냉동기 사이클 – 역 브레이튼 사이클(reverse Brayton cycle)

열역학적으로는 역–브레이튼 사이클(reverse Brayton cycle) (또는 역–줄 사이클 (reverse Joule cycle))을 이용하여 공기를 냉각시킬 수 있다.

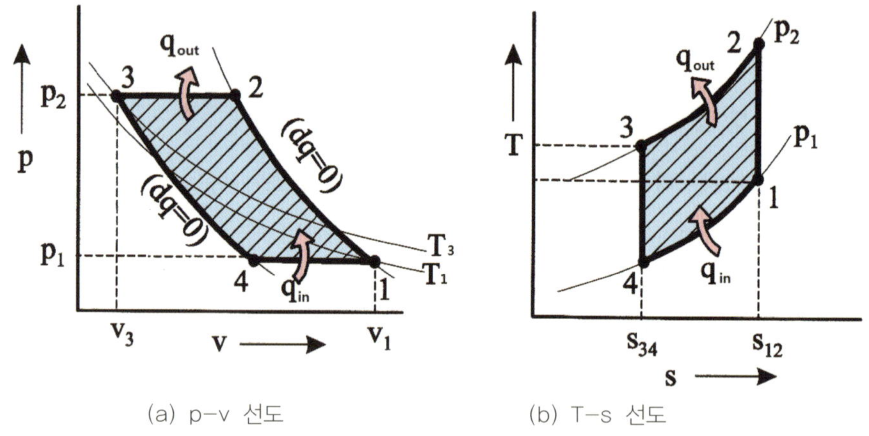

▲ 그림 4–38 역–브레이튼 사이클의 p–v, T–s 선도

역–브레이튼 사이클 즉, 공기냉동기 사이클은 2개의 단열과정과 2개의 정압과정으로 구성된다. 이 개방사이클은 그림 4–39와 같이 압축기, 열교환기 그리고 팽창기를 이용하여 실현할 수 있다. 그림 4–38과 4–39에서 숫자 1, 2, 3, 4는 서로 일치한다. 작동과정은 다음과 같다.

- $1 \rightarrow 2$: 압축기가 주위로부터 외기를 흡입하여 고온(T_2)으로 압축, 토출한다.
- $2 \rightarrow 3$: 압축된 고온의 공기가 열교환기를 거치면서 정압하에서 외부로 열(q_{out})을 방출한다.
- $3 \rightarrow 4$: 냉각된 공기가 팽창기를 거치면서, 단열팽창하여 저온(T_1)의 신선한 공기가 된다.

- **4 → 1** : 신선한 공기를 냉각이 필요한 공간에 공급한다. 신선한 저온의 공기는 밀폐된
  공간(냉동실 또는 실내)으로부터 열(q_{in})을 흡수, 냉동효과를 발휘한다.

공기 냉동기 사이클의 성적계수는 압력비가 클수록 증가한다.

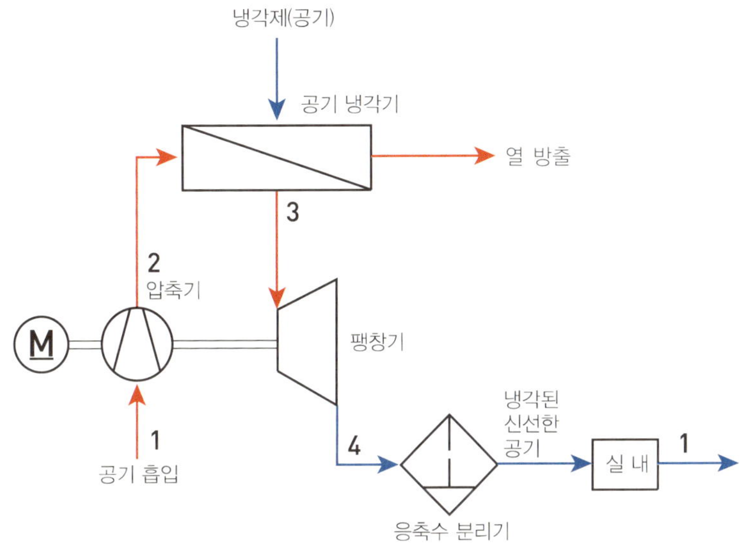

▲ 그림 4-39   개방 공기 냉동 사이클 시스템의 구성

팽창시에 포화온도 이하로 공기온도가 강하하면, 공기중의 수분은 응축된다. 이 응축수는 외부로 방출해야 한다. 냉각온도를 적절하게 제어하여, 사이클 공기의 습도를 목표수준으로 조절할 수 있다.

압축기는 기계적으로 구동하며, 공기의 팽창 에너지를 이용(회수)하기 위해서, 압축기와 팽창기를 기계적으로 연결한다. 그러나 지금까지 이 두 기계를 손실이 적은 방법으로 연결하는 대책을 강구하지 못하고 있다. 따라서 현재로서는 효율이 낮아 즉, 성적계수가 낮아 사용범위가 극히 제한적이다. (예 : 항공기의 기내 공기조화)

(2) 수키 머신 (Schukey machine)

별개의 압축기와 팽창기를 사용하는 기존 공기냉동기의 문제점을 해결하기 위한 대안으로 수키 머신(Schukey machine)이 떠오르고 있다. 4개의 날개를 가진 2개의 로터가 서로 엇갈려 맞물려서, 서로 반대반향으로 회전운동하여 공간체적을 변화시킨다. 2개의 로터가 함께 일정하게 회전운동하여, 각각 균일하지 않은 운동과 중복되어 날개 사이의 체적을 규칙적으로 제어한다. 하나의 상한에서는 압축, 동시에 다른 상한에서는 팽창이 진행된다.

　　1상한과 3상한에서는 각각 공기를 압축하여 열교환기로 보내고, 열교환기를 거쳐 냉각된 공기는 다시 2상한과 4상한으로 들어가 팽창되어 더욱더 냉각된다, 냉각된 공기는 응축수 분리기를 거쳐 실내(또는 냉동실)로 공급된다.

　　로터가 서로 접촉하지 않고 반대방향으로 운동하므로 윤활이 필요 없다. 따라서 공기는 윤활유나 마모입자들에 의해 오염되지 않는다. 이 기술은 2015년 현재 상용화가 진행 중이다.

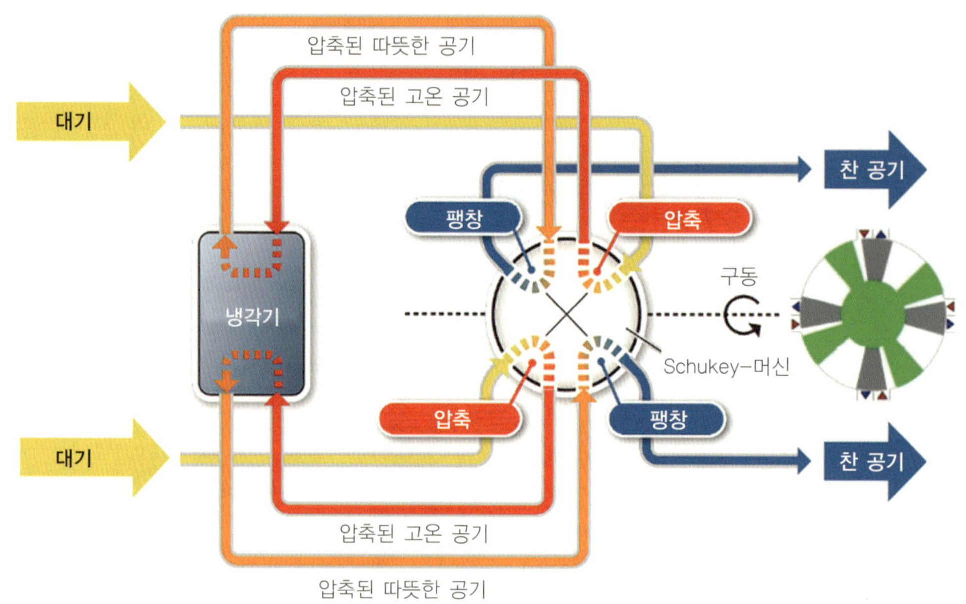

▲ 그림 4-40(a) 수키 머신(Schukey machine)의 작동원리

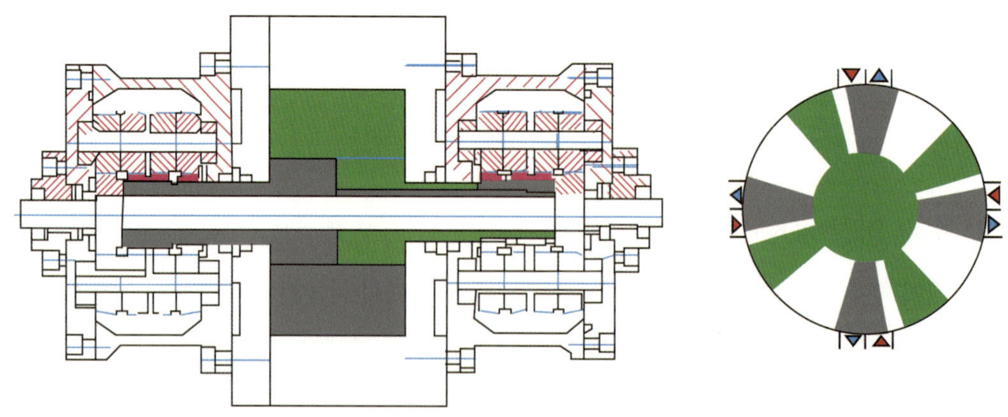

▲ 그림 4-40(b) 수키 머신(Schukey Maschine)의 세부 구조

(1) R−152a($C_2H_4F_2$)

① 에너지 효율과 냉동성능이 우수하다

R−134a에 비해 냉동성능은 20% 높으며, 냉매량은 30% 더 적어도 된다.

그림 4−41 p−h 선도 비교에서 보면, 습증기 영역의 온도변화는 거의 비슷하지만, 증발잠열은 R−152a가 훨씬 크다. 따라서 시스템 압력은 서로 비슷하지만, 냉동성능은 R−152a가 훨씬 우수하다는 것을 알 수 있다.

② 가연성 − 추가적인 보완대책 필요(안전밸브와 누설감지 센서)

③ 팽창밸브 및 관로의 직경 변경, 다른 장치들은 표준 R−134a 시스템을 그대로 사용한다.

④ 현재(2015년)까지 R−152a를 냉매로 사용하는 자동차 회사는 없다.

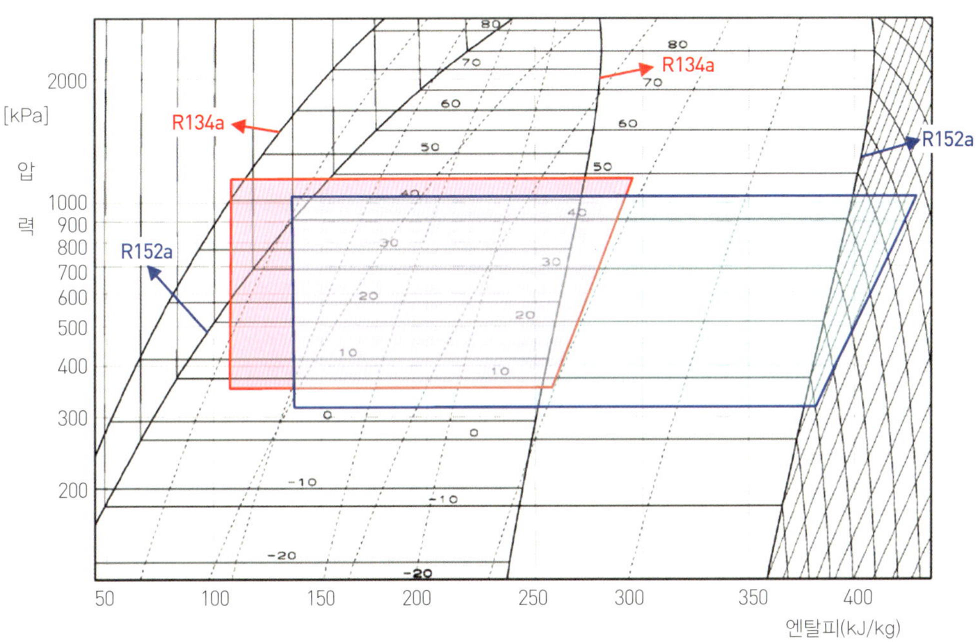

▲ 그림 4−41 R−134a와 R−152a의 p−h 선도상의 냉동사이클 비교(예)

특 성		R134a	R152a	R152a/R134a
화학식		CF_3CH_2F	CHF_2CH_3	----
몰질량		102.0	66.1	0.648
분자 직경 (pm)		420	390	0.93
GWP(100년, $CO_2 = 1$)		1430	140	0.098
안전도 등급		A1	A2	인화성 있음
정상 비등점 (℃)		-26.2	-25	----
임계온도 (℃)		101.1	113.5	----
임계압력(bar) abs		40.67	44.92	1.10
밀도 @5℃, (kg/m^3)	액	1279	947	0.740
	증기	17.3	9.9	0.573
증기압력 @ 5℃, (kPa)abs		350	315	0.898
증발잠열 @ 5℃, (kJ/kg)		195	301	1.54
열전도도 @ 5℃, (W/m K)	액	0.0971	0.1108	1.141
	증기	0.0126	0.0126	1.001
점도 @ 5℃(mPa-s)	액	311.9	204.5	0.656
	증기	11.18	6.40	0.572
비열비(정압/정적)		1.22	1.28	1.05

(2) HFO-1243zf $(CF_3 - CH = CH_2)$

① 가연성은 $R-1234yf$와 비슷하다.

② 에너지 효율은 $R-134a$와 비슷하다.

③ 독성이 있다(낮음)

④ 현재 대량생산 하지 않으며, 생산 능력 또한 제한적이다.

⑤ 법적 승인이 필요하다.

표 $4-15$에 R134a와 $R-1234yf$ 및 R1243zf의 주요 특성을 비교하였다. 세 냉매의 주요 특성이 거의 비슷함을 알 수 있다. 따라서 시스템 구성 및 작동압력도 서로 비슷하다.

특 성		단위	R-1234yf	R-134a	R-1243zf
GWP			4	1430	9
ODP			0	0	0
비등점 @1.013(bar)a		[℃]	−29.45	−26	−22
임계온도		[℃]	94.7	101.1	
임계압력		[bar]a	33.82	40.6	
증기압	@25℃	[bar]a	6.83	6.56	6.64
	@80℃	[bar]a	24.7	25.97	24.38
증기밀도	@0℃	[kg/m³]	17.60	14.435	
	@25℃	[kg/m³]	37.6	32.4	37.6
압력비			3.51	3.79	3.58
체적효율			90.7%	90.2%	90.5%
응축기 glide		[K]	0	0	0
증발기 glide		[K]	0	0	0
증발기 입구온도		[℃]	5.0	5.0	5.0
응축기 출구온도		[℃]	45.0	45.0	45.0
응축기 압력		[bar]a	13.04	13.21	11.32
증발기 압력		[bar]a	3.71	3.48	3.16
냉동 효과		[kJ/kg]	117.09	147.70	148.09
COP			3.27	3.36	3.36
압축기 토출온도		[℃]	72.3	77.4	71.4
질량 유량률		[kg/h]	184	146	146
체적 유량률		[m³/h]	9.48	9.11	10.60
체적 열용량		[kJ/m³]	2279	2372	2037
비압력 강하		[kPa/m]	716	578	671
R134a기준 압력강하			124%	100%	116%
R134a 기준 열용량			96%	100%	86%
R134a 기준 COP			97%	100%	100%

냉동기유와 건조제
(Refrigeration Lubricants and Desiccants)

1 냉동기유 일반

냉동사이클에서 유일한 가동부품(moving part)은 압축기 안에 있다. 냉동기유는 압축기 가동부품을 윤활할 뿐만 아니라, 냉매와 함께 시스템을 순환하면서 온도제어식 팽창밸브의 정상적인 작동상태를 유지하는 데에도 도움을 준다. 일반적으로 냉동기유는 사용 냉매의 종류, 시스템 작동온도 그리고 압축기의 형식 및 크기를 고려하여, 압축기 생산자가 선정 또는 추천한다. 냉동기유는 다음과 같은 기능을 수행한다.

(1) 냉동기유의 기능

① 압축기 안의 운동부품들(베어링, 축, 피스톤/실린더 또는 로터 등)의 윤활
② 축봉(shaft seal)장치, 실린더/피스톤 또는 압력실의 기밀유지(밀봉)
③ 부식 방지
④ 소음 완화
⑤ 열 부하에 노출된 압축기 부품의 냉각
⑥ 미세한 마모 파편을 베어링으로부터 제거

(2) 냉동기유가 갖추어야 할 요건들

자동차 공조장치(MAC)용 소형 압축기에서는 대부분 비산 윤활방식을 사용한다. 이때 압축기 하우징은 냉동기유를 저장하는 공간이 된다. 냉동기유는 이 압축기 하우징으로부터 윤활부로 분사되거나 비산된다. 이때 냉동기유는 강제적으로 냉매와 혼합되어, 냉매와 함께 압축기로부터 토출된다.

냉동기유가 냉매와 잘 혼합되어야만, 냉매와 함께 운반되어 압축기 가동부품을 효과적으로 윤활 시킬 수 있다. 그러나 냉동기유가 지나치게 냉매에 용해되면, 점성이 낮아져 윤활불량이 되기 쉽고, 또 냉매의 증발온도를 상승시킨다.

냉매가 유동하는 관로와 구성부품들은 냉동기유가 시스템을 순환하여 다시 압축기로 복귀할 수 있도록 설계, 배치되어 있어야 한다. 일반적으로 버스 에어컨에서는 전체 냉동기유의 약 5~10% 정도가, 승용자동차 에어컨에서는 설계사양에 따라서는 최대 약 80% 정도까지 시스템을 순환한다.

참고로 버스 에어컨은 승용자동차 에어컨에 비해 상대적으로 압축기가 크기 때문에 대부분 별도의 고성능 냉동기유 분리기구를 갖추고 있다.

응축기 벽에 도포된 냉동기유는 열전달을 방해하여, 응축기의 방열 성능을 감소시킨다. 광물성 오일을 사용할 경우에는(R-12 시스템에서만), 팽창밸브에서 급격한 온도 강하에 의해 파라핀의 왁스(wax)가 석출되어 팽창밸브가 막히게 될 수도 있다.

증발기에 고여 있는 냉동기유는 온도가 낮아짐에 따라 점도가 상승하여 유동능력이 약화된다. 냉매 유동 속도가 아주 느릴 경우, 냉동기유가 냉매와 함께 압축기로 이동하지 못하고 그 일부가 증발기에 퇴적된다. 증발기에 남아있는 냉동기유는 증발기의 흡열성능을 저하시킨다. 그리고 경우에 따라 압축기에서는 냉동기유 부족에 의한 고장이 발생할 수도 있다.

또 냉동기유에 들어있는 수분이 팽창기구(팽창밸브나 오리피스)에서 빙결되면, 냉매가 통과할 수 없게 된다. 또 수분이 냉매와 반응하여 산(acid)을 생성하게 되면, 부식을 유발하거나 냉동기유에 침전물을 생성한다. 따라서 냉동기유는 수분함량이 적을수록 좋다.

윤활은 냉매의 상태에 관계없이 모든 작동조건에서 보장되어야 한다. 냉동기유는 압축기와 고압관로에서는 고온(예 : 70℃)에 노출되고, 증발기에서는 저온(예 : 0℃)에 노출된다. 이때 냉동기유는 계속적으로 냉매의 영향을 받으면서, 동시에 노화를 촉진시키는 여러 가지 물질들과 접촉하게 된다.

따라서 냉동기유는 다음과 같은 요건을 구비하여야 한다.

① **냉매와의 혼합성(또는 친화성)이 좋을 것**

　잘 혼합되고, 분리도 잘 되어야 한다.

② **구성 부품 및 개스킷이나 씰의 재료와의 친화성이 좋을 것**

③ **윤활성능이 좋을 것**

　유성(oiliness)이 양호하고, 유막 형성능력이 우수할 것

④ **점도가 적당하고, 점도지수가 높을 것(온도에 따른 점도변화가 적을 것)**

⑤ **열적 안정성이 우수하고, 인화점이 높을 것**

　고온에서 코크스화(coking), 저온에서 수지화(樹脂化)되지 않을 것

⑥ **냉매에 대한 화학적 안정성이 높을 것**

　냉동기유의 산성화 및 부식성 물질의 생성을 유발하는 화학적 반응을 하지 않을 것

⑦ **수분 및 산(acid)이 함유되어 있지 않을 것**

⑧ **응고점이 낮고, 저온 유동성이 좋을 것**

⑨ **노화 저항성이 강할 것**

　항−유화성 및 항−산화성이 강할 것

⑩ **전기 절연성이 클 것**

　특히 밀폐형 또는 하이브리드/전기자동차용 전기구동식 에어컨에서

⑪ **가격이 쌀 것**

(3) 냉동기유의 특성값

자동차 공조장치(MAC)에는 밀폐형 냉동기유 규격을 적용한다.

① **점도(viscosity)와 점도지수(Viscosity Index)**

　점도(또는 점성)란 윤활유(액체)의 끈적끈적한 정도를 나타내는 척도로서 유체의 내부마찰에 상응하는 개념이다. 일반적으로 점도가 높으면 높을수록 윤활유는 더욱더 끈적거린다. 점도는 일반적으로 온도가 높아지면 낮아지고, 온도가 낮아지면 높아진다.

　점도지수(VI)는 온도에 따른 점도변화가 적을수록 높다. 냉동기유는 점도지수가 높은 것이 바람직하다. KSM2128에서는 30℃와 50℃에서의 동점도를 규정하고 있다.

표 4-16　권장 점도 범위

압축기 형식	냉매	점도 @37.8℃	
		SSU*	cSt*
원심식	R−134a	280~300	60~65
왕복 피스톤식	R−134a	280~300	60~65
스크루	R−134a	150~500	32~100
스크롤	R−134a	100~300	22~68

* SSU 또는 SUS (Saybolt Universal Second) = centi−Stokes (cSt) × 4.55
　(cSt가 50 이상일 경우)
* cSt(centi−Stokes), $1St = 10^{-4}m^2/s$, $1cSt = 10^{-6}m^2/s$

② **화학적 안정성**(chemical stsbility)

냉동기유의 화학적 안정성이란 열적 안정성 및 산화반응에 대한 안정성을 말하며, 그 평가 방법으로는 밀폐튜브 시험법이 가장 많이 사용된다. 이 방법은 유리관 속에 냉동기유, 냉매, 금속 및 유기재료를 밀봉하고, 일정온도($175\pm2\,℃$)로 일정기간(8일, 16일, 23일) 가열한 다음, 색상의 변화, 금속의 부식도, 생성물, 냉매 및 분해가스의 양, 생성된 산(酸)의 양, 냉동기유의 열화상태 등을 측정하여 냉동기유의 우열을 판정한다.

③ **전산가**(全酸價 : acidity)

냉동기유는 절대적으로 중성이어야 한다. 이 값은 냉동기유의 악화정도를 판단하는 기준이 되며, 사용중인 냉동기유의 전산가는 0.05KOH mg/g이하가 바람직하다.

④ **왁스 분리점 또는 침전온도**(floc point)

시스템 냉매와 호환성이 있는 냉동기유는 냉매와 혼합되었을 때 분해되지 않고 오일 그 자체로 냉매 속에 존재할 수 있어야 한다. 바꾸어 말하면, 냉매와 잘 혼합되어야 하지만 화학적으로 냉매와 반응하지 않고 오일 입자 그 자체로서 존재해야 한다.

냉동기유의 냉매와의 호환성은 "침전 테스트 F(floc test F)"를 통해 판정한다. 이 테스트는 냉동기유 90%와 냉매 10%를 혼합하여 밀봉된 유리관에 넣고 왁스(wax) 상의 물질이 나타날 때까지 천천히 냉각시킨다. 왁스 상태의 물질이 나타날 때의 온도를 침전온도(floc point) 또는 왁스 분리점이라고 한다. 실제 장치에서는 침전온도보다 $10\,℃$ 정도 낮은 온도까지 사용할 수 있다.

⑤ **수분 함량**(moisture content)

냉동기유에 포함된 수분은 결빙, 슬러지 생성 및 부식의 원인이 된다. 따라서 가능한 한 수분 함량이 적은 냉동기유를 사용하고, 동시에 수분을 흡수할 수 있는 환경에 노출되지 않도록 해야 한다. 수분함량의 측정은 카알 피셔법(Karl Fischer method)을 사용한다.

⑥ **유동점**(pure point)

액체가 응고되어 유동이 정지되는 온도를 응고점이라 하고, 응고점보다 $2.5\,℃(5\,℉)$ 높은 온도를 유동점이라 한다. 자동차 에어컨 시스템과 같은 고온 냉동 시스템에 사용되는 냉동기유의 유동점은 냉동기유의 종류와 점도등급에 따라 $-40\,℃\sim23.3\,℃(-40\,℉\sim-10\,℉)$ 범위이다.

⑦ **인화점**(flash point)

KSM 2128에서는 최소 145℃ 이상(1호), 최고 165℃ 이상(3호)으로 규정하고 있다

⑧ **절연 강도**(dielectric strength)

하이브리드 자동차나 전기자동차 그리고 전기구동식 압축기를 사용하는 최신 자동차 공조장치에서 중요한 특성값이다. KSM 2128에서는 25kV 이상을 제시하고 있다.

(4) 기타 특성

① 임계 용해도 곡선(2층 분리 온도) − 혼화성 갭 또는 섞임성 갭

냉동기유와 냉매의 용해도−온도 곡선을 말하며, 냉매의 종류에 따라 냉동기유와의 상용성이 다르다. 정확하게 선택된 냉동기유는 냉매와 아주 잘 혼합된다. 그럼에도 불구하고 기본적으로 두 물질(냉매와 냉동기유)은 제한적으로만 혼합할 수 있다. 특정 온도범위에서는 공정 온도차가 크면, 정상상태로부터 분리현상이 나타날 수 있다. 이를 혼화성(混和性) 갭(gap)이라 한다.

그림 4−42는 POE를 기반으로 하는 R−134a용 냉동기유의 혼합능력을 나타내고 있다. 증발기 온도가 −17℃일 때부터 상분리(相分離) 현상이 나타나고, −20℃로 낮아지면, 냉동기유의 혼합률은 약 8wt.%에 지나지 않는다. 나머지는 냉매로부터 제거되며, 이들은 가스유동을 통해 함께 이송되어야 한다. 온도범위 −17℃ ~ +90℃ 범위에서는 냉매와 냉동기유는 완벽하게 혼합된다.

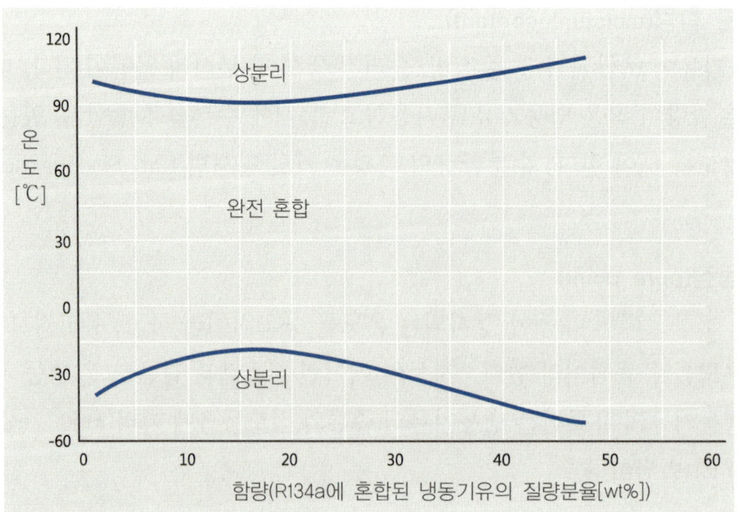

▲ **그림 4-42 냉동기유의 용해도 한계** (예 : RENISO TRITON SEZ 32와 R−134a)

R-134a 시스템 또는 R-1234yf 시스템의 작동온도 범위는 증발기에서 약 -5℃, 압축기 토출구에서 최대 약 +100℃ 정도이다. 그림에서 언급한 종류의 냉동기유를 사용할 경우에는 고온영역에서의 혼화성(섞임성) 갭 때문에 고압 관로로부터 압축기 하우징으로 오일을 복귀시킬 방법을 강구하여야 한다. 대부분의 냉동기유에서는 아주 낮은 온도영역과 고온영역에서만 혼화성 갭이 나타난다. 이와 같이 할로겐화 카본 냉매와 냉동기유와의 관계는 매우 복잡하며, 냉동기유 조성에 따라서도 달라진다.

② **프레온계 냉매에서의 구리도금 현상**(copper plating phenomenon in CFC)

프레온계 냉매를 사용하는 냉동장치에서 구리가 냉동기유 중에 용해하여 다시 금속 표면(주로 철의 표면)에 도금되는 현상으로, 시스템 내에 수분이 많고 온도가 높을수록 잘 발생한다. 이 현상이 발생하면 가동부품의 간극이 적어져 압축기 작동불량의 원인이 될 수 있다.

반응식은 다음과 같다.

$$CHClF + H_2O \rightarrow HCl \text{ (냉매와 수분이 작용하여 염산 생성)}$$

$$O + 2HCl + 2Cu \rightarrow 2CuCl \text{ (산소와 염산이 구리와 반응, 이온화)}$$

$$Fe + 2CuCl + H_2O \rightarrow FeCl_2 + 2Cu \text{ (철 표면에 구리가 도금됨)}$$

2 합성 냉동기유 (synthetic lubricants for refrigerations)

자동차 공조기(MAC)에 사용되는 냉동기유는 왁스(wax), 수분(moisture), 황(sulphur) 등의 불순물이 함유되지 않은, 순도가 높은 기유(base oil)를 바탕으로 냉동시스템의 특성에 적합하도록 제조한다.

R-12에는 광물성 오일을 사용하였다. 그러나 R-134a와 R-1234yf, 그리고 R-744는 기존의 광물성 오일 또는 알킬벤젠(alkyl benzene)과는 혼합성이 불량하기 때문에 합성오일을 사용한다. 광물성 냉동기유의 색깔은 투명에서부터 엷은 황색이지만, 일부 합성 냉동기유의 색깔은 청색 또는 다른 색깔일 수도 있다. 혼입된 불순물이 냉동기유의 색깔을 갈색에서 흑색으로 변하게 할 수도 있다.

그리고 광물성 오일은 실질적으로 냄새가 없는데, 강한 냄새는 오일에 불순물이 혼입되어 있음을 나타낸다. 반면에 일부 합성오일은 오염되지 않은 상태에서도 강한 자극성 냄새를 가지고 있을 수 있다.

R-134a와 같은 HFC-냉매에는 폴리알킬렌-글리콜(PAG : PolyAlkylene Glycols)과 폴리올 에스테르(POE : Neopentyl POlyol Esters)를 기반으로 하는 냉동기유를 사용한다.

PAG 냉동기유는 새로운 냉동기유가 아니다. 1992년에 자동차 에어컨 시스템에 최초로 사용되었으며, 이미 오래전부터 예를 들면 천연가스 생산시설의 압축기에도 사용해 오고 있었다.

(1) 폴리-알킬렌 글리콜(PAG : Poly-Alkylene Glycols)

PAG의 분자구조는 그림 4-43과 같다.

$$HO - \left[CH_2 - \underset{\overset{|}{R''}}{CH} - O \right]_n - H$$

▲ 그림 4-43 PAG의 분자 구조(예)

PAG의 단점은 다음과 같다.

① 흡습성(수분을 흡수하는 성질)이 아주 강하다. (그림 4-44 참조)

일반 광물성 오일이 공기 중에 노출되었을 때 극소량의 수분을 흡수하는 데 반해, PAG는 아주 짧은 시간에 많은 수분(예 : 3시간 이내에 거의 1000ppm)을 흡수한다. 수분 함량이 높으면 부식을 일으키기 쉽고, 특히 팽창밸브에서 결빙을 일으키기 쉽다.

② 염소($C\ell$)를 함유한 물질에 민감하다.

프레온계 냉매(예 : R-12)에 포함된 염소와 냉동기유에 포함된 수분이 작용하여 염산을 생성하고, 이 염산이 부식 및 구리도금 현상을 일으킨다.

③ 절연성이 상대적으로 불량하다.

다른 냉동기유에 비해 수분함량이 높기 때문이다.

④ 고온에서 섞임성 갭(혼화성 갭)이 나타난다.

그럼에도 불구하고 PAG를 R-134a와 같은 수소화불화탄소(HFC)-냉매 시스템의 윤활유로 사용하는 이유는 다음과 같은 장점 때문이다.

① 수분과의 **가수분해(hydrolysis)**를 하지 않으며,

② 내마모성이 높고,

③ 열적 안정성이 우수하고,

④ 점도-온도 특성이 양호하고

⑤ 냉매와의 혼합성이 좋고,

⑥ 특히 알루미늄에 대해 POE보다 윤활성이 좋으며,

⑦ 고무호스와의 친화성도 양호하다.

PAG의 수분 함량은 최대 300ppm 정도이며, 작동 중에는 최대 700ppm을 초과하지 않아야 하는 것으로 알려져 있다.

> **○ 가수분해**(加水分解 : **hydrolysis**)
> 원래 하나였던 큰 분자가 물과 반응하여 몇 개의 이온이나 분자로 분해되는 화학반응을 말한다. 예를 들면, 냉매 R-22와 물이 반응하여 염산을 생성하는 화학반응 ($CHClF + H_2O \rightarrow HCl$)도 일종의 가수분해 반응이다.

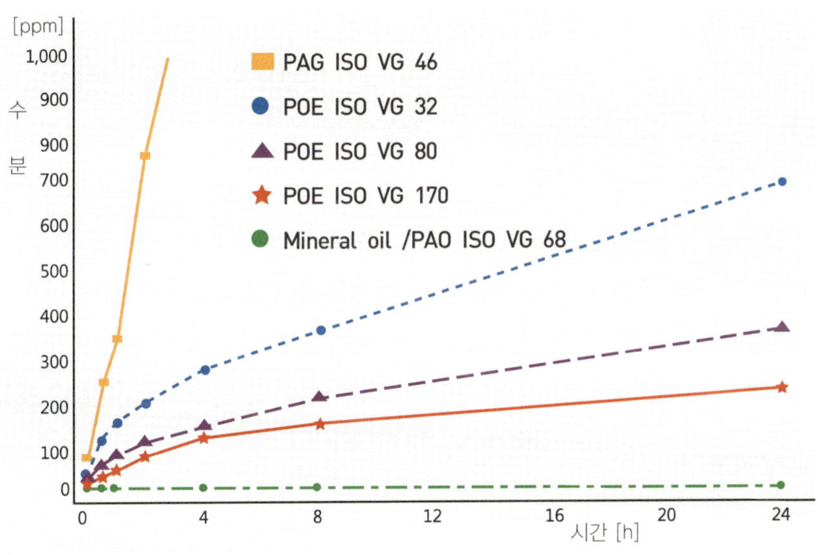

▲ 그림 4-44 냉동기유의 흡습성 비교

(2) 폴리올 에스테르(POE : POlyol Ester)

POE는 유기 에스테르 그룹으로서 점도지수가 높다. 신뢰할 수 있는 윤활특성이 요구되는, 작동온도 범위가 넓은 시스템에 사용한다. POE 윤활유도 R-134a와 같은 수소화불화탄소(HFC)와의 혼합성이 아주 좋다. 다양한 POE 성분들이 HFC와의 혼합성을 개선하고, 구리도금에 대한 저항성을 향상시킨다.

POE는 ① 열 안정성이 뛰어나고,
　　　② 휘발성이 낮으며,

▲ 그림 4-45 POE의 분자 구조(예)

③ 퇴적물 생성 경향성이 낮고,

④ 인화점이 높고,

⑤ 자기착화온도가 높고,

⑥ PAG 냉동기유보다는 절연특성이 우수하다.

POE의 단점으로는 흡습성이 높고, **가수분해(hydrolysis)**하는 경향성이 높으며, 실리콘 고무와 같은 일부 탄성 중합체(elastomer)와는 친화력이 나쁘다는 점이다. 이 단점 때문에 R－134a에는 주로 PAG를 사용한다.

POE도 수분을 흡수하지만 대부분 PAG보다는 더 적게 흡수한다. 그리고 생산시의 수분함량은 50ppm 정도이며, 작동중 수분함량은 100ppm을 초과해서는 안 된다. 그러므로 PAG와 마찬가지로 POE도 수분이 시스템에 유입되지 않도록 유의해야 한다.

POE는 PAG보다는 절연특성이 우수하기 때문에 하이브리드/전기 자동차의 전동식 밀폐형 압축기의 윤활유로도 사용한다.

POE는 기본적으로 R－134a, R1234yf 및 R－744와 잘 혼합되지만, 개별 냉매와의 혼합성이 우수한 제품과 불량한 제품이 있을 수 있다. 또 절연특성이 다를 수도 있다. 따라서 반드시 생산회사가 지정, 또는 추천하는 냉동기유를 사용해야 한다. 그리고 서로 다른 냉동기유를 혼용해서는 절대로 안 된다. 절연특성이 저하되고 유독성물질이 생성될 수 있기 때문이다.

(3) PVE(Poly Vinyl Ether)

폴리비닐에테르(PVE)는 R－134a와 같은 HFC－냉매에 대한 용해성과 혼합성이 좋으며, 윤활성과 화학적 안정성도 우수하다. 특히 PVE 냉동기유는 **가수분해(hydrolysis)** 반응을 하지 않으며, 다른 냉매 및 냉동기유와의 호환성이 좋다. 그리고 내마모용 첨가제와의 친화성이 양호하고 내마모성이 우수하다.

하이브리드/전기자동차에 고전압으로 작동하는 밀폐형 전동식 압축기가 도입됨에 따라 PVE 냉동기유가 POE의 약점(가수분해성과 전기절연능력)을 보완할 수 있는 대체 냉동기유로 고려되고 있다. 참고로 현대/기아 자동차는 하이브리드 자동차의 에어컨 압축기 윤활유로 PVE를 사용하고 있다. (예 : 소나타 하이브리드 미국 버전 : 105~125cc)

PVE의 장점은 다음과 같다.

① 모든 수소화불화탄소(HFC)－냉매와 호환 가능하다

　R134a, R404A, R407C, R410A 등

② POE와는 달리 가수분해 반응을 하지 않는다. － 수분과 반응하지 않는다.

③ PVE의 결합 에너지는 내마모 효과를 증강시킨다. (POE와 비슷함)

④ 냉매와의 용해성이 상대적으로 좋다.

3 냉매의 종류에 따라 적합한 냉동기유

(1) R-134a(HFC)에 적합한 냉동기유

R-134a시스템에는 POE와 PAG를 기반으로 하는 냉동기유를 주로 사용한다. PVE도 사용할 수 있다.

(2) R-1234yf에 적합한 냉동기유

POE 또는 R-1234yf용 PAG를 사용한다. R-134a시스템과 R-1234yf 시스템은 모두 POE와 PAG를 사용할 수 있다. 그러나 R-134a용 PAG를 R-1234yf 시스템에 사용해서는 안 된다. R-1234yf용으로 제조된 PAG를 사용해야 한다.

POE를 R-1234yf 시스템에 사용할 경우, 시스템에 수분이 있으면, 산도(酸度 : acid level)가 상승한다. POE는 절연특성 측면에서 하이브리드 및 R-1234yf 시스템에 사용할 수 있다.

(3) R-744(CO_2)에 적합한 냉동기유

냉매 R-744(CO_2)는 수분 용해도가 낮고, 수분과 반응하면 강한 산성의 탄산(炭酸)을 생성한다. 일반적으로 R-744 시스템에 사용하는 POE 냉동기유는 수분과의 친화성이 강하다. 따라서 흡습성이 강한 POE 냉동기유를 사용할 경우에는 시스템 안으로 오염물질과 수분이 침투하지 못하게 하는 것이 매우 중요하다. R-744에는 POE(POlyol Ester) 외에도 PAG, PVE 또는 PAO(Poly Alpha Olefin) 등을 사용할 수 있다. 그러나 R-744와 PAO의 혼합성은 불량하다.

표 4-17 자동차 공조장치용 냉매에 적합한 윤활유

냉매	광물성 오일(MO)	알킬 벤젠(AB)	폴리올 에스테르 (POE)	폴리 알파 올레핀 (PAO)	폴리 -알킬 글리콜 (PAG)	폴리비닐에 테르(PVE)
HFC134a	X	X	☺	X	■	☺
HFO1234yf	X	X	☺	X	■	☺
R-744	■	■	☺	☺	☺	☺

※ ☺ : 양호함   ■ : 제한적으로 적용 가능   X : 부적합

(1) 냉동장치에 유입된 수분의 영향

냉동장치에 유입된 수분이 냉동기유와 결합하면, 진공작업으로도 제거할 수 없다. 냉동장치에 유입된 수분은 다음과 같은 고장을 일으킬 수 있다.

① 금속을 부식시키고 슬러지(sludge)를 생성한다.

② 냉동기유의 열화를 촉진시킨다.

③ 팽창밸브(또는 오리피스)에서 결빙되어 냉매통로를 폐쇄한다.

④ 밀폐형 전동식 압축기에서는 전기절연을 약화시킨다.

⑤ 구리도금 현상을 일으킨다.(염소를 포함하고 있는 프레온계 냉매에서)

냉동 시스템에 유입된 수분은 부식성 산(acid)을 생성한다. 그리고 온도가 높으면 산의 생성 과정이 가속되기 때문에, 산에 의한 부식속도도 빨라진다.

부식된 금속으로부터 떨어져 나온, 미립자들은 여러 가지 고장의 원인이 되는 슬러지(sludge)를 생성한다, 이 슬러지는 마이크로 필터(스트레이너), 팽창밸브 그리고 모세관을 막을 수 있다. 또 슬러지는 대부분 산을 포함하고 있기 때문에 접촉하는 물체를 부식시켜, 시스템 손상을 가속시킨다.

냉동기유의 경우는 "물과 기름은 서로 혼합되지 않는다."는 상식이 통하지 않는다. 일부 냉동기유(예 : PAG)는 흡습성이 아주 강해서 대기 중에 노출되면 공기 중의 수분을 아주 빠르게 흡수한다. 수분과 결합한 산이 냉동기유와 혼합되면, 작은 공 모양으로 강력하게 결합된 슬러지가 된다. 생성된 슬러지는 냉동기유의 열화를 촉진시킨다.

냉매와 함께 회로를 순환하는 아주 작은 안개 입자 상태의 수분이 팽창기구(팽창밸브)에서 결빙(結氷)되면, 팽창밸브를 통과하는 냉매의 흐름을 느리게 하거나 완전히 차단할 수도 있다. 결과적으로 냉방성능이 약화되거나 냉방 불능이 된다. 결빙에 의해 냉매의 순환이 차단되면 냉매 부족으로 팽창밸브의 온도는 다시 상승하고, 얼음 결정(結晶 : ice crystal)은 녹게 된다. 그러면 냉매는 다시 팽창밸브를 통과하게 된다. 수분은 냉매와 함께 시스템을 순환하여 다시 팽창밸브에 도달하여 다시 얼음 결정으로 변한다. 결과적으로 간헐적인 냉방이 된다. 결빙의 여부는 기본적으로 수분의 양과 생성되는 어름 입자의 크기에 따라 좌우된다.

(2) 건조제(desiccant)에 대한 요구 조건

냉동 시스템의 건조제는 다음과 같은 특성을 갖추어야 한다.
① 강력한 건조력(흡습성)을 장시간 유지할 수 있을 것
② 냉매, 냉동기유 및 금속과 화학적으로 반응하지 않을 것
③ 냉매의 흐름 속에서 그 형태 및 결정이 변형 또는 파손되지 않을 것
④ 불순물이 함유되어 있지 않을 것

(3) 주요 건조제

일반적으로 자동차 공조장치에서는 수액기 또는 어큐뮬레이터에 건조제를 봉입하여 회로 내의 수분을 포집한다. 건조제로는 주로 몰리큘러 시브(molecular sieve)와 합성 제올라이트(Zeolite)를 사용한다.

① 제올라이트(Zeolite)

제올라이트(Zeolite)는 알루미늄 산화물과 규산 산화물의 결합으로 생겨난 음이온과 알칼리 금속 및 알칼리토금속이 결합되어 있는 광물을 총칭하는 말로서, 흔히 "결정질(結晶質) 알루미늄 규산염" 광물을 말한다.

좀 더 정확하게는 석영(quarts), 운모(mica), 장석(fieldspar)과 같은 광물 중에서 분자 출입이 가능한, 3~10 Å 정도의 일정한 크기의 나노 세공(nano-pore) 즉, 아주 작은 구멍들이 규칙적으로 배열된, 3차원적인 알루미노실리케이트를 말한다. 결정(結晶 : crystalline) 내부에 존재하는 나노 세공의 내부는 보통 물로 채워져 있는데 열을 가하면 세공 내부의 물분자들이 대기 중으로 쉽게 빠져나와 세공 내부는 완전히 비게 된다. 이 광물의 이러한 성질, 즉 열을 가하면 기체상태의 물분자(steam)를 방출하는 현상에 근거하여 그리스어 zeo(끓는)와 lite(광물, 돌)를 합성한, "끓는 돌"이라는 의미의 제올라이트(zeolite)라는 명칭을 사용한다. − 우리말로는 비등석(沸騰石) 또는 비석(沸石)이라고 한다.

제올라이트−A는 입구크기가 교환된 양이온에 따라 3~5Å이며 내부에 직경 11Å 정도의 슈퍼 케이지(super cage), 또는 알파−케이지(α−cage)라는 큰 공동(空洞)이 있다. 실리콘과 알루미늄의 비율(Si/Al)에 따라 X(Si/Al = 1~1.5) 또는 Y(Si/Al = 1.6~3)라고 명명된 제올라이트는 입구크기가 7.4Å이며 내부에는 직경 13Å의 슈퍼−케이지(super cage)가 있다. − 케이지형 제올라이트.(* Å(옹그스트롱), 1 Å = 10^{-10}m)

제올라이트에서는 이러한 나노세공 속으로 물분자는 물론이며 커다란 양이온들이

자유롭게 출입할 수 있다. 따라서 제올라이트는 흡습제(건조제), 이산화탄소나 황화수소 등의 흡수제, 정－파라핀과 이소－파라핀 등의 분자를 체질하는(거르는) 용도로 사용한다. 또 탄화수소의 분해, 중합, 이성질체화(異性質體化), 불균일화 등 각종 촉매기능을 가지고 있으며, 촉매운반자로서의 특성도 우수하기 때문에 석유화학 공업용 촉매로도 사용한다.

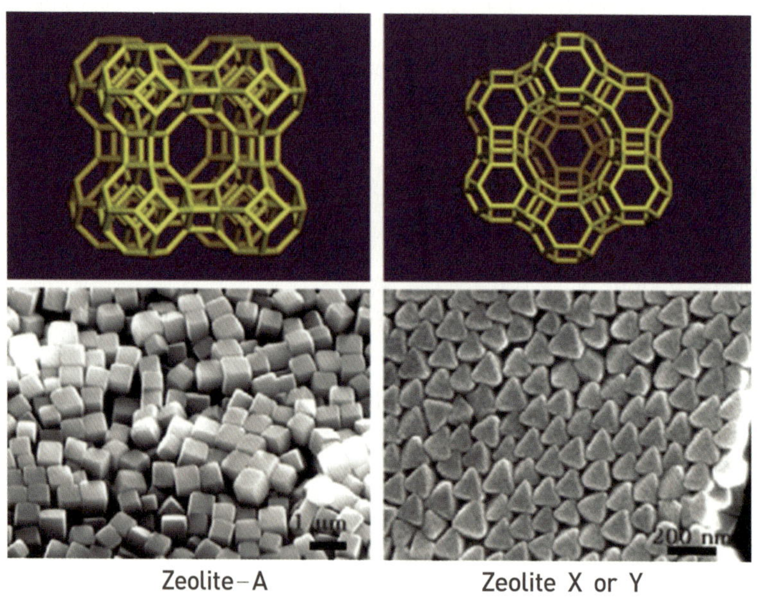

▲ 그림 4-46 제올라이트-A, -X 또는 -Y의 구조
(출처 : 물리학과첨단기술 July/August 2004, 윤경병)

② **몰리큘러 시브**(molecular sieves : $Na_m(AlO_2)_m(SiO_2)_n \cdot xH_2O$, $(m \leq n)$)

몰리큘러 시브는 SiO_4 사면체와 AlO_4 사면체가 3차원의 그물구조를 형성하는 결정체(結晶體 : crystalline)로서, 결정 구조가 천연 제올라이트의 결정구조와 비슷하다. 그리고 결정 사이에 존재하는 수많은, 미세한 구멍들이 뛰어난 흡착력을 발휘한다. 이름이 말하듯이 분자를 체질(sieve)하는 즉, 거르는 성질을 가지고 있다.

몰리큘러 시브도 제올라이트와 마찬가지로 이러한 나노 세공(nano micro-pore)을 통해 물 분자는 물론이고 커다란 양이온들이 자유롭게 내부 공동에 출입할 수 있기 때문에, 흡습제(건조제)로 사용한다. 그러나 크기가 큰 냉매분자는 미세한 나노세공에 침투할 수 없기 때문에 건조제가 냉매분자를 흡수할 수 없다. 수분만 흡수한다. (pp 159 그림 4－37, pp 173 그림4－44 참조)

100g의 몰리큘러 시브는 50℃에서 약 18g의 수분을 흡수할 수 있다. 4A, 5A, 9X 등으

로 표시되는 숫자는 미세한 구멍의 각 지름(Å)을, 숫자 뒤의 영문자는 실리콘과 알루미늄의 비율(Si/Al)을 나타낸다.

자동차 공조장치에서 R134a 시스템과 R1234y 시스템에는 건조제로서 몰리큘러 시브 XH7 또는 XH9를, R744(이산화탄소) 시스템에는 XH9를 주로 사용한다.

③ 실리카겔(SiO_2)과 알루미나겔(Al_2O_3)

실리카겔(SiO_2 : 이산화규소)은 몰리큘러 시브와는 달리 물 분자 외에도 냉매 분자도 흡수하므로 수분 흡수 능력이 작다. 또 실리카겔은 저온에서는 수분과 잘 결합한다. 그러나 온도가 상승함에 따라 포화량이 감소한다. 냉매순환회로에서 수분으로 포화된 실리카겔은 온도가 상승하면, 수분을 다시 냉매로 방출한다. 따라서 이 수분이 팽창밸브에서 빙결되어 시스템 고장을 유발할 수 있다. 실리카겔은 자동차 에어컨 시스템의 건조제로는 사용하지 않는다.

알루미나겔(산화알루미늄 : Al_2O_3)은 냉매 또는 냉동기유와 반응할 수 있는 산(acid)과 결합하는 특성을 가지고 있다.

05

몰리에르선도와 증기압축 냉동사이클

Mollier Diagram and Vapor Compression Refrigeration Cycles

1. 몰리에르 선도(Mollier Diagram)
2. 몰리에르 선도에 냉동 사이클 작도하기
3. 증기압축 냉동사이클의 개량

1　몰리에르 선도 일반(Generals to Mollier Diagram)

냉동기술에 관한 열역학적 과정은 아주 복잡하다. 따라서 상당한 시간과 비용을 투자하여 여러 가지 표와 공식을 만들고, 이들을 이용하여 계산한다.

(1) 증기표(steam table : 표 5-1 참조)

물질의 증발온도(t) 또는 증발압력(p)의 변화에 따른 물질의 고유 특성 예를 들면, 비체적(v), 밀도(ρ), 엔탈피(h) 그리고 엔트로피(s) 등을 액체와 증기에 대하여 구하여, 이를 표로 만든 것을 증기표라 한다. 표 5-1은 냉매 R-134a의 증기표에서 일부를 발췌한 것이다.

표 5-1에서 보면, 냉매 R-134a는 증발온도 $t = 0℃$ 에서, 압력은 $p = 2.929\text{bar}_{\text{abs}}$ 이다. 이 압력이 바로 증발온도 t에서의 증발압력 p이다.

$0℃$ 에서 R134a의 액체 비체적은 $v' = 0.772\,\ell/kg$ 이다. 밀도는 비체적의 역수($1/v'$)이므로 이 상태에서의 밀도는 $1.29kg/\ell$가 된다. 그리고 액체 냉매의 상대 엔탈피 h'는 200kJ/kg 이다. ($t = 0℃$ 는 이 냉매의 p-h 선도에서 기준점이다.)

엔탈피 h''는 냉매증기의 상대 열용량이다. $0℃$, 2.929bar(abs)에서 냉매 R-134a의 포화 증기 엔탈피는 $h'' = 397.56kJ/kg$이다. 포화액체 엔탈피와 포화증기 엔탈피의 차이 "$h'' - h' = 397.56 - 200 = 197.56kJ/kg$"은 당해 압력과 온도에서의 절대 증발잠열 또는 절대 응축잠열이다. 일반적으로 싱글 - 프라임($'$)을 사용한 값(예 : v', h', s')은 포화액체의 상태를, 그리고 더블 - 프라임($''$)을 사용한 값(예 : v'', h'', s'')은 포화 증기의 상태를 나타낸다.

(2) 몰리에르 선도(Mollier Diagram)

몰리에르(Richard Mollier : 독일, 1863~1935)는 냉매의 주요 물리적 특성값과 그에 상응하는 과정을 그래픽으로 나타낸, 상태선도를 개발하였다. 이 선도는 세로축을 절대압력(p), 가로축을 엔탈피(h) 축으로 하고 엔탈피, 일, 압력차, 온도차, 증발잠열, 엔트로피 등을 측정

가능한 거리로 나타내고 있다. 따라서 이 선도를 이용하면 사이클 과정을 쉽게 이해할 수 있으며, 냉동시스템 구성부품들의 설계를 단순화할 수 있다. 이와 같은 이유에서 **몰리에르 선도**(Mollier Chart) 또는 p–h 선도(압력–엔탈피 선도)는 냉동기술 분야에서 널리 사용되고 있다.

표 5-1 R-134a의 증기표(발췌)

온도	압력	액체의 비체적	증기의 비체적	액체의 엔탈피	증기의 앤탈피	증발 잠열
t $℃$	p bar	v' ℓ/kg	v'' ℓ/kg	h' kJ/kg	h'' kJ/kg	r kJ/kg
−50	0.299	0.692	596.88	137.72	366.32	228.60
−45	0.396	0.699	459.14	143.48	369.55	226.08
−40	0.516	0.706	357.66	149.34	372.78	223.44
−35	0.666	0.713	281.87	155.32	375.99	220.67
−30	0.848	0.720	224.55	161.40	379.18	217.78
−25	1.067	0.728	180.67	167.59	382.34	214.75
−20	1.330	0.736	146.71	173.88	385.48	211.59
−15	1.642	0.744	120.15	180.28	388.57	208.29
−10	2.008	0.753	99.17	186.76	391.62	204.85
−5	2.435	0.762	82.45	193.34	394.62	201.28
0	2.929	0.772	69.01	200.00	397.56	197.56
5	3.497	0.782	58.11	206.74	400.44	193.70
10	4.146	0.793	49.22	213.57	403.26	189.69
15	4.883	0.804	41.89	220.46	406.00	185.54
20	5.716	0.816	35.83	227.44	408.66	181.23
25	6.651	0.828	30.77	234.48	411.24	176.76
30	7.698	0.842	26.52	241.61	413.71	172.11
35	8.865	0.856	22.94	248.81	416.08	167.27
40	10.160	0.871	19.89	256.11	418.33	162.23
45	11.592	0.888	17.29	263.50	420.45	156.94
50	13.171	0.907	15.05	271.02	422.41	151.39
55	14.907	0.927	13.12	278.69	424.19	145.51
60	16.811	0.949	11.44	286.53	425.76	139.24
65	18.894	0.974	9.97	294.59	427.09	132.49
70	21.170	1.003	8.68	302.95	428.10	125.15
75	23.651	1.036	7.53	311.68	428.71	117.03
80	26.353	1.076	6.50	320.93	428.81	107.87
85	29.292	1.127	5.56	330.91	428.17	97.26
90	32.487	1.194	4.68	342.02	426.40	84.38
95	35.958	1.298	3.83	355.20	422.55	67.36
100	39.728	1.544	2.80	374.97	411.79	36.83

① 몰리에르 선도에 표시되는 물질의 상태

일반적으로 몰리에르 선도는 공급열과 압력의 변화에 따른 물질의 상태를 나타낸다. 엔탈피는 열용량과 같은 의미를 가지고 있으며, 기호로는 소문자 h(또는 소문자 i)를 사용한다. 이 책에서는 소문자 h를 사용하기로 한다. 그리고 압력은 대수눈금으로 표시하며, 기호로는 소문자 p를 사용한다. 따라서 기술자들은 몰리에르 선도를 $\log p - h$ 선도라고도 한다.

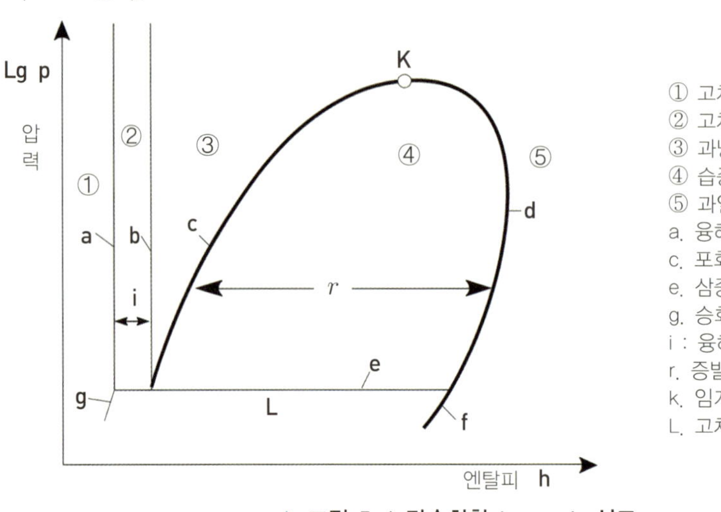

▲ 그림 5-1 단순화한 log p−h 선도

몰리에르 선도에는 다음과 같은 상태가 표시된다.

- 고체 영역 : 단상(고체)
- 고체＋액체 영역 : 2상(고체와 액체)
- 과냉각 액 영역 : 단상(액체)
- 습증기 영역 : 2상
  (액체와 기체)
- 과열증기 영역 : 단상(기체)
- 승화 영역 : 2상(고체와 기체)

② 냉매에 대한 몰리에르 선도의 범위

실제 냉동기술 분야에서는 몰리에르 선도 중에서 액체와 기체 그리고 이들의 혼합(＝습증기) 영역에 대해서만 표시한다.

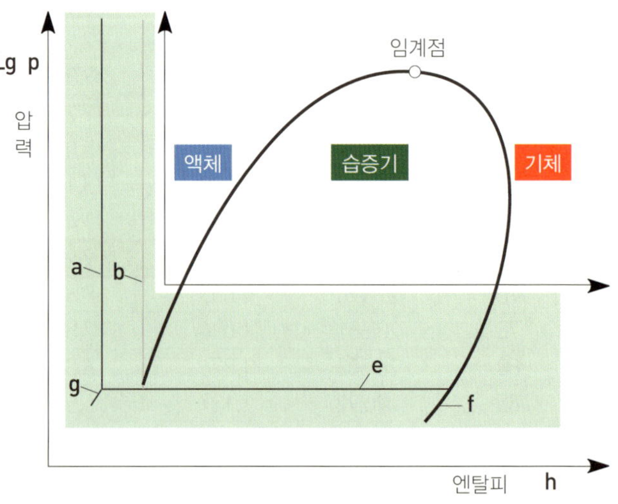

▲ 그림 5-2 냉매에 대한 몰리에르 선도의 범위

표 5−1 냉매 R−134a의 증기표(발췌)에 제시된, 냉매의 온도, 압력 및 특성값의 변화를
이용하여 몰리에르 선도에 대해 보다 더 자세하게 살펴보자.

(1) p-h 좌표계 (압력(p)-엔탈피(h) 좌표계) (그림 5-3 참조)

① 등엔탈피선(x축)

x축(가로축)은 간격이 동일한 눈금으로 열용량(엔탈피; h)을 나타낸다. 엔탈피는 단
위 질량당 열량[kJ/kg]을 말한다. 선도의 표시범위는 시스템에 따라 적절하게 선택한다.
절대 엔탈피가 아니라 상대 엔탈피를 사용한다. 그러므로 항상 기준점을 정해야 한다.
예를 들면, 0℃에 비등하는 액체를 기준으로 한다. 그리고 눈금 숫자는 정수 예를 들면
0, 100, 200kJ/kg과 같은 정수를 사용한다. 눈금의 척도범위는 냉매의 종류에 따라 적절
하게 선택하면 된다. x축에서 그은 수직선은 엔탈피가 일정한, 등엔탈피선이 된다.

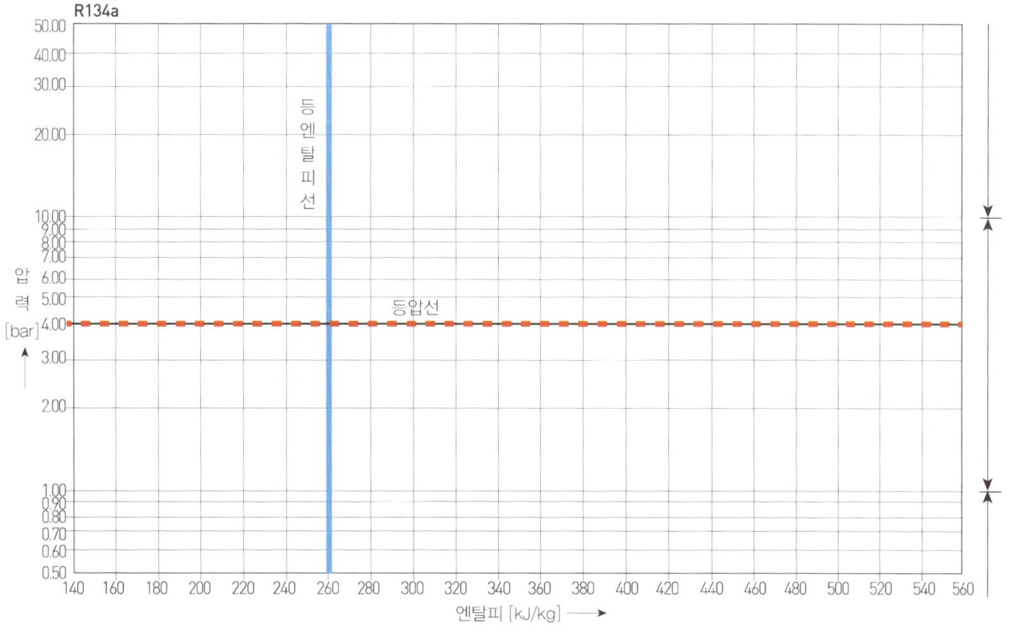

▲ 그림 5-3 log p-h 좌표계

② 등압선(y축) − 대수척도(logarithmic scale)

y축(수직축)은 압력(p)을 나타낸다. 주로 이용하는 범위에서 선도를 잘 알아볼 수 있
도록 하기 위해서, 대수척도로 눈금을 매긴다. 대수척도란 어떤 수의 로그(logarithmic)

값에 등간격의 눈금을 매긴 것이다. 예를 들어 1, 10, 100, 1000, … 등은 그냥 수로는 등간격이 아니지만 로그를 취하면 $\log 1 = 0$, $\log 10 = 1$, $\log 100 = 2$, $\log 1000 = 3$, … 등으로 일정한 간격으로 증가하는 값이 된다. 따라서 그래프 축에 로그 척도를 사용하면, 기하급수적으로 증가(혹은 감소)하는 값을, 산술급수적으로 증가(혹은 감소)하는 값처럼 나타낼 수 있다. 눈금 간격이 일정하지 않다는 점에 유의한다.

선도에서 수평선은 압력이 일정한, 등압선이 된다.

(2) 포화액선, 포화증기선 그리고 임계점 (그림 5-4 참조)

p-h 좌표계에 증기표(표 5-1 참조)에 제시된 값을 기입해 보자. 증기표의 각 압력(p)에 대응하는 액체의 엔탈피(h')와 포화증기의 엔탈피(h'')를 p-h 선도에 기입한다. 예를 들어 $p = 2.929[\text{bar}]_{\text{abs}}$ 에서 포화액체 엔탈피 $h' = 200\text{kJ/kg}$, 포화증기 엔탈피 $h'' = 397.56\text{kJ/kg}$ 을 표시한다. 엔탈피 차이 $h'' - h'$ 는 증발잠열이며, 선도에서 거리로 직접 측정할 수 있다.

증기표의 각 압력(p)에 대응하는 포화액체의 엔탈피(h')와 포화증기의 엔탈피(h'')를 p-h 선도에 모두 기입하면 하나의 경계 곡선을 얻을 수 있다.

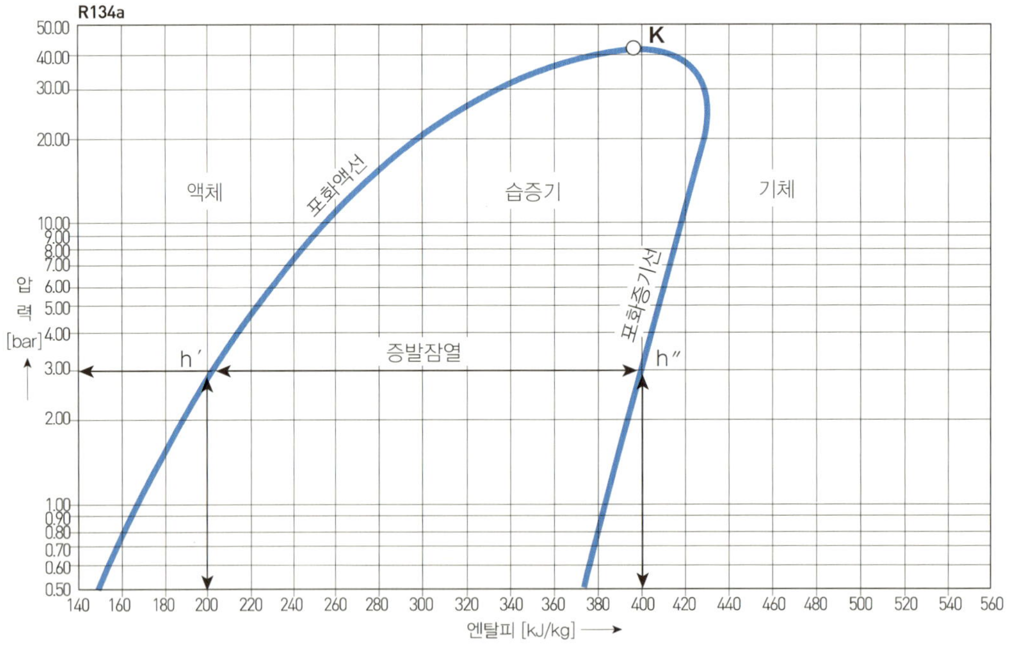

▲ 그림 5-4 포화액선, 포화증기선 그리고 임계점

① 포화액선(飽和液線)

　선도의 원점(좌측 하단 구석) 부근에서부터 우측 위로 진행하는, 가파른 곡선이 포화액선이다. 이 선을 경계로 좌측은 액체이며, 우측의 포화 증기선까지의 사이는 액체와 증기가 공존하는 습증기 영역이다. 포화액선에는 포화온도가 표시된다.

② 포화 증기선(飽和蒸氣線)

　선도에서 포화액선에 대항해서 반대쪽의 아래에서 위로 진행하는 곡선이 포화증기선이다. 포화증기선 상의 냉매는 건포화증기이다. 포화증기선에도 포화온도가 표시되며, 이 선의 우측은 과열증기 영역이다.

③ 임계점(臨界點) (그림 5-4에서 점 K)

　포화액선과 포화증기선이 만나는 점을 임계점이라 한다. 그러나 임계점 이하에서 작동되는 냉동사이클의 p-h 선도에서는 대부분 임계점 영역을 생략한다.

(3) 등건조도선(等乾燥度線) : x

　등건조도선(또는 등건도선)은 그림 5-5와 같이 포화액선과 포화증기선 사이를 10등분하여 가는 실선으로 표시한다. 포화액선에 근접해서는 포화액선에 거의 나란히 진행하며, 포화증기선에 근접해서는 포화증기선에 거의 나란하다. $x = 0.0$은 포화액이고, $x = 1.0$은 포화증기이다. $x = 0.2$는 포화증기 20%, 포화액 80%로 구성된 습증기를 말한다.

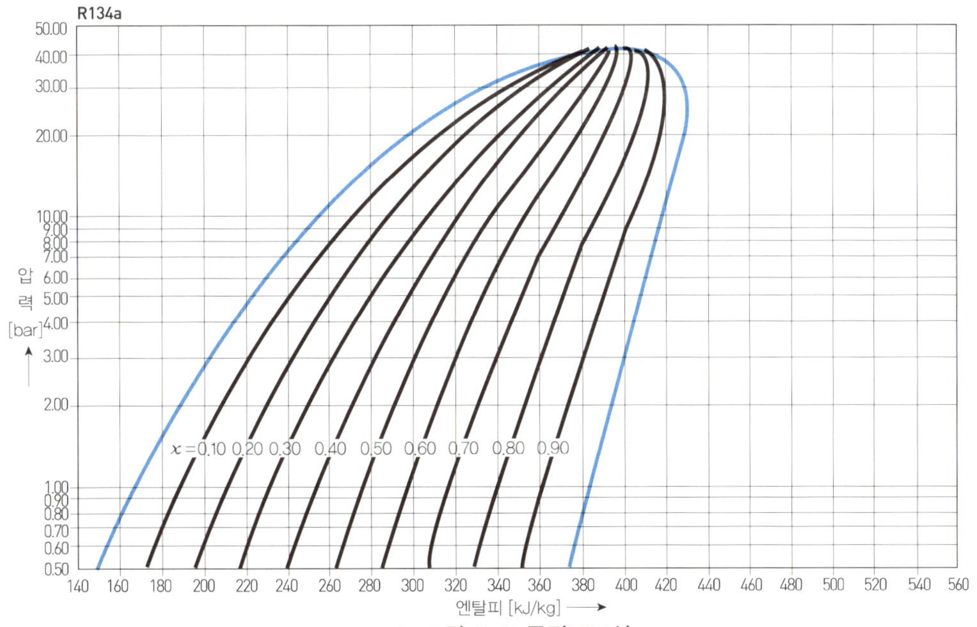

▲ 그림 5-5 등건조도선

(4) 등온선(等溫線) : 온도 일정($t=$ 일정)

온도가 같은 점을 이은 등온선은 그림 5−6과 같이 액체 영역에서는 거의 수직으로 나타나고, 습증기 영역에서는 등압선과 마찬가지로 수평으로 나타나지만, 일반적으로 포화액선과 포화증기선 상에 눈금을 표시하고, 습증기 영역의 실선은 생략한다.

예를 들어 압력 $p=2.929[\text{bar}]_{\text{abs}}$에서 0℃로 비등하는 액체 냉매에 열량 $r=197.56\text{kJ/kg}$을 가하면, 0℃의 기체냉매가 된다.

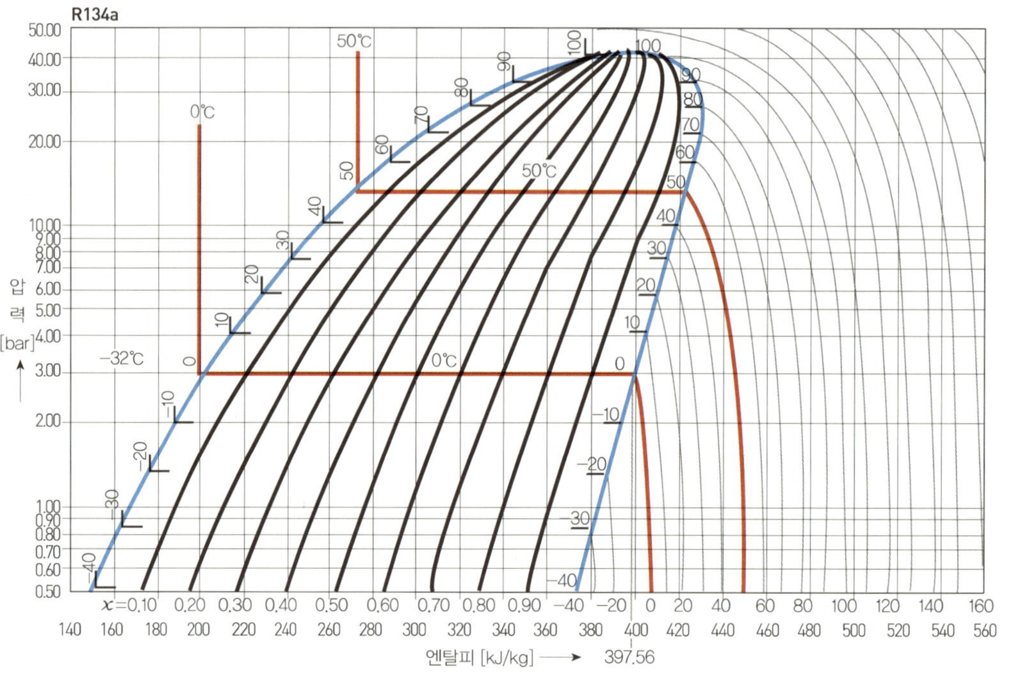

▲ 그림 5−6 등온선

등온선은 과열증기의 영역에서는 우측 아래로 쳐져서 내려간다. 이는 열을 조금만 공급해도 온도가 급격하게 상승함을 의미한다(감열 또는 현열). 따라서 이 영역에서는 등온선의 간격이 현저하게 좁게 나타난다. 0℃의 포화증기에 80kJ/kg의 열을 공급하면 증기의 온도는 약 80℃로 급격하게 상승한다.

포화액 영역에서는 임계점으로부터 멀어짐에 따라 등온선이 위로부터 아래로 거의 수직으로 내려간다. 이는 역으로 현열 양의 변화가 직접 온도변화에 영향을 미치는 것을 의미한다. 예를 들어 0℃의 액체 냉매로부터 40kJ/kg의 열을 제거하면, 온도는 −32℃로 내려간다.

임계점 온도는 습증기영역을 통과하지 않는다. 오직 임계점과 접촉한 다음에 과열증기 영역으로 진행한다.

(5) 등비체적선(等比體積線)

증기표에는 주어진 압력에서 포화액의 비체적(v')과 포화증기의 비체적(v'')이 제시되어 있다. 주어진 압력에서의 비체적을 p−h 선도에 표시하면 그림 5−7과 같이 좌측 아래에서 우측 위로 비스듬하게 진행하며, 우측으로 갈수록 기울기가 낮아져 수평에 가까워지는 형태의 등비체적선을 얻을 수 있다. 등비체적선은 보통 점선으로 표시한다.

주어진 압력 $p = 2.929\text{bar}$ 에서 냉매 R134a의 포화액의 비체적은 $v' = 0.772\text{dm}^3/\text{kg}$, ($= 0.000772\,\text{m}^3/\text{kg}$, 점 A)이고, 포화증기의 비체적은 $v'' = 0.0691\,\text{m}^3/\text{kg}$(점 B)이다. 포화증기의 비체적은 포화액의 비체적의 약 89배 정도로 증가하였음을 알 수 있다. 따라서 실제에서는 액체의 비체적은 $[\text{dm}^3/\text{kg}]$으로 증기의 비체적은 $[\text{m}^3/\text{kg}]$으로 표시한다. ($1000\text{dm}^3/\text{kg} = 1\text{m}^3/\text{kg}$)

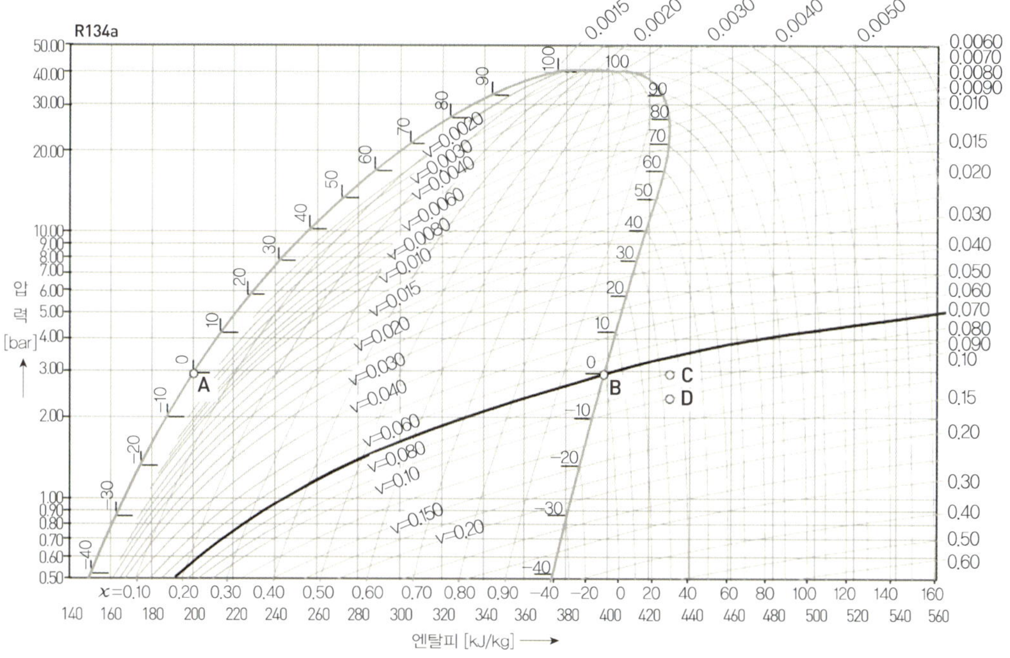

▲ 그림 5-7 등비체적선

냉동기술에서 비체적은 큰 의미를 가지고 있다. 가능한 한 작은 체적(＝부피)으로 가능한 한 많은 질량의 냉매($\dot{m}$)를 공급하기 위해서는 냉매의 비체적이 가능한 한 작아야 한다.

냉매의 질량유량($\dot{m}$)과 비체적(v) 사이에는 다음 식이 성립한다.

$$\dot{m} = \frac{\dot{V}}{v} \quad \cdots\cdots\cdots\cdots\cdots\cdots\cdots\cdots\cdots\cdots\cdots\cdots \quad (5-1)$$

여기서 $\dot{V}$: 단위시간 당 체적 유량 $[\text{m}^3/\text{h}]$

$\dot{m}$: 단위시간 당 질량유량 $[\text{kg}/\text{h}]$

v : 비체적 $[\text{m}^3/\text{kg}]$

일정한 체적유량 $\dot{V}$ $[\text{m}^3/\text{h}]$을 토출하는 압축기는 특정한 압력 p_1에서 특정한 질량 ($\dot{m}[\text{kg}/\text{h}]$)의 냉매를 이송한다. 따라서 압력이 p_2로 변하면, 비체적(v)과 공급되는 냉매의 질량유량($\dot{m}$)도 변한다.

예 $v_1 = 0.08\text{m}^3/\text{kg}$, $p_1 = 2.929\text{bar}$ (그림 5-7에서 점 C)

$v_2 = 010\,\text{m}^3/\text{kg}$, $p_2 = 2.5\text{bar}$ (그림 5-7에서 점 D)

압력이 p_1에서 p_2로 0.429 bar 낮아질 때, 공급되는 냉매의 질량유량($\dot{m}$)은 약 20% 감소되었다.

(6) 등엔트로피(s)선 (그림 5-8참조)

습증기 영역과 과열증기 영역에 엔트로피가 동일한 등엔트로피선을 그릴 수 있다. 엔트로피(s)의 증가는 압축과정에서 발생하는 열손실의 척도이다. 엔트로피는 각 상태에 따라 특정한 값을 가지지만, 절대값은 없다. 따라서 기준점은 임의의 점, 일반적으로 정상상태를 기준((냉매 R-134a의 경우, 0℃)으로 한다. 그리고 단위로는 $[\text{kJ}/(\text{kg}\cdot\text{K})]$을 사용한다.

증기압축 냉동사이클에서는 압축과정에서 이상적인 등엔트로피 과정을 실현하고자 한다. 따라서 엔지니어들은 과열증기 영역의 등엔트로피선을 많이 활용한다. 그러므로 p-h 선도에서 등엔트로피선은 포화증기선 근처와 과열증기 영역에서 조밀하게 실선으로 표시한다. 등엔트로피선은 기울기가 가파른 직선으로 나타난다.

이상적인 즉, 손실이 없는 압축기에서는 등엔트로피선을 따라 압축이 이루어진다. 등엔트로피선은 압축 시작점의 엔탈피와 압축 종료점의 엔탈피를 비교하여, 냉매 단위 kg당 이상적인(=이론적인) 압축일($W[\text{kJ}/\text{kg}]$)을 결정하는 데 활용한다. 즉, 등엔트로피선을 활용하여, 실제로 압축기가 필요로 하는 일을 계산할 수 있다.

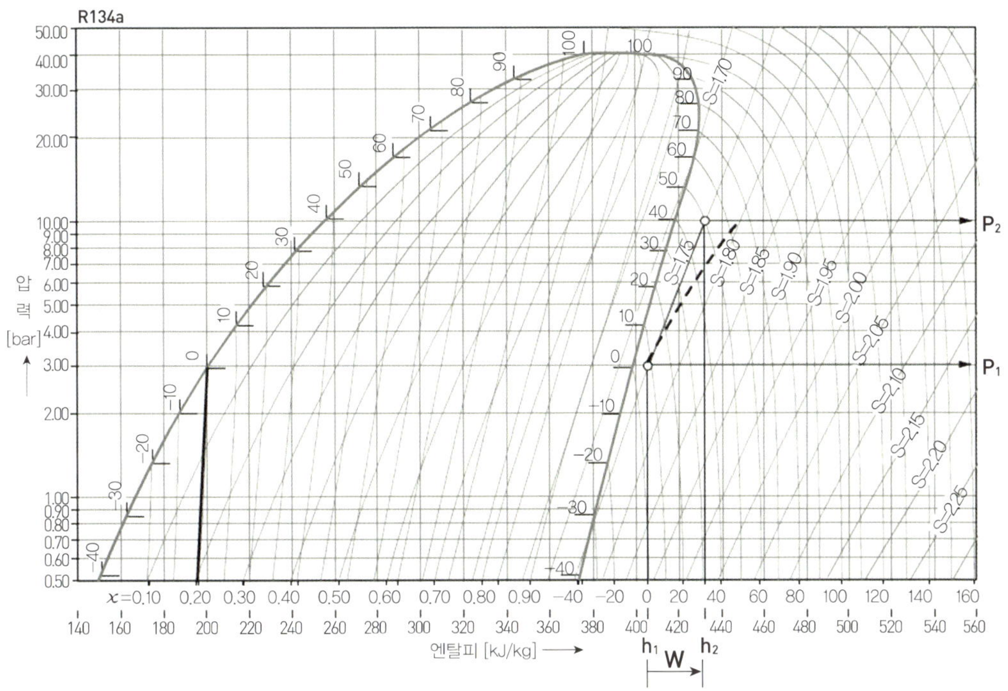

▲ 그림 5-8 등엔트로피선

예 압축기가 상태 h_1, p_1의 기체냉매를 흡입하여, 상태 p_2, h_2로 압축하였다. 이때의 압축일($W[\text{kJ/kg}]$)은 엔탈피 차이($h_2 - h_1$)와 같다. 실제 압축과정에서는 엔트로피가 증가(=열손실 발생)하기 때문에, 실제 사이클 곡선(=압축과정)은 점 p_2/h_2보다 우측에 나타난다.(그림 5-8에서 점선)

3 요약

(1) 몰리에르 선도(P-h 선도)에 표시되는 주요 특성값

냉동능력이나 소요 동력을 계산하는 실무에서는 p-h 선도를 주로 사용한다.

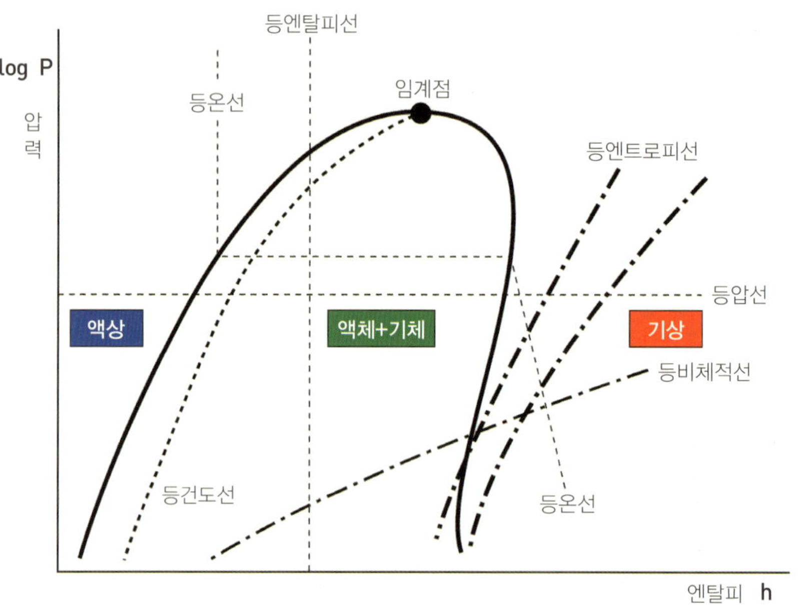

▲ 그림 5-9 몰리에르 선도에 표시되는 주요 특성값

(2) 표시기호 및 단위 요약

몰리에르 선도(P-h 선도)에 표시되는 변수들에 대한 표시기호 및 단위는 다음과 같다.

	명 칭	표시 기호	단 위
1	압력	p	[bar] 또는 [kPa]
2	엔탈피	h	$[kJ/kg]$
3	밀도	ρ	$[kg/dm^3]$ 또는 $[kg/m^3]$
4	비체적	v	$[dm^3/kg]$ 또는 $[m^3/kg]$
5	건조도	x	%
6	온도	t	[℃], [℉] 또는 [K]
7	엔트로피	s	$[kJ/(kg \cdot K)]$

(3) R-134a의 실제 몰리에르 선도(P-h 선도)

위에서 설명한 내용을 하나의 선도에 모두 표시하면 그림 5-10과 같다. 이를 이용하여 냉동시스템의 각 작동점에서의 냉매상태를 정확하면서도 알기 쉽게 기술할 수 있다. 그리고 동시에 냉동기의 제어관련 변수들의 작용을 명확하게 나타낼 수 있다.

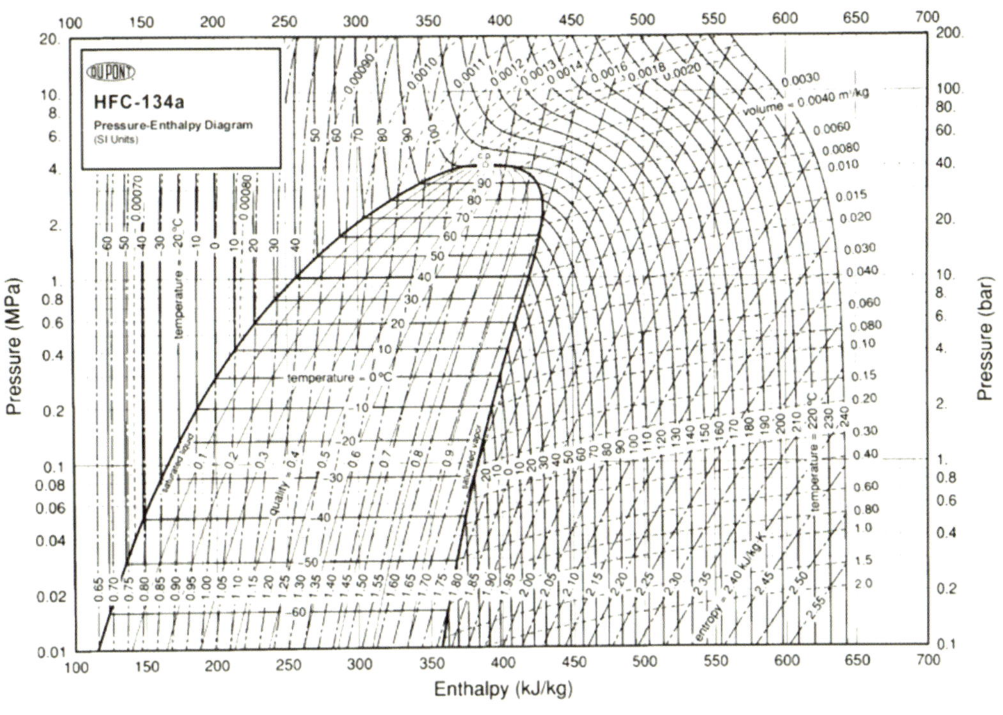

▲ 그림 5-10 R-134a의 실제 몰리에르 선도(예)

(4) T-s (온도-엔트로피) 선도에 표시되는 주요 특성값

온도－엔트로피(T－s) 선도에서는 온도(t)와 엔트로피($s = Q/t$)를 곱한 값 즉, 선도상의 면적은 열량(Q)이 된다. 따라서 T－s 선도는 냉동 사이클의 이론을 열역학적으로 명확하게 설명하거나, 시스템 간의 상대비교에는 아주 편리하다. 그러나 면적을 구하는 수치적 계산이 매우 불편하기 때문에 실무에서 냉동능력이나 소요 동력의 계산에는 거의 사용하지 않는다.(그림 5－11 참조)

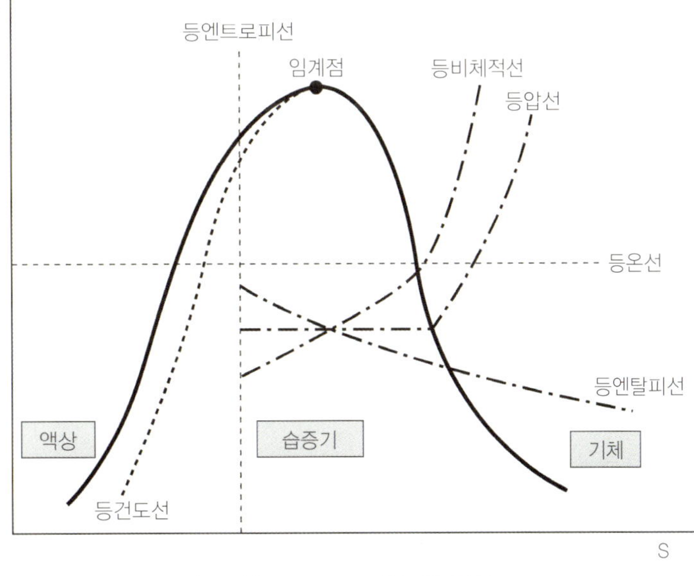

▲ 그림 5-11 T-s 선도의 구성

몰리에르 선도에 냉동 사이클 작도하기
(To Construct a vapor compression refrigeration cycle on the Mollier Diagram)

1 몰리에르 선도상의 증기압축 냉동사이클(이론적) (그림 5-12 참조)

(1) 압축과정 (1 → 2)

압축기의 작동속도가 빠르므로 냉매가 압축되는 동안은 외부와의 열 출/입이 없는 단열 변화로 간주한다. 즉 과열증기 상태의 냉매는 p−h선도상의 위치 1에서부터 등엔트로피선을 따라 토출압력 위치(2)까지 압축된다. 이 과정에서 저온/저압의 과열증기 냉매는 고온/고압의 과열증기 냉매로 변한다.

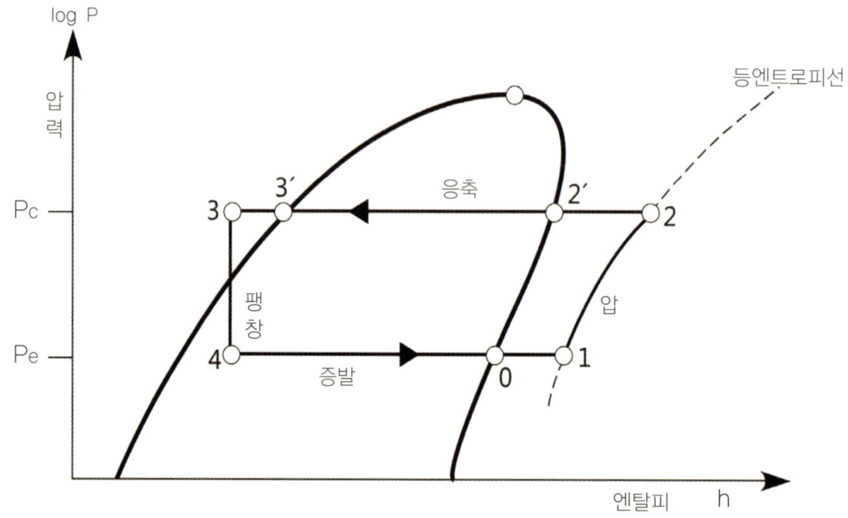

▲ 그림 5-12 몰리에르 선도 상의 증기압축 냉동사이클

(2) 응축과정 (2 → 3)

응축기에서는 과열증기의 과열도(2→2′)만큼 외부로 열을 방출하여 포화증기로 변한 다음에 응축을 시작하며, 액화된 다음(2′→3′)에도, 약간 과냉각된다.(3′→3). 즉, 고온/고압의 기체냉매가 고온/고압의 액체 냉매로 변환된다. 응축 과정은 응축기에서 압력이 일정한

상태에서 외부로 열을 방출하는 과정이므로, 선도 상에서는 엔탈피(h)가 감소하는 방향(우측에서 좌측)으로 수평으로 진행한다.

(3) 팽창과정 (3 → 4)

팽창밸브에서는 엔탈피(h) 변화가 없는 상태에서 압력과 온도가 동시에 낮아지는 교축팽창을 하므로, 냉매의 상태는 등엔탈피선을 따라 수직으로 내려가다가 증발기 입구온도에 해당하는 등온선과 만나는 점(4)에서 멈춘다. 고온/고압의 액체 냉매는 저온/저압의 습증기(액체＋기체) 냉매로 변한다.

(4) 증발과정 (4 → 1)

증발기에서는 정압, 등온변화를 하기 때문에 선도 상에서는 수평으로 좌측에서 우측으로 엔탈피(h)가 증가(증발기에서 외부로부터 열을 흡수)하는 방향으로 진행한다. 저온/저압의 습증기 냉매는 저온/저압의 포화증기 상태(0)를 거쳐, 과열증기 상태(1)가 된다.

2 이론 냉동 사이클의 p - h선도 작성하기

똑같은 공기조화장치라도 운전조건에 따라 그 성능이 다르지만, 다음과 같은 운전조건을 적용하여 이론 냉동 사이클 선도를 작성하기로 한다. (부록 2, HFC-134a 증기표 기준)

[설계 조건]

    냉매 ················· R－134a
    증발온도(t_e) ·············· 0℃
    응축온도(t_c) ·············· 65℃
    팽창밸브 직전 온도 ·········· 60℃
    응축기에서의 과냉각도 ····· 5℃
    흡입가스의 과열도 ·········· 5℃
    시스템 냉방능력 ············ 1.5TR(ton of refrigeration)

(1) 증발 온도와 응축 온도 (그림 5-13)

냉매 R134a의 p－h 선도의 포화액선과 포화 증기선 각각에서 증발온도 $t_e = 0℃$ 점을 연결하는 직선을 그어 압력축(y축)과의 교점에서 증발 압력 $P_e = 292.93\text{kPa}_{(abs)}$ 을 확인할 수 있다. 같은 방법으로 응축 온도 $t_c = 65\,^\circ\!\mathrm{C}$ 의 연장선 교점으로부터 응축 압력은 $P_c = 1890.54\mathrm{kPa}_{(abs)}$ 을 구한다. 이론 압력비는 응축압력을 증발압력으로 나누어 구한다. 여기서 압력비는 $6.45(=1890.54/292.93)$"가 된다.

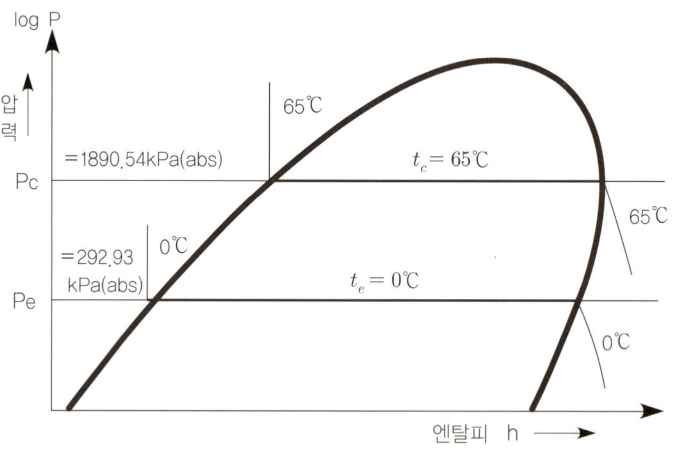

▲ 그림 5-13 증발온도와 응축온도 표시하기

(2) 압축기가 흡입하는 기체냉매의 상태 (그림5-14)

증발기로부터 유출되는 기체냉매의 온도 0℃ 선과 포화증기선이 만나는 점에서 냉매는 완전 기체가 된다. 냉매가 증발기로부터 압축기로 가는 동안에 압력강하가 없다면(실제는 약간 있음), 등압선을 따라 계속 우측으로 진행한다. 이 사이에 냉매가 과열되어 온도가 5℃ 상승하였으므로, 압축기 입구의 기체냉매의 온도는 5℃가 된다. 따라서 등온선 5℃와 만나는 점을 찾는다. 그림 5-14의 A점이 바로 그 점이다. 점 A의 엔탈피는 401.7kJ/kg이다.

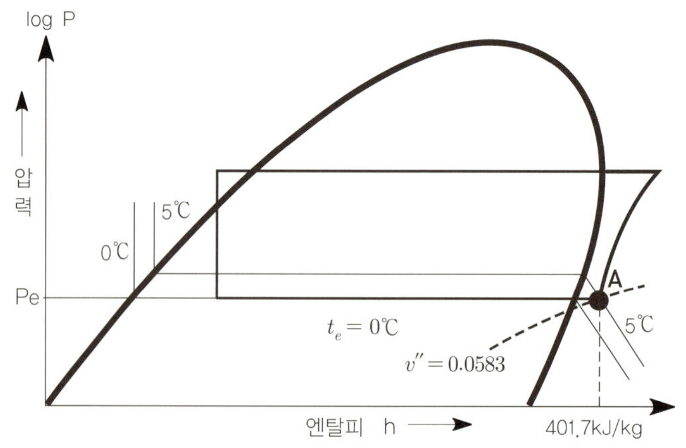

▲ 그림 5-14 압축기가 흡입하는 기체냉매의 상태 표시하기

(3) 압축기로부터 토출되는 기체냉매의 상태 (그림 5-15, 5-16 참조)

압축과정은 단열변화이므로 A점에서 등엔트로피선을 따라 올라가서, 응축온도 65℃의 연장선과 만나는 점 B가 압축기로부터 토출되는 기체냉매의 상태를 나타내는 점이다. B점을 지나는 등온선은 70℃이다. 따라서 점 B에서의 과열도는 5℃(=70-65)이며, 엔탈피는 429.1kJ/kg이다.

그러므로 압축일 즉, 압축에 소요된 엔탈피는 B점의 엔탈피에서 A점의 엔탈피를 뺀 값이 된다. 따라서 27.4kJ/kg(=429.1 - 401.7)이 된다.

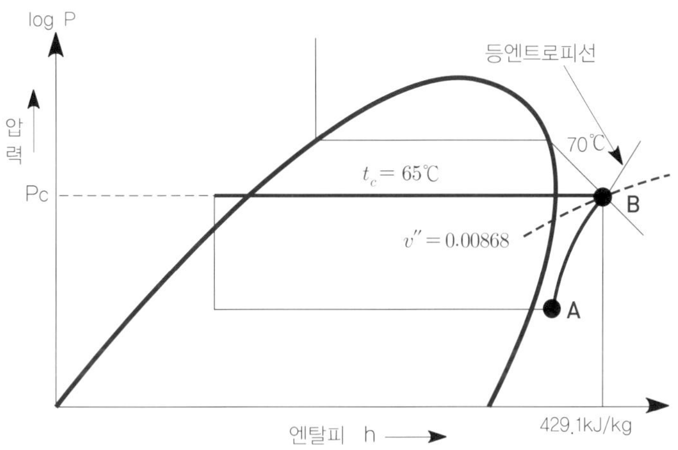

▲ 그림 5-15 압축기로부터 토출되는 기체냉매의 상태점 표시하기

(4) 응축액의 상태 (그림 5-16)

응축기로 들어간 기체 냉매는 온도가 65℃로 낮아진 후부터 응축이 시작되지만 압력에는 변화가 없다. 그리고 방출열량만큼 엔탈피(h)가 감소되는 방향(우측에서 좌측으로)으로 진행하여 포화액선과 만나게 된다. 응축기에서의 과냉각도가 5℃이므로, 60℃(=65-5)의 등온선과 만나도록 65℃ 등온선을 연장하면 C점에 도달하게 된다. 이 점이 바로 팽창밸브입구의 냉매의 온도와 압력이다. 점 C에서의 엔탈피는 287.9kJ/kg이다.

따라서 응축과정에서 방출된 열은 B점의 엔탈피에서 C점의 엔탈피를 뺀 값으로서, 141.2kJ/kg(=429.1-287.9)이며, 이는 증발기가 흡수한 열(113.8kJ/kg)과 압축기가 압축에 소비한 열(27.4kJ/kg)의 합과 같다. (113.8+27.4=141.2kJ/kg)

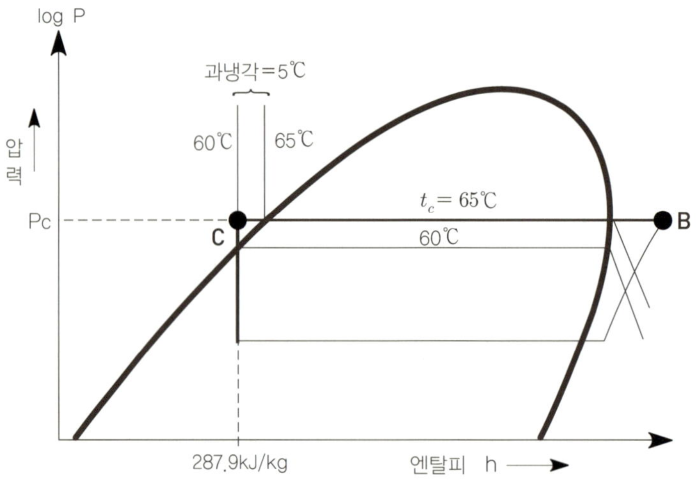

▲ 그림 5-16 팽창밸브 입구의 냉매상태 표시하기

(5) 팽창 밸브 출구의 냉매상태 (그림 5-17)

팽창밸브 출구의 냉매상태는 증발기 입구의 냉매상태와 같다. 교축 팽창은 엔탈피에는 변화가 없고, 온도와 압력만 낮아지는 변화이므로 C점에서 등엔탈피선을 따라 수직으로 내려가 증발온도선(여기서는 0℃ 등온선)과 만나는 D점이 팽창밸브 출구의 냉매상태가 된다. 즉, 점 C와 점 D에서의 엔탈피는 같다.

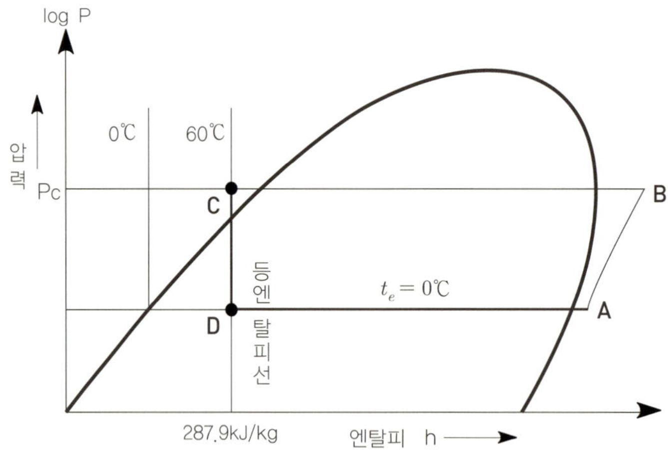

▲ 그림 5-17 팽창밸브 출구의 냉매상태 표시하기

3

증기압축 냉동 사이클의 변화

(1) 압축기가 흡입하는 흡입가스의 상태와 압축 (그림 5-18)

증발기에 유입된 냉매의 양이 과대하여 증발기 출구로부터 유출된 습증기가 그대로 압축기로 유입되면 액압축의 위험이 따른다. 또 $p-h$ 선도에서는 F→G 로 압축되기 때문에 이때의 엔탈피(h)는 $(h_A - h_D)$에서 $(h_A - h_F)$만큼 감소되어 $(h_F - h_D)$가 되므로, 그만큼 냉동 능력이 감소한다. F′→G′로의 압축은 액압축이다. 또 증발기가 흡수하는 열량(q_e)이 감소하므로 성적계수(COP)도 감소한다.

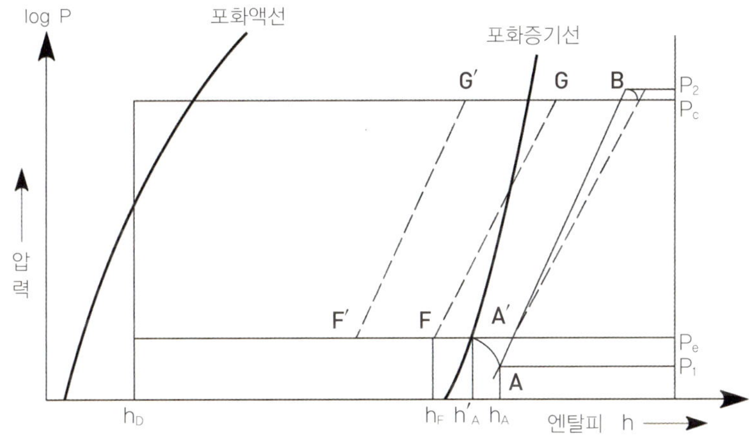

▲ 그림 5-18 흡입가스의 상태와 압축

기체냉매가 증발기로부터 압축기로 이동하는 사이에 외부의 열 때문에 과열도 되지만 배관에서의 압력 손실 $p_e - p_1$ 이 발생하므로 실제는 p_e 상태로 흡입하여 과열증기를 압축하는 것보다 토출가스의 온도는 더 상승한다. 또 실제로는 압축과정에서 약간의 열을 빼앗기는 폴리트로픽 변화를 하므로 등엔트로피선(점선)에서 안쪽으로 약간 기울어지게 된다. 그리고 토출밸브를 통과할 때에는 응축압력(p_c)보다 조금 높은 압력(p_2)으로 토출된다.

B점에서 토출되는 가스의 온도와 압력은 압축 조건(예 : 습압축, 건포화 압축, 과열압축 등)에 따라 크게 달라진다.

(2) 응축온도의 영향 (그림 5-19)

증발온도를 일정하게 유지하고 압축기로부터 토출되는 냉매가 건포화 상태가 되었을 때 응축온도의 변화는 그림 5-19와 같다. t_c를 정상적인 응축온도라고 하면, 온도가 $t_c{}'$로 상승했을 때를 살펴보자.

응축온도가 높을수록 토출되는 기체냉매의 온도는 상승하고, 압축에 필요한 일도 증가하며, 냉방효과 및 성적계수는 감소한다. 그러나 단위질량의 냉매에 대한 응축기에서의 방출 열량에는 큰 변화가 없다($B \leftrightarrow C$, $B' \leftrightarrow C'$, $B'' \leftrightarrow C''$ 의 길이가 서로 비슷하다). 응축기를 냉각하는 공기의 온도가 다소 높아도 문제는 없으나, 그 외에는 여러 가지 측면에서 불리하다.

반대로 응축온도가 t_c'' 로 낮아졌을 때에는 유리한 조건이 많으나, 저온의 냉각공기를 얻기가 어렵기 때문에 압축된 기체냉매를 액화시키지 못하는 경우가 발생할 수 있다.

응축온도는 증발온도보다는 시스템 성능에 미치는 영향이 상대적으로 더 적다.

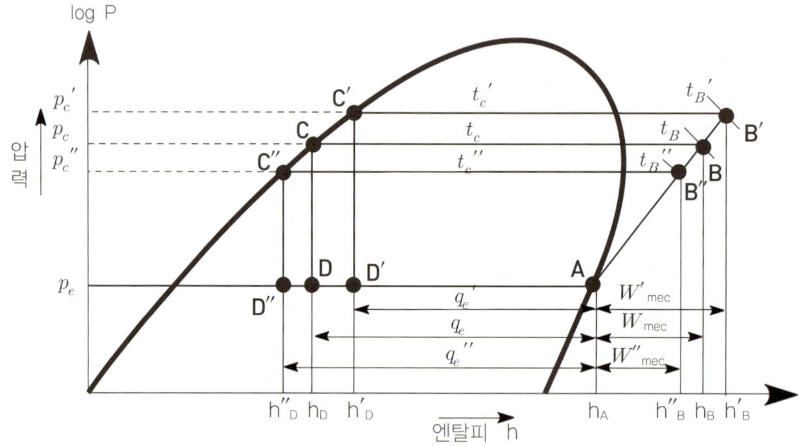

▲ 그림 5-19 응축온도의 영향

(3) 증발온도의 영향 (그림 5-20)

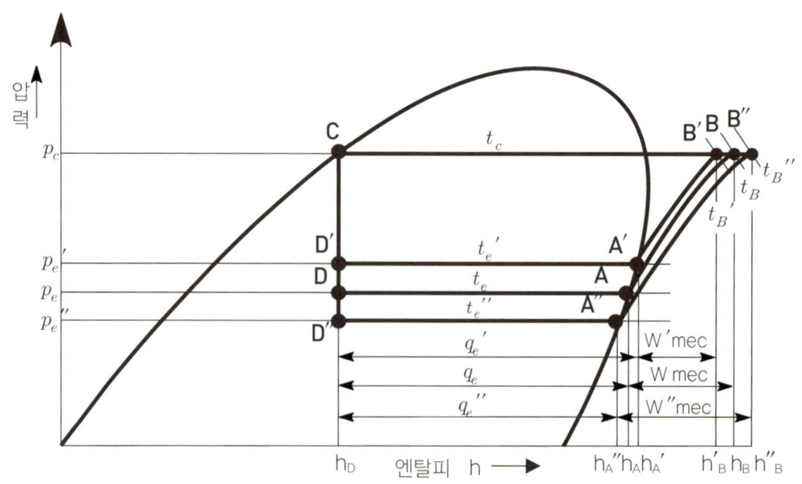

▲ 그림 5-20 증발온도의 영향

응축온도(t_c)를 일정하게 유지하고 증발온도를 정상적인 증발온도(t_e)보다 높이거나 낮추면 그 상태는 그림 5-20과 같이 된다.

동일한 냉방시스템에서 증발온도가 낮아지는 현상은 유입되는 냉매량이 부족한 경우에만 발생한다. 결과적으로 냉매 순환량이 감소되기 때문에 냉방효과는 크게 낮아진다. 그리고 증발온도는 낮아도 차 실내온도는 상승한다.

증발온도가 낮아지면, 다음과 같은 현상이 발생한다.
① 냉방효과 감소   ② 압축일 증가(유입 냉매의 비체적 증가)
③ 압축 후 온도 상승   ④ 체적효율 감소
⑤ 압축효율 감소   ⑥ 성적계수 감소

(4) 과냉각의 영향 (그림 5-21)

정상적인 상태에서 충분히 차가운 냉각공기를 공급했기 때문에 응축기로부터 유출되는 액냉매가 과냉된 상태라면 그림 5-21과 같이 과냉각도 만큼 냉동효과가 증대된다. ($q'_e > q_e$). 따라서 성적계수가 증가한다. 그러나 이와 같은 경우는 충분히 차가운 냉각공기를 풍부하게 공급할 수 있는 경우에만 가능하다. 즉, 과냉각을 위한 별도의 장치 예를 들면, 추가로 열교환기를 사용할 경우이다.(pp 208 내부열교환기 참조)

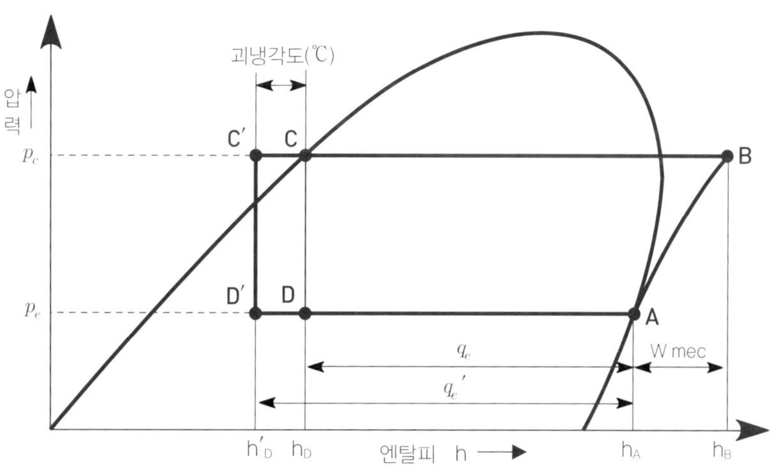

▲ 그림 5-21 과냉각의 영향

앞서의 설계조건과 R134a－증기표에서 찾은 값들을 이용하여 냉동사이클의 성적계수를 포함한 여러 가지 값들을 계산한다. 그리고 앞서의 p－h 선도에서 각 점의 문자 표시 A, B, C, D 대신에 1, 2, 3, 4를 사용하기로 한다.(실제 시스템은 그림 4－13, 4－14 참조)

[설계 조건 및 증기표(예 : 부록2 HFC 134a증기표 기준)에서 찾은 특성값]

냉매 : HFC-134a(R－134a)

증발온도(t_e) 0℃에서의 압력 $p_e = 292.93\text{kPa}_{(\text{abs})}$

응축온도(t_c) 65℃에서의 압력 $p_c = 1890.54\text{kPa}_{(\text{abs})}$

팽창밸브 직전 온도 60℃에서의 엔탈피 $h_3 = 287.9\text{kJ/kg}$

흡입가스의 과열도 5℃에서 $t_1 = 5$℃, $h_1 = 401.7\text{kJ/kg}$, $v'' = 0.0583\text{m}^3/\text{kg}$

압축말 온도 70℃에서 점 2의 $h_2 = 429.1\text{kJ/kg}$, $v'' = 0.00868\text{m}^3/\text{kg}$

시스템 냉방능력 : 1.5 RT(또는 TR)

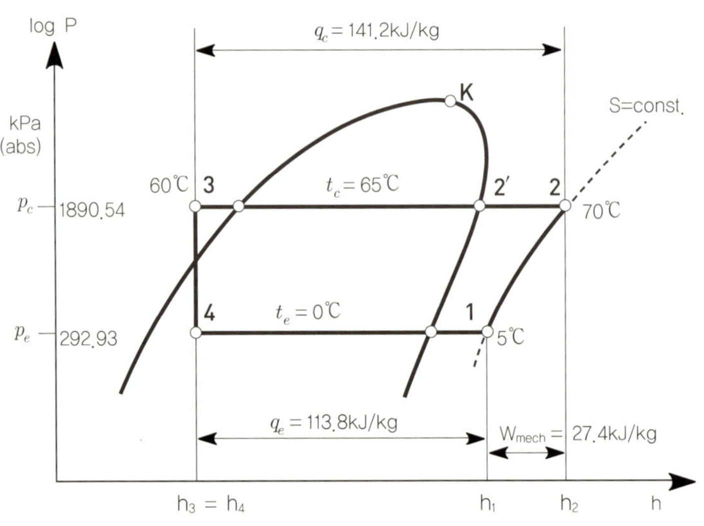

▲ 그림 5-22 p-h 선도상의 R134a 사이클(예)

(1) 냉방 효과(q_e) : 증발기 흡수 열량

$$q_e = h_1 - h_4 = h_1 - h_3 \quad\cdots\cdots\cdots\cdots\cdots\cdots (5\text{-}2)$$

$$= 401.7 - 287.9 = 113.8\text{kJ/kg}$$

(2) 압축일 (W_{mech})

$$W_{mech} = h_2 - h_1 \quad \text{(5-3)}$$

$$= 429.1 - 401.7 = 27.4\text{kJ/kg}$$

(3) 응축기 방출 열량 (q_c)

$$q_c = h_2 - h_3 = q_e + W_{mech} \quad \text{(5-4)}$$

$$= 429.1 - 287.9 = 141.2\text{kJ/kg}$$

(4) 압력비 (ϵ)

$$\epsilon = \frac{p_c}{p_e} \quad \text{(5-5)}$$

$$\epsilon = \frac{p_c}{p_e} = \frac{1890.54}{292.93} \approx 6.45$$

(5) 냉매 순환량 ($\dot{m}$)

$$\dot{m} = \frac{R}{q_e} \quad \text{(5-6)}$$

여기서 R : 냉동능력(TR), $1\,TR = 13{,}900\text{kJ/h} = 3{,}320\text{kcal/h}$

문제에서 이 시스템의 냉동능력은 1.5TR이므로, 냉매의 질량유량($\dot{m}$)은

$$\dot{m} = \frac{R}{q_e} = \frac{13{,}900\dfrac{\text{kJ}}{\text{h}} \times 1.5}{113.8\dfrac{\text{kJ}}{\text{kg}}} = 183.2\dfrac{\text{kg}}{\text{h}}$$

(6) 압축기가 흡입하는 냉매증기의 체적유량 ($\dot{V}$)

$$\dot{V} = \dot{m} \cdot v'' \quad \text{(5-7)}$$

여기서 v'': 압축기가 흡입하는 냉매 증기의 비체적[m^3/kg]

$$\dot{V} = \dot{m} \cdot v'' = 183.2\frac{\text{kg}}{\text{h}} \times 0.0583\frac{\text{m}^3}{\text{kg}} = 10.681\frac{\text{m}^3}{\text{h}}$$

(7) 기준 회전속도에서 압축기 토출 이론 체적유량 ($\dot{V}_c$)

$$\dot{V}_c = 60 \times \frac{\pi}{4} D^2 \cdot L \cdot z \cdot n \, [\mathrm{m^3/h}] \qquad \cdots\cdots (5\text{-}8)$$

여기서, D : 압축기 피스톤 직경 [m] L : 압축기 피스톤 행정 [m]
z : 압축기 피스톤 수 n: 압축기 기준 회전속도[min^{-1} 또는 rpm]

* 따라서 체적효율(η_v)은 $\dot{V}/\dot{V}_c$ 가 된다.

(8) 성적계수 (COP)

$$COP = \frac{q_e}{W_{mech}} \qquad \cdots\cdots (5\text{-}9)$$

$$= 113.8/27.4 \approx 4.15$$

실제 성적계수(COP_{actual})는 압축기의 기계효율(η_m) 및 체적효율(η_v)을 고려해야 한다.
압축기의 $\eta_m = 0.90$, $\eta_v = 0.90$이라고 하면,

$$COP_{actual} = COP \times \eta_m \times \eta_v \qquad \cdots\cdots (5\text{-}9\mathrm{a})$$

$$= 4.15 \times 0.9 \times 0.9 \approx 3.36$$

(9) 소요 동력 계산

$$P = \frac{\dot{m} \cdot W_{mech}}{3600\eta_v} = \frac{\dot{V} \cdot W_{mech}}{3600v''\eta_v} \qquad \cdots\cdots (5\text{-}10)$$

여기서 P: 소요 동력[kW]

압축기의 체적효율을 0.9라고 가정하였으므로,

$$P = \frac{183.2\dfrac{\mathrm{kg}}{\mathrm{h}} \times 27.4\dfrac{\mathrm{kJ}}{\mathrm{kg}}}{\dfrac{3600\mathrm{kJ}}{1\mathrm{kWh}} \times 0.9} = 1.549\mathrm{kW} \approx 1.55\mathrm{kW}$$

기계 효율(η_m)을 고려하여, 실제 축동력(P_{actual})을 계산한다.

$$P_{actual} = \frac{P}{\eta_m} \qquad \cdots\cdots (5\text{-}11)$$

기계효율(η_m)은 보통 $0.85 \sim 0.95$의 범위이며, 소형 보다는 대형 압축기에서 더 높다.
압축기 기계효율을 0.9라고 가정하였으므로,

$$P_{actual} = \frac{1.55}{0.9} = 1.72[\mathrm{kW}]$$

통상적으로 실제 축동력(P_{actual}) 값에 약 10% 정도의 안전 여유를 가산한 값(예 : $1.72 \times 1.1 = 1.892\mathrm{kW} \approx 1.9\mathrm{kW}$)을 설계기준으로 사용한다.

5 표준 냉동사이클의 온도조건에 따른 p-h, T-s 선도

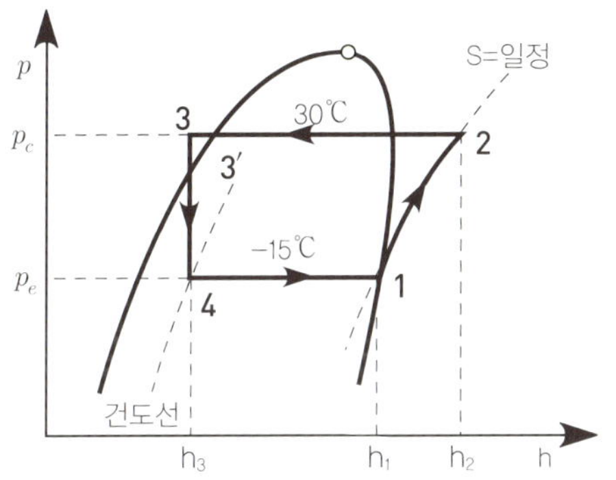

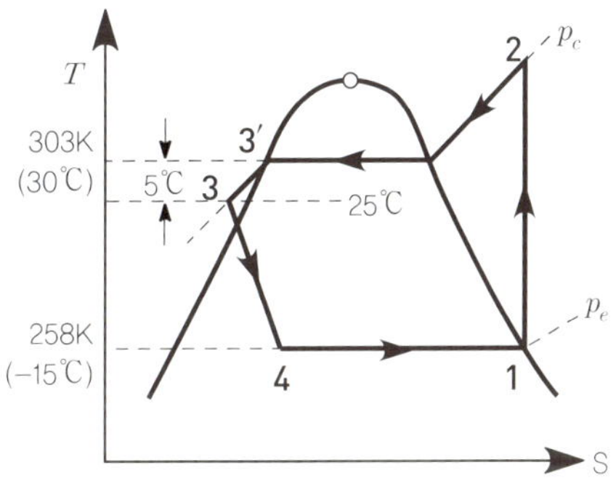

	한국, 독일, 일본	미국
증발온도(t_e)	−15℃	−15℃
응축온도(t_c)	30℃	30℃
과냉각도(Δt_{sc})	5℃	5℃
흡입 증기의 과열도(Δt_{sh})	------------	5℃

▲ 그림 5-23 표준 냉동사이클의 온도 조건

증기압축 냉동사이클의 개량
(Improvement in vaper compression cycles)

1 실제 증기압축 냉동사이클

앞에서 설명한 증기압축 냉동사이클의 여러 계산은 모두 다음과 같은 3가지 가정에 따른 이상적인 경우이다.

① 압축기와 팽창밸브를 통과할 때를 제외하고는, 냉매의 압력 변화는 없다.

② 응축기, 중간 냉각기 및 증발기 이외에서는 열 교환이 없다.

③ 압축 과정은 등－엔트로피 과정이며, 팽창과정은 등－엔탈피 과정이다.

실제 시스템에서는 냉매가 배관계통과 각종 장치를 통과할 때 유동저항에 의해 압력이 낮아지며, 외부로부터 열이 침입하고, 응축기에서는 마찰손실 등이 발생하기 때문에 이론 사이클과는 약간 다르게 작동한다.

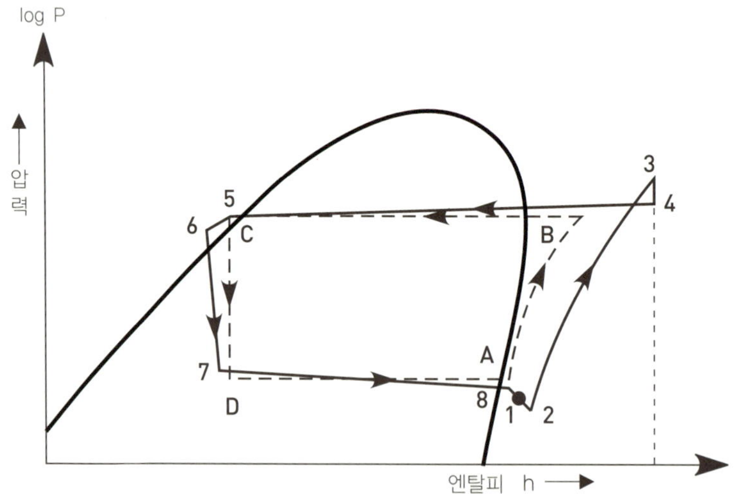

▲ 그림 5－24 증기압축 냉동기의 실제 작동 사이클

그림 5－24 증기압축 냉동기의 실제 사이클의 p－h 선도에서 작동과정은 다음과 같다.

① 1 → 2 : 압축기가 냉매를 흡입하는 과정으로, 냉매는 고온의 실린더로부터 열을 흡

수하므로 엔탈피는 증가한다. 그러나 흡입통로의 저항에 의해 압력은 강하한다.

② 2 → 3 : 압축과정으로서 이론적으로는 등−엔트로피 과정이지만, 실제로는 실린더 벽과 냉매 사이에 열 교환이 있으며, 마찰에 의해 발생하는 열도 있기 때문에 등−엔트로피 변화와는 약간 다른 변화가 이루어진다. 즉, 압축초기에는 실린더 벽으로부터 냉매로 열이 이동하여 실제 압축선은 등−엔트로피 선보다 우측에 위치한다. 이어서 압축에 의해 냉매의 온도가 점점 상승하여 실린더 벽 온도와 같아지는 순간에는 냉매와 실린더 간의 열교환은 없다. 압축을 계속하면, 이제는 반대로 냉매(기체) 온도가 실린더 벽 온도보다 높아지므로 냉매로부터 실린더 벽으로 열이 이동한다. 따라서 실제 압축선은 등−엔트로피선을 기준으로 좌측에 위치하게 된다.

압축기의 실린더는 냉각공기에 의해 계속 냉각되므로, 압축 후기에 냉매로부터 실린더 벽으로의 전열량은 흡입과정 및 압축초기에 실린더 벽으로부터 냉매로의 전열량보다 더 많아진다. 따라서 실제 압축 종료시점의 엔탈피는 등−엔트로피 변화를 할 때보다 작아진다.

③ 3 → 4 : 냉매가 압축기 토출밸브를 통과하는 과정으로서, 토출밸브에서의 저항에 의해 냉매압력은 약간 낮아진다.

④ 4 → 5 : 압축기에서 응축기까지의 냉매 유동과정을 포함해서, 응축기에서 냉매가 응축되는 과정으로서, 냉각에 의해 포화액이 된 다음에 약간 과냉각된다. 이 과정에서 압력은 약간 낮아진다.

⑤ 5 → 6 : 응축기에서 포화액이 더 냉각되어 과냉각도가 더욱더 커진다. 냉매 온도가 외기온도보다 높기 때문에 냉매는 열을 방출하게 된다. 따라서 엔탈피가 감소한다. 또 유동저항에 의해 압력도 강하한다.

⑥ 6 → 7 : 고온 고압의 액냉매가 팽창밸브를 통해 증발기로 분출되어 저압인 습증기로 팽창하는 과정이다. 이론적으로는 등−엔탈피과정이지만, 실제로는 팽창밸브 출구에서 엔탈피가 약간 증가한다.

⑦ 7 → 8 : 냉매가 증발기 내에서 증발하는 과정으로, 차실내로부터 열을 흡수하여 냉방작용을 한다. 증발기 내의 관로 저항에 의해 냉매의 압력이 약간 강하한다.

⑧ 8 → 1 : 증발기 출구로부터 압축기 입구까지의 냉매 유동과정으로서, 냉매는 외부로부터 열을 흡수하여 과열됨과 동시에, 관로저항에 의해 압력은 낮아진다.

이상과 같이 실제 과정에서는 각종 손실이 동반된다. 따라서 이론 사이클은 A → B → C → D가 되는 반면에, 실제 사이클은 1 → 2 → 3 → 4 → 5 → 6 → 7 → 8이 된다.

이론 냉동효과는

$$q_{th.ev} = h_A - h_D = h_A - h_C \ [kJ/kg]$$

이 되며, 실제 냉동 효과는

$$q_{actual.ev} = h_8 - h_7 \ [kJ/kg]$$

이 된다.

일반적으로 실제 냉동효과($q_{actual.ev}$)는 이론 냉동효과($q_{th.ev}$)보다 약간 작아지며

$$q_{actual.ev} = \varphi \cdot q_{th.ev} \ [kJ/kg] \quad \cdots\cdots\cdots\cdots\cdots\cdots\cdots\cdots\cdots\cdots\cdots\cdots\cdots\cdots\cdots \quad (5\text{-}12)$$

로 표시된다. 여기서 계수 φ(varphi)는 냉동방식에 따라 차이는 있으나, 보통 냉동기에서는 $\varphi = 0.8 \sim 0.9$ 정도이다.

 **내부 열교환기**(Internal Heat eXchanger : IHX)**를 이용한 냉동능력의 향상**

그림 5-27(pp 210)은 응축기를 통과하여 수액기(receiver dryer)에 유입된 액체 냉매를 더 냉각시킬 목적으로 기존의 시스템(pp 129, 그림 4-13 참조)에 추가로 내부 열교환기(IHX)를 설치한 시스템이다.

내부 열교환기에서는 증발기로부터 유출되는, 상대적으로 온도가 낮은 냉매 증기와 고온/고압의 액체 냉매가 서로 반대방향으로 통과한다. 이때 증발기로부터 압축기로 가는 저온의 냉매증기는 수액기로부터 팽창밸브로 가는 고온의 액체 냉매로부터 추가로 열을 흡수하여 과열된다. 반면에 고온의 액체 냉매는 추가로 열을 방출하므로 온도가 더욱 더 낮아진다.

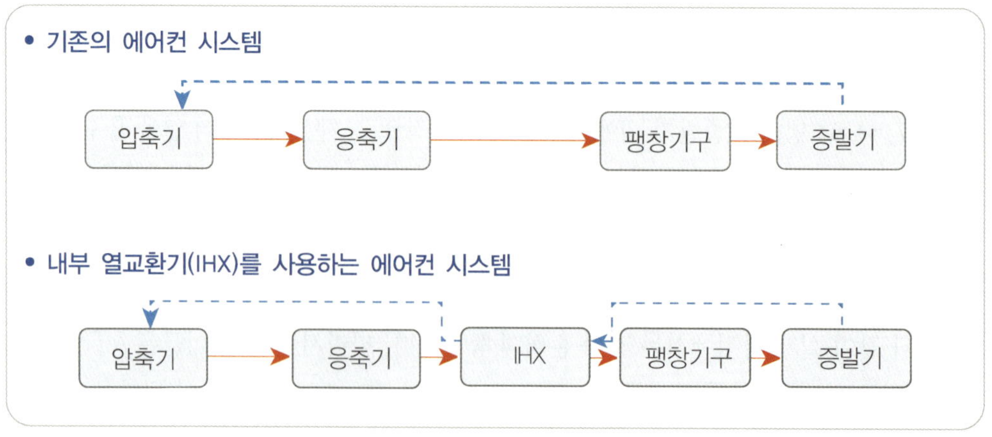

▲ 그림 5-25 기존 방식과 IHX 방식의 비교

　내부 열교환기는 동심의 2중관 형태의 조밀한 구조로서, 내부는 저온 기체냉매의 통로이다. 그리고 내부 관과 외부 관에 의해 형성되는 통로에는 고온의 액체 냉매가 흐른다. 어떤 형태이든 크기가 작으면서도 열 교환 성능이 우수하고, 유동저항이 적은 구조를 목표로 한다.

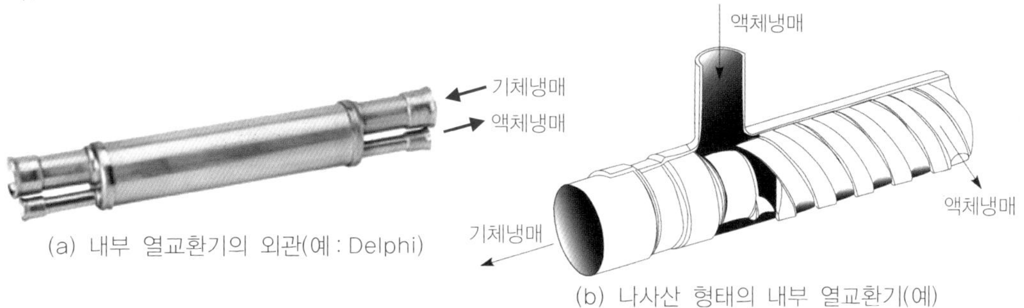

▲ 그림 5-26　내부 열교환기의 형태(예)

　그림 5-26(b)는 나사산 형태로 가공된 내부 관과 원통형의 외부관이 결합되어 있다. 따라서 나사 형태의 통로를 따라 유동하는 고온의 액체 냉매는 물론이고, 안쪽 관을 통과하는 저온의 기체냉매도 소용돌이를 일으키며 열교환기를 통과한다. 따른 형식에 비해 통과저항이 적으면서도 열 교환 성능은 우수한 것으로 알려져 있다.

　그림 5-28의 p-h 선도에서 열교환기식 시스템의 향상된 냉동능력을 쉽게 확인할 수 있다. 기존의 시스템과 내부열교환기식 시스템의 압축기일은 거의 비슷한데 반해, 냉동능력은 내부 열교환기식이 현저하게 크다. 즉, 열교환기의 작용으로 응축기 출구의 고온 액체 냉매는 과냉각(방열)되고, 동시에 증발기 출구의 저온 기체 냉매는 과열(흡열)되어 냉동능력이 크게 개선되었다. 그리고 압축기가 흡입하는 냉매증기의 과열도(=온도)가 높기 때문에 압축기는 고온으로 작동하며, 압축말 온도는 기존의 시스템에 비해 현저하게 높다. 그러나 내부 열교환기를 통과하면서 과열된 냉매증기가 기존 시스템에서의 냉매증기보다 밀도가 약간 더 낮기 때문에 압축말의 압력은 기존 시스템에 비해 약간 더 낮아진다.

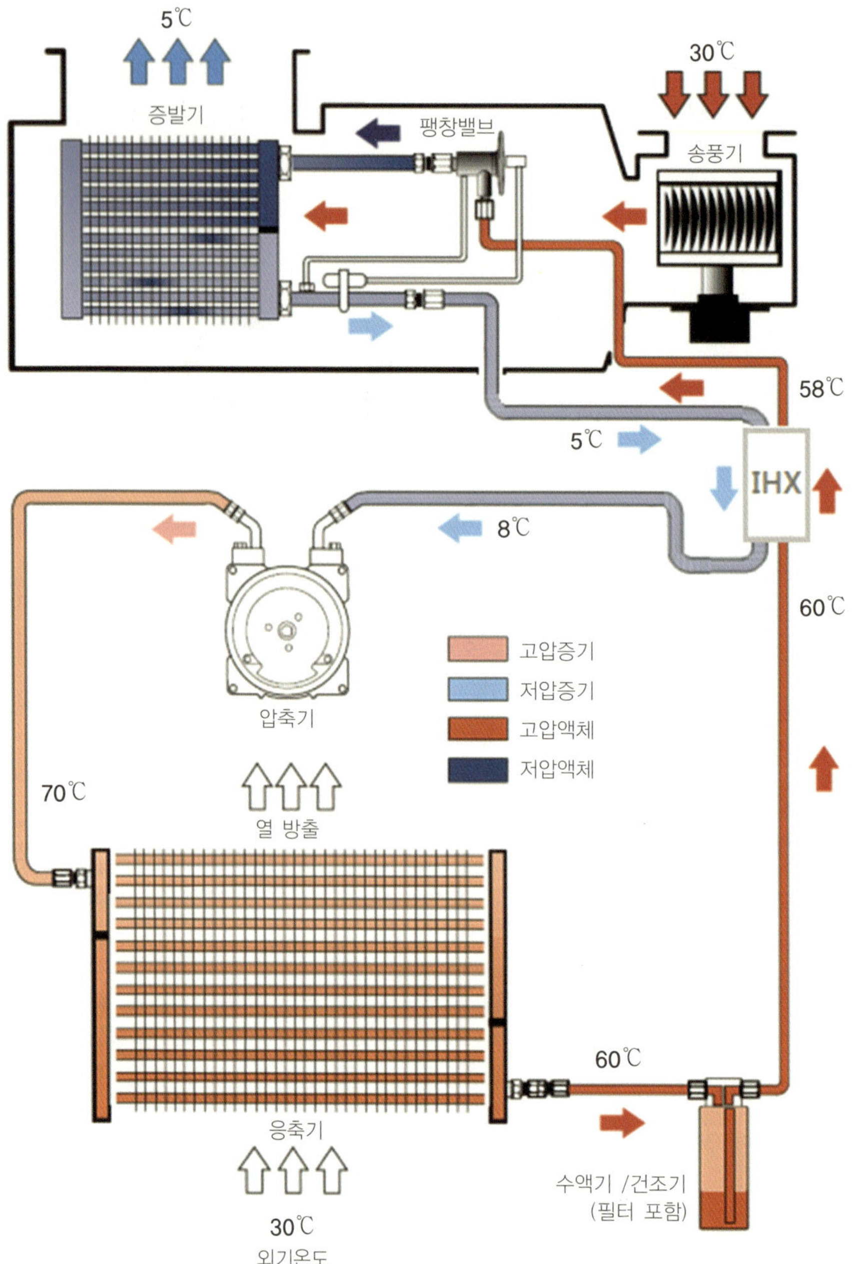

▲ 그림 5-27 내부 열교환기(IHX)를 사용하는 에어컨 시스템(예)

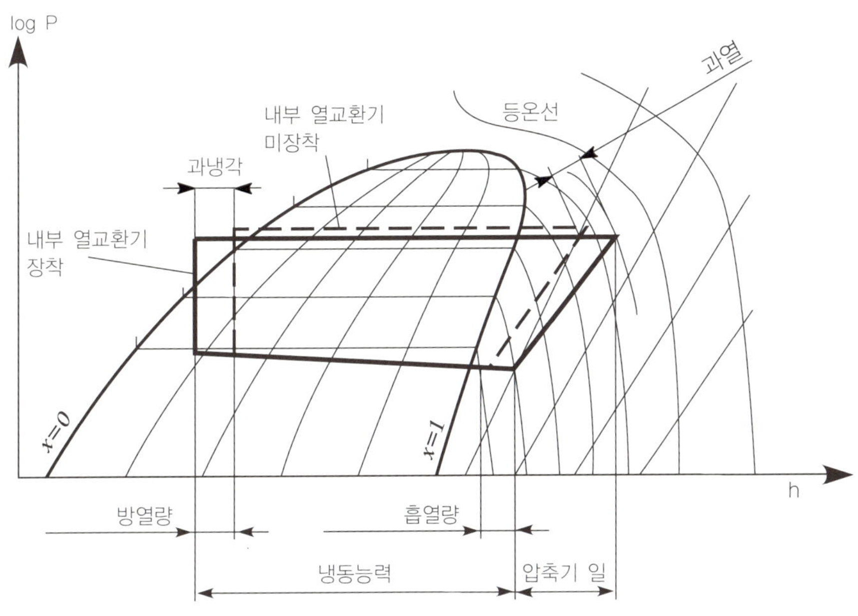

▲ 그림 5-28 내부 열교환기의 효과(사이클 면적의 확대)

3 이젝터(ejector)를 이용한 냉동능력의 향상 - 팽창일의 회수

기존의 시스템에서는 고압의 액체냉매를 팽창시키기 위해 자동온도조절식(thermostatic) 팽창밸브 또는 고정 오리피스(orifice)를 사용한다. 이때 고압 측과 저압 측의 압력차에 의해 얻을 수 있는 기계적 일이 손실된다. 기존의 팽창기구 대신에 이젝터(ejector)를 사용하여 손실되는 일의 일부를 회수하는 방법으로 시스템 성능을 개선한다.

이젝터(ejector)는 팽창 에너지를 압력 에너지로 변환시키는, 일종의 증기 제트 펌프(steam jet pump)이다. 이젝터는 분사 노즐, 혼합 영역(mixing area) 및 디퓨저(diffusor)로 구성되어 있다. 응축기로부터 유입되는 고압 액체냉매가 노즐을 통과, 팽창할 때, 압력 에너지가 운동 에너지로 변환된다. 분사되는 고압 액체냉매의 유동속도가 높아(음속에 근접), 압력이 급격히 낮아지므로, 저온/저압의 기체냉매가 제 2증발기로부터 혼합영역으로 흡입된다. 유동속도가 높기 때문에 고온/고압의 냉매와 저온/저압의 냉매증기는 강하게 혼합된다. 이어서 디퓨저에서 유동에너지(flow energy)는 다시 압력에너지(pressure energy)로 변환된다(그림 5−29, 5−30 참조).

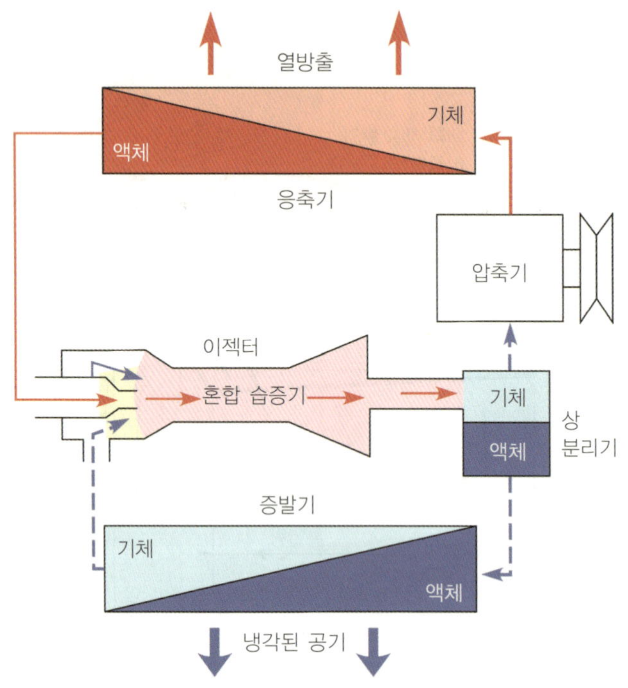

▲ 그림 5-29 이젝터(ejector) 시스템의 기본 원리

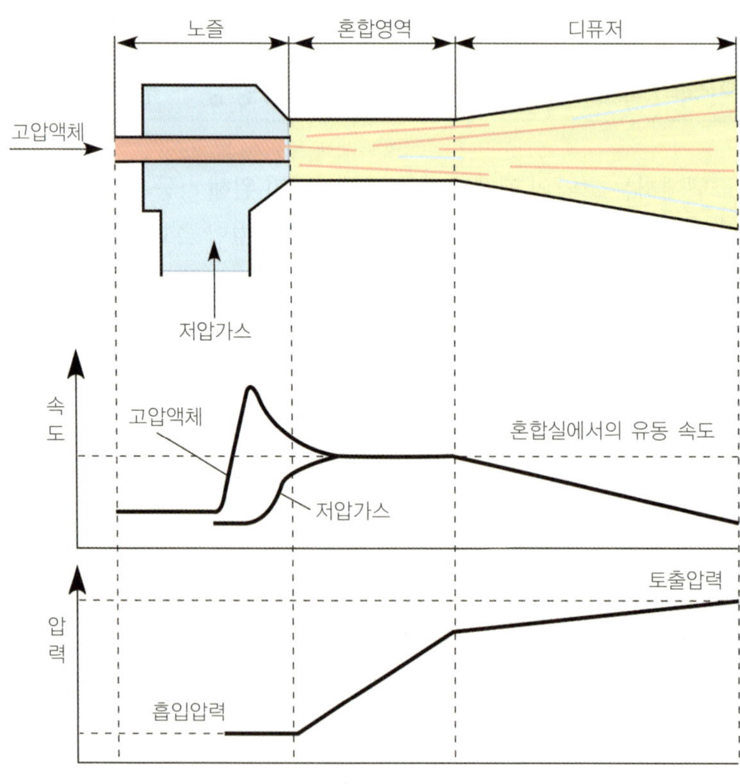

▲ 그림 5-30 이젝터(ejector)의 작동원리

그림 5-31은 압축기, 응축기, 이젝터(ejector), 수액기/상 분리기, 그리고 증발기로 구성
된 시스템이다. 고압의 액체 냉매가 이젝터(ejector) 노즐에서 고속으로 분출될 때, 그 후방
은 거의 진공상태가 되어, 저온/저압의 냉매증기를 흡입할 수 있다. 2상(액체+증기)의 냉
매 혼합기의 유동속도는 혼합실을 통과한 다음에 디퓨저(diffuser)에서 제동되어, 압력에너
지로 변환된다. 2상의 냉매 혼합기는 상분리기에 유입되어 액상과 기상으로 분리된다. 이
어서 액체냉매는 증발기로, 기체냉매는 곧바로 압축기로 유입된다. 이 시스템에서 냉매는
기본적으로 압축기가 생성하는 고압에 의해서 순환하지만, 다른 한편으로는 이젝터
(ejector)가 구동하는 저압회로를 순환한다.

기존의 시스템에 비해 이젝터(ejector)가 압축기의 흡입압력을 상승시키는 효과를 발휘하
므로, 압축에 필요한 일이 감소하고, 압력비가 낮아진다. 따라서 성적계수가 상승한다. 또
전체적으로 기존의 시스템에 비해 크기가 작아지고, 가벼워졌다. 그러면서도 증발기는 1차
와 2차로 분리하고, 그 안에 모세관, 이젝터와 상분리기를 집적하였다.(그림 6-78 참조)

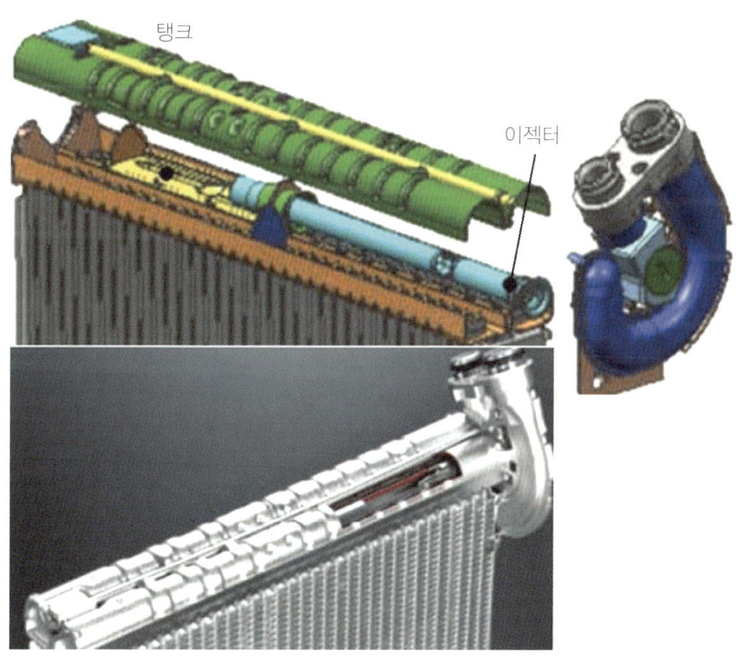

▲ 그림 5-31 이젝터 증발기 실물 구조

06

자동차 냉방장치의 주요 구성부품

Important Components in MACs

　자동차 냉방장치는 압축기, 응축기, 수액기/건조기(리시버/드라이어) 또는 어큐뮬레이터, 팽창밸브(또는 오리피스), 증발기 그리고 이들을 연결하는 다수의 배관(고무호스 및 금속관) 으로 구성된다. 이들 외에도 각종 센서들(온도, 압력, 습도), 스위치, 블로어와 냉각팬 그리고 이들의 제어에 관여하는 다수의 ECUs (엔진용 및 에어컨용)를 갖추고 있다.

　그림 6-1은 승용 자동차 냉방장치(R-134a 시스템)의 기본 구성 및 냉매의 상태 변환 과정이다.

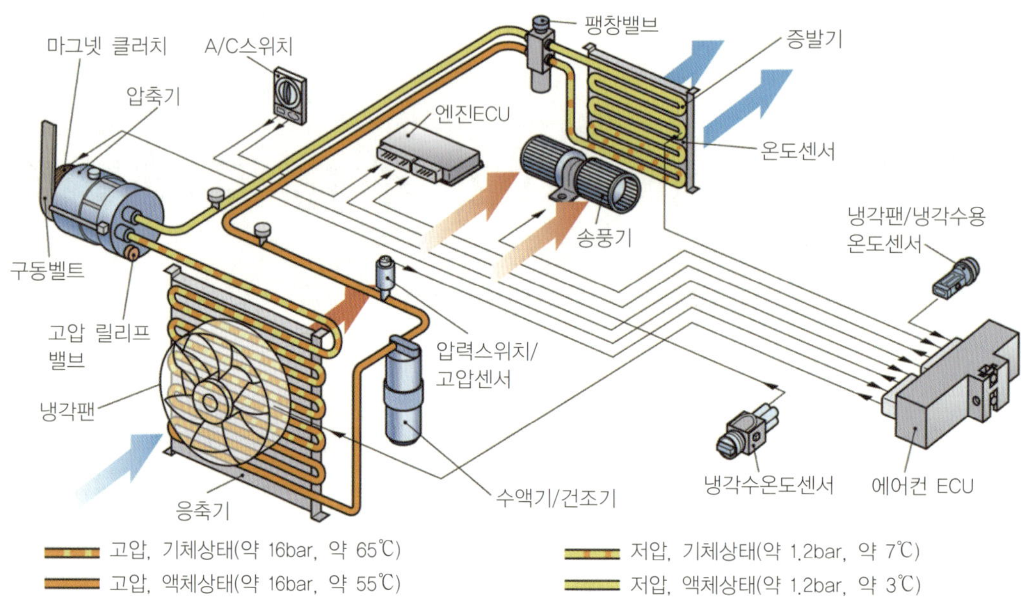

▲ 그림 6-1 자동차 냉방장치의 시스템 구성(예 : 팽창밸브식)

압축기(Compressors)

1 압축기 개요

압축기는 증발기로부터 유출되는 저온, 저압의 기체냉매를 흡입, 압축하여 고온, 고압의 기체냉매로 변환시켜, 송출한다. 이 외에도 원하는 냉방출력에 필요한 냉매(질량유량)의 공급을 보장해야 한다.

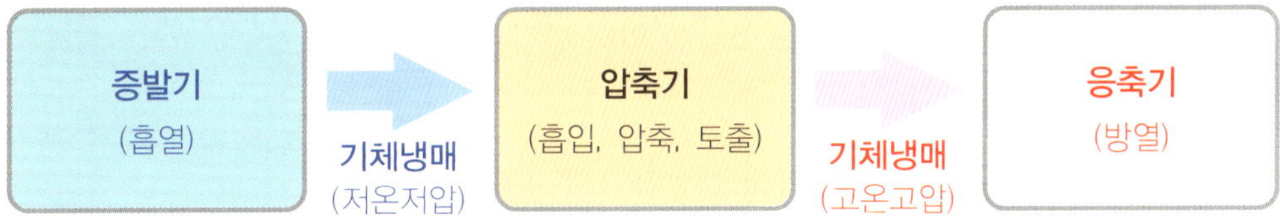

▲ 그림 6-2 압축기의 기능

정치식(定置式) 냉동장치에서는 자동차 에어컨 압축기만큼 가혹한 조건에서 사용되는 압축기가 없다. 사용 온도환경($-40℃ \sim +120℃$) 및 회전속도(승용 : 약 $700 \sim 9,000 min^{-1}$, 버스 및 트럭 : $500 \sim 3,500 min^{-1}$), 순간 가속에 의한 급격한 부하 변동을 동반하는 ON-OFF 스위칭 사이클 등은 자동차 에어컨 압축기만의 특징이다.

(1) 자동차 에어컨 압축기의 필요조건

① 저속(공전)에서의 냉동(냉방) 출력이 클 것
② 소형, 경량이이면서도 큰 체적유량을 공급할 수 있을 것
③ 맥동이 적고, 작동이 정숙할 것(균일한 토크 전개, 낮은 스위칭 토크)
④ 높은 최고 회전속도(승용 : 약 $9000 min^{-1}$, 버스 : 약 $3500 min^{-1}$)가 가능할 것
⑤ 가혹한 주위온도에 대한 저항성($-40℃ \sim +120℃$)을 가지고 있을 것
⑥ 액냉매 흡입(액압축*)에 민감하지 않을 것
⑦ 출력을 무단계로 제어할 수 있을 것(최선의 방법은 외부에서 제어)

⑧ 소비 동력이 적을 것(성적계수가 클 것)

⑨ 다시 응축된 잔류가스에 민감하지 않을 것

⑩ 가격이 합리적이고, 내구성이 좋을 것

> **○ 액압축(liquid compression)에 의한 수격(水擊 : water hammering) 현상**
>
> 수격(水擊)이란 밸브의 급격한 개폐 또는 액체 배관에서는 기체의 혼입, 기체 배관에서는 액체의 혼입으로 관내의 유속이 급변하여 발생하는 비정상적인 고압에 의한 충격파가 관로의 벽을 타격하는 현상을 말한다.
>
> 압축성 유체인 기체냉매만을 압축해야 하는 압축기에 액체냉매가 유입되면, 압축되는 과정에서 액체가 급속하게 기화, 팽창하면서 비정상적인 고압을 생성하여 수격현상을 일으킨다.
>
> 수격에 의한 압축기 파손을 방지하기 위해서는 냉매가 완전히 기화된 다음에, 약간 과열된 상태로 압축기에 흡입되도록 시스템을 제어해야 한다.

(2) 압축기의 송출 특성

압축기의 송출량은 다음과 같은 요소들에 의해 결정된다.

① 기하학적 행정체적

실린더의 기하학적 치수에 의해 결정되는 행정체적

② 기하학적 행정체적 유량 [m³/h]

회전속도를 고려한 시간당 체적유량. 일반적으로 회전속도가 높을수록 증가한다.

③ 흡입 체적유량

압축기가 실제로 흡입한 냉매의 체적유량. 기하학적 행정체적 유량보다 더 적다.

④ 충전효율과 압력비

충전효율이란 실제 흡입한 체적유량을 기하학적 행정체적 유량으로 나눈 값으로 1보다 작다. 충전효율은 냉매온도, 냉동기유 함량, 흡입압력과 토출압력 등의 영향을 크게 받는다. 따라서 압력비를 사용하는 것이 더 좋다.

압력비(= 토출압력/흡입압력)가 상승함에 따라 충전효율은 감소한다.

⑤ 흡기밀도

압축기의 송출량도 흡입구에서의 기체냉매 밀도에 따라 변한다. 밀도가 낮은 기체냉매를 압축하면, 실린더 내에 유입된 냉매의 질량은 감소한다. 따라서 1행정 당 송출량이 감소한다. 흡기의 과열도가 상승함에 따라 냉매밀도가 감소하고, 압축기 송출량도 감소한다.

(3) 냉동출력(=증발기 출력)

　압축기는 오직 냉매를 흡입, 압축, 송출하는 일을 하므로, 냉동출력은 열교환기(증발기) 입구와 출구의 냉매상태 그리고 냉매 순환량에 의해 좌우된다.

　냉동출력을 높이기 위해서는 압축기와 냉매 외에도 다음과 같은 요소들이 중요하다.
　① 높은 증발압력(압축기 흡입압력), 따라서 높은 증발온도
　② 낮은 응축압력, 따라서 낮은 응축온도
　③ 팽창밸브 입구에서의 냉매온도가 낮을 것
　④ 흡입 냉매의 과열도가 적절하게 낮을 것.(단, 완전 기화한 상태일 것)

　그림 6-3은 증발온도와 응축온도가 냉동출력에 미치는 영향을 나타내고 있다. 증발온도 (압력)의 변화가 응축온도(압력)의 변화보다 냉동출력에 미치는 영향이 더 크다. 따라서 증발기를 합리적으로 설계하고, 흡입관로의 압력손실을 가능한 한 적게 하는 것이 중요하다.
　저속영역에서는 회전속도를 높여 냉동출력을 크게 높일 수 있다. 고속영역에서는 손실 증가를 고려하여 한계를 설정해야 한다.

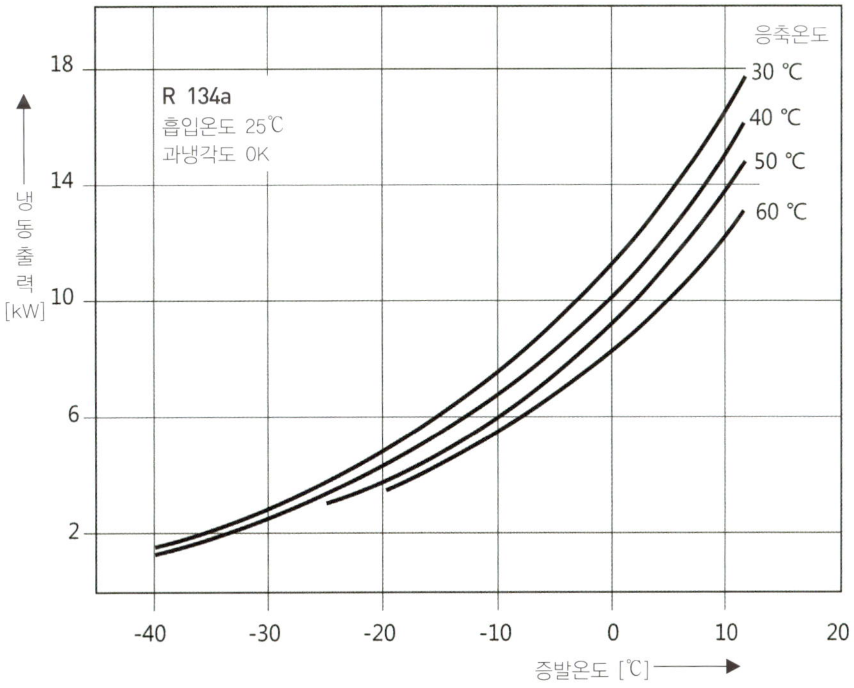

▲ 그림 6-3 다양한 응축온도에서 증발온도와 냉동출력의 상관관계(예)

(4) 압축기 소비 동력

압축기 소비 동력은 제작사의 자료로부터 확인할 수 있으며, 다음과 같은 요소들의 영향을 받는다.

① 압축기 형식 및 구조　　　　② 압축기 회전속도
③ 냉매　　　　　　　　　　　④ 압축기 흡입구에서의 냉매밀도
⑤ 압축기 흡입구와 토출구에서의 냉매압력

지나치게 낮은 과열도와 "습증기 흡입"도 소비동력을 증가시키는 원인이다. 개방식 압축기에서는 전달손실(구동벨트 손실) 및 기계적 손실과 외부 구동모터 손실 등도 고려해야 한다. 압축기 소비동력에 영향을 미치는 요소를 더 상세하게 살펴보자.

① 회전속도의 영향

회전속도가 상승함에 따라 송출량이 증가하고, 압축기 소비동력도 상승한다.

② 냉매의 영향

냉매의 종류에 따라 증발열 및 비체적이 다르기 때문에 동일한 질량유량을 공급해도 냉동출력(증발기 출력)은 차이가 크다.

동일한 압축기를 R-134a로 운전하는 경우의 냉동출력(증발기 출력)이 9kW라면, R-502로 운전할 경우에는 16kW이다. 즉, R-134a에 비해 R-502의 성적계수가 더 크다.

압축기가 필요로 하는 소비동력은 R-22가 R-134a에 비해 약 50% 정도 더 크다.

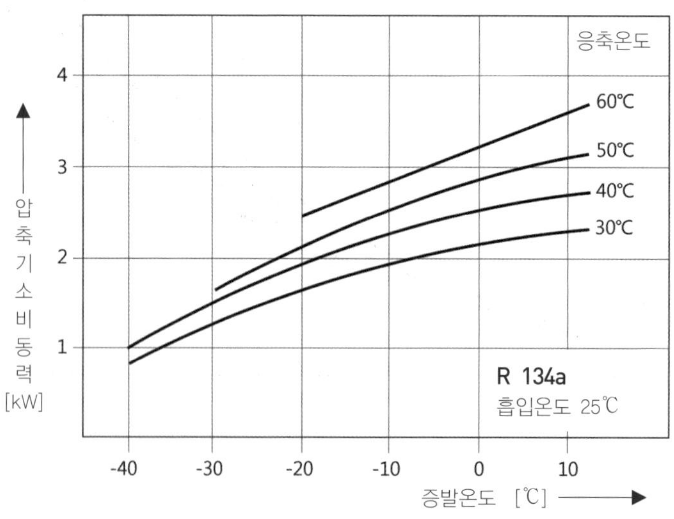

▲ 그림 6-4 증발온도와 응축온도에 대한 압축기 소비동력의 종속성(예)

③ **응축온도(압력)의 영향**(그림 6-4 참조)

응축온도(압력)가 높으면, 압축기 소비동력은 증가한다. 증발온도(압력)가 일정할 경우, 압력비도 상승한다. 압력비가 상승하면, 냉매의 순환량(냉동출력)은 감소한다.

④ **증발온도(압력)의 영향**(그림 6-4 참조)

냉매(기체)의 증발온도(압력)가 낮아짐에 따라 냉매밀도가 감소한다. 응축온도가 일정할 경우, 동시에 압력비가 상승한다. 결과적으로 냉매의 순환량이 감소하고, 압축기 소비동력도 감소한다.(동일한 시스템에서 증발온도가 낮은 것은 유입되는 냉매량이 부족한 경우이다. 결과적으로 냉매순환량이 감소하므로 냉동능력은 저하된다.)

(5) 압축기 사용 한계

사용하는 냉매에 의해 압축기의 작동 한계가 결정된다. 그림 6-5(a)는 R-134a 시스템 압축기의 사용한계를 나타내고 있다. 그림 6-5(a)에서 압축기 사용한계를 살펴보자.

① 압축기는 냉매 증발온도(흡입온도) 25℃까지 사용할 수 있다. 이 온도를 초과하면 가스밀도(소요출력)가 높아져 모터에 과부하가 걸린다. 이 외에도 증발기 출구온도가 25℃라면, 냉동(냉방)하는 의미가 없다.

② 압축기는 응축온도 70℃까지 사용할 수 있다. 응축온도 한계는 고압측의 허용 작동압력(예 : 25bar)과 작동온도 한계를 결정한다.

자동차 회사에 따라 또는 압축기 형식 및 구조에 따라 압축기 토출관에서 측정한 고온 기체냉매의 온도는 120~140℃ 정도로 제한된다. 압축기 실린더 내에서는 이보다 약 20~30℃ 더 높은 150~160℃ 범위가 될 것이다. 이 온도에서는 냉동기유가 탄화(coking)될 위험이 있다. 이 외에도 높은 온도는 냉매-냉동기유-수분-오염물질 결합의 화학반응을 촉진시키고, 압축기 수명에 부정적인 영향을 미친다.

③ 흡입하는 기체냉매의 온도가 20℃ 이상인 경우에 직선 ③을 벗어나는 영역에서 압축기를 사용하기 위해서는 반드시 추가 냉각장치를 사용해야만 한다. 그렇게 하지 않으면, 냉동기유의 탄화 또는 압축기에 과도한 열부하가 걸릴 수 있다. 열안정성이 우수한 냉동기유를 사용하고, 과열보호 스위치를 설치하는 것이 좋다.

④ 압축기는 증발온도 -26℃까지 사용할 수 있다. 이 보다 더 낮은 온도에서는 공급되는 냉매의 질량유량이 감소하여 고온 가스의 온도가 너무 높아지게 된다.

(비등점 : -26.3℃)

또 다른 사용한계는 고압측과 저압측의 허용 최대 작동압력, 그리고 압축기의 최대 및 최저 회전속도이다. 높은 회전속도에서는 압축기가 과열되기 쉽고, 낮은 회전속도에서는 윤활 부족이 되기 쉽다. 이 사용한계를 벗어나면, 압축기의 손상을 예상할 수 있다.

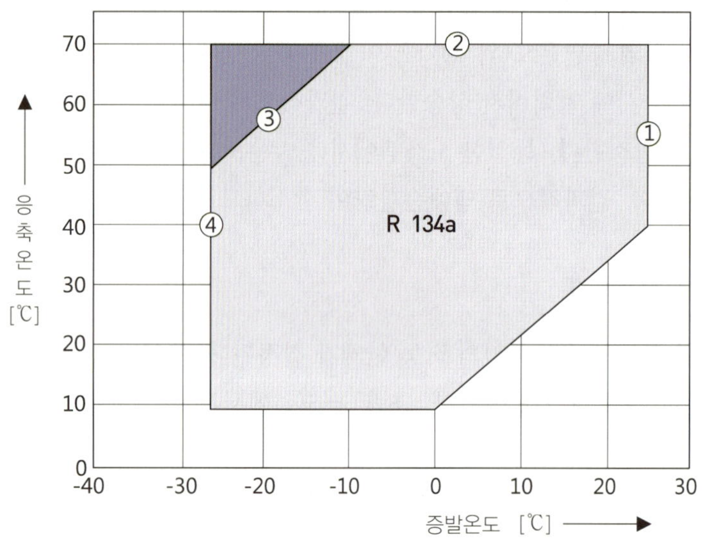

▲ 그림 6-5(a) 압축기의 이론 사용한계 (예 : R-134용 피스톤 압축기)

그림 6-5(b)는 Valeo TM21 압축기를 R-134a 시스템에 사용할 경우의 사용 한계이다. 응축온도 한계 71℃~26℃, 응축압력 한계 20.7barG~5.8barG, 증발온도 한계 −10℃~14℃, 증발압력 한계 1.0barG~3.7barG임을 나타내고 있다. 그림 6-5(a) 냉매(R134a)의 이론적인 사용한계에 비해 실제 사용한계는 그 폭이 좁음을 알 수 있다.

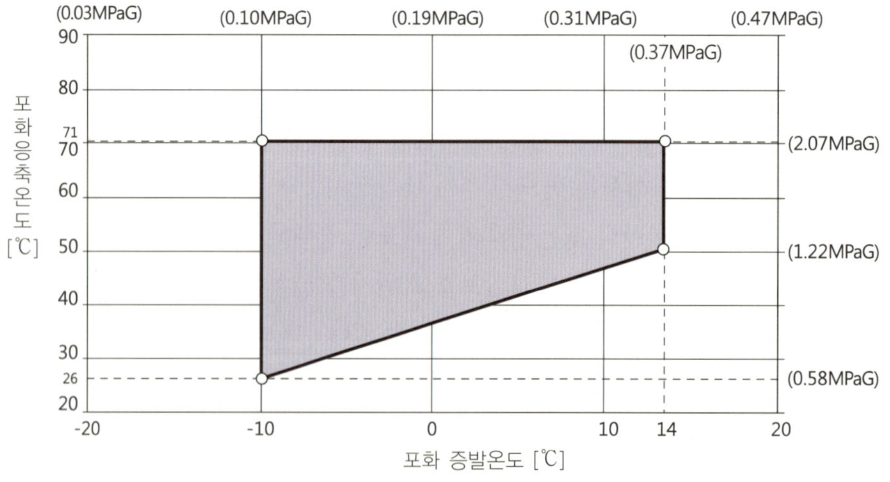

▲ 그림 6-5(b) R-134a용 에어컨 압축기의 사용 한계 (예 : Valeo TM21)

(6) 관련 계산식

① 압력비

자동차 공조장치에 사용되는 압축기는 대부분 압력비 5 : 1 ~ 7 : 1 정도이다. 실제 시스템에서 압력비를 점검하는 방법은 간단하다. 시스템의 고압과 저압을 측정하고, 각각의 값에 대기압을 더한 다음에 고압을 저압으로 나누면 된다.

압력비가 7.5 이상이면, 베어링, 피스톤, 씰 등에 가해지는 부하가 상승하여 압축기 고장의 원인이 될 수 있다. 또 작동온도와 작동압력이 너무 높으면 냉동기유의 분해 및 열화로 시스템 내에 유해물질이 생성, 퇴적될 수 있다.

$$\text{압력비} = \frac{\text{고압측 압력 + 대기압}}{\text{저압측 압력 + 대기압}} \quad \cdots\cdots\cdots\cdots\cdots\cdots\cdots\cdots \text{(6-1)}$$

특히 $R-744(CO_2)$ 초임계 사이클에서는 최고압력은 약 140bar, 최고온도는 약 160℃ 정도로 아주 높다. (제 4장 3절 참조)

② 회전속도

기관에 의해 구동되는 압축기의 회전속도는 기관의 공전속도에서부터 1500 ~ 2000min^{-1} 정도가 대부분이다. 전동식 압축기의 경우는 대부분 약 7000min^{-1} 정도까지도 가능하다.

③ 냉동능력(Q_0)

냉동능력(Q_0)은 압축기로부터 토출되는 냉매의 유량률($\dot{m}_r$), 그리고 증발기에서의 냉매 엔탈피 증가량($h_1 - h_3$)에 의해 결정된다. 이는 단위시간당 증발기가 흡수하는 열량과 같다.

$$Q_0 = \dot{m}_r(h_1 - h_3) \quad \cdots\cdots\cdots\cdots\cdots\cdots\cdots\cdots\cdots \text{(6-2)}$$

여기서 $\dot{m}_r$: 압축기가 토출하는 냉매의 유량률 [kg/s]

$h_1 - h_3$: 증발기에서의 냉매 엔탈피 증가량 [kJ/kg]

h_3 : 팽창밸브 입구 액냉매의 비엔탈피 [kJ/kg]

h_1 : 증발기 출구 기체냉매의 비엔탈피 [kJ/kg]

④ 압축기 소비동력

압축기 소비동력은 전부하 시에 소형 승용자동차에서 약 2 ~ 3kW, 대형 승용 자동차에서 약 4 ~ 5kW, 대형 버스에서 약 15 ~ 20kW 정도가 대부분이다.

압축기 소비동력(Q_P)은 다음 식으로 표시한다. 설계 값은 약 10% 정도의 안전여유를 고려한다.

$$Q_P = \frac{\dot{m}_r(h_2 - h_1)}{\eta_m \cdot \eta_v} \times S \quad \cdots\cdots\cdots\cdots\cdots\cdots\cdots\cdots\cdots\cdots\cdots\cdots\cdots\cdots\cdots\cdots\cdots\cdots \quad (6-3)$$

여기서　$\dot{m}_r$: 압축기가 토출하는 냉매의 유량률 [kg/s]

　　　　$h_2 - h_1$: 압축기에서의 냉매 엔탈피 증가량 [kJ/kg]

　　　　h_2 : 압축기 토출구 기체냉매의 비엔탈피 [kJ/kg]

　　　　h_1 : 압축기 입구 기체냉매의 비엔탈피 [kJ/kg]

　　　　η_m : 압축기 기계효율

　　　　η_v : 압축기 체적효율

　　　　S : 안전 여유

표 6-1　냉동능력과 소비동력(예 : Valeo TM21 압축기)

냉동능력 Q(kW)과 소비동력 P(kW)								
조건			증발온도($℃$)					
응축온도 ($℃$)	토출압력 Pd (MPaG)		-10	-5	0	5	10	12.5
			흡입압력 Ps (MPaG)					
			0.10	0.15	0.19	0.24	0.32	0.35
40	0.91	Q (kW)	5.88	7.54	9.59	12.10	15.06	16.86
		P (kW)	2.05	2.28	2.49	2.68	2.83	2.89
50	1.21	Q (kW)	5.02	6.48	8.24	10.31	12.84	14.17
		P (kW)	2.21	2.47	2.73	2.98	3.20	3.29
60	1.58	Q (kW)	4.09	5.38	6.90	8.63	10.75	11.92
		P (kW)	2.34	2.66	2.97	3.26	3.50	3.67

※ 흡입가스온도 : 20$℃$, 압축기 회전속도 : 1450min^{-1}에서 측정(Valeo TM21 압축기)

⑤ **변환계수**(conversion factor)

　다른 회전속도에서의 성능값은 기준속도에서의 값을 근거로 변환계수를 사용하여 근사값을 구할 수 있다.

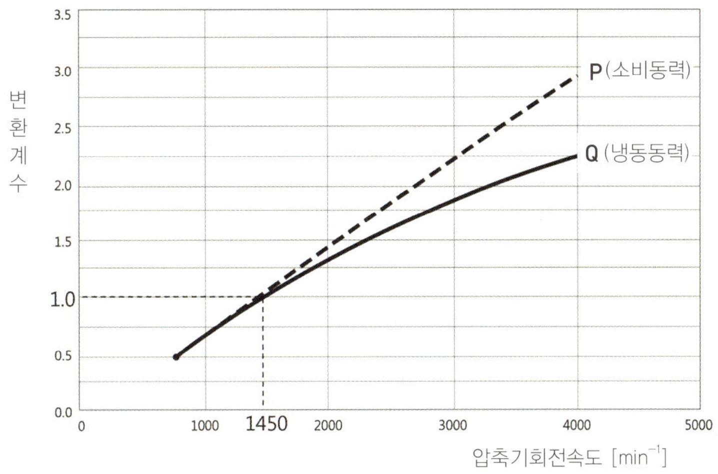

▲ 그림 6−5(c) 압축기 회전속도와 변환계수의 관계 (예 : Valeo TM21 압축기)

2 압축기의 종류 및 특성

(1) 압축방식에 따른 압축기의 종류

압축기는 압축방식에 따라 그림 6−6과 같이 용적(容積)형과 다이내믹(dynamic)형으로 분류한다. 그림 6−7은 압축기 종류에 따른 개략적인 용량 범위를 나타내고 있다.

① **용적형**(positive displacement type) **압축기**

체적을 감소시켜 압력을 상승시키는 압축기를 말한다. 승용자동차 공조장치에는 용적형 중에서 액시얼(axial) 피스톤, 스크롤(scroll) 및 로터리−베인(rotary−vane) 형식을 주로 사용한다.

크랭크식 왕복 피스톤 압축기는 액시얼 피스톤 형식이나 스크롤 형식 그리고 베인 형식의 압축기에 비해 효율 측면에서 열세이며, 설치공간을 크게 차지하고 진동도 심하다.

② **다이내믹**(dynamic) **압축기**

터보(turbo) 압축기라고도 한다. 가스의 속도(또는 운동)에너지를 압력에너지로 변환시켜 압력을 상승시키는 압축기를 말한다. 주로 대형 냉동장치에 사용한다.

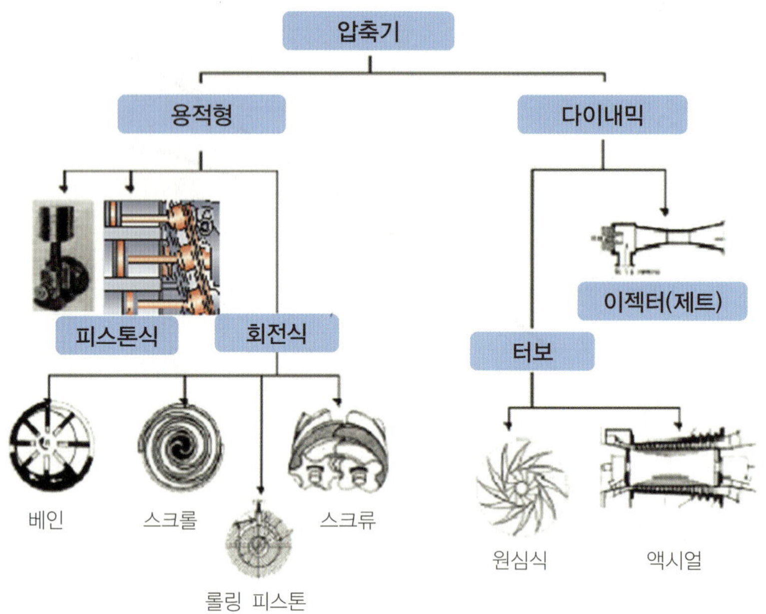

▲ 그림 6-6 압축기의 종류

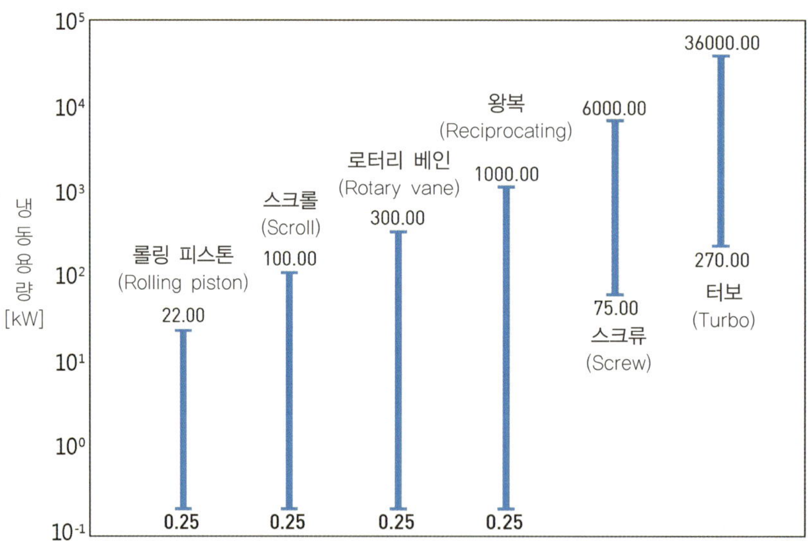

▲ 그림 6-7 압축기 종류에 따른 개략적인 냉동용량 범위

(2) 개방 여부에 따른 압축기의 종류

① 개방형(open type)

냉매를 압축하는 압축기 자체는 밀폐되어 있으나, 압축기 구동축이 외부로 노출된 형식이다. 현재 자동차에서 사용하고 있는 대부분의 압축기는 개방형이다. 예를 들어 기관의 구동력을 고무벨트를 통해 구동풀리 → 마그넷 클러치 → 압축기 구동축에 전달하는 형식은 모두 개방형이다.

설치위치의 자유도가 크고, 수리하기 쉽다는 장점이 있으나, 축의 밀봉이 어렵고, 벨트의 마찰 슬립 및 마그넷 클러치에서의 에너지 손실, ON−OFF 소음 등은 단점이다.

② 반−밀폐형(half−hermetic type)

구동장치(예 : 전기모터)와 압축기가 하나의 하우징 안에 밀폐되어 있지만, 하우징을 분해할 수 있는 형식이다. 즉, 캡슐링(capsuling)되어 있으나, 하우징을 열어 구동모터를 쉽게 수리할 수 있으며, 축의 밀봉장치가 없다는 장점을 가지고 있다. 그러나 오염물질이나 수분이 시스템 내에 존재해서는 안 되며, 시운전을 하기 전에 전체 시스템을 진공시켜야 한다. 전기자동차용 에어컨 압축기가 여기에 속한다.

③ 밀폐형(hermetic type)

구동장치(예 : 전기모터)와 압축기가 하나의 하우징 안에 설치되어 있으며, 하우징을 용접으로 완전 밀폐하여, 외부와 차단하였다(예 : 가정용 냉장고).

소형이면서도 조밀하고, 오염물질의 유입이 어렵고, 수명이 길다는 점은 장점이지만, 수리 및 냉동기유 점검 등이 불가능하다는 점은 단점이다. 주로 소형 냉동시스템에 사용한다.

④ 복합형

개방형과 반−밀폐형이 복합된 형식(예 : SANDEN HBC75115)으로 하이브리드 자동차에 사용되고 있다. 2개의 압축기가 하나의 하우징 안에 들어 있으나 하나는 반−밀폐형이고 다른 하나는 개방형이다. (pp 263 참조)

(3) 압축기 구동방식에 따른 분류

자동차 공조장치에서는 온도제어 방식에 따라 기본적으로 두 가지 방법으로 압축기를 구동한다.

① 사이클링 클러치(cycling clutch) 방식

온도 및 압력에 근거하여 압축기 클러치를 ON−OFF시켜 차실내 온도를 제어한다.

- **온도 사이클링 스위치**(temperature cycling switch) **방식**

  증발기 냉각핀에서 측정한 온도가 규정된 수준에 도달하면, 압축기 클러치를 ON 또는 OFF시키는 방식이다. 예를 들면 오리피스 튜브 시스템에서 GM은 CCOT (Cycling Clutch Orifice Tube)라는 용어를, FORD는 FOTCC(Fixed Orifice Tube Cycling Clutch)라는 용어를 사용하지만, 의미는 같다. 모두 온도사이클링 스위치 방식이다.

- **압력 사이클링 스위치**(pressure cycling switch) **방식**

  시스템 압력이 규정된 압력 수준에 도달하면, 압축기 마그넷 클러치를 ON 또는 OFF시키는 방식을 말한다.

② 비-사이클링 클러치(non-cycling clutch) 방식

이 방식에서는 차실내 온도를 제어하기 위해서 마그넷 클러치를 ON-OFF 시키지 않고, 대신에 압축기 토출량을 가변시킨다. 마그넷 클러치는 운전자가 에어컨을 작동시키면 ON되어 압축기 구동을 시작하고, 에어컨을 끄면 OFF되어 압축기 구동을 중단할 뿐이다. 중간에 단속(ON-OFF)되지 않는다.

③ 전기모터 구동방식

비 사이클링 클러치방식과 유사하지만, 클러치를 사용하지 않는다. 대신에 전기모터가 ECU의 명령에 따라 압축기를 구동 또는 정지시키고, 동시에 압축기 회전속도를 제어한다.

주로 하이브리드/전기자동차에서 이 방식을 사용한다. 따라서 하이브리드/전기 자동차에서는 기관 또는 구동모터가 정지해 있을 경우(예 : 스타트/스톱)에도 압축기 구동이 가능하다.

(4) 토출량 제어방식에 따른 분류

① 고정 토출량 압축기

압축기 구동축의 회전속도에 따라 토출량이 결정되는 압축기로서 고정 요동판 압축기, 스크롤압축기, 로터리 베인(rotary vane) 압축기 등이 여기에 속한다.

② 가변 토출량 압축기

압축기 구동축의 회전속도와 상관없이 토출량을 가변시킬 수 있는 압축기로서 가변 요동판 압축기, 가변 스크롤 압축기 등이 여기에 속한다.

요동판 경사각을 제어하는 컨트롤밸브가 압축기 하우징 내부에 설치되어 있어, 외부로부터의 접근이 불가능한 형식을 내부제어식, 컨트롤밸브가 압축기 하우징의 외부에 조립된 형식을 외부제어식이라고 한다. 또 컨트롤밸브는 기계식과 전자식(電磁式)으로 구분한다.

(5) 왕복 피스톤식 압축기의 종류

① 크랭크식 왕복 피스톤 압축기

자동차기관으로 사용하는 왕복피스톤기관과 그 구조가 비슷하지만, 밸브 구조가 다르다

현재 승용자동차 공조장치에는 거의 사용하지 않는다. 앞서 설명한 바와 같이, 액시얼 피스톤 형식이나 스크롤 형식 그리고 베인 형식의 압축기에 비해 효율 측면에서 열세이며, 설치공간을 크게 차지하고 진동도 심하기 때문이다. 일부 대형 버스나 냉장(냉동)차에 사용하고 있다.

② 액시얼 피스톤식

피스톤이 축방향으로 왕복 운동하는 압축기를 말한다. 요동기구의 형상 및 경사각의 가변 여부에 따라 여러 가지 형식이 있다.

- 고정 요동판식(fixed wobble plate)(주로 복동식)
- 가변 요동판식(variable wobble plate)(단동식)
- 가변 요동링식(variable wobble ring type)(단동식)

> **○ 스와쉬 플레이트와 워블 플레이트(swash plate & wobble plate)**
>
> 우리와 일본은 swash plate를 사판(斜板), wobble plate를 요동판(搖動板)이라고 번역하지만, 영어권에서는 swash plate는 wobble plate에 대한 또 다른 용어(A swash plate is another term used for a wobble plate)라고 정의하고 있다. 즉, 두 용어를 특별히 구분하지 않는다. swash plate와 wobble plate에 대해 독일어에서는 "Schwungscheibe"와 "Taumelscheibe"라는 용어를 사용한다. 그러나 swash, wobble, schwingen, taumeln은 모두 요동(搖動)을 의미한다. "경사(傾斜) 또는 기울다"라는 뜻은 없다. 따라서 이 책에서는 사판 대신에 요동판, 고정 요동판, 또는 가변 요동판이라는 용어를 사용한다.

(6) 주요 압축기의 특성

압축기 성능은 체적효율, 압축효율 및 기계효율에 따라 좌우된다. 최근에는 스크롤(또는 스파이럴) 압축기가 성능 및 효율 측면에서 급속한 발전이 이루어지고 있으며, 시장점유율도 높아지고 있다. 일반적인 특성은 아래와 같다.

압축기 형식	베인 로터 압축기 (Vane rotor)	스크롤 압축기 (scroll type)	액시얼 피스톤식 (axial piston)
유량 제어	바이패스(bypass)	바이패스(bypass)	요동기구를 사용하여, 유량 제어
압축기 최대 유량률에서의 COP	🙂	🙂	🙂
압축기 최소 유량률에서의 COP	☹	☹	🙂
소음 수준	🙂	🙂	🙂
비용(가격)	🙂	🙂	😐

3 크랭크식 왕복 피스톤 압축기(crank type reciprocating piston compressor)

이 형식의 압축기는 자동차기관으로 사용하는 왕복 피스톤기관과 그 구조가 비슷하다.
그림 6-8은 크랭크축을 사용하는 왕복 피스톤 압축기의 구조, 그림 6-9는 작동원리를 나
타내고 있다.

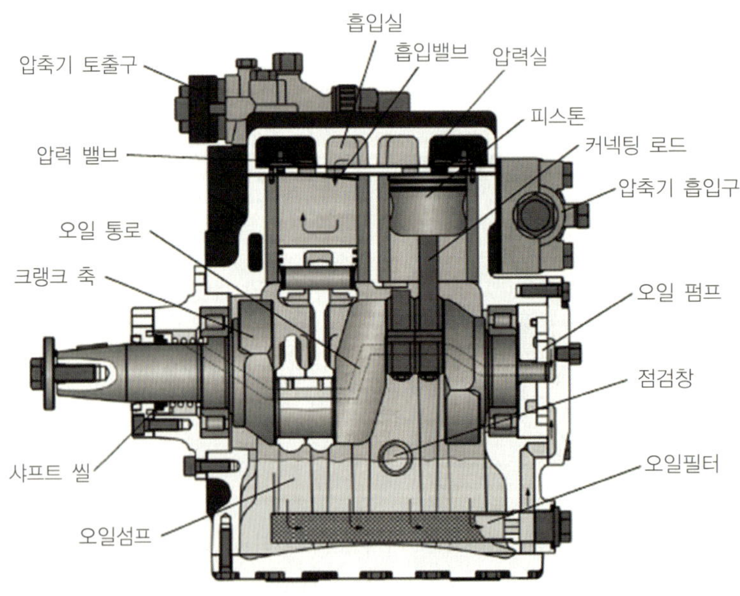

▲ 그림 6-8 크랭크식 왕복 피스톤 압축기의 구조(Fa Bock)

자동차 공학도는 가솔린기관이나 디젤기관을 통해서 크랭크식 왕복피스톤기관의 구조나 작동원리, 특성 등을 잘 알고 있다. 밸브기구만 포핏(poppet)밸브 대신에 주로 플레이트(plate)밸브와 막(reed)밸브를 사용한다는 점만 다르다. 상세한 설명은 생략한다.

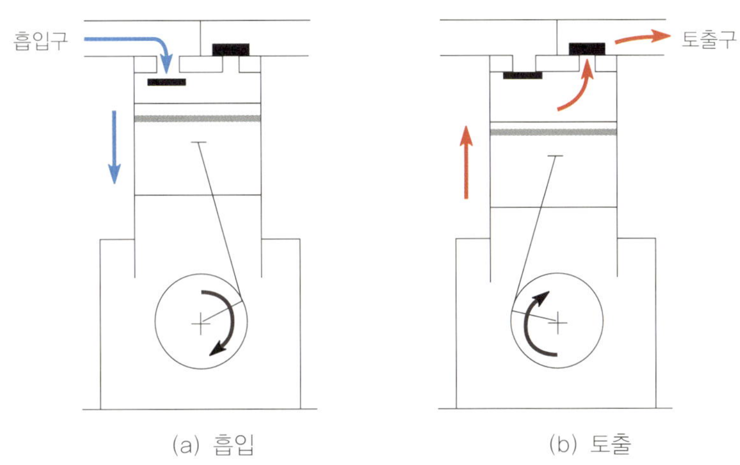

▲ 그림 6-9 크랭크식 왕복 피스톤 압축기의 작동원리

 **4** 고정 요동판 압축기 - 복동 액시얼 피스톤 방식

(1) 고정 요동판(fixed swash plate) 압축기의 구조

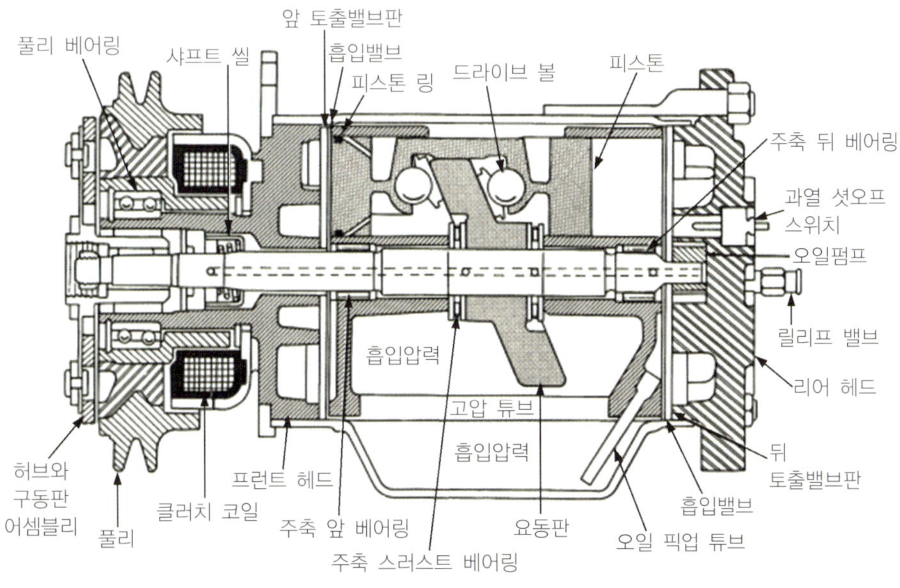

▲ 그림 6-10 고정 요동판 압축기(복동 피스톤식)의 구조

요동판(사판)은 일정한 각도의 기울기로 구동축에 고정되어 있다. 요동판을 사이에 두고 2개의 피스톤이 일체로 된 복동 피스톤이 요동판의 원주에 일정한 간격으로 배치되어 있다. 예를 들어 요동판의 원주에 72° 간격으로 5개의 복동 피스톤을 배치하면, 총 10기통의 효과를, 120° 간격으로 3개의 피스톤을 설치하면 6기통의 효과를 얻을 수 있다.

피스톤의 운동 방향이 구동축과 나란하고 크랭크축 방식에 비해 회전토크의 변동이 적다. 단동 피스톤 방식에서는 피스톤 수와 기통수가 같다. 주로 5개의 피스톤을 사용한다. 행정체적은 대부분 150cc~200cc이다.

(2) 고정 요동판 압축기의 작동원리

구동축이 회전하면, 요동판은 회전하면서 동시에 전/후(또는 좌/우)로 요동한다. 요동판이 회전하면서 동시에 요동하면, 피스톤은 축방향으로 왕복운동을 한다. 그리고 복동 피스톤은 어느 한쪽이 압축행정을 하면 그 반대쪽은 흡입행정을 한다.

고정 요동판 압축기는 크랭크식에 비해 진동이 적고 회전이 원활하지만 구조가 복잡하고 부품 수가 많다.

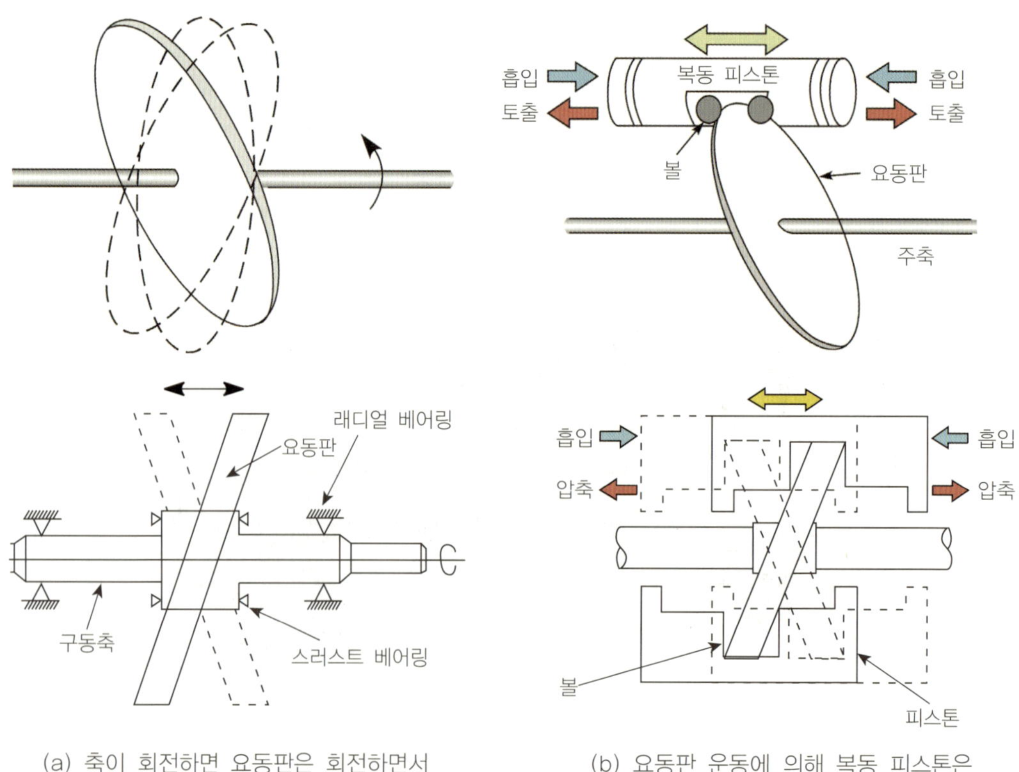

(a) 축이 회전하면 요동판은 회전하면서 좌/우로 요동한다.

(b) 요동판 운동에 의해 복동 피스톤은 좌/우 왕복운동한다.

▲ 그림 6-11 요동판의 작동원리

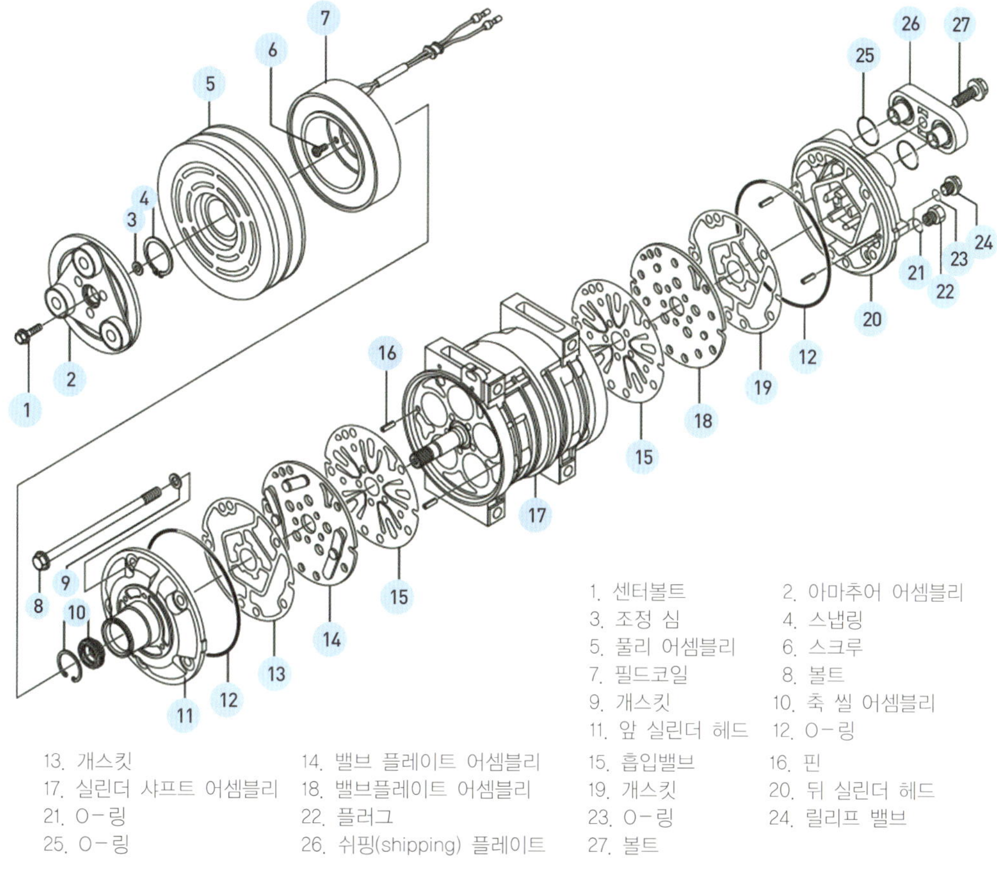

1. 센터볼트　　　　　　2. 아마추어 어셈블리
3. 조정 심　　　　　　4. 스냅링
5. 풀리 어셈블리　　　6. 스크루
7. 필드코일　　　　　　8. 볼트
9. 개스킷　　　　　　　10. 축 씰 어셈블리
11. 앞 실린더 헤드　　　12. O-링

13. 개스킷　　　　　　　14. 밸브 플레이트 어셈블리　　15. 흡입밸브　　　16. 핀
17. 실린더 샤프트 어셈블리　18. 밸브플레이트 어셈블리　　19. 개스킷　　　20. 뒤 실린더 헤드
21. O-링　　　　　　　　22. 플러그　　　　　　　　　23. O-링　　　　24. 릴리프 밸브
25. O-링　　　　　　　　26. 쉬핑(shipping) 플레이트　27. 볼트

▲ 그림 6-12 고정 요동판 압축기의 분해도(예 : Valeo TM21)

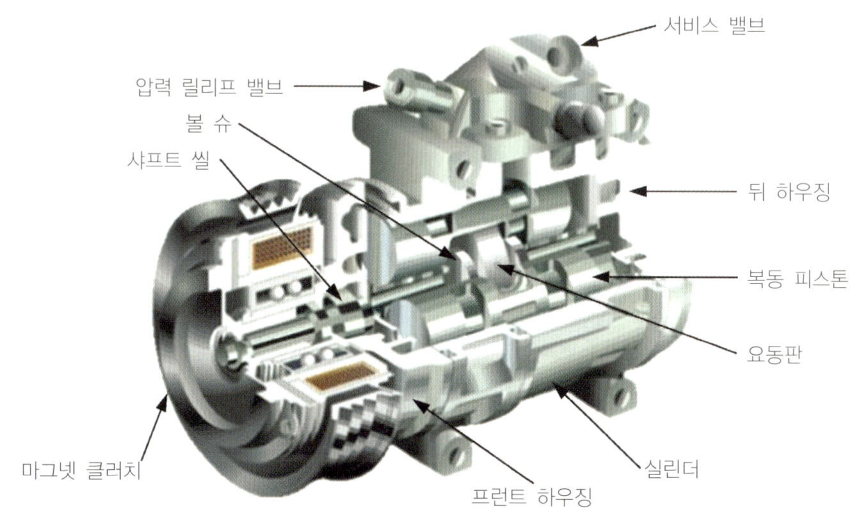

▲ 그림 6-13 고정 요동판 압축기(예 : Denso 10PA)-복동 피스톤

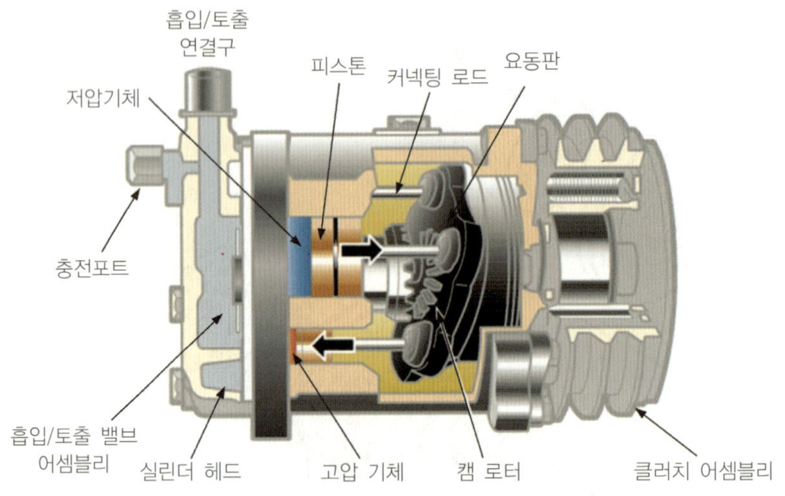

▲ 그림 6-14 고정 요동판 압축기-단동 피스톤

(3) 밸브(valve) 기구

흡입밸브의 밀착이 불량하면 토출 시에 저압측으로 기체냉매가 역류한다. 기체냉매가 저압측으로 역류하면 저압측 압력이 상승하므로 냉각효과가 감소한다.

토출밸브의 밀착이 불량하면 흡입할 때 고압 기체냉매가 실린더로 역류하면서 압축압력과 응축압력을 저하시키므로, 압축기 효율이 낮아진다.

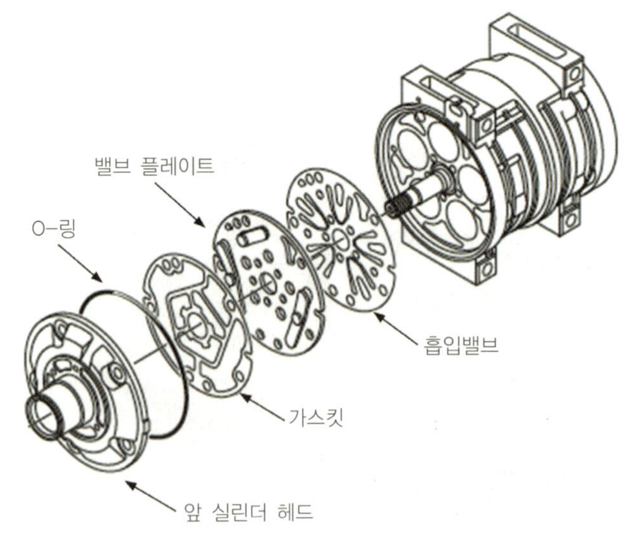

▲ 그림 6-15 액시얼 피스톤 압축기의 플레이트 밸브 어셈블리(예)

냉매의 흡입과 토출은 플레이트 밸브를 사이에 두고 바깥쪽에는 토출밸브, 안쪽에는 흡입 리드(reed)밸브가 설치되어 있다. 흡입할 때는 저압측 압력보다 압축기의 흡입 압력이 낮기 때문에 흡입밸브가 열리고, 토출할 때는 고압측 압력보다 압축기 압축압력이 높기 때문에 토출밸브가 열린다. 즉, 흡입/토출 밸브는 실린더 내부와 외부의 압력차에 의해 개폐된다.

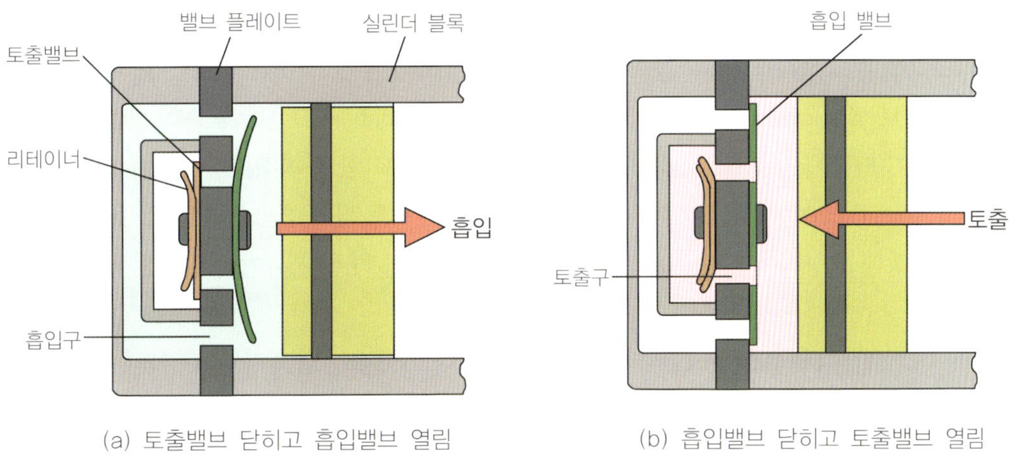

(a) 토출밸브 닫히고 흡입밸브 열림   (b) 흡입밸브 닫히고 토출밸브 열림

▲ 그림 6-16 흡입/토출 밸브의 작동원리

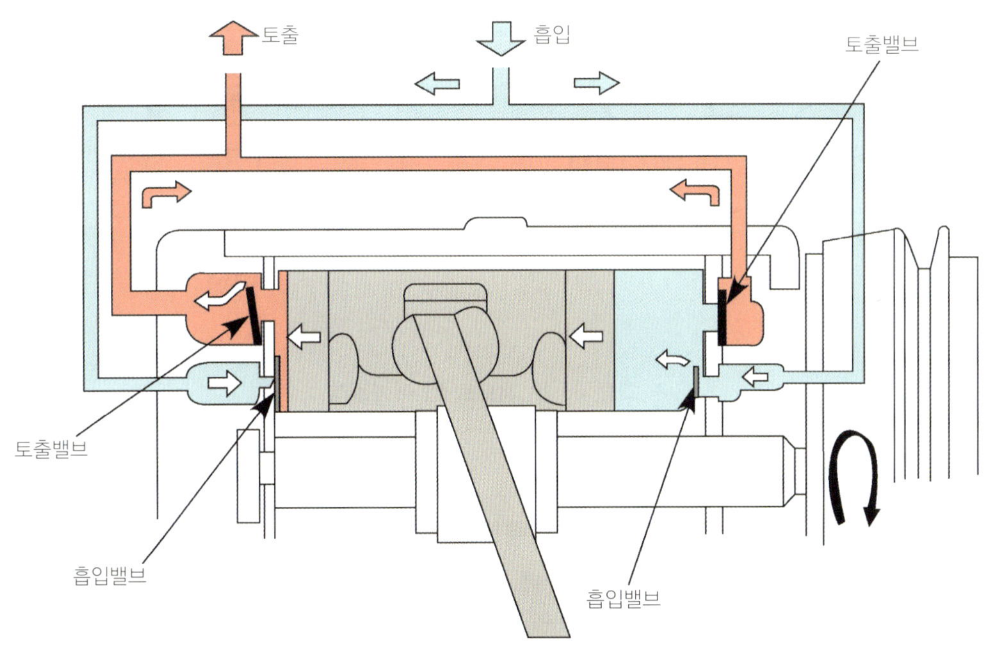

▲ 그림 6-17 액시얼 피스톤 압축기에서 흡입/토출 밸브의 작동

(4) 샤프트 씰(shaft seal)

샤프트 씰(shaft seal) 어셈블리는 압축기 본체와 구동축 사이에 조립, 스냅링으로 고정한
다. 샤프트 씰은 압축기가 작동중이거나 정지된 상태일 때를 막론하고 항상 압축기 내부의
냉매가스 및 오일(oil)이 외부로 누출되지 않도록 기밀(氣密)을 유지해야 한다.

샤프트 씰은 그림 6-18과 같이 O-링(O-ring), 카본링(carbon ring), 씰 시트(seal
seat), 샤프트 씰(shaft seal)로 구성되어 있다. 샤프트 씰(shaft seal)은 구동축의 평탄부에 고
정되어 있기 때문에 샤프트(shaft)가 회전하면 샤프트 씰도 함께 회전한다.

씰 시트(seal seat)는 샤프트 씰 바깥쪽에 설치되어 샤프트 씰의 캡(cap) 역할을 하도록 압
축기 하우징에 고정되어 있다. O-링은 씰 시트와 압축기 하우징 사이에 설치되어 기밀을
유지한다.

펠트 더스트 씰(felt dust seal)은 외부로부터 먼지나 이물질이 압축기로 유입되는 것을 방
지한다. 또 샤프트 씰로부터 냉동기유가 누설되면 이를 흡수한다.

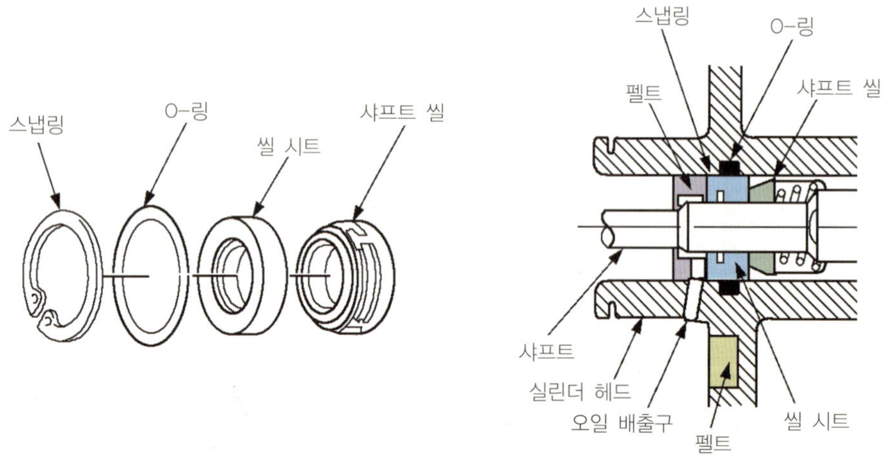

▲ 그림 6-18 샤프트 씰 어셈블리

(5) 압축기 윤활방식

압축기 윤활은 대부분 비산과 압송에 의해서 이루어진다.

요동판 압축기에서는 구동축 뒤쪽 선단에 설치된 오일펌프에 의한 압송과 압력차에 의한
분무 윤활방식을 함께 사용한다. 오일펌프에 의해 압송된 냉동기유는 스러스트 베어링을 윤
활시킨 다음, 요동판을 따라 흐를 때 원심력에 의해 원주방향으로 비산되어 볼(ball)과 피스
톤을 윤활하고, 다시 크랭크실 하부의 저장실(reservoir)로 복귀한다. 그림 6-19에서 황색

선은 냉동기유의 유동 경로이다.

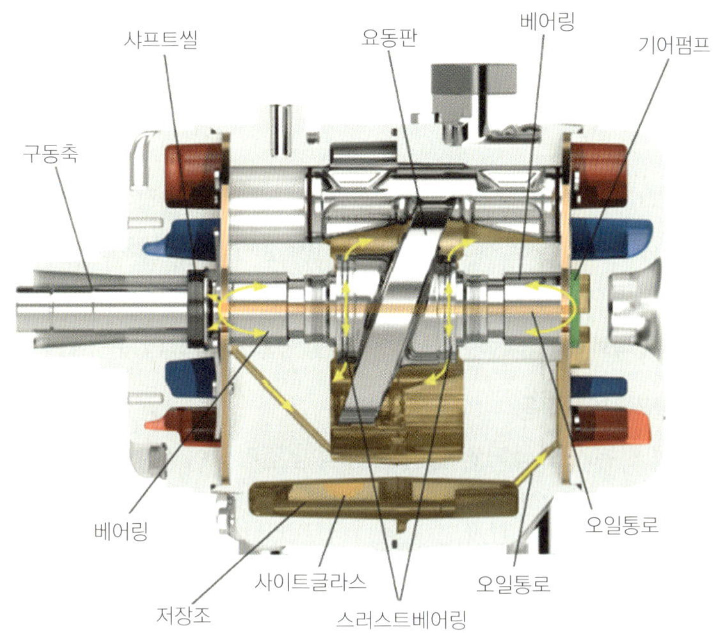

▲ 그림 6-19 고정 요동판 압축기의 윤활(예 : Valeo TM 55-65)

(6) 구동풀리(drive pulley)

구동풀리는 기관에 의해 상시 구동된다. 구동풀리 회전속도비는 구조적으로 기관의 공전상태에서도 압축기가 필요한 냉동능력을 충분히 발휘할 수 있도록 설계된다. 따라서 기관의 정상적인 작동속도에서는 대부분 충분한 냉동능력을 얻을 수 있다. 기관으로부터의 구동력은 구동풀리(pulley), 마그넷 클러치를 거쳐 압축기 구동축에 전달된다.

(7) 마그넷 클러치(magnet clutch) 어셈블리

정용적 원리에 따라 작동하는 압축기에서 냉매 토출량과 냉동성능은 회전속도에 비례한다. 구동벨트의 회전속도비가 일정할 경우, 냉매 토출량과 냉동성능은 기관의 회전속도에 의해 결정된다. 그러나 기관의 회전속도는 운전자가 주행상황에 따라 선택하지, 필요한 냉방성능에 맞추어 선택하지 않는다. 따라서 압축기의 작동여부 및 냉동성능은 별도로 제어해야 한다.

고정 토출량 방식에서는 마그넷 클러치를 ON-OFF시켜 압축기를 작동 또는 정지시킨다. 그림 6-20은 마그넷 클러치 어셈블리의 구조와 작동원리를 나타내고 있다.

① 마그넷 클러치의 구조

기관의 동력에 의해 구동되는 풀리(pulley)는 클러치 허브(clutch hub)(일명 드라이브 허브)에 설치된 베어링 위에 장착되어 있다. 따라서 풀리는 필드코일(일명 마그넷 코일)이 자화(磁化)되지 않는 한, 압축기 구동축의 회전 여부와는 상관없이 자유롭게 회전할 수 있다.

클러치 허브(hub)는 고정키에 의해 압축기 구동축에 고정되어 있다. 필드코일은 압축기 본체의 앞쪽 끝 수직면에 고정되어 풀리에 강력한 자력(磁力)을 형성할 수 있다. 클러치 디스크(일명 아마추어 플레이트(armature plate))는 클러치 허브와 함께 회전하도록 압축기 구동축에 직결되어 있으나 축선 방향으로 약간의 운동이 가능한 구조이다

② 마그넷 클러치의 작동

필드코일에 전류가 공급되면 풀리는 강력한 전자석이 되어 판스프링의 장력을 이기고 클러치 디스크를 흡착한다. 그러면 풀리와 클러치 디스크는 일체가 되고, 압축기 구동축은 풀리의 회전속도로 회전한다. 즉, 기관의 구동력은 구동벨트 → 풀리 → 클러치 디스크 → 판스프링 → 드라이브 허브를 거쳐 압축기 구동축에 전달된다.

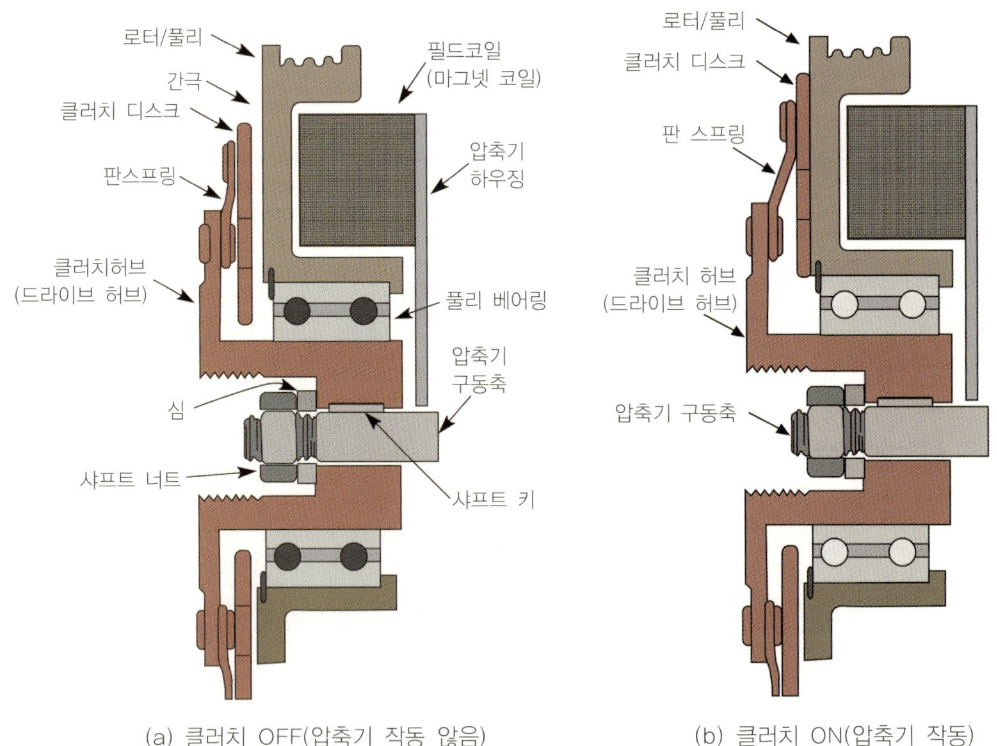

(a) 클러치 OFF(압축기 작동 않음)   (b) 클러치 ON(압축기 작동)

▲ 그림 6-20 마그넷 클러치의 구조 및 작동원리

필드코일 전류를 차단하면 풀리에 작용하는 자력이 소멸되어 클러치 디스크(드라이브 디스크)는 판스프링의 장력에 의해 풀리로부터 분리되어 원래의 위치로 복귀한다. 이제 압축기 구동축으로의 구동력 전달은 차단되고, 풀리만 계속 회전하게 된다.

에어컨 ECU는 시스템의 고압/저압 스위치, 과열방지 스위치, 증발기 온도센서, 기관 회전속도 센서 등으로부터의 신호를 처리하여 필드코일 전류를 ON 또는 OFF시켜, 압축기 구동을 제어한다.

(8) 압축기 안전장치 – 온도와 압력 감시

여기서 설명하는 모든 부품이 하나의 에어컨 시스템에 다 설치되는 것은 아니다. 시스템 구성에 따라 또는 모델에 따라 서로 다른 조합을 사용한다.

① 고압 릴리프 밸브(pressure relief valve)

압축기 형식에 따라서는 시스템 내부압력이 지나치게 상승하여, 시스템이 손상되는 것을 방지할 목적으로 압축기에 고압 릴리프밸브를 설치한다.

R-134a의 경우, 압력이 $35kgf/cm^2$(500psi)이면 냉매온도는 약 $110℃$가 된다. 이 온도는 R-134a의 임계온도에 가깝기 때문에 냉매가 제대로 응축되지 않게 된다. 냉매가 응축되지 않은 상태로 증발기에 유입되면 냉방불량이 된다.

따라서 시스템 내부압력이 일정값(예 : R-134a 시스템에서 약 $35kgf/cm^2$(500psi))을 초과하면 밸브는 자동적으로 열려, 압력이 일정 수준으로 낮아질 때까지 열린 상태를 유지한다.

압력이 일정 수준으로 낮아지면(예 : R-134a 시스템에서 $28\,kgf/cm^2$(400psi)), 릴리프 밸브는 다시 닫힌다. 릴리프 밸브가 열리면 냉매와 냉동기유가 릴리프 밸브를 통해 외부로 방출되므로, 릴리프 밸브가 개방된 경우는 필요한 점검, 정비를 수행하고 냉매와 냉동기유를 다시 주입해야 한다.

② 과열방지 스위치

(superheat shutoff switch)

과열방지 스위치는 압축기의 흡입압력이 낮고 압축기 온도가 너무 높을 때 압축기의 작동을 중단시킨다. 따라서

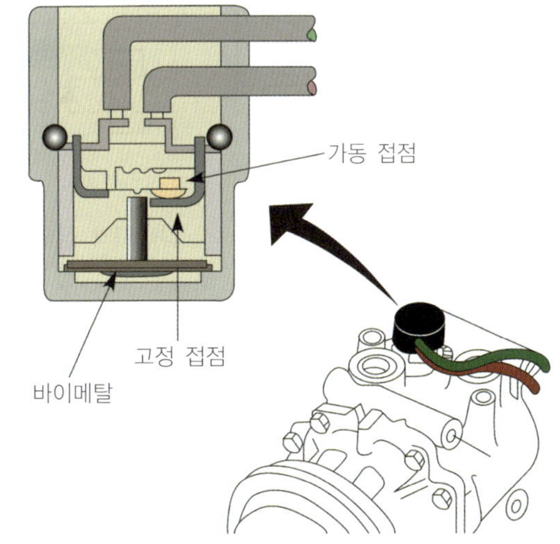

▲ 그림 6-21 과열 방지 스위치의 구조 및 설치 위치

냉매 부족에 의한 압축기 고장을 방지할 수 있다.

냉매가 누설되어 흡입압력이 낮아지고, 압력비와 토출온도가 상승하여 토출측 냉매 온도가 규정온도를 초과하면, 바이메탈이 위쪽으로 굽어지면서 핀을 밀어 접점을 연다. 접점이 열리면 마그넷 클러치의 전원이 차단된다. 일반적으로 R-134a 시스템에서는 냉매온도 약 155℃ 정도에서 마그넷 클러치를 OFF시키고, 냉매온도 약 130℃ 정도에서 마그넷 클러치를 다시 ON시킨다.

③ **고압 컷오프 스위치**(HPCO : high pressure cut-off switch)

고압 컷-오프 스위치는 압축기 고압측에 설치된다. 압축기 고압측 압력이 비정상적으로 상승하는 경우에 에어컨시스템을 보호하기 위해서 토출압력이 일정 이상(예 : R-134a 시스템에서 보통 약 32bar 이상)이 되면 마그넷 클러치와 직렬로 결선된 고압 컷오프 스위치(HPCO)가 열려 압축기 회전을 중단시킨다.

스위치가 열린 상태에서 압축기 압력이 일정한 수준 이하(예 : 26bar)로 낮아지면 스위치는 다시 접속(ON)되고 압축기도 자동적으로 다시 작동하게 된다.

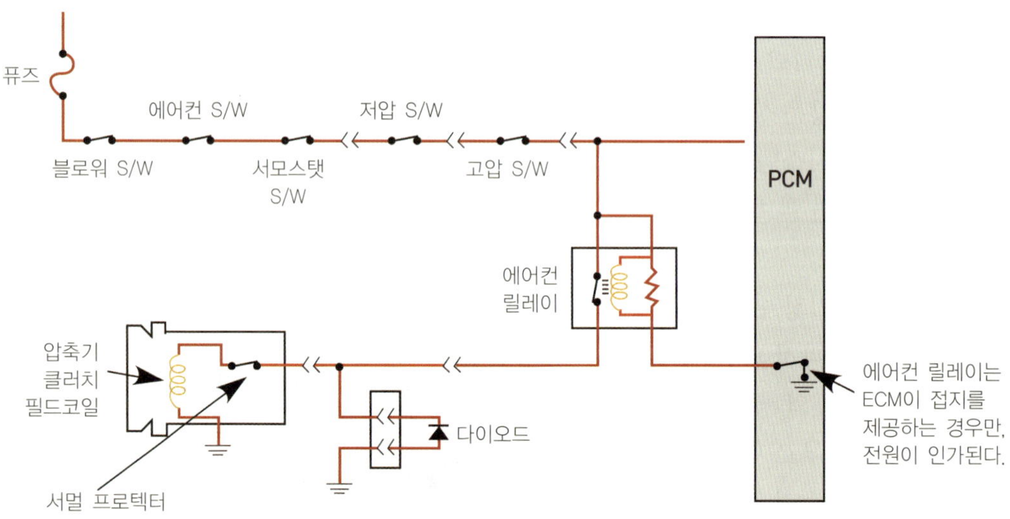

▲ 그림 6-22 압축기와 직렬로 결선된 스위치들(자동모드)(예)

④ **듀얼 압력 스위치**(dual pressure switch) **또는 바이나리 스위치**(binary switch)

고압 컷오프 스위치(HPCO High Pressure Cut-Off)와 고압측 저압 스위치(HSLP : High Side Low Pressure)가 결합된 스위치이다. 시스템에 따라서 또는 자동차 회사에 따라서 그 구조는 다르지만, 어떤 형식에서든 두 접점은 전원과 압축기 클러치 사이에 직렬로 결선된다.

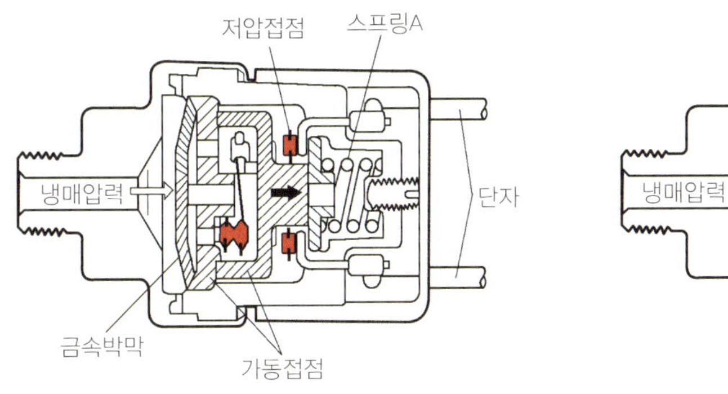

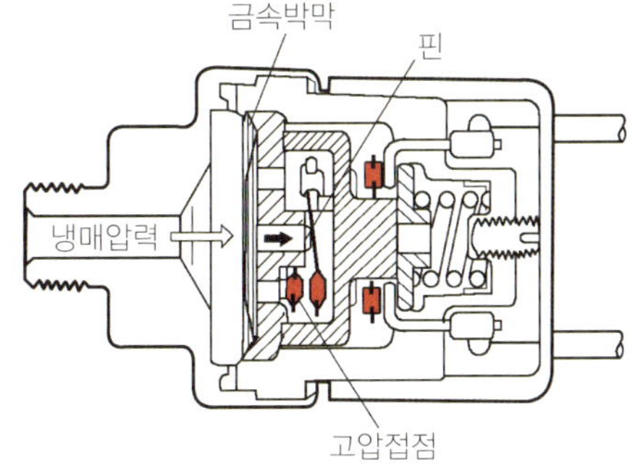

▲ 그림 6-23 듀얼 압력 스위치의 구조 및 작동원리(예)

그림 6-23에서 보면 압축기가 정상압력(예 : 2.3~26kgf/cm^2) 범위에서 작동할 때는 두 접점이 모두 닫혀 있다(nc : normal closed). 시스템의 고압이 규정값(예 : 32±2.0kgf/cm^2)보다 높거나 또는 고압측 최저저압이 규정값(예 : 2.0±0.2kgf/cm^2) 보다 낮으면 각각의 스위치 접점이 열려, 압축기 클러치로 가는 전원을 차단한다. - R134a 시스템에서.

저압 접점은 냉매압력이 규정값보다 낮을 때 스프링 장력에 의해 열린다. 고압접점은 금속박막(다이어프램)의 장력보다 냉매압력이 더 높아지면, 금속박막이 핀을 밀어 고압 접점을 연다. 제시된 압력은 게이지 압력이며, 접점 스위칭-ON 압력과 스위칭-OFF 압력의 차이를 히스테리시스(hysteresis)라고 한다.

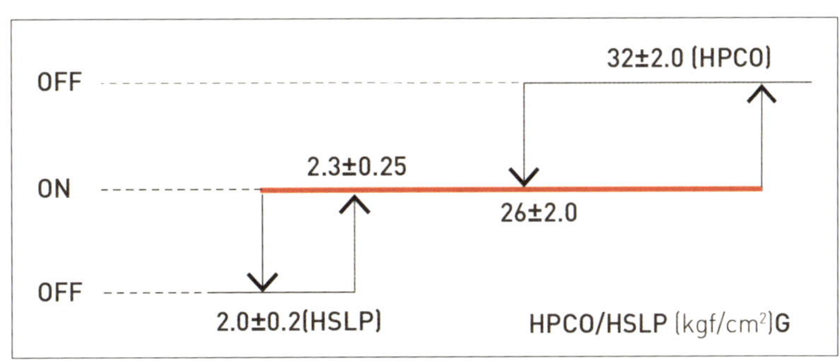

▲ 그림 6-24 듀얼 압력 스위치(HPCO/HSLP)의 작동 압력 및 히스테리시스(예)

⑤ 트리플 스위치(triple switch) 또는 트리나리(trinary) 스위치

트리플 스위치는 내부 접점이 3개인 압력 스위치로서, 위에서 설명한 듀얼 압력 스위치(HPCO/HSLP)에 중간 압력 접점이 추가된 형식이다. 이 스위치 역시 시스템

에 따라서 또는 자동차회사에 따라서 그 구조가 다를 수는 있으나, 작동원리와 기능은 모두 같다.

따라서 고압 접점과 고압측 저압 접점의 기능 및 작동은 듀얼 압력 스위치에서와 같다. 그리고 중간 압력 접점은 정상 작동상태에서는 열려 있으나(no ; normal open), 응축기 온도가 높을 경우, 응축기 냉각팬 모터를 고속(HI)으로 작동시키는 접점이다. 일부 시스템에서는 냉각팬 모터 대신에 공전 증속을 위해, 공전 공기 제어 솔레노이드 밸브를 작동시키기도 한다. (예 : Mazda)

트리플 스위치의 커넥터(그림 6−25(a))에서 예를 들면, (1), (3)은 전원 공급선, (2)는 압축기 마그넷 클러치로, (4)는 응축기 냉각팬 모터 또는 공전 공기 컨트롤 솔레노이드로 가는 배선이다.

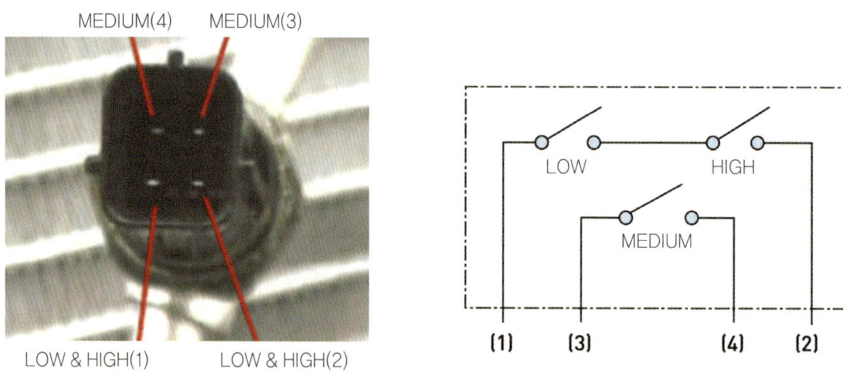

▲ 그림 6−25(a) 트리플 압력 스위치의 외형 및 표시기호(예)

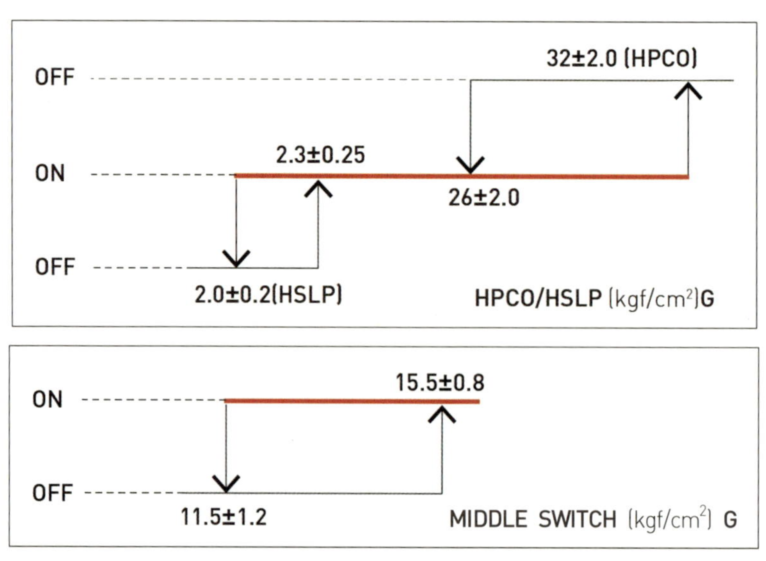

▲ 그림 6−25(b) 트리플 스위치의 작동압력 및 히스테리시스(예)

위에 제시된 압력 및 히스테리시스는 하나의 예에 불과하다. 따라서 테스트 및 점검/정비 시에는 당해 자동차의 제원표 및 정비지침서를 참조해야 한다. 제시된 트리플 스위치는 다음과 같이 작동한다.

- 압력 상승 구간(2.0~15.5kgf/cm²)

  고압/저압 접점 ON, 응축기 냉각팬 고속(HI) 접점 OFF

  압축기는 작동하고, 응축기 냉각팬은 작동하지 않는다.

- 압력 상승 구간(15.5~32kgf/cm²)

  고압/저압 접점 ON, 응축기 냉각팬 고속(HI) 접점 ON

  압축기가 작동하고, 응축기 냉각팬도 고속(HI)으로 작동한다.

- 고압이 지나치게 높은 구간(32kgf/cm² 이상)

  고압 접점 OFF, 응축기 냉각팬 고속(HI) 접점 ON

  압축기는 작동을 정지하고, 응축기 냉각팬은 고속(HI)으로 작동한다.

- 압력 하강 구간(26~11.5kgf/cm²)

  고압/저압 접점 ON, 응축기 냉각팬 고속(HI) 접점 ON

  압축기가 작동하고, 응축기 냉각팬도 고속(HI)으로 작동한다.

- 압력 하강 구간(11.5~2.0kgf/cm²)

  - 압력 11.5kgf/cm²에서 응축기 냉각팬 고속(HI) 접점 OFF, 고압/저압 접점 ON, 압축기는 작동하고, 응축기 냉각팬은 정지한다.

  - 압력이 2.0kgf/cm²이하로 낮아지면, 저압 접점이 OFF되어 압축기도 작동을 멈춘다.

⑥ 아날로그 압력센서(APT ： analog pressure transducer)

아날로그 압력센서(APT)는 듀얼 압력 스위치와 비슷한 방법으로 작동한다. 그러나 접점이 가변저항 또는 압력에 민감한 크리스털(crystal)로 대체되었으며, 에어컨 ECM 또는 엔진 ECM으로부터 기준전압이 공급된다.(일반적으로 5V).

기존의 접점식 듀얼 압력 스위치는 고압/저압 컷아웃 접점만을 가지고 있다. 반면에 아날로그 압력센서는 지속적으로 압력을 감지하며, 이를 전기신호로 바꾸어 실시간으로 ECM (Electronic Control Module)에 전송한다.

아날로그 압력센서는 고압측 냉매압력을 측정하여 이를 전압신호로 변환시킨다. 에어컨 ECM 또는 엔진 ECM은 이 전압신호를 이용하여 응축기 냉각팬을 저속 또는 고속으로 작동시킨다. 동시에 냉매압력(압력센서의 전압신호)이 규정값에 비해 너무 높거

나 너무 낮을 경우에 각각 압축기 마그넷 클러치로 가는 전원을 차단하는 방법으로 에
어컨을 최적 제어한다.

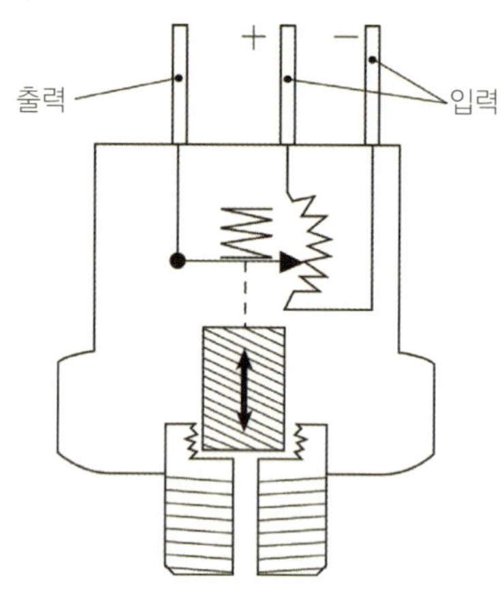

▲ 그림 6-26 아날로그 압력센서의 구조(예)

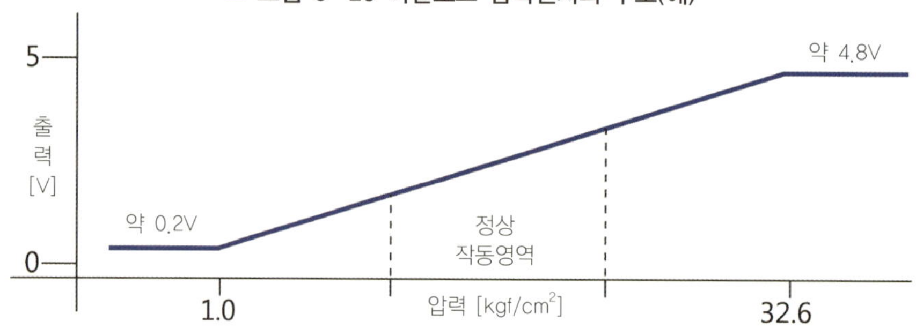

▲ 그림 6-27 아날로그 압력센서의 출력특성(예)

⑦ **디지털 압력센서**(Digital pressure sensor 또는 digital pressure transducer)

디지털 압력센서는 아날로그 압력센서와 비슷한 방법으로 작동한다. 그러나 그림
6-28과 같이 압력에 민감한 크리스털(crystal)(1)과 디지털 신호를 생성하는 마이크로
프로세서(2)를 갖추고 있다.

디지털 압력센서에는 단자(3)을 통해 에어컨 ECM 또는 엔진 ECM으로부터 전원이 공
급되며, 단자(4)로부터의 출력신호는 ECM으로 전송된다.

크리스털(1)에는 마이크로프로세서로부터 배선(5)을 거쳐 기준전압이 공급된다.

크리스털(1)은 냉매압력이 변화함에 따라 변형되어, 자신의 전기저항을 변화시킨다.
저항값이 변하면, 마이크로프로세서로 가는 신호전압(6)이 변한다. 마이크로프로세서
는 이 신호전압(6)의 변화에 근거하여 디지털 신호를 생성한다.

펄스폭(듀티 사이클)이 변조된 디지털 신호가 냉매압력을 나타낸다.

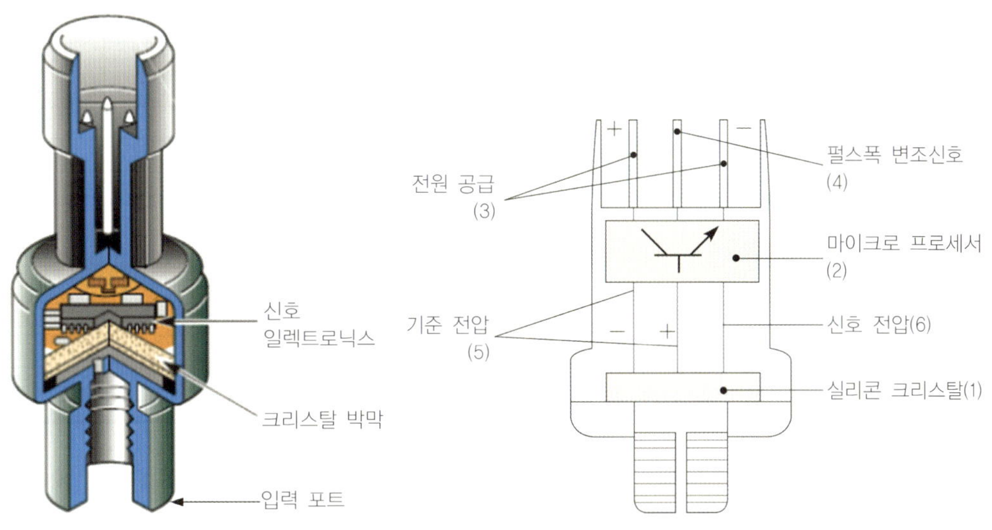

▲ 그림 6-28 디지털 압력센서의 구조(예)

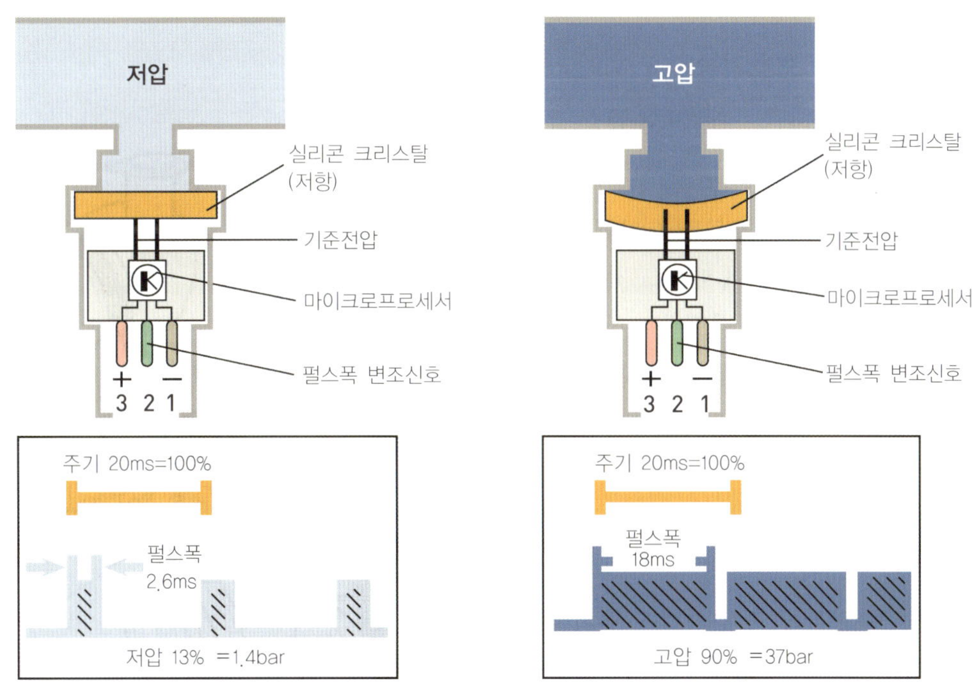

▲ 그림 6-29 디지털 압력센서의 출력특성(듀티 사이클)(예)

디지털 압력센서는 다음에 필요한 신호를 출력한다.

- 에어컨 압축기 클러치 ON-OFF용 신호

- 시스템압력이 상승함에 따라 응축기 냉각팬 속도를 다음 단계로 상승시키기 위한 신호
- 냉매회로의 고압과 저압이 각각 규정 범위를 벗어날 때 에어컨 압축기 작동 정지 신호

디지털 압력센서의 장점은 다음과 같다.

- 공전모드에서 에어컨 압축기의 동력 부하에 정확하게 일치시켜 엔진속도를 제어한다.

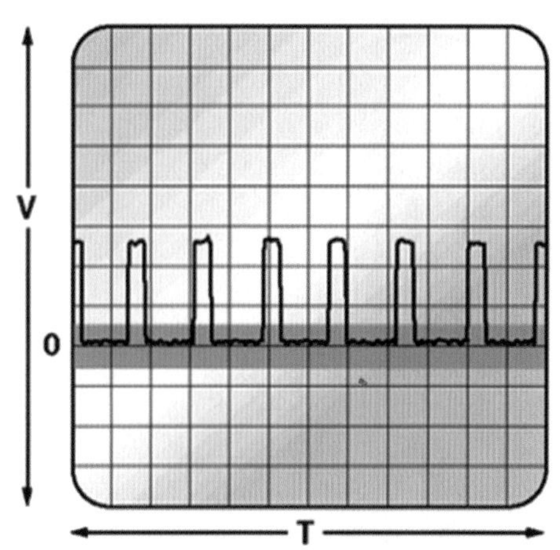

[참고] 디지털 압력센서의 출력(예 : 저압)

- 엔진 ECU가 공전에서부터 전부하까지의 신호로부터 토크손실을 계산하여, 에어컨 압축기 구동에 필요한 토크를 조정할 수 있다.

(9) 벨트 로크 보호기능(belt lock protection)

기관의 동력손실을 줄이기 위해서 보조기기들을 모두 하나의 벨트로 구동하는 방식이 주류를 이루고 있다. 이 1-벨트가 구동하는 에어컨 압축기에 내부 고착이나 클러치 슬립이 발생하면, 벨트가 손상되고 심하면 끊어질 수도 있다. 이와 같은 이유에서 벨트 로크 보호기능을 사용하여 클러치 슬립이나 풀리 베어링의 손상이 계속 진행되지 않도록 하여 구동벨트와 기관을 보호한다.

가변 토출량 압축기에서는 댐퍼풀리(damper pulley)를 사용하기도 한다. 댐퍼풀리에 대해서는 가변 토출량 압축기에서 설명한다. (pp 254 참조)

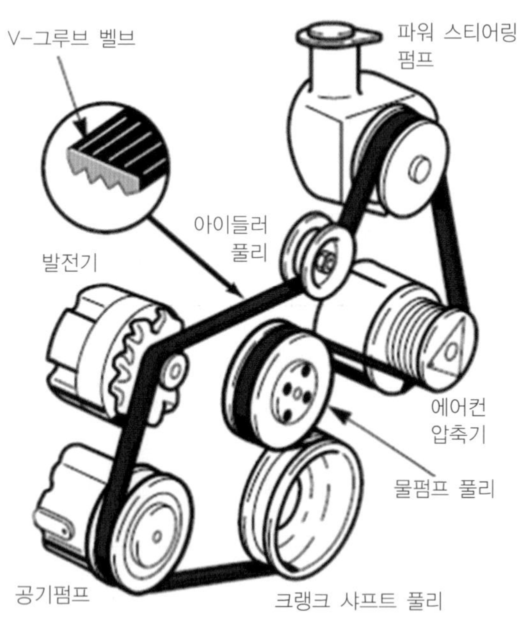

▲ 그림 6-30 1-벨트 구동 시스템(예)

① 속도센서(speed sensor) 방식

압축기의 회전속도를 감지하는 속도센서를 압축기에 설치한다. 기관 회전속도와 압축기 회전속도를 비교하여 슬립 여부를 판단한다. 슬립률이 일정값(예 : 40%) 이상이면 마그넷 클러치로 가는 전원을 차단하여 벨트를 보호한다. 별도의 컨트롤러를 사용한다.

② 온도 퓨즈(thermal fuse) 방식

마그넷 클러치 어셈블리의 필드코일에 온도 퓨즈를 장착하여 압축기 클러치의 슬립에 의한 열을 감지한다. 온도가 일정값(예 : 184℃)에 도달하면, 마그넷 클러치의 전원을 차단하여 압축기 작동을 정지시킨다.

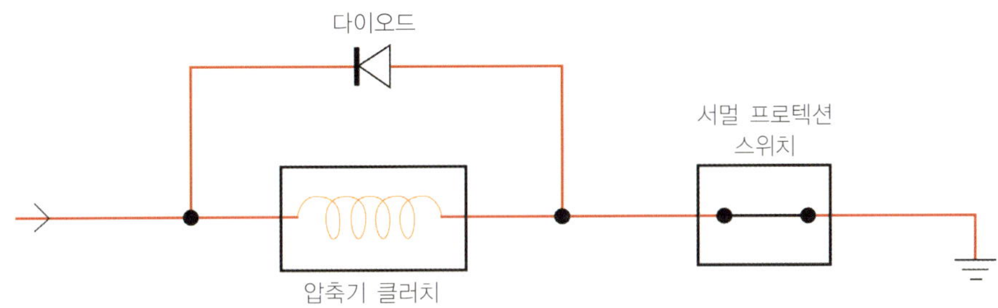

▲ 그림 6-31 클러치 다이오드와 서멀 프로텍션 스위치(예)

5 가변 요동판 압축기 - 기계식 컨트롤밸브

고정 요동판식에는 압축기 마그넷 클러치를 ON-OFF시켜, 일정한 공차 범위 내에서 냉매 토출량을 제어할 수 있다. 제어가 원활하지 못할 경우, 그 결과는 차실내 공기온도의 변화로 나타난다. 특히 상대적으로 기관 출력이 작은 소형자동차에서는 마그넷 클러치가 스위치-ON될 때의 충격에 의해 기관의 구동력이 순간적으로 약화될 수 있다. 특정한 경우(예 : 추월, 발진 가속 시)에는 위험한(critical) 상황이 발생할 수도 있다.

가변 요동판(또는 토출량 가변 요동판) 압축기에서는 무단계로 피스톤 행정을 제어하여, 이 문제를 해결하고 있다. 요동판의 경사각을 냉방부하에 따라 계속적으로 바꾸어, 냉매공급량을 최대에서 최소까지 무단계로 제어할 수 있다. 즉, 냉매 토출량을 자동으로 제어한다. 최소 공급량(예 : 약 5%)이 압축기의 윤활을 보장한다. 최대 공급량은 정격의 100%까지 가능하다.

기계식 컨트롤밸브의 설치위치에 따라 외부 제어식(externally controlled)과 내부 제어식(internally controlled)으로 구분한다.

(1) 가변 요동판 압축기의 구조

피스톤이 단동식이고 요동판 각도조절 기구와 컨트롤밸브가 추가된 것을 제외하면, 구조는 앞서 설명한 고정 요동판식과 거의 같다. 컨트롤밸브는 외부로부터 접근이 가능한 형식(외부제어식)과, 접근이 불가능한 형식(내부제어식)이 있으나, 작동원리는 서로 같다.

회전하는 요동판(8)의 기울기 변화는 회전하지 않고 단지 요동만 하는 판(6)에 전달된다. 이 판(6)의 요동이 피스톤의 왕복운동으로 변환된다. 압력베어링(7)과 볼트(17)에 설치된 가이드가 이 판(6)의 회전운동을 방지한다.

요동판의 기울기는 시스템이 필요로 하는 냉방부하에 따라 컨트롤밸브(23)가 제어한다.

기계식 컨트롤밸브는 대부분 흡입측(저압측)에, 전자식 컨트롤밸브는 대부분 토출측(고압측)에 설치된다. 그리고 마그넷 클러치식 구동풀리 대신에, 합성수지와 고무로 제작한, 가벼운 DL(Damper Limiter) - 풀리를 사용하는 압축기가 증가하고 있다. 그림 6-32는 토출량 가변 요동판 압축기의 단면구조이다.

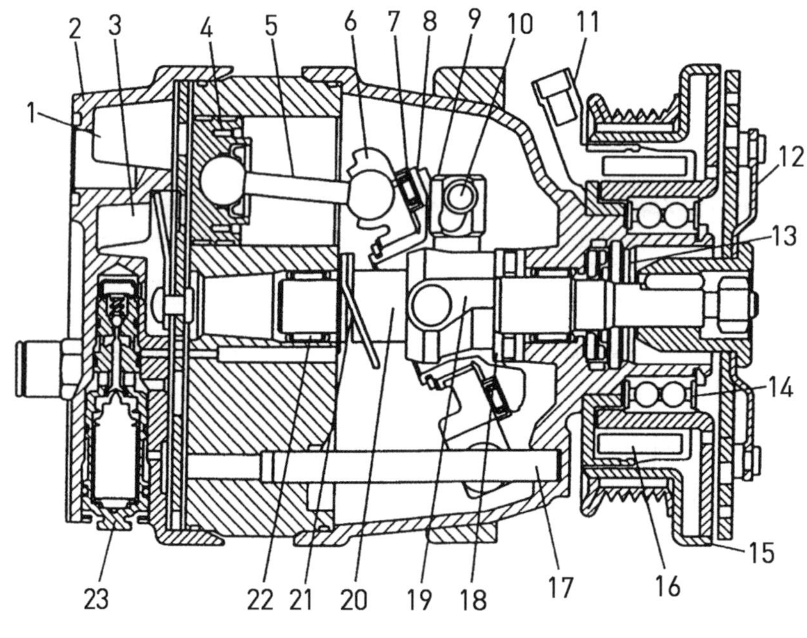

1. 흡입 채널	2. 리어 헤드	3. 토출관	4. 액시얼 피스톤
5. 커넥팅 롯드	6. 요동하지만 회전하지 않는 판	7. 압력 베어링	
8. 요동판(회전)	9. 풀링핀(pulling pin)	10. 드라이브 러그	11. 필드 코일 커넥터
12. 클러치 디스크 어셈블리	13. 샤프트 씰	14. 풀리 베어링	15. 풀리
16. 필드코일	17. 가이드 볼트	18. 압력 베어링	19. 슬라이딩 슬리브
20. 압축기 구동축	21. 스프링	22. 뒤 베어링	23. 컨트롤밸브 어셈블리

▲ 그림 6-32 가변 요동판 압축기(외부제어식)의 구조(예 : Delphi V5)

(2) 가변 요동판 압축기의 작동원리 ─ 기계식/외부제어식

컨트롤밸브는 형식 및 설치위치에 관계 없이, 흡입측과 토출측의 압력을 이용하여, 압축기 크랭크실의 압력을 변화시킨다. 그리고 크랭크실의 압력 변화를 이용하여 피스톤 행정을 제어한다.

컨트롤밸브 벨로즈의 외부에는 압축기 흡입측의 저압이 작용한다. 따라서 벨로즈는 저압이 규정값보다 높으면 수축하고, 낮으면 팽창한다.

① 냉방요구가 작을 때

(air conditioning demand is low)

차 실내 온도(또는 외기온도)가 낮거나 고속으로 주행하는 동안은 압축기 흡입측의 압력이 낮다. 흡입측 압력이 제어 기준압력보다 낮아지면, 컨트롤

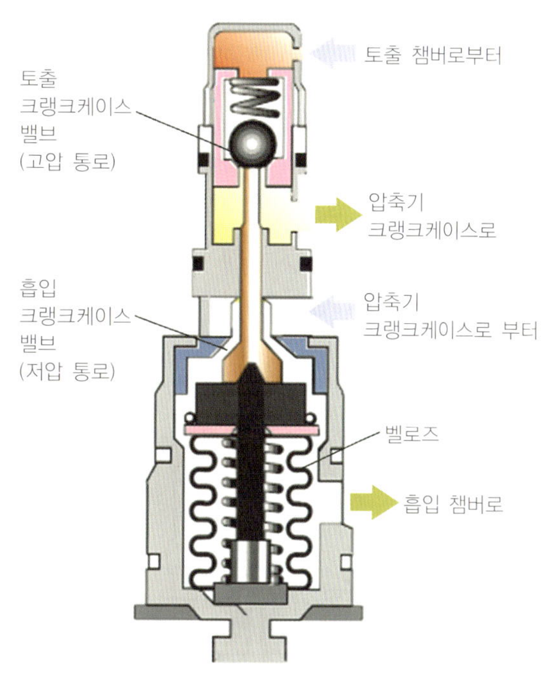

▲ 그림 6-33 기계식 컨트롤 밸브의 구조(예)

밸브 벨로즈는 팽창된다. 벨로즈가 팽창되면, 컨트롤밸브에서 저압(흡입측) 통로는 닫히고, 고압(토출구) 통로는 열린다. 이제 실린더 고압(토출압력)이 크랭크실로 밀려들어간다. 그러면 피스톤 헤드에 작용하는 실린더압력(토출압력)과 피스톤 헤드의 뒷면에 작용하는 크랭크실 압력의 차이가 줄어들어 요동판 경사각은 수직에 근접한다.(최소가 된다.) 따라서 피스톤 행정은 짧아지고, 토출량도 감소한다.(예 : 최소 행정 1.6mm, 최소 토출량 10.5cc)

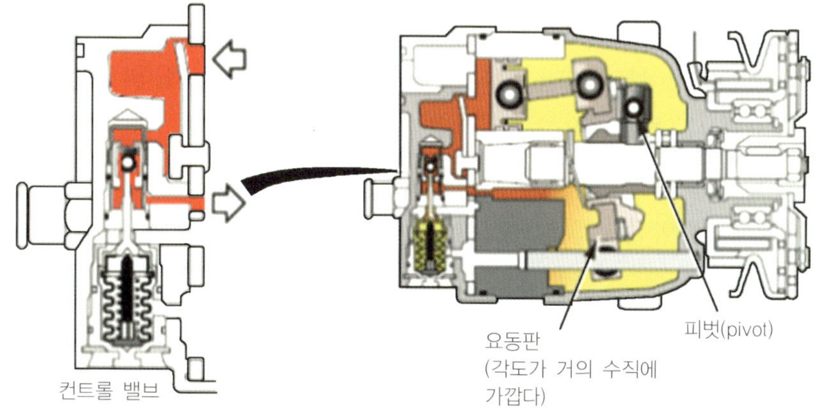

▲ 그림 6-34(a) 냉방 요구가 작을 때 ─ 요동판이 수직에 근접한다

② 냉방 요구가 클 때(air conditioning demand is high)(그림 6-34(b))

차 실내 냉방요구가 클 때 즉, 차실내 온도가 높아지면 열부하가 증가하므로 저압측(흡기측) 냉매압력이 상승한다. 저압측 압력이 제어 기준압력보다 높아지면, 컨트롤밸브 벨로즈는 압축된다. 벨로즈가 압축되면, 컨트롤밸브에서 저압통로는 열리고, 고압(토출측) 통로는 닫힌다. 이제 크랭크실로부터 흡입측으로 냉매가 흘러가면서, 크랭크실 압력은 점진적으로 흡입측 압력(저압)과 같아진다. 그러면 피스톤 헤드에 작용하는 압력과 헤드의 뒷면에 작용하는 크랭크실 압력(흡입압력)의 차이가 커져 요동판은 축방향으로 기울어진다. 따라서 피스톤 행정은 더 길어지고, 토출량은 증가한다. (예 : 최대 행정 28.6mm, 최대 토출량 184cc)

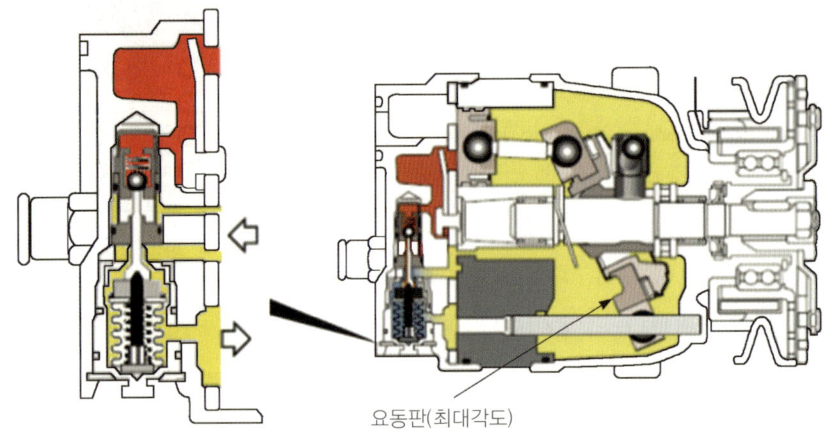

▲ 그림 6-34(b) 냉방 요구가 클 때 - 요동판 경사각이 커진다.

(3) 가변 요동판 압축기의 작동원리 - 기계식/내부제어식

그림 6-35는 토출량 가변 요동판 압축기로서, 컨트롤밸브가 압축기 안에 집적되어 있어 외부로부터 접근이 불가능한 구조이다. 냉방부하와 기관회전속도의 변화에 대응하여 시스템은 자동적으로 시스템압력을 조절하여 토출량을 제어한다.

열부하가 클 때는 토출량을 증대시키기 위해 피스톤 행정이 길어진다. 열부하가 감소하면, 행정도 따라서 짧아진다. 토출량은 외부제어식과 마찬가지로 용량의 5~100% 범위에서 제어할 수 있다.

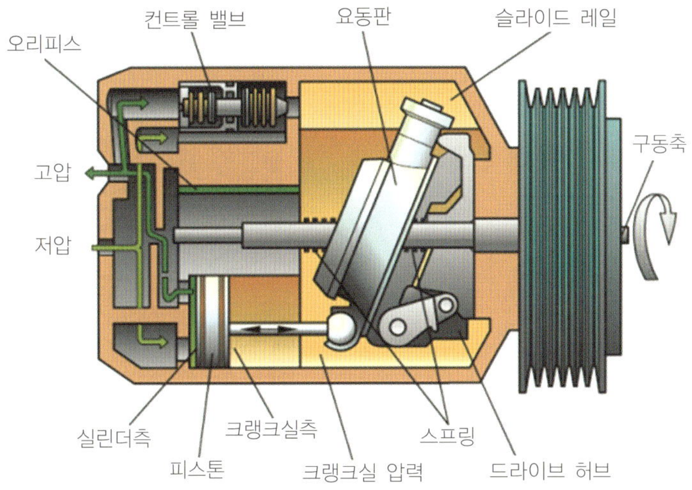

▲ 그림 6-35 토출량 가변 요동판 압축기(내부 제어식)의 구조(예 : Zexel)

① **열부하가 높을 때 – 냉방요구가 클 때(토출량 증가 또는 최대)(그림 6-36(a))**

- 냉매회로의 저압과 고압이 모두, 상대적으로 높다.
- 고압에 의해 벨로즈 2가 압축된다.
- 벨로즈 1도 상대적으로 높은 저압에 의해 압축된다.
- 벨로즈 1이 압축되므로 크랭크실과 저압측 통로가 연결되어 크랭크실 압력이 낮아진다.
- 결과적으로 실린더에는 고압이, 크랭크실에는 저압이 작용한다.
  주축의 스프링(1)의 장력과 실린더압력(고압)의 합이 스프링(2)의 장력과 크랭크실 압력의 합보다 더 크다.
- 따라서 요동판이 수평방향으로 많이 기울어지므로, 행정이 길어지고 토출량도 증가한다.

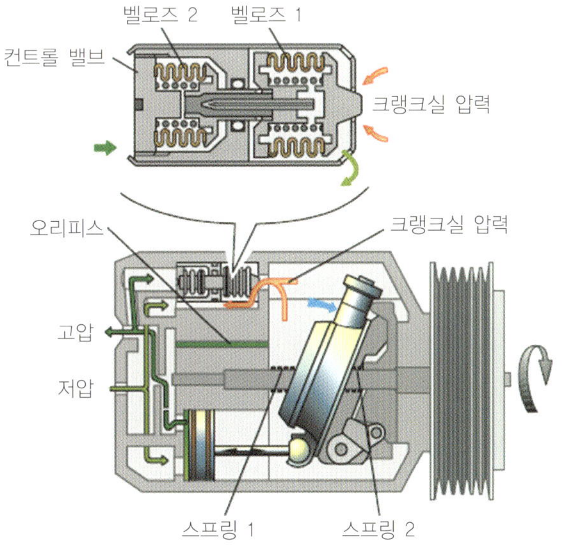

▲ 그림 6-36(a) 냉방부하가 클 때
 – 내부제어식 컨트롤밸브의 작동

② **열부하가 작을 때 – 냉방요구가 작을 때(토출량 감소 또는 최소)(그림 6-36(b))**

- 냉매회로의 저압과 고압, 모두가 상대적으로 낮다.
- 고압이 낮기 때문에 벨로즈 2가 압축되지 않는다.
- 저압도 상대적으로 낮기 때문에 벨로즈 1도 압축되지 않는다.
- 컨트롤밸브는 닫히고, 저압측과 크랭크실 간의 연결통로는 차단된다. 시스템의 저압은 오리피스를 통해 크랭크실 압력을 상승시킨다.
- 실린더압력과 주축의 스프링(1)의 장력의 합이 크랭크실 압력과 스프링(2)의 장력의 합보다 더 작다.
- 따라서 요동판 경사각이 수직에 근접하므로, 행정이 짧아지고 토출량은 감소한다.

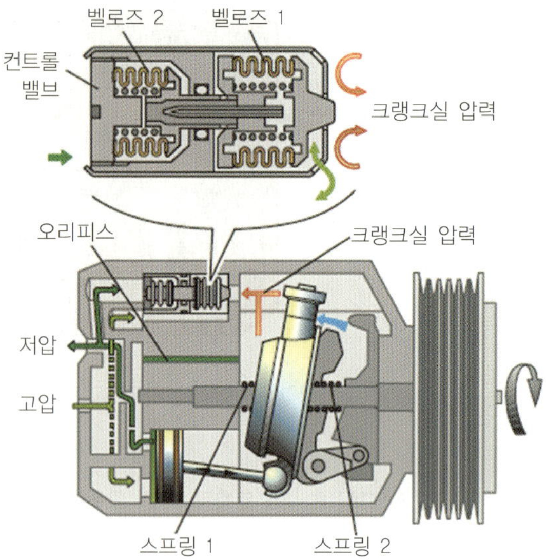

▲ 그림 6-36(b) 냉방부하가 작을 때
－내부제어식 컨트롤밸브의 작동

6 가변 요동판 압축기 － 전자식(電磁式) 컨트롤밸브

그림 6-37은 덴소(Denso)의 가변 요동판 압축기로서, 전자식(電磁式) 컨트롤밸브를 사용하여 토출량을 제어한다. 컨트롤밸브는 외부제어식이다.

압축기 토출량을 실질적으로 0~100% 사이에서 제어할 수 있기 때문에 냉방이 필요 없을 때에도 압축기의 작동을 정지시킬 필요가 없다. 그래서 전통적인 마그넷 클러치 대신에 합성수지와 고무댐퍼로 제작된, 가벼운 DL-풀리를 사용한다. 압축기가 계속적으로 작동하기 때문에 압축기 스위칭-ON 충격이 제거됨으로서 기관은 보다 더 매끄럽게 작동한다.

전자식 컨트롤밸브는 요동판의 경사각을 제어하기 위해 엔진 ECU로부터의 입력전류(예 : 400~500Hz, 듀티 신호)를 이용하여 압축기 크랭크실의 압력을 제어한다. 압축기 크랭크실의 압력을 변화시켜 행정을 제어하고, 토출량을 지속적으로 제어하는 방법은 기계식 가변 요동판 압축기와 같다.

▲ 그림 6-37 가변 요동판 압축기(전자식 컨트롤밸브)의 구조(예 : Denso 5SER)

(1) 토출량 제어 원리(덴소 외부 제어식 압축기)

엔진 ECU 또는 에어컨 ECM으로부터의 전기신호를 이용하여 토출측 스로틀(throttle)의 전/후 압력차를 제어하는 전자식(電磁式) 솔레노이드 밸브가 핵심이다. 솔레노이드밸브는 흡입측 압력(저압) 대신에 토출측 스로틀 전/후의 압력차를 제어하여 토출량을 제어하며, 동시에 압축기 구동에 사용되는 엔진토크를 평가할 수 있다. 따라서 엔진제어와 연계하여 연료소비를 저감시키는 방향으로 압축기를 제어할 수 있다. 동시에 차실내 공기환경과 자동차 주행조건(상황)을 고려하여 냉방성능을 제어할 수도 있다.

① **실내온도가 높을 때**(interior temperature is high)(그림 6-38(a))

냉방부하가 클 경우, ECM은 컨트롤밸브에 전류신호(듀티 신호)를 공급한다. 그러면 컨트롤밸브는 크랭크실에 유입되는 고압(토출압력) 통로를 차단하고, 저압통로를 개방한다. 이제 크랭크실 압력은 점진적으로 낮아져, 최종적으로는 흡입측 압력(저압)과 같아지게 된다. 피스톤헤드에 작용하는 실린더 압력(고압)과 크랭크실 압력(저압)의 차이가 커지므로 요동판은 축방향으로 기울어진다.(경사각이 커진다.) 그러므로 피스톤 행정이 길어지고, 토출량은 증가한다.

② **실내온도가 낮을 때**(interior temperature is low)(그림 6-38(b))

냉방요구가 작을 경우, ECM은 컨트롤밸브에 공급되는 전류신호를 차단한다. 이제 스프링 장력에 의해 저압통로가 닫히고 고압통로가 열려, 고압 냉매가 크랭크실에 유입된다. 실린더 압력과 크랭크실 압력차가 적어지므로 요동판은 수직상태에 근접한다.(경사각은 작아진다.) 그러므로 피스톤 행정이 짧아지고, 토출량은 감소한다.

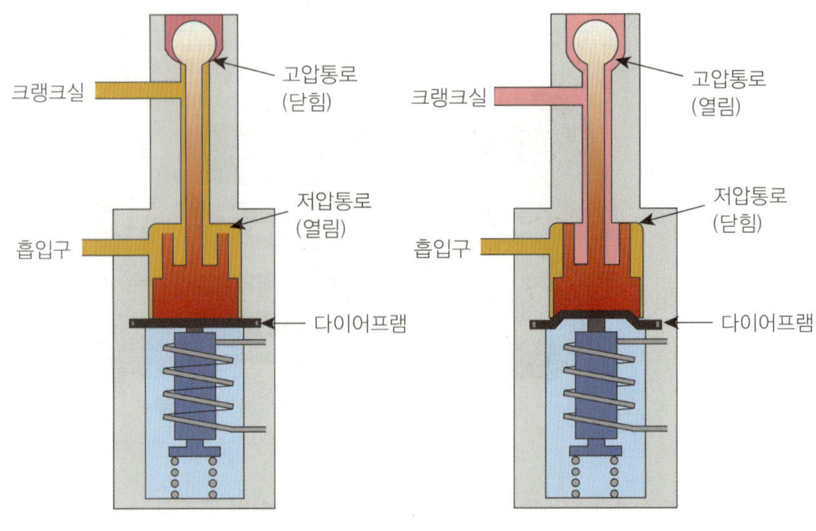

▲ 그림 6-38 전자식 컨트롤밸브를 이용한 토출량 제어

(2) DL-풀리(Damper Limiter Pulley)

합성수지와 고무댐퍼로 제작된, 경량의 DL-풀리는 압축기의 토크 진동을 흡수하는 진동감쇄기구와 압축기가 로크(lock)되었을 때 작동하는 벨트 보호기구의 리미터(limiter of belt protection mechanism)가 결합되어 있다. DL-풀리의 과부하 보호기능은 다음과 같이 작동한다.

① 압축기가 정상적으로 작동할 때(그림 6-39(a))

벨트풀리와 구동판(drive plate) 사이에 설치된 댐퍼 고무(damper rubber)가 벨트풀리와 구동판을 기계적으로 접속한다. 따라서 구동판은 벨트풀리와 같은 속도로 회전한다.

② 압축기 과부하 - 압축기 정지(그림 6-39(b))

압축기에 과부하가 걸려 압축기가 정지하면, 벨트풀리와 구동판 간의 전달토크가 급격히 상승한다. 흑연이 코팅된 댐퍼고무는 벨트풀리에 의해 회전방향으로 강하게 끌려, 변형된다. 댐퍼고무는 변형에 의해 전단(剪斷)되고, 벨트풀리와 구동판 사이의 기계적 연결은 분리된다. 이제 벨트풀리는 저항 없이 계속 회전(free wheeling)할 수 있다. 따라서 구동벨트의 손상은 방지되고, 기관의 2차 고장도 방지된다.

그러나 압축기가 로크(lock)되어 DL-풀리가 파손된 경우에는 압축기 어셈블리를 교환해야 한다.

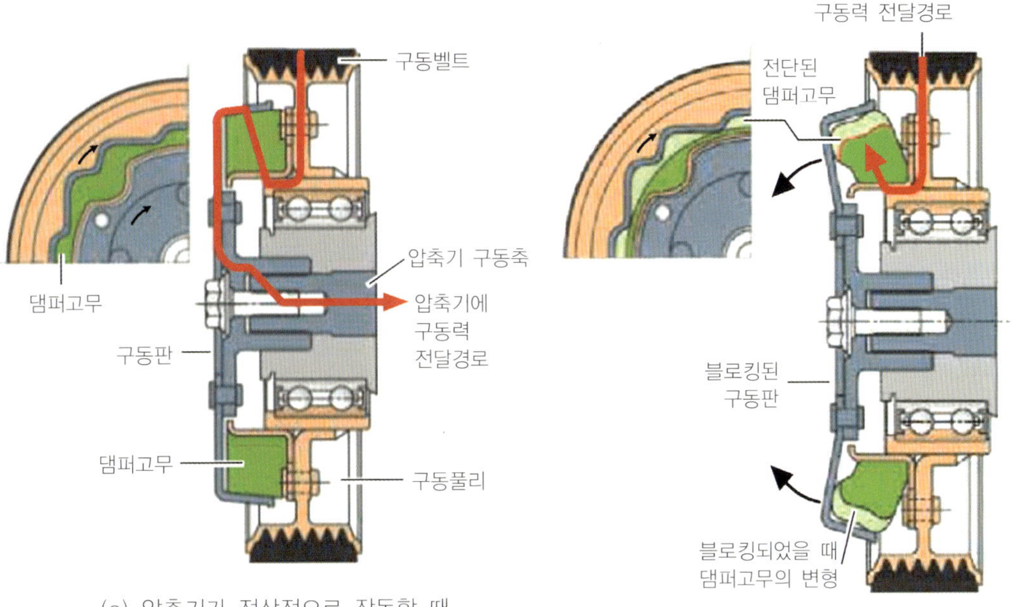

▲ 그림 6-39 DL-풀리(과부하 방지 풀리)의 작동 원리

7 로터리 베인(rotary vane) 압축기

(1) 로터리 베인 압축기의 구조

이 형식은 구동축과 일체로 조립된 로터(rotor)에 일정 간격으로 홈을 파고 그 홈에 베인 (vane)을 설치하였다. 토출밸브 및 밸브 스토퍼(stopper)는 실린더 블록에 설치되어 있고, 흡입밸브는 없다.

로터가 1회전하는 동안에 베인(vane)이 흡입과 토출을 각각 1회씩 하는 형식(그림 6-42) 과 각각 2회씩 반복하는 형식(그림 6-43)이 있다.

로터가 1회전하는 동안에 베인이 흡입/토출을 2회씩 반복하는 형식에서 베인이 4개라면, 로터 1회전에 총 8회의 사이클(흡입 ↔ 토출)이 이루어진다. 또 이 형식은 축을 중심으로 서 로 대칭되는 위치에 토출압력이 걸리므로 로터의 동적 균형이 좋다.

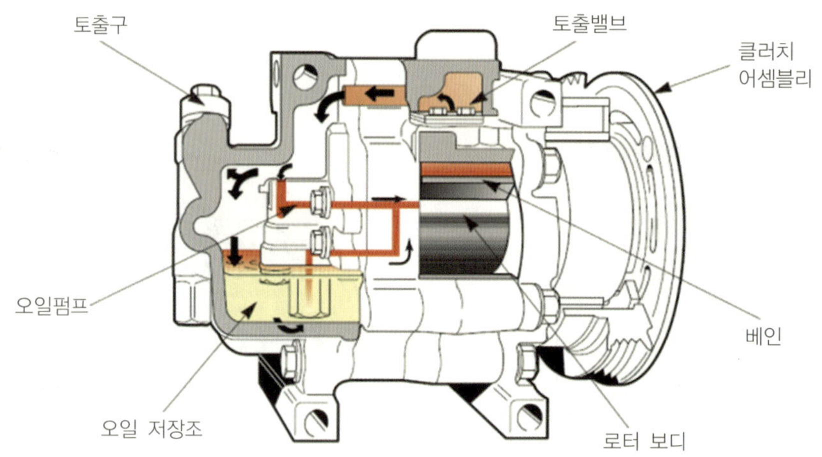

▲ 그림 6-40 로터리 베인(rotary vane) 압축기(예 : Panasonic)

(2) 로터리 베인 압축기의 작동원리(그림 6-41)

로터가 회전하면 베인(vane)은 원심력에 의해서 원주방향으로 밀려나, 실린더 벽면에 밀착되어 실린더를 다수의 밀폐된 공간으로 분할한다. 로터가 회전함에 따라 로터, 베인 그리고 실린더 벽이 형성하는 밀폐된 공간의 크기가 변화된다. 공간의 크기는 흡입구 근방에서 가장 크고 베인이 흡입구를 지나면 점진적으로 작아져 냉매의 온도와 압력 상승한다.

토출밸브는 압축기 작동중 또는 작동하지 않을 때, 고압냉매증기가 압축기 내부로 역류하는 것을 방지하는 체크밸브로서의 기능을 수행한다.

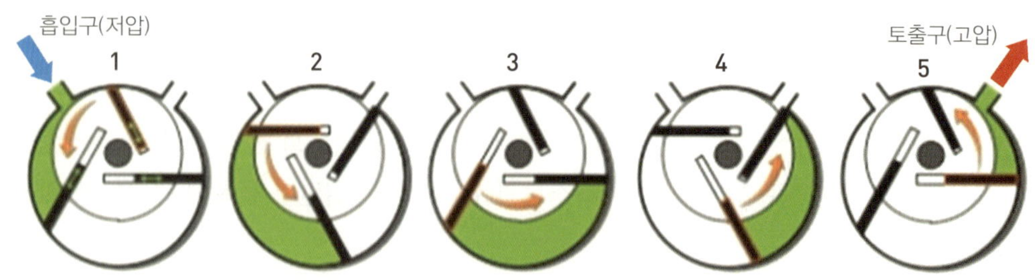

▲ 그림 6-41 로터리 베인 압축기의 작동원리

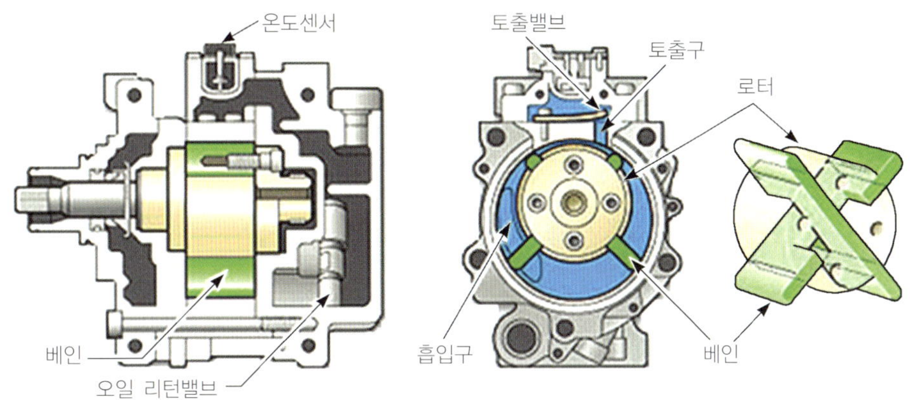

▲ 그림 6-42 로터 1회전에 베인이 흡입/토출을 1회만 하는 로터리 베인 압축기

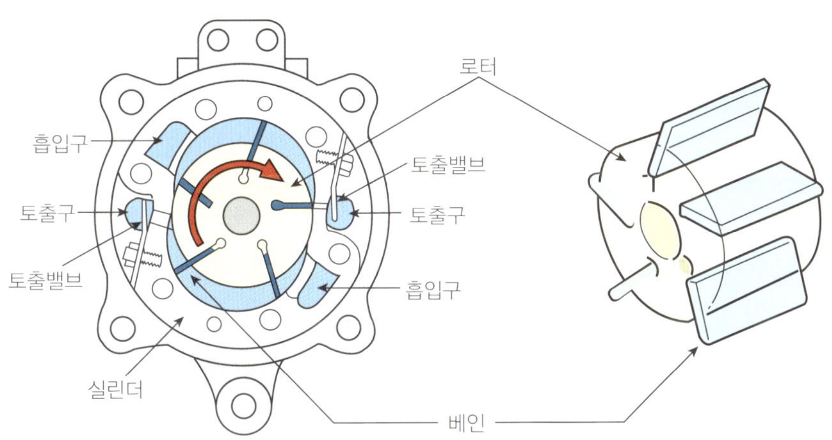

▲ 그림 6-43 로터 1회전에 베인이 흡입/토출을 2회 반복하는 로터리 베인 압축기

(3) 윤활

① 토출압력을 이용하는 방식

압축기가 작동되면, 토출압력에 노출된 냉동기유는 양쪽 측면 아래로부터 오일 포트를 통해 로터의 양단면(兩端面), 베어링 및 샤프트 씰(seal)에 급유된다. 윤활을 마친 냉동기유는 리턴포트를 통해 저장조로 복귀한다.

② 오일펌프를 사용하는 방식(그림 6-40 참조)

이 방식은 일반적인 압송식 윤활방식과 같은 원리로 작동한다.

(4) 로터리 베인 압축기의 장점

소형, 경량이며, 부품수가 적고, 피스톤식에 비해 운동이 정숙하고 진동이 적어 고속회전에 유리하다.(최고 회전속도 $8000\,min^{-1}$ 정도까지) 또 압축비에 비해 체적효율이 높고(70~80%), 수격(water hammering)현상이 적다.

(5) 로터리 베인 압축기의 단점

베인이 하우징에 밀착, 회전하므로 마찰과 밀봉 손실이 크다. 따라서 다른 형식의 압축기에 비해 상대적으로 구동출력이 크다. 마찰에 의한 발열은 압축말 온도를 상승시키는 결과를 가져온다. 그리고 밀봉을 유지하기 위해서는 냉매에 함유된 냉동기유의 양을 어느 정도(약 10%) 유지해야 하며, 점도가 높은 냉동기유를 사용해야 한다.

 **스크롤 압축기**(scroll compressor)

(1) 스크롤 구조 및 작동원리(그림 6-44, -45, -46, -47 참조)

① 스크롤 압축기의 구조(그림 6-44)

스크롤(scroll) 압축기는 원통형의 하우징(3) 안에 위상차 180°인 한 쌍의 인벌루트(involute) 곡선 부품 소위, 고정(fixed) 스크롤(2)과 선회(orbiting) 스크롤(5)의 조합에 의해 형성되는 초생달 모양의 밀폐공간에서 압축이 이루어진다.

선회 스크롤(5)은 베어링-볼(6)과 스러스트-플레이트(1)에 의해 구동축(7)의 편심캠과 접속된다. 구동축(7)은 하우징 커버(8)에 베어링을 사이에 두고 설치되며, 씰링 스트립(4)은 스크롤 간의 기밀을 유지한다.

두 스크롤에 의해 형성되는 밀폐공간은 바깥쪽일수록 크고 중심에 가까울수록 작아지며 외주에는 흡입실이, 중심부에는 토

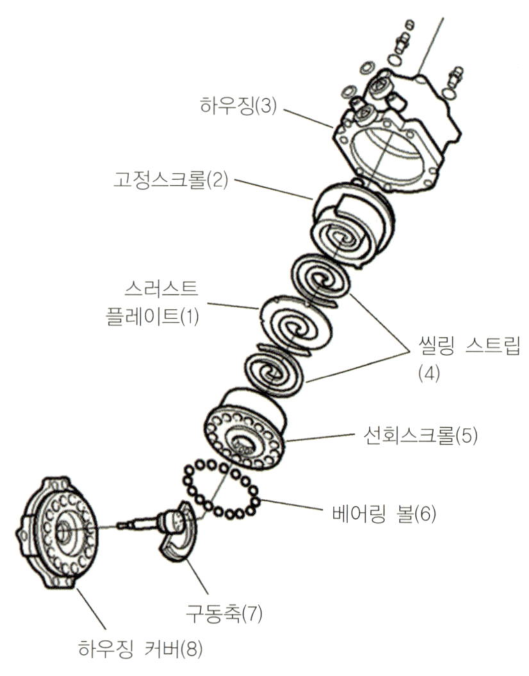

▲ 그림 6-44 스크롤 압축기의 구조(예)

출구가 있다. 구동축(7)이 회전하면, 구동축의 편심캠은 스크롤 간의 상대 운동을 제어한다. 구동축(7)은 회전하지만 선회스크롤(5)은 고정스크롤(2)과 서로 수직벽면 접촉을 유지한 상태로 궤적(orbit)을 따라 운동할 뿐, 360° 회전(rotating)하지는 않는다.

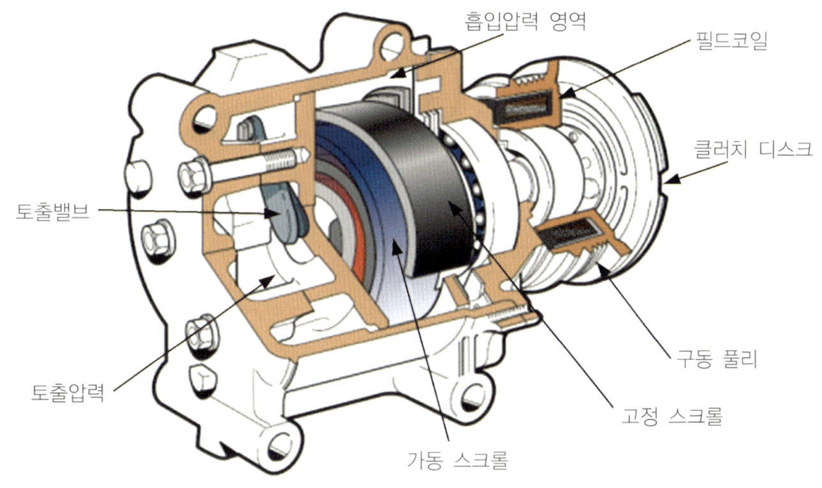

▲ 그림 6-45 스크롤 압축기의 기본 구조

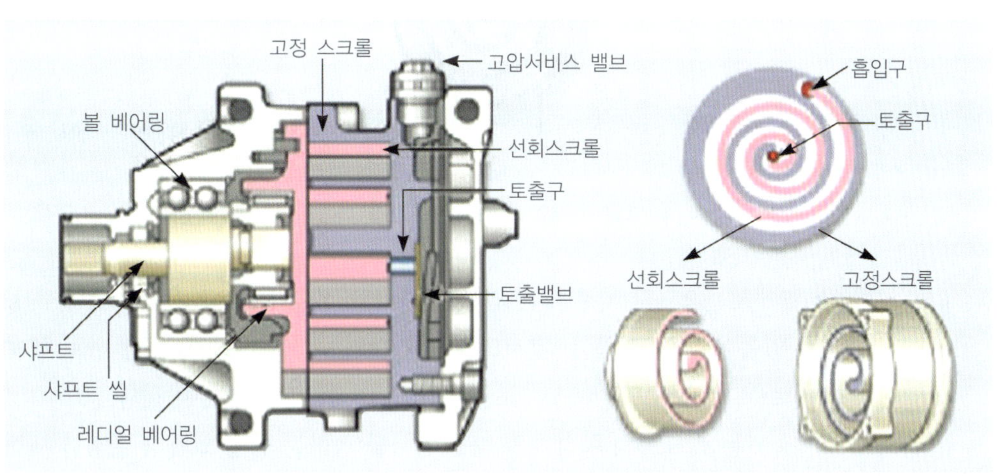

▲ 그림 6-46 스크롤 압축기의 단면 구조

② **작동원리**

저압의 기체냉매는 흡입구를 통과하여 선회스크롤의 바깥쪽 개구부(opening)로 들어온다. 이 개구부를 통해 기체냉매가 스크롤의 공간으로 흡입되면 공간은 밀폐되고 압축이 시작된다. 선회스크롤이 궤적을 따라 운동하면 공간체적은 점점 작아지고 냉매는 압축된다. 냉매압력이 토출밸브의 스프링장력과 응축기 입구압력의 합보다 커지면 냉매는 토출구를 통해 토출된다.

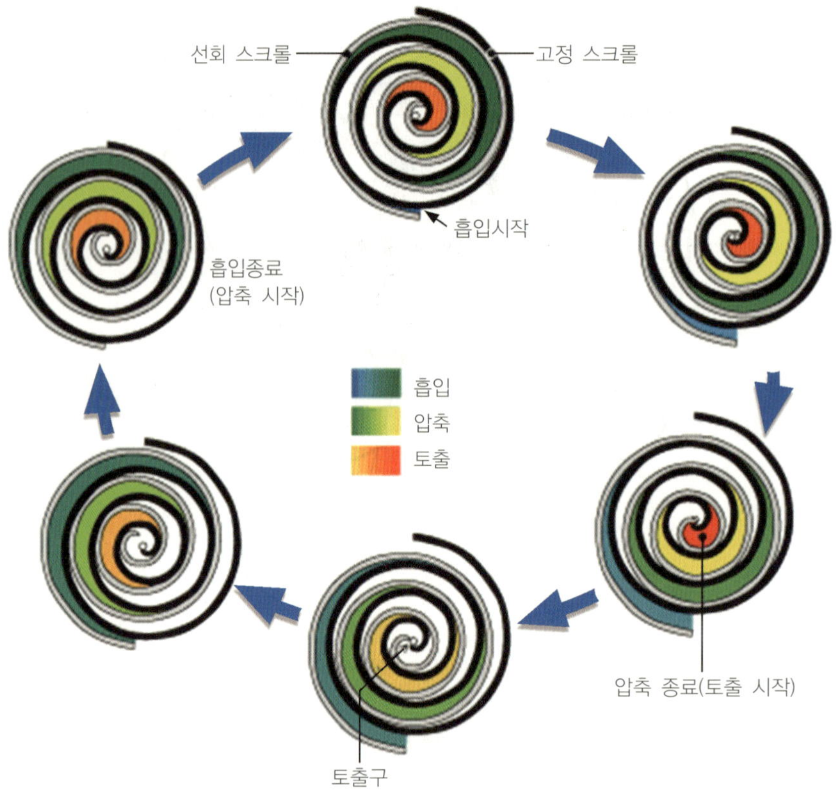

▲ 그림 6-47 스크롤 압축기의 작동원리

그림 6-47에서는 2개의 서로 다른 압축 경로가 고정/선회 스크롤의 조합에서 동시에 진행되고 있음을 보이고 있다. 앞서의 밀폐공간의 냉매가 토출된 후에 바로 새로운 밀폐공간이 토출 상태에 도달하므로 토출은 거의 연속적으로 이루어진다.

스크롤 압축기는 스크롤의 형상과 토출구 위치를 정하는 방법에 따라 일정한 체적비를 얻을 수 있다. 따라서 구동축 회전속도에 따라 토출량이 결정된다.

토출되는 냉매는 원심식 분리기를 통과하면서 냉동기유를 분리한다. 시스템을 순환하는 냉매에 포함된 냉동기유의 양을 감소시키면, 시스템 효율이 개선된다.(그림 6-45, -46 참조)

토출량 가변식의 경우는 컨트롤밸브가 토출되는 고압 냉매의 일부를 다시 흡입측으로 바이패스(bypass)시키는 방법으로 실제 토출량을 제어한다.

(2) 스크롤 압축기의 장점 및 특징

① **소형, 경량 구조이다**(small and light structure)

  액시얼 피스톤 압축기에 비해 부품수가 적고(약 1/4), 고정 스크롤이 압력실 벽 기능을 수행하며, 스크롤의 두께는 얇다.

② **체적효율이 높다**(high volumetric efficiency) － **최대 약 98%까지**

  마찰손실이 없고, 스크롤 형상의 최적화로 압축 누설을 최소화한다.

③ **압력 손실이 적다**(low pressure loss) － **압축과정에서 가스누설 방지**

  인접한 압축실과의 압력차가 적어 누설에 의한 효율 저하가 적다.

④ **부하 토크의 변동이 적다.(다른 압축기에 비해 약 1/10 정도)**

  흡입, 압축, 토출이 동시에 연속적으로 이루어지므로 부하 토크의 변동이 적다.

⑤ **기계적 손실이 적다**(low mechanical loss)

  마찰부품수가 적으며, 원활한 윤활로 기계적 마찰이 감소한다.

⑥ **소음과 진동이 적다**(low noise and vibration)

  압력 증가 속도가 다른 형식의 압축기에 비해 느리고, 압축과정이 동시에 연속적으로 수행되므로 진동과 소음이 적다. 또 운동(마찰) 부품수가 적어 기계적 소음도 적다.

⑦ **가동(稼動) 부분의 운동반경이 작아 고속화가 가능하다**

  가동 스크롤의 선회반경(orbiting radius)은 수 mm에 지나지 않으며, 습동부의 운동 속도가 낮다.(예 : 약 2m/s 정도)

⑧ **저속에서는 충전율이 낮다**

  이를 보완하기 위해 다른 형식의 압축기에 비해 상대적으로 높은 속도비(1.5배 이상)를 사용한다. 기관 회전속도가 고속일 경우, 압축기는 $10,000\text{min}^{-1}$ 이상도 가능하다.

---

9 전동식 스크롤 압축기(scroll compressors driven by electric motors)

  전동식 압축기를 사용하면, 내연기관이 작동하지 않을 때에도(예 : 공전 정지), 압축기를 구동할 수 있어 차실내 공기를 쾌적한 상태로 유지할 수 있다.

(1) 전동식 스크롤 압축기의 구조 및 작동원리

  하이브리드/전기자동차에서는 3상 교류전압으로 구동되는 전동식 압축기를 사용한다.

전동식 압축기에서는 압축기(주로 스크롤 압축기)와 구동 전기모터가 하나의 하우징 안에 밀폐되어 있다. 구동모터로는 주로 BLDC(브러시리스 직류모터)를 사용하며, 인버터가 공급하는 고전압(예 : 200V 이상) 3상 교류로 구동한다.

압축기의 기본 구조는 표준 벨트 구동식 스크롤압축기와 같다. 냉동기유로는 절연특성이 우수한 냉동기유(예 : 도요타 ; ND11, 현대 ; PVE 오일)를 사용한다.

오일 분리기는 토출되는 냉매로부터 냉동기유를 분리하여, 거의 순수한 냉매만 응축기로 보낸다. 냉동기유를 포함하고 있는 고온/고압의 냉매가 토출구로부터 토출되면서 회전운동을 하게 하여 무게가 무거운 냉동기유 입자는 대부분 분리되고, 거의 순수한 냉매만 응축기로 이동하도록 한다. 분리된 냉동기유는 다시 압축기의 마찰/운동부품에 공급하여 압축기의 윤활을 지원한다. (그림 6-48, -49 참조)

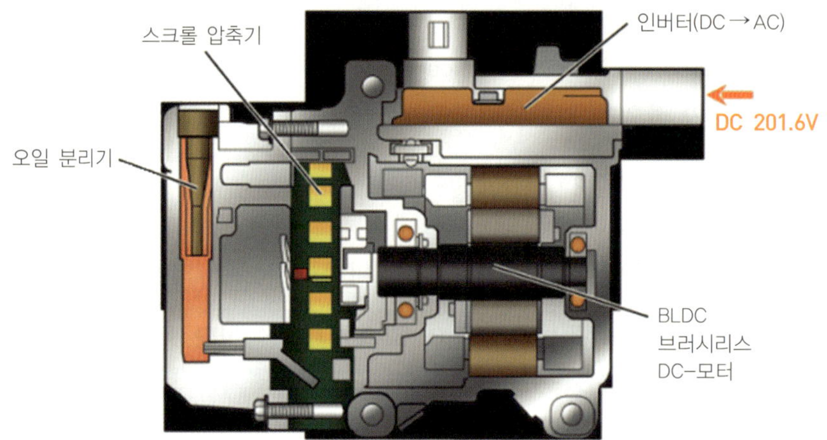

▲ 그림 6-48 전기구동식 스크롤 압축기(예 : Prius)

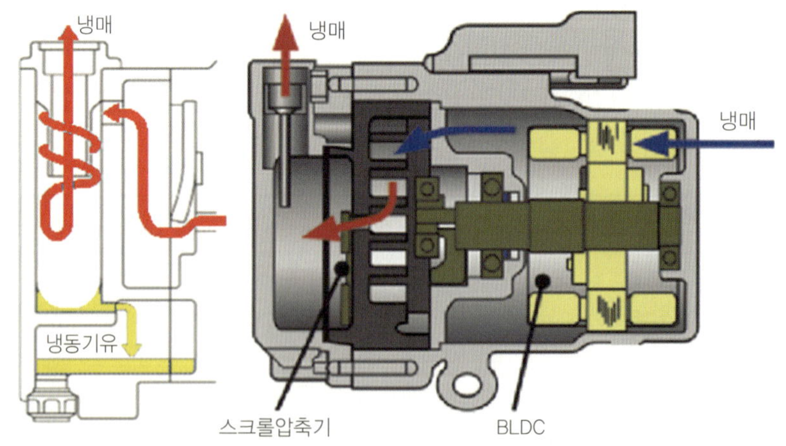

▲ 그림 6-49(a) 토출되는 냉매로부터 냉동기유 분리하기(예)

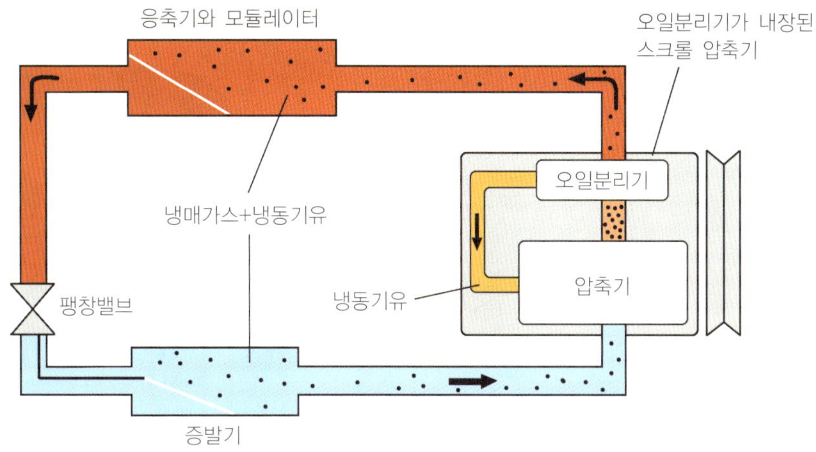

▲ 그림 6-49(b) 냉동기유 분리기구 및 냉동기유 순환회로

(2) 벨트 구동 및 전기구동 복합식 압축기

산덴(SANDEN)은 그림 6-50과 같이 2개의 스크롤 압축기를 하나의 하우징 안에 설치하고, 하나는 벨트로, 나머지 하나는 전기모터(3상)로 구동하는 형식의 압축기를 개발하여, 혼다 하이브리드 전기자동차에 공급하였다.

벨트 구동 압축기의 1회전 당 토출량은 75cc, 전기구동 압축기의 1회전 당 토출량은 15cc이다. 에어컨 시스템에 대한 요구조건 및 상황에 따라 벨트구동 압축기 또는 전기 구동 압축기만 구동하거나 두 압축기를 동시에 구동할 수 있다.

예를 들어 공전 정지(idle stop) 시에 냉방요구가 크지 않으면, 전기구동 압축기만 구동한다. 반대로 내연기관이 작동 중이거나 또는 구동 축전지의 충전수준이 낮을 경우에는 벨트구동 압축기만 구동한다. 큰 냉방출력이 필요할 경우는 둘 모두를 작동시킨다. 이와 같은 방법으로 에너지 소비를 최소화함은 물론이고 동시에 주행거리를 연장한다.

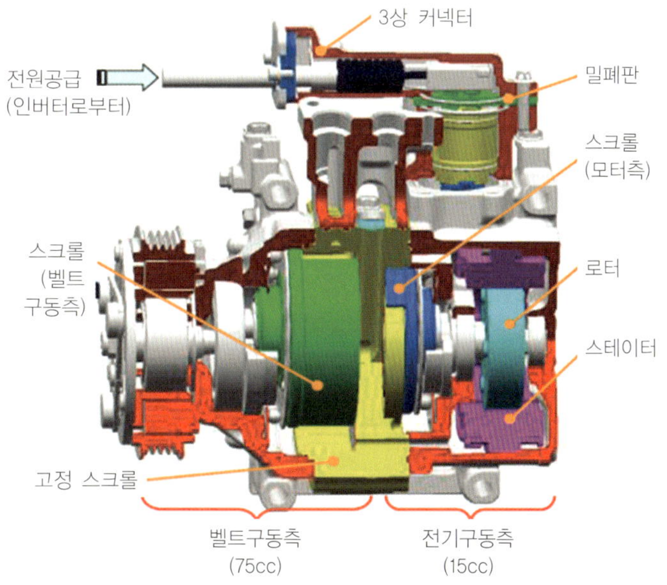

Model Name	HBC75115	
Type	2 Scroll Hybrid	
Displacement	Belt Driven	75 cc/rev
	Motor Driven	15 cc/rev
Maximun allowable	Belt Drive	9000rpm
	Motor Drive	6000rpm
Maximun down shift speed	Belt Drive	12000rpm
	Motor Drive	N/A
Refrigerant	HFC-134a	
Oil	SE-10Y	
Motor	DC Brushless motor	
Mass	9kg	

▲ 그림 6-50 벨트구동 및 전기구동 복합식 스크롤 압축기(예 : SANDEN)

(3) 전동식 압축기의 장점 및 특징

전동식 압축기로는 대부분 스크롤 압축기를 사용한다.

① 소형, 경량

대부분 기존의 압축기에 비해 무게와 크기를 줄인 소형, 경량의 압축기를 사용한다.

② 높은 회전속도

내연기관의 회전속도와 상관없이 최대 약 $7,000\text{min}^{-1}$ 정도까지 가능하다. 따라서 압축기 1회전 당 토출량을 적게 할 수 있기 때문에 압축기를 소형화할 수 있다.

③ 고효율 및 저소음

전기모터(BLDC)와 스크롤 압축기를 결합한 시스템에서, 스크롤의 형상을 최적화하고, 최신 모터제어 기술을 적용하여 다른 압축기 시스템에 비해 상대적으로 고효율과 저소음을 실현한다.

④ 빠른 시동

벨트 구동방식에 비해 에어컨 스위치를 켜면, 즉시 고속으로 압축기 구동이 가능하다.

응축기(Condensers)

1 응축기의 기능

자동차 공조장치에서는 대부분 공랭식 응축기를 사용한다. 응축기는 공기와의 열 교환을 통해, 압축기에서 토출되는 고온, 고압의 기체냉매(R134a 및 R1234yf 시스템에서는 약 $60℃$ ~$100℃$, R$-$744 시스템에서는 약 $100 \sim 160℃$)가 가지고 있는 열을 상대적으로 온도가 낮은 대기(최대 약 $35 \sim 40℃$)로 방출한다. 기체 냉매가 액화되어 응축기를 떠날 때의 체적은 기체일 때 체적의 약 1/1000로 줄어든다.

그러나 R$-$744(CO_2) 초임계 사이클에서는 기존의 응축기에서 냉매가 응축되지 않으며, 온도만 낮아진다. 따라서 이 경우는 기존의 응축기를 가스냉각기(gas cooler)라고 한다.

응축기에서 기체냉매로부터 대기로 방출해야 하는 열량은 이론적으로는 증발기가 흡수한 열량과 압축기가 압축에 소비한 일의 합과 같다.

응축기에서 응축된 냉매는 수액기와 팽창밸브를 거쳐서, 또는 고정 오리피스를 거쳐서 증발기에 분사된다. (예 : R$-$134a ; 16bar $\rightarrow$ 약 2.5bar로, R$-$744 ; 120bar $\rightarrow$ 약 40bar로 분사된다.)

2 응축기의 기본 구조

효과적인 열 교환을 위해서는 응축기의 열교환 표면적을 가능한 한 넓게 하고, 냉각공기의 최소 유동속도를 확보해야 한다. 열전달 표면적은 박판 냉각핀 사이에 설치된 둥근 또는 납작한 튜브(tube)에 의해 확보된다.

공기를 유도하는 플랩(flap)의 기능을 수행하는 냉각핀이 냉각성능 향상에 크게 기여한다. 냉각핀은 공기의 유동방향을 계속적으로 바꾸어 냉각표면과 공기가 아주 효과적으로 접촉하게 한다. 따라서 냉각핀의 오염 또는 핀 사이의 막힘은 냉각성능을 크게 저하시키므로,

정기적으로 핀의 오염 또는 핀 사이의 막힘을 점검하고 청소해야 한다.

공기의 유동속도는 주행풍에 의해서, 기관 냉각팬에 의해서 또는 별도의 전동식 팬(fan)에 의해서 생성된다. 그리고 충분한 냉각을 보장하기 위해서 응축기를 내연기관의 방열기 앞에 배치한다.

응축기는 외형 구조가 내연기관의 방열기와 비슷하며, 핀/튜브 형식, 서펜타인(serpentine) 형식 및 평행류 형식 등으로 구분한다.

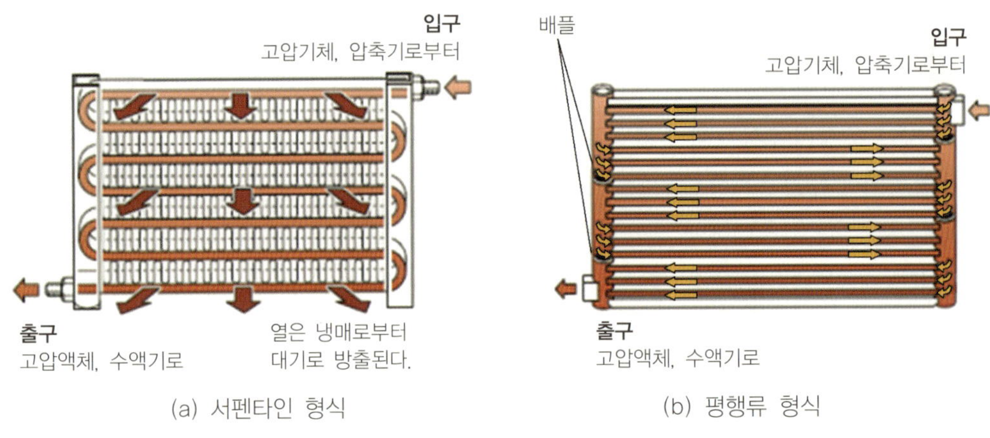

(a) 서펜타인 형식   (b) 평행류 형식

▲ 그림 6-51 응축기의 외형 구조

(1) 핀/튜브(pin & tube) 형식

응축기 입구에서 출구까지가 하나의 둥근 관(대부분 직경 3/8인치)으로 이어지는 형식으로 양단을 반원형으로 구부린 구리 튜브와 알루미늄 박판의 핀-패키지로 제작한다. 열을 전달하는 박판이 냉매가 통과하는 구리 튜브에 확실하게 접착되어야 양호한 열전달이 보장된다.

(a) 튜브와 핀 형식   (b) 서펜타인(serpentine)형식   (c) 평행류 형식

▲ 그림 6-52 응축기 핀/튜브의 기본 구조

(2) 서펜타인(serpentine) 형식

응축기 입구에서 출구까지가 하나의 납작한 띠 모양의 관으로 연결되어 있다. 그리고 납작한 띠 모양의 사출(extruding) 관은 다시 다수의 작은 사각형 또는 삼각형 통로로 분할되어 있다. 양단을 구부린 형상은 핀/튜브 형식에서와 같으며, 주로 알루미늄으로 제작한다. 튜브/핀 방식에 비해 열교환 능력이 약 15% 정도 더 높다.

(3) 평행류(parallel flow or multi-flow) 형식

냉매가 수평으로 한 방향으로 흐르도록 제작된 납작한 띠 모양의 관, 여러 개를 하나의 그룹으로 만들어 배열하고, 양단의 수직 헤더(header)에 접속하였다. 그리고 띠 모양의 관은 다수의 삼각형 또는 사각형 통로로 분할하고, 관 사이에는 냉각공기와 열교환을 하는 알루미늄 박판을 삽입, 접착시켰다.

평행관의 좌우 양단에는 1개 또는 2개의 헤더(header)가 설치되어 있으며, 헤더에는 제 2의 평행관 그룹으로 냉매가 유동방향을 전환할 수 있도록 칸막이(baffle)가 설치되어 있다. 이 방식은 기존의 핀&튜브 방식에 비해 열교환 능력이 약 30~40% 정도 더 높다.

3 최근의 응축기

(1) 모듈레이터(modulator)와 과냉각부(sub-cooling section)가 추가된 응축기

① 구조

응축기의 열교환 성능을 개선하여 필요한 압축일을 감소시키면, 에너지 소비를 줄일 수 있다. 과냉각부를 추가하고 리시버/드라이어를 응축기 헤더탱크(header tank)에 부가하고, 튜브를 얇게(1mm까지)하고, 냉각핀은 낮게(예 : 5.4mm)하는 기술을 적용하여 효율과 성능을 개선하고 있다. 또 튜브 표면에 아연층을 확산시켜 내부식성을 향상시키거나, 내부식성이 강한 재료를 사용함으로서 도금하지 않는 방법으로 튜브의 두께를 감소시킨다.

② 작동 원리

응축기 코어의 상부로부터 2/3 정도까지 에서는 고온의 기체냉매가 열을 방출하며 액화한다. 액화된 냉매는 리시버/드라이어 기능을 수행하는 모듈레이터(modulator)로 들어간다. 모듈레이터에서는 아직 액화되지 않은 기포를 분리하고, 동시에 봉입된 건조제와 필터가 냉매로부터 수분과 이물질을 분리한다. 수분과 이물질이 제거된, 순수한 액상의 냉매는 과냉각부(subcooling section)를 거치면서 더욱 냉각되어 가용(可用) 엔탈피가 크게 증가한다.

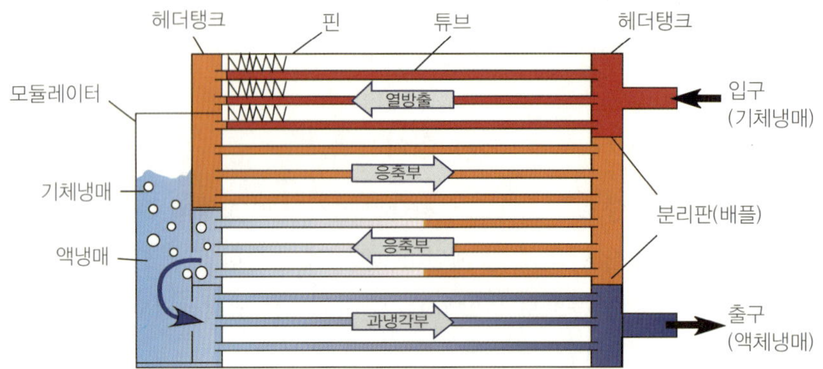

▲ 그림 6-53 모듈레이터(modulator)와 과냉각부가 추가된 평행류 응축기

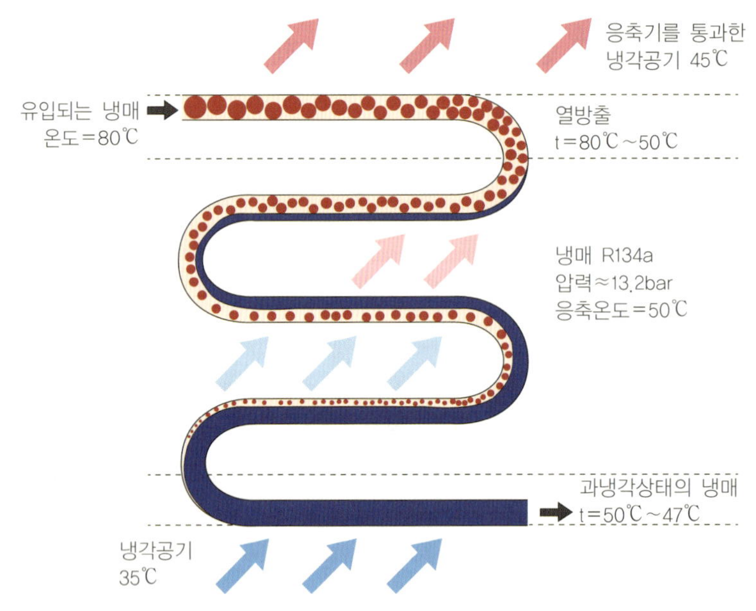

▲ 그림 6-54 응축기의 작동원리(예)

그러나 응축압력이 과대해지면 이 평형 상태가 파괴되면서 액냉매가 흘러야 할 호스나 팽창밸브에 과열상태의 기체냉매가 유입될 수 있다. 반대로 응축기 압력이 너무 낮을 경우에는 저압측 지시압력이 정상 압력보다 높게 나타난다. 이렇게 되면 응축기에서의 열교환은 이루어지지 않을 것이고, 응축기에서 교환되지 못한 열은 그대로 시스템의

저압부로 이동하게 될 것이다. 원인은 압축기 밸브나 피스톤 등에서의 누설이다.

(2) R-744 시스템의 응축기

R-744시스템의 응축기는 고압에 대한 저항성 및 내구성이 가장 크게 요구되기 때문에 사출 튜브 형식의 튼튼한 내압 구조로 제작한다. 전체적인 냉매 순환량이 상대적으로 적기 때문에 R-134a 시스템에 비해 크기는 더 작다.

(a) 모듈레이터식 응축기(DENSO)

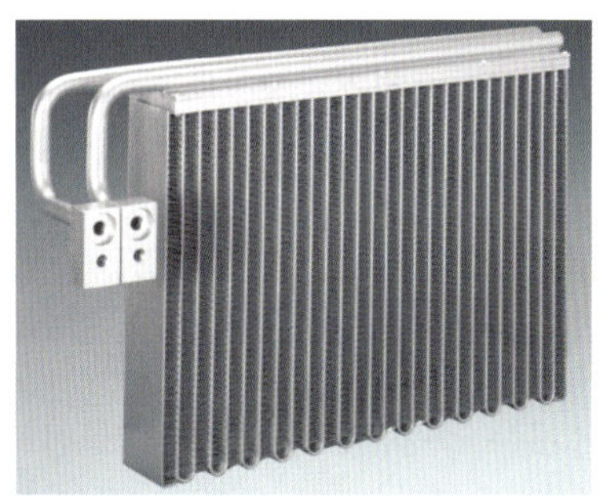
(b) R-744 응축기(BEHR)

▲ 그림 6-55 응축기 실물도

수액기/건조기와 어큐뮬레이터
(Receiver / drier & accumulator)

　승용자동차 공조장치에서는 수액기/건조기를 응축기에 모듈레이터(modulator) 형식으로 부가하며, 점검창을 생략하는 형식이 많다.

1 수액기/건조기(또는 리시버/드라이어(receiver & drier))

　냉매는 응축기로부터 수액기/건조기로 이동한다. 수액기/건조기는 소량의 액냉매를 저장하고 있다가 매순간 증발기가 필요로 하는 냉매량의 변동에 대응한다. 그리고 팽창밸브의 개폐에 따라 발생하는 압력의 맥동은 냉매의 유동저항(flow resistance)에 의해 감쇄된다. 또 수액기/건조기에서는 액냉매로부터 오염물질과 이물질을 제거하는 여과, 그리고 수분을 제거하는 제습이 동시에 진행된다.

　냉매회로를 개방할 때마다 수액기/건조기 세트를 교환해야 한다. 밀봉상태의 수액기/건조기 어셈블리는 설치하기 직전에 개봉한다. 그래야만 건조제가 공기 중의 수분을 흡수하여 사전에 포화되는 것을 방지할 수 있다.

(1) 수액기/건조기의 구조 및 작동

　수액기/건조기는 응축기와 팽창밸브 사이의 고압 관로에 설치한다. 철제 또는 알루미늄제 원통형 본체에 필터와 건조제가 봉입되어 있다. 그리고 원통의 중심부에는 출구와 연결된 파이프가 거의 하단까지 연장되어 있으며, 원통의 상단에는 형식에 따라 점검창(sight glass) 및 가용전(fusible plug)이 설치되기도 한다.

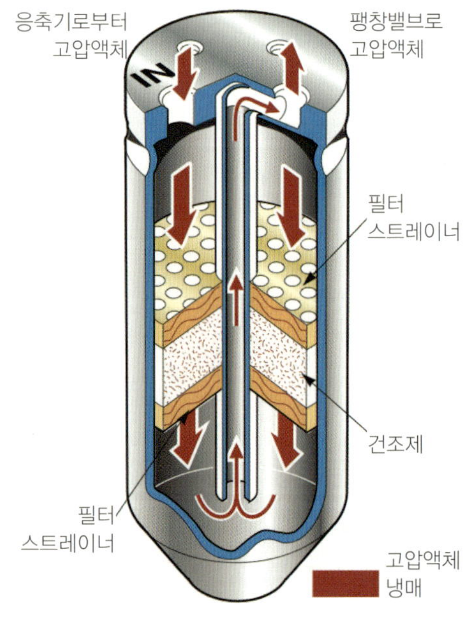

▲ 그림 6-56 수액기/건조기의 구조

(2) 수액기/건조기의 기능

수액기/건조기는 냉매를 일시 저장하고, 기포를 분리하고, 이물질을 여과하고, 수분을 제거하는 기능을 수행한다. 그리고 수분과 이물질이 제거된 순수한 100% 액상의 냉매만을 팽창밸브로 공급한다.

① 냉매 저장기능

증발기(evaporator)가 필요로 하는 액체냉매의 양은 자동차 실내의 냉방부하, 응축작용, 자동차 주행속도, 압축기 회전속도 등의 변화에 따라 달라진다. 이러한 변화에 대응하기 위해 냉매를 일시적으로 저장한다.

② 기포 분리

응축기로부터 유입된 냉매의 유동속도가 저하됨에 따라 무거운 액냉매는 아래로 떨어지고 기포는 분리되어 상부에 남아 천천히 액화한다.

③ 수분 및 이물질 제거

시스템에 수분이 존재하면 이 수분은 시스템을 순환하면서 각 기능부품을 부식시킨다든가, 냉동기유의 열화를 촉진시킨다든가, 또는 팽창밸브의 스로틀(throttle)에서 빙결되어 냉매의 유동 통로를 막는 등 여러 가지 고장을 일으킬 수 있다. 똑같은 고장이 고형 이물질(금속 파편, 슬러지, 먼지 또는 스케일, 용접 스패터(spatter), 슬랙(slack) 잔류물 등)에 의해서도 발생할 수 있다.

수액기/건조기에 들어있는 필터와 건조제(또는 흡습제)가 액체냉매로부터 수분과 이물질을 제거한다. 건조제로는 주로 몰리큘러시브(molecular sieve) XH7, XH9 또는 합성 제올라이트(Zeolite)를 사용한다. (제 4-3-4 건조제 참조)

(3) 점검창(또는 사이트 글라스 : sight glass)

팽창밸브의 확실한 작동을 보장하기 위해서는 기포가 들어있지 않은, 순수한 액상의 냉매를 준비해야 한다. 냉매에 기포가 들어있으면, 냉매공급량이 감소하여 시스템 구성요들에서 냉매가 부족할 수 있다. 냉매가 부족하면 압력이 강하하여 증발기에 유입되기 전에 그 일부가 기화될 수 있다. 동일한 현상은 액냉매가 흐르는 관로에 열이 침입해도 발생한다. 그래서 기관의 열방출 표면이나 배기파이프로부터 냉매회로의 액관에 열이 전달되지 않도록 단열, 차폐 또는 이격(離隔)시켜야 한다.

액냉매의 상태를 관찰하기 위해서 점검창을 설치한다. 점검창은 팽창밸브 입구 근처에,

육안관찰이 가능한 위치의 관로에 설치한다. 일반적으로 승용자동차 에어컨에서는 흔히 수액기/건조기 어셈블리의 출구에, 그리고 버스 에어컨 시스템에서는 독립적으로 설치한다.

점검창에서 볼 때, 냉매에 기포가 없으면, 시스템 작동은 정상이다. 비정상적인 경우에는 고장진단 순서와 방법에 따라 시스템을 점검해야 한다.

점검창에 수분 지시기(indicator)를 추가로 설치하기도 한다. 지시 종이(indicator paper)의 색봉투를 이용하여, 녹색 또는 청색은 건조한 상태, 노란색 또는 장미색은 "습함"을 나타낸다. 따라서 "습함"으로 지시되면, 필터 어셈블리를 교환해야 한다.

그러나 R-134a 시스템에서는 냉매(R134a) 온도 약 70℃에서 냉동기유(예 : PAG 오일)가 기포를 생성하는 경향이 있다. 그러므로 점검창을 통한 육안관찰만으로 냉매 주입량을 정확하게 판정할 수 없다. 따라서 오늘날은 대부분 점검창을 생략한다.

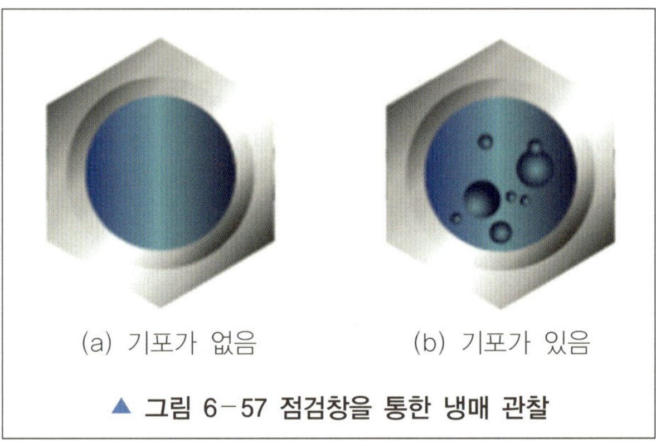

▲ 그림 6-57 점검창을 통한 냉매 관찰

> **가용전(可溶栓 : fusible plug)**
>
> 가용전은 볼트의 중앙에 구멍을 뚫고 이 구멍에 융점이 낮은 합금을 녹여 넣은 것으로서, 통풍이 불량하여 응축기의 열방출이 충분하지 못하면 응축기나 수액기의 온도와 압력이 비정상적으로 상승하여 파괴되는 것을 방지하기 위한 안전장치이다. 합금의 주성분은 비스무트(Bi), 카드뮴(Cd), 납(Pb), 주석(Sn) 등이며 융점은 75℃ 정도이다. 수액기 내부의 온도가 95℃~100℃ 정도(약 28 bar 이상)가 되면, 가용전이 녹아 다른 부품의 손상을 방지한다. 현재는 거의 사용하지 않는다.

2 어큐뮬레이터 시스템(accumulator system)

이 시스템은 1973년 쉐보레 Vega에 처음 적용한 시스템으로 기존의 팽창밸브 위치에 고정 오리피스 튜브(FOT : fixed orifice tube)를 설치하고, 증발기와 압축기 사이에 어큐뮬레이터(accumulator)를 설치한다.

팽창밸브식에서는 냉매가 압축기 → 응축기 → 수액기/건조기 → 팽창밸브 → 증발기 → 압축기로 흐르지만 오리피스식에서는 냉매가 압축기 → 응축기 → 오리피스 튜브 → 증발기 → 어큐뮬레이터 → 압축기의 순으로 순환한다.

(1) 어큐뮬레이터(accumulator)의 구조 및 작동 원리

① 어큐뮬레이터의 구조(그림 6-58 참조)

수액기/건조기는 응축기와 팽창밸브 사이의 고압 관로(line)에, 어큐뮬레이터는 오리피스 튜브와 압축기 사이의 저압 관로에 설치된다. 따라서 수액기/건조기는 액상의 냉매를 팽창밸브에 공급하고, 어큐뮬레이터는 기체상태의 냉매를 압축기에 공급한다.

어큐뮬레이터는 철제 또는 알루미늄 원통의 내부에 필터와 건조제가 봉입되어 있다. 그리고 원통의 내부에는 출구와 연결된 U－형 파이프가 들어있으며, U－형 파이프의 상단에는 증발기로

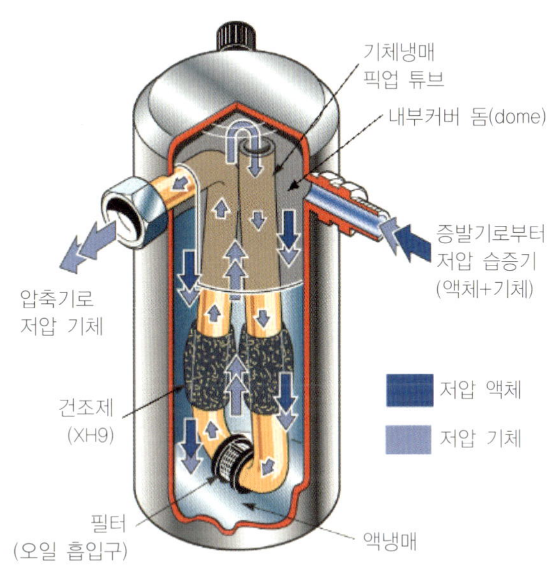

▲ 그림 6-58 어큐뮬레이터 구조

부터 유입되는 냉매가 U－형 파이프에 직접 유입되지 않도록 돔(dome)형의 커버가 씌워져 있다. 그리고 원통의 외부 상단에 저압 스위치를 설치하기도 한다.

② 어큐뮬레이터의 작동원리

증발기로부터 유입되는 저압 습증기 상태의 냉매 중에서 액냉매는 아래로 떨어지고 기체냉매만 상부에 모이게 된다. U－형 기체 파이프의 상부로 유입된 기체냉매는 건조제를 통과하면서 수분과 이물질을 제거한 다음에 압축기로 흡인된다. 또한 축압기 하부에 고이는 냉동기유는 U－형 파이프의 하단에 설치된 오일필터와 작은 구멍을 통해 기체냉매와 함께, 압축기로 흡인된다.

어큐뮬레이터 내부에 잔류하고 있는 액냉매도 2차 증발되어 결국에는 압축기로 이동한다.

(2) 어큐뮬레이터(accumulator)의 기능

어큐뮬레이터의 기능은 수액기/건조기와 거의 비슷하다.

① 냉매 저장 및 2차 증발 기능

압축기가 필요로 하는 기체냉매의 양은 자동차 실내의 냉방부하, 응축작용, 자동차 주행속도, 압축기 회전속도 등의 변화에 따라 달라진다. 이러한 변화에 대응하기 위해 냉매를 일시적으로 저장하며, 동시에 잔류하고 있는 액냉매를 2차 증발시킨다.

② 액체 분리

증발기로부터 유출되는 냉매는 대부분 습증기 상태로 어큐뮬레이터에 유입된다. 액냉매가 압축기에 유입되면 액압축 현상이 발생하여 압축기가 손상될 수 있다. 따라서 액냉매를 분리하고 100% 기체냉매만 압축기 흡입관로로 보낸다.

③ 수분 및 이물질 제거

어큐뮬레이터에 봉입된 필터와 건조제(또는 흡습제)가 액체냉매로부터 수분과 이물질을 제거한다. R-134a 또는 R-1234yf 시스템에서는 건조제로 주로 몰리큘러시브(molecular sieve) XH7, XH9 또는 합성 제올라이트(Zeolite)를 사용한다.(제 4-3-4 건조제 참조)

④ 냉동기유(윤활유) 순환 기능

U-형 파이프 하단에 설치된 오일필터와 작은 구멍을 통해 냉동기유의 순환을 지원한다.

⑤ 증발기 빙결 방지 기능

설치된 저압 스위치의 신호를 이용하여, 저압측 압력이 규정값보다 낮아지면 압축기 작동을 일시적으로 중단시켜, 증발기의 빙결을 방지한다.

팽창밸브와 오리피스 튜브
(Throttle devices – expansion valve & orifice tube)

증발기에 유입되는 냉매의 양을 조절하는 계량기구(metering devices)에는 여러 가지 가 있으나 자동차 에어컨에서는 주로 온도조절식 팽창밸브(TXV : thermal expansion valve) 또는 고정 오리피스 튜브((FOT : foxed orifice tube)를 사용한다.

일반적으로 온도조절식 팽창밸브를 간단히 팽창밸브 또는 'TXV'라고 하며, 고정 오리피스 튜브를 오리피스 튜브 또는 'FOT'라고 한다.

팽창밸브(TXV)는 고온, 고압의 액체냉매를 교축작용(throttling)을 통해 저온, 저압, 안개 상태(霧狀)의 냉매로 단열팽창(斷熱膨脹)시켜 압력과 온도를 낮추고, 동시에 냉방부하에 따라 증발기에 공급되는 냉매량을 조절한다.

일반적으로 TXV는 응축기를 지나서 증발기 가까이 또는 증발기에 설치한다. 이는 팽창된 저온, 저압의 액냉매가 증발기에 유입되기 전에 긴 관로를 따라 이동하는 동안에 열을 흡수, 기화하면 냉동출력이 저하되기 때문에 이를 방지하기 위해서 이다.

고정 오리피스 튜브(FOT)도 응축기와 증발기 사이에 설치되며, 기본적으로 팽창밸브와 같은 기능을 수행한다. 고정 오리피스는 통로 단면적은 제어되지는 않지만, 냉매의 유동량 과 유동속도의 균형에 의한 자력(自力)제어를 수행한다. 그리고 자력(自力)제어 기능을 보 완하기 위해 증발기 출구에, 앞에서 설명한 어큐뮬레이터를 설치한다.(pp 273 참조)

1 팽창밸브의 기능

팽창밸브는 고압과 저압의 경계에서 교축작용(throttling)과 유량제어 기능을 수행한다.

(1) 팽창밸브의 교축작용 – 압력강하 및 온도강하 (그림 6-59)

액냉매가 팽창밸브를 통과, 팽창될 때 액체 상태를 유지할 수 있는 범위 내에서 압력이 내 려가면 체적은 거의 변화하지 않는다. 그러나 압력이 그 온도에서의 포화압력보다 더 낮아지면 액체의 일부는 증기로 변해 체적이 크게 팽창한다. 액냉매가 팽창밸브를 통과하는 시간은 극히 짧기 때문에 그 사이에 열의 출입이 없는 단열변화로 간주한다.

교축팽창에 의해 냉매는 압력이 하강하면서 동시에 온도도 낮아진다. 이때의 온도는 그 압력에서의 포화온도와 같다.

교축팽창에 의해 냉매의 일부가 증발하여 습증기가 될 때, 생성된 플래쉬 가스(flash gas)는 냉매 자체 내에서의 에너지 변환 때문에 발생하며, 외부에 대해 냉각작용을 하지는 않는다. 즉 냉매 자신의 냉각이 이루어졌을 뿐이다. 따라서 생성된 프래쉬 가스(flash gas)는 냉방능력이 없으며, 오히려 열전달을 방해한다.

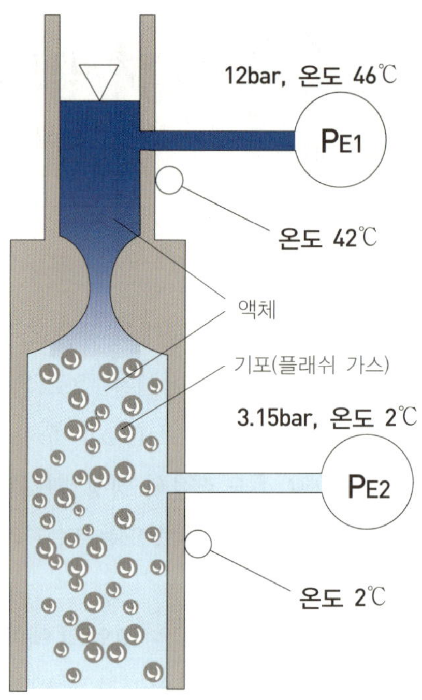

▲ 그림 6-59 팽창밸브에서의 교축작용
(예 : R134a의 경우)

(2) 유량제어 기능

냉동사이클의 열부하 변동 및 자동차 주행조건에 대응하여 냉방성능을 최대로 발휘할 수 있도록, 증발기에 유입되는 냉매량을 정밀하게 계량, 조절하는 기능이다. 팽창밸브 입구 냉매압력, 팽창밸브 스프링의 장력 및 증발기 출구의 냉매압력이 연동되어, 팽창밸브 스로틀의 개도를 변화시켜 냉매 유동량을 제어한다. 여기서 적절한 유량제어란 팽창밸브로부터 증발기로 분사되는 습증기 상태의 냉매가 증발기 내에서 완전 기화되어, 약간 과열(super heat)된 상태로 압축기로 가는 경우를 말한다.

 **2** ## 팽창밸브(TXV)의 종류

자동차 에어컨 시스템에 사용하는 TXV는 형상에 따라 앵글형(angle type)과 블록형(block type)으로 구분한다.

(1) 앵글형 팽창밸브(TXV)의 종류

앵글형 팽창밸브(TXV)는 다이어프램 하부에 작용하는 증발기의 포화 증기압을 얻는 위치에 따라 내부 균압식과 외부 균압식으로 구분한다.

① **내부 균압식**(內部均壓式 ; internal equalization type)(그림 6-60(a))

내부 균압식은 팽창밸브의 다이어프램 하부에 작용하여 밸브가 닫히도록 작용하는 압력(이를 균압이라 한다)을 팽창밸브의 스로틀(throttle)을 지나서, 바로 증발기 입구에서 얻는 방식을 말한다. 팽창밸브 직후의 압력을 그대로 증발기 출구압력으로 간주하여도 지장이 없는 시스템, 즉, 증발기 입/출구의 압력차가 0.2bar 이하로 작은 시스템에 주로 적용한다. 경승용 및 소형 자동차 에어컨 시스템에 많이 사용한다.

② **외부 균압식**(外部均壓式 ; external equalization type)(그림 6-60(b))

증발기 입구와 출구사이의 거리가 멀면 유로저항에 따른 압력 강하가 커지게 된다. 이때 내부 균압식으로 하면 비정상적인 과열 상태에서 팽창밸브가 평형상태를 이루기 때문에 안정된 운전을 할 수 없게 된다. 따라서 이와 같이 증발기 입/출구간의 압력차가 큰 경우에는 증발기 출구의 냉매압력이 다이어프램 하부에 작용하도록 하여 내부 균압식의 결점을 보완한다. 이를 외부 균압식이라고 한다. 일반 승용 자동차에 널리 사용하고 있다.

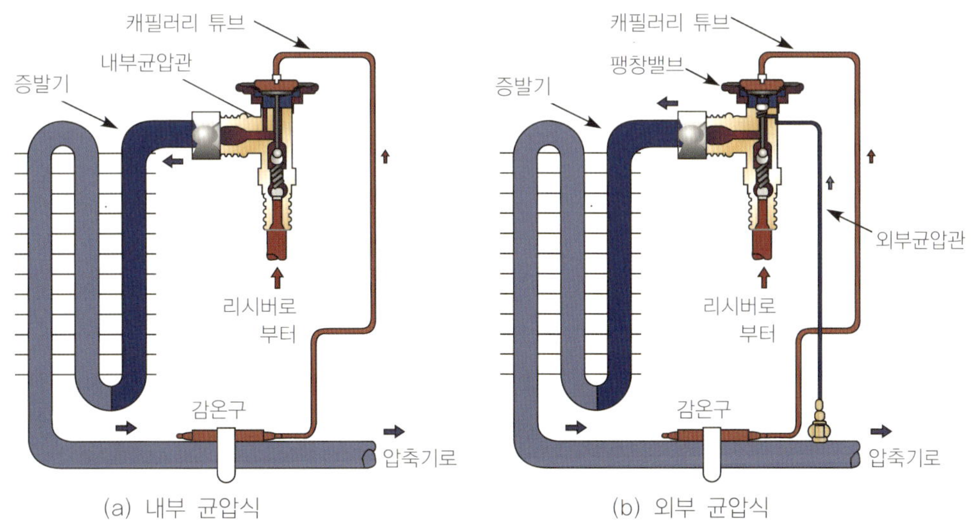

▲ 그림 6-60 팽창밸브(TXV)의 종류

(2) 앵글형 팽창밸브(TXV)의 구조

앵글형 외부 균압식 팽창밸브(TXV)의 구조는 그림 6-61(a)와 같다.

팽창밸브(TXV)의 내부는 압력실, 균압실, 고압과 저압의 경계에 설치된 작은 미터링 스로틀, 그리고 하부 스프링으로 구성되어 있다. 미터링 스로틀은 스프링의 장력에 의해 닫히고, 압력실의 압력에 의해 열린다. 미터링 스로틀이 열리면, 냉매는 고압측에서 저압측으로 흐른다.(실제로는 압력차에 의해 고압측에서 저압측으로 분사된다.)

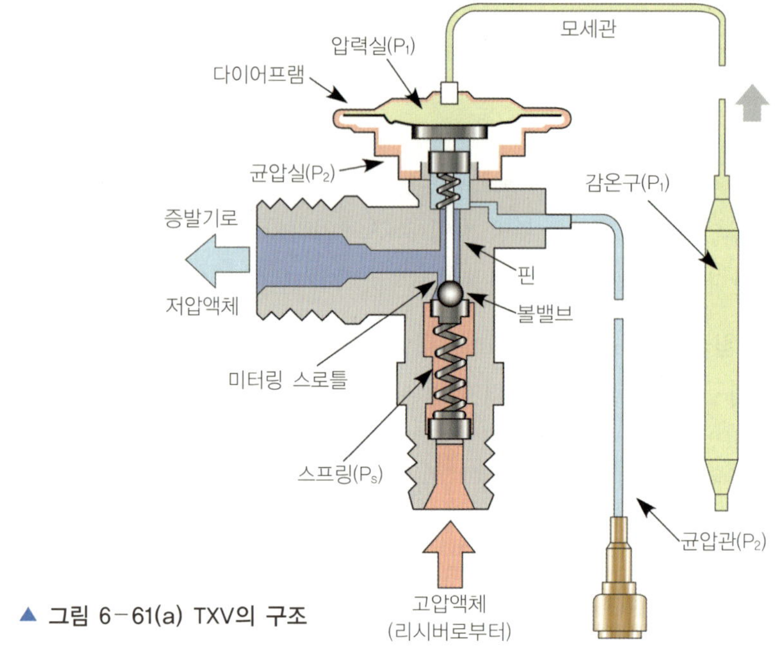

▲ 그림 6-61(a) TXV의 구조

약간의 운동이 가능한 철제 박막(다이어프램)의 상부는 압력실, 하부는 균압실을 구성한다. 즉, 압력실과 균압실은 다이어프램에 의해 분리되어 있다.

압력실은 위쪽은 모세관 형태의 캐필러리 튜브(capillary tube)를 통해 증발기 출구온도를 감지하는 감온구(temperature sensing bulb)와 연결되어 있고, 아래쪽은 다이어프램에 의해 밀폐되어 있다.

감온구(센서), 압력실 그리고 감온구와 압력실을 연결하는 모세관에는 온도가 상승하면 쉽게 팽창하는 물질이 봉입되어 있다. 그리고 감온구는 증발기 출구온도를 잘 감지할 수 있는 위치에 설치된다.

봉입된 물질은 액화가스 또는 온도가 상승하면 기체를 방출하는 물질이다. 자동차 에어컨 시스템에서는 주로 시스템 냉매를 사용한다. 봉입된 물질은 증발기 출구온도가 상승하면 즉시 기화하여 압력실의 압력을 상승시킨다.

외부 균압식에서는 균압실이 균압관을 통해 증발기 출구측 관로와 연결되어 있기 때문에 증발기 출구압력(P_2)이 다이어프램의 하부에 작용하며, 이 힘은 온도를 평가하기 위한 대항력으로 사용된다. (* 내부 균압식에서는 균압실에 증발기 입구의 냉매압력이 작용한다.)

압력실 압력(P_1)이 균압실 압력(P_2)보다 어느 수준 이상으로 상승하여 다이어프램이 균압실 쪽으로 휘어지면 미터링 스로틀(metering throttle)이 열리는 구조를 갖추고 있다. 그리고 미터링 스로틀 밸브(여기서는 볼밸브)의 아래에 설치된 스프링은 항상 미터링 스로틀이 닫히는 방향으로 장력을 가하고 있으며 스프링 장력(P_s)은 필요에 따라 밸브의 작동을 지연시키거나 보완하며, 증발기 냉매의 과열도를 일정 수준으로 유지하는 기능을 수행한다. 그래서 이 스프링을 과열 스프링 또는 압력 조절 스프링이라고 한다.

스프링 장력은 현장에서는 조정하지 않는다. 최초 한 번의 조정으로 밸브의 수명이 다할 때까지 충분하며, 스프링 장력은 대부분 특수 계기를 사용해야만 조정할 수 있다.

(3) 앵글형 팽창밸브(TXV)의 작동원리

① 냉방 부하가 클 때(예 : 차 실내 온도가 높을 때)(그림 6-61(b))

증발기 출구온도가 높아져 감온구의 포화 증기압(P_1)이 상승하여, 압력실의 압력(P_1)이 균압실 압력(P_2)과 스프링 장력(P_s)의 합보다 커지면($P_1 > P_2 + P_s$), 다이어프램은 균압실 쪽으로 휘어지면서 핀을 눌러 미터링 스로틀을 연다. 미터링 스로틀이 크게 열리면, 증발기에 유입되는 냉매량은 증가하고 냉방출력은 상승한다.

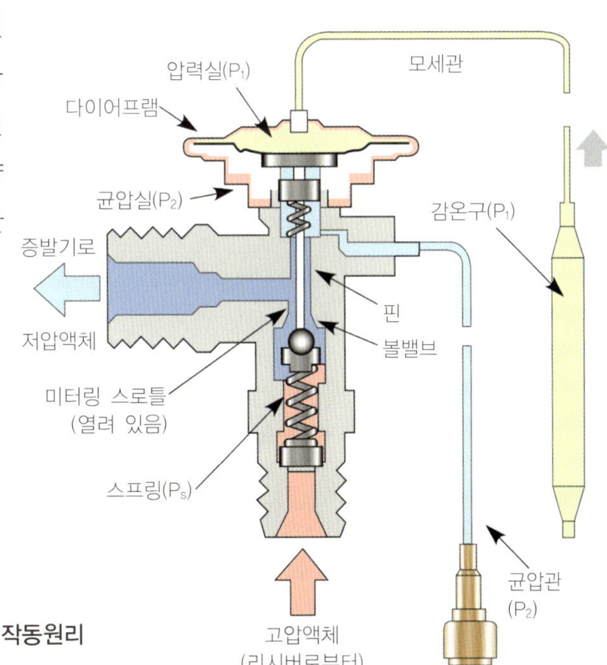

▲ 그림 6-61(b) TXV의 구조 및 작동원리
－냉방부하 클 때

예를 들어 시스템이 작동을 개시하는 시점에서는 증발기 출구의 온도가 비교적 높아 압력실의 압력(P_1)이 높다. 동시에 압축기 흡입측 관로에는 강력한 부압이 형성되므로 균압실 압력(P_2)은 낮다. 따라서 미터링 스로틀은 크게 열린다.(* R−134a 시스템에서 최대로 열릴 때, 직경 약 0.2mm(0.008inch) 정도까지)

따라서 단시간 내에 최대 냉방출력에 도달하게 된다. 더운 여름철 뜨거운 햇볕 아래 장시간 주차된 자동차의 에어컨을 작동시킬 때 이와 같은 상태가 될 것이다.

② 냉방 부하가 작을 때(예 : 차실내 온도가 낮을 때)(그림 6−61(c))

냉매회로가 정상작동상태로 복귀하면, 증발기 출구의 냉매온도는 처음 작동을 개시할 때에 비해 상대적으로 낮아진다. 따라서 감온구의 포화 증기압(P_1)이 낮아져, 압력실 압력(P_1) 이 다이어프램 하부에 작용하는 균압실 압력(P_2)과 스프링 장력(P_s)의 합보다 작아지면($P_1 < P_2 + P_s$), 다이어프램은 압력실 쪽으로 휘어지고 미터링 스로틀의 열림은 작아진다. 따라서 증발기로 유입되는 냉매량과 시스템 냉방출력은 각각 감소한다.

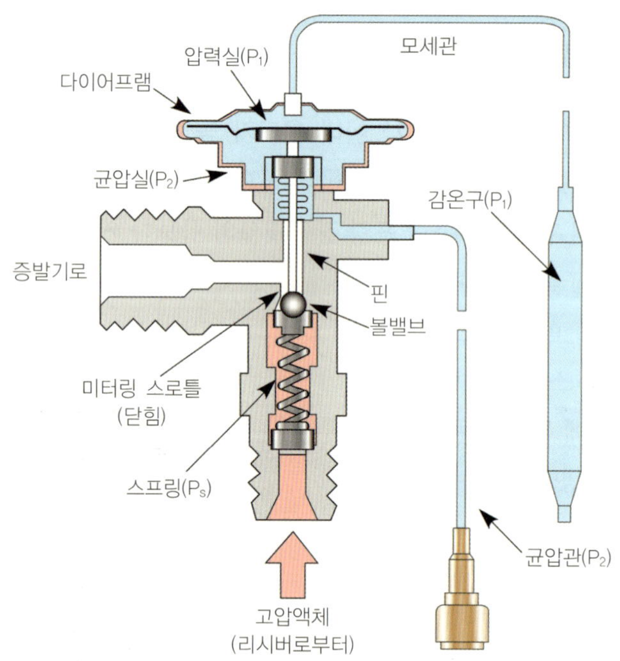

▲ 그림 6−61(c) TXV의 구조 및 작동원리 − 냉방부하 작을 때

이와 같은 과정을 지속적으로 반복하여 증발기로 유입되는 냉매량을 조절한다.

압축기가 작동을 멈추면 증발기 출구 관로의 압력도 상승하므로 균압실 압력(P_2)도 상승한다. 따라서 미터링 스로틀은 닫히고, 또 압축기의 흡입/토출밸브도 동시에 닫히므로 시스템 고압부와 저압부는 서로 차단된다.

③ **과열도 제어**(그림 6-62 참조)

시스템이 임의의 증발온도 t_2에서 안정상태를 유지하고 있다면, 다이어프램 상/하에 작용하는 압력도 "압력실 압력 = 균압실 압력+스프링 장력($P_1 = P_2 + P_s$)"으로 평형을 유지한다.

이때 증발기 출구에 장착된 감온구 온도와 증발기 출구의 냉매 온도가 같다면 증발기를 통과하는 동안, 냉매는 "출구온도－입구온도=과열도($t_1 - t_2 = t_s$)" 만큼 과열(super heat)된다. 이 과열량은 과열 스프링 장력(P_s)을 조정하여 가감할 수 있다. 그러나 생산 공장에서 정확히 조정하였음으로 다시 조정할 필요는 없다.

그림 6-62에서 스프링장력은 $P_s = 65.7\text{kPa}(0.67\text{kgf/cm}^2)$이고 균압실 압력 $P_2 = 248.1\text{kPa}(2.53\ \text{kgf}/\text{cm}^2)$이라면 팽창밸브가 균형을 유지하기 위해서는 압력실 압력, 즉 감온구의 압력(P_1)은 $P_1 = 313.8\text{kPa}(3.2\text{kgf/cm}^2)$이 되어야 한다. R-134a의 경우, 이 압력 $313.8\text{kPa}(3.2\text{kgf/cm}^2)$에서의 포화온도는 10℃이다. 여기서 증발기 입구 냉매온도를 5℃로 가정하였으므로, 이 경우의 과열도는 5℃가 된다.

그런데 그림 6-63에서와 같이 증발기 입구와 출구간의 거리가 멀어서 약 $29.4\text{kPa}\ (0.3\text{kgf/cm}^2)$의 압력 강하가 발생했다면, 출구 압력은 218.7kPa

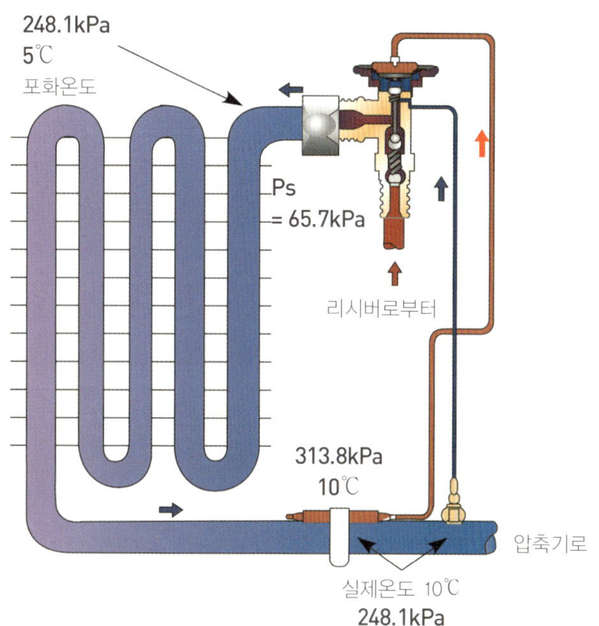

▲ 그림 6-62 안정상태에서의 제어 위치

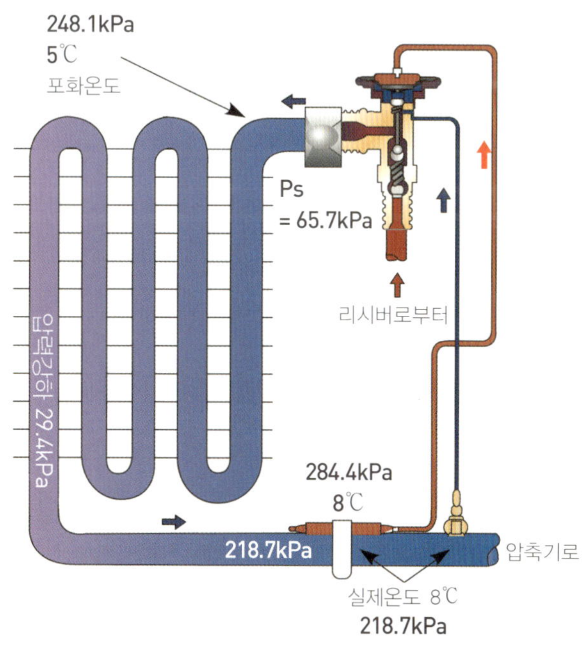

▲ 그림 6-63 압력강하시의 안정상태 유지를 위한 과열도(예)

(2.23kgf/cm^2)로 낮아진다. 이 출구압력은 외부 균압관을 통해 즉시 균압실에 작용한다. 따라서 출구압력과 스프링장력 P_s = 65.7kPa(0.67kgf/cm^2)을 합한 값 284.4kPa(2.9kgf/cm^2)이 압력실에 작용한다면, 다이어프램의 상/하에서 압력평형에 도달할 수 있다. 그러기 위해서는 감열부에서의 압력이 284.4kPa(2.9kgf/cm^2)이 되어야 한다. R－134a의 경우 포화압력 284.4kPa(2.9kgf/cm^2)에서의 온도는 약 8℃이다. 따라서 감열부의 온도는 입구온도 5℃보다 3℃가 더 높아야 한다. 즉, 과열도 3℃를 유지해야만 안정상태를 유지할 수 있다.

이상과 같은 이유에서 외부 균압식은 증발기 내부 저항이 비교적 큰 형식에 이용된다. 일반적으로 내부 압력 강하가 0.2bar 이상이면 외부 균압식을 사용한다.

최적 과열도(증발기 입구/출구간의 온도차) 범위는 설계사양에 따라 다르나 대부분 10°F～20°F(5.6℃～11.1℃) 범위이다.

과열도가 높으면 증발기 성능이 낮아지고, 압축기의 압축말 온도가 상승하여 압축기 고장이 발생할 수 있다. 반대로 과열도가 낮으면 액냉매가 압축기 흡입관으로 유입되어 액압축에 의한 수격(water hammering)현상이 발생할 수 있다. 여기서 수격현상이란 액압축에 의해 압축기 내에서 발생하는 물리적인 충격과 소음을 말한다.

4 블록형 팽창밸브(H－type thermal expansion valve)

이 밸브는 기존의 팽창밸브(TXV)와 기능은 같지만, 구조 및 장착 위치가 다르다. 블록형(또는 H－형) 팽창밸브에는 다이어프램 챔버가 외부로 노출된 돔(dome)형식과, 블록의 내부에 내장된 형식이 있다. 설치된 상태가 영문자 "H"와 비슷하다고 하여 "H"형 팽창밸브 또는 H－밸브라고도 한다. H－밸브는 대부분 내부 균압식이다.

(1) 블록형(H형) 팽창밸브의 장착위치

블록형 팽창밸브는 대부분 엔진룸 안의 벌크헤드(bulk head)에 장착되기 때문에 작동소음이 실내로 유입되는 현상을 최소화할 수 있고, 기존의 팽창밸브(TXV)에 비해 교환 작업이 쉽다는 장점이 있다. 그러나 H－밸브가 증발기 온도만을 감지하도록 하기 위해서는 엔진룸의 뜨거운 열이 팽창밸브에 전달되지 않도록 단열을 잘 해야 한다.

초기의 돔(dome)형 블록밸브(그림 6－66 참조)는 감온부의 파워돔(power dome)에 플라스틱 단열캡을 씌워 엔진룸의 열을 차단하는 구조였으나, 최근에는 파워돔을 블록에 내장한 형식(그림 6－67 참조)으로 발전하였다.

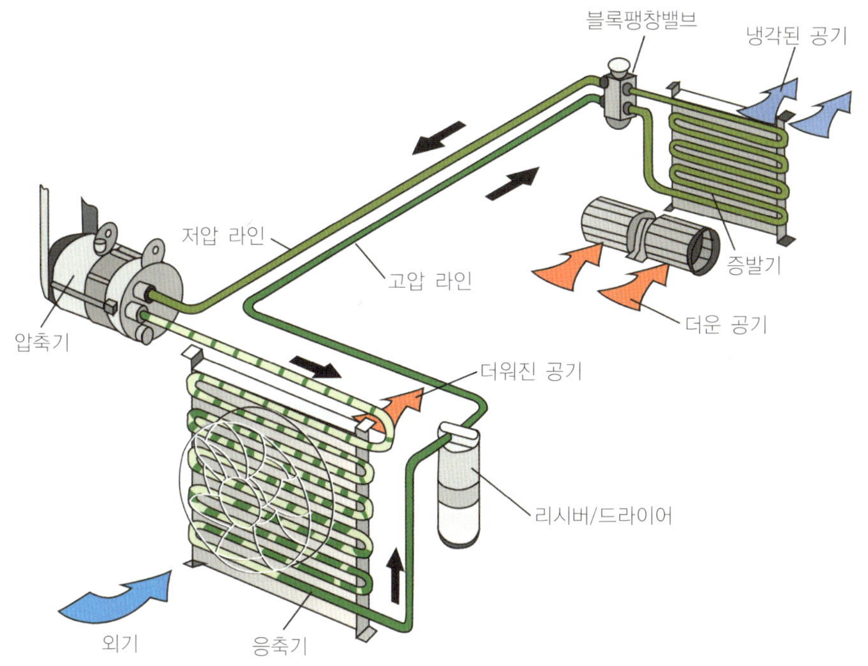

▲ 그림 6-64 블록형 팽창밸브가 적용된 냉방시스템의 구성

파워돔의 단열캡이나, 블록을 감싸고 있는 단열 커버가 이탈되면 엔진룸의 열이 추가로 팽창밸브에 전달되어, 증발기로 공급되는 냉매량이 필요한 양보다 많아질 수 있다.(액압축의 위험). 따라서 단열 캡 또는 단열 커버의 설치상태가 느슨하거나, 이들이 이탈되어서는 안 된다.

(2) 블록형(H형) 팽창밸브의 특징

증발기로 유입되는 냉매와 증발기로부터 유출되는 냉매가 동시에 밸브블록을 통과하는 구조이다. 그 특징은 다음과 같다.

① 감열부가 냉매에 직접 접촉하므로 열부하 변동에 대한 응답성이 빠르다.

② 열부하 변동에 대응하여 정밀하게 유량을 제어할 수 있다. ─ 과열도를 일정하게 유지

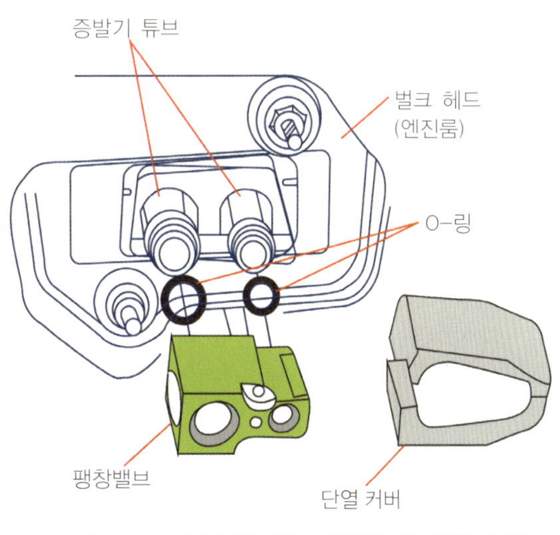

▲ 그림 6-65 블록형(H형) 팽창밸브의 설치 위치

③ 응답성이 좋기 때문에 에어컨 운전 초기에 실내 온도강하가 빠르게 이루어진다.

(3) 돔(dome)형 블록밸브의 구조 및 작동원리(그림 6-66)

증발기 출구로부터 압축기로 가는 냉매가 밸브의 상부 통로를 통과할 때, 온도감지 슬리브가 냉매온도를 감지하여 이를 파워돔(power dome)에 전달한다. 그러면 파워돔에 봉입된 냉매는 증발기출구 냉매온도에 따라 팽창과 수축을 반복한다. 팽창과 수축은 다이어프램에 연결된 중공 라이더 핀(hollow rider pin)과 작동핀(operating pin)의 상/하 왕복운동으로 변환되어 볼밸브(ball valve)에 전달된다.

균압통로는 파워돔 다이어프램의 하부(균압실)에 증발기 입구의 냉매 압력이 직접 작용하도록 한다. 균압은 팽창밸브의 부드럽고, 일관된 개폐를 보장한다. 따라서 정밀제어가 가능하게 되어, 증발기 코어(core)에서의 온도편차가 크지 않고, 허용범위 내에서 더욱더 일관된 온도수준을 유지할 수 있다.

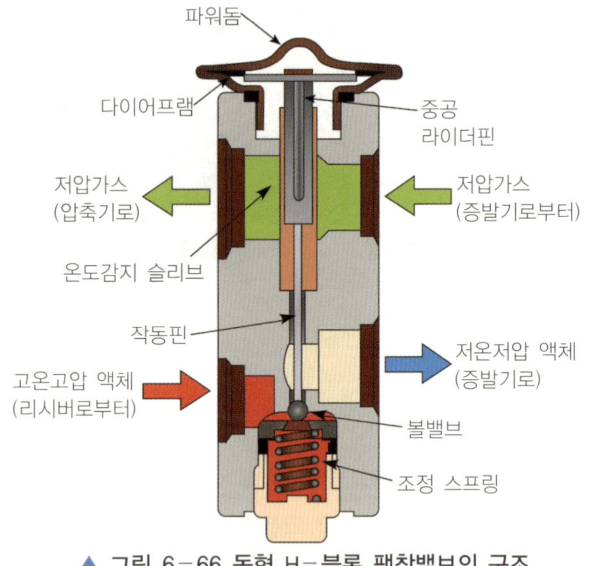

▲ 그림 6-66 돔형 H-블록 팽창밸브의 구조 (밸브 닫혀있음)

(4) 블록형(H형) 팽창밸브의 구조 및 작동원리

돔형과 비교하면, 파워돔이 밸브블록 내부에 내장된 점만 다르다. 작동원리는 같다.

① 냉방부하가 클 때(차실 내 온도가 높을 때)

증발기로부터 압축기로 가는 냉매가 감온부를 통과할 때, 감온부는 증발기 출구온도를 감지한다. 열부하가 증가함에 따라 증발기 출구온도는 상승하며, 출구온도가 상승하면 감온부에 봉입된 가스가 더 크게 팽창하므로 감온부 내부의 압력(P_a)은 상승하고, 다이어프램은 아래쪽으로 휘어져 푸시로드가 볼밸브를 밀어 스로틀(throttle)을 더 크게 연다. 다량의 냉매가 응축기로부터 증발기로 분사된다.

팽창밸브는 증발기 입구측 압력도 감지한다. 증발기 입구측 압력은 다이어프램 아래쪽 하우징에 뚫린 균압공을 통해, 다이어프램 하부(균압실)에 직접 작용한다. 따라서 증발기 입구측 압력이 감소하면, 다이어프램이 더 아래쪽으로 휘어지게 되어 볼밸브는 더 많이 열리고, 증발기로 가는 냉매량은 더 증가한다. 이 경우는 압축기가 작동을 시작할 때와 같이 증발기에 냉매가 부족(starved)한 경우로서, 더 많은 냉매를 공급하여 이 상태를 해소한다.

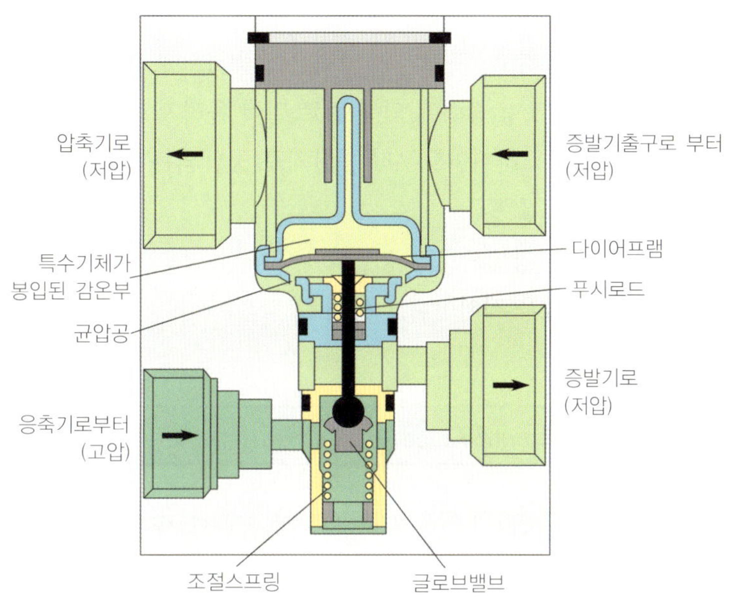

▲ 그림 6-67 H-블록 팽창밸브의 구조

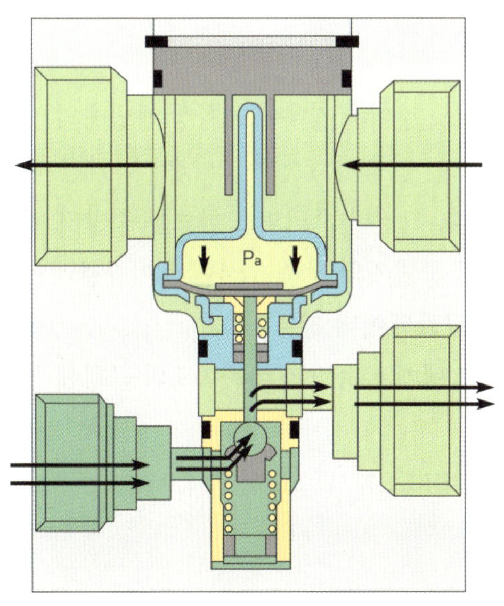

▲ 그림 6-68 차실내 온도가 높을 때
(다량의 냉매 공급)

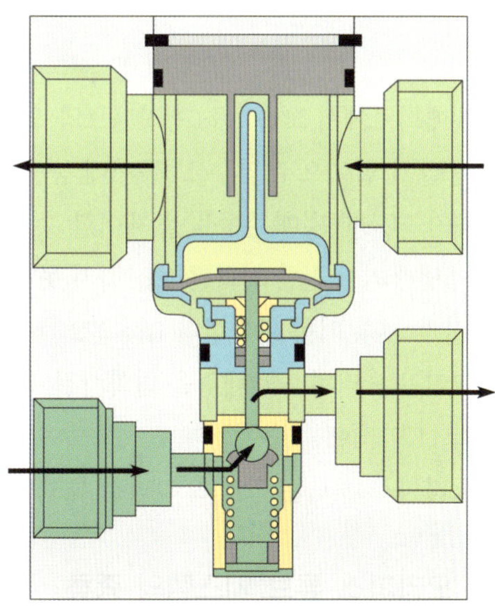

▲ 그림 6-69 차실내 온도가 낮을 때
(소량의 냉매 공급)

② 냉방부하가 작을 때(차실내 온도가 낮을 때)

증발기에 유입되는 냉매량이 많아서 증발기가 많은 열을 흡수하면, 증발기 출구온도는 낮아진다. 따라서 감온부의 온도와 압력이 하강하므로 다이어프램 상부(압력실)의 압력은 낮아진다. 이때 다이어프램 하부(균압실)에 작용하는 증발기 입구측 압력은 상승한다.

압력실의 압력은 낮아지고, 균압실의 압력은 상승하므로 다이어프램은 위로 휘어진다. 따라서 볼밸브는 스프링 장력에 의해 위로 밀어 올려지고, 스로틀의 개구단면적은 작아진다. 이제 리시버/드라이어로부터 증발기로 공급되는 냉매량이 감소한다.

팽창밸브는 이와 같은 방법으로 냉방부하에 연속적으로 그리고 빠르게 대응하여, 증발기로 공급되는 냉매량을 제어한다.

5 오리피스 튜브(orifice tube)

앞에서 언급한 바와 같이, 오리피스 튜브(FOT)는 팽창밸브(TXV)와 마찬가지로 응축기와 증발기 사이에 설치되며, 기본적으로 동일한 기능을 수행한다. 여기서 오리피스(orifice)란 액체냉매나 기체 냉매를 정확한 비율로 계량하도록, 설계된 아주 작은 흐름 제한 구멍(restrictor)을 말한다.

냉매회로에서 교축기구(팽창밸브와 오리피스 튜브)는 어떤 경우에도 항상 액냉매의 압력을 증발기 압력으로 낮추고, 동시에 증발기 출구(또는 압축기 흡입측)의 냉매가 약간 과열 상태가 되도록 냉매 유동량을 제어할 수 있어야 한다. 그러나 오리피스 튜브는 증발기 내에서 액냉매의 완전한 기화를 보장하지 못하기 때문에 증발기와 압축기 사이에 어큐뮬레이터를 설치하여, 이를 보완한다.(pp 272, 6-3-2 어큐뮬레이터 참조)

그리고 오리피스의 내경을 변화시킬 수는 없지만, 냉매 유동량과 유동속도의 균형에 의한 자력(自力)제어를 수행한다.

오리피스 튜브는 고정 오리피스 튜브와 가변 오리피스 튜브로 구분한다.

(1) 오리피스 튜브 시스템의 종류

① 고정 오리피스 튜브 시스템(FOT : fixed orifice tube system)

고정 오리피스 튜브와 고정 토출량 압축기, 그리고 압력 또는 온도에 의해 작동하는 사이클링 스위치를 사용하여, 마그넷 클러치를 ON 또는 OFF시켜, 차실내 온도를 원하는 수준으로 유지하는 방식을 말한다. 이 방식을 GM은 사이클링 클러치 오리피스 튜브(CCOT : cycling clutch orifice tube) 시스템, Ford는 고정 오리피스 튜브 사이클링 클러치(FOTCC : fixed orifice tube /cycling clutch) 시스템이라고 한다.

② **가변 토출 오리피스 튜브(VDOT : variable displacement orifice tube) 시스템**

토출량 가변 압축기와 고정 오리피스 튜브를 사용하여 냉매 유동량을 제어하는 방식으로 마그넷 클러치를 ON−OFF할 필요가 없는 형식을 말한다.

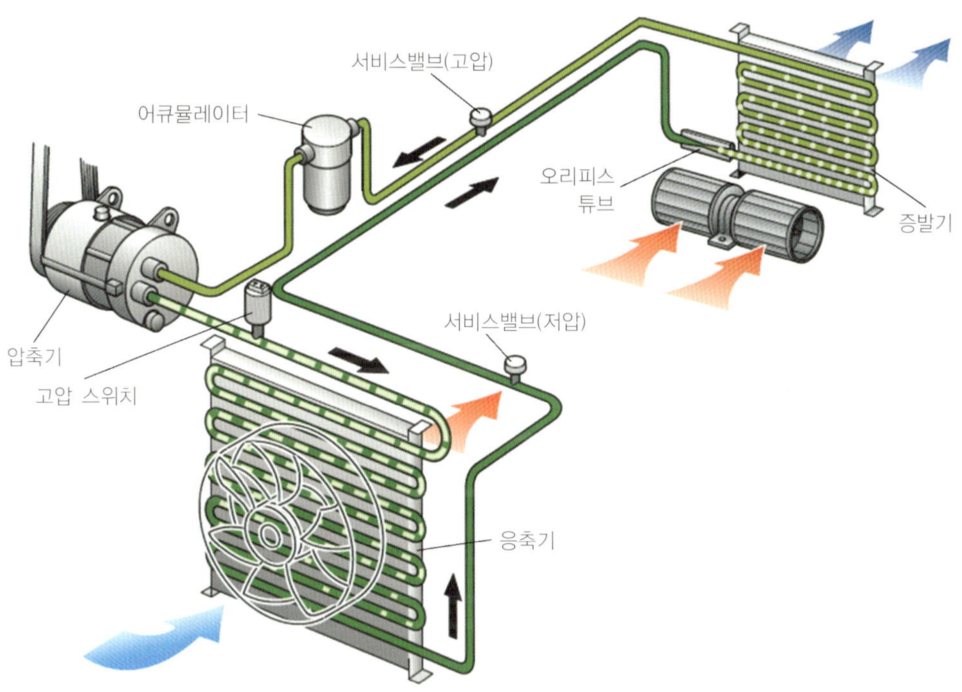

▲ 그림 6−70 오리피스 튜브를 사용하는 냉동시스템의 구성

(2) 고정 오리피스 튜브(FOT)의 구조

고정 오리피스 튜브의 구조는 그림 6−71과 같다.

① 고정 오리피스(fixed orifice)

내경이 약 1.2∼1.83mm(0.047″∼0.072″), 길이 약 38.8mm의 작은 황동 튜브(bronz tube)로서 교축작용을 한다. 일반적으로 오리피스 내경의 크기에 따라 다른 칼라코드(color code)를 사용한다. 오리피스 튜브의 내경은 냉동출력에 비례한다. 즉, 냉동출력이 크면, 오리피스 튜브의 내경도 크다.

② **메쉬 필터**(fine mesh filter)

고정 오리피스의 양단에는 마이크로(micro) 메쉬 필터가 설치되어 있다. 고압측(냉매입구) 필터는 냉매에 포함된 이물질을 포집하여 오리피스가 막히는 것을 방지하고, 저압측(냉매출구) 필터는 증발기에 유입되기 직전의 냉매를 미립화시키는 기능을 수행한다.

③ **O-링**(O-ring)

오리피스 튜브의 외경부와 액냉매관/기체냉매관 사이의 기밀을 유지한다. 따라서 냉매는 오리피스를 통과하지 않고는 증발기로 갈 수 없다.

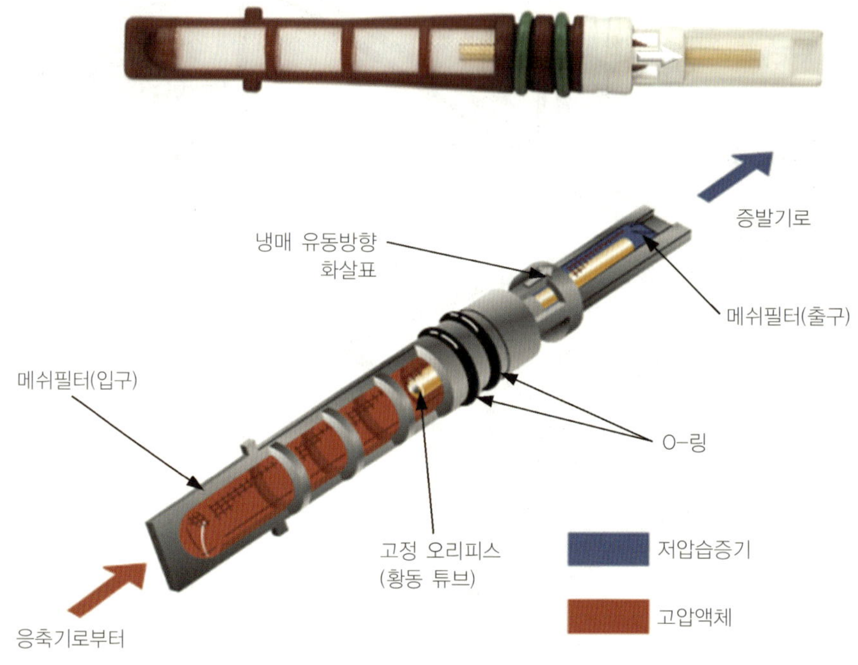

▲ 그림 6-71 고정 오리피스 튜브의 구조

(3) 오리피스 튜브의 자력 제어(self control) 기능

오리피스를 통해 증발기로 유입되는 냉매량은 오리피스 내경의 크기, 고압측과 저압측의 압력차 그리고 냉매의 과냉각도에 따라 좌우된다. 고압측과 저압측의 압력차가 크면 클수록, 그리고 응축기 출구에서 액냉매의 과냉각도가 크면 클수록, 더 많은 양의 냉매가 오리피스를 통과한다.

오리피스를 통과한 냉매는 압력은 포화압력 이하로 낮아지고, 상태는 습증기(액체＋기체)로 변한다. 습증기 상태의 냉매는 액상의 냉매에 비해 유동저항이 아주 크다. 따라서 오리피스에서 냉매의 유동저항은 비등점(기포 발생점) 위치에 따라 결정된다.

냉매의 유동속도와 유동량은 항상 힘의 균형을 이룬다. 냉매의 과냉각 온도가 낮고, 오리피스 입구/출구 사이의 압력차가 크면, 유동방향으로 기포발생점을 밀어서 증발기에 다량의 냉매가 밀려들어 간다. 필요로 하는 냉방출력이 감소하여 증발기 압력이 상승하면, 오리피스 양단의 압력차가 작아진다. 그러면 냉매의 유동저항은 증가하고 유동량은 감소한다. 오리피스에는 이와 같이 자력제어(自力制御 : self control)가 이루어지므로, 팽창밸브에서와 같은 가동부품은 사용하지 않는다.

증발기 출구에 설치된 어큐뮬레이터는 고정 오리피스의 제어기능을 보완한다. 아직 기화되지 않은 액상의 냉매를 분리하여 저장하고, 동시에 여과, 건조시킨다. 또 냉매와 함께 유입된 냉동기유도 분리하여, 압축기로 다시 공급한다.(pp 272 참조)

(4) 가변 오리피스 튜브(variable orifice tube)

가변 오리피스 튜브와 고정 오리피스튜브의 차이점은 오리피스 튜브 내에 고정 오리피스 외에 가변 오리피스를 1개 더 가지고 있으며, 가변 오리피스의 리스트릭터(restrictor : 흐름 제한 통로) 개폐용 바이메탈 스프링이 내장되어 있다는 점이다. 설치위치를 비롯해서 모든 기능은 고정 오리피스 튜브와 같다.

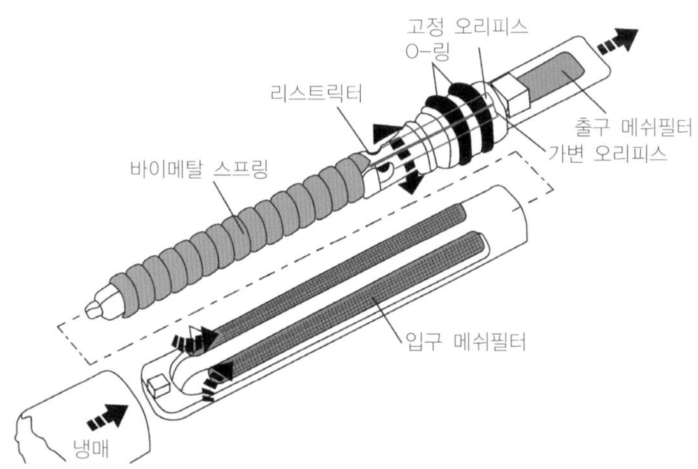

▲ 그림 6-72 가변 오리피스 튜브의 구조

냉매량은 냉매온도에 근거하여 계량된다. 냉매온도가 상승하면, 바이메탈 스프링이 약간 회전하여 가변 오리피스의 리스트릭터(흐름 제한 통로)를 열어 냉매를 통과시킨다. 그러면 냉매는 고정 오리피스와 가변 오리피스를 통해 증발기로 분사된다.

냉매온도가 하강하면 가변 오리피스의 리스트릭터(restrictor)는 닫히고, 냉매는 고정 오리피스를 통해서만 증발기로 분사된다.

(5) 오리피스 튜브식의 장·단점

팽창밸브(TXV)식과 비교한 오리피스 튜브식(FOT)의 장단점은 다음과 같다.

① 장점

냉매 순환량을 제어하기 위한 가동부품이 없기 때문에 작동상의 안전성이 좋으며, 또 수리할 필요가 없다. 그리고 압축기를 다시 스위치－ON 했을 때, 대항압력이 없기 때문에 시스템이 빠르게 작동을 시작한다. 그리고 압축기를 스위치－ON할 때 자동차 동력전달계에서의 출력강하가 팽창밸브식에서 보다 약간 더 작다.

② 단점

봉입된 냉동기유의 양이 상대적으로 많으며, 고압측 냉매량은 상대적으로 적다. 그리고 압축기를 스위치－OFF시키면, 오리피스를 통해 압력이 평준화된다. 이때 시스템의 고압부에 남아있는 액냉매가 저압측으로 분사, 증발하면서 "쉬－잇"하는 소음을 유발한다. 문외한이나 초보자는 이를 시스템의 고장으로 오인하기도 하지만, 이는 정상적인 작동과정의 일부이다.

또 자신의 체적이 크기 때문에 큰 설치공간을 필요로 하며, 경우에 따라서는 고비용의 배관을 필요로 한다.

증발기 유닛
(Evaporator units)

1 증발기 (evaporator)

증발기는 응축기와 상반된 역할을 수행한다. 회로 내부를 유동하는 냉매는 응축기에서는 대기(大氣)로 열을 방출하고, 증발기에서는 차실내 공기로부터 열을 흡수한다.

응축기는 자동차 전방의 기관 방열기 앞에 설치되는 데 반해, 증발기는 차실내 대쉬보드(dashboard) 아래에, 히터유닛 및 송풍기(blower)와 함께 하나의 모듈(module)로 설치된다. 그리고 일부 자동차에서는 앞좌석용과 뒷좌석용, 하이브리드/전기자동차에서는 차실 냉방용과 구동축전지 냉각용 증발기를 각각 별도로 설치하기도 한다.

1. 송풍기
2. 증발기
3. 증발기 온도센서
4. 히터 유닛
5. 출구 온도센서
6. 조정 노브
7. 실내 온도센서
8. 에어컨 ECU
9. 배수구
10. 압축기
11. 솔레노이드 밸브

a. 외기
b. 서리 제거
c. 환기
d. 순환공기 플랩
e. 바이패스
f. 발 공간

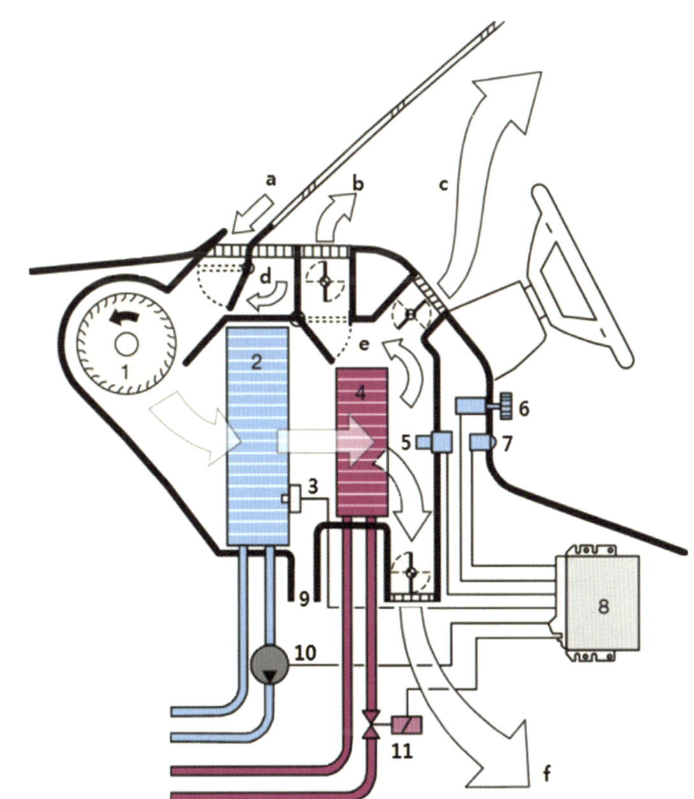

▲ 그림 6-73 증발기 모듈과 그 설치 위치

(1) 증발기의 기능 – 차실내 공기의 냉각과 감습

팽창 밸브 또는 오리피스를 통과한 저압, 습포화증기 상태(안개상태)의 차가운 냉매는 증발기에서 증발기 냉각핀 사이를 통과하는 공기(주로 차실내 공기)로부터 열을 흡수, 증발(기화)한다. (예 : R134a 시스템에서 약 1℃, 2barG)

그리고 증발기 냉각핀 사이를 통과하는 차실내 공기는 냉매에게 열을 빼앗김에 따라 온도는 낮아지고, 포함하고 있는 수분은 응축기 냉각핀에 응축되어 제거된다.

증발기에서 열을 흡수, 기화한 냉매는 과열된 상태로 증발기를 빠져 나와 압축기로 이동한다.(흡인된다). 냉매는 압축기에서 다시 새로운 사이클을 시작한다.

(2) 증발기에서 냉매의 상태 변화

증발기 튜브(tube) 내부를 흐르는 냉매의 상태변화는 냉매 유동량과 튜브의 외부(냉각핀 사이)를 통과하는 공기량에 의해서 결정된다.

증발기가 열교환 성능을 충분히 발휘하기 위해서는 증발기 튜브(tube)의 전 길이에 걸쳐 약간의 액냉매가 공급되어 증발기 출구 부근에서 완전히 기화되어야 한다.

① 증발기 튜브에서의 냉매 부족(starved evaporator cores) 현상

증발기 튜브의 전 길이에 걸쳐서 액냉매가 공급되지 못하고 튜브의 일부에는 기체상태의 냉매만 통과하는 현상을 말한다. 이렇게 되면 증발기 성능을 충분히 활용하지 못하는 결과가 되며 열 교환량은 감소한다. 이런 경우엔 저압 게이지 지시값이 아주 낮고 증발기 냉각핀에 서리가 끼게 된다.

② 증발기 튜브에서의 냉매 과잉(flooded evaporator cores) 현상

팽창밸브(TXV) 시스템에서 지나치게 많은 냉매가 증발기 튜브를 통과하여 미처 증발하지 못한 액체냉매가 압축기에 유입되는 현상을 말한다.

액체냉매가 압축기에 유입되면 액압축 현상이 유발되어 압축기가 파손될 수도 있다. 냉매 과잉의 경우, 저압 게이지 지시값이 아주 높고, 증발기 냉각핀과 압축기 흡입관로의 외부 표면에 아주 많은 물방울이 맺히게 된다.

오리피스 튜브(FOT) 방식에서는 구조적으로 냉매과잉 현상이 발생한다. 그러나 어큐뮬레이터가 액냉매를 분리, 기화시켜, 압축기에는 완전한 기체냉매만 공급한다.

(3) 증발기로서의 구비 요건 및 기술적 대책

주로 적층식 증발기를 사용한다. 그 구조는 응축기와 비슷하다. 그러나 증발기는 설치공간이 제한적이기 때문에 소형이면서도 열 교환 성능이 우수해야 한다.

① 소형이어야 한다

승용자동차에서 증발기는 차실내 대쉬보드 아래의 좁은 공간에 히터 유닛, 송풍기 및 공기 덕트(duct)와 함께 하나의 유닛으로 설치된다. 따라서 가능한 한 소형이어야 한다.

② 가벼워야 한다

재료로는 전열성능이 좋으면서도 가벼운 알루미늄 특수합금을 주로 사용하고, 코어(또는 튜브)의 판재두께를 가능한 한 얇게 한다.(예 ; 0.2mm). 그리고 합금재료 자체가 내부식성을 갖도록 하여 도금하지 않거나, 표면에 아연을 확산시켜 도금층을 얇게 하면서도 내부식성을 개선한다.

③ 고성능이어야 한다(단위체적 당 냉방능력이 커야 한다. 즉, 방열성능이 우수해야 한다.)

튜브(또는 코어)와 탱크(또는 헤더)를 분리하고, 탱크의 유로면적을 증가시켜 냉매의 압력손실(pressure drop)을 감소시킨다. 특히 멀티 - 탱크 디자인을 사용하여 균일한 온도분포와 안정된 냉방성능 및 높은 과열도를 추구한다. 팽창밸브는 가능한 한 증발기에 가깝게 또는 증발기에 설치한다.

④ 증발기 표면의 배수성능이 좋아야 한다

시스템이 작동하는 동안, 증발기 냉각핀 사이를 통과하는 공기로부터 제거된 수분이 응축되어 증발기 표면 전체를 계속해서 적시고 있기 때문에 가볍고 미세한 오염물질들이 냉각핀에 달라붙게 된다. 이들 오염물질들은 증발기를 통과하는 외기 또는 순환공기에 섞여 실내로 유입된다. 장시간에 걸쳐 이와 같은 현상이 반복되면, 증발기 표면에 외부로부터 유입된 곰팡이, 박테리아 또는 병원균이 서식하게 되며, 악취의 원인이 된다. 공기통로에 설치된 마이크로필터도 이들을 모두 포집할 수는 없다.

최근의 증발기에는 방부제 또는 살균제 기능을 하면서도 배수성능이 우수한 나노(nano)박막을 코팅한다. 그리고 핀의 경사각 및 간격은 핀 사이를 통과하는 공기와의 접촉성 및 배수성능을 고려하여 설계한다. 이와 같은 방법으로 응축수가 증발기 표면으로부터 잘 분리되고, 동시에 부식도 방지되도록 한다.(그림 6-77 참조)

(4) 증발기의 구조(그림 6-74)

증발기 튜브의 회로 구성 및 형상은 응축기와 마찬가지로 핀&튜브(pin&tube) 형식, 서펜타인(serpentine) 형식 그리고 래미네이트(laminate) 형식 등으로 구분한다. 전체적인 외형구조는 멀티 - 탱크(multi-tank), U - 채널(channel), 사각 탱크 등으로 다양하다.

그리고 증발기 하부에는 응축수를 모아 자동차 외부로 배출하는, 대야 모양의 용기와 배수관(drainage)이 별도로 설치된다.

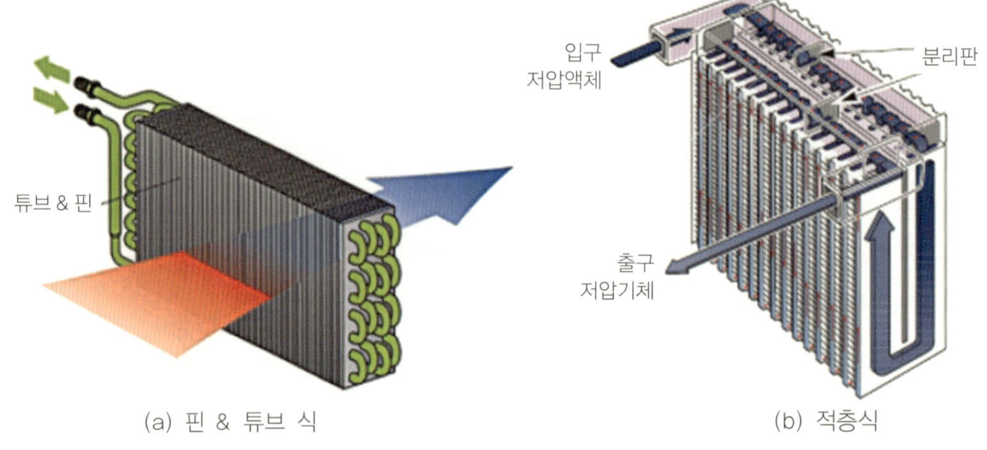

(a) 핀 & 튜브 식

(b) 적층식

▲ 그림 6-74 증발기의 기본 구조

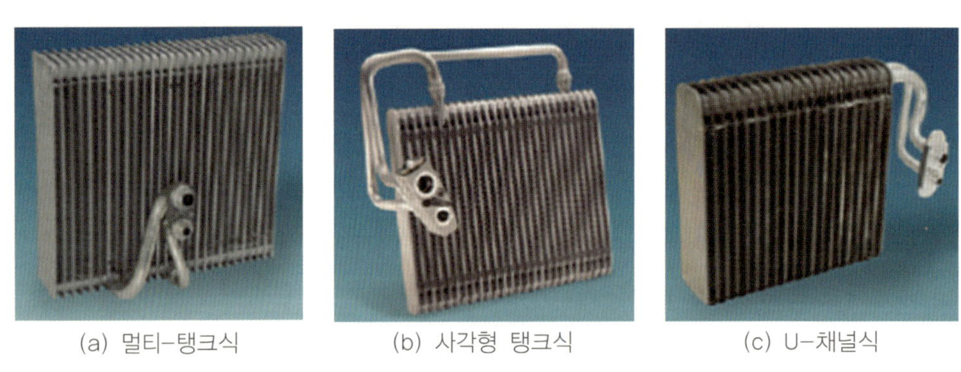

(a) 멀티-탱크식

(b) 사각형 탱크식

(c) U-채널식

▲ 그림 6-75 여러 가지 형식의 증발기(출처 : Delphi)

① 승용 자동차용 증발기

증발기는 두께를 얇게 하여 공기측 압력 손실은 작게, 그리고 공기가 증발기 전체 표면적에 균일하게 공급되도록 설계한다.

냉매가 통과하는 튜브의 회로구성과 배치는 가장 뜨거운 관로를 공기 입구에, 가장 차가운 관로를 공기 출구에 배치하여, 증발기의 모든 위치에서 열전달이 최적으로 이루어져, 적절한 온도차가 보장되도록 한다.

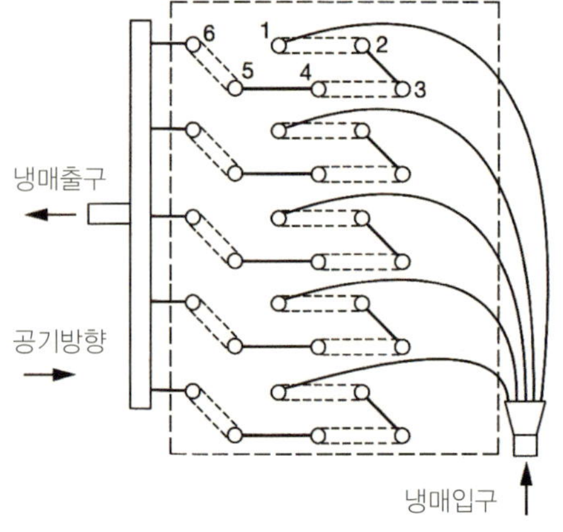

▲ 그림 6-76 균일한 증발을 위한 관로 배치
(예 : 핀/튜브식)

그림 6-77은 소위 멀티-탱크 슈퍼-슬림(super-slim) 디자인으로서, 얇은 띠 모양의 튜브는 마이크로 기공(micropore)으로 분할하고, 튜브 간의 간격은 가능한 한 넓게, 그리고 상/하 탱크를 갖추고 있다. 유입된 냉매는 2개의 증발기를 차례로 통과하도록 설계되어 있다. 공기가 처음 접촉하는 증발기에는 차가운 냉매가, 제 2의 증발기에는 좀 더 온도가 상승한(일부 기화된) 냉매가 흐르도록 하여 증발기 성능을 극대화하고 있다.

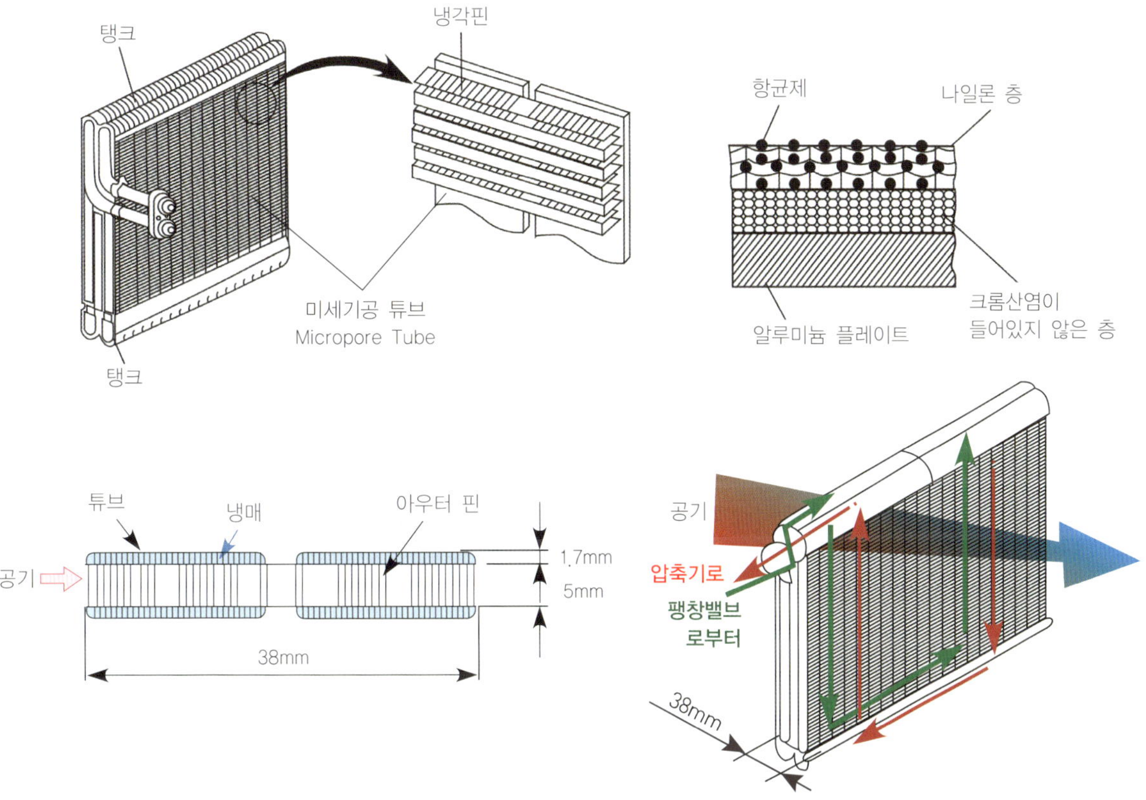

▲ 그림 6-77 멀티-탱크 구조의 승용자동차용 증발기(출처 : Toyota/Denso)

② **이젝터**(ejector) **사이클 시스템 증발기**(pp 211 이젝터를 이용한 냉동능력의 향상 참조)

　기존의 팽창밸브 대신에 이젝터를 적용한 방식에서는 이미 손실된 에너지를 재사용하여 고압냉매를 팽창시킨다. 팽창밸브를 통과한 냉매의 일부는 모세관을 통해 하향류측 증발기를 통과하고, 대부분의 냉매는 이젝터를 통과한다. 하향류측 증발기를 거친 기체 냉매는 이젝터를 통과하려는 습증기 냉매에 혼입되어 냉매의 기화를 촉진하고, 동시에 속도에너지를 증가시킨다. 이젝터를 통과한 냉매는 상향류측 증발기를 거쳐 압축기에 유입된다. 기존의 팽창밸브(TXV)식에 비해 압축기 소비출력을 낮추고, 증발기 성능을 높이면서도, 소형, 경량이라는 점이 장점이다. 그림 6-78은 이젝터 사이클 시스템 증발기의 구조 및 회로구성이다.

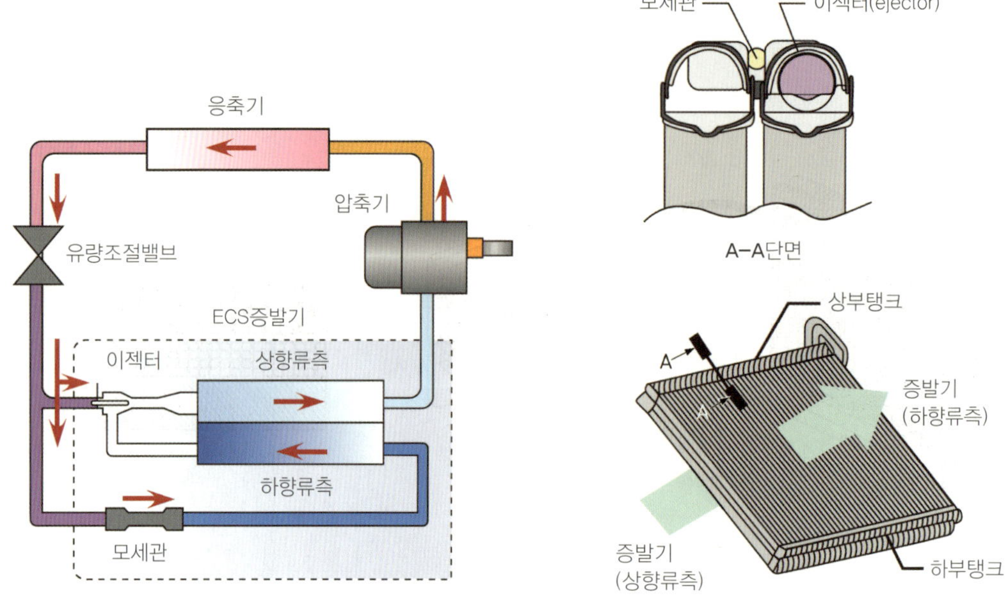

▲ 그림 6-78 이젝터 사이클 시스템(ECS : Ejector Cycle System) 증발기(예)

2 　　증발기 서모스탯 스위치와 서미스터

증발기에 서모스탯 스위치 또는 서미스터를 설치하거나, 어큐뮬레이터에 저압 스위치를 설치하는 가장 중요한 이유는 증발기 표면의 온도가 0℃ 이하로 내려가 증발기 핀이나 코어(core)에 서리가 끼거나 물방울이 결빙(結氷)되는 현상을 방지하기 위해서이다. 증발기에 서리가 끼거나 결빙되면 증발기핀 사이를 통과하는 공기의 흐름이 방해를 받게 되어 냉방작용이 불량해지게 된다. 특히 여름철에 비가 올 경우라든가 야간 주행 시에는 열부하가 적어, 이와 같은 현상이 발생하기 쉽다.

서모스탯 스위치 또는 서미스터는 증발기 냉각핀(cooling fin) 온도를 감지하여 결빙 및 착상(着霜 : frosting)을 방지한다. 시스템에 따라 다르긴 하지만, 정상적인 경우 증발기 냉각핀의 온도는 대략 1~5℃ 범위로 제어한다. 그러나 특별한 경우, 예를 들면 이코노미 모드(economy mode)에서는 10~16℃ 범위로 제어하기도 한다.

제어 기준값 t_1 즉, 압축기 클러치를 OFF시켜야 할 온도는 반드시 $0℃$ 보다 높아야 하며, 압축기 클러치를 다시 접속시켜야 할 온도 (t_2)는 대부분 t_1 보다 $1{\sim}3℃$ 더 높게 설정한다. (예 : $t_1 = 4.5℃$, $t_2 = 5.5℃$ 또는 $t_1 = 1.3℃$, $t_2 = 2.8℃$ 등등)

참고로 냉매 R−134a는 $0℃$ 포화증기압이 1.92bar(g)(27.8psig)이고, R−1234yf는 2.11bar(g)(30.5psig)이다.

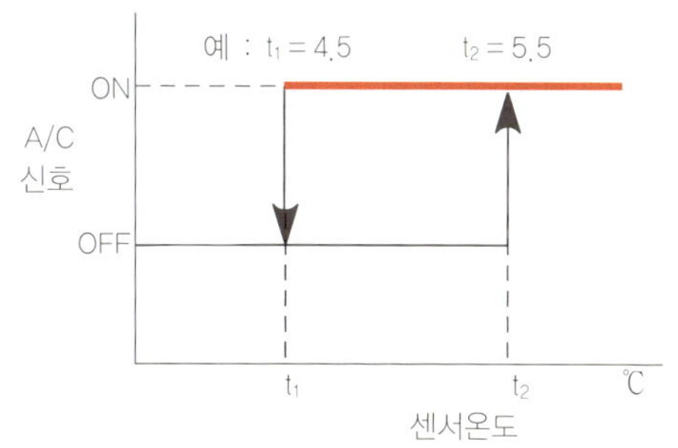

▲ 그림 6−79 증발기 온도센서(NTC)의 작동온도(예)

(1) 서모스탯 스위치(그림 6−80 참조)

서모스탯 스위치는 생산회사에 따라 그 구조가 다양하지만, 설정된 온도에서 압축기 마그넷 클러치를 'ON' 또는 'OFF'시키는 방법으로 증발기에서의 결빙 또는 착상을 방지하고, 차실내 온도를 제어하는 기능은 모두 같다.

① 서모스탯 스위치의 구조

그림 6−80과 같이 서모스탯 본체 안의 벨로즈와 모세관을 통해 연결된 감온구에는 온도변화에 아주 민감한 액체 또는 기체(주로 시스템 냉매 또는 탄산가스)가 봉입되어 있다. 그리고 벨로즈는 접점을 ON−OFF시키는 L−형 레버(절연체)와 접촉하고 있다. L−형 레버는 절연체로서, 직각부에 회전점이 있으며 양단 중 한쪽은 스위치 접점(switch point), 다른 한쪽은 스프링이 끼워져 있다. 스프링의 한 쪽은 하우징에 고정되어 있으며, 캠 기구로 장력을 조정할 수 있는 구조를 갖추고 있다.

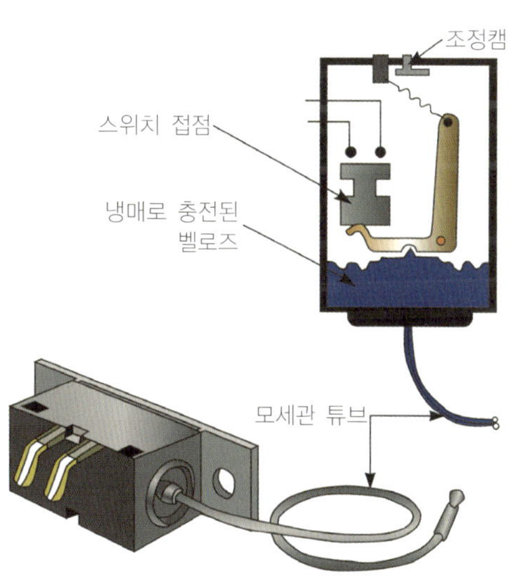

▲ 그림 6−80 증발기 서모스탯 스위치

② 증발기 서모스탯 스위치의 작동원리

증발기 토출측 온도가 정상일 경우, 감온구에 봉입된 가스가 팽창하여 벨로즈의 압력을 상승시킨다. 그러면 벨로즈가 L−형 레버를 밀어서 접점을 닫는다. 접점이 닫히는 온도는 스프링 장력으로 조정한다. 캠을 시계방향으로 돌리면 스프링 장력은 증가하고, 스위치−ON 온도는 상승한다. 즉, 증발기에서 제거해야 할 열이 많으면, 스프링 장력을 강하게 조정해야 한다.

증발기 온도가 서리가 끼는 온도에 근접하면, 벨로즈 내부 압력이 낮아져 접점이 열린다. 접점이 열리면, 압축기 마그넷 클러치로 가는 전원이 차단되어 압축기는 작동을 멈추게 된다. 압축기가 작동을 멈추면 증발기 온도는 다시 상승하고, 약간의 시간 지연 후에 벨로즈는 다시 접점을 닫아 압축기를 재가동시킨다.

시스템에 따라 다르나 스위치-OFF 온도(t_1)는 대략 1.0~3.5℃, 스위치-ON 온도(t_2)는 약 2.5~5℃ 범위가 대부분이다.

(2) 증발기 서미스터(thermistor)

오늘날은 대부분 반자동(semi-automatic) 또는 완전 자동(full automatic) 에어컨을 사용한다. 따라서 서모스탯 스위치 대신에 NTC-서미스터를 이용하여 증발기 온도를 측정한다. 핀 서모스위치(fin thermo-switch)도 여기에 속한다. 형식에 따라서는 센서와 트랜지스터가 하나의 어셈블리 내에 집적되기도 한다. ECU는 이 온도신호에 근거하여 압축기 마그넷 클러치를 "ON 또는 OFF"시킨다.

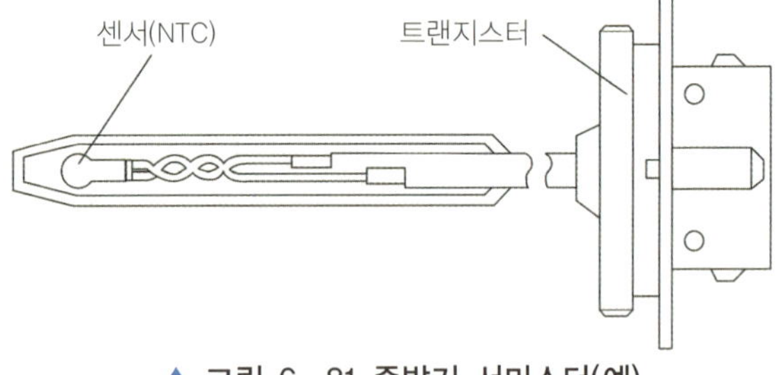

▲ 그림 6-81 증발기 서미스터(예)

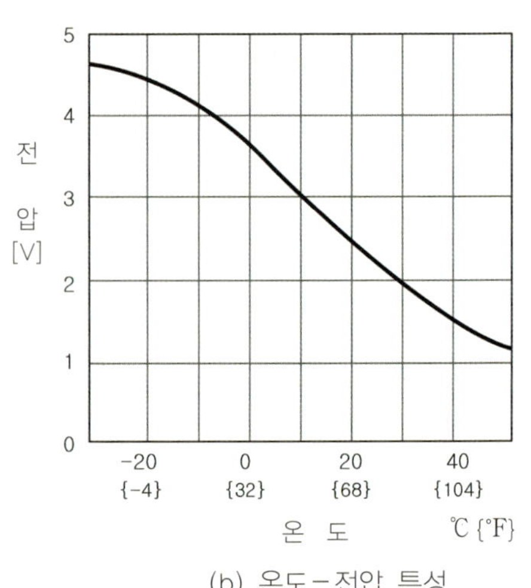

▲ 그림 6-82 증발기 서미스터(NTC)의 특성(예)

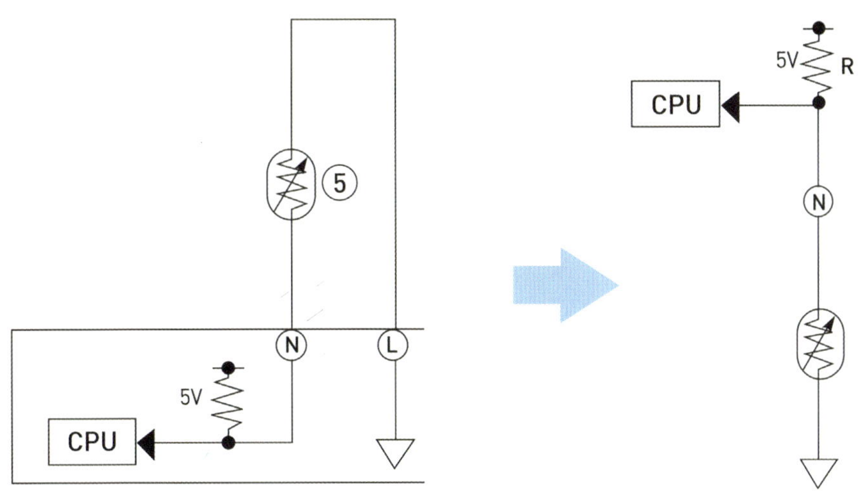

[참고] 증발기 서미스터의 회로 및 등가회로

3 저압 스위치(low pressure switch)

저압 스위치는 오리피스 튜브 시스템(예 CCOT : clutch cycling orifice tube)에 사용되는 압력 스위치로서, 그 기능은 서모스탯 스위치와 같다. 저압 스위치는 대부분 어큐뮬레이터에 설치되어 있으나, 시스템에 따라서는 증발기 출구로부터 압축기 흡입구 사이에 설치한다.

저압측 압력이 규정값[예 144kPa(21psi, 1.47kgf/cm^2)]보다 낮을 때는 접점이 열려 압축기 클러치로 가는 전원을 차단한다. 압축기가 작동을 정지하게 되면 압력은 다시 점진적으로 상승하게 된다. 압력이 설정값[예 323kPa(47psi, 3.3kgf/cm^2) 이상에 도달하면 접점은 닫히고, 압축기 클러치에는 다시 전원이 공급된다.

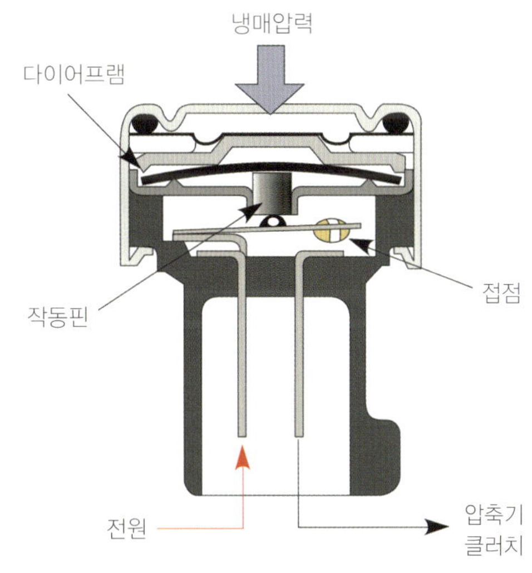

▲ 그림 6-83(a) 저압 스위치의 구조

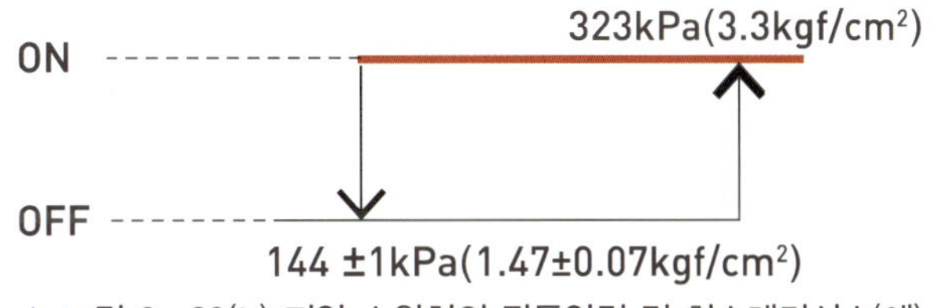

▲ 그림 6-83(b) 저압 스위치의 작동압력 및 히스테리시스(예)

공랭식 증발기의 열교환 기초식은 다음과 같다.

$$\dot{Q} = K \cdot A \cdot \Delta t \quad \cdots\cdots\cdots\cdots\cdots (6-4)$$

여기서 $\dot{Q}$: 열교환량[kJ/h 또는 kcal/h]

K : 총괄 전열 계수[kJ/($m^2 \cdot$ h $\cdot$ ℃) 또는 kcal/($m^2 \cdot$ h $\cdot$ ℃)]

A : 전열 면적(증발기의 흡열 표면적)[㎡]

Δt : 대수 평균 온도차[℃]

온도차가 클수록 증발기 성능이 우수하다.

총괄 전열 계수(K)는 다음 식으로 구한다.

$$\frac{1}{K} = \frac{S}{a_r} + \frac{\delta}{\lambda} + \frac{1}{a_a \eta} \quad \cdots\cdots\cdots\cdots\cdots (6-5)$$

여기서 S : 외부 표면적과 내부 표면적의 비

a_r : 냉매측의 경막 계수[kJ/($m^2 \cdot$ h $\cdot$ ℃) 또는 kcal/($m^2 \cdot$ h $\cdot$ ℃)]

λ : 관의 열 전도도[kJ/($m^2 \cdot$ h $\cdot$ ℃) 또는 kcal/($m^2 \cdot$ h $\cdot$ ℃)]

δ : 관 벽의 두께[m]

a_a : 공기측의 경막 계수[kJ/($m^2 \cdot$ h $\cdot$ ℃) 또는 kcal/($m^2 \cdot$ h $\cdot$ ℃)]

η : 냉각 핀 효율, 나관인 경우 $\eta = 1$

총괄 전열계수(K)에 영향을 미치는 요소는 다음과 같다.

① 열교환기의 재료(구리, 알루미늄)

② 코어(core)의 간격, 직경 및 배치

③ 증발기 두께,

④ 냉각핀 간격, 형상, 표면 거칠기

⑤ 통과 풍량(또는 유입 풍량), 오염 및 결빙

⑥ 냉매 유동 속도 및 냉각 공기 속도

⑦ 냉매와 공기의 온도 변화에 따른 특성

⑧ 냉매와 공기의 분배

⑨ 냉매 상태(건포화 증기, 습증기, 액상) 및 냉동기유 함량 등등

시스템의 냉동 능력은 피냉각물(공기)이 빼앗기는 열량(열교환량 $\dot{Q}$)과 같다.

$$\dot{Q} = \dot{V} \cdot \rho \cdot C \cdot \Delta t' \quad \cdots\cdots\cdots\cdots\cdots (6-6)$$

여기서 $\dot{V}$: 피냉각물의 순환량[m³/h]

ρ : 피냉각물의 밀도[kg/m³]

C : 피냉각물의 비열[kJ/(kg · ℃) 또는 kcal/(kg · ℃)]

$\Delta t'$: 피냉각물의 입/출구에서의 온도차[℃]

습공기인 경우는 냉각 코일 위에 습기의 일부가 응축되어 공기의 절대습도가 감소되므로 피냉각물인 공기가 빼앗기는 열은 공기의 감열, 공기속의 수증기의 감열 및 제습된 양에 해당되는 잠열 등을 합친 것과 같으므로 계산이 복잡해진다.

$$\Delta \dot{Q} = \dot{Q}_S + \dot{Q}_L \ [kJ/h \text{ 또는 } kcal/h] \quad \cdots\cdots\cdots\cdots (6-7)$$

여기서 $\dot{Q}_s$: 감열 부하[kJ/h 또는 kcal/h]

$\dot{Q}_L$: 잠열 부하[kJ/h 또는 kcal/h]

$$\dot{Q}_s = \dot{m} \cdot c_p \cdot \Delta t' \quad \cdots\cdots\cdots\cdots\cdots (6-8)$$

$$\dot{Q}_L = \dot{m} \cdot r \cdot \Delta x \quad \cdots\cdots\cdots\cdots\cdots (6-9)$$

여기서 c_p: 공기의 정압비열[kJ/(kgK) 또는 kcal/(kgf℃)]

r : 물의 증발 잠열[kJ/kg 또는 kcal/kgf]

Δx : 공기의 절대 습도의 차이[kg/kg]

습공기의 냉각에서 감열의 변화량과 전열(全熱)의 변화량의 비를 감열비(感熱比 : sensible heat ratio : SHR)라고 한다.

$$SHR = \frac{Q_S}{Q_s + Q_L} \quad \cdots\cdots\cdots\cdots\cdots (6-10)$$

냉매에 대해서 고려하면

$$\dot{Q} = \dot{m}_R \cdot \Delta h \quad \cdots\cdots\cdots\cdots\cdots (6-11)$$

여기서 $\dot{m}_R$: 냉매의 질량 유량[kg/s]

Δh : 증발기에서의 엔탈피 차이[kJ/kg 또는 kcal/kg]

냉매회로의 온도와 압력 감시(요약)
(Summary for monitoring of temperature & pressure in refrigerant circuits)

여러분의 이해를 돕기 위해 앞에서 설명한, R-134a 시스템에 적용되고 있는 스위치와 센서들에 대해 간략하게 요약한다. 냉동시스템의 안전한 작동을 위해서는 항상 시스템의 고압측과 저압측의 압력과 온도를 감시해야 한다. 이 외에도 압력윤활방식을 사용하는 압축기에서는 추가로 냉동기유 압력과 냉매 흡입압력의 차이를 감시해야 한다.

설정된 기준값 또는 경계값을 초과하거나 또는 이에 미달되면, 대부분 압축기 가동을 정지시킨다. 대부분 압축기 마그넷 클러치를 스위치-OFF 시켜 압축기의 작동을 정지시킨다.

1 듀얼 압력 스위치(dual pressure switch ; HPCO/HSLP)

(1) 고압 스위치 또는 듀얼 압력 스위치의 고압 접점

고압측 압력이 규정값(예 : R134a 시스템에서 32bar)을 초과하면 접점이 열려 마그넷 클러치를 차단한다. 그리고 압력이 다시 설정값(예 : R134a 시스템에서 26bar) 이하로 낮아지면 스위치 접점을 닫는다.

압력의 상승은 주로 응축기에서 열방출이 충분하지 못할 경우에 발생한다.

응축기에서 열방출이 불량한 경우는
- 응축기 표면 (냉각핀)의 심한 오염
- 냉각핀의 고장(찌그러짐, 이탈 등)
- 주위온도가 지나치게 높다(기관의 과도한 부하에 의해 기관으로부터의 심한 열복사 또는 지나치게 높은 외기온도 등)
- 시스템에 주입된 냉매량 많음

(2) 고압측 저압 접점

저압 접점은 고압측 최저압력이 규정값(예 : R134a 시스템에서 $2.0\pm0.2kgf/cm^2$) 보다 낮으면 열려, 압축기 클러치로 가는 전원을 차단한다.

고압부에서의 심한 압력강하는 냉매량이 부족할 때 발생하는데, 이는 냉매의 누설을 의미한다. 냉매가 누설되어 냉매량이 부족하게 되면, 냉동기유가 충분히 공급되지 않게 되므로 압축기의 정상적인 윤활을 보장할 수 없게 된다. 심한 마모 또는 고장을 유발하게 된다.

2 응축기 냉각팬 고속 작동 스위치

응축기를 충분히 냉각하여 고압측의 압력을 낮출 수 있다. 이를 위해서는 전동식 팬(fan)을 무단계로, 또는 시간적으로 고속으로 작동시킨다. 전동식 팬(fan)은 응축기 압력을 측정하는 스위치로 제어한다. 예를 들면, R−134a 시스템에서 냉각팬 고속접점 스위치−ON 압력은 약 15.5~16bar이고, 스위치−OFF 압력은 약 11.5~12bar이다. 전동식 팬(fan)의 고속(HI) 접점을 스위치−ON시켜도 응축기 압력이 강하하지 않으면, 고압 스위치가 작동하게 된다.

3 트리플 스위치(triple switch 또는 trinary switch)

위에서 설명한 안전기능들은 모든 시스템에 존재한다. 때로는 여러 가지 기능을 하나의 부품에 집적하기도 한다. 소위 3−기능 부품(Trinary)인 트리플 스위치는 듀얼 압력 스위치의 기능 외에 냉각팬 고속 작동 기능을 하나의 스위치에 집적시킨 것이다.

이 스위치는 고압측 최고압력과 최저압력을 감시하고 응축기 전동팬(fan)의 고속(HI)접점 스위칭 기능을 가지고 있다. 추가로 고압측−과열방지 기능을 갖추고 있을 수 있다. 고압측의 과열은 이미 설명한 바와 같이 흡입측 냉매량의 부족일 때 발생한다.

> **○ 주(註)**
> 자동차에서는 응축기가 기관 방열기 앞에 설치되므로, 응축기와 방열기는 대부분 동일한 냉각공기에 노출된다. 그러므로 냉매온도스위치는 기관의 작동온도에 도달하면, 기관의 냉각팬 또는 응축기 냉각팬을 스위치−ON시킨다.

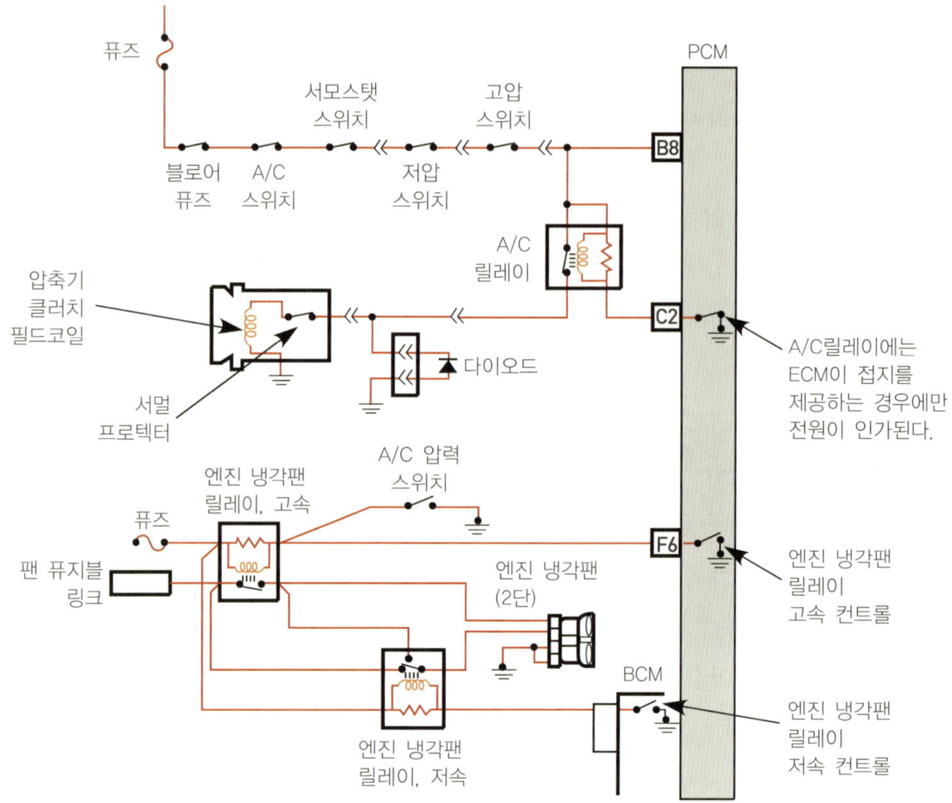

▲ 그림 6-84 완전 자동 에어컨 회로(예)

4

압력센서(pressure sensors)

기존의 접점식 듀얼 압력 스위치는 고압/저압 컷-오프 접점만을 가지고 있다. 반면에 압력센서는 지속적으로 압력을 감지하며, 이를 전기신호로 바꾸어 실시간으로 ECM(Electronic Control Module)에 전송한다.

압력센서는 기존의 접점식 듀얼 압력 스위치와 비슷한 방법으로 작동한다. 그러나 접점이 가변저항 또는 압력에 민감한 크리스털(crystal)로 대체되었으며, 에어컨 ECM 또는 엔진 ECM으로부터 기준전압이 공급된다(일반적으로 5V).

아날로그 압력센서는 아날로그 전압신호를, 디지털 압력센서는 펄스폭이 변조된 디지털 전압신호를 출력한다. 에어컨 ECM 또는 엔진 ECM은 이들 신호에 근거하여 응축기 냉각팬과 압축기 마그넷 클러치를 ON-OFF 제어한다.

5 고압 릴리프 밸브(high pressure relief valve)

또 다른 안전장치는 압축기의 고압측에 설치된 릴리프 밸브이다. 압력이 지나치게 상승하면, 이 밸브가 열려 냉매를 대기로 방출한다. 예를 들면, R134a 시스템에서 고압이 35bar 이상이면 열려 냉매를 대기로 방출하고, 26bar 이하가 되면 닫힌다.

6 어큐뮬레이터에 설치된 저압 스위치

압축기 흡입압력이 규정값(예 : R-134a 시스템에서 144kPa(21psi, 1.47kgf/cm^2)) 이하로 낮아지면 고압측의 온도가 상승하고, 따라서 개스킷이나 씰 그리고 플라스틱 부품에 위험이 발생할 수 있다. 흡입압력의 강하는 냉매량이 부족하기 때문이다.

냉매 부족의 주요 원인은 다음과 같다.
- 팽창밸브의 조정 불량
- 팽창밸브의 막힘 또는 빙결
- 누설에 의한 냉매 손실
- 아주 낮은 대기온도(냉매의 수축)

7 증발기 온도센서 - 서모스탯 스위치와 서미스터

냉매회로의 제어는 증발기 온도감시를 이용하여 보완한다. 이를 위해서는 서모스탯 스위치 또는 서미스터(NTC-thermistor)를 사용한다. 이들은 증발기 표면의 온도를 측정하여 압축기 마그넷 클러치를 ON-OFF 시킨다. 이 온도는 사전에 특별한 값으로 조정된다. 서모스탯은 증발기 온도범위가 약 2~16℃ 범위가 되도록 공장에서 조정하여 출고한다. 증발기 표면의 온도가 항상 0℃ 이상이어야만 증발기 표면에서 응축수가 결빙되는 것을 방지할 수 있다. 응축수가 증발기 표면에서 결빙되면 증발기의 열 흡수 기능이 약화되고 동시에 공기 저항이 증대된다. 심한 경우에는 증발기 냉각핀 사이의 공기통로가 모두 막혀, 냉방출력이 제로(0)가 되기도 한다.

파이프와 호스, 서비스밸브, 댐퍼 그리고 송풍기 유닛
(Pipes & hoses, service valves, dampers and blower units)

금속관(pipe)과 유연한 호스(flexible hoses)로 냉매회로의 각 기능부품들을 연결하여 냉매의 순환을 가능하게 한다. 이들은 자동차 주행에 의해 발생하는 피할 수 없는 진동의 대부분을 흡수, 또는 보상한다.

관로는 관로 내에서의 압력손실, 냉매 유동속도, 냉동기유의 복귀 등을 고려하여 설계한다. R-134a 시스템의 경우, 유동속도 경험값은 표 6-3과 같다.

표 6-3 R-134a 시스템의 냉매 유동속도(경험값)

관로의 종류	유동속도
흡입관	5~15m/s
고압 가스관	5~20m/s
고압 액관	0.3~1.2m/s

관로를 정확하게 설계해도 관로에서의 압력 손실을 피할 수 없다. 일반적으로 자동차 공조장치에서는 가스관의 경우 약 4~7K(kelvin) 정도, 액관에서는 최대 0.5K이 허용 한계값이다. 여기서 온도와 압력을 같이 취급하는 이유는 냉매의 온도가 낮아지면 압력도 따라서 낮아지기 때문이다. 압력강하에 의한 냉동출력 손실의 예는 표 6-4와 같다.

표 6-4 압력강하에 의한 냉동출력의 손실(예)

압력 강하[K](kelvin)	냉동출력
흡입관에서 2K	92.2% (7.8% 손실)
고압 가스관	98.8% (1.2% 손실)

냉매의 유동에 의해 시스템에 진동이 발생할 수 있는데, 이 진동은 대부분 소음으로 확인이 가능하다. 그리고 이들 소음은 특정 위치에 댐퍼(damper)를 설치하여 흡수할 수 있다.

시스템의 작동을 가능하게 하고, 관리하기 위한 서비스 포트를 시스템 관로의 필요한 위치에 설치한다. 서비스 밸브는 대부분 쉬래더 밸브(shrader valve)이다.

진동부위 또는 협소한 공간 등에는 중간에 유연한 고무호스를 사용하여, 기능부품의 설치를 용이하게 할 수 있으며, 동시에 이들 시스템 부품의 움직임을 쉽게 보상할 수 있다.

호스 및 금속관의 내경 및 외경은 시스템 출력에 따라 또는 차종에 따라 서로 다른 경우가 대부분이다. 그리고 저압관로를 순환하는 냉매가 기체냉매로서 비체적이 크고, 압력이 낮기 때문에 유동저항을 줄이기 위해 저압관로의 내경을 고압관로의 내경보다 더 크게 한다. 저압관로의 내경은 대부분 16mm(0.63 inch) 또는 20mm(4/5 inch)이다.

(1) 호스(hoses)

특별히 호스에 필요한 조건들은 다음과 같다.
1) 냉매와 냉동기유의 확산(투과)에 대한 저항성
2) 열적, 화학적 반응에 대한 저항성
3) 높은 압력에 대한 저항성 등이다.

이와 같은 조건들을 충족시키기 위해서 R-134a 시스템에는 그림 6-85와 같은 호스를 사용한다. 그리고 R-134a의 확산(투과)성을 고려하여 가장 안쪽 나일론 층의 내면을 플라스틱으로 코팅한다.

호스에는 SAE 규격 J2064를 적용한다. 호스에 "J2065" 또는 "J2065 R-134a"라는 표시가 있으면, R-134a 전용이다. 호스에 "J2064 R-134a/R-1234yf" 또는 "J2064 R-1234yf"라고 표기되어 있으면, 이 호스는 R-134a와 R-1234yf에 대한 SAE 규격 J2064를 충족함을 나타낸다. 즉, R-134a와 R-1234yf에 함께 사용할 수 있다.

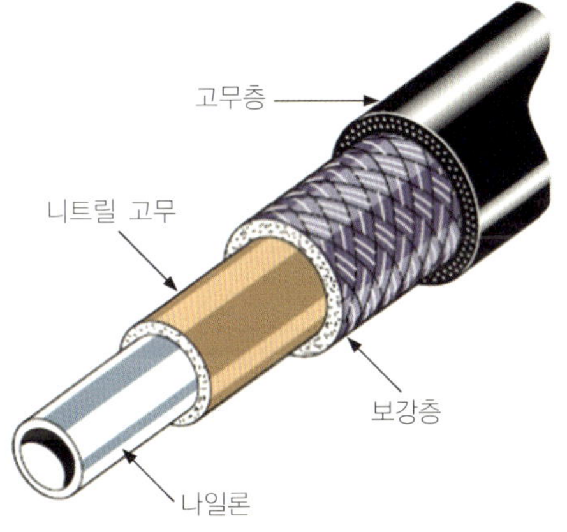

▲ 그림 6-85 R-134a용 고무호스(예)

표 6-5 자동차 공조장치(MAC)에 사용하는 호스의 내경 및 외경(R-134a용)

호스 사이즈	내경(D)		외경(OD)			
			고무호스		나일론 호스	
	inch	mm	inch	mm	inch	mm
#6	5/16	7.94	3/4	19.05	15/32[1]	11.9[3]
#8	13/32	10.32	59/64[1]	23.42[3]	35/64[1]	13.89[3]
#10	1/2	12.70	1 1/32[2]	25.8[4]	11/16[1]	17.46[3]
#12	5/8	15.87	1 5/32[2]	29.37[4]	NA	NA

※ [1] ±1/64in., [2] ±1/32in., [3] ±0.4mm, [4] ±0.8mm

(2) 액관(liquid pipes)

액관의 재료로는 대부분 알루미늄, 구리, 강철 또는 고무/나일론, 동/황/알루미늄의 결합(combination)을 사용한다.

R-134a 및 R1234yf 시스템용 액관의 내경은 1/4~5/16 inch(6.3~7.9mm) 정도가 대부분이다. 2개의 증발기를 사용하는 모델에서는 직경 3/8 inch(9.5mm)의 액관도 사용한다.

(3) 커넥터(connectors and couplings)

유연한 고무호스를 장치부품과 연결하기 위해서는 고무호스가 미끄러져 빠지지 않게 하는 고정요소들을 필요로 한다. 금속관을 연결하는 방법으로는 스프링 로크 커플링(spring lock coupling), 플랜지 연결(joint flange) 또는 유니온 너트를 사용하여 체결하는 O-링(O-ring) 방법을 사용할 수 있다. R-134a 시스템에는 미터계 너트를 사용한다.

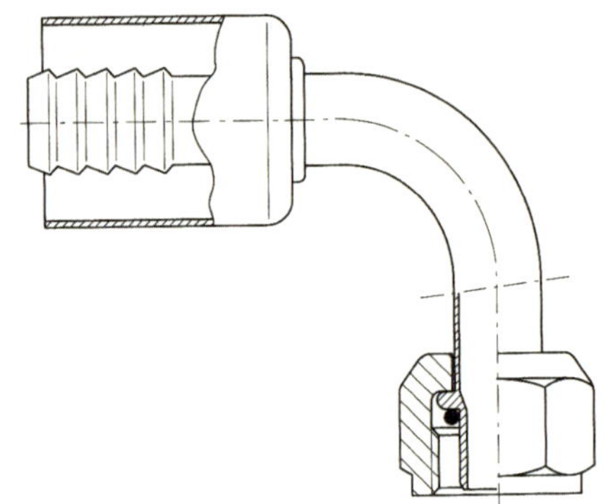

▲ 그림 6-86 고무호스와 금속관의 연결

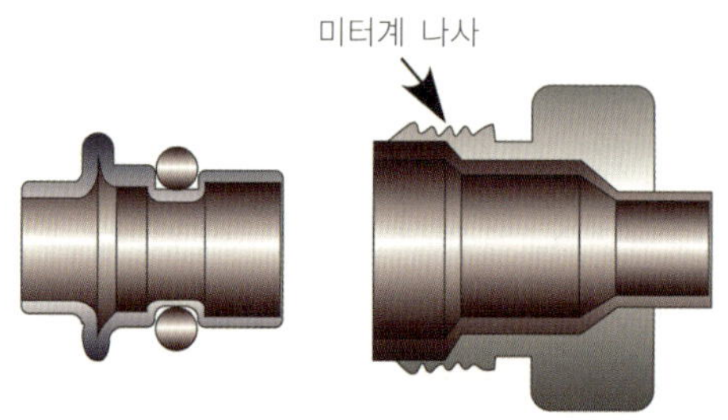

(a) 나사 결합(joint flange)

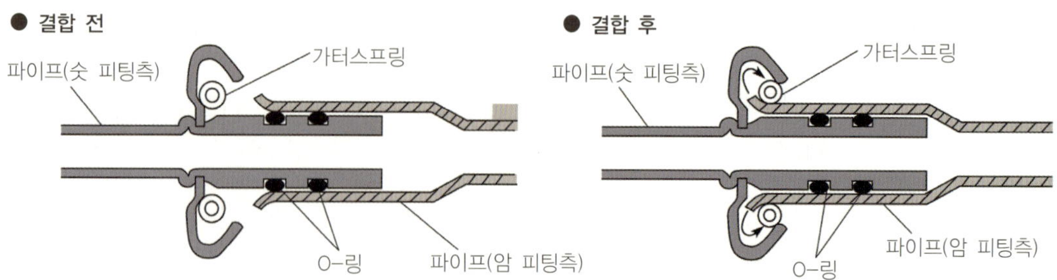

(b) 가터(Garter)스프링을 이용한 원터치 결합

▲ 그림 6-87 금속관의 결합(예)

(1) 서비스 포트(service port)

서비스 포트는 시스템에 냉매를 주입/방출하고 또 시스템 작동상태 점검용 압력계를 접속하기 위해서 고압측과 저압측에 각각 1개씩 설치되어 있다.(예 : 그림 6-88(a)에서 12a와 12b)

서비스 포트와 어댑터의 외경 및 내경은 고압측이 저압측보다 크고, 냉매별로도 다르다. 이는 잘못 사용하는 오류를 저지르지 않도록 하기 위한 안전대책의 일환이다.(표 6-6 참조)

일부 형식에서는 저압/고압 서비스포트가 압축기 실린더 헤드에 있다. 그러나 압축기에 없을 경우, 저압 서비스포트는 증발기 출구와 압축기 흡입구 사이 어딘가에, 고압 서비스포트는 압축기 출구와 응축기 입구 사이 어딘가에 설치되어 있을 것이다.

서비스 포트는 타이어의 공기밸브와 비슷한 구조의 쉬래더 밸브(shrader valve)를 갖추고 있다.

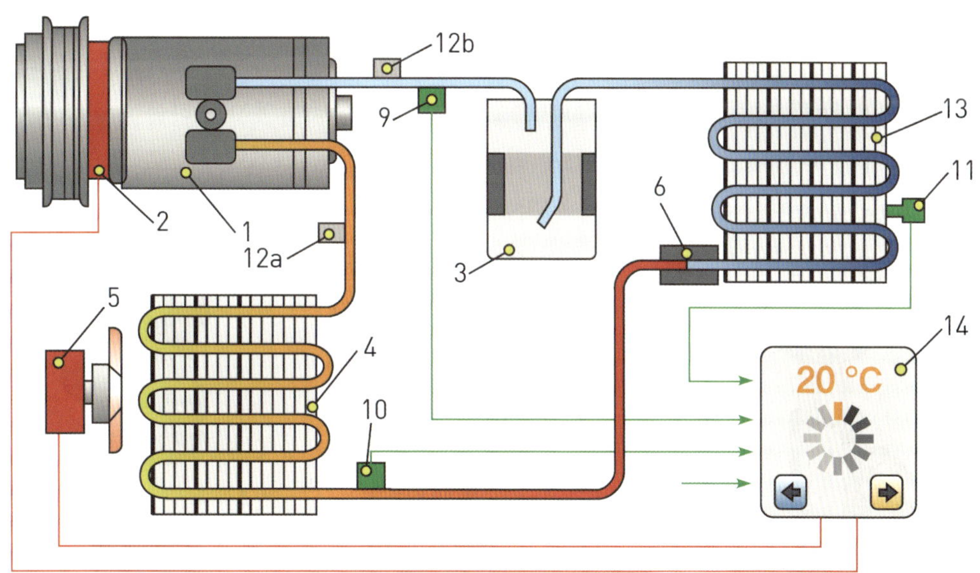

1. 압축기   2. 마그넷 클러치 코일   3. 수액기/건조기   4. 응축기   5. 냉각팬   6. 고정 오리피스 튜브
9. 저압스위치   10. 고압스위치   11. 증발기온도센서   12a. 고압서비스밸브   12b. 저압서비스밸브
13. 증발기   14. 에어컨 컨트롤 보드/에어컨 ECU

▲ 그림 6-88(a)   서비스 포트의 위치(예)

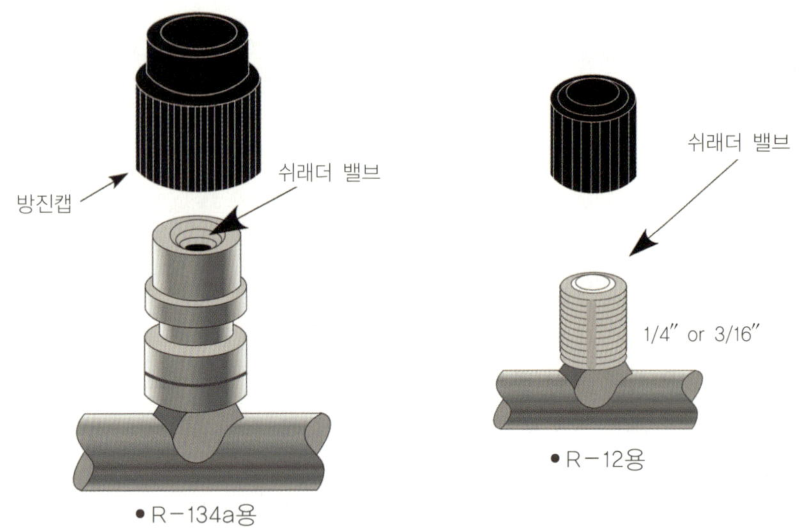

▲ 그림 6-88(b) 서비스 포트(service port)의 구조

(2) 서비스 포트 어댑터(service port adapter)

매니폴드 게이지(압력계)와 고무호스를 통해 연결된 서비스 포트 어댑터는 매니폴드 게이지와 에어컨 시스템의 서비스포트를 연결한다. 그림 6-89는 서비스포트 어댑터와 서비스포트의 쉬래더 밸브의 외형 및 단면을 보여주고 있다. 서비스 포트의 방진캡을 제거하고, 연결 어댑터의 퀵 커플러(quick-coupler)를 들어 올린 상태에서 어댑터를 서비스포트에 눌러 설치한 다음에, 어댑터의 핸드 휠(hand wheel)을 시계방향으로 돌려 누름쇠(depressor)를 조여야 쉬래더 밸브가 열리는 구조이다.

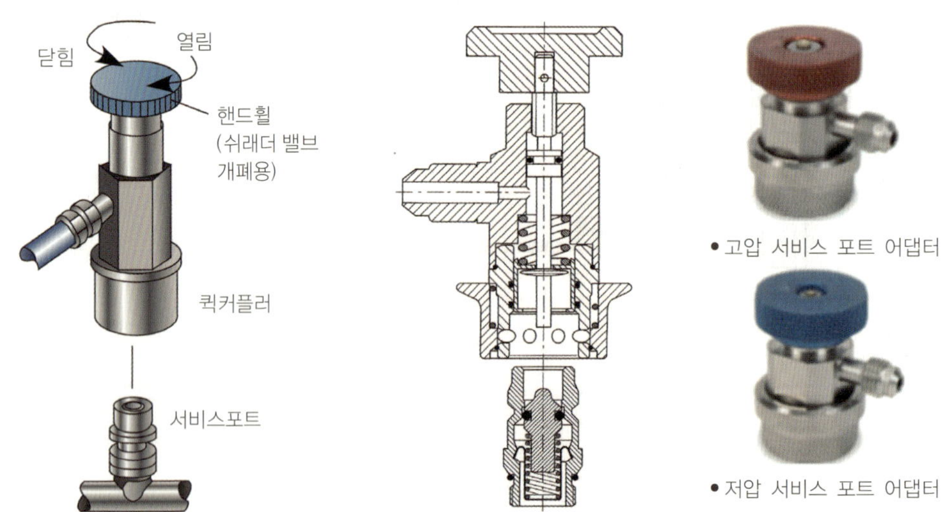

▲ 그림 6-89 서비스 포트와 서비스포트 어댑터(R134a용)

냉 매	저압측	고압측
R-12(1987년 이후)	나사식(threaded) 7/16 인치×20	나사식(threaded) 3/8 인치×24
R-134a	퀵-커플링식, 나산산 없음 외경 13mm	퀵-커플링식, 나산산 없음 외경 16mm
R-152a	퀵-커플링식, 나산산 없음 외경 14.1mm*	퀵-커플링식, 나산산 없음 외경 15mm*
R-744	퀵-커플링식, 나산산 없음 외경 16.6mm	퀵-커플링식, 나산산 없음 외경 18.1mm
R-1234yf	퀵-커플링식, 나산산 없음 외경 14mm	퀵-커플링식, 나산산 없음 외경 17mm

* R-152a의 경우는 제안임, 생산용으로 최종 확정되지 않았음.

3 댐퍼(damper 또는 muffler)

다기통 압축기의 고압측 또는 저압측의 맥동에 의해 소음이 심하게 발생하는 시스템에서는 압력맥동을 보상하기 위해서 압축기 출구에 댐퍼를 설치한다. 댐퍼는 원통형의 금속 용기로서 양단에 호스 또는 파이프를 연결할 수 있는, 간단한 구조의 소음 감쇄기이다.

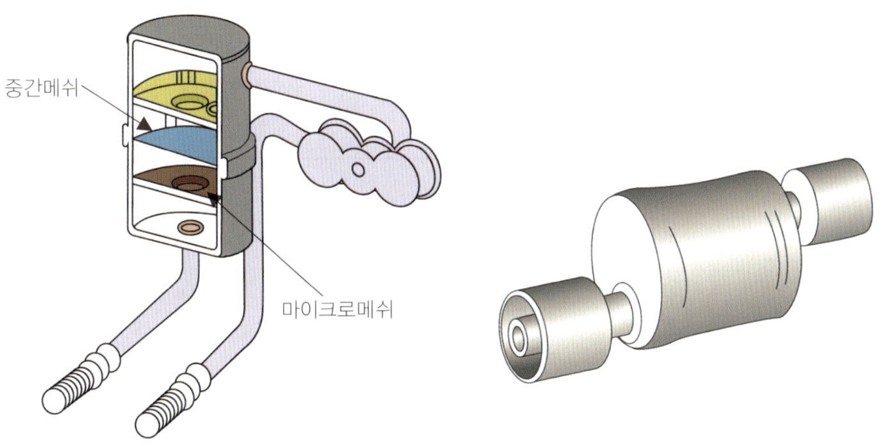

▲ 그림 6-90 여러 가지 형태의 댐퍼

송풍기는 풍압을 기준으로 선풍기(압력 상승이 거의 없음), 팬(fan : 압력 상승이 1,000mmAq 미만) 및 블로어(blower : 압력상승이 1,000mmAq 이상)로 구분하며, 자동차 공기조화에 사용되는 송풍기는 압력 상승이 300mmAq 이하이다. 따라서 엄밀하게 말하면 블로워(blower) 대신에 팬(fan)이라는 용어를 사용해야 한다. 하지만 이 책에서는 관습에 따라 팬(fan) 대신에 블로어(blower) 또는 송풍기라는 용어를 사용한다.

송풍기 유닛은 공기를 증발기 냉각핀 사이로 통과, 냉각시킨 다음에 차실내로 공급하며, 모터(motor)와 팬(fan), 스위치, 그리고 저항기 블록 또는 파워 트랜지스터 모듈 등으로 구성된다.

(1) 송풍기 모터(fan motor)

① 송풍기 모터의 형식 및 소요동력

송풍기 모터는 차 실내(또는 실외) 공기가 강제로 증발기 유닛을 통과, 열 교환을 하도록 팬(fan)을 회전시킨다. 가장 많이 사용되는 형식은 단권(single-wound) 브러시 식 또는 브러시리스 식이며, HVAC(Heating Ventilating Air conditioning) 하우징에 설치된다.

송풍기 모터는 1개의 팬을 사용하는 경우가 대부분이지만, 형식에 따라서는 팬(fan)을 2개, 그리고 내부 냉각기구를 갖추고 있을 수 있다. 냉방 능력에 따라 다르지만 모터 출력은 승용차용은 약 150~200W, 버스용은 약 1.5kW~2kW 정도가 대부분이다.

▲ 그림 6-91 단권 모터(single-wound motor)

② 송풍기의 회전속도와 증발기 냉각의 상관관계

송풍기가 최고 속도로 회전하면 많은 양의 공기가 증발기 코어와 핀 사이를 빠른 속도로 통과하게 되어 증발기 코어 내부를 통과하는 냉매의 급속한 증발이 이루어지게 된다.

차 실내가 적당히 냉방되었을 때 송풍기가 계속해서 최고 속도로 회전한다면 곧 과냉방 상태에 이르게 될 것이다. 이때 송풍기 회전 속도를 낮추면 송풍량은 감소하지만 공기의 유동 속도가 낮아지므로 소량의 공기가 장시간 증발기 코어 및 냉각핀과 접촉하게 된다. 증발기로부터 가장 낮은 공기 온도를 얻으려면 송풍기를 가장 낮은 속도로 운전하여 냉매가 공기로부터 많은 열을 흡수하도록(빼앗도록) 해야 한다.

③ 송풍기 속도제어 방법

송풍기 모터의 회전속도는 저항기를 이용하여 설정 범위 내에서 3~6단, 또는 파워트랜지스터 모듈을 사용하여 더 많은 단계로 제어한다. 일부 시스템의 완전 자동(full automatic) 모드에서는 전체 속도범위에 걸쳐서 송풍기 속도를 자동으로 제어할 수 있다. 최대 회전속도는 대부분 약 $3,300\text{min}^{-1}$ 정도이다.

(2) 팬(fan)

팬(fan)으로는 다람쥐 쳇바퀴 모양의 원심식, 다익(multi-blades) 송풍기를 주로 사용한다. 이 송풍기의 날개는 회전방향으로 굽은, 소위 전향 곡선 깃(Forward Curved blade)이다.

(a) 싱글-팬(single fan)

(b) 더블-엔드 팬(double-end fan)

▲ 그림 6-92 증발기 송풍기(예)

전향 곡선 날개는 효율은 낮으나(약 70%까지), 가격이 싸고, 공기량 범위가 넓고(30~80%), 저속, 저소음이라는 장점 때문에 낮은 압력에서 다량의 공기를 필요로 하는 경우에 주로 사용한다. 또 압력과 송풍량이 같을 경우, 다른 원심식 송풍기에 비해 날개의 직경이 작기 때문에 설치공간을 최소화할 수 있다. 주로 건물의 환기장치 및 자동차 공조장치(HAVC)에 사용한다.

주요 원심식 송풍기의 종류는 표 6−7과 같다.

표 6−7 주요 원심식 팬의 비교

	후향 곡선 깃(Backward Curved)			전향 곡선 깃 (Forward Curved)
	AF(익형)	BC(후곡형)	BI(후직선형)	FC(전곡 다익형)
날개 형상				
날개 수(blades)	6~16	6~16	6~16	24~64
최대 효율(%)	92	85	70	70
속도	고속	고속	고속	저속
비용	높음	중간	중간	중저
정압(static pressure)	아주 높음 (750mmAq)	아주 높음	높음	낮음 (125mmAq)
출력 곡선	비-과부하	비-과부하	비-과부하	과부하
하우징	스크롤(scroll)	스크롤(scroll)	스크롤(scroll)	스크롤(scroll)

(3) 송풍기 저항기 블록(blower resistor block)

송풍기 저항기(resistor)는 송풍기 모터의 회전속도를 제어한다. 수동(manual) 에어컨 시스템이 장착된 자동차에서는 송풍기 속도를 제어하는 방법으로 다수의 저항 코일로 구성된 저항기 블록을 가장 많이 사용한다. 각 저항을 적절하게 조합하여 속도 단계별 저항을 구성한다. 그리고 저항에서의 발열에 대한 안전장치로 퓨즈 및 방열용 히트 싱크(heat sink)를 갖추고 있다.

저항기 블록은 코일(coil)형, 히트−싱크(heat sink)형, 세라믹(ceramic)형, 알루미늄 판(aluminium plate)형, 카드형 등으로 그 물리적 형상과 회로구성은 다양하지만, 작동원리와 기능은 모두 같다. 그리고 모두 예외 없이 HVAC 덕트를 통과하는 공기에 의해 냉각이 가능한 위치에 설치된다.

① 코일형 저항기 블록

코일형 저항기 블록은 다수의 권선저항이 단순하게 직렬로 결선된 형식으로, 수동으로 스위치를 조작하여 직렬로 결선되는 권선 저항의 수를 선택한다. 전류는 코일 1개 또는 다수의 코일 조합을 통해 흐른다. 각 단계별 저항은 송풍기 모터로 가는 전류를 제한하여 송풍기 속도를 제어한다. 송풍기 최고속도는 일반적으로 릴레이를 통해 축전지 전압이 직접 모터에 인가될 때이다.

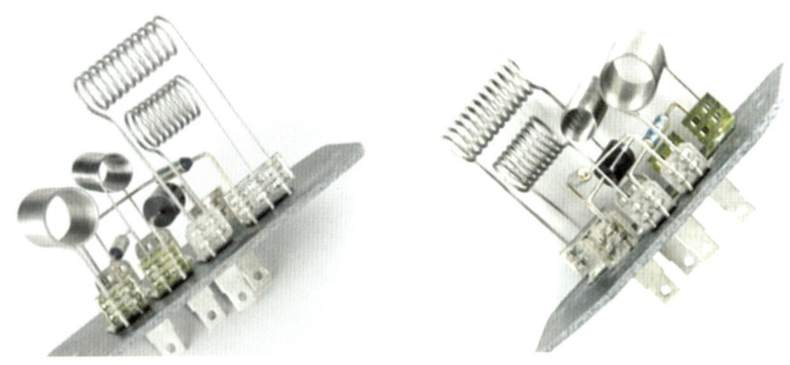

▲ 그림 6-93(a) 송풍기 저항기(코일형)(예)

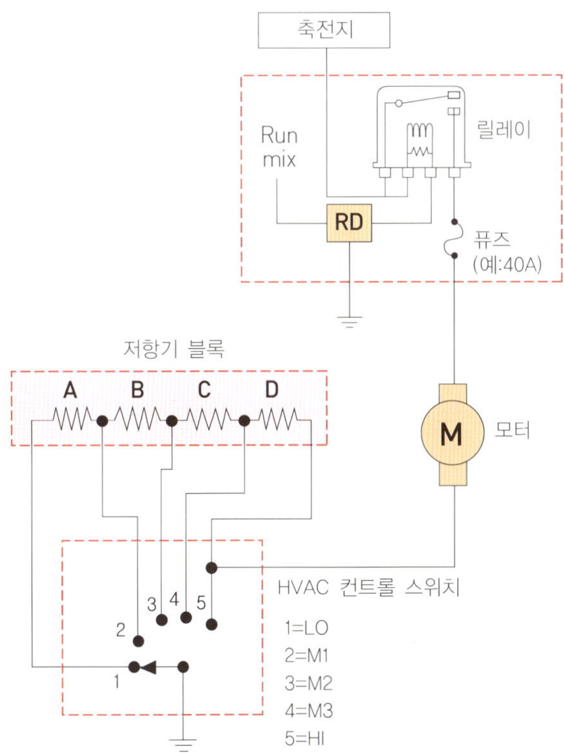

▲ 그림 6-93(b) 송풍기 모터 저항기 블록 속도제어회로(예)

일부 송풍기 속도제어 시스템은 고속 제어 릴레이(high-speed blower control relay)를 갖추고 있다. 고속을 선택하면, 축전지 전류가 저항기 블록을 바이패스(bypass)하여 곧바로 송풍기 모터에 흐르게 된다. 이와 같은 형식에서는 회로를 보호하기 위해 저항기 블록용 퓨즈(예 : 20A)와 고속용 퓨즈(예 : 30A)를 별도로 설치한다.

② **크레디트 카드 저항기**(credit card resistor)

이 저항기는 플라스틱 기판에 집적된 회로와 커넥터 어셈블리로 구성되어 있으며, 권선형 저항기 블록과 같은 원리로 작동한다. 다만 추가 설치된 온도제한 스위치(thermal limiter switch)가 고속을 제외한 나머지 모든 속도단계에서 저항기의 온도가 일정 수준(예 : 184℃(363℉))을 초과하면, 송풍기 모터를 스위치 OFF 하도록 설계되어 있다.

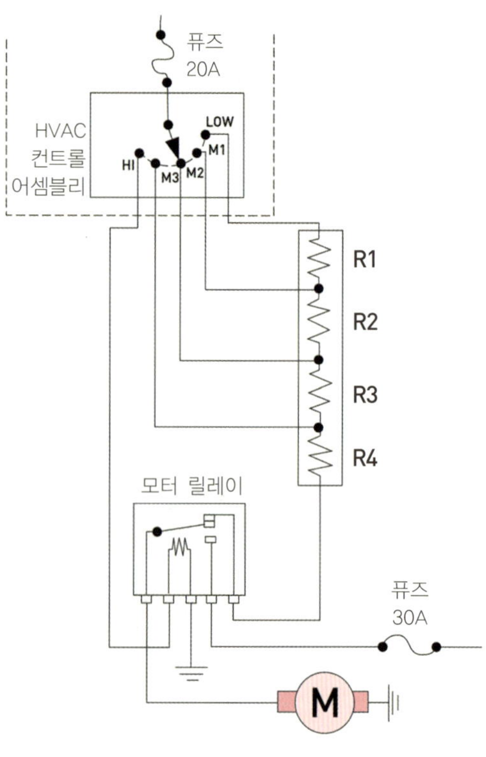

▲ 그림 6-94 송풍기 모터 고속 릴레이(예)

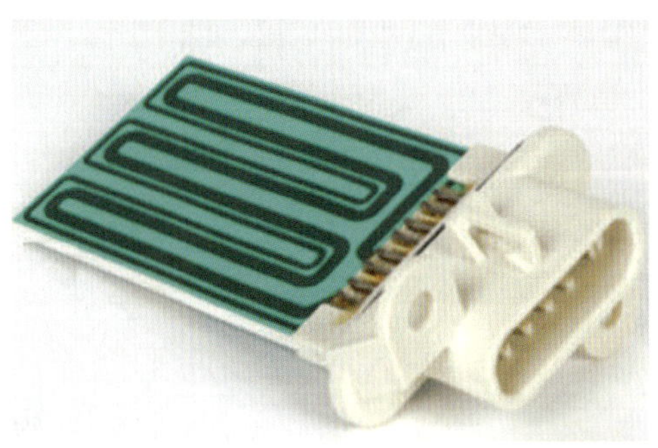

▲ 그림 6-95 온도제한 스위치가 부가된 크레디트 카드형 저항기와 그 회로(예)

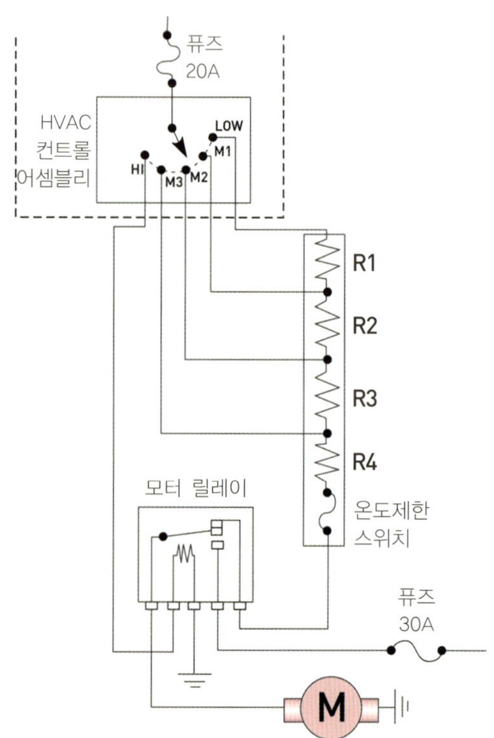

(4) 송풍기 파워 트랜지스터 모듈(power transistor module)

위에 열거한 저항기들은 저항값이 고정된 저항기들을 조합하여 전류를 변화시켜 송풍기 회전속도를 제어한다. 반면에 파워트랜지스터 모듈은 완전 자동 온도제어(FATC)의 신호출력에 따라 입력되는 베이스(base) 전류로 송풍기 모터에 흐르는 대전류를 제어하여, 송풍기 회전속도를 제어한다.

▲ 그림 6-96 송풍기 파워트랜지스터 모듈(예)

따라서 이론적으로는 회전속도를 무단계로 제어할 수 있으나, 실제로는 약 13단계까지의 다단으로 제어한다. 일반적으로 최고속도는 송풍기 모터가 릴레이를 통해 축전지와 직결될 때이다.

그리고 컬렉터(collect) 전압을 ECM(Electronic Control Module)으로 피드백(feedback)하고, 이를 설정값과 비교하여 파워트랜지스터의 베이스 전류를 통제함으로서 설정된 속도를 일정하게 유지한다. 따라서 여러 가지 간섭에

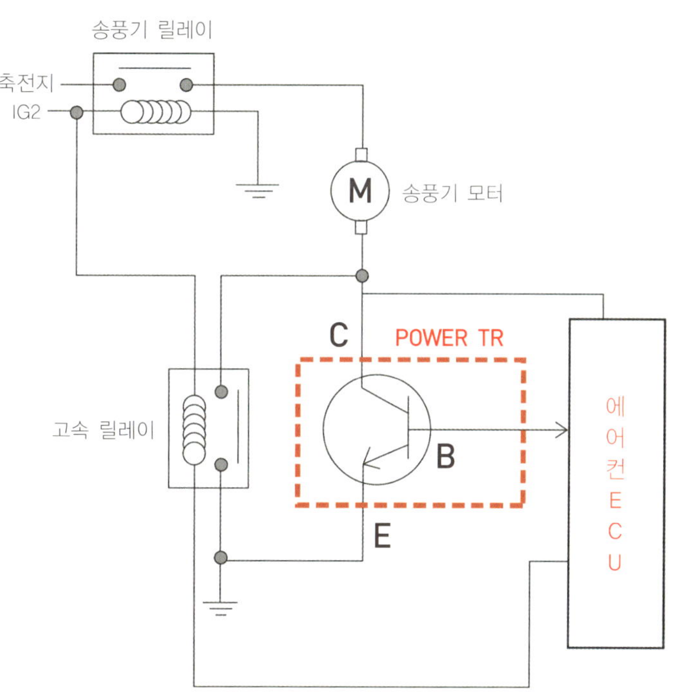

▲ 그림 6-97 증발기 파워트랜지스터 모듈 연계 회로

의해 설정된 속도를 벗어나는 현상을 방지할 수 있다.

작동중에 발생하는 열이 일정 수준을 초과하면, 컬렉터와 직렬로 결선된 온도 퓨즈가 단락되어 전류를 차단하는 방법으로 파워트랜지스터 및 관련 장치의 소손을 방지한다.

파워트랜지스터의 점검에는 모터가 작동 중에 모터 양단간의 전압을 측정하여, 규정값과 비교하는 방법을 사용한다.

4 송풍기 관련 계산식

참고로 송풍기가 온도 20℃, 절대압력 760mmHg 또는 10,333mmAq, 상대습도 65%인 공기를 흡입할 경우를 표준흡입상태라고 한다.

(1) 송풍기의 압력

송풍기에서는 덕트(duct) 저항을 극복하는 정압(static pressure)과 이동에 필요한 동압(dynamic pressure)을 기체에 가해야 한다.

덕트(duct) 내에서의 전압(全壓) P_t는 정압(靜壓)P_s와 동압(動壓) P_d의 합이다.

$$P_t = P_s + P_d \, [\mathrm{mmAq}] \quad\text{(6-12)}$$

$$P_d = \frac{1}{2g}\gamma v^2 = \frac{\rho}{2} v^2 \, [\mathrm{mmAq}] \quad\text{(6-13)}$$

$$v = 4.03 \sqrt{P_d} \quad\text{(6-14)}$$

여기서 v : 냉각공기 속도[m/s]

γ : 공기의 비중량[kgf/m³]

(2) 수두(mmAq)

송풍기가 공기를 흡입, 토출하는 과정에서 날개에 의해 단위 질량의 공기에 가해지는 압력을 공기기둥의 높이로 나타낸 것을 수두라 하며, 다음과 같이 표시된다.

$$H = \frac{P_t}{\gamma} \, [\mathrm{m}] \quad\text{(6-15)}$$

여기서 H : 수두[m]

P_t : 전압[mmAq]

γ : 흡입공기의 비중량 [kgf/m³]

위 식은 토출절대압력과 흡입절대압력의 비, 즉 압력비가 약 1.03 이하인 경우에 적용한다. 압력비 1.03이란 $P_2/P_1 = 1.03$이므로 흡입절대압력 P_1이 760mmHg(10,333mmAq)라면, 토출절대압력 P_2는 $1.03 \times 10,333 = 10,640$이므로 토출절대압력과 흡입절대압력의 차는 310mmAq가 된다. 다시 말하면 토출압력이 310mmAq임을 말한다.

300mmAq 이상의 압력인 경우에는 단열수두(H_{ad})를 사용하는 것이 좋다.

$$H_{ad} = \frac{\kappa}{\kappa - 1} \cdot \frac{P_1}{\gamma_1} \left\{ \left[\frac{P_2}{P_1} \right]^{\frac{\kappa - 1}{\kappa}} - 1 \right\} [\mathrm{mAq}] \quad \cdots\cdots (6-16)$$

여기서　H_{ad} : 단열 수두[mAq]

κ : 비열비(공기의 경우, $\kappa = 1.4$)

P_2 : 토출 절대압력(mmAq)

P_1 : 흡입 절대압력(mmAq)

γ_1 : 흡입 공기의 비중량[$\mathrm{kgf/cm^2}$]

예를 들어 $P_1 = 10,330\mathrm{mmAq}$이고, $P_2 = 10,630\mathrm{mmAq}$일 경우, 수두 H를 식(6-15)와 식(6-16)에서 구해 보면 약 1%의 차이를 나타내지만, $P_1 = 10,330\mathrm{mmAq}$이고 $P_2 = 10,830\mathrm{mmAq}$일 경우에는 약 2%의 차이가 난다. 따라서 압력비가 높을 때는 식(6-16)을 사용하는 것이 좋다.

(3) 이론 공기동력

압력비가 $P_2/P_1 = 1.03$ 이하일 때 전압(全壓) P_t에 대하여 풍량이 Q [$\mathrm{m^3/min}$]인 경우, 이론 공기 동력 L [kW]은 다음 식으로 구한다.

$$L = \frac{Q \cdot P_t}{6120} [\mathrm{kW}] \quad \cdots\cdots (6-17)$$

여기서　L : 공기동력[kW]

Q : 풍량[$\mathrm{m^3/min}$]

P_t : 전압[mmAq]

6120 : ($\mathrm{kgf/cm^2}$)/min을 kW로 환산하기 위한 계수($102 \times 60 = 6120$)

또한 압력비가 1.03 이상인 경우에는 다음 식을 적용한다.

$$L = \frac{\kappa}{\kappa - 1} \cdot \frac{QP_1}{6120} \left\{ \left[\frac{P_2}{P_1} \right]^{\frac{\kappa - 1}{\kappa}} - 1 \right\} [\mathrm{kW}] \quad \cdots\cdots (6-17\mathrm{a})$$

(4) 송풍기 효율(η_f)

송풍기의 효율은 전압효율과 정압효율로 구분하며, 다음과 같이 축동력에 대한 이론공기 동력의 비로 정의한다.

$$\eta_f = \frac{L}{B_{kW}} \times 100(\%) \quad \text{(6-18)}$$

여기서　L : 이론 공기 동력[kW]

B_{kW} : 축동력[kW]

송풍기의 정압효율을 계산할 때, 압력비가 1.03 미만일 경우에는 식(6-18)의 이론 공기 동력으로 식 (6-17)을 이용하고, 압력비가 1.03 이상인 경우는 식(6-17a)를 이용한다.

(5) 축동력(B_{kW})과 송풍기 효율(η_f)과의 관계

식(6-18)과 여유율(φ_f)을 고려하면, $B_{kW} = \dfrac{L}{\eta_f}\varphi_f$이 성립한다.

$$B_{kW} = \frac{Q \cdot P_t}{6120\eta_f}\varphi_f [\text{kW}] \quad \text{(6-19)}$$

여기서　η_f : 송풍기 효율(0.5~0.7)

φ_f : 여유율(1.05~1.1)

예제 01 전압 100mmAq에서 시간당 처리량이 6000m³/h일 때의 공기 동력(L)과 축동력(B_{kW})을 구하라. 단 송풍기 효율은 0.6, 여유율은 1.1이다.

풀이

$$L = \frac{\frac{6000}{60} \times 100}{6120} \fallingdotseq 1.63[\text{kW}]$$

$$B_{kW} = \frac{1.63}{0.6} \times 1.1 \fallingdotseq 2.99[\text{kW}] \fallingdotseq 3[\text{kW}]$$

(6) 송풍기의 비례법칙

송풍기의 풍량 조절은 속도제어의 경우에 동력 감소의 효과가 크다. 속도제어, 즉 회전수의 변화 범위가 ±20%이내일 때에는 송풍기의 특성이 대략 아래와 같은 비례 관계가 성립한다. 이를 송풍기의 비례 법칙이라 한다.

$$Q_2 = Q_1\left(\frac{n_2}{n_1}\right)$$

$$P_2 = P_1\left(\frac{n_2}{n_1}\right)^2$$

$$B_{kW_2} = B_{kW_1}\left(\frac{n_2}{n_1}\right)^3 \quad \cdots\cdots\cdots\cdots\cdots\cdots\cdots\cdots\cdots\cdots\cdots\cdots\cdots\cdots\cdots\cdots\cdots (6-20)$$

여기서　　Q : 풍량[m³/min]　　　　P : 풍압[mmAq]

　　　　　B_{kW} : 축동력[kW]　　　　n : 회전수[min⁻¹]

　　　　첨자 1, 2 : 변화 전후를 의미하는 수

예제 01 어떤 송풍기의 풍량을 20% 증가시키기 위해 회전속도를 상승시킬 때 모터의 동력은 얼마나 증가시켜야 하는가. 또 이때 풍압은 어떻게 변하는가?

풀이　$\dfrac{Q_2}{Q_1} = \dfrac{n_2}{n_1}$ 에서 풍량 20% 증가는 회전수를 20%, 즉 1.2배로 상승시켜야 한다.

그러면 풍압(P_2)과 축동력(B_{kW2})은 다음과 같이 된다.

$$P_2 = P_1\left(\frac{n_2}{n_1}\right)^2 = P_1 \times \left(\frac{1.2}{1}\right)^2 = 1.44P_1$$

$$B_{kW_2} = B_{kW_1}\left(\frac{n_2}{n_1}\right) = B_{kW_1} \times \left(\frac{1.2}{1}\right)^3 \approx 1.73B_{kW_1}$$

하이브리드 자동차와 전기자동차의 공조장치

Air conditioning systems for hybrid vehicles and electric vehicles

1. 하이브리드 자동차와 전기자동차에서의 공기조화
2. 보조 난방장치
3. 하이브리드/전기 자동차의 공기조화장치

하이브리드 자동차와 전기자동차에서의 공기조화
(Air conditioning in hybrid − and electric vehicles)

불완전 연소에 의해 생성되는 탄화수소(HC)나 일산화탄소(CO)와 같은 유해물질은 물론이고, 완전연소 시에 생성되는 이산화탄소(CO_2)까지도 온실가스로서 규제 대상이 되었다. 오늘날 이산화탄소의 배출량을 획기적으로 낮추는 문제는 자동차산업 분야에 국한된 문제가 아니라 지구적 과제로 인식되고 있다. 연료 소비 즉, 에너지 소비를 줄이는 문제는 자동차 공조장치(MAC)도 외예가 아니다.

자동차산업 분야에서는 화석연료의 소비를 줄이기 위한 대표적인 방법으로 전자제어 연소시스템(전자제어 연료분사 포함), 기관 구조의 개선, 그리고 stop − start와 같은 주행 보조 전략을 사용하고 있다. 한 걸음 더 나아가 이제는 기존의 내연기관 자동차에 비해 화석연료(석유)를 더 적게 소비하는 하이브리드 자동차, 또는 화석연료를 전혀 사용하지 않는 전기자동차를 지향하고 있다.

기존의 저연비 자동차(예 : 3리터 카)를 시작으로 하이브리드 자동차와 전기자동차는 외기 온도가 낮을 때, 차실내 난방에 이용할 수 있는 폐열(주로 내연기관의 냉각장치로부터의 방출열)이 상대적으로 적거나 전혀 발생하지 않는다는 문제점을 가지고 있다. 그러나 안락성과 열적 쾌감도, 그리고 무엇보다도 주행안전을 보장하기 위해서는 차실내의 쾌적 난방은 어떠한 형태의 자동차에서든 반드시 필요하다.

그렇다고 3리터(3 ℓ /100km) 자동차에 냉방출력이 큰 에어컨을 장착하여 5~6리터 자동차가 되게 할 수는 없다. 또 하이브리드 자동차나 전기자동차의 구동축전지는 기온이 높을 때는 냉각, 기온이 낮을 때(특히 저온 시동 시)에는 가열시켜야 하는 문제점을 가지고 있다. 이와 같은 이유에서 하이브리드 자동차나 전기자동차에서는 기존의 공기조화(난방과 냉방) 장치를 보완하거나 또는 전혀 새로운 시스템을 도입하고 있다.

보조 난방장치
(Auxiliary heating systems)

1 보조 난방장치 개요

외기온도가 아주 낮을 때, 저연비 자동차나 하이브리드 자동차를 경부하로 운전(예 : 시내 주행)하는 경우, 냉각수를 통해 방출되는 열은 차실 내 쾌적 난방용으로 충분하지 않다. 따라서 보조 난방장치를 사용해야 한다.

(1) 보조 난방에 필요한 열

쾌적한 수준의 차실내 난방에 필요한 열은 여러 가지 변수 예를 들면, 외기온도, 주행상태, 기관출력, 차실내 공간체적의 크기, 그리고 개개인의 쾌적감에 대한 요구 수준(개인차) 등에 따라 달라진다.

표 7 – 1은 외기온도 −20℃에서 시내를 저속으로 주행할 경우에 차실내 온도는 28℃를 유지하고, 기관의 폐열에 의한 난방출력을 예측하고, 이로부터 보조 난방열 수요를 계산한 자료이다. 오늘날의 모든 자동차에 그대로 적용할 수는 없지만, 하나의 비교 표준으로 활용하는 데에는 문제가 없다.

표 7-1 차종에 따라 필요한 보조 난방열 수요

(예 : 기온 −21℃, 차실내 온도 28℃)

	2리터 SI-기관(Van)	1.9리터 TDI 자동차(중형)	1.2리터 TDI 자동차(소형)
난방에 필요한 출력 (정상상태)	5.7kW	5.5kW	5.3kW
기관의 난방출력 (정상상태)	8kW	4.8kW	3.7kW
난방에 필요한 추가 열	필요 없음	약 0.7kW	약 1.6kW

표 7-1에서 보면 특히 소형자동차에 출력이 작은 기관이 장착되었을 경우에 난방에 필요한 추가 열의 수요가 많다는 것을 알 수 있다. 우리나라와 같은 북반구 중위도 지역의 겨울철에 하이브리드 자동차는 대부분 약 3.5kW, 전기자동차는 약 6kW의 난방출력이 부족한 것으로 확인되고 있다. 그러나 쾌적감에 대한 기대가 크면 클수록, 난기운전단계에서 필요로 하는 보조난방 출력은 더욱더 상승할 것이다.

(2) 보조난방 시스템의 종류

보조난방 시스템은 기본적으로 능동 보조난방 시스템과 수동 보조난방 시스템으로 분류할 수 있다. 능동 보조난방 시스템은 1차 에너지를 사용하여 난방열을 생성한다.

능동 보조난방 장치에는 다음과 같은 시스템들이 있다.
① 전기식 히터 : 공기를 가열하는 방식(공기 가열식)
                  물을 가열하는 방식(전기 온수기식)
② 기계식 시스템 : 열펌프(heat pump)
③ 연료의 연소열을 이용하는 별도의 보조난방 시스템

수동 보조난방 장치에서는 기존의 폐열을 이용한다.
① 배기가스 열교환기
② 캡슐링, 단열(heat insulation)
③ 발전기, EGR 등의 폐열을 이용하는 방식

양산 자동차에서는 공기 또는 물(냉각수)을 전기적으로 가열하는 방식과 연료의 연소열을 이용하여 가열하는 방식을 주로 사용한다. 전기자동차가 등장하고, 냉매로 R-744가 도입됨에 따라 열펌프 방식의 공기조화(난방/냉방)도 도입되고 있다.

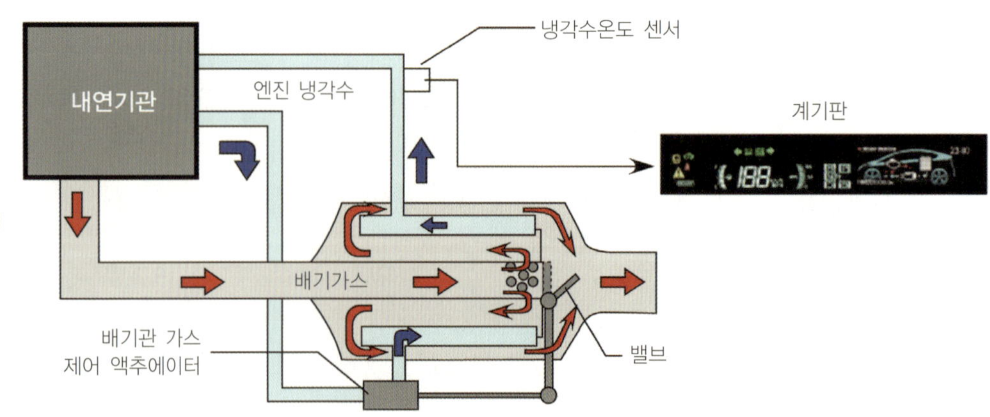

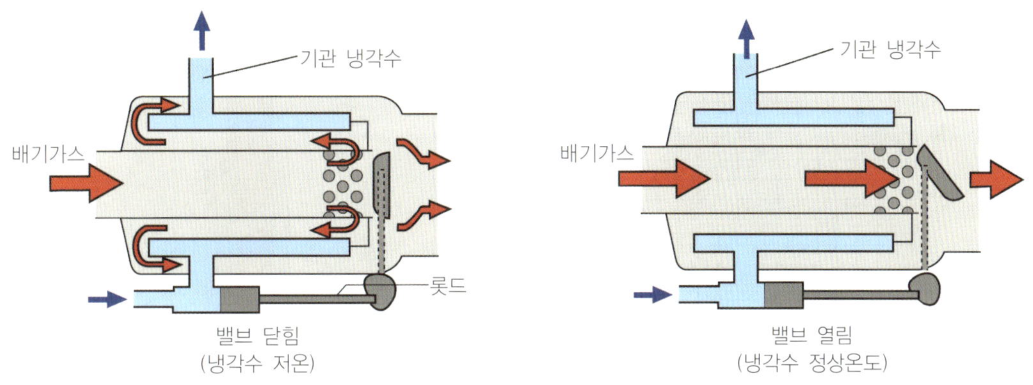

▲ 그림 7-1 배기가스 열 회수 시스템(예 : 프리우스 2010)

2 **PTC - 히터**

PTC-히터는 말 그대로 PTC(Positive Temperature Coefficient) 저항을 사용하는 전기히터이다. PTC-저항은 NTC-저항과는 반대로 온도가 상승함에 따라 저항값이 상승한다. 따라서 기온이 낮을 때는 큰 전류가 흘러 가열 출력이 급격히 상승하며, 대부분 10초 후면 최대 출력에 도달할 수 있다. PTC-소자는 약 120℃ 정도(최대 약 160℃ 정도까지)로 가열된다. 생성된 열은 접촉 레일과 냉각핀을 거쳐 실내로 유입되는 공기에 전달된다. 온도가 상승함에 따라 저항은 증가하고 전류는 감소하므로 자연적으로 가열 출력은 낮아진다.

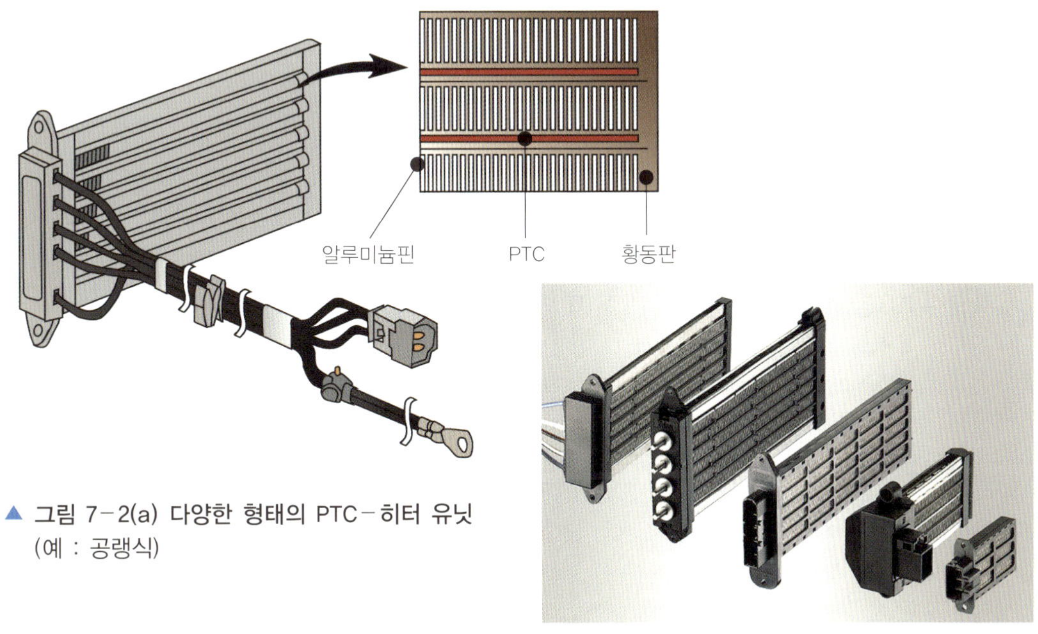

▲ 그림 7-2(a) 다양한 형태의 PTC-히터 유닛
(예 : 공랭식)

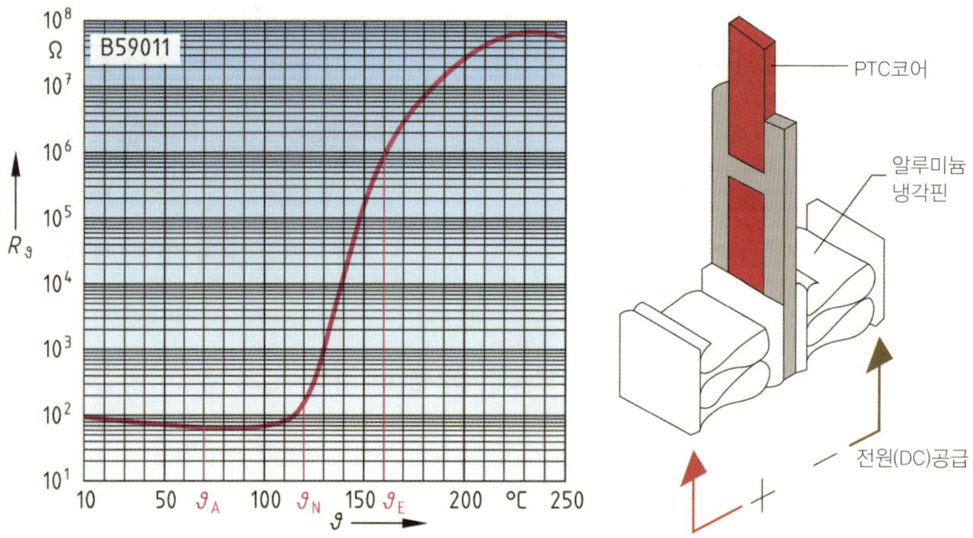

▲ 그림 7-2(b) PTC-소자의 저항특성곡선(예)과 PTC-히터 코어의 기본 구조

PTC-히터의 특징은 다음과 같다.

① 응답 속도가 빠르다.

② 무게가 가볍다.

③ 히터 유닛에 집적이 가능하다.

④ 단계적 제어가 가능하다.

⑤ 고유의 과열 방지 기능을 가지고 있다 .

⑥ 대량의 전기출력을 소비한다.

(1) 독립적인 공기 가열식 PTC-히터

가장 간단한 구성은 그림 7-3에서와 같이 독립적인 공기 가열식 PTC-히터(3)를 수랭식 히터 유닛 앞에 설치하는 형식이다. 따라서 공기는 수랭식 히터 유닛(heater unit)(2)과 공기 가열식 PTC-히터(3)를 거쳐서 차실 내로 유입된다.

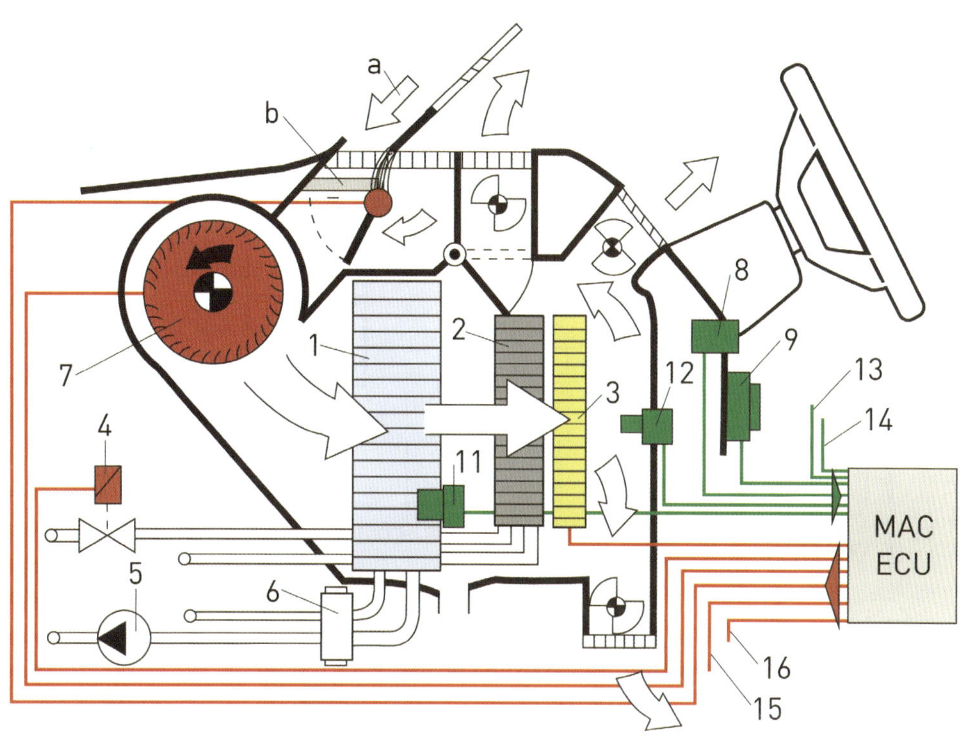

1. 에어컨 증발기 2. 수랭식 히터 유닛 3. 공기 가열식 PTC-히터 4. 히터 밸브
5. 에어컨 압축기 6. 팽창밸브   7. 송풍기   8. 실내 온도센서
9. 에어컨 컨트롤러 11. 히터 온도센서 12. 출구 공기온도 3. 외기온도 센서
14. 기관 온도센서 15. 사이클링 스위치(마그넷 클러치용) 16. 추가 냉각팬(응축기용)
a. 신선한 외기   b. 공기 필터   c. 순환 공기   MAC ECU : 에어컨 ECU

▲ 그림 7-3 하이브리드 자동차 공조장치 구성부품의 배치

① PTC-히터의 작동 조건

고효율 저연비 자동차 또는 하이브리드 자동차에 장착된 PTC-히터의 작동조건의 예이다. 대부분 아래와 같은 조건에서 크게 벗어나지 않는다.

기관 회전 속도	$700min^{-1}$ 이상	기관 냉각수 온도	70℃ 이하
외기 온도	5℃ 이하	송풍기 모터	스위치 ON
축전지 전압	8.9V이하 : OFF 12.5V 이상 : ON	작동시간	최대 60분

그림 7-4에서 PTC-히터가 작동조건을 충족시키면, 엔진 ECM은 PTC-히터(1)의 릴레이를 작동시키고, 히터/에어컨 컨트롤러는 PTC-히터(1)의 릴레이 작동 신호를 수신한다. 이어서 히터/에어컨 컨트롤러는 릴레이 접점을 닫아 PTC-히터 (2)와 (3)의 컨

트롤 측에 접지를 인가하게 된다.

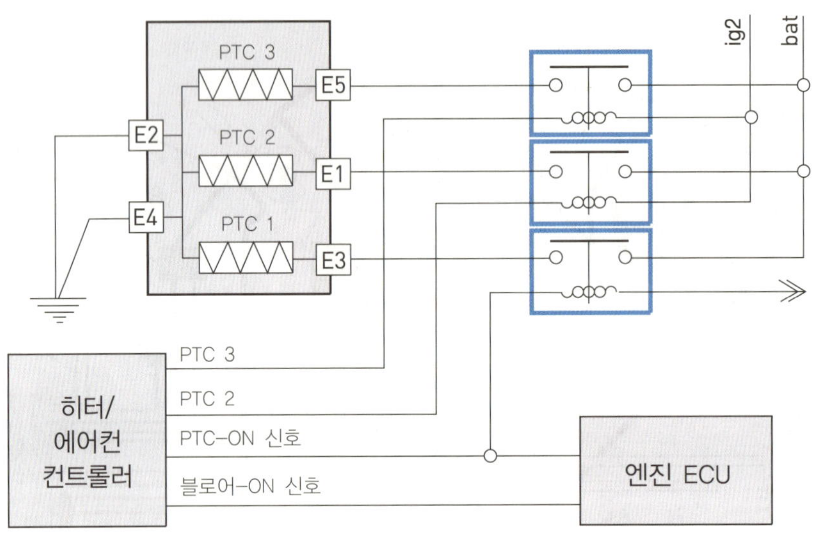

▲ 그림 7-4 PTC-히터의 작동 회로 구성(예)

PTC-히터를 다단계 또는 무단계로 제어하여, 필요한 난방출력 또는 사용 가능한 전기출력에 최적화 시킬 수 있다. 최근에는 제어 일렉트로닉이 집적된 PTC-히터가 주류를 이루고 있다. (그림 7-5 참조)

② PTC-히터의 출력

PTC-히터의 출력은 12V 시스템에서는 약 0.3kW~2kW 정

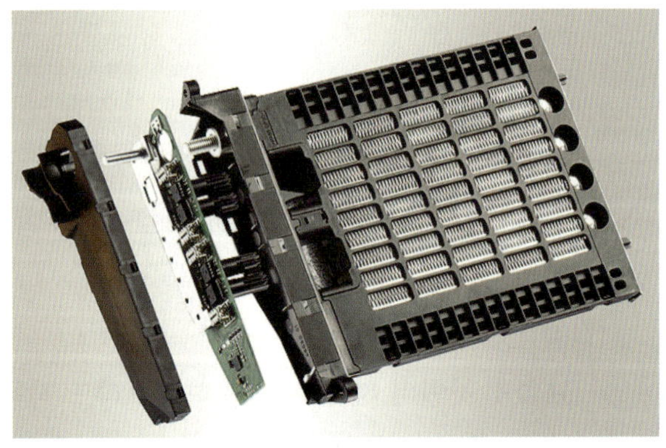

▲ 그림 7-5 제어 일렉트로닉이 집적된 공기 가열식 PTC-히터(예)

도이다. 가열 전기출력 2kW는 12V-전원회로에서는 한계출력(13V에서 150A)이다. 일반적으로 소형 하이브리드 자동차에서는 약 300W(165W×2), 중/대형 하이브리드 승용자동차에서부터 전기자동차에 이르기까지는 400W~2000W 정도까지 다양한 출력의 표준 PTC-히터를 사용하고 있다.

고전압(예 : DC 500V) 사양에서는 출력 약 7kW 정도까지의 대출력 PTC-히터가 사용되고 있다. 이 경우 최대전류는 약 14A가 된다. 그러나 DC 60V 이상의 고전압을 사용

할 경우에는 법적으로 요구되는 고가의 절연등급을 확보해야 한다. 그런 이유에서 기존의 고효율 내연기관 자동차에 DC 42V PTC-히터가 거론되고 있다.

(2) 히터 유닛에 집적된 PTC-히터

소형 하이브리드 자동차에서 설치 공간의 제약을 극복하고 동시에 공기유동 저항을 최소화하고, 생산비용을 절감하기 위해 히터 유닛에 PTC-소자를 집적시키기도 한다. 구조, 기능 및 작동조건은 독립적으로 설치되는 PTC-히터와 큰 차이가 없다.

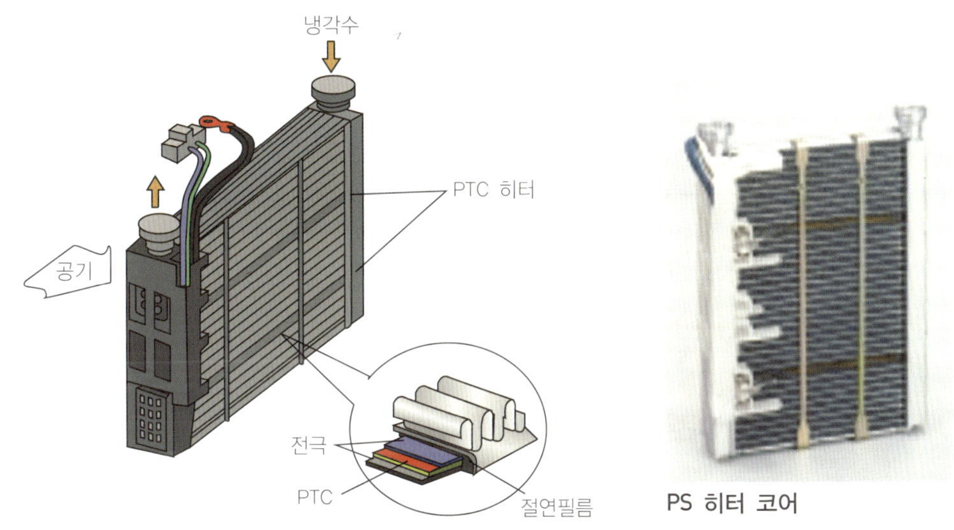

▲ 그림 7-6 횡류형 히터 유닛에 집적된 판형 PTC-히터 코어 (예 : 프리우스 2003)

3 **전기온수기 방식의 히터**

기존의 내연기관 자동차에서는 기관 냉각수 회로에 예열 플러그와 같은 형상의 긴 가열코일을 삽입하여 난기운전 단계에서 기관의 작동온도와 차실내 온도를 동시에 빠르게 상승시키는 효과를 거두고 있다.

그러나 전기자동차에서는 기존의 내연기관 자동차 또는 하이브리드 자동차와는 다르게 난방에 이용할 수 있는 폐열이 발생되지 않는다.(* 물론 구동모터가 수랭식일 경우는, 약간의 폐열을 확보할 수 있다.) 따라서 대부분의 전기자동차에서는 직접 공기를 가열하는 방식보다는 전기로 물을 가열하고, 가열된 물이 히터 코어를 통과하도록 하는 전기온수기 방식, 또는 연료의 연소열을 이용하는 방식 중 하나를 사용한다.

전기온수기식 히터가 공기 가열식 PTC-히터와 기본적으로 다른 점은 열출력을 공기에 직접 전달하지 않고, 난방수에 전달한다는 점이다. 전기자동차에서는 구동축전지의 고전압을 상대적으로 쉽게 적용할 수 있기 때문에 대부분 고전압 가열 코일을 사용한다.

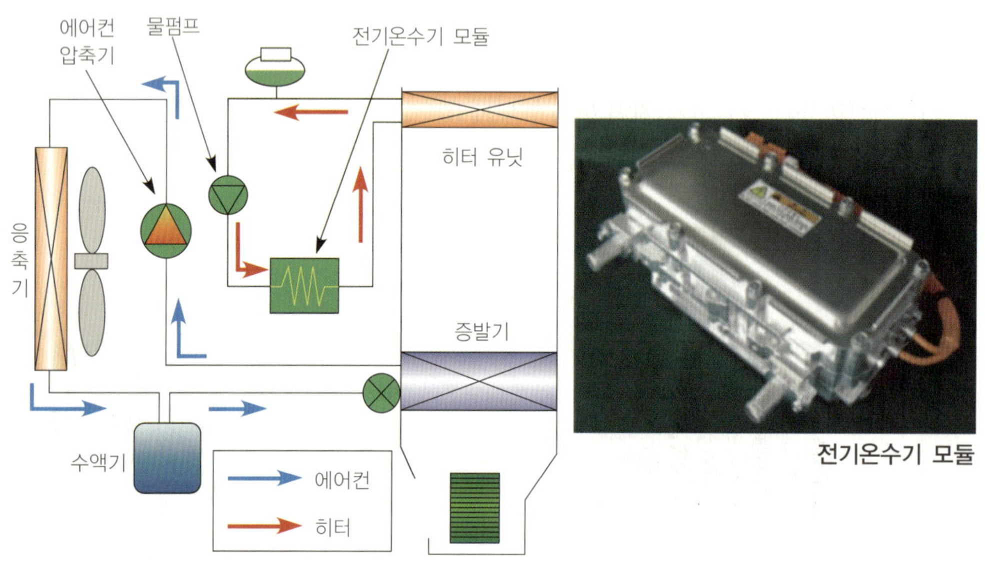

▲ 그림 7-7 전기자동차의 냉방/난방 회로의 구성(예)

전기식 온수 히터의 출력은 자동차의 크기에 따라 다르나 최대 3~6kW 범위이다. 그리고 물을 가열하는 간접 효과 때문에 냉시동 시 히터의 응답성은 공기 가열식 PTC-히터에 비해 느리다.

전기식 온수 히터가 소비하는 전기에너지는 구동 축전지로부터 나온다. 따라서 온수 히터가 소비하는 전기에너지만큼 주행거리가 단축된다. 현재의 기술수준에서 전기자동차의 경우는 공기조화에 소비되는 전기에너지 때문에, 주행거리가 약 30~40%까지 단축되

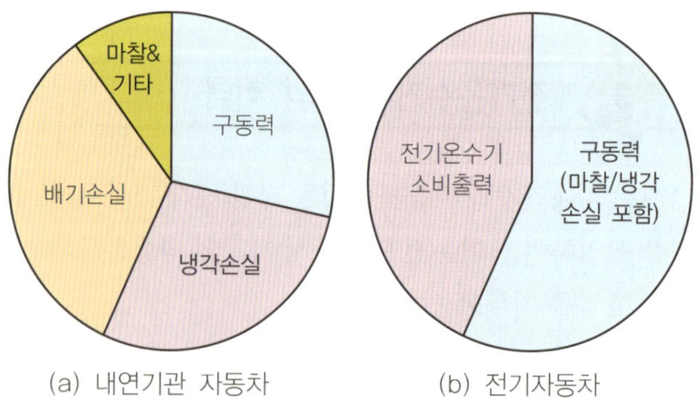

▲ 그림 7-8 자동차에서의 에너지 평형(예)

는 것으로 나타나고 있다. 이 단점이 바로 전기자동차에 연료의 연소열을 이용하는, 별도의 독립 난방장치를 적용하는 이유이다.

연료소비율이 낮은 자동차 예를 들면 CRDi 디젤기관 승용자동차 그리고 대형 상용자동차와 대형 버스 등에서는 주로 보조난방장치로 연소기 – 히터를 사용한다.

내연기관 자동차에서는 냉각장치 또는 배기장치를 통해서 배출되는 다량의 폐열을 이용하여 차실내를 충분히 난방할 수 있다. 반면에 전기자동차에서 전기온수기를 사용하여 난방할 경우, 구동축전지 에너지의 약 40% 정도까지가 차실내 공기조화(난방 또는 냉방)에 소비된다. 결과적으로 주행거리가 그만큼 단축될 수밖에 없다.

연소기(burner) 방식의 독립 히터는 연료로 휘발유, 경유 또는 가스(LPG, CNG)를 사용할 수 있다. 따라서 내연기관이 장착된 자동차의 보조 난방장치로 사용할 경우에는 별도의 연료탱크를 설치하지 않아도 된다.

연소기에서 생성된 열에너지는 1차적으로 연소기 주위에 배치된 냉각수 관로의 벽에 전달된다. 관로의 벽을 통해 냉각수에 전달된 열에너지는 차실내에 설치된 히터 유닛을 통해 차실내 공기에 전달된다.

장점은 연소가 정적(static)으로 그리고 천천히 계속적으로 이루어지므로 유해물질이 거의 생성되지 않으며, 연소효율도 높다는 점, 또 기관이 작동하지 않는 상태에서도 차실내를 적절한 온도로 가열시킬 수 있으며, 동시에 난기운전 시에는 기관을 빠르게 정상 작동온도에 도달하게 할 수 있다는 점 등이다.

그러나 전기자동차에 연소기(burner) 히터를 적용할 경우에는 추가로 연소기와 연료탱크, 배기관 등의 설치공간을 확보해야 하고, 무게가 증가한다는 등의 단점을 피할 수 없다.

(1) 시스템 구성

연료 계량펌프, 연소기 세트, 연소용 공기 송풍기, 온수 열교환기(ECU 포함) 및 온수펌프 등으로 구성된다.

① 연소용 공기 송풍기

연소에 필요한 공기를 공급한다.

② 연소기 세트와 글로우 플러그(glow plug)

글로우 플러그(glow plug) 표면의 적열부에 연료/공기 혼합기가 충돌하여 점화된다. 점화된 다음에 글로우 플러그는 화염(flame) 감시자의 기능을 수행한다.

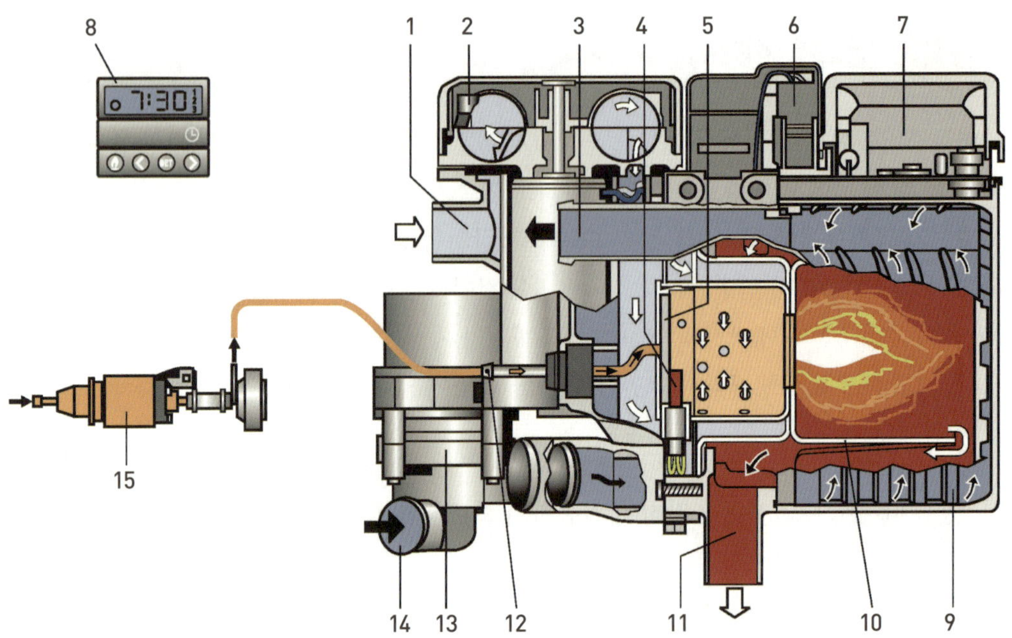

▲ 그림 7-9 연소기 히터의 기본 구조(예)

③ ECU와 온수식 열교환기

ECU는 연소기능을 보장하고 동시에 히팅 모드를 감시한다. 냉각수 온도를 감지하는 온도센서와 과열 방지 기능을 갖추고 있다. 일정 온도(예 : 105℃)가 넘으면 연소기의 작동을 정지시킨다.

④ 물 펌프

연소기가 작동하는 동안, 히터용 냉각수를 순환시킨다.

⑤ 연료 공급 펌프

연료탱크로부터 연료를 펌핑, 계량하여 연소기에 공급한다.

⑥ 외기온도센서

외기온도 정보를 ECU에 전송한다. 보조히터로 사용할 경우에는 통상적으로 기관이 시동된 다음에 연소기 히터가 작동하도록 결선된다.

⑦ 수온센서

연소기 히터의 내부를 흐르는 물의 온도, 기관 냉각수 온도 등을 감지하여 히터의 작동 여부를 결정하는 센서들이다.

(2) 보조 히터의 시동 조건(예)

① 내연기관이 시동되고(독립 히터 사양의 경우는 기관의 시동여부와 상관없음)
② 외기온도가 낮고(예 : 2℃ 이하)
③ 엔진 냉각수온도가 일정 수준(예 : 60℃) 이하일 경우

(3) 연소기 히터의 작동 모드

① 전 부하(full load) 모드 : 냉각수 온도가 일정 수준(예 : 60℃) 이하로 낮을 때
연소공기 송풍기와 연료공급펌프는 전부하로 작동한다.

② 부분 부하(half load) 모드 : 냉각수 온도가 일정 수준(예 : 70℃) 이상일 때
연소공기 송풍기 및 연료공급펌프는 부분부하로 작동한다.

③ 공전 부하(idle load) 모드 또는 애프터 러닝 모드
연료공급을 중단하고, 연소공기 송풍기와 글로우 플러그만 부분부하로 작동한다.

(4) 연소기 히터의 작동 방법

① 연소기 히터의 시동

연소기 히터의 메인 스위치를 ON하면, 물펌프, 글로우 플러그, 연소공기 송풍기가 먼저 작동을 시작한다. 약 30초 후에 연료공급펌프에 전원이 인가되고, 그 순간 연소공기 송풍기는 작동을 정지한다.

점화가 이루어지면, 연소공기 송풍기는 일정 시간(예 : 약 60초) 범위에서 전부하로 작동한다. 그 다음 45초 후부터 연소모드에서 글로우 플러그는 화염을 감시한다. 이때 글로우 플러그에는 ECU로부터 약한 전류가 공급된다. ECU는 글로우 플러그의 PTC 특성을 이용하여 화염이 계속 발생하고 있는지의 여부 즉, 연소 지속 여부에 대한 정보를 수신한다. 그 후에 히팅(heating)모드의 자동제어가 시작된다.

② 히팅(heating) 모드

냉각수 온도가 일정 수준(예 : 70℃)으로 상승하면, 연소기는 부분부하모드(예 : 출력의 약 50%)로 작동한다. 온도가 더 상승하면(예 : 76℃), 연료공급은 중단되고 물펌프와

연소공기 송풍기만 계속 작동한다.(공전 모드 또는 애프터 러닝).

냉각수가 다시 규정값(예 : 70℃) 이하로 냉각되면, 연소기는 다시 부분부하로 작동한다.

③ 연소기 히터의 작동 정지

연소기 메인 스위치를 OFF시키면, 연소는 종료되고 애프터 러닝(after running)이 시작된다.

④ 애프터 러닝(after running)

연소기 히터의 작동을 정지시키면, 또는 연소기 히터의 작동 중에 기관의 작동을 정지시키면, 연소기 히터 ECU는 연료공급펌프의 작동을 정지시킨다. 그러나 글로우 플러그와 연소공기 송풍기는 계속 작동한다. 이는 연소실 내부에 남아있는 연료 및 혼합기를 완전히 연소시키는 후연소 과정이다.

연소기 히터가 전부하로 작동 중 기관의 작동을 정지시켰을 때의 후연소 시간은 길고(예 : 180초), 부분부하로 작동 중 기관의 작동을 정지시켰을 때의 후연소 시간은 상대적으로 더 짧다.(예 : 100초)

기관의 작동을 정지한 다음에도 엔진룸으로부터 연소기 히터의 작동음이 들리는 경우는 후연소가 계속 진행되고 있기 때문이다. 이는 정상적인 작동과정이다. 후연소 과정이 종료되면, 연소기 히터는 완전히 작동을 정지한다.

(5) 기타 기능 및 안전

① 작동 중 오류(또는 고장)가 발생하면 연소기 히터를 리셋하고 다시 작동시킬 수 있다. 예를 들면 연소기 히터의 퓨즈(예 : 20A)를 분리하고 10초 후에 퓨즈를 다시 설치하면 된다. 단, 퓨즈는 기관이 작동 중이거나 작동을 멈춘 후 60초 안에 분리해야 한다. – 보조히터.

② 연소기 히터의 주위 온도가 120℃ 이상으로 상승해서는 안 된다.(일렉트로닉의 손상)

③ 연소공기 입구 및 배기관의 직경은 16mm 이하로 제한된다.

④ 연소기 배기가스 중의 CO_2 함량은 최대 7~13 vol.% 이하이이어야 한다.

⑤ 주유 중에는 작동을 정지시켜야 하며, 밀폐된 주차장이나 작업장에서는 연소기 히터를 작동시켜서는 안 된다.

하이브리드/전기 자동차의 공기조화장치
(Air conditioning systems for HEVs & EVs)

기존의 내연기관 자동차와 마찬가지로, 하이브리드 자동차와 전기자동차에서도 가장 큰 도전은 혹한의 계절에 냉시동할 경우이다. 이때는 차실내 공기 온도가 아주 낮기 때문에 히터를 고출력으로 작동시켜야 한다. 동시에 축전지 온도도 정상 작동온도에 비해 아주 낮기 때문에 구동축전지 역시 빠르게 정상 작동온도에 도달하게 해야 한다.

반대로 더운 계절에는 차실내 공기 온도를 낮게 유지함은 물론이고, 동시에 구동축전지를 적절히 냉각시켜, 정상 작동온도 범위를 유지해야 하는 문제가 중요하다.

전기자동차나 하이브리드 자동차는 이와 같이 상반된 요구조건을 충족시키면서도, 에너지 소비가 적고, 가볍고, 단순한 공기조화 시스템을 필요로 한다. 그러나 현재 기술수준에서 간단한 해결책은 없다. 거론되고 있는, 또는 도입된 시스템들에 대해 살펴보기로 하자.

1 열 펌프 시스템 (heat pump system)

제 2장에서 증기압축 냉동기 사이클을 역(逆)으로 작동시키면 얻을 수 있는, 열펌프 사이클의 원리를 설명하였다. 에어컨 압축기로부터 토출되는 고온/고압의 냉매를 차실내에 설치된 증발기에 먼저 통과시키면, 차실내 난방에 필요한 열을 쉽게 확보할 수 있다. 즉, 적절한 밸브기구를 사용하여 차실내에 설치된 증발기를 응축기로, 엔진룸에 설치된 응축기를 증발기로 절환하면 냉동기를 열펌프로 작동시킬 수 있다.

냉매 R – 1234yf 보다는 냉매 R – 744가 열펌프에 더 적합한 냉매로 평가되고 있다. 그리고 다양한 열펌프 시스템들이 출시되고 있으나, 기본적인 설계 개념은 거의 비슷하다. 로느의 열펌프 시스템을 예로 들어 설명한다.

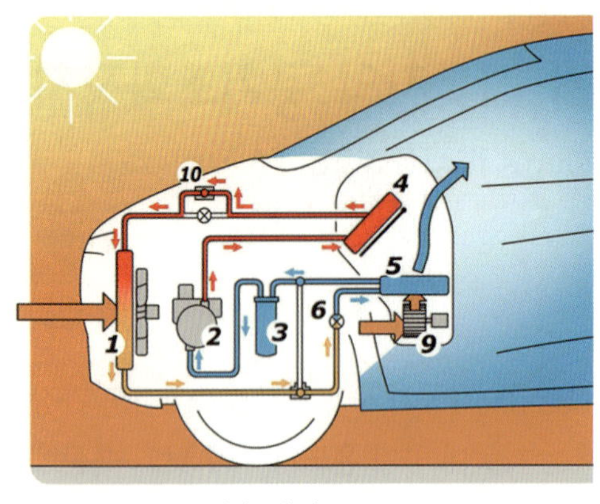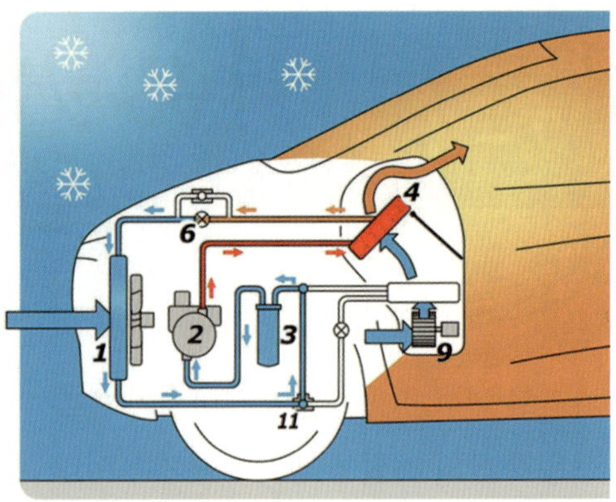

(a) 냉방 모드   (b) 난방 모드

1. 외부 응축기/증발기　　2. 전기 구동식 압축기　　3. 어큐뮬레이터　　4. 차실내 응축기
5. 차실내 증발기　　6. 오리피스 튜브　　7. 에어컨 ECU　　8. 히트펌프 ECU
9. 송풍기　　10, 11. 전자식 방향제어 밸브

▲ 그림 7-10 열펌프 시스템(예 : RENAULT)

(1) 시스템 구성 및 작동원리(그림 7-10 참조)

① 냉방 모드(그림 7-10(a) 참조) - 증기압축 냉동 사이클

전기 구동식 압축기(2)로부터 토출되는 고온, 고압의 기체냉매는 차실내 응축기(4)를 거치지만 플랩(flap)이 응축기를 가리고 있어 냉각공기가 응축기를 통과하지 못하므로 냉매는 차실 내에 열을 방출하지 못하고, 그대로 전자식 방향제어밸브(10)를 통과하여 외부 응축기(1)로 이동한다.

외부 응축기(1)에서 열을 방출한 고온, 고압의 기체 냉매는 고온, 고압 액체로 변환되어 오리피스 튜브(6)에 도달한다. 오리피스 튜브(6)에서 팽창되어 저온, 저압의 습증기 상태가 된 냉매는 차실내 증발기(5)에 유입된다. 이때 송풍기(9)가 차실내의 고온 공기를 증발기(5)를 통과하게 하여, 냉각시킨다. 더운 공기가 차실내 증발기(5)를 통과하면서 냉각되어 차가운 공기가 된다. 즉, 시스템은 에어컨으로 작동하여 차실내 공기온도를 낮춘다.

차실내 증발기(5)를 통과한 저온, 저압의 기체냉매는 어큐뮬레이터(3)를 거쳐 다시 압축기(2)로 이동한다. - 증기압축 냉동 사이클의 완성

② 난방 모드(그림 7-10(b) 참조) - 증기압축 열펌프 사이클

전기 구동식 압축기(2)로부터 토출되는 고온, 고압의 기체냉매는 차실내 응축기(4)로 이동한다. 이때 응축기(4) 앞에 설치된 플랩(flap)이 열려 송풍기(9)가 보내는 차가운 공기가 응축기(4)를 통과한다. 이때 응축기(4) 코어를 흐르는 고온, 고압의 기체 냉매는 차가운 공기에 열을 방출하고 액체냉매가 되어 거쳐 오리피스 튜브로 이동한다.

차가운 공기는 응축기(4) 코어를 통과하는 냉매가 방출한 열을 흡수, 더운 공기로 변한다. 즉, 시스템은 히터로 작동하여 차실내 공기온도를 상승시킨다.

차실내 응축기(4)를 통과하면서 열을 방출하고 응축된 고온, 고압의 액체냉매는 오리피스 튜브(6)를 통과하면서 저온, 저압의 습증기 냉매로 변한다. 습증기 냉매는 외부 증발기(1)를 통과하면서 외기로부터 열을 흡수, 완전 기화한다. 기화된 저온, 저압의 기체 냉매는 전자식 방향제어밸브(11)와 어큐뮬레이터(3)를 거쳐서 다시 압축기(2)에 흡인된다. - 증기압축 열펌프 사이클의 완성

(2) 저온에서 열펌프 사이클의 문제점

가장 큰 문제점은 외기온도가 낮을 때 외부 응축기에서의 착상(frosting)이다.

외기온도가 약 2℃ 이하로 낮을 경우, 저압의 습증기 냉매가 외부 증발기(1) 코어를 통과하면서 차가운 외기로부터 열을 흡수할 때, 외부 증발기(1)의 냉각핀에 서리 또는 얼음이 얼게 된다. 그러면 공기통과 저항이 증가하여 결국은 열펌프 시스템 성능이 저하됨은 물론이고, 심하면 시스템이 정상적으로 작동할 수 없게 된다.

▲ 그림 7-11 심하게 착상 및 빙결된 외부 응축기(예)

시스템 구성에 따라서는 전기 히터를 설치하거나, EEV(electric expansion valve)를 완전히 열고 압축기 회전속도를 낮추어 서리를 제거한다.

위에서 설명한 열펌프 시스템의 단점을 보완한 방식으로, 전기에너지를 많이 소비하는 PTC – 히터의 사용을 최소화하고, 외기온도 0℃ 이상에서는 냉방과 난방을 하나의 단일 시스템(HPAC : Heat Pump Air Conditioner system)으로 처리한다.

이 시스템은 기존의 내연기관 자동차는 물론이고, 하이브리드 자동차와 전기자동차에 적용할 수 있는 시스템으로서, 기존의 PTC – 히터 시스템에 비해 전기주행거리가 약 10% 정도 더 연장된다고 Delphi는 주장하고 있다.

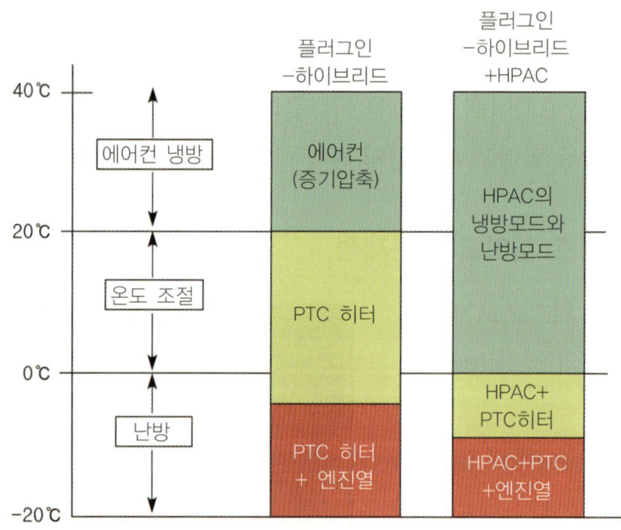

▲ 그림 7-12 기존의 시스템과 HPAC 시스템의 냉방 및 난방 전략 비교(Delphi)

(1) Delphi 단일 열펌프 시스템의 기본 구조(그림 7-13 참조)

독립적인 냉매회로와 고온 열교환기(고온 냉각기 ; hot temperature chiller)회로 그리고 저온 열교환기(저온 냉각기 ; cold temperature chiller)회로로 구성되어 있다.

① 독립적인 냉매회로 (그림 7-13에서 중앙의 냉동시스템)

전동식 압축기, 수랭식 응축기, 팽창밸브 그리고 수랭식 증발기로 구성된다. 모두 엔진룸에 설치되므로 배관의 길이가 짧고, 연결부 개수가 적고, 조밀(compact)하다. 따라서 냉방출력이 동일한 기존의 에어컨 시스템에 비해 냉매 충전량이 1/2 정도로 적다. 그리고 증발기가 차실내에 설치되지 않으므로 냉매의 인화성에 의한 위험이 상대적으로 적다.

난방모드로 전환해도 냉매의 유동방향이 바뀌지 않으므로, 증발기나 응축기가 각각 2개일 필요가 없으며, 또 증발기의 구조를 튼튼하게 변경하지 않아도 된다.

전동식 압축기로부터 토출된 고온, 고압의 기체 냉매는 수랭식 응축기와 과냉각기(sub-cooler)를 거치면서 충분히 방열, 냉각된 상태로 팽창밸브를 거쳐 증발기에 분사된다.

증발기에서 저온 냉각수로부터 열을 흡수, 완전 기화하여 다시 압축기로 이동한다.

② **응축기를 통과하는 냉매와 비접촉 열교환을 하는 고온 열교환기(냉각기) 회로**

고온의 냉매가 통과하는 응축기 코어의 외부를 흐르는 냉각수가 고온의 냉매로부터 열을 흡수한다.(또는 고온의 냉매는 냉각수로 열을 방출한다.) 냉각수 펌프가 고온의 냉각수를 차실내 히터 유닛에 공급한다.(그림 7-13에서 고온 냉각수 회로)

또 외기온도가 낮아 구동모터와 구동축전지 그리고 파워일렉트로닉스를 가열해야 할 필요가 있을 경우에는 고온의 냉각수를 이들에 공급, 가열할 수 있다. 역으로 구동모터, 구동 축전지 그리고 파워일렉트로닉스가 정상 작동온도에 도달한 후부터는 이들로부터 폐열을 흡수하여 효율적으로 난방에 활용할 수 있다.

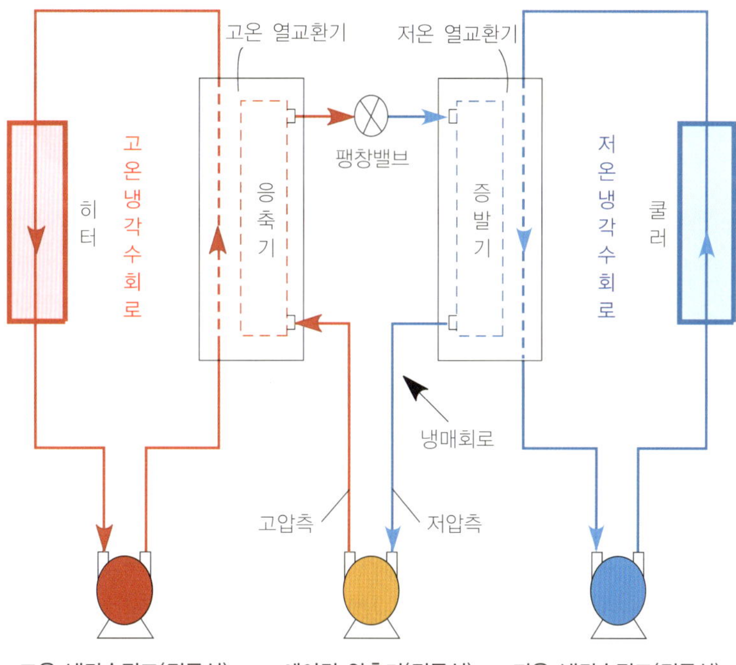

▲ 그림 7-13 Delphi 단일 열펌프 에어컨 시스템의 기본 구조

③ 증발기를 통과하는 저온의 냉매와 비접촉 열 교환을 하는 저온 열교환기(냉각기)
　 회로(그림 7-13에서 저온 냉각수 회로)

　 저온의 냉매가 통과하는 증발기 코어의 외부를 흐르는 냉각수가 저온의 냉매에 열을
빼앗긴다(또는 저온의 냉매가 냉각수로부터 열을 흡수한다.). 따라서 냉각수는 더욱더
차가워진다. 냉각된 저온의 냉각수는 차실내 쿨러(cooler)에 공급되어, 차실내 온도를
쾌적한 수준으로 낮추어 준다. 그리고 저온 냉각수는 추가로 구동전기모터와 인버터 그
리고 구동축전지의 냉각회로를 거친다.

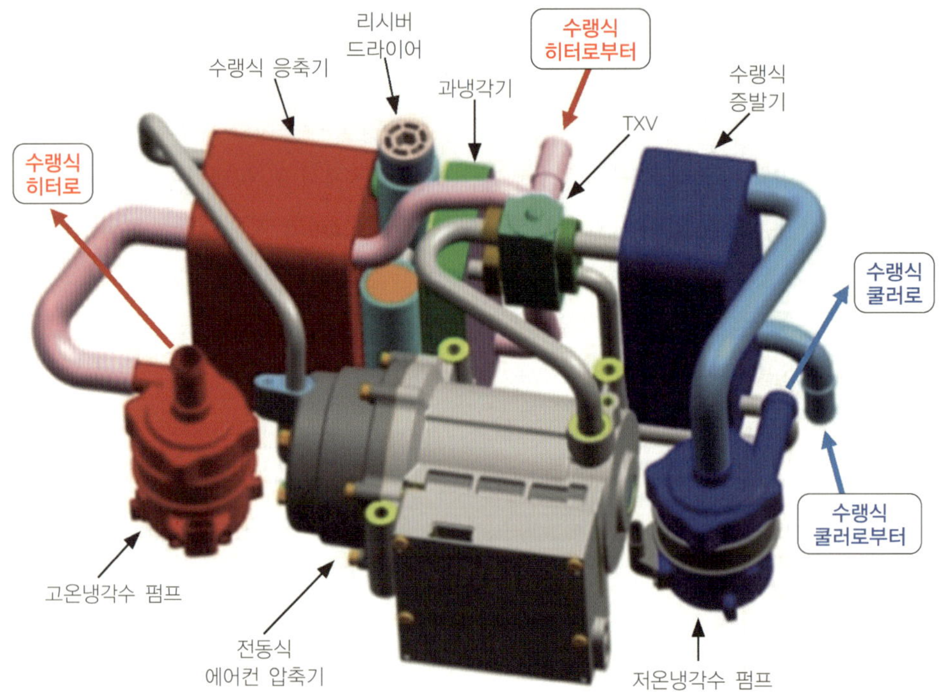

▲ 그림 7-14 Delphi 단일 열펌프 에어컨 시스템 본체 어셈블리

(2) Delphi 단일 열펌프 에어컨 시스템의 작동 모드

난방모드와 냉방모드로 작동한다.

① 냉방 모드(cooling mode)

　 원격제어식 방향제어밸브(그림 7-15에서 표시 ⊗)가 냉각모드 회로를 유체적으로
연결한다. 냉각기(chiller)(또는 저온 열교환기)로부터 토출되는 저온의 냉각수는 차실
내 냉방을 위해 HVAC-모듈의 쿨러(cooler)로 간다. 쿨러를 거친 냉각수는 구동 축전
지 유닛, 구동모터 그리고 파워일렉트로닉스의 냉각에도 사용할 수 있다. 시스템의 폐
열은 저온 방열기에서 제거된다.

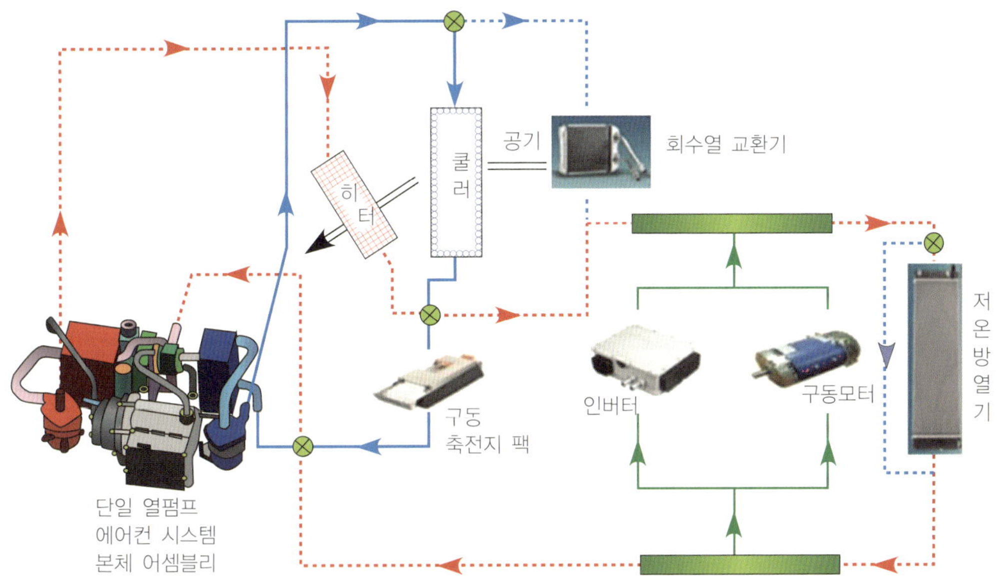

▲ 그림 7-15 Delphi 단일 열펌프 에어컨 시스템의 냉방모드

② **난방 모드**(heating mode)

원격제어식 방향제어밸브(그림 7-16에서 표시 ⊗)가 난방모드 회로를 유체적으로
연결한다. 고온 열교환기에서 응축기로부터 열을 흡수한 뜨거운 냉각수는 차실내 난방
을 위해 HVAC 모듈에 설치된 히터로 이동한다. 차실내 폐열은 폐열회수 열교환기가 흡
수한다.

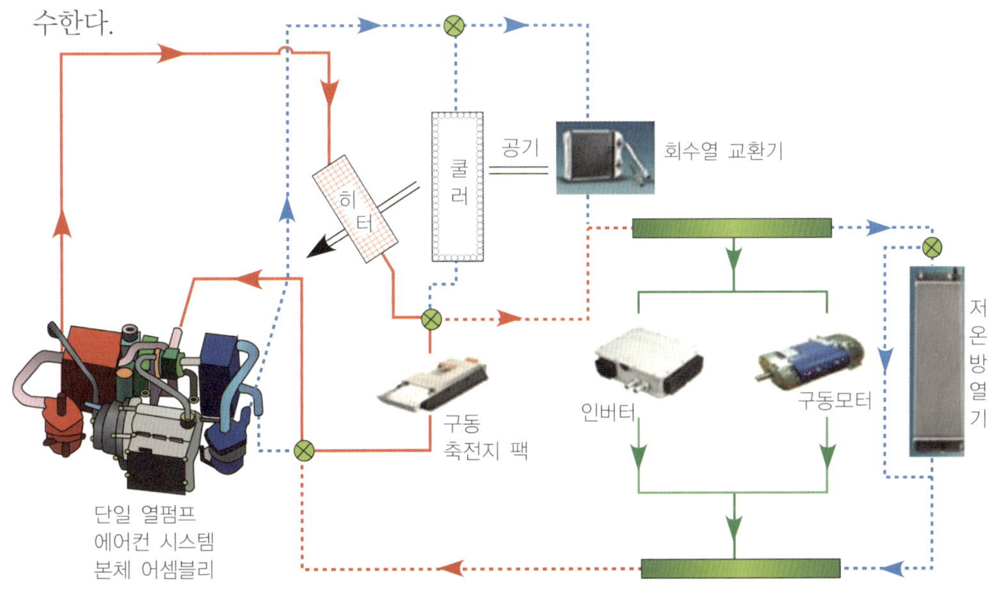

▲ 그림 7-16 Delphi 단일 열펌프 에어컨 시스템의 난방모드

3 Stop - Start 차량용 에어컨 증발기(Evaporator for stop-start vehicles)

최근에 선을 보인 상변화 물질(PCM : Phase Change Materials) 증발기는 stop-start 차량의 냉방성능을 연장시켜 주는 기능을 수행한다.

기존의 에어컨 증발기에 PCM-저장조(reservior)를 집적시킨, 이 시스템은 하이브리드 자동차에도 적용할 수 있다. 즉, 열 흡수(thermosiphon) 특성을 가진 물질을 추가로 장입한다. 가동부품이 없기 때문에 장착이 쉽다.

작동원리는 다음과 같다.

정상 작동상태에서는 상변화 물질(PCM)로부터 열에너지를 제거하여 고체화 또는 빙결시킨다. 주행 중 기관과 에어컨의 작동을 정지하고 신호 대기 중일 때, 상변화 물질(PCM)은 점진적으로 액화 또는 녹아서 차실내 공기로부터 열을 흡수한다. 상변화 물질(PCM)의 양에 따라, 차량이 작동을 멈춘 1~2분 동안 차실내 온도를 목표수준으로 낮게 유지할 수 있다.

이용 가능한 상변화 물질(PCM)로는 수화염(水和鹽 ; hydrated salt), 유기 및 비-유기 공융혼합물, 파라핀과 지방산(fatty acid) 등이 있다. 예를 들면, 델파이(Delphi)사는 열적 특성 및 신뢰성을 고려하여 파라핀을 상변화 물질(PCM)로 사용하고 있다.

4 구동축전지 냉각시스템 (cooling system for drive battery)

(플러그-인) 하이브리드 자동차와 전기자동차에서는 구동축전지의 온도관리가 아주 중요하다. 리튬-이온 축전지의 사용 가능한 온도범위는 −25℃~55℃이고, 이론적인 작동온도 범위는 23℃~55℃이다. 그러나 최적 작동온도 범위는 35℃~45℃의 좁은 범위이다.

따라서 여름철과 같은 더운 계절에는 냉각을, 추운 계절에 냉시동한 상태에서는 가열시켜 축전지 온도를 관리하여야 한다.

구동 축전지 온도관리 방법은 아주 다양하다.

(1) 차실내 공기를 이용하는 방식

차실내 온도는 계절에 따라, 개인에 따라 다르지만, 대략 18℃ ~25℃ 범위로 관리된다. 차실내 온도로 가열된 또는 냉각된 공기를 이용하여 축전지 온도를 관리한다.

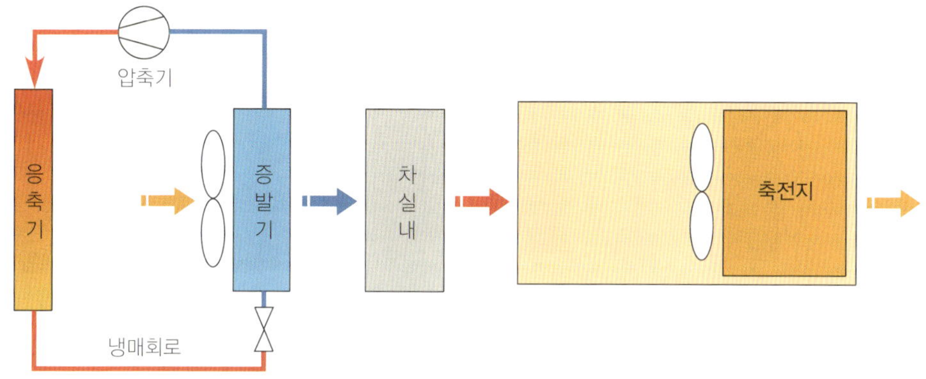

▲ 그림 7-17 구동 축전지 냉각 시스템 – 실내 공기 냉각

(2) 제 2의 에어컨 증발기를 이용하는 방식

에어컨 시스템에 제 2의 증발기를 설치하고, 이 증발기를 구동축전지 온도관리용으로 이용하는 방법이다. 전용 증발기를 통과한 차가운 공기를 이용하여 축전지를 냉각시키는 방식이다.

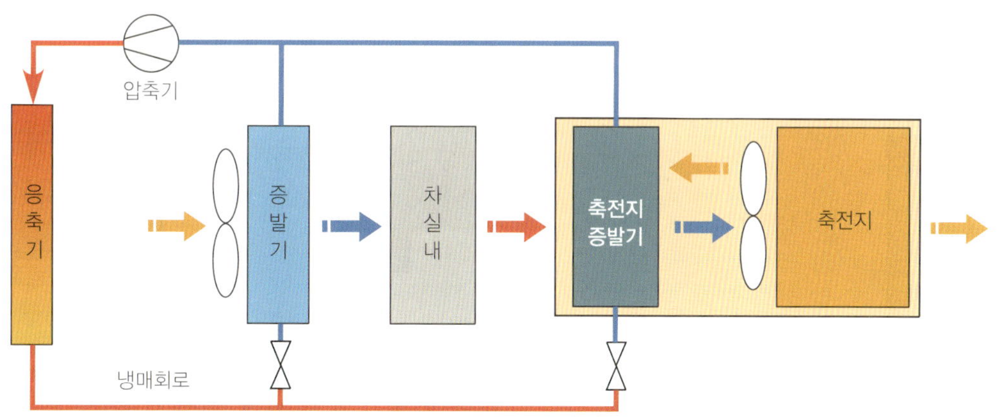

▲ 그림 7-18 구동 축전지 냉각 시스템 – 독립 공기 냉각

(3) 제 2의 증발기와 축전지를 직접 접촉시키는 방식

증발기를 통과한 공기를 이용하는 대신에, 직접 증발기 플레이트를 축전지와 접촉시키는 방식이다. 많이 사용하는 방식은 아니다.

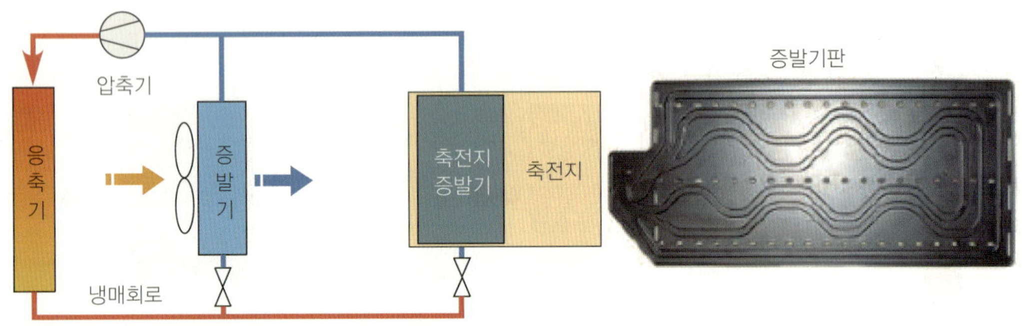

▲ 그림 7-19 구동 축전지 냉각 시스템 − 직접 냉매 기반 냉각

(4) 복합식−냉각기와 히트 싱크(heat sink)를 갖춘 구동축전지 전용 냉각회로 방식

구동축전지 전용 냉각수회로의 냉각수가 에어컨 시스템의 제 2의 증발기를 통과하는 방식이다. 증발기를 통과, 냉각된 냉각수가 구동축전지 냉각회로를 순환한다. 별도의 순환펌프와 전기히터를 갖추고 있다. 고가이면서도 복잡한 시스템 구성이지만 효율적인 온도관리가 가능한 방식이다.

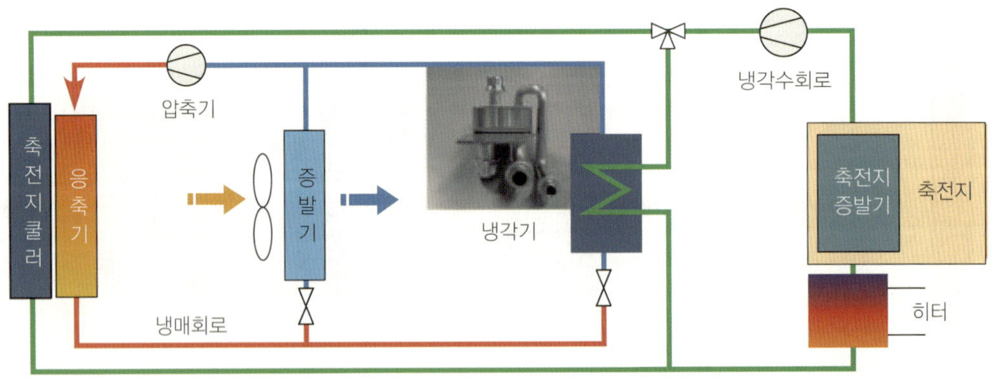

▲ 그림 7-20 구동 축전지 전용 냉각회로 − 축전지에 히트싱크와 냉각기 포함

자동차 공기조화장치의 운전

Operating of mobile air conditioning systems

자동차 공기조화장치의 운전 개요
(Introduction to operation of mobile air conditioning system)

1 자동차 공기조화 장치의 특징

자동차 공기조화장치(MAC : Mobile Air Conditioning)는 난방, 냉방 및 환기장치가 하나의 기능단위(functional unit) 소위, HVAC(난방, 환기 및 냉방) - 모듈을 형성하고 있다.

특히 자동차 공기조화장치는 공회전 속도에서 최고 회전속도까지, 해수면 높이에서부터 높은 산악지대까지 또는 무더운 여름 날씨에서부터 혹한의 겨울날씨까지 그 작동범위가 넓고 다양하므로 그때그때의 외적 조건이나 상황에 따라 적절하게 제어해야 한다. - 역동적(dynamic)

냉방장치의 냉매 사이클을 최적으로 제어하여, 무더운 여름철에도 차실내 공기온도가 쾌적대 한계를 벗어나지 않도록 제어한다. 더운 공기가 증발기를 통과, 냉각되면 저온의 습포화공기가 된다. 저온의 습포화공기를 다시 가열하여 온도와 습도가 적절한 공기로 변환시켜 차실 내에 공급한다. 이 경우 공기는 증발기와 히터 코어(heater core)를 차례로 거친 다음에 차실내로 공급된다.

공기 입구와 출구 그리고 통로에 설치된 공기 혼합 댐퍼(mixing damper) 또는 플랩(flap)은 사양에 따라 케이블을 사용하여 수동으로 조작하거나, 또는 서보모터를 사용하여 자동으로 제어한다.

반 - 자동(semi - automatic) 또는 자동(automatic) 온도제어 시스템에서는 원하는 실내 온도와 공기량 그리고 공기배분과 같은 작동모드의 목표값을 조작 패널의 기능 버튼(MMI : Man - Machine - Interface)으로 운전자가 입력한다. 그리고 입력한 값은 화면 또는 지시창에 표시된다.

에어컨 ECU 또는 에어컨 제어 모듈은 각 센서들이 측정한 정보(실제 값)를, 운전자가 입력한 목표값과 비교하여 적절한 제어신호를 해당 액추에이터(actuator)에 전송한다. 액추에이터들은 제어신호에 따라 전기적으로 작동한다.

에어컨 ECU 또는 에어컨 제어 모듈은 일반적으로 에어컨/히터 컨트롤 패널에 집적되어 있으나, 시스템에 따라서는 별도의 유닛으로 엔진룸 또는 차실내에 설치된다. 사양에 따라서는 엔진 제어모듈(ECM : Engine Control Module)이 에어컨의 일부 부품을 제어하기도 한다.

일반적으로 에어컨 제어모듈과 엔진 제어모듈은 서로 연결되어 있으며, 대부분 고장 진단 데이터에 접근하기 위한 공용 데이터 링크 커넥터(DLC : Data Link Connector)를 갖추고 있다.

2 자동차에서 환기 공기의 입구 및 출구

(1) 자동차 차체 표면에 작용하는 공기압

자동차가 주행할 때, 자동차 외부 표면의 압력분포는 자동차의 형상, 그리고 범퍼나 스포일러(spoiler)의 형상 및 설치 위치에 따라 다르지만, 대략적인 경향성은 모두 같다. 승용자동차의 외부 표면에서 정압(positive pressure) 즉, 대기압보다 높은 압력이 형성되는 부분은 자동차의 정면 그릴(grill) 부분, 그리고 보닛(bonnet)과 윈드쉴드(windshield)가 만나는 지점이다.(그림 8−1에서 ⊕ 기호 영역)

나머지 다른 부분에서는 대부분 부압(negative pressure)이 형성된다. 좌/우 측면의 외부 전체 영역 및 차체 하부에도 부압이 작용한다. (그림 8−1에서 ⊖ 기호 표시영역)

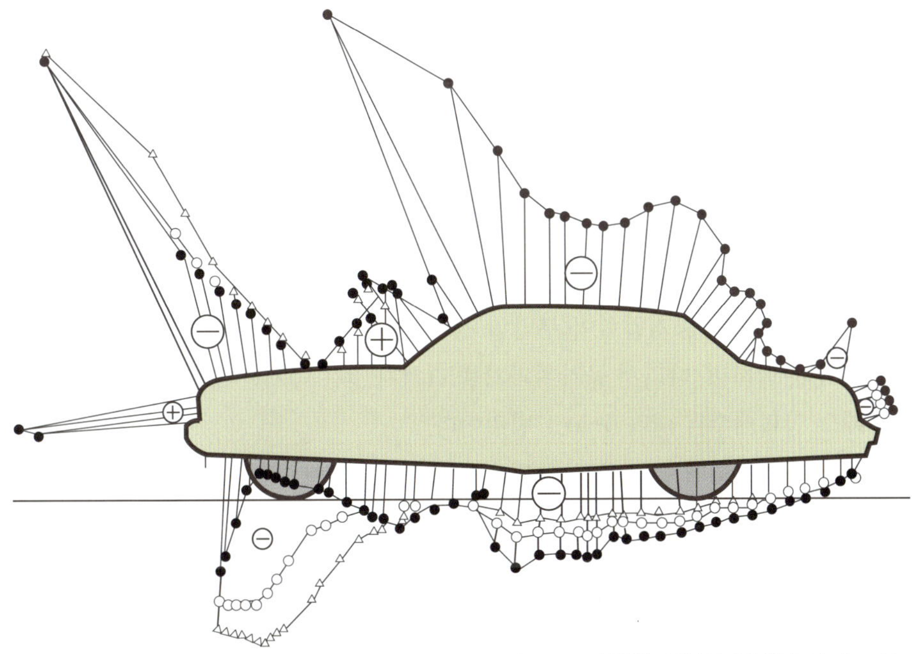

▲ 그림 8−1 자동차 외부의 압력분포 (예 : x축 기준)

압력이 대기압보다 높은 영역에서의 무차원 압력계수(c_p)는 대략 0.1~0.3 범위이다. 무차원 압력계수의 정의는 식(8-1)과 같다.

$$c_p = \frac{P - P_{amb}}{q} = \frac{\Delta p}{\frac{\rho}{2} \cdot v^2} \quad \cdots\cdots\cdots\cdots\cdots\cdots\cdots\cdots\cdots\cdots (8-1)$$

여기서　q : 동압(속도수두)　　　　　P : 차체 표면에서의 공기압력[Pa]

　　　　　P_{amb} : 주위 압력(대기압)[Pa]　　ρ : 공기밀도[kg/m^3]

　　　　　v : 주행속도[m/s]

(2) 자동차에서 환기 공기 입구 및 출구의 위치

자동차에서 환기공기의 입구는 공기압력이 대기압보다 높은 영역에, 공기 출구는 대기압보다 압력이 낮은 영역에 설치한다. 공기 입구는 대부분 윈드쉴드 하단, 보닛과의 접속부에 배치되지만, 공기 출구는 다양한 위치에 배치할 수 있다. (그림 8-2 참조)

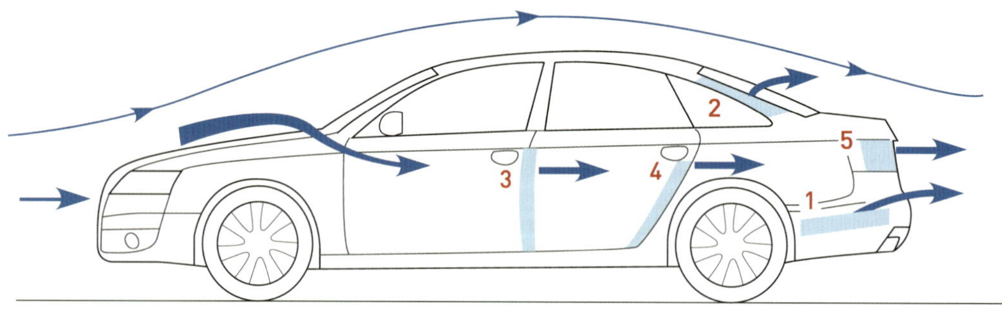

▲ 그림 8-2 승용자동차에서 공기 유입구 및 공기 출구의 배치

공기 출구는 구조적으로 대부분 차체와 뒤 범퍼 사이에 배치된다.(그림 8-2에서 번호 1). 공기역학적으로 공기 출구에서는 압력강하가 발생한다. 그러므로 역류방지 플랩(flap)을 설치한다. 자동차 실내 공기압력이 부압일 경우(예를 들면, 순환공기모드, 개방된 선루프 등) 공기 출구는 닫히며, 따라서 공기여과기를 거치지 않은 공기는 차실내로 유입될 수 없게 된다. 이때의 압력계수는 대략 0~0.1 범위이다.

C-필러(pillar) 영역에 공기 출구(그림 8-2에서 번호 2)를 배치하는 형식은 1970~80년대에 많이 사용하였다. 이러한 배치 방식은 오늘날에는 주로 오프-로드(off-road) 자동차에서 사용하고 있다. 개울이나 물길을 통과할 때 공기 출구를 통해 침수되는 것을 방지할 수 있기 때문이다. 단점은 압력계수가 -0.3~-1.2 범위로 아주 낮다. 공기 출구 시스템에서

의 부압 때문에 예를 들면, 순환공기 모드에서는 상당히 많은 양의 공기가 차체를 통해 교환되며(창유리와 선루프가 닫힌 상태에서 100km/h로 주행할 때 약 3~4kg/min), 따라서 에어컨 시스템의 효과를 약화시킨다.

필러 B, C(그림 8−2에서 번호 3과 4)의 도어 틈새에 공기 출구를 배치할 수 있다. 공기는 도어 트림(door trim)에 통합된 격자를 통해 외부로 방출된다. 공기의 유동은 차실 내에서 공기가 문틈으로 새어나가는 현상을 유발한다.

뒤 등화장치 컴비네이션(combination)에 배치된 출구(그림 8−2에서 번호 5)의 경우, 겨울철에는 방출되는 공기가 응축되어 빙결될 수 있다. 그리고 실제로 사용성이 증명된 것도 아니다.

차체의 손상된 작은 구멍들을 통해서도 공기가 교환될 수 있다. 이들을 통해 공기가 유출될 수도 있고, 반대로 유입될 수도 있다. 그러나 이와 같은 형태로 공기가 유입, 또는 유출되는 것을 우리는 원하지 않는다. 차체는 가능한 한 기밀을 유지할 수 있는 구조이어야 한다.

 3 외기 공급량 및 공기 분배 시스템

(1) 자동차 실내 환기에 필요한 외기 공급량

건물 실내의 경우 이산화탄소 농도를 0.1vol.% 이하로 유지하고 신선한 외기를 성인 1인당 약 $31.4m^3/h$(약 8 ℓ/s/인)을 공급할 것을 권장하고 있다. 단, 실내습도가 쾌적할 경우는 신선한 외기의 양을 $20m^3/h$(약 6 ℓ/s/인) 정도까지 낮출 수 있다.

승용 자동차의 경우, 특히 더운 여름철에는 최소 약 $40m^3/h$/인 이상의 신선한 외기를 공급해야 한다. 그림 8−3은 VW(폭스바겐)의 소형 승용자동차에서의 외기 공급량의 변화를 나타내고 있다. 1979년 Passat 모델의 경우, 최대 $430m^3/h$로서, 오늘날의 승용 자동차에서의 외기 공급량과 거의 동일한 수준이다.

소형 승용자동차에서의 외기 공급량은 겨울철에는 약 $260\sim300m^3/h$ 정도, 여름철에는 약 $400\sim450m^3/h$ 정도가 대부분이다. 승차인원이 최대 약 4~5인인 점을 감안하면 자동차에서의 외기 공급량은 건물 실내에서의 외기 공급량의 약 2~3배 이상이 된다.

그림 8−4에서 외기온도가 −20℃일 경우, 실내온도를 28℃를 유지하고 외기는 약 8kg/min이 공급되어야 쾌적함을 느낄 수 있음을 나타내고 있다. 역으로 외기온도가 40℃일 경우, 실내온도 23℃를 유지하고 외기는 약 10kg/min 이상을 공급해야 함을 알 수 있다.

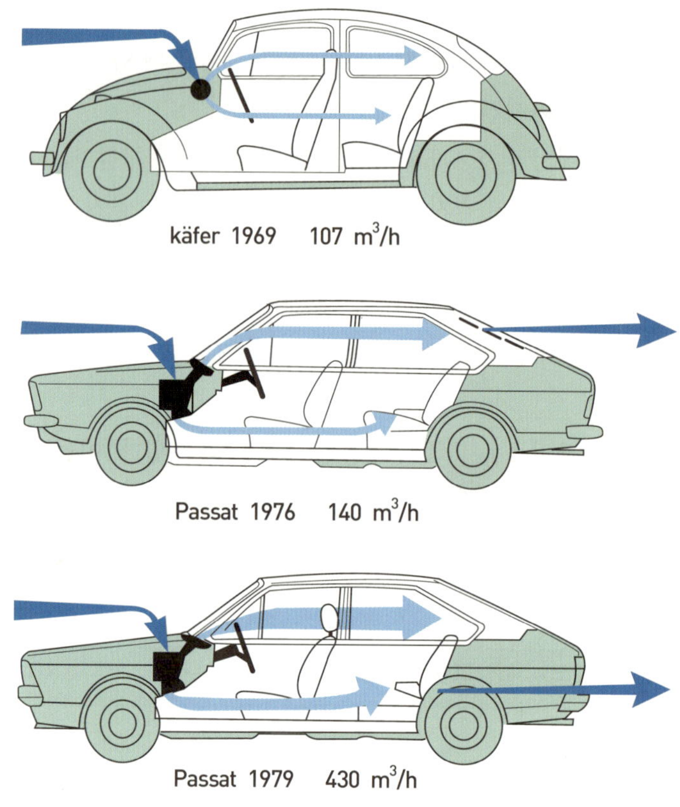

▲ 그림 8-3 차실내 외기 공급량의 변화(예 : VW)

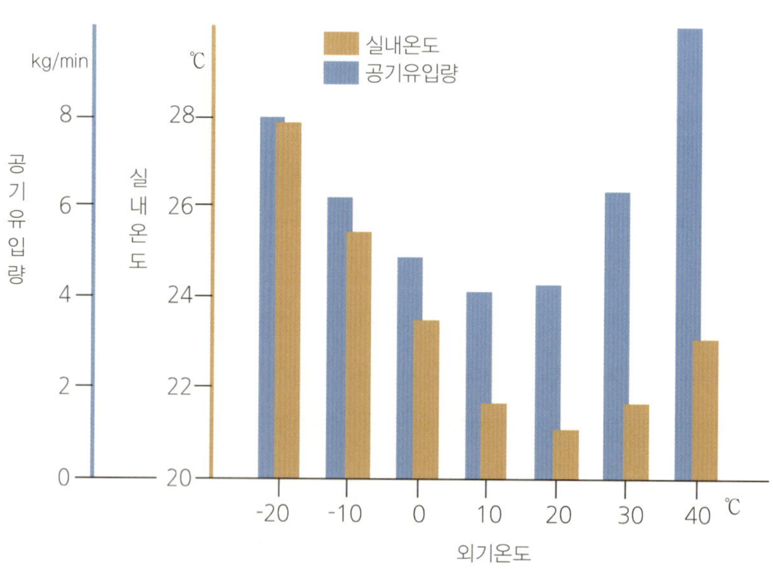

▲ 그림 8-4 외기온도에 따른 쾌적한 실내온도와 공기 유입량의 상관관계(출처 : AUDI)

(2) HVAC-모듈과 공기 분배 시스템(air distribution system)

① HVAC(난방-냉방-환기) 모듈의 구성

HVAC-모듈은 히터 코어(heater core), 증발기, 송풍기(blower fan), 공기제어 댐퍼 또는 플랩과 액추에이터(주로 서보모터), 그리고 다수의 공기통로와 공기 출구로 구성된다. 공기제어 댐퍼는 공기의 유동방향을 바꿀 수 있다. 일반적으로 수동 온도제어 방식에서는 케이블로, 자동 온도제어 시스템에서는 서보모터로 댐퍼(또는 플랩)의 동작을 제어한다.

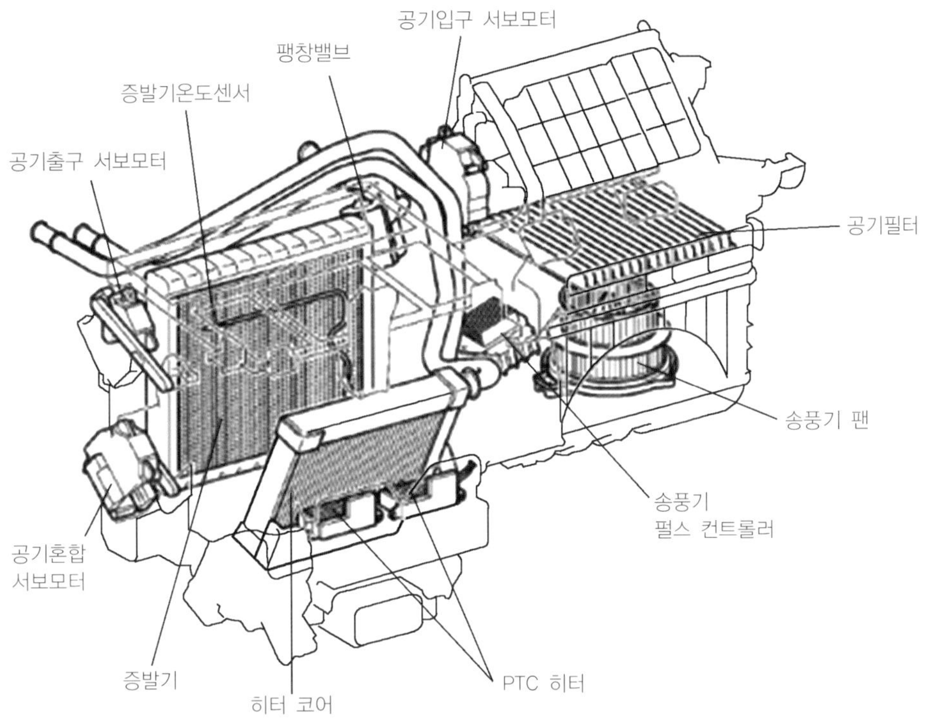

(a) HVAC-모듈의 내부 구성(예)

② HVAC-모듈의 공기 분배 시스템

HVAC-모듈과 공기 분배 시스템은 앞에서 설명한 바와 같이 차실내에서 공기의 온도, 양, 그리고 유동방향을 제어하며, 차실내로부터 열을 제거하거나 공급할 수 있다.

발 공간/디프로스터(foot well/def) 플랩은 공기를 발 공간 또는 앞 윈드쉴드나 사이드 윈도우로 향하게 한다. 센트럴 공기 플랩은 계기판 대쉬보드 중앙의 공기 출구를 개폐한다.(출구의 루버(louver) 또는 노브(knob)를 손으로 조작할 수도 있다.) 공기의 일부를 항상 디프로스트(defrost) 공기 출구로 향하게 할 수도 있다.

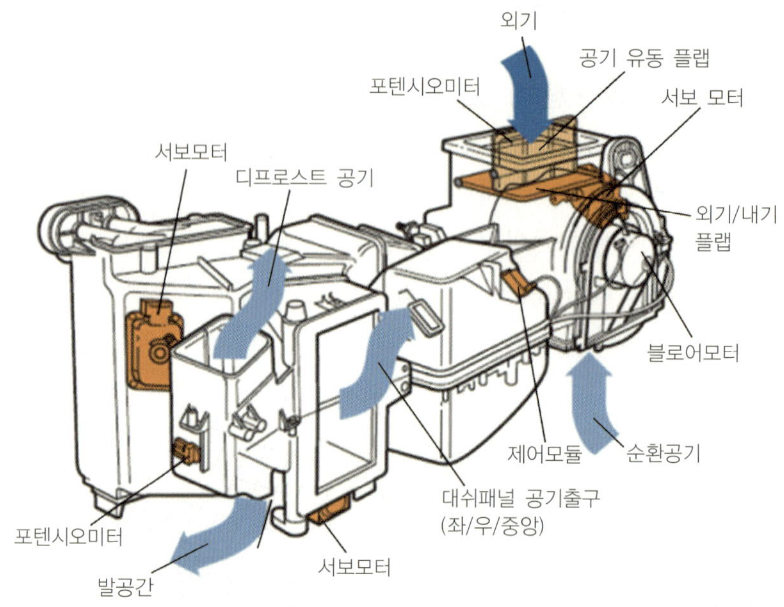

(b) HVAC-모듈의 외관 및 공기 분배 시스템

▲ 그림 8-5 HVAC-모듈의 내부 구조 및 외관(예 : 승용 자동차용)

(3) 차실내 공기 덕트(duct)

차실내 공기 덕트(duct)는 일반적으로 그림 8-6과 같이 전면 유리, 사이드 도어, 앞 좌석 그리고 뒷좌석용 공기 통로와 공기 출구를 갖추고 있다.

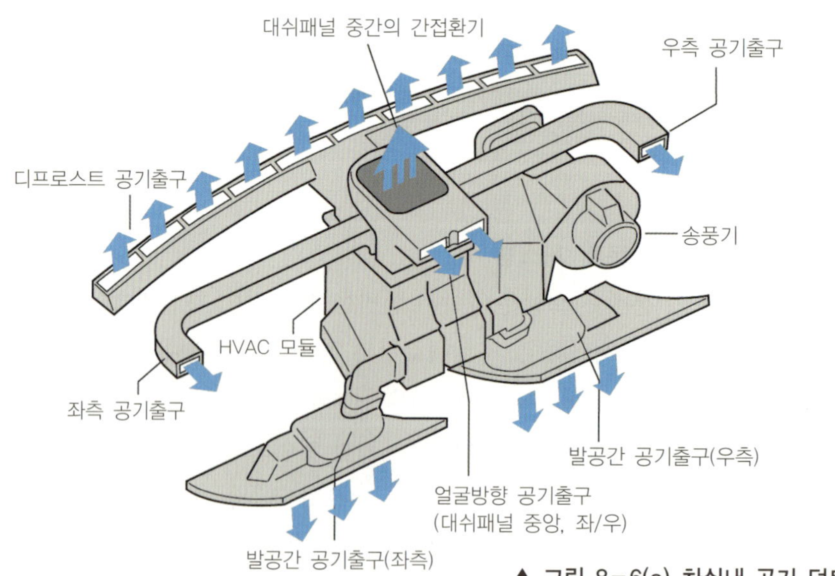

▲ 그림 8-6(a) 차실내 공기 덕트의 배치
(예 : 승용 자동차)

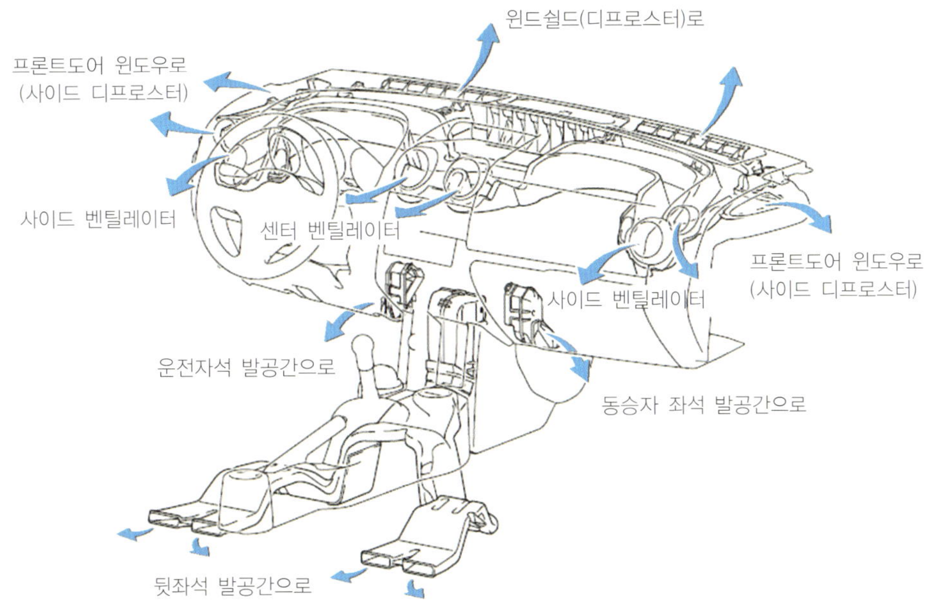

▲ 그림 8-6(b) 차실내 공기 출구의 배치(예 : 승용 자동차)

(4) 층류를 이용한 환기손실 저감 방법

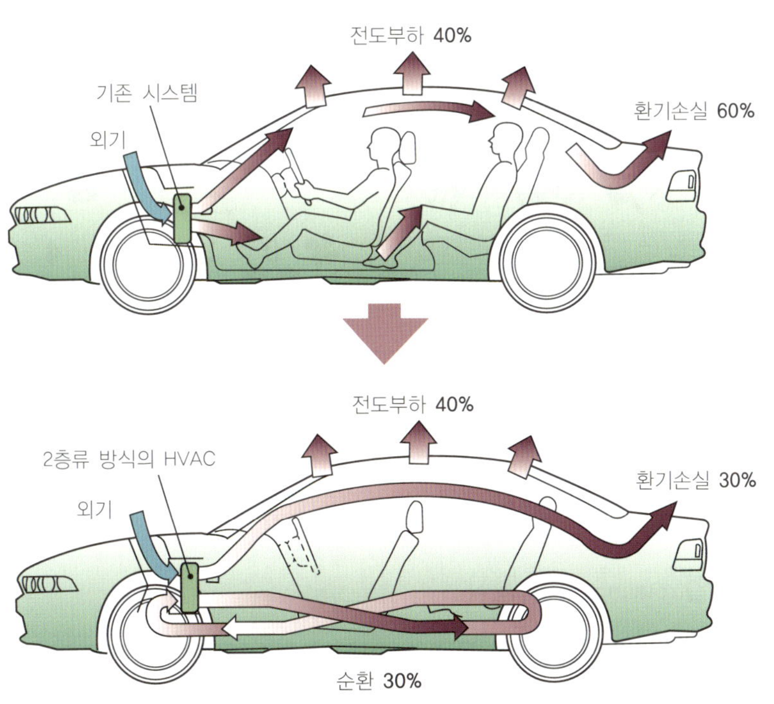

▲ 그림 8-7 2층류를 이용하여 환기손실을 저감하는 방법(예)

자동차에서는 건물의 실내 환기와 비교하여, 외기 공급량이 최소 2~3배 많기 때문에 그만큼 환기에 의한 에너지 손실이 많다.

기존의 차실 환기 방식은 유입된 외기가 차실내를 직선적으로 유동하여 바로 외부로 유출되는 방식이다. 환기 손실을 줄이기 위해, 상부(머리 부분)를 유동하는 공기는 기존의 방식과 마찬가지로 환기시키고, 하부(발 공간 및 무릎 이하 공간)를 유동하는 공기는 순환시키는 방식을 사용하기도 한다. 이와 같이 하부를 유동하는 공기를 순환시킴으로서, 환기손실을 약 30%까지 줄일 수 있다고 한다.(예 : 도요타)(그림 8-7)

 4 컨트롤 패널(control panel)의 형식

컨트롤 패널의 구조 및 조작요소 배치는 제작사에 따라 다양한 형식이 사용되지만, 일반적으로 슬라이드 레버, 회전 다이얼 및 푸쉬 버튼 중의 하나 또는 그 결합을 사용한다.

(1) 슬라이드 레버(slide lever) 형식

슬라이드 레버로 저항값을 변화시켜, 온도와 풍량 등을 수동으로 선택하는 전형적인 수동 조작 패널이다.

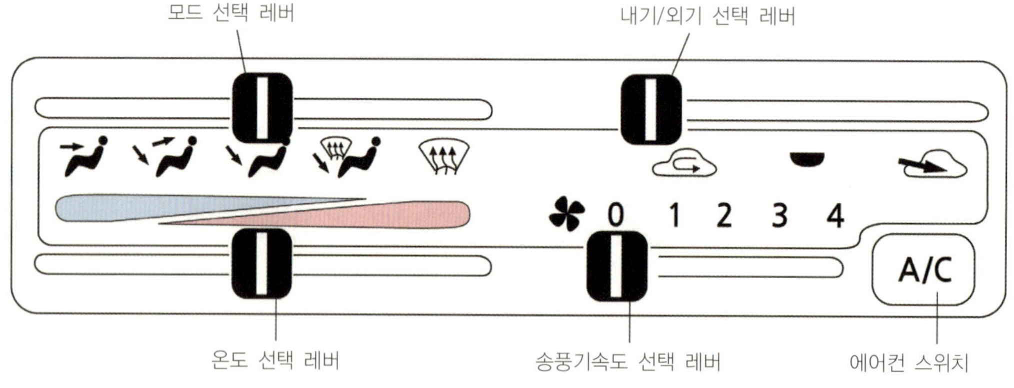

▲ 그림 8-8(a) 슬라이드 레버식 컨트롤 패널(예)

(2) 회전 다이얼(rotating dial) 형식

회전 다이얼 또는 노브(knob)로 저항값을 변화시켜서 제어한다.

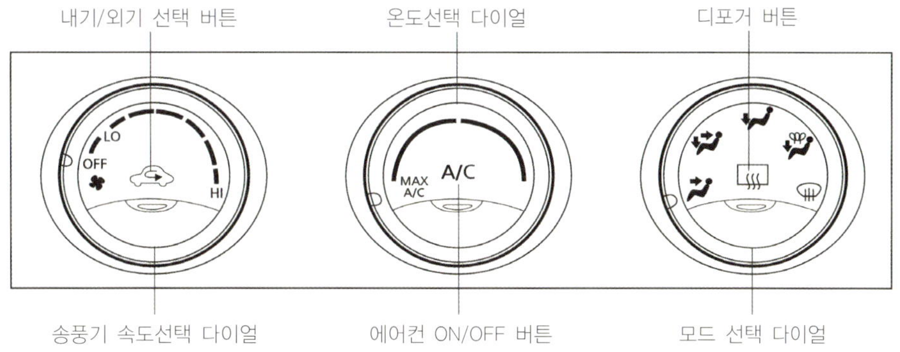

▲ 그림 8-8(b) 회전 다이얼/버튼식 컨트롤 패널(예)

(3) 푸쉬 버튼(push button) 형식

푸쉬 버튼 또는 택트(tact) 버튼으로 에어컨 ECU에서의 저항값을 변화시켜, 시스템을 제어한다. 설정값은 지시창(또는 지시화면)에 나타난다.

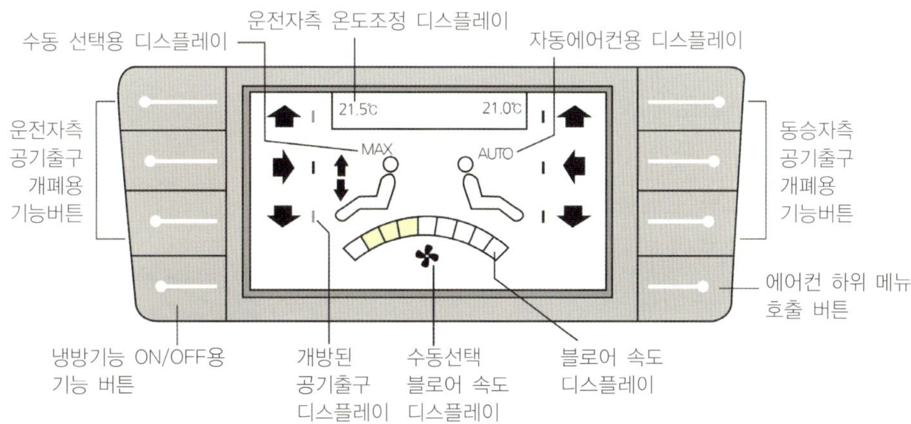

▲ 그림 8-8(c) 디스플레이를 포함한 컨트롤 패널(예)

(1) 스티어링 패드 스위치

운전자가 스티어링 핸들에서 에어컨을 조작할 수 있도록, 스티어링 핸들에 에어컨 조작 스위치를 설치하기도 한다.

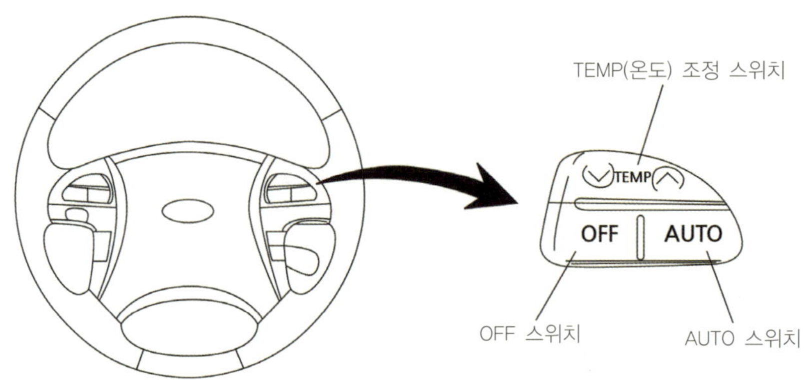

▲ 그림 8-9 스티어링 핸들에 설치된 에어컨 패드 스위치(예)

(2) 솔라 벤틸레이션 시스템(solar ventilation system)

차량의 지붕에 설치된 솔라-셀(solar cell)을 이용하여 차실내를 환기시키는 시스템이다. 시스템은 차량의 지붕에 설치된 솔라-셀 모듈, 솔라-벤틸레이션 ECU, 블로어 모터와 릴레이, 공기 입구 제어 서보모터, 공기 출구 제어 서보모터, 벤틸레이션 스위치, 에어컨 ECU 등으로 구성된다.

차량의 지붕에 설치된 솔라-셀(예 : $6 \times 6 = 36$ 셀)로부터 생산된 전류가 블로어 모터를 구동하기에 충분할 경우, 이를 이용하여 차실내 공기를 환기시킨다. 솔라 벤틸레이션 시스템은 작동조건을 충족시키면, 외기온도와 관계없이 지속적으로 작동시킬 수 있다.

특히 더운 여름철에 차량이 장시간 강한 햇볕에 노출되어 있을 경우에, 벤틸레이션 스위치를 "ON"시켜 두면,

▲ 그림 8-10 솔라 벤틸레이션 시스템

자동적으로 솔라 벤틸레이션 시스템이 작동하여 차실내 온도를 낮추는 기능을 수행한다.

솔라-벤틸레이션 스위치가 "ON"된 상태에서 서비스 작업을 할 경우, 블로어 모터가 갑자기 작동할 수 있다. 따라서 서비스 작업 시에는 솔라-벤틸레이션 스위치를 반드시 "OFF"시키고, 전체 솔라 패널을 덮어 햇볕을 차단해야 한다.

(3) 원격제어 에어 컨디셔닝 시스템(remote air conditioning system)

차량에 승차하기 전에 차실내를 미리 냉방시키는 기능이다. 원격제어 키(remote control key)의 에어컨 버튼을 눌러서 에어컨을 원격으로 시동한다. 작동 시간은 대부분 약 3분 정도로 제한된다. 와이퍼 스위치와 전조등 디머(dimmer) 스위치를 OFF시킨다.

다른 사람이 에어컨을 원격으로 시동시킬 수 없도록 키를 안전하게 보관해야 한다.

▲ 그림 8-11 원격제어 에어컨 시스템(예)

6　자동차 에어컨 작동 시의 권장 사항

자동차 에어컨을 최적으로 제어하면, 승차자의 안락성과 쾌적성을 저해하지 않고도 에너지 소비를 최소화할 수 있다. 자동차 에어컨의 냉방성능은 극단적인 상황 예를 들면, 강한 햇볕에 가열된 차실내 공기온도를 빠르게 쾌적한 수준으로 낮출 수 있도록 설계된다. 설치된 냉방성능을 효과적으로 이용하기 위해서는 적절하게 환기시킨 후에 순환공기 모드로 운전하는 것이 좋다. 그러나 주행 중에는 에어컨 시스템이 부분부하 영역에서 작동하도록, 차실내 공기온도를 중간 수준으로 제어하는 것이 좋다.

우리나라와 같은 북반구 중위도 지역에서는 겨울철에 차실내 공기를 냉각시킬 필요가 없다. 가열과 환기만으로 차실내 공기온도를 쾌적한 수준으로 제어할 수 있다.

에너지 소비를 최소화하기 위한, 자동차 에어컨 작동 시의 권장 사항은 다음과 같다.

(1) 기온이 18℃ 이하일 때는 에어컨을 작동시키지 않는다.

(2) 차실내 공기온도는 20∼23℃ 범위로 유지하고, 25℃를 초과하지 않는다.

(3) 차가운 바람이 직접 얼굴에 부딪치지 않고, 측면 또는 천정에서 반사되도록 한다.

(4) 외기온도가 높을 때, 승/하차를 빈번하게 반복해야 할 경우(예 : 시내버스)에는 차실내 온도를 25℃ 정도로 유지한다.

(5) 병약한 사람의 경우, 하차하기 전에 창문을 먼저 열고 약 1∼2분 동안 좌석에 머문 후에 내리도록 한다.

(6) 강한 햇볕에 가열된 자동차에 탑승해야 할 경우에는 먼저 도어와 창문을 열고 충분히 환기시킨 후에 승차하고, 이어서 도어와 창문을 모두 닫는다. 에어컨을 최대 냉방 및 최대 풍량으로 운전하여 공기온도를 낮춘 후에는 부분부하모드로 운전한다.

(7) 터널 및 먼지가 많거나 오염이 심한 지역을 통과할 때는 순환공기모드를 선택한다.

자동차 공조장치 제어에 필요한 정보를 제공하는 센서들
(Important sensors for controlling of mobile air conditioning systems)

자동차에서 쾌감도에 영향을 미치는 중요한 기후 요소로는 공기의 온도, 습도, 순도, 유동방향, 유동량 그리고 열복사(강도 및 분포)와 승차자의 복장 및 승차자의 방출열 등이다.

자동차 공조장치(MAC)에서는 이들 기후 요소들을 제어 또는 고려하기 위해서 다수의 센서들을 사용한다. 최근의 반-자동 또는 완전 자동 온도제어 시스템에서는 반응감도가 높고 반응속도가 빠른 전자식 센서들을 주로 사용한다.

자동차 공조장치에 많이 사용되는 전자식 센서들은 다음과 같다.

① **온도센서(주로 NTC)**
- 외기 온도센서 : 방열기와 응축기 전방에 또는 앞 범퍼나 백미러에 설치한다. 가능한 한 기류(air stream)의 영향을 받지 않는 위치에 설치한다.
- 증발기 온도센서 : 증발기 냉각핀에 접촉되게 설치한다. 빙결방지 스위치라고도 한다.
- 히터 열교환기 온도센서 : 히터를 통과, 유동하는 공기의 온도를 측정한다.
- 공기출구 온도센서 : 냉각 및 가열된 후의 혼합공기 온도를 측정한다. 주로 대쉬보드 중앙 공기출구에 설치한다.
- 내기 온도센서 : 차실내 공기온도를 측정한다. 대쉬보드의 계기판 근처, 가능한 한 기류의 영향을 받는 위치에, 그러나 직사광선이나 뜨거운 표면으로부터의 열복사 영향을 받지 않도록 설치한다.
- 냉각수 온도센서 : 기관의 냉각수 온도를 측정한다.

② **일사센서** : 대쉬보드 상부, 앞 유리 근처에 설치한다. 입사되는 일사량을 측정한다.

③ **습도센서** : 대쉬보드 영역의 조향핸들 근처에, 또는 실내 백미러의 윈드쉴드 측 푸트 (foot)에 설치한다.

④ **공기품질센서** : 차실내로 유입되는 공기의 품질을 평가한다.

⑤ **압력센서와 압력 스위치** : 냉매회로의 압력(저압과 고압)을 검출한다.

 냉매회로에 설치된 압력 센서와 온도센서

압력센서와 온도센서는 압축기와 응축기 사이의 고압 회로의 냉매압력과 온도를 측정하여, 이를 에어컨 ECU에 전송한다.

냉매회로의 압력과 온도에 대한 신호 정보는 증발기 팬(fan) 제어, 압축기 제어 그리고 냉매회로로부터의 냉매 누설 여부를 확인하는 데 필요하다.

회로로부터 냉매가 급격하게 많이 누설되면, 회로압력이 급격하게 낮아진다. 이 경우 에어컨 ECU는 압력센서의 신호정보로부터 회로에 결함이 있음을 쉽게 인지할 수 있다. 역으로 냉매가 아주 조금씩 그리고 아주 천천히 누설될 경우에는 압력센서가 누설에 의한 시스템 압력의 변화를 감지할 수 없다.

그러나 냉매량은 압축기 체적을 기준으로 정확하게 설정되어 있기 때문에 누설에 의해 냉매가 부족할 경우에는 증발기 및 압축기 토출측 냉매온도가 상승한다. 이는 설정한 온도 수준으로 공기를 냉각시키는 데 필요한 열량을 흡수하는 냉매의 절대량이 부족하기 때문이다. 온도센서는 냉매량의 부족에 의한 온도상승을 감지하여, 에어컨 ECU에 전송한다.

온도센서 또는 압력센서가 고장일 경우, 냉방기능은 정지된다.

(1) 축전기식 압력센서

압력센서의 소자가 축전기인 경우는 축전기 판 사이의 간격이 변화하면, 축전기의 축전능력 즉, 용량(capacity ; 단위 F(farad))도 변화한다. 누설에 의해 회로압력이 낮아져 축전기 판 사이의 간격이 넓어지면 축전기 용량은 상승한다. 정상적인 작동압력에서는 축전기 판 사이의 간격이 상대적으로 좁기 때문에 누설의 경우에 비해 축전기 용량은 감소한다.

누설에 의해 회로압력이 낮아 축전기 용량이 상승할 경우, 센서 일렉트로닉스는 낮은 전압을 출력한다. 즉, 회로압력이 낮으면 출력전압도 낮다(그림 8-12 참조).

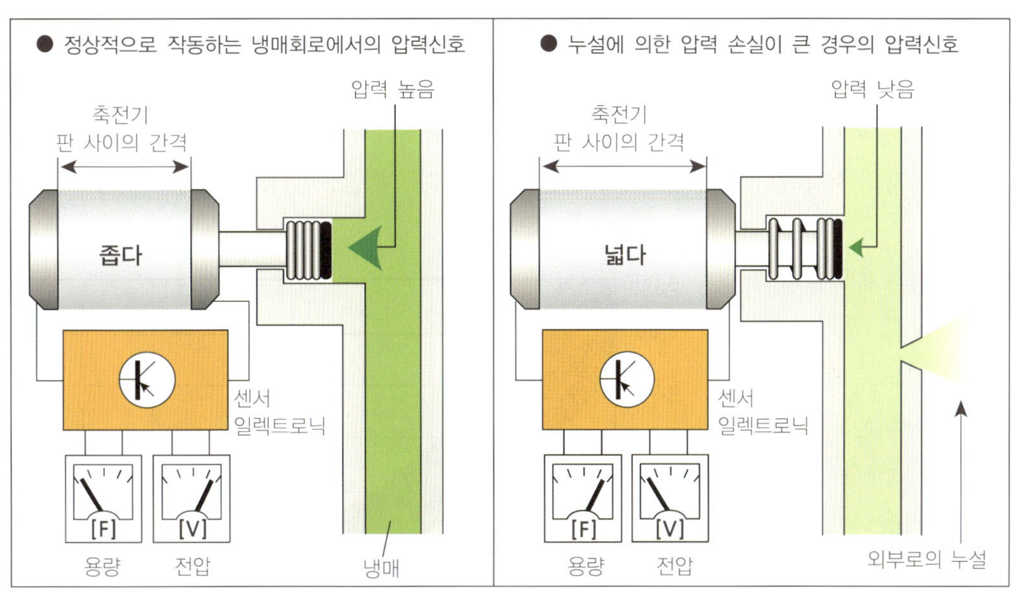

▲ 그림 8-12 축전기식 압력센서의 작동원리와 출력전압

(2) NTC-온도센서

외기온도, 내기온도, 냉각수 온도 그리고 냉매온도의 측정에는 소자의 온도가 상승하면, 저항이 감소하는 NTC-소자를 주로 사용한다. NTC-소자는 온도에 민감한 저항기이다.

NTC-소자의 저항특성은 그림 8-13과 같이, 온도가 낮으면 저항이 증가하고, 온도가 상승하면 저항이 감소한다.

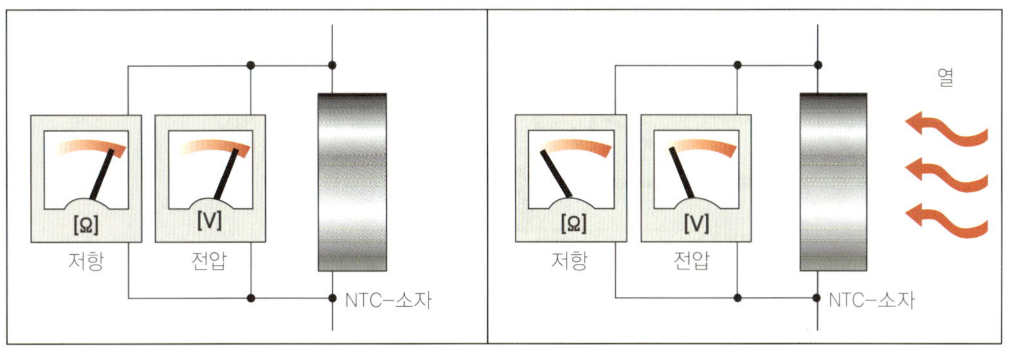

(a) 온도가 낮을 경우   (b) 온도가 높을 경우

▲ 그림 8-13 NTC 소자의 저항 특성

에어컨 ECU는 일정한 전압을 NTC-센서에 인가한다. 그리고 센서에서의 전압 강하를 측정한다. 저항값이 변화하면 전압도 변화한다. 이와 같은 방법으로 NTC-소자에 의해 생성된 전압강하가 온도 변화를 나타내는 입력신호로 사용된다. 즉, 센서 일렉트로닉스는 NTC-소자의 저항변화에 의한 전압신호를 에어컨 ECU에 전송한다. 전압신호가 온도의 척도이다.

실제의 온도감지센서는 직경 약 2mm(1/8") 정도로 아주 작다. 따라서 온도변화에 아주 민감하게 그리고 빠르게 반응한다.

에어컨 ECU가 이 센서의 신호를 감지하지 못하면 예를 들면, 증발기 냉각핀의 온도가 얼마나 높은지 모른다면, 에어컨 압축기를 제어할 수 없다. 이 경우에

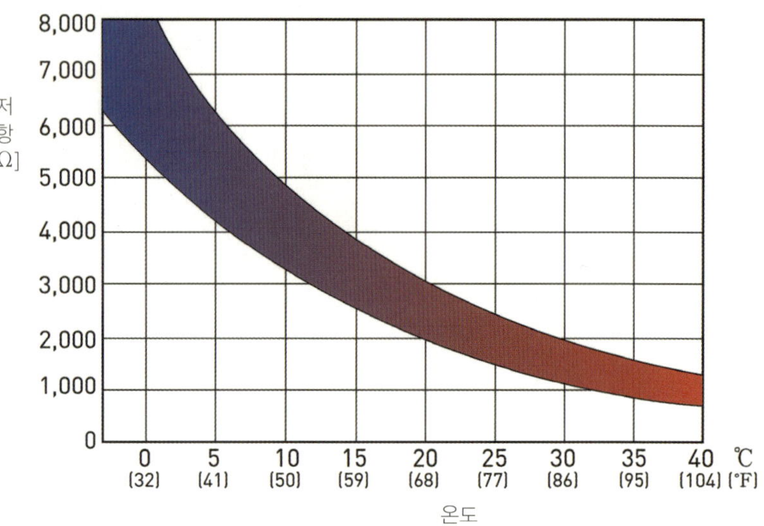

▲ 그림 8-14 NTC 서미스터의 온도-저항 특성곡선(예)

는 증발기 결빙이 발생하지 않을 수준으로 에어컨 압축기의 출력을 낮춘다.

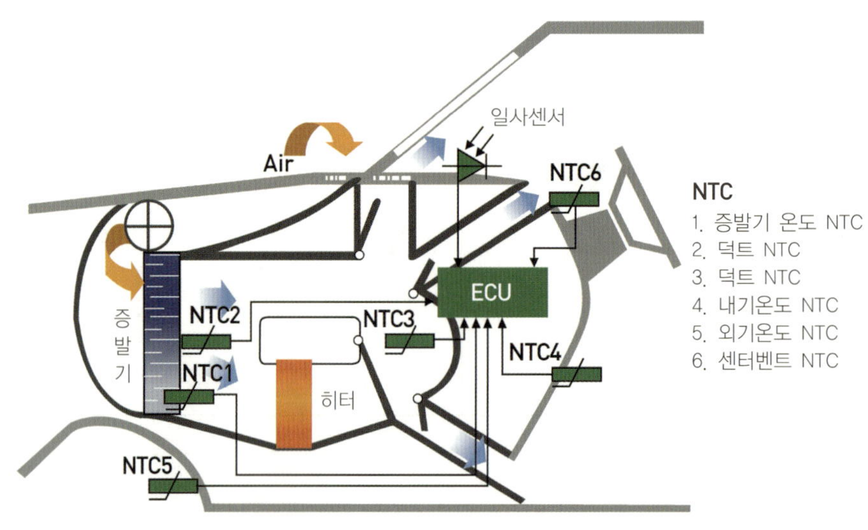

▲ 그림 8-15 완전 자동 온도제어((FATC)에 사용되는 NTC-센서들(예)

습도 센서는 대부분 온도센서와 함께 하나의 부품으로 생산된다. 이유는 온도가 습도에 결정적인 영향을 미치기 때문이다. 습도 측정용 온도센서가 습도센서로부터 멀리 떨어져 있으면 습도를 정확하게 측정할 수 없다. 습도센서를 사용하는 목적은 에어컨 압축기의 소비동력을 줄이면서도 차실내 공기의 습도를 적절한 수준으로 제어하고, 윈드쉴드의 김서림을 방지하기 위함이다. 습도센서는 차실내 대쉬보드 영역에 또는 실내 백미러의 윈드쉴드 측 푸트(foot)에 설치한다.

(1) 저항 박막식 습도센서의 작동원리

습도센서 내부의 저항 박막(resistance film)은 차실내 공기로부터 수분을 흡수 또는 방출하는 데, 수분을 흡수할 때 팽창하고, 수분을 방출할 때(건조 시) 수축한다. 저항박막이 수축 또는 팽창할 때, 저항박막의 탄소입자들 상호간의 간격이 변화한다. 탄소입자들 상호간의 간격 변화가 전기저항의 변화로 나타난다. 저항의 크기는 상대습도에 비례한다. 센서 일렉트로닉스는 전극 간의 저항을 전압으로 변환시켜 에어컨 ECU에 전송한다. 따라서 상대습도가 높아지면 출력전압도 높게 나타난다. (그림 8-16)

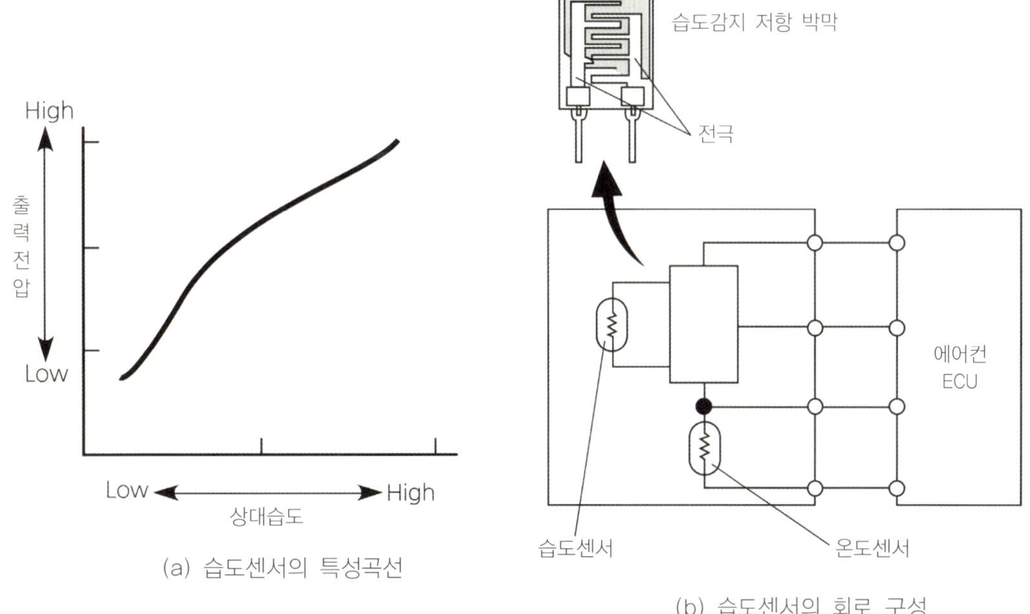

(a) 습도센서의 특성곡선

(b) 습도센서의 회로 구성

▲ 그림 8-16 온도센서와 결합된 습도센서(예 : 저항 박막식)

(2) 축전기식 습도센서의 작동원리

센서가 축전기(condenser)인 경우는 습도의 변화에 대응하여 축전기의 용량이 변화하는 특성을 이용한다. 박막 축전기의 용량은 두 극판 사이의 거리, 극판의 단면적 그리고 극판에 도포된 물질(유전체)에 따라 결정된다. 습도가 높을 경우, 두 극판 사이에 존재하는 수분의 양이 증가한다. 수분의 양이 증가하면 축전기의 용량이 변화한다. 센서 일렉트로닉스는 용량 변화를 전압으로 변환시켜 에어컨 ECU에 전송한다. 신호전압은 상대습도에 비례한다. 즉, 상대습도가 높아지면 신호전압도 상승한다.

이슬점(dew point)은 상대습도와 차실내 온도를 이용하여 계산할 수 있다. 계산한 이슬점 온도보다 윈드쉴드(windshield) 온도가 더 낮으면, 윈드쉴드에 김이 서릴 수 있다. 윈드쉴드에 김이 서릴 위험이 있으면, DEF(서리방지) 노즐로부터 토출되는 공기를 미리 가열한다.

3 일사 센서 (solar sensor)

일반적으로 승용 자동차에 입사되는 열의 약 60%는 태양의 복사열이다. 차실내 공기는 햇볕에 의해 즉각적으로 가열되지 않기 때문에 태양에 의한 열부하 효과를 예측하여 이를 원하는 실내온도를 유지하는데 반영한다. 일사센서는 포토-다이오드(PD)로서 대부분 계기판 패널의 상단 중앙, 윈드쉴드(windshield) 근처에 설치된다.

포토-다이오드(PD)는 빛 에너지를 전기에너지(전기신호)로 변환시키는 수광소자(광센서)의 일종이며, 반도체의 PN-접합부에 광 검출기능을 추가한 구조이다.

빛이 다이오드에 입사되면 전자와 정공이 생성되어 전류가 흐르며, 전압은 빛의 강도에 거의 비례한다. - 광기전력(光起電力) 효과

(1) 포토-다이오드(PD)의 동작 원리

포토-다이오드는 암흑상태 즉, 빛이 작용하지 않는 상태에서는 양방향으로의 전류흐름이 차단된다. (저항이 거의 무한대에 가깝다.)

그러나 포토-다이오드에 역방향 전압을 인가하고, PN-접합부에 빛을 입사시키면 접합부에 존재하는 전자는 빛에너지에 의해 가속, 공유결합으로부터 이탈하여 자유전자가 되고, 그 자리에 같은 수의 정공이 발생한다. 이때 외부에서 전압(역방향)을 가하고 있으므로 PN-접합부에서 발생된 정공은 P지역으로, 자유전자는 N지역으로 각각 끌려간다. 따라서 PN-접합부에서는 역방향으로 전류가 흐른다. 빛이 더 많이 입사되면 자유전자와 정공이 더

많이 발생되므로, 전류는 더욱 더 증가하게 된다.(그림 8-17 참조)

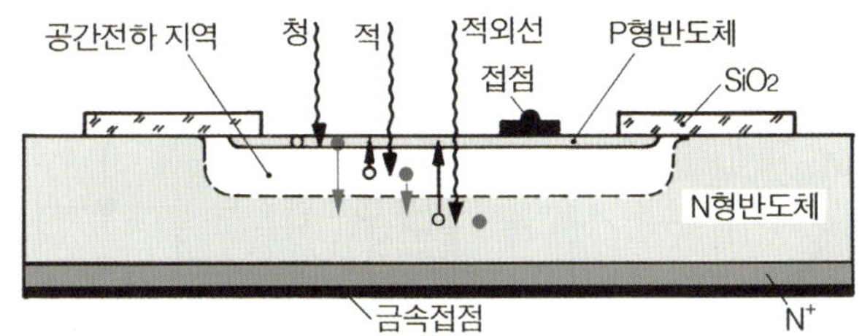

▲ 그림 8-17 포토다이오드의 구조(Si 확산형 PIN 다이오드)

포토-다이오드는 빛이 경계영역까지 침투할 수 있도록 도핑(doping : 불순물 첨가)되어 있기 때문에, PN 접합부에 흐르는 전류는 역방향전압의 영향을 받지 않고, 입사되는 빛의 세기(E)와 파장(λ)의 영향을 받는다. 그리고 포토-다이오드는 주변의 온도변화에 의한 출력변화가 아주 적다는 장점을 가지고 있다. (그림 8-18 참조)

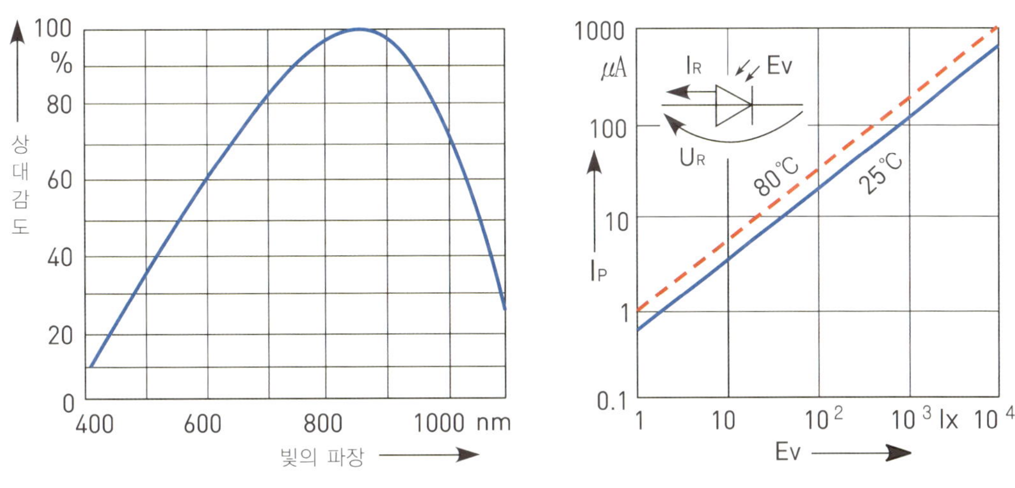

▲ 그림 8-18 포토다이오드의 광전류와 감도

(2) 2차원 일사센서의 구조 및 회로 구성

양 방향(좌측과 우측)으로부터 입사되는 태양광의 강도와 입사방향을 측정하기 위해 2차원 일사센서를 사용한다. 2차원 일사센서는 2개의 포토-다이오드(photo-diode), 2개의 증폭기회로(포토-다이오드용) 그리고 하나의 주파수 변환기 회로(광 제어(light control) 센서용)로 구성된다.

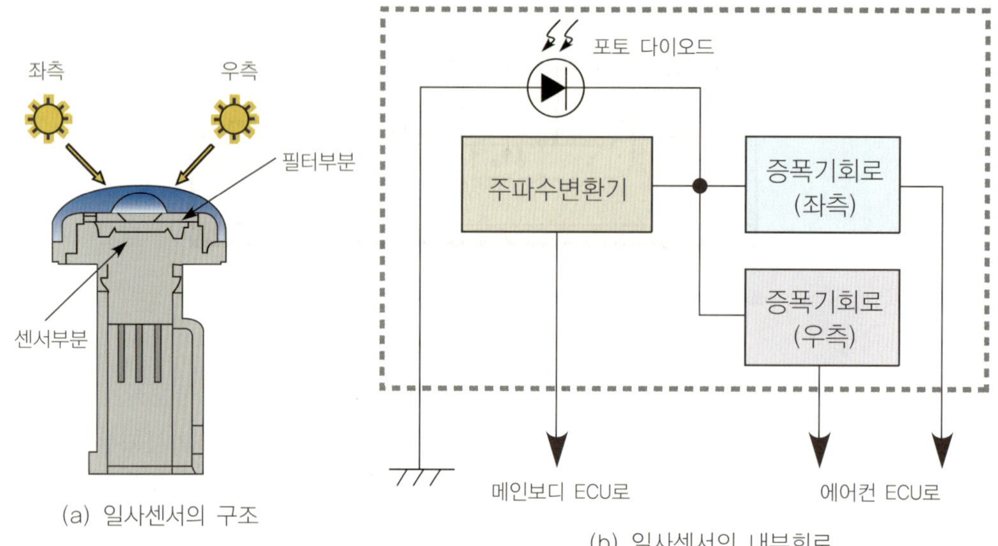

▲ 그림 8-19 2-차원 일사센서의 구조 및 센서의 내부회로

센서 하우징 안에 설치된 광소자는 2개의 방으로 분할되어 있으며, 각 방에는 포토-다이오드가 1개씩 설치되어 있다. 태양광이 센서의 좌측으로부터 입사되면, 좌측 포토-다이오드의 전류가 더 크다. 역으로 태양광이 우측으로부터 입사되면, 우측 포토-다이오드의 전류가 더 크다. 따라서 에어컨 ECU는 태양열의 영향을 더 많이 받는 쪽을 판별할 수 있다.

다이오드 중 하나가 고장이면, 다른 다이오드의 출력을 사용한다. 2개 모두가 고장이면 대체값을 사용한다.

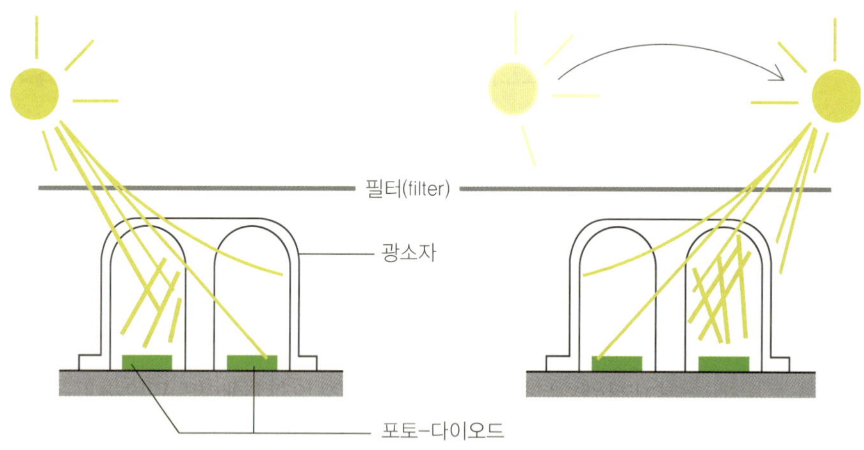

▲ 그림 8-20 태양의 위치에 따른 광소자의 작용

2차원 일사센서의 포토－다이오드에는 온도센서와 마찬가지로 일정한 전압이 공급된다. 에어컨 ECU는 포토－다이오드에서의 전압강하를 판독하여 차실내로 입사되는 태양열의 강도를 측정한다. 증폭기(또는 에어컨 ECU)는 차실내 온도의 변화보다는 입사되는 태양광의 조도에 근거하여 출구 공기온도를 제어할 수 있다.

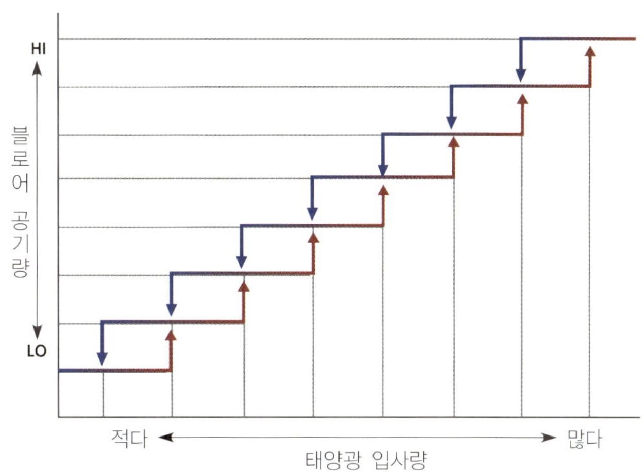

▲ 그림 8-21 입사되는 태양광의 양과 블로어 송풍량의 상관관계

전류모델에서는 에어컨 ECU가 다수의 센서들로부터의 입력에 근거하여 블로어 속도를 다단계로 제어한다. 그림 8-21은 태양광의 입사량에 따른 블로어 송풍량의 예이다.

(3) 지능형 일사센서(ISoS : Intelligent Solar Sensor)

단일 또는 듀얼(dual) 포토센서를 사용할 경우, 태양광의 강도가 강한 시간(예 : 정오)과 약한 시간(예 : 해지기 직전)에 입사되는 광선을 구별하지 못한다는 단점을 가지고 있다. 이와 같은 문제점을 보완하기 위해 3개의 포토다이오드를 각각 특정한 공간각도로 기울여 배치하고, 태양광의 입사방향(방위각 : Azimuth angle)을 벡터로, 태양광의 강도(앙각 : elevation angle, 90° − 천정각)를 벡터의 길이로 표시하는 수학적 알고리즘을 사용하여, 각 포토다이오드가 측정한 값을 처리한다.

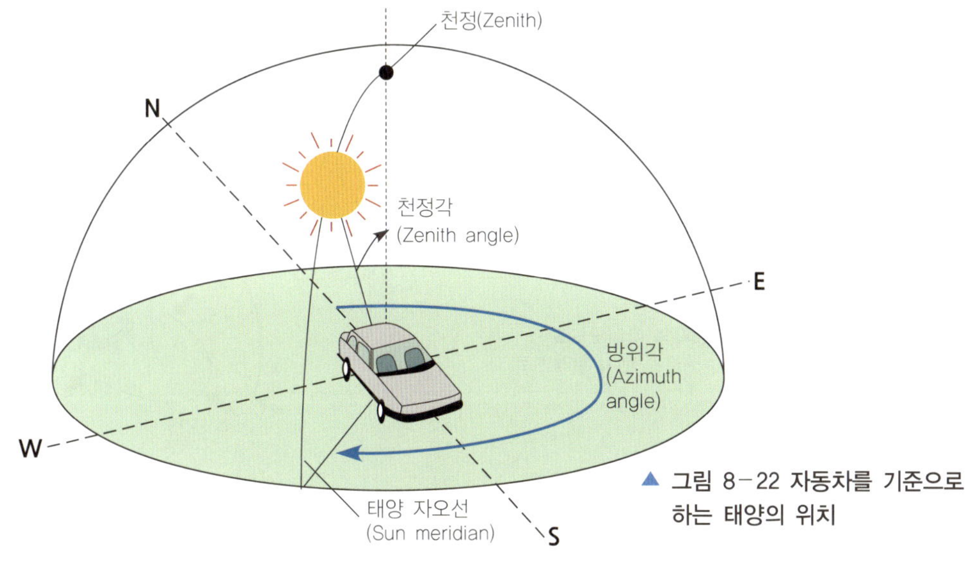

▲ 그림 8-22 자동차를 기준으로 하는 태양의 위치

3개의 포토다이오드의 설치위치 및 설치각을 다르게 함으로서 방위각(azimuth angle) 0°~360°, 앙각(elevation angle) 0°~180°를 커버할 수 있다. 그리고 계산모델을 이용하여 각 좌석마다의 태양광 강도를 계산할 수 있다. 그러나 이 센서도 차량의 기하학적 설계 예를 들면 A－필라에 의한 그늘 효과(shading effect)의 영향은 피할 수 없다.

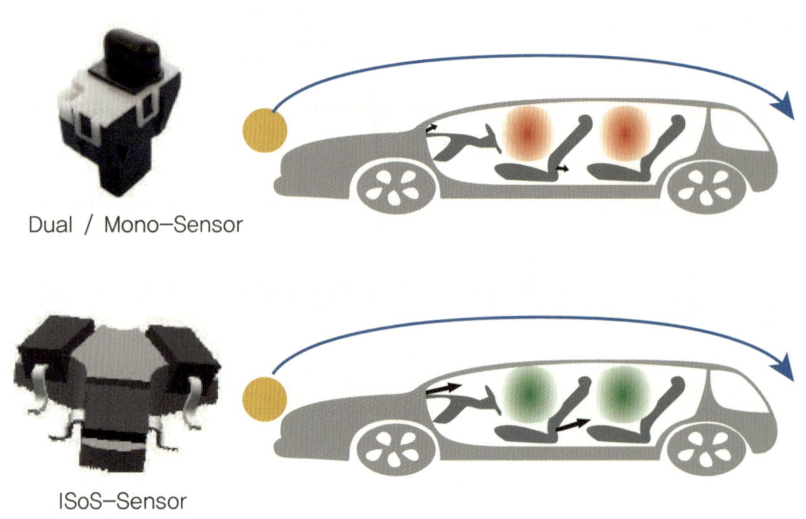

▲ 그림 8－23 지능형 일사센서(각 좌석의 태양광 강도를 계산할 수 있다.)

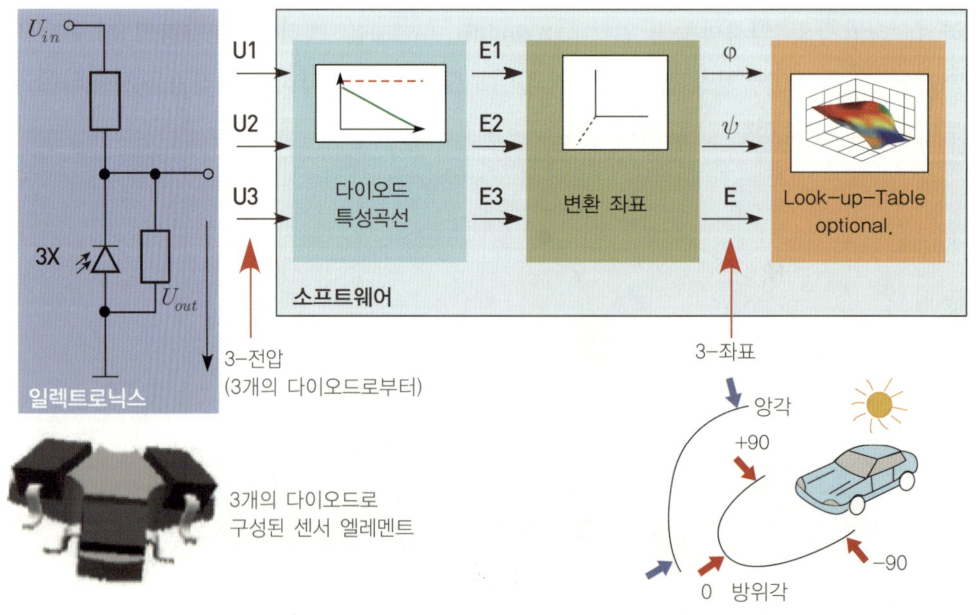

▲ 그림 8－24 3개의 포토다이오드를 사용하는 지능형 일사센서의 원리

(1) 센서의 기능 및 설치 위치

공기 품질 센서는 외기 흡입 통로에 설치되어(대부분 온도센서와 함께), 외기에 포함된 유해물질을 감지한다. 이때 센서는 유해물질을 산화 가능한 가스 및 환원 가능한 가스로 구분하여 감지한다. 공기품질 센서의 기능이 스위치 ON된 상태에서 센서가 외기에 포함된 유해물질 농도가 설정값 이상임을 감지하면, 공기모드는 외기모드에서 자동으로 순환공기모드로 절환된다. 센서가 고장일 경우, 자동 순환공기모드는 더 이상 이용할 수 없다.

(2) 공기품질 측정의 원리

센서의 핵심은 텅스텐-산화물 또는 주석-산화물이다. 두 물질은 산화(oxidation) 또는 환원(reduction)이 가능한 가스와 접촉하게 되면, 전기적 특성이 변화하는 성질을 가지고 있다. 물질이 산소원자를 취할 경우를 산화, 산소원자를 방출할 경우를 환원이라고 한다는 것을 우리는 잘 알고 있다.

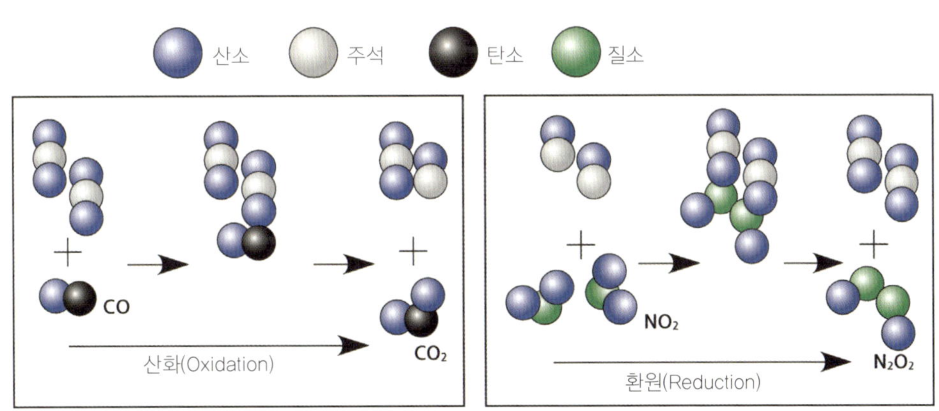

▲ 그림 8-25 주석-산화물에서의 산화/환원이 가능한 가스의 거동

예를 들면, 산화가 가능한 가스는 일산화탄소(CO), 벤졸-증기, 휘발유-증기, 탄화수소(HC) 그리고 미연 및 불완전 연소한 연료 성분 등이고, 환원이 가능한 대표적인 가스는 질소산화물(NOx)과 이산화황(SO_2) 등이다. 이와 같이 공기 품질 센서는 대기에 포함된 대부분의 유해물질에 반응한다.

유해물질 농도는 센서의 저항을 측정하여 검출한다. 센서의 산화물이 산화가 가능한 가스와 접촉하면, 센서의 산화물로부터 산소가 이탈하고, 센서의 전기 저항은 감소한다. 반대로 환원이 가능한 가스가 센서에 접촉하면 센서는 가스로부터 산소를 빼앗는다. 센서가 유해가스로부터 산소를 취하면 센서의 저항은 증가한다.

즉, 센서의 저항이 증가하면 환원이 가능한 가스가 존재하고, 센서의 저항이 감소하면 산화가 가능한 가스가 존재함을 의미한다. 두 종류의 가스가 동시에 센서에 접촉할 경우에도 유해물질의 농도를 정확하게 측정할 수 있다. 센서 일렉트로닉스는 저항의 변화를 전압의 변화로 전환시켜 에어컨ECU에 전송한다. 에어컨ECU는 이 정보를 처리하여 내기/외기 전환 플랩 제어신호와 디스플레이 신호를 출력한다.

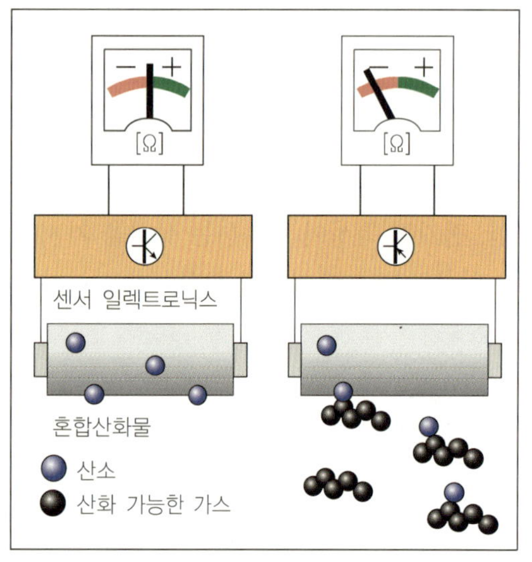

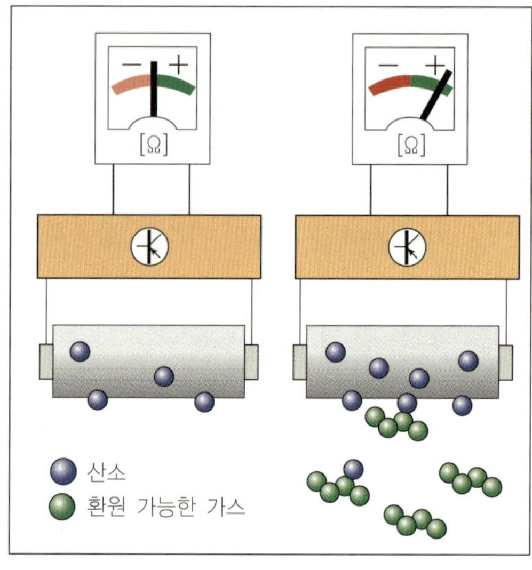

(a) 산화 가능한 가스의 경우(저항 감소)　　(b) 환원 가능한 가스의 경우(저항 증가)

▲ 그림 8-26 산화 및 환원이 가능한 가스의 저항 측정 원리

(3) 이온발생기(ion generator)

이온발생기는 센서가 아니고, 액추에이터에 속하지만, 공기품질과 관련되므로 여기서 소개한다.

차실내 공기를 정화시킬 목적으로, 일부 자동차에서는 이온발생기(예 : 프리우스의 플라즈마 클러스터(Plasmacluster))를 설치하고 있다. 이온발생기는 블로어 모터와 연동하여 작동하며, 에어컨ECU가 제어한다. 이온발생기는 공기 중의 물분자와 산소분자로부터 (+)이온과 (-)이온을 생성한다. 이들 이온은 공기 중의 병원균을 감소시킨다. 작동 중, 전자와 전극이 충돌하여 이온을 생성할 때, 윙윙거리는 아주 작은 소리(whining)가 발생한다.

이 장치는 고전압 장치이므로 취급에 유의해야 한다. 사용한 후에 이온발생기 출구에 먼지가 퇴적될 수 있는 데, 이를 제거할 때는 먼저 블로어 모터 스위치를 반드시 OFF 시켜야 한다. 그리고 청소용 스프레이(spray)를 사용하여 청소해서는 절대로 안 된다.

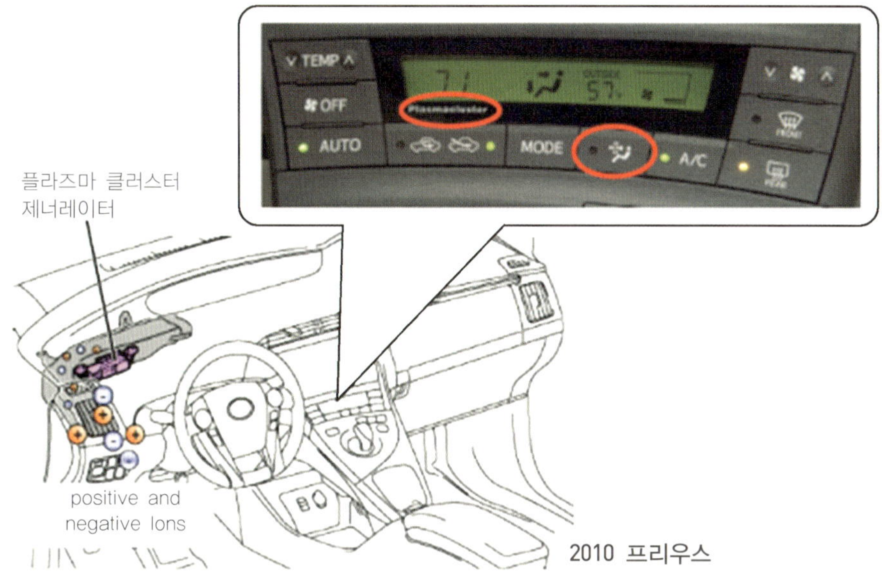

▲ 그림 8-27(a) 플라즈마 클러스터(이온 발생기) 설치 위치(예)

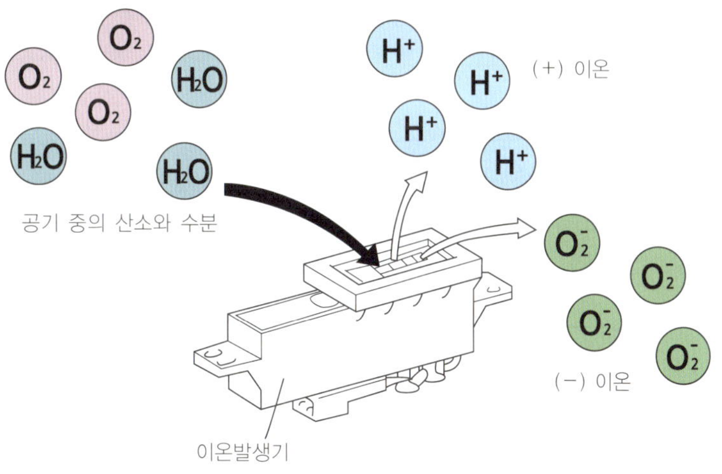

▲ 그림 8-27(b) 이온발생기 (예 : 플라즈마클러스터)

자동차 공기조화장치의 운전
(Operating of Mobile Air Conditioning Systems)

1 공기조화 장치의 주요 제어 요소 및 제어방식

수동식으로 출발한 자동차 에어컨의 제어방식도 이제는 반-자동식 또는 완전 자동식이 일반화되고 있다.

(1) 공기조화 장치의 주요 제어 요소

차실내 공기조화를 위해서는 에어컨 시스템 자체의 제어 외에도 차실내 공기의 ① 온도, ② 유동 방향 그리고 ③ 유동량을 제어해야 한다.

일반적으로 차실내 공기의 온도와 분배에 대한 제어는 주로 공기 입/출구 및 유동 통로에 설치된 댐퍼(damper) 또는 플랩(flap)의 개도를 제어하여, 유동 공기량의 제어는 송풍기 회전속도를 제어하여 실현한다.

(2) 난방 모드와 냉방 모드

공기조화 시스템은 기본적으로 난방모드와 냉방모드로 운전할 수 있다. 일반적으로 기온이 낮을 때(예 : 겨울철)에는 차실내 공기를 가열/가습하고, 기온이 높을 때(예 : 여름철)는 냉각/감습한다. 작동모드에 대응하여 냉매회로를 ON 또는 OFF 시킬 수 있으며, 두 작동모드에서 각각 차실내 공기온도를 원하는 수준으로 제어할 수 있다.

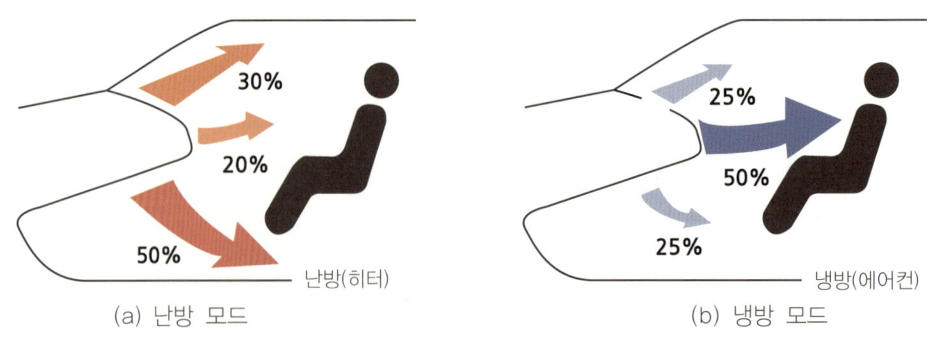

▲ 그림 8-28 난방과 냉방 시의 공기 공급 방향 및 공급량(예)

난방 모드와 냉방모드의 가장 큰 차이점은 공기의 온도와 유동방향 및 유동량의 차이이다. 일반적으로 난방할 때는 더운 공기를 발 공간(foot well)에, 냉방할 때는 차가운 공기를 얼굴(face) 방향에 상대적으로 더 많이 공급한다.

(3) 주요 댐퍼의 설치 위치 및 작동(예)

HVAC – 모듈에는 대부분 공기 입구 제어댐퍼, 공기혼합 제어댐퍼 그리고 모드 제어댐퍼 (공기출구 제어 댐퍼) 등이 설치되어 있다. 주요 댐퍼의 설치 위치 및 작동 상태 그리고 기능은 다음과 같다.

① 주요 댐퍼의 설치 위치 및 작동(예)

그림 8 – 29에는 8개의 댐퍼(또는 플랩)가 설치되어 있으나, 사양에 따라서는 각 각의 공기출구에도 댐퍼를 설치하고 서보모터로 제어한다.

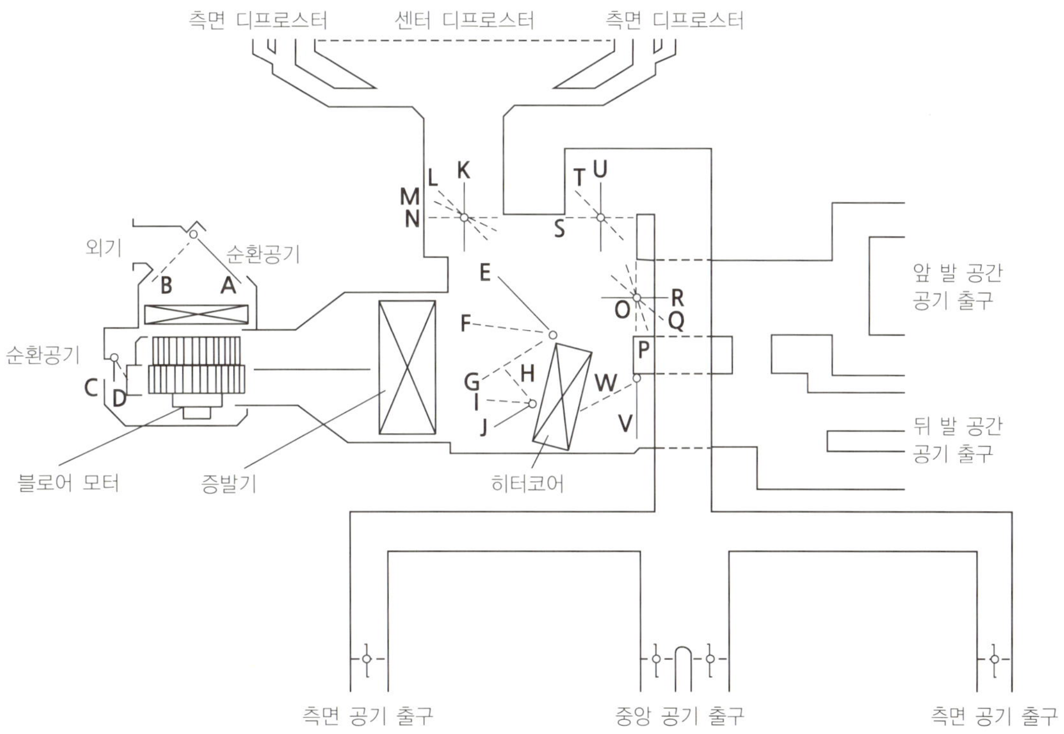

▲ 그림 8 – 29 주요 댐퍼의 설치 위치(예)

② 주요 댐퍼의 기능

댐퍼	제어위치		댐퍼 위치	작동 상태
공기입구 제어댐퍼		FRESH	A, C	외기 유입
		FRESH (During 2-way flow control)	A, C	외기와 순환공기 동시 유입
		RECIRC	B, D	내기 순환
공기혼합 제어댐퍼		WARM-COOL	E~F~G H~I~J	WARM-COOL 사이에서 온도를 일정하게 유지하기 위해 차가운 공기와 더운 공기를 다양한 혼합비로 혼합
모드 제어댐퍼		DEF	K, O, S, V	각 디프로스터 출구를 통해 윈드쉴드로부터 김(서리) 제거
		FOOT / DEF	L, Q, S, V (K, O, S, W)[1]	각 디프로스터 출구를 통해 윈드쉴드로부터 김(서리)제거하면서, 동시에 앞/뒤 발 공간에 공기 공급
		FOOT	M, R, S, V (L, W, S, W)[1]	앞/뒤 발 공간 및 측면 공기출구로부터 공기 분출, 동시에 중앙 디프로스터로부터 약하게 공기 분출
		BI-LEVEL	N, Q, T, V	중앙 및 측면 공기출구와 앞/뒤 발 공간 분출
		FACE	N, O, U, V (N, P, U, V)[2]	중앙 및 측면 공기출구로부터 공기 분출

※ *1 : 2층류로 제어하는 동안   *2 : AUTO모드에서 COOL의 초기 단계

③ 공기 출구와 공기량의 상관관계(예)

공기 출구의 위치 그리고 공기 출구 모드에 따른 풍량의 상관관계는 제작사 및 사양에 따라 차이가 있다. 그러나 일반적인 경향성은 아래와 같다(그림 8-30참조).

공기출구 위치 표시기호			A	B	C	D
공기출구모드		공기혼합위치	Center Face	Side Face	Foot	Defroster
FACE		Max Cool	◯	◯	− (◯)*	
BI-LEVEL		Center	◯	◯	◯	
FOOT		Max Hot		◯	◯	◯
FOOT/DEF		Max Hot		◯	◯	◯
DEF		Max Hot		◯		◯

※ ◯ 의 크기는 공기량의 비율을 나타낸다. AUTO모드에서 COOL의 초기 단계

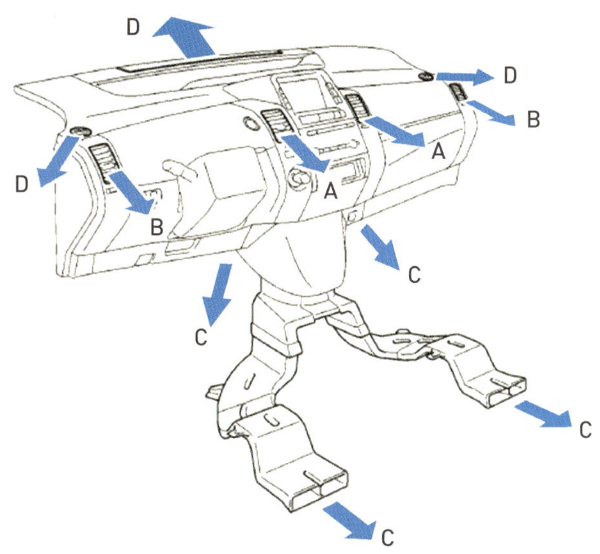

▲ 그림 8-30 공기 출구 모드와 공기 출구별 공기량 분배(예)

(4) 공기조화 시스템의 제어방식에 따른 분류

공기조화 시스템의 제어방식은 자동차 제작사 또는 에어컨 생산회사에 따라 다소 다르게 정의하고 있으나, 일반적으로 조작 방법에 따라 다음과 같이 분류한다.

시스템의 종류	온도제어	공기 분배 제어	송풍기 속도 제어
수동 에어컨	수동	수동	수동
반-자동 에어컨	자동	수동	수동
완전 자동 에어컨	자동	자동	자동

① **수동 시스템**(manual air conditioning system)

시스템이 컨트롤 유닛을 포함하고 있을지라도 차실내 온도, 송풍기 속도(풍량) 및 공기분배를 각각 개별적으로, 수동으로 직접 선택하는 시스템을 말한다.

② **반-자동 시스템**(Semi-Automatic system)

선택한 온도는 일정하게 유지된다. 송풍기 회전속도(풍량)와 공기 배분은 외기조건에 따른다. 온도제어 시스템(temperature control system)이라고도 한다.

③ **완전 자동 온도제어 시스템**(FATC : full automatic temperature control)

ECC(electronic climate control)라고도 한다. 선택한 온도뿐만 아니라 송풍기 회전속도(풍량)와 공기배분도 완전 자동으로 제어된다. 그러나 필요에 따라 수동으로도 조작할 수 있는 시스템이 대부분이다.

시스템이 컨트롤 유닛을 포함하고 있을지라도 차실내 온도, 송풍기 속도(풍량) 및 공기분배를 각각 개별적으로, 수동으로 직접 선택하는 시스템을 말한다.

(1) 수동 조작 에어컨 시스템의 컨트롤 패널(예)

그림 8-31과 같이 손으로 직접 온도와 풍량을 조정하고, 공기출구 개폐 여부를 선택할 수 있는 구조를 갖추고 있다.

▲ 그림 8-31 수동 조작 에어컨 시스템의 컨트롤 패널(예)

(2) 수동 조작 에어컨 시스템의 구성 요소(예)

입력요소로는 에어컨 냉매회로의 고압센서를 비롯해서 증발기 냉각핀 온도센서, 엔진 냉각수 온도센서, 그리고 다수의 전위차계로 구성된다.

출력요소는 다수의 플랩 제어용 케이블 또는 서보모터, 에어컨 압축기 컨트롤밸브, 송풍기 보호저항 등을 갖추고 있으며, 진단 인터페이스도 포함하고 있을 수 있다.

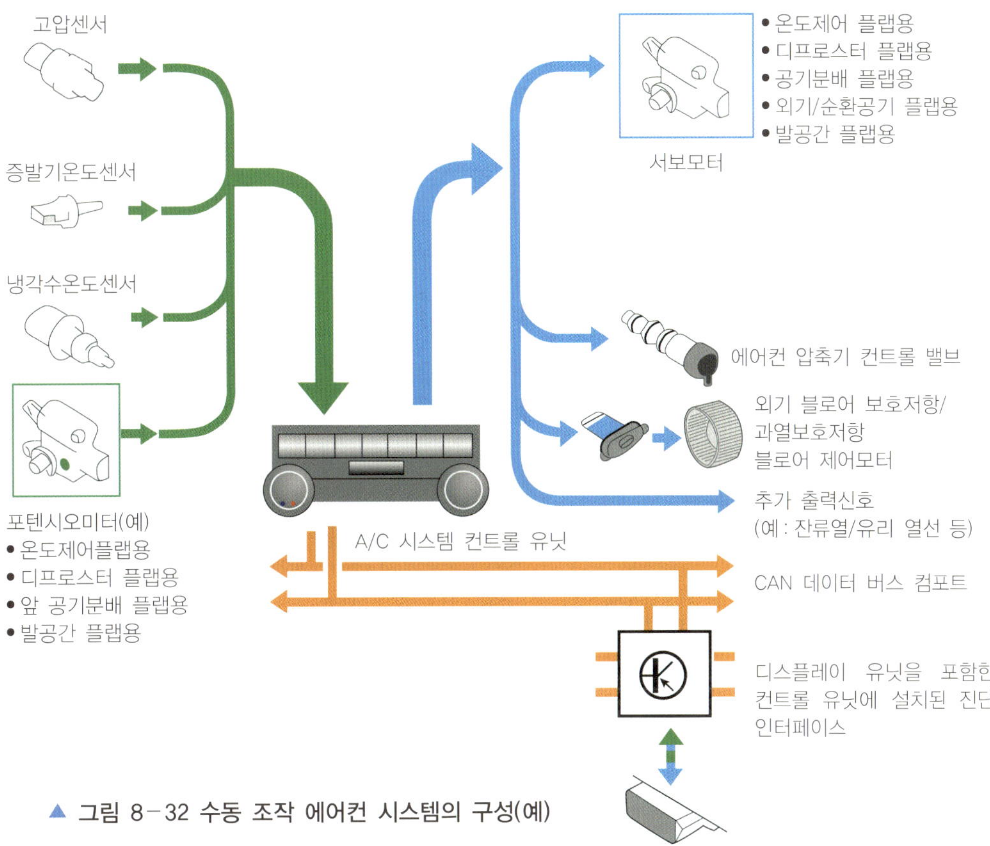

▲ 그림 8-32 수동 조작 에어컨 시스템의 구성(예)

(3) 수동 조작 에어컨 시스템의 작동 회로(예)

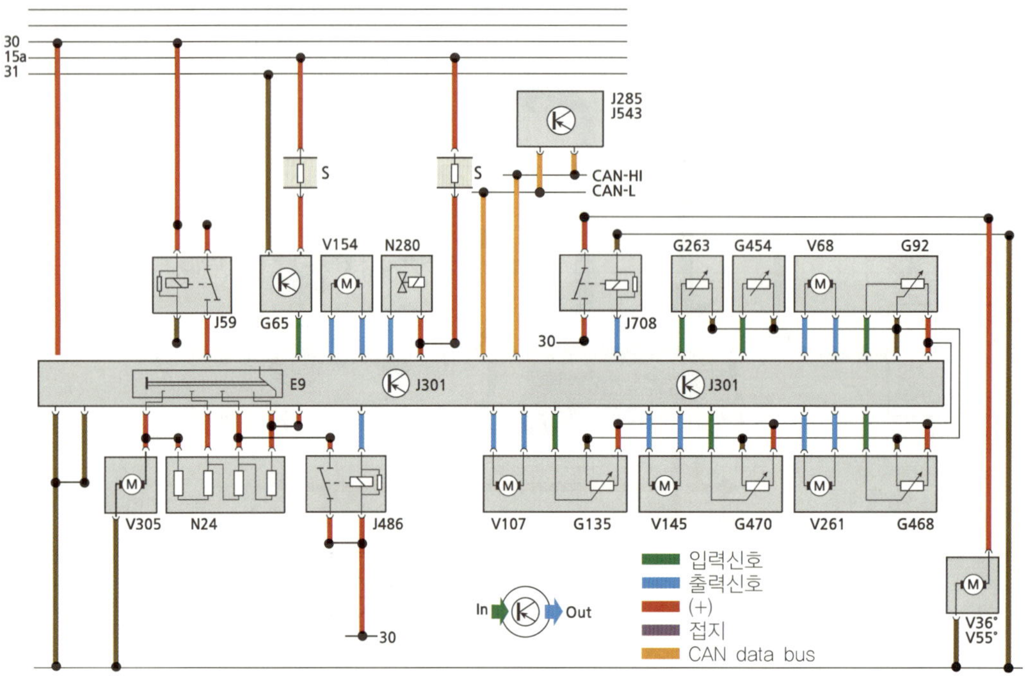

E9	: 외기 블로어 스위치	V36	: 물펌프
		V55	: 순환펌프
G65	: 고압 센서	V68	: 온도 플랩 서보모터
G92	: 온도 플랩용 서보모터의 전위차계	V107	: 디프로스트 플랩 서보모터
G135	: 디프로스트 플랩 서보모터 전위차계	V145	: 정면 공기분배용 서보모터
G263	: 블로어 출구온도 센서	V154	: 외기/순환공기 플랩용 서보모터
G454	: 냉각수온도센서	V261	: 발공간 플랩 서보모터
G468	: 발 공간 플랩 서보모터 전위차계	V305	: 블로어 제어모터(앞)
G470	: 정면 공기분배 플랩 서보모터 전위차계		
		N24	: 외기 블로어 보호저항(과열보호저항 포함)
J59	: X-접점용 릴리프 릴레이	N280	: 에어컨 압축기 컨트롤 밸브
J285	: 컨트롤 유닛(디스플레이 포함)		
J301	: 에어컨 ECU	S	: 퓨즈
J486	: 외기 블로어용 릴레이(2단)		
J533	: 데어터 버스용 진단 인터페이스		
J708	: 잔류열 릴레이		

건물 실내용 에어컨의 경우, ON－OFF 시간을 다시 프로그램(reprogram)할 때 그리고 시스템 자체를 ON－OFF할 때만 조작한다. 그러나 모든 운전자가 주행 중에 자동차 공기조화장치(HVAC)의 모든 기능을 개별적으로 조작하기를 원하는 것은 아니다. 이와 같은 이유에서 다양한 자동 온도제어 시스템을 개발, 사용하고 있다.

(1) 완전 자동 온도제어(FATC) 시스템의 주요 기능

FATC 시스템은 기존의 수동 에어컨 시스템의 기능 외에, 추가로 다음과 같은 기능들을 갖추고 있다.

① **실내 온도의 설정값 유지 기능**

다양한 온도와 일사량에 대응하여 운전자가 선택, 설정한 온도를 유지하는 기능

② **송풍기 속도 자동 제어 기능**

필요한 난방 및 냉방 수준에 근거하여 선택한 송풍기 속도를 자동으로 제어하는 기능

③ **공기 자동 분배 기능**

HVAC의 작동 모드에 따라 완전 자동으로 공기를 분배하는 기능

④ **외기 자동 흡기 기능**

HVAC의 작동모드에 따라 완전 자동으로 공기입구 댐퍼를 제어하는 기능

(2) 완전 자동 온도제어 시스템의 컨트롤 패널(예)

수동(manual) 시스템과 비교할 때, 자동 온도제어 시스템은 숫자로 표시되는 온도제어 디스플레이, 송풍기 회전속도 그리고/또는 공기분배를 선택하기 위한 다수의 버튼을 갖추고 있다. 그림 8－33의 자동 온도제어 시스템의 컨트롤 패널에서 주요 버튼 및 다이얼의 기능은 다음과 같다.

① **지시창**(display)

좌측은 운전석, 우측은 동반자석의 설정 온도와 풍량(블로어 속도)을 나타낸다.

② **자동(AUTO) 버튼**

시스템은 설정 온도에 대응하여 해당 영역(예 : 운전석)의 온도를 다른 좌석의 온도와 관계없이 독립적으로 제어한다. － AUTO(자동) 모드

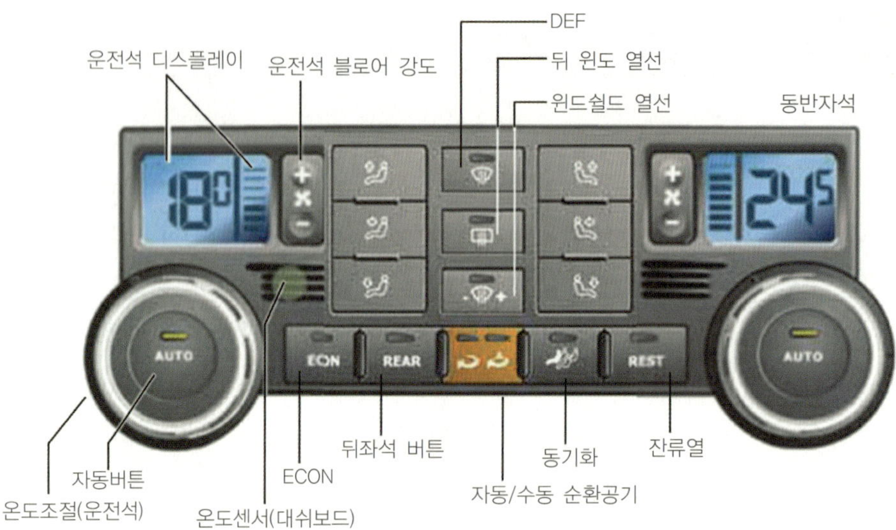

▲ 그림 8-33 완전 자동 온도제어 시스템의 컨트롤 패널(예)

③ ECON-버튼

이 버튼을 누르면, 에어컨의 작동이 중단된다. 실내온도는 외기에 의해서만 제어된다. 그러므로 실내온도보다 외기온도가 더 낮을 경우에만 사용한다.

④ REAR-버튼

이 버튼을 누르면, 뒷좌석의 온도를 앞좌석에서 설정할 수 있다.

⑤ 동기(SYN) 버튼

이 버튼이 활성화되면, 모든 좌석의 모든 설정값이 운전석 설정값에 동기된다.

⑥ DEF-버튼

앞 유리와 양쪽 측면 창문유리에 공기를 배분하여 가능한 한 빠르게 서리 및 김을 제거한다.

⑦ 자동/수동 순환공기 버튼(공유 또는 독립적)

차실내 공기 유도 방식은 외기 모드와 순환공기 모드로 구분한다.

외기(FRESH) 모드는 외기로부터 먼지와 꽃가루 등을 제거(여과)한 다음에, 증발기를 통과시켜 냉각(건조)시키고, 이어서 히터를 통과하게 하여 쾌적한 수준으로 가열 및 감습하는 과정이다.

순환공기(CIR) 모드는 외기를 공급하지 않고, 차실내 공기만을 필터에서 여과, 차실내로 다시 공급하는 과정이다.

공유 버튼을 사용할 경우, 버튼을 한 번 누르면 수동 순환공기 기능이 활성화되고, 다시 누르면 자동 순환공기 기능이 활성화된다. 세 번째 누르면 자동 순환공기 기능이 스위치 OFF 된다.

- **자동 순환공기 기능이 활성화되어 있을 경우**

  공기품질센서가 유입되는 외기에 유해물질이 함유되어 있는 것을 감지하였거나, 윈드스크린 와이퍼 시스템이 활성화 되었을 때, 온도조절 스위치는 자동으로 순환 공기모드로 절환된다. 0℃ 이하에서는 윈도우의 김 서림을 방지하기 위해 자동 순환공기 기능은 스위치 OFF된다. 자동 순환기능의 작동시간은 임의의 설정값으로 제한된다.

- **수동 순환공기 기능이 활성화되어 있을 경우**

  내기/외기 순환공기 플랩을 수동으로 닫아 외기모드로 절환한다.

⑧ **잔류열(REST) 버튼**

사양에 따라서는 기관이 정지되고, 기관냉각수가 아직 뜨거운 상태일 때 잔류열을 이용하여 자동차를 난방하는 경우도 있다. 이 버튼이 활성화되면, 엔진이 작동을 정지한 후에 일정 시간 동안 잔류열을 이용하여 차실내를 난방할 수 있다.

(3) 뒷좌석용 컨트롤 패널(예)

이 컨트롤 패널은 뒷좌석 중앙의 콘솔(console)에 설치된다. 뒤 좌/우 좌석 각각의 온도, 풍량, 풍향을 독립적으로 설정할 수 있는 구조를 갖추고 있다.

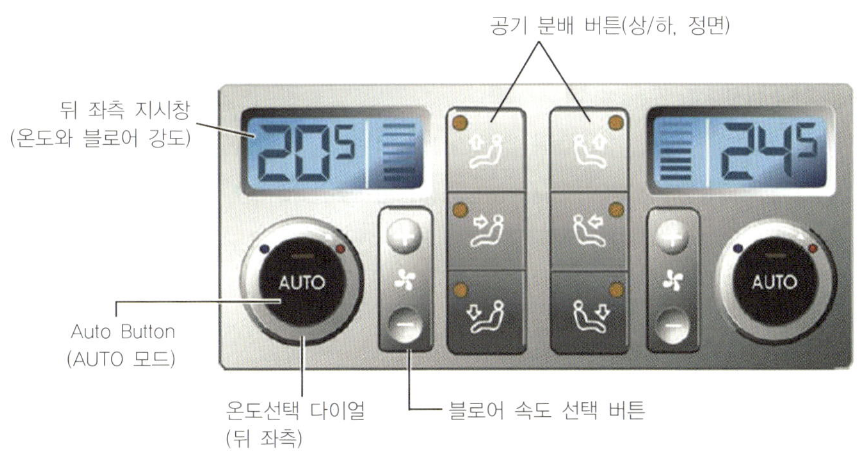

▲ 그림 8-34 뒷좌석용 컨트롤 패널(예)

(4) 완전 자동 온도제어 시스템의 주요 입력

에어컨 ECU 즉, 시스템의 구성요소들을 제어하기 위한 논리(logic) 시스템은 각 센서의 입력을 처리하여 출력을 결정한다.(그림 8-35, 8-36, 8-38 참조)

시스템의 사양에 따라 다양한 입력 요소들을 고려한다. 그리고 에어컨 ECU는 대부분 엔진 ECU, 변속기 ECU 등과 CAN을 통해 통신한다.

입력 요소들은 대략 다음과 같다.

① **히터 릴레이(블로어 팬 릴레이)**(Heater relay, blower fan relay)

블로어 팬(fan)의 스위치 ON 여부를 확인한다.

② **온도센서(서미스터, 주로 NTC 서미스터)**(temperature sensor, mainly thermistors)
- 외기온도센서 : 외기온도를 측정한다.
- 내기 온도센서 : 차실내 온도를 측정한다.
- 증발기 온도센서 : 증발기 냉각핀의 온도를 측정한다.(증발기 결빙 방지용)
- 엔진 냉각수 온도센서 : 엔진 냉각수 온도를 측정한다.
- 히터 출구 온도센서 : 히터 출구의 냉각수 온도를 감지한다.
- 덕트(duct ; 공기통로) 온도센서 : 대쉬보드의 출구 공기온도를 측정한다.

③ **온도선택 스위치**

원하는 차실 내 온도를 선택한다.

④ **습도센서**(humidity sensor)

차실 내 습도를 측정한다.

⑤ **공기품질센서**(air quality sensor)

차실내로 유입되는 공기 중의 유해가스 성분을 감지한다.

⑥ **압력 스위치(고압/저압)**(pressure switch(High/Low))

냉매 회로의 압력이 안전 작동영역 범위 내에서 유지되도록 보장한다.

⑦ **구동벨트 보호 센서**(belt protection sensor)

에어컨 압축기 회전속도를 검출한다.

⑧ **일사센서**(solar sensor)

차실 내에 입사되는 일사량을 검출한다.

⑨ **엔진 회전속도 센서**(engine RPM sensor)

공전속도 상승 모드를 위해 엔진 회전속도를 검출한다.

⑩ **주행속도 센서**(vehicle speed sensor)

자동차 주행속도를 검출한다.

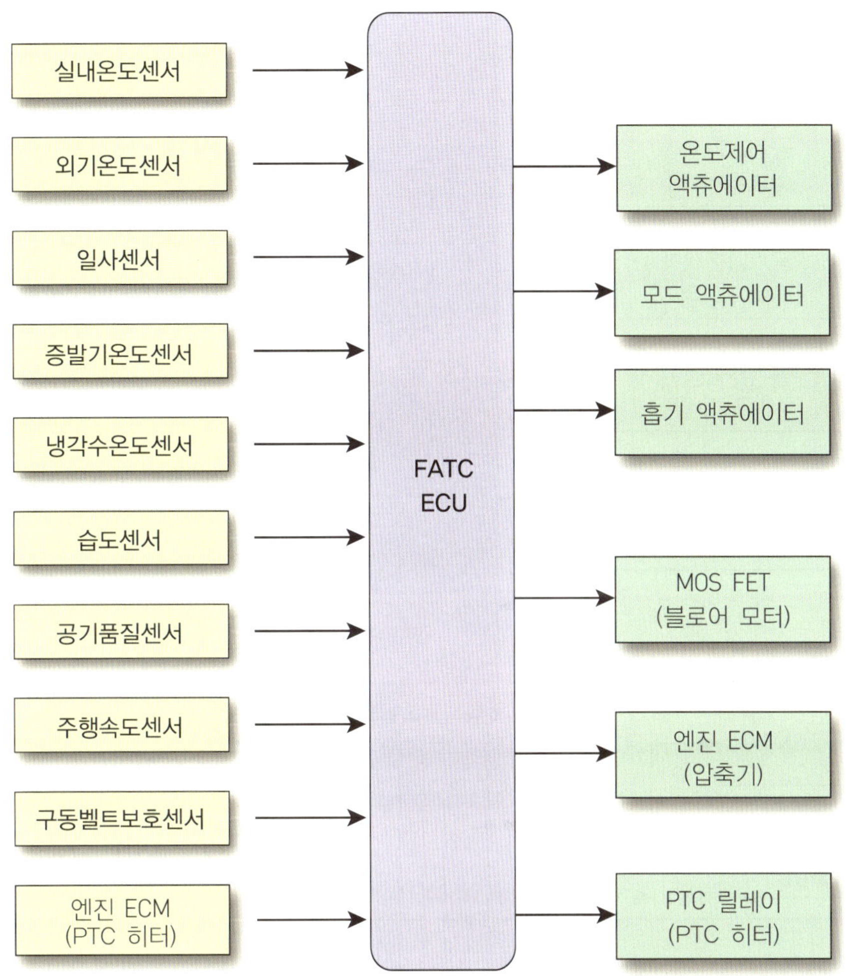

▲ 그림 8-35 자동 온도제어 에어컨 ECU의 입력과 출력(예)

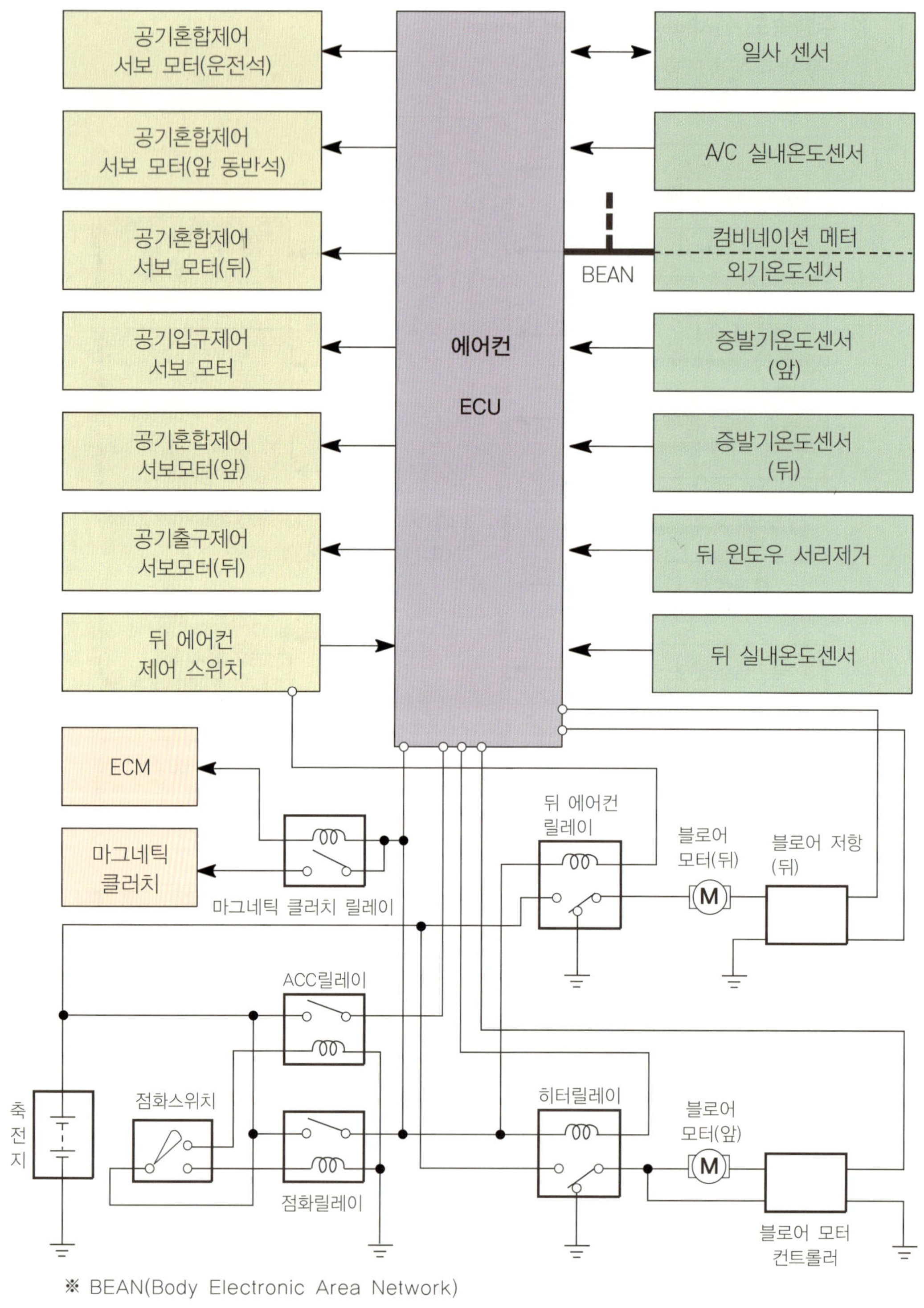

▲ 그림 8-36 마이크로컴퓨터에 의해 제어되는 자동 에어컨 시스템의 블록선도(예)

(5) 완전 자동 온도제어 시스템의 주요 제어 출력

완전 자동 온도제어 시스템의 냉매회로, 전자제어 시스템 및 안전 시스템은 기본적으로
수동 에어컨 시스템에서와 같다. 완전 자동 온도제어 시스템은 수동 에어컨 시스템에 일부
센서와 제어 기능을 추가한 형식이다.

완전 자동 온도제어 시스템의 주요 제어 출력은 대략 다음과 같다.
① 출구 공기온도 제어(outlet air temperature control)
② A/C 송풍기 제어(blower control)
③ 공기 출구 제어(air outlet control)
④ 공기 입구 제어(air inlet control)
⑤ 압축기 제어(compressor control)
⑥ 응축기 냉각팬 제어(condenser cooling fan control)
⑦ 시트 히터 제어(seat heater control) - PTC
⑧ 뒤 유리 열선 제어(rear window defogger control) - PTC
⑨ 엔진 냉각수 히터 밸브 제어(engine coolant heater regulating valve control)
⑩ 외기온도 지시 제어(outer temperature indication control)
⑪ 자기 진단 기능(self-diagnosis)

① **출구 공기온도 제어**(outlet air temperature control)
온도 제어 설정값에 대응하여, 공기 혼합 댐퍼 제어
는 출구 공기온도 센서, 증발기 온도센서와 엔진 냉각
수 센서의 정보를 기초로 공기혼합 댐퍼의 목표 개도를
계산하여, 이를 실행한다.

시스템에 따라서는 운전석과 동승자석, 또는 각 좌석
영역의 공기온도를 독립적으로 제어할 수 있다.

② **블로어 제어**(blower control)
이 기능은 엔진 냉각수온도 센서, 증발기 온도센서와
일사센서의 신호 정보에 근거하여 블로어 팬의 속도를
제어한다. 추가로 블로어 모터가 처음 작동할 때 서지
전류(surge current)로부터 블로어-모터 컨트롤러를

▲ 그림 8-37 온도를 좌석
영역별로 제어하는 경우(예)

보호한다.

③ 공기 출구 제어(air outlet control)

자동(AUTO)모드 스위치가 ON되어 있을 때, 출구공기온도를 정확하게 유지하기 위해 공기 혼합제어 서보모터를 원하는 위치로 회전시키는 기능을 담당한다. 작동 중, 서보모터의 전위차계가 댐퍼의 실제 개도를 검출하여 실제 개도와 원하는 개도를 일치시키도록 한다.

외기온도가 낮을 때, 앞 윈드쉴드에 김이 서리는 것을 방지하기 위해서, 시스템이 자동으로 블로어 출구를 FOOT/DEF 모드로 절환한다. 센서 입력은 엔진 냉각수온도, 외기온도, 일사량, 필요로 하는 블로어 출구온도와 자동차 주행속도 등이다.

④ 공기 입구 제어(air inlet control)

공기 입구 제어 스위치의 작동에 일치시켜, 서보모터(공기 입구용)를 구동하여, 댐퍼를 외기(FRESH)와 순환(RECirculation)에 고정한다.

수동 운전에서 순환(REC)모드를 선택했을 때, 외기온도가 낮고 냉매압력이 비정상적일 경우, 에어컨 ECU는 자동적으로 공기입구 모드를 외기(FRESH)모드로 절환한다.

그러나 외기온도가 설정값보다 아주 낮을 경우에는, 냉매압력이 비정상적일지라도 에어컨 ECU는 자동적으로 공기입구 모드를 외기(FRESH)모드로 절환하지 않는다.

수동 운전에서 순환(REC)모드를 선택했을 때, 에어컨 압축기가 스위치 OFF되어 있으면, 에어컨 ECU는 자동적으로 공기입구 모드를 외기(FRESH)모드로 절환한다.

⑤ 압축기 제어(compressor control)

엔진 냉각수온도가 사전 설정된 값보다 낮을 경우, 비정상적인 냉매압력이 입력되거나 또는 증발기의 방출온도가 사전에 설정된 값보다 낮을 경우에, 컨트롤은 블로어 모터 스위치를 OFF시킨다.

DEF-모드가 스위치 ON되어 있을 경우, 마그네틱 클러치 릴레이는 자동적으로 압축기와 클러치를 결합시킨다. 추가로 블로어가 스위치 OFF되어 있고, 앞 디프로스터(defroster) 스위치가 ON되어 있을 경우, 블로어는 자동 제어상태로 활성화된다.

⑥ 응축기 냉각팬 제어(condenser cooling fan control)

응축기를 통과하는 냉매의 온도가 규정값을 초과할 경우, 냉각팬을 ON시킨다.

⑦ 시트 히터 제어(seat heater control)

시트 히터의 HI, LO 및 OFF 설정은 시트-히터 스위치(운전석 및 동승자석)를 눌러 절환할 수 있다. 시트-히터 온도센서(PTC)의 신호에 근거하여, 에어컨 ECU는 설정 온도를 유지하기 위해서 시트 − 히터 릴레이를 ON 또는 OFF시킨다. 점화를 OFF시키면, 시트 − 히터도 OFF된다.

⑧ **뒤 유리 열선 제어**(rear window defogger control) − PTC

뒤 유리 열선이 스위치 ON되어 있을 경우, 유리 열선과 외부 백미러 히터가 작동한다. 설정된 시간(예 : 15분)이 지나면, 유리 열선 및 외부 백미러 히터는 스위치 OFF된다.

⑨ **엔진 냉각수 히터 밸브 제어**(engine coolant heater regulating valve control)

히터 유닛으로 공급되는 엔진 냉각수를 제어한다.

⑩ **외기온도 지시 제어**(outer temperature indication control)

이 제어기능은 외기온도 센서의 신호에 근거하여, 외기온도를 계산, 에어컨 ECU에서 수정하여 에어컨 컨트롤 패널에 지시한다.

⑪ **자기 진단 기능**(self − diagnosis)

자기진단기능은 에어컨 스위치의 작동에 따라 센서들을 점검하여, 고장 또는 센서 점검 등을 나타내는 고장코드(DTC: Diagnostic Trouble Codes) 정보를 컨트롤 패널에 지시한다.

(6) 에어컨 ECU(또는 A/C amplifier)

자동 에어컨 시스템의 ECU는 대부분 압축기 클러치를 제어할 뿐만 아니라 기관의 고속 공전속도를 제어한다.

또 내/외기 온도, 차실내 습도와 차실내로 유입되는 일사량의 부하에 근거하여 출구 공기 온도, 공기의 유동 방향, 유동량 배분, 그리고 블로어 팬의 속도를 제어한다. 또 에어컨 ECU 는 대부분 고장진단을 위한 진단커넥터 단자를 갖추고 있다.

추가로 에어컨 ECU는 압축기 클러치를 제어하여 냉매압력을 감시하고, 기관 공전속도의 안정을 위한 신호를 ECM(Engine Control Module)에 제공한다. 일부 자동차에서는 에어컨 ECU가 압축기 클러치 릴레이를 직접 제어하지 않고, 대신에 에어컨 ECU로부터 신호를 전 달 받은, 파워트레인 컨트롤 모듈이 에어컨 압축기 클러치를 제어하기도 한다.

하이브리드 자동차에서는 BEAN(Body Electronic Area Network)을 통해 마스터 ECU와 게이트웨이 ECU 그리고 CAN을 거쳐 엔진 제어모듈(ECM), 구동축전지 ECU(Battery ECU) 및 고전압 ECU(HV − ECU)와 통신한다. (그림 8 − 38 참조)

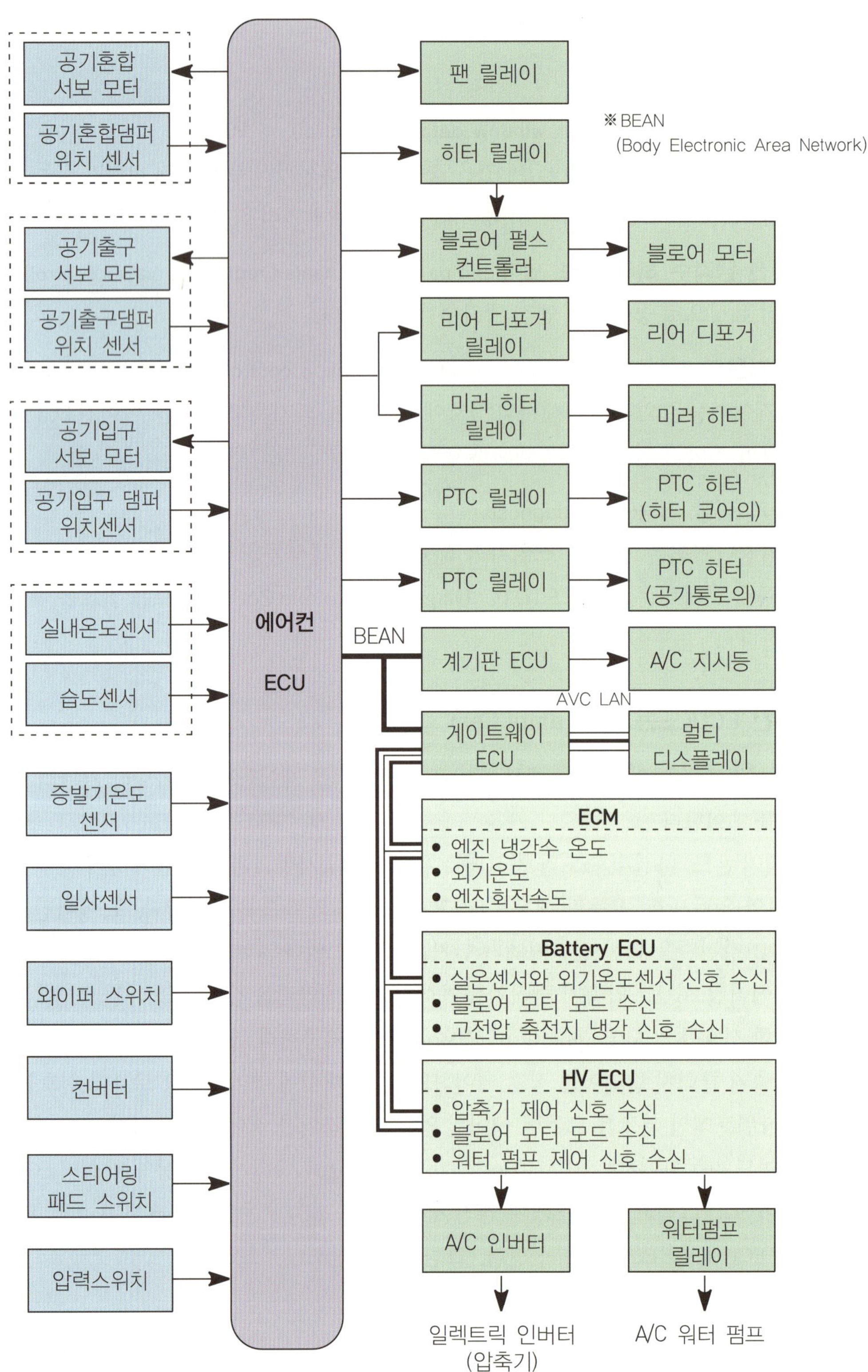

▲ 그림 8-38 하이브리드 자동차의 자동 에어컨 시스템 블록선도(예 : 프리우스)

압축기 클러치 회로의 1차 제어유닛은 에어컨 ECU이다. 에어컨 ECU는 입력신호보다 출력 전류가 더 큰 장치이다. 에어컨 ECU의 증폭기 부분은 릴레이를 제어하기 위해 다수의 신호원 으로부터 입력되는 낮은 전류 신호를 처리한다. 릴레이는 압축기 클러치를 작동시키기 위해 전력을 공급한다. 릴레이도 제어(control)측을 활성화 시키는 데 필요한 전류보다 더 많은 전 류를 릴레이의 출력(power)측에 공급할 수 있도록 회로의 증폭도 수준을 더 높여 준다.

증폭기는 압축기 클러치의 ON－OFF 사이클을 반복하여, 증발기의 결빙을 방지하고, 증 발기에서의 열전달이 효율적으로 이루어지게 한다. 또 증폭기 신호는 저속에서 응축기 팬을 작동시키고, 압축기가 스위치 ON될 때 기관의 부조를 방지하기 위해서 엔진/변속기 ECU를 통해서 기관의 공전속도를 상승시키는 기능을 수행한다(그림 8-39참조).

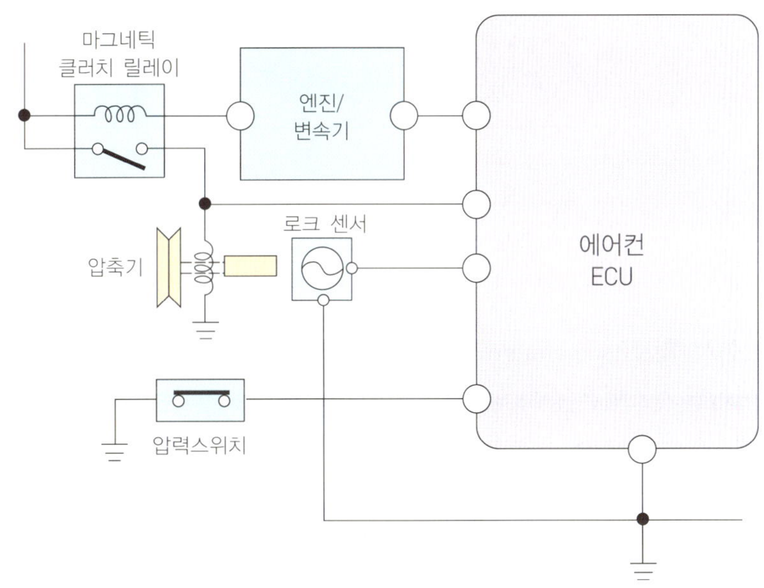

▲ 그림 8－39 에어컨 압축기 클러치 회로(예)

(7) 온도 선택 다이얼과 온도센서 회로

① 온도 선택 다이얼

개별 다이얼 또는 스위치들은 마이크로프로세서에 가변 전압신호를 전송하기 위해, ECU에 들어있는 트랜지스터 회로의 저항을 변화시킨다.

에어컨 ECU에 입력되는 가장 기본적인 신호는 원하는 차실내 온도에 대응하는 가변 전압신호로서, 온도 선택 다이얼 또는 버튼을 조작하여 설정값(신호값)을 변경한다.

이 전위차계(potentiometer)는 Cold에서 Hot까지 움직이면서 저항값을 변화시킨다.

(양끝의 극단은 제외). 그림 8-40의 예에서는 Max. COOL 위치(21℃)에서 저항값은 무한대(∞)로 상승하고, Max. HEAT 위치(30℃ 이상)에서 저항값은 0(zero)이 됨을 나타내고 있다.

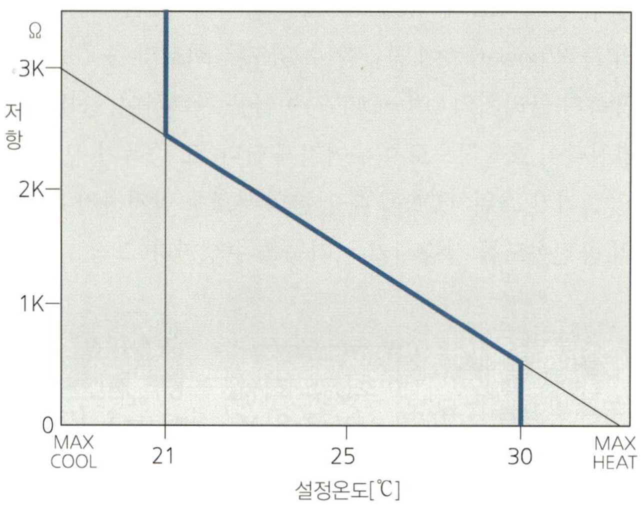

▲ 그림 8-40 온도 선택 스위치의 저항값 변화(예)

② 온도 센서 회로(temperature sensor circuits)

자동 에어컨 시스템은 승차 인원, 외기온도 및 차실내 일사량 부하와 같은 변수에 적절하게 대응하여, 사전에 설정한 온도에 도달할 수 있어야 한다.

예를 들어 사전에 설정한 온도를 t_{set}, 출력온도를 t_{out} 이라고 하면, 다음과 같은 식을 적용할 수 있다.

$$t_{out} = at_{set} - bt_{in} - ct_{amb} - dt_{sol} + e$$

여기서 t_{in} : 차실내 온도[℃]　　　　t_{amb}: 외기온도[℃]

t_{sol} : 태양의 복사열[℃]　　　　a : 설정온도 계수

b : 실내온도 계수　　　　c : 외기온도 계수

d : 태양의 복사열 계수　　　　e : 보정계수

(8) 서보 모터 컨트롤 (servo-motor control)

오늘날의 자동차들에서는 서보모터를 사용하여 댐퍼 도어(damper door) 또는 플랩을 제어한다. 서보모터는 전위차계(가변 저항기) 또는 다단 접점 스위치를 포함하고 있는 DC-

모터이다. 전위차계나 다단 접점 스위치는 댐퍼의 위치를 제어하고, 확인하여 에어컨 ECU에 피드백(feedback)하는 위치센서의 역할을 수행한다.

① 서보모터 내부 회로(servo-motor internal circuit)

자동차에 설치된 다수의 온도센서들로부터의 신호는 에어컨 ECU에서 증폭된다. 증폭된 신호는 운전자가 에어컨 컨트롤 패널에서 사전에 설정한 기준값과 비교되어 시스템의 상대적 평형(balance)을 결정하는데 사용된다. 증폭된 입력신호들 모두가 사전에 설정한 공기온도와 일치할 때, 시스템은 평형(balance)상태에 도달한다.

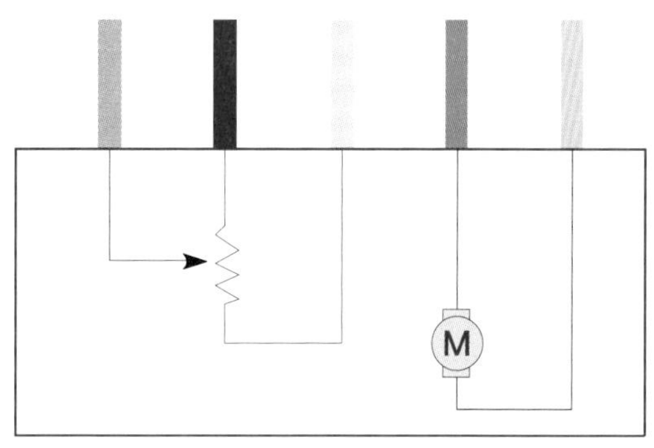

▲ 그림 8-41 서보모터 내부 회로

즉, 공기혼합 서보모터 댐퍼 도어는 제 위치에 정지하고, 블로어(blower) 회전속도는 낮게(low) 유지된다. 시스템이 평형(balance)상태에 도달하면, 공기혼합 서보모터에는 더 이상 전류가 흐르지 않는다.

열부하 또는 태양의 복사열 부하에 의해 시스템의 평형 상태가 파괴되면, ECU는 차실내부를 가열해야 할지 아니면 냉각해야 할지의 여부에 따라 스위칭 증폭기 2개 중 하나를 작동시키기 위한 신호정보를 증폭시킨다. 스위칭 증폭기는 트랜지스터 쌍을 포함하고 있으며, 공기 혼합 서보모터 제어 신호를 생성하기 위해 트랜지스터를 도통시킬 수 있다.

② 공기 혼합 댐퍼(air mix damper)의 제어

서보모터는 일종의 DC-모터이므로, 모터의 회전방향을 전환시키기 위해서는 전원과 접지의 극성(+와 -)을 서로 바꾸어야 한다. 설정온도와 실제 온도 간에 차이가 발생할 경우, 공기 혼합 서보모터가 더 차가운 공기 또는 더 더운 공기를 공급하도록 스위칭 증폭기 중 하나는 정(+)의 전압을, 다른 하나는 부(-)의 전압을 생성하여 공기 혼합 댐퍼를 제어한다.

필요한 온도 수준에 따라 ECU는 해당 댐퍼의 위치를 선택하고, 서보모터에 내장된 전위차계(가변 저항)가 댐퍼의 실제 위치를 측정한다. ECU는 또 온도변화를 감시하여 서보모터가 적절하게 반응하고 있는 지를 확인한다.

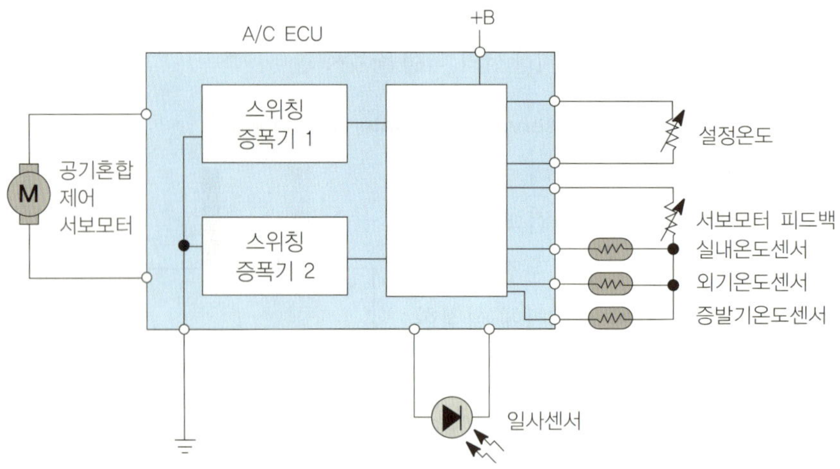

▲ 그림 8-42 공기혼합 제어 서보모터 제어회로

에어컨 ECU는 시스템이 다시 평형(balance) 상태에 도달할 때까지 서보모터에 제어전류를 계속해서 공급한다.

- 먼저 서보모터에 내장된 전위차계가 온도변화를 보상하는 위치로 서보모터가 동작하는 것을 나타낼 때에 전류를 공급하기 시작한다.
- 이어서 차실내 온도가 설정온도에 도달하게 되면, ECU는 서보모터에 흐르는 전류를 차단한다.

시스템은 이와 같이 온도 변화에 대응하여 빠르게 온도를 조정하여, 온도가 목표값에 도달하게 한다.

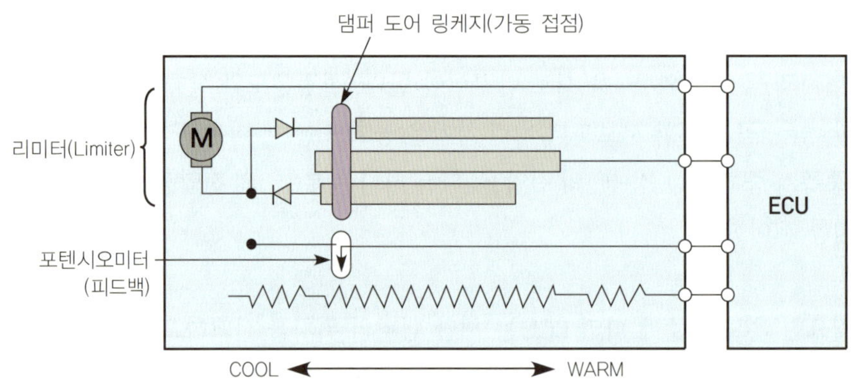

▲ 그림 8-43 서보모터 회로

③ 버스 커넥터(BUS connector)

에어컨 ECU와 서보모터를 연결하는 배선 하네스에 버스 커넥터를 사용하는 시스템
이 증가하고 있다. 버스 커넥터에 내장된 통신/구동 IC(communication/drive IC)는 개
별 서보모터 커넥터와 통신하며, 서보모터를 작동시키고, 위치를 감지할 수 있는 능력
을 가지고 있다.

통신/구동 IC는 서보모터 배선 하네스에서 버스 통신을 할 수 있으며, 배선수를 감소
시키고, 경량 구조를 실현한다.

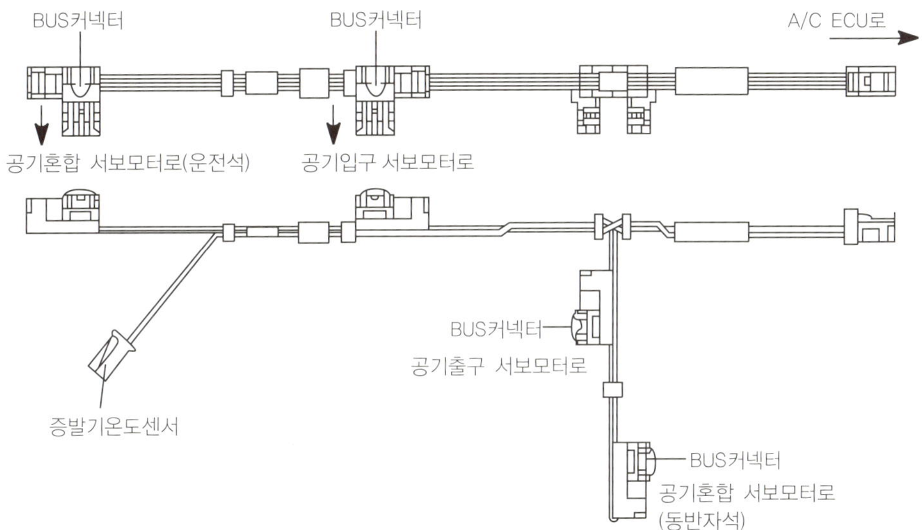

▲ 그림 8-44 서보모터와 A/C ECU를 연결하는 BUS 커넥터(예)

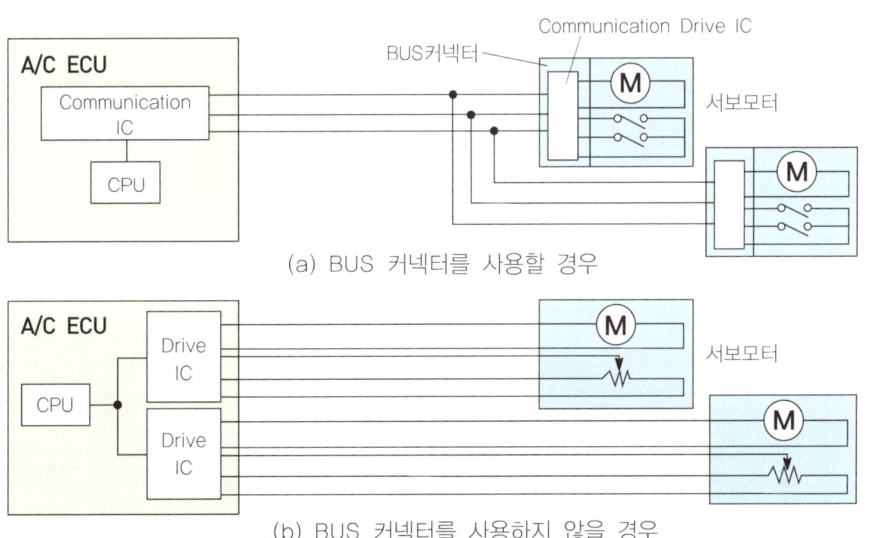

▲ 그림 8-45 버스 커넥터를 사용할 경우의 회로 배선(예)

④ **펄스 패턴형 서보모터**(pulse pattern type Servo‑motor)

펄스 패턴형 서보모터는 위치를 피드백(feedback)하기 위해 전위차계를 사용하지 않고, 대신에 인쇄회로기판을 사용한다. 인쇄회로기판(printed circuit board)에는 3개의 접점이 있으며, 펄스 단계를 식별하기 위해 에어컨 ECU에 펄스 신호(ON‑OFF 신호)를 전송한다. 이 신호를 사용하여, 스마트 커넥터는 댐퍼의 위치 및 운동방향을 감지한다.

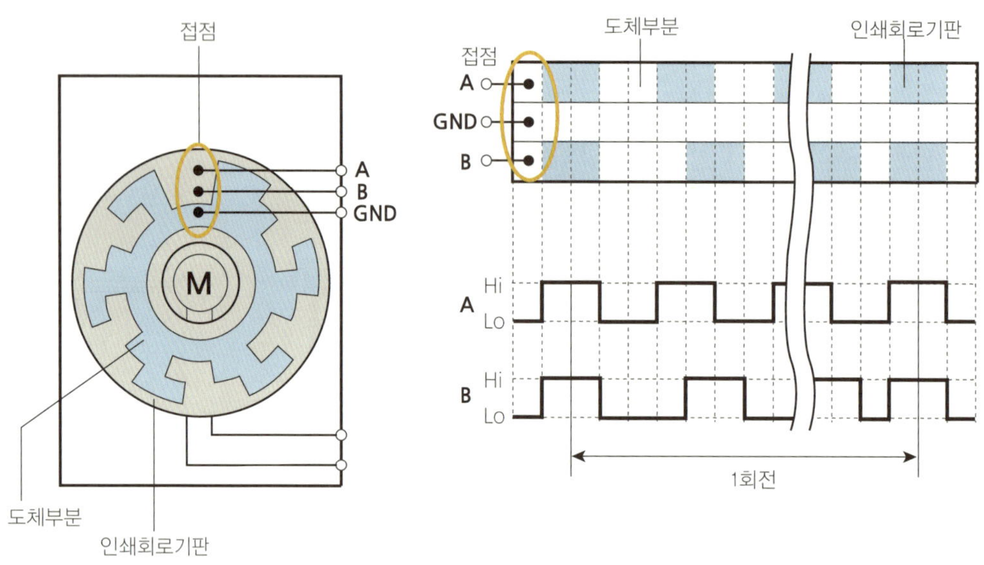

▲ 그림 8‑46 펄스 패턴형 서보‑모터

(9) 완전 자동 온도제어 시스템의 작동 회로(예)

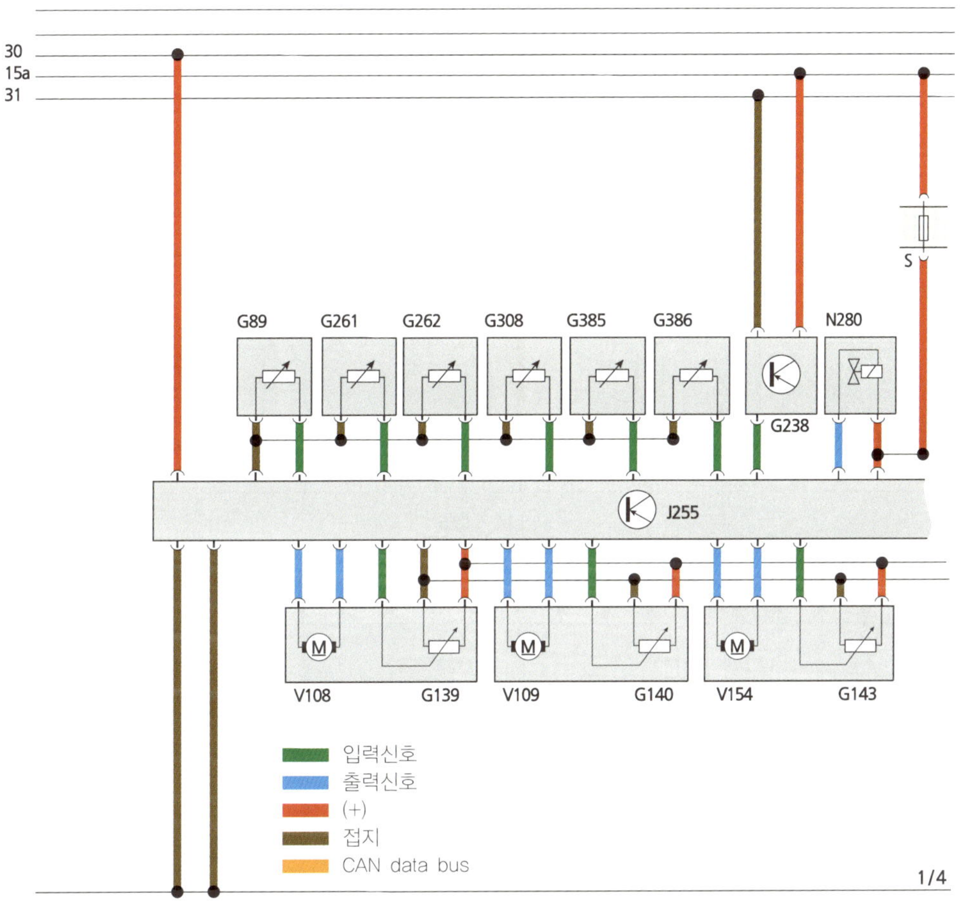

G89	온도센서–외기흡입통로	J255	온도제어 유닛
G139	발공간 플랩용 포텐시오미터(좌)		
G140	발공간 플랩용 포텐시오미터(우)	N280	에어컨 압축기용 제어밸브
G143	공기순환 플랩용 포텐시오미터		
G236	공기품질센서	S	퓨즈
G261	블로어 출구온도센서(발공간, 좌측)		
G262	블로어 출구온도센서(발공간, 우측)	V108	발공간 플랩 서보모터(좌)
G308	증발기 온도센서	V109	발공간 플랩 서보모터(우)
G385	정면 공기출구온도센서(앞 좌측)	V154	외기/내기 플랩용 서보모터
G386	정면 공기출구온도센서(앞 우측)		

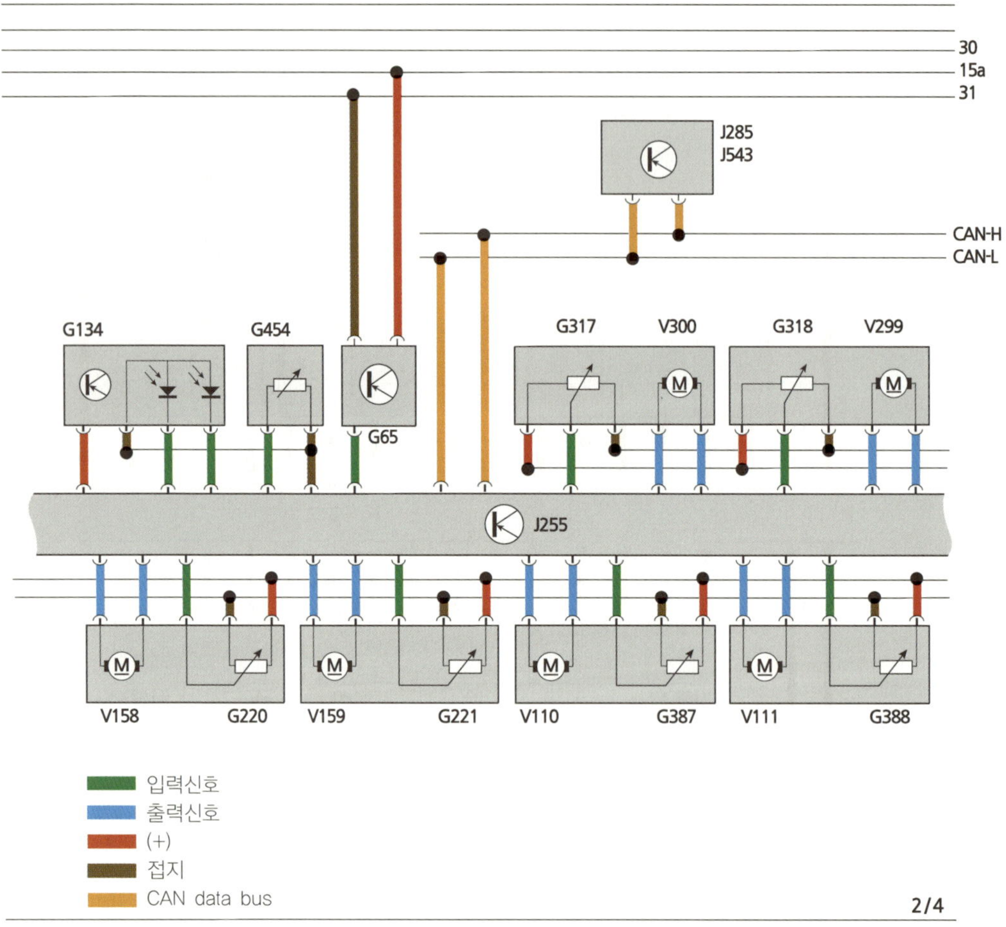

G65	고압센서	J255	에어컨 시스템 제어 유닛
G134	일사 측정용 포토센서 2	J533	데이터 버스용 진단 인터페이스
G317	디프로스트 셧오프밸브와 정면공기출구용 서보모터-포텐시오미터(앞우측)	J285	대쉬패널에 내장된 제어유닛 (디스플레이 유닛 포함)
G318	디프로스트 셧오프밸브와 정면공기출구용 서보모터-포텐시오미터(앞좌측)		
G220	온도플랩용 서보모터-포텐시오미터(좌)	V110	중앙 공기출구용 서보모터(좌)
G221	온도플랩용 서보모터-포텐시오미터(우)	V110	중앙 공기출구용 서보모터(우)
G387	정면 공기출구용 포텐시오미터(앞 좌측)	V158	온도 플랩용 서보모터(좌)
G388	정면 공기출구용 포텐시오미터(앞 우측)	V159	온도 플랩용 서보모터(우)
G454	냉각수 온도센서	V299	좌측 공기 출구용 서보모터
		V300	우측 공기 출구용 서보모터

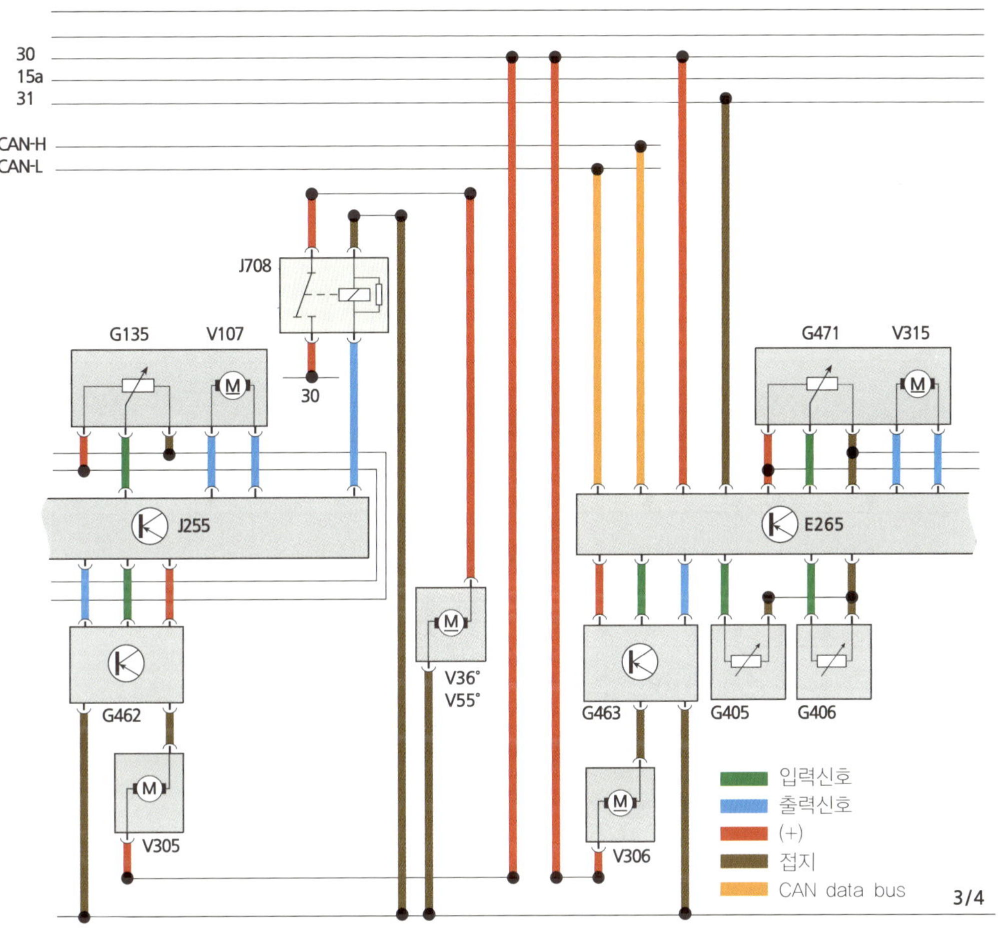

E265	에어컨 작동/디스플레이 유닛(뒤)	V36	워터 펌프
		V55	순환 펌프
G135	디프로스트 플랩 서보모터용 포텐시오미터	V107	디프로스트 플랩용 서보모터
G405	블로어 출구온도센서(뒤 좌측)	V305	블로어 제어모터(앞)
G406	블로어 출구온도센서(뒤 우측)	V306	블로어 제어모터(뒤)
G462	블로어 제어센서(앞)	V315	정면 공기 출구 서보모터(뒤 좌측)
G463	블로어 제어센서(뒤)		
G471	정면 공기출구 포텐시오미터(뒤 좌측)		
J255	에어컨 ECU		
J708	잔류열 릴레이		

30
15a
31

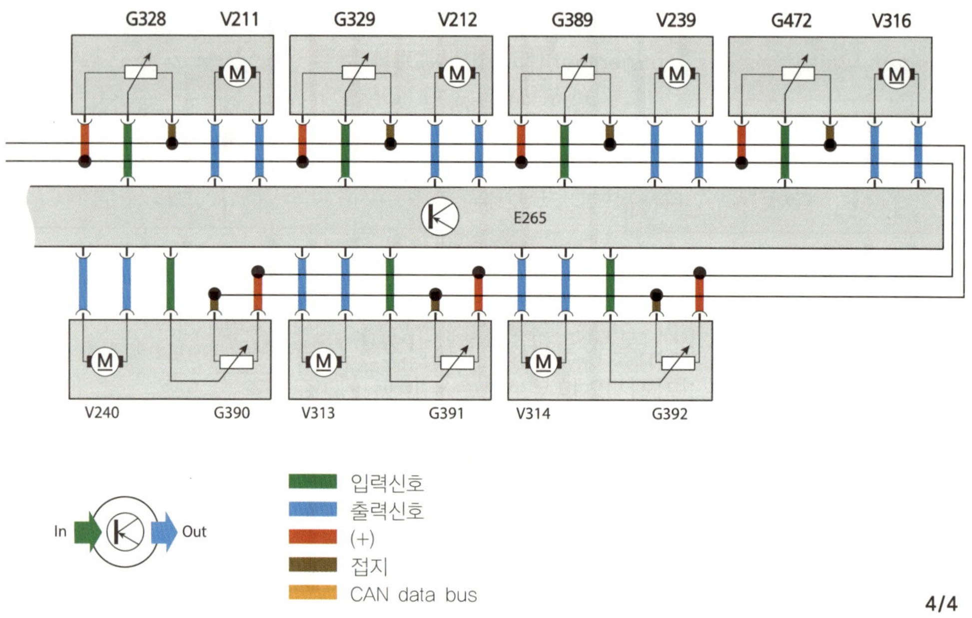

E265	에어컨 작동/디스플레이 유닛(뒤)	V211	B-필라 셧오프 밸브와 발공간용 서보모터(우측)
G328	B-필라 셧오프밸브와 발공간 서보모터용 포텐시오미터(우측)	V212	B-필라 셧오프 밸브와 발공간용 서보모터(좌측)
G329	B-필라 셧오프밸브와 발공간 서보모터용 포텐시오미터(좌측)	V239	공기량 플랩용 서보모터(뒤 좌측)
		V240	공기량 플랩용 서보모터(뒤 우측)
G389	공기량 플랩 포텐시오미터(뒤 좌측)	V313	온도 플랩용 서보모터(뒤 좌측)
G390	공기량 플랩 포텐시오미터(뒤 우측)	V314	온도 플랩용 서보모터(뒤 우측)
G391	온도 플랩용 포텐시오미터(뒤 좌측)	V316	정면 공기출구용 서보모터(뒤 우측)
G392	온도 플랩용 포텐시오미터(뒤 우측)		
G472	정면 공기출구용 포텐시오미터(뒤 우측)		

자동차 에어컨 시스템의 고장 진단 및 정비

Trouble shooting and repair of mobile air conditioning systems

1. 자동차 에어컨 시스템 고장 진단 및 정비 개요
2. 에어컨 시스템 점검 및 정비

자동차 에어컨 시스템 고장 진단 및 정비 개요
(Introduction to system diagnosis and repair of mobile air conditioning systems)

기존의 R-134a 시스템과 새로 도입된 R-1234yf 시스템을 기준으로 설명한다.

1 에어컨 작업 안전

(1) 냉매 취급 안전

냉매(R-134a 또는 R-1234yf)는 비등점이 낮기 때문에 취급에 주의하고, 항상 고압가스 안전 지침을 준수해야 한다.

① 냉매를 취급할 때는 반드시 보안경과 보호 장갑을 착용한다.

냉매와 냉동기유는 흡습성이 강하다. 따라서 눈에 들어가면 동상 위험은 물론이고, 눈동자로부터 수분을 흡수하므로 최악의 경우엔 동공이 찌그러져 실명할 수도 있다.

② 피부가 노출되지 않는 작업복을 착용하고, 보호 장갑을 낀다.

특히 맨 손으로 냉매 실린더를 만지지 않는다. 손바닥이 냉매 실린더에 얼어붙어 떨어지지 않을 수 있다. 맨 손 또는 노출된 피부에 냉매가 분사되면 동상을 입을 수 있다.

③ 냉매 실린더나 캔(can) 또는 통을 가열해서는 안 된다.

최고 52℃(125℉) 이상의 온도에, 직접 화염에 또는 강한 햇볕에 노출시키지 않는다.

④ 회수 및 충전 작업은 환기가 잘 되는 장소에서 하고, 냉매를 대기로 방출하지 않는다.

⑤ 냉매 및 냉동기유의 증기를 호흡해서는 안 된다.

R-1234yf는 냉동기유가 3% 정도 혼합된 경우는 약 700℃, 순수한 R-1234yf는 약 900℃에서 점화한다. R-1234yf가 점화, 연소하거나 열분해되면 독성이 강한 불산이 생성된다.

⑥ 냉매 실린더나 캔(can) 또는 통을 함부로 취급하지 않는다.

떨어뜨리거나 타격해서는 안 된다.

⑦ 냉매 실린더를 충전할 때는 21℃기준, 내부체적의 75% 이하만 충전한다.

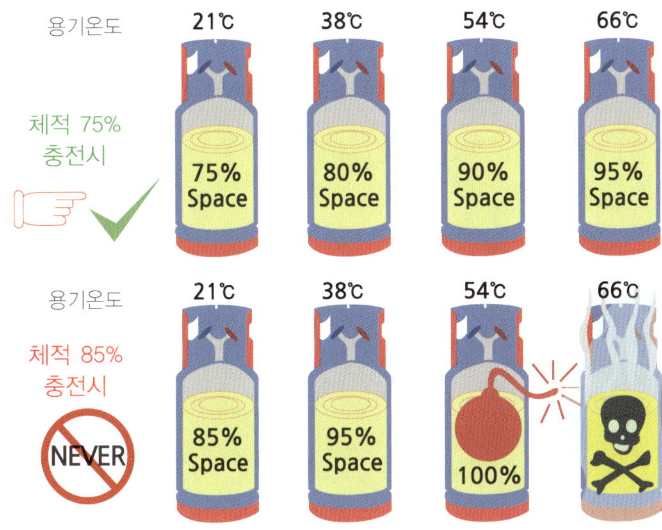

▲ 그림 9-1 냉매(R-134a) 충전량에 대한 온도의 영향

　냉매 실린더가 파손 및 폭발될 경우는 압축공기 실린더의 폭발과는 현저하게 다르다. 냉매 실린더가 폭발하면 냉매가 즉시 폭발적으로 기화하여 체적이 급격하게 팽창하면서 동시에 주위로부터 많은 열을 흡수하므로 충격과 함께 주변의 물질들이 빙결되게 된다. 따라서 21℃기준, 용기 체적의 최대 75%만 충전한다.

⑧ 증기 세차할 때 또는 용접할 때는 직접적으로 가열하지 않도록 주의한다.

　뜨거운 증기(steam)나 용접 열이 에어컨 시스템의 부품들에 직접 그리고 국부적으로 가해지면, 내부의 냉매가 팽창하여 시스템에 고장을 일으킬 수 있다.

⑨ R134a 시스템에 R1234yf를 충전해서는 안 된다. 그 반대도 마찬가지이다.

　어떠한 경우에도 서로 다른 냉매를 혼합해서는 안 된다. 예를 들어 R134a로 R1234yf 시스템을 세척(flushing)해서는 안 된다.

　R-1234yf 실린더는 백색에

(a) R-134a 실린더　　　(b) R-1234yf 실린더

▲ 그림 9-2 냉매 실린더의 색깔

빨간 띠를 둘러, 연청색(sky-blue)의 R-134a 실린더와 쉽게 구분이 가능하도록 하고 있다. (그림 9-2 참조)

 냉매 실린더 식별 및 피팅 사이즈

냉매	실린더 색깔	피팅 사이즈
R-12	백색(white)	7/16 인치×20
R-134a	연청색(sky-blue) (PMS 칼라코드 2975)	오른나사 1/2인치. 16ACME
R-1234yf	백색 바탕에 적색 띠	왼나사 1/2인치. 16ACME
R-744	회색(PMS 칼라코드 352)	확정되지 않음(TBD*)

* TBD : To Be Determined(아직 정해지지 않음)

⑩ 해당 냉매용으로 승인된 냉동기유만을 사용한다.

⑪ 시스템의 구성, 작동원리, 작업방법 및 안전지침을 숙지한 후에 작업을 시작한다. 특히 R-1234yf 시스템에는 R-134a 시스템에 비해 화재 및 독성에 대한 경고를 추가한, 스티커(30mm×60mm)를 붙여 작업자나 사용자의 주의를 환기시키고 있다.

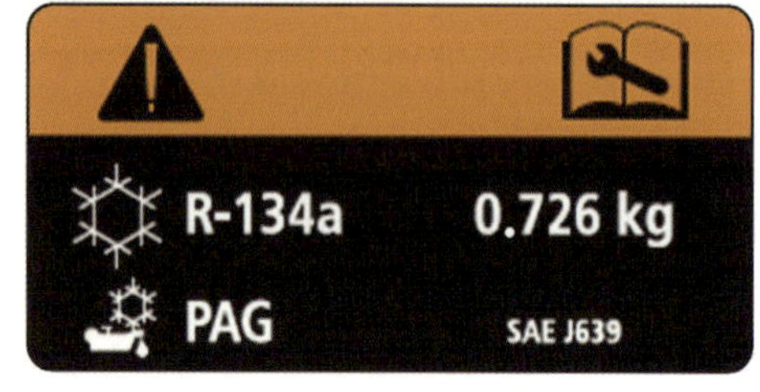

(a) R-134a용 스티커

(b) R-1234yf용 스티커

▲ 그림 9-3 냉매 시스템에 따른 경고 스티커(예)

경고 스티커에 제시된 SAE 규격의 의미는 다음과 같다.
- SAE J 639 : 자동차 냉매 증기압축 시스템의 안전기준에 부합함을 의미함
- SAE J 2842 : R-1234yf 시스템에 필요한 "안전기준"에 부합함을 나타냄
- SAE J 2845 : 냉매의 취급 및 안전 서비스에 대한 "교육 이수자"만이 이 에어컨 시스템을 점검 및 정비할 수 있음을 나타냄

(2) 냉동기유 취급 유의 사항

① 냉동기유를 취급할 때는 항상 보안경을 착용한다.

특히 냉동기유는 흡습성이 강하기 때문에 눈에 들어가면 안구를 손상시킬 수 있다.

② 냉동기유 증기를 호흡하지 않도록 한다.

③ 해당 시스템용으로 승인된 냉동기유(종류 및 점도)만을 사용한다.

예를 들면, R134a용 냉동기유를 1234yf 시스템이나, 하이브리드 자동차 에어컨용으로 사용할 수 없다. 그 반대도 마찬가지이다. 그리고 서로 다른 냉동기유를 혼합해 사용해서도 안 된다.

특히 하이브리드/전기자동차용 고전압 전동식 압축기에는 주로 에스테르(ester)를 기반으로 하는, 상대적으로 절연능력이 우수한 POE 오일을 사용한다. POE에 PAG가 소량(1% 미만)이라도 혼합되면 절연능력이 크게 저하되어, 고전압 누설의 원인이 될 수 있다.

④ 규정량 이상의 냉동기유를 주입하지 않는다.

냉동기유의 양이 많으면, 냉방불량 또는 소음의 원인이 될 수 있다.

⑤ 작업 중에도 사용하지 않을 경우는 곧바로 캡을 닫는다.

냉동기유는 흡습성이 강해서 대기로부터 수분을 빠르게 흡수하기 때문이다.

* 냉동기유의 흡습성(hygroscopicity) − 광물성 오일 ; 0.005%wt,

$$PAG ; 2.3 \sim 5.6\%wt.$$

⑥ 일부 사용하고 일부만 남아있는 경우, 장기간 보관해서는 안 된다.

남아있는 냉동기유가 용기의 빈 공간의 공기로부터 수분을 흡수한다. 따라서 소포장의 작은 용량의 캔(can) 냉동기유를 사용하는 것이 좋다.

⑦ 어떠한 경우에도 오염이 의심되는 냉동기유는 사용하지 않는다.

⑧ 하나의 용기에서 다른 용기로 냉동기유를 옮겨 담지 않는다.

옮겨 담는 과정에 먼지나 이물질 그리고 수분이 유입될 수 있다.

⑨ 차체에 냉동기유가 묻으면, 도장 표면이 손상될 수 있다.

차체에 냉동기유를 흘렸을 경우는 곧바로 깨끗하게 제거한다.

⑩ 폐 냉동기유는 폐유 처리 규정 및 방법에 따라 폐기한다.

(3) 에어컨 부품의 보관 및 작업 시 유의사항

① 어셈블리 부품(예 : 압축기)은 청결한 밀봉상태로 환기가 잘 되는 곳에 보관해야 한다. 밀봉 캡은 부품을 설치하기 직전에 개봉한다.

② 어셈블리 부품 내부에 수분이 응축되는 것을 방지하기 위해서, 모든 어셈블리 부품은 밀봉 캡을 제거하기 전에 작업장 온도와 같은 온도가 되게 한다. (작업 전에 미리 작업현장에 가져다 둔다)

③ 에어컨 시스템을 전체 또는 부분적으로 작업할 때, 직접 작업하는 시간 외에는 회로를 개방시킨 상태로 방치하지 않는다.

　냉동기유는 흡습성이 강하기 때문에, 수분이나 이물질이 쉽게 유입될 수 있다.

④ 분해 또는 조립 시에 피팅(fitting) 또는 파이프 연결 부위가 손상되지 않도록 유의한다. 손상 또는 변형된 파이프는 수리 대신 교환한다.

⑤ 채결을 풀었을 때는 씰(seal)이나 O－링은 반드시 교환한다.

　R－1234yf용 O－링은 R－134a 시스템에 사용할 수 있으나, R－134a용은 R－1234yf 시스템에 사용할 수 없음에 유의한다.

⑥ 팽창밸브는 작업현장에서 조정 또는 수리할 수 없다. 이상이 있으면 교환한다.

⑦ 파이프나 호스 그리고 부품의 내부에 수분이나 그리스가 유입되었을 경우는 시스템 냉매 또는 특수용제로 세척(flushing)하거나 교환한다. 밀봉 캡이 없는 상태로 장시간 노출된 경우도 오염과 동일하게 취급한다.

⑧ 꺾이거나 찌그러진 파이프, 또는 내부/외부 손상이 있는 호스는 교환한다. 그리고 조립 또는 분해 시에 파이프나 호스가 비틀리거나 꺾이지 않도록 유의하고, 조일 때는 규정 조임 토크를 준수한다.

⑨ 에어컨 시스템 회로에서 아주 작은 부품 하나를 떼어내더라도, 일단 시스템 회로를 개방하면 반드시 시스템 전체를 진공시키고, 수분과 공기를 제거하고, 냉매를 다시 충전해야 한다.

⑩ 에어컨 부품을 교환할 때는 항상 축전지 (－)단자를 분리한 후에 작업을 시작한다.

⑪ 부품 또는 파이프의 연결부에 묻은 그리스나 오물은 깨끗한 헝겊과 전용 용제(solution)를 사용하여 제거한다.

2 자동차 에어컨 시스템 테스트 및 고장 진단용 기본 장비와 공기구

최소한의 기본 장비 및 공기구는 다음과 같다.

① 서비스 스테이션(매니폴드 게이지와 진공펌프 포함)

② (디지털) 온도계

③ 보호 장갑 및 보안경

④ 전자식 누설 감지기

⑤ 자외선(UV) 누설 감지 램프와 자외선 차단 보안경

⑥ 첨가용 형광염료 등등

(1) 서비스 스테이션(recovering & recharging station)

냉매 R134a는 GWP가 1430인 대표적인 온실가스로서, 대기 중으로 배출이 제한된 물질이다. 또 R−1234yf는 고온 표면에 접촉할 경우, 화재 위험 및 유독성 물질이 생성된다. 그리고 R−134a 시스템과 R−1234yf 시스템에는 대부분 점검창(sight glass)이 없다. 따라서 냉매의 회수/충전 및 시스템 진단을 위해서는 전자동 서비스 스테이션을 사용하는 것이 좋다.

- R−134a용 냉매 회수/충전 스테이션을 R−1234yf 시스템에 사용할 수 없다.
  그 반대도 마찬가지이다. (매니폴드 게이지에도 같은 규칙이 적용된다.)
- 장비 생산회사의 지침에 따라 스테이션 필터를 주기적으로 교환한다.
- 서비스 스테이션에 내장된 전자저울은 수평상태를 기준으로 세팅되어 있다.
  작업장 바닥이 수평이 아닐 경우, 계측오류(최대 20%)가 발생할 수 있다.

R−134a용 서비스 스테이션이나 매니폴드 게이지를 R−1234yf용으로 사용해서는 안 된다. 그 반대도 마찬가지이다. 냉매 R−134a와 R−1234yf는 그 자체가 특성이 다를 뿐만 아니라 사용하는 냉동기유의 특성도 서로 다르다. 또 같은 냉매를 사용하는 시스템이라도 하이브리드/전기자동차용 전동식 에어컨에는 엔진 구동식 에어컨에 사용하는 냉동기유에 비해 고전압에 대한 절연성이 우수한 냉동기유를 사용한다.

R−1234yf 시스템이 아직 널리 보급되지 않았으나, 다양한 서비스 스테이션들이 이미 출시되어 있다.

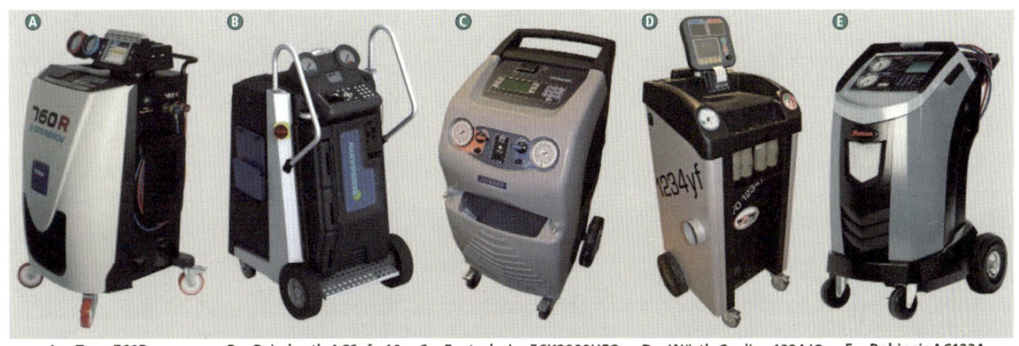

▲ 그림 9−4 R−1234yf용 서비스 스테이션(예)

서비스 스테이션은 대부분 다음과 같은 하위 시스템을 갖추고 있어야 한다.

① 에어컨 시스템으로부터 냉매를 회수하기 위한 고성능 압축기
② 회수 냉매 저장용 실린더
③ 주입 냉매 저장용 실린더
④ 전자저울 또는 계측 실린더 : 주입 냉매 계측용
⑤ 시스템 압력 측정용 압력계(또는 매니폴드 게이지)
⑥ 시스템 진공용 진공펌프와 진공도 측정용 부압계
⑦ 냉동기유 주입기
⑧ 선택적으로 리사이클링 시스템(제산 필터, 건조 필터, 오일 분리기 등으로 구성)
⑨ 선택적으로 인터페이스 및 인쇄출력 시스템

그림 9-5는 위에 열거한 기능 부품을 갖춘 서비스 스테이션의 내부회로 구성이고, 표 9-2는 서비스 작업에 따른 기능부품들의 작동 상태를 나타낸 것이다.

실제 현장에서는 모든 작업을 제어반(control panel)에서 프로그래밍하고, 선택한 작업을 자동적으로, 그리고 연속적으로 실행하면 된다.

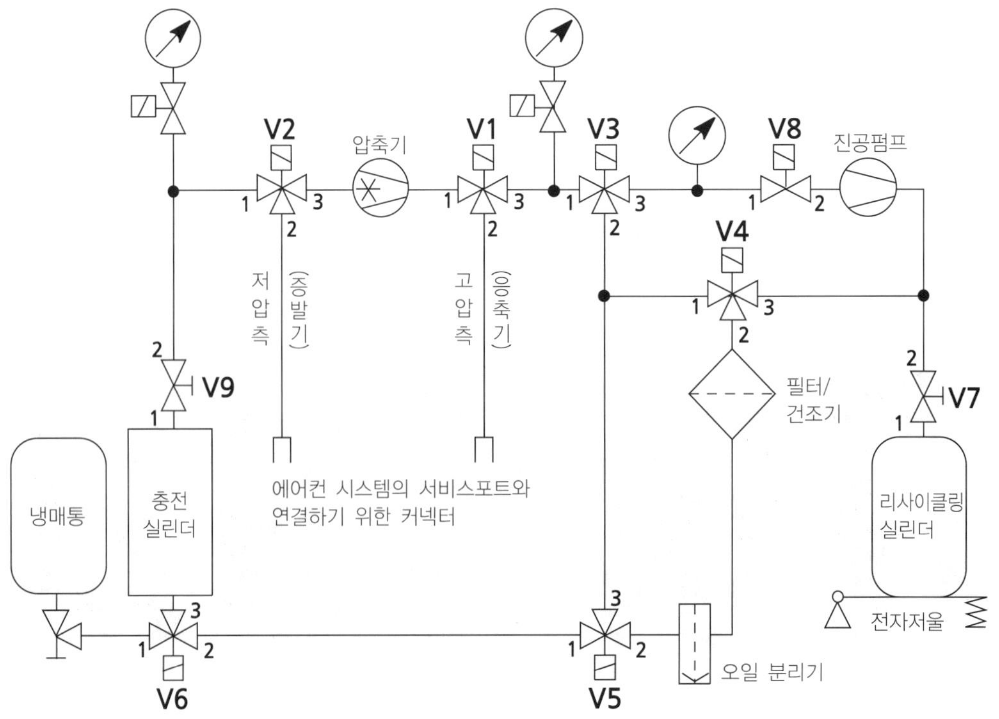

▲ 그림 9-5 서비스 스테이션의 내부회로 구성(예)

기능 부품	서비스 스테이션			리사이클링 시스템			액충전	가스 충전
	고압측 회수	저압측 회수	진공	고압측 회수	저압측 회수	진공		
밸브1	2-3	1-3	2-3	2-3	1-3	2-3	2-3	1-2
밸브2	(1-2)	2-3	2-3	(1-2)	2-3	2-3	(1-2)	1-3
밸브3	1-2	1-2	1-3	1-2	1-2	1-3	1-2	(2-3)
밸브4	1-3	1-3	1-2	1-2	1-2	2-3	(2-3)	---
밸브5	(1-2)	(1-2)	---	1-2	1-2	1-2	1-3	---
밸브6	-	-	-	2-3	2-3	2-3	2-3	
밸브7	1-2	1-2	1-2	-	-	-	-	
밸브8	-	-	1-2	-	-	1-2	-	-
밸브9	-	-	-	-	-	-	-	
압축기	OFF	ON	OFF	OFF	ON	OFF	OFF	ON
진공펌프	OFF	OFF	ON	OFF	OFF	ON	OFF	OFF

※ 보기 : 1-2 ; 연결, (1-2) ; 차단, - ; 밸브 닫혀 있음 또는 상관 없음.

3 에어컨 시스템 성능 시험(무부하 시험)

(1) 에어컨 성능시험을 위한 사전 점검

에어컨 시스템을 본격적으로 점검 또는 정비하기 전에 다음과 같은 항목들을 반드시 사전 점검하고, 사전 점검표에 기록한다. 물론 기관의 작동상태 및 과열 여부도 사전에 점검하고 필요한 조치를 취해야 한다.

① 호스와 파이프의 외관 손상(꺾임이나 찌그러짐, 부풀음)과 설치 상태에 대한 육안 점검

② 압축기 사이클 ON-OFF 기능

③ 증발기 응축수 배출 호스의 설치상태 및 막힘 여부

④ 응축기 외관 점검

　 (냉각핀의 변형 및 곤충, 낙엽 및 기타 이물질에 의한 막힘 여부

⑤ 응축기 냉각팬의 작동 상태 및 작동방향

⑥ 히터가 스위치 OFF되어 있는 지 확인하고, 최대 냉방 모드 위치로 절환한다.

⑦ 증발기 팬(fan) 스위치가 속도 단계별로 정상 작동하는 지 확인한다.

⑧ 구동 벨트의 마모상태, 설치상태 및 장력을 점검한다.

⑨ 대쉬 보드의 공기 출구를 완전히 "열었다 닫았다"를 반복하여 작동상태를 확인한다.

⑩ 증발기 케이스와 히터 코어 케이스 사이에서의 공기 누설 여부를 점검한다.

(2) 에어컨 성능 시험(일반)

성능시험을 전제로 한 사전점검을 완료한, 정상 작동 상태의 자동차를 대상으로 한다.

① 자동차를 통풍이 잘 되는 그늘에 주차하고, 대기온도를 측정, 기록한다.

② 앞 양쪽 도어를 완전히 열고, 창문 유리를 내리고, 엔진 후드(hood)를 연다.

 ※ 회사에 따라서는 도어는 모두 닫고, 창유리만 내리고, 엔진 후드를 연다.

③ 매니폴드 게이지의 고압/저압 호스를 에어컨 시스템의 서비스포트에 각각 연결한다.
또는 올－인－원 서비스 스테이션의 압력계 커플링을 에어컨 고압/저압 서비스 포트
에 접속한다.

④ 대쉬보드(dash board)의 모든 공기출구의 루버(louver)를 완전히 열고, 정면을 향하
도록 조정한다.

⑤ 온도계의 감온부를 대쉬보드의 중앙 공기출구(center vent)에 약 50mm 정도 깊이로
삽입한다.

⑥ 컨트롤 패널에서 다음을 설정한다.

- 공기 순환 : 외기모드(회사에 따라서는 순환공기 모드를 설정하기도 한다)
- 온도 수준 : 최대 냉방
- 송풍 속도 : 최고속도 단계
- 에어컨 스위치 : ON

⑦ 기관을 시동하여 규정속도(예 : 1,500~2,000min^{-1})로 약 10분 정도 운전하여 시스
템이 정상 작동상태에 도달하도록 한다.(압력계 지침이 안정되는지 확인한다.)

⑧ 에어컨 시스템이 안정된 상태, 규정 회전속도에서 성능을 시험한다.
측정한 압력과 온도를 제작사 규정값과 비교하여, 성능을 판정한다.

위의 테스트 과정에서 알 수 있는 바와 같이, 에어컨 시스템은 엔진 후드와 도어를 완전히
열어 놓은 상태, 그리고 송풍기 최고속도와 같은 큰 부하에 노출되어 있다. 이 상태에서 제작
사의 규정값을 충족한다면, 정상상태(모든 도어와 엔진후드가 닫혀있고, 송풍기 속도가 낮
은 상태)에서 공기출구의 온도는 더 낮아질 것이다.

(3) 에어컨 시스템 성능시험 요약

중앙 공기출구(center vent)의 공기온도를 온도계로 측정하기 위해서는, 온도계의 감온부를 가능한 한 공기출구에 근접시키거나 삽입형의 경우는 약 50mm 정도 깊이로 삽입한다.

측정한 평균값을 제작사의 규정값과 비교하여 시스템의 정상여부를 판정한다.

아래에 제시된 자료들은 하나의 예이다. 테스트 조건에 따라 각기 다른 값을 제시하고 있음에 유의한다. 그리고 중간온도(예 : 21~24℃)의 경우는 보간법으로 계산한다.

① 도어와 유리를 모두 열고 외기모드로 운전했을 경우의 온도 관계(예)

외기 온도와 중앙 공기출구 온도의 상관관계(예 : R134a)					
외기온도[℃]		20	25	30	35
공기출구 평균온도[℃]	A	4~10	5~12	6~13	8~14
	B	6~8	7~10	8~12	10~14

※ A, B : 서로 다른 자동차 회사

② 도어는 닫고, 유리만 내린 상태에서 순환공기모드로 운전했을 경우(예)

순환공기모드에서 증발기 입구 온도와 중앙 공기출구 온도의 상관관계(예 : R134a)						
증발기입구 공기온도 [℃](℉)		20(68)	25(77)	30(86)	35(95)	40(104)
공기 출구 평균온도 [℃](℉)	상대습도 50~60%	6.6~9.4 (44~49)	9.6~11.8 (49~53)	13.5~16.5 (56~62)	17.5~21.2 (64~70)	21.4~25.9 (71~79)
	상대습도 60~70%	9.4~11.2 (49~52)	11.8~14.1 (53~57)	16.5~19.5 (62~67)	21.2~24.9 (70~77)	25.9~30.3 (79~87)

③ 외기모드로 운전했을 경우의 온도/압력 상관관계(예 : R134a)

외기온도℃(℉)	고압측 압력(토출측) kPa(bar, kgf/cm^2, psi)	저압측 압력(흡입측) kPa(bar, kgf/cm^2, psi)
20(68)	971~1,187 (9.71~11.87, 9.9~12.1, 141~172)	59~69 (0.59~0.69, 0.6~0.7, 9~10)
25(77)	991~1,206 (9.91~12.06, 10.1~12.3, 144~175)	69~78 (0.69~0.78, 0.7~0.8, 10~11)
30(86)	1,187~1,442 (11.87~14.22, 12.1~14.7, 172~209)	88~108 (0.88~1.08, 0.9~1.1, 13~16)
35(95)	1,402~1,716 (14.02~17.16, 14.3~17.5, 203~249)	108~127 (1.08~1.27, 1.1~1.3, 16~18)
40(104)	1,628~1,981 (16.28~19.81, 16.22~20.2, 236~287)	127~157 (1.27~1.57, 1.3~1.6, 18~23)

※ 상대습도 50~70%에서 측정한 값임.

④ 진단 순서

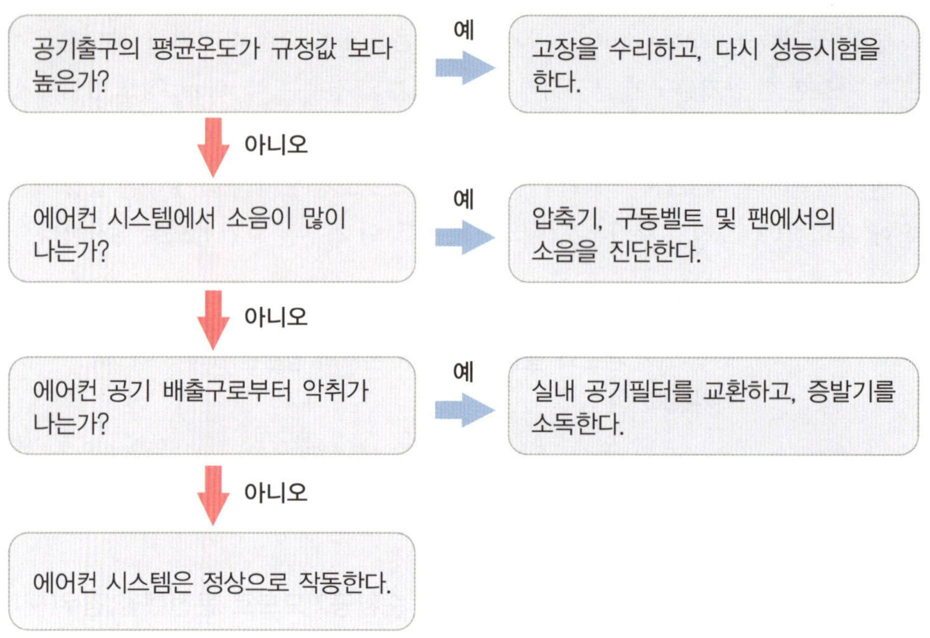

4 압력계 지시값을 이용한 고장진단

에어컨 시스템의 고압과 저압을 측정하여 시스템의 정상 작동 여부 또는 고장 원인을 추적할 수 있다. 에어컨 시스템 기능의 정확한 진단 및 고장 개소의 확인은 압력계 지시값에 대한 기술자의 해독능력에 크게 좌우된다. 동일한 x − 레이 사진이라도 의사의 능력에 따라 판독 결과가 다른 것과 마찬가지 이다.

(1) 에어컨 시스템의 냉매 압력

에어컨 시스템의 냉매 압력은 동일한 시스템 구성에서도 사용하는 냉매, 압축기의 종류, 토출량 가변 여부, 교축기구(팽창밸브와 오리피스 튜브)의 형식, 그리고 무엇보다도 대기온도(주위 공기 온도)에 따라 변화한다.

따라서 여기에 제시된 자료보다는 해당 자동차회사의 에어컨 정비지침서에 수록된 자료 또는 제원을 먼저 확인하고 이를 근거로 진단하고 정비하는 것이 가장 좋다. 그러나 여기에 제시된 다양한 조건에서의 자료들을 숙지하여 진단 및 정비에 활용할 수 있어야 한다.

① **교축기구에 따른 압력차**(그림 9-6 참조)

그림 9-6은 R-134a 시스템에서 팽창밸브식은 고압이 낮을 때는 저압이 상대적으로 높고, 고압이 상승함에 따라 저압이 낮아지고 있음을 보이고 있다. 반면에 오리피스 튜브식은 고압의 상승 여부에 상관없이 저압이 거의 일정함을 보이고 있다(저압의 변화 폭이 작다).

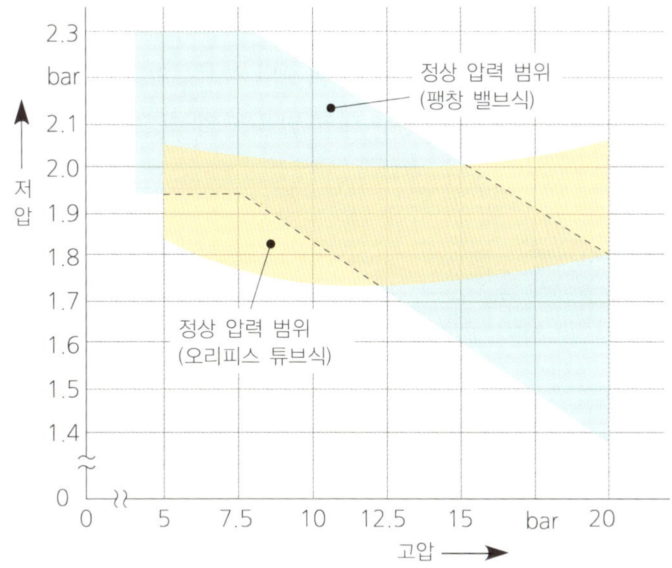

▲ 그림 9-6 교축기구별 고압측과 저압측의 정상 작동압력 범위(예: R-134a)

② **가변 토출량 압축기와 고정 토출량 압축기에서의 압력 특성**

고압측 압력은 서로 차이가 없으나 저압측 압력은 약간의 차이가 있다.

표 9-3 토출량 가변식과 토출량 고정식에서의 압력 특성(냉매 : R134a)

외기온도[℃]	토출량 가변 압축기 (예 : Harrison V5)				토출량 고정 압축기 (예 : SD 7H15)			
	저압 [kgf/cm^2]		고압 [kgf/cm^2]		저압 [kgf/cm^2]		고압 [kgf/cm^2]	
	min.	max.	min.	max	min.	max.	min.	max
15.5	1.5	2.3	9.50	13.0	0.5	3.0	9.50	13.0
21.0	1.5	2.3	12.5	17.5	0.5	3.0	12.5	17.5
26.5	1.5	2.3	14.0	20.5	0.5	3.0	14.0	20.5
32.0	1.5	2.5	16.0	24.0	0.5	3.5	16.0	24.0
38.8	1.5	2.5	18.5	25.5	0.5	3.5	18.5	25.5
43.0	1.5	2.5	22.0	28.0	0.5	3.5	22.0	28.0

③ 대기온도와 시스템 압력의 관계(예 : R134a)

대기온도가 상승함에 따라 흡입측 압력과 토출측 압력이 모두 상승하고, 압력범위(최소압력과 최대압력의 차이)도 넓어짐을 알 수 있다. 이 범위를 벗어나는 경우는 시스템에 고장이 있음을 의미한다.

- 흡입측 압력(저압)과 대기온도의 관계(예 : R134a)

  예 대기온도 25℃일 때 저압 게이지의 지시값이 2bar일 경우, 저압측 압력은 정상적인 작동압력 범위 내에 있음을 알 수 있다.

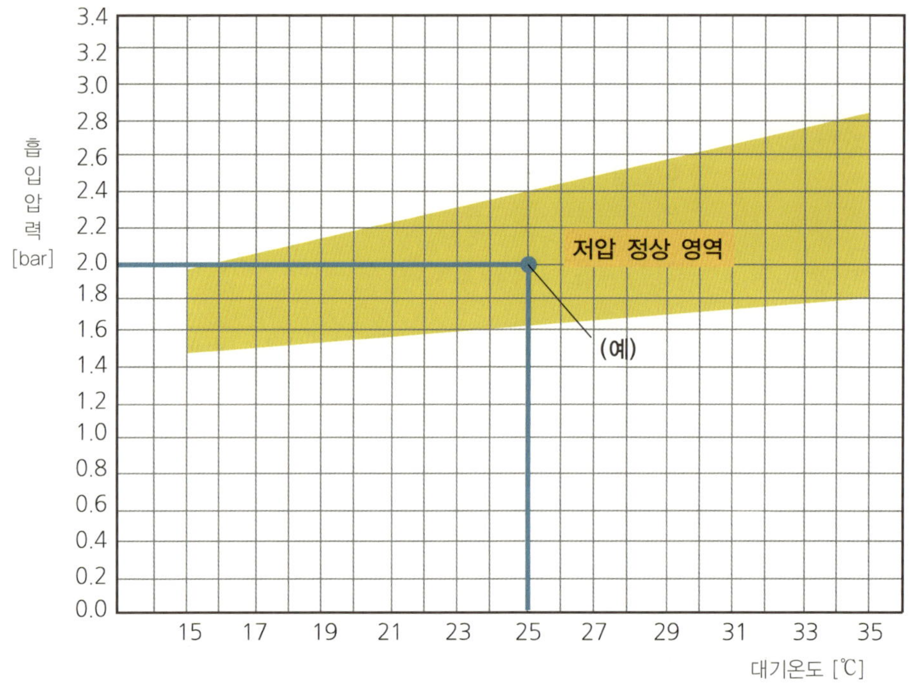

▲ 그림 9-7(a) 흡입측 압력(저압)과 대기온도의 관계(예 : R134a)

- 고압측 압력(토출압력)과 대기온도(예 : R134a)

  예 대기온도 25℃이고 고압 게이지 지시값이 12bar일 경우, 고압측 압력은 정상적인 작동압력 범위 내에 있음을 알 수 있다.

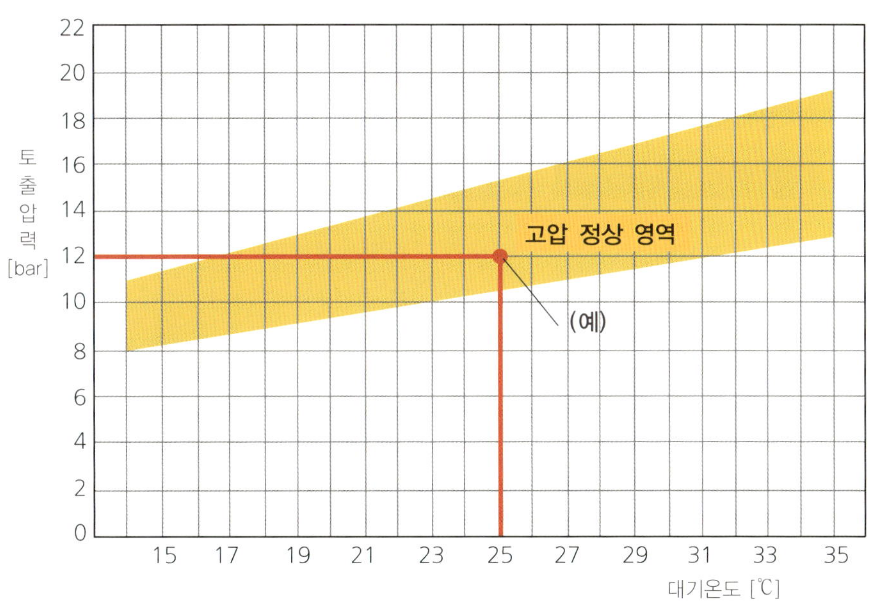

▲ 그림 9-7(b) 고압측 압력과 대기온도의 관계(예 : R134a)

④ 냉매의 종류에 따른 시스템 압력

표 9-4 R-134a의 온도-압력 특성(예)

대기온도	상대습도	저압측 압력	고압측 압력	센터벤트 공기온도
13~18℃ (55~65°F)	0~100%	151~199kPa (22~29psi)	888~1157kPa (129~168psi)	6℃(43°F)
19~24℃ (66~75°F)	40% 이하	151~192kPa (22~28psi)	1026~1481kPa (149~215psi)	6℃(43°F)
25~29℃ (76~85°F)	40% 이상	151~234kPa (22~34psi)	1047~1446kPa (152~210psi)	7℃(46°F)
	35% 이하	151~220kPa (22~32psi)	1233~1515kPa (179~220psi)	8℃(48°F)
30~35℃ (86~95°F)	35~50%	151~227kPa (22~33psi)	1233~1550kPa (179~225psi)	10℃(50°F)
	50% 이상	165~254kPa (24~37psi)	1233~1460kPa (179~212psi)	13℃(55°F)
	30% 이하	165~248kPa (24~36psi)	1391~1660kPa (202~241psi)	13℃(55°F)
36~41℃ (96~105°F)	35~50%	172~261kPa (25~38psi)	1391~1639kPa (202~238psi)	18℃(65°F)
	50% 이상	192~275kPa (28~40psi)	1378~1619kPa (200~235psi)	19℃(66°F)
	20% 이하	192~275kPa (28~40psi)	1591~1860kPa (231~270psi)	17℃(64°F)

● R－1234yf 온도－압력 조견표(ISO 단위)

KPa	℃		KPa	℃		KPa	℃	
62	-18		544	23		1363	55	
75	-16		562	24		1398	56	
90	-14		581	25		1432	57	
105	-12		601	26		1468	58	
120	-10		620	27		1504	59	
137	-8		641	28		1541	60	
155	-6		661	29		1578	61	
174	-4		682	30		1616	62	C
194	-2		704	31		1654	63	O
214	0	E	726	32		1694	64	N
225	1	V	748	33		1733	65	D
236	2	A	771	34		1774	66	E
248	3	P	794	35		1815	67	N
260	4	O	818	36		1857	68	S
272	5	R	842	37		1900	69	E
284	6	A	866	38		1943	70	R
297	7	T	891	39		1987	71	
309	8	O	917	40		2032	72	
323	9	R	943	41		2078	73	
336	10		970	42		2124	74	
350	11		997	43		2171	75	
364	12		1024	44		2219	76	
379	13		1052	45		2267	77	
394	14		1081	46		2317	78	
409	15		1110	47		2367	79	
425	16		1140	48		2418	80	
440	17		1170	49		2523	82	
457	18		1201	50		2631	84	
473	19		1232	51		2743	86	
490	20		1264	52		2859	88	
508	21		1297	53		2979	90	
526	22		1330	54				

● R-1234yf 온도-압력 조견표(영미 단위)

PSIG	°F	PSIG	°F	PSIG	°F
9	0	77	72	200	132
11	4	80	74	206	134
14	8	83	76	212	136
16	12	86	78	218	138
18	16	89	80	223	140
19	17	92	82	229	142
20	18	96	84	236	144
23	22	99	86	242	146
24	23	102	88	248	148
25	24	106	90	255	150
28	28	110	92	261	152
31	32	113	94	268	154
33	34	117	96	275	156
35	36	121	98	282	158
37	38	125	100	289	160
38	40	129	102	296	162
40	42	133	104	304	164
42	44	137	106	311	166
44	46	142	108	319	168
47	48	146	110	326	170
49	50	148	111	334	172
51	52	150	112	342	174
53	54	155	114	351	176
56	56	160	116	359	178
58	58	164	118	368	180
61	60	169	120	376	182
63	62	174	122	385	184
66	64	179	124	394	186
68	66	184	126	403	188
71	68	190	128	413	190
74	70	195	130		

EVAPORATOR

CONDENSER

(2) 압력계의 구조 및 0점 조정

① R-134a용 압력계(매니폴드 게이지)의 구조

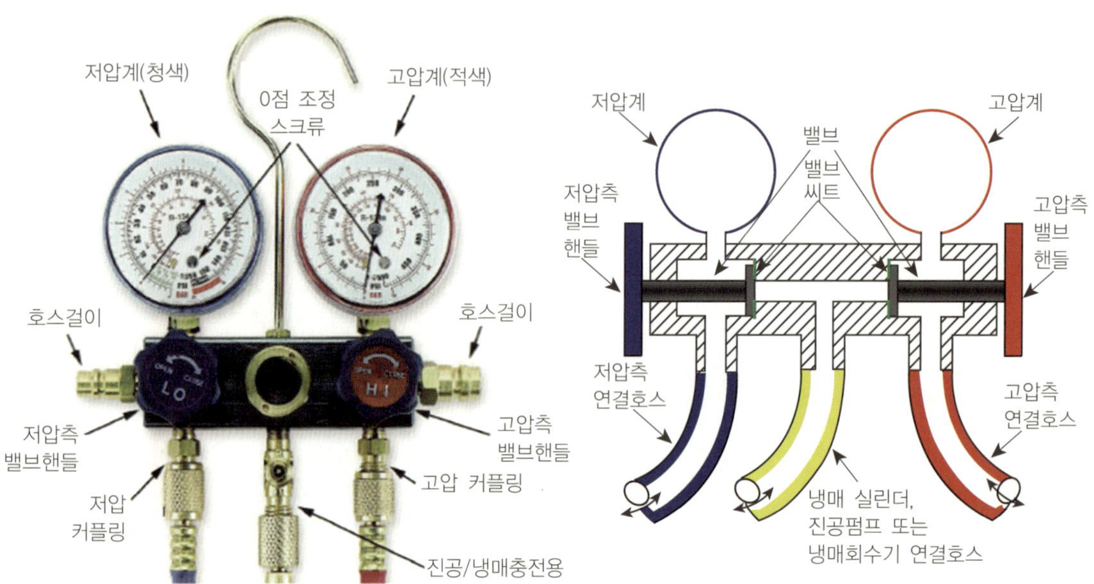

▲ 그림 9-8 매니폴드 게이지의 구조

② 서비스 포트 어댑터(service port adapter)(그림 9-9 참조)

매니폴드 게이지의 호스 끝에 설치되는 서비스포트 어댑터는 매니폴드 게이지와 에어컨 시스템의 서비스포트를 연결한다. 서비스 포트 어댑터는 노브(knob)를 완전히 반시계방향으로 돌리고, 퀵-커플러(quick-coupler)를 들어 올린 다음, 시스템의 서비스포트에 눌러 설치하고 퀵-커플러를 놓으면 된다. 그런 다음에 노브를 시계방향으로 돌리면 시스템의 서비스포트 안의 쉬래더밸브가 내려눌려져 매니폴드 게이지와 에어컨 시스템 간의 냉매회로가 구축된다(R-134a 시스템의 경우).

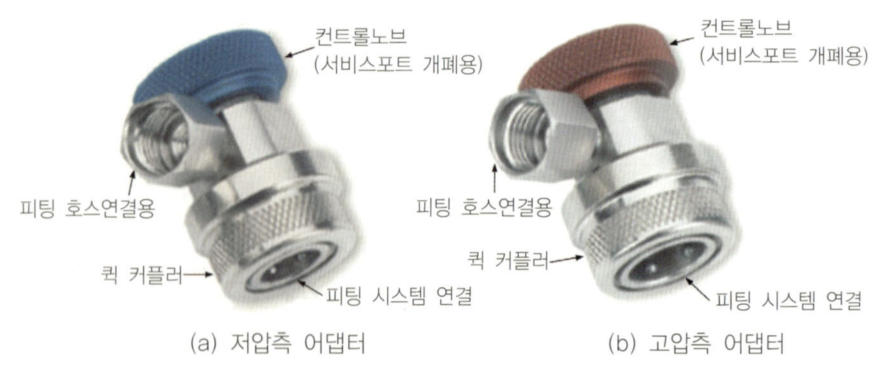

▲ 그림 9-9 서비스 포트 어댑터(예 : R134a용)

서비스 포트 어댑터의 내경은 고압측이 저압측보다 크고, 냉매별로도 그 크기가 서로 다르다. 이는 잘못 사용하는 오류를 저지르지 않도록 하기 위한 안전대책의 일환이다. (그림 6-88, 6-89, 표 9-5 참조)

③ 압력계 0점 조정(zero point calibration)

매니폴드 게이지는 사용하기 전에, 항상 고압계(적색)와 저압계(청색)의 지침이 모두 정확하게 0점(zero point)을 가리키고 있는지 점검하고, 지침을 모두 0에 맞춘다.

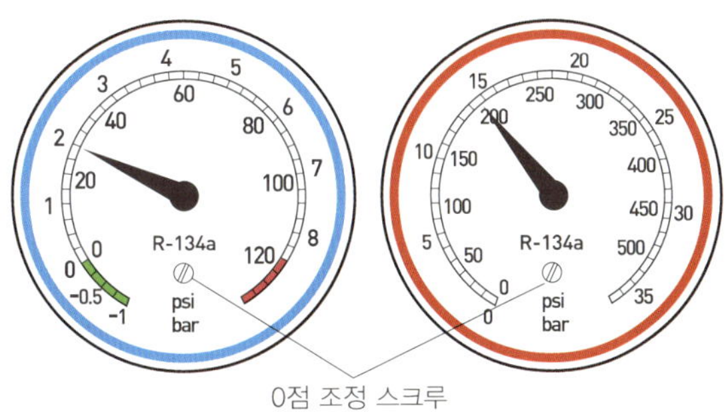

▲ 그림 9-10 매니폴드 게이지의 스케일(scale)(예)

④ 다이얼에 표시된 압력단위

대기압 이상의 압력에는 PSI(영미 단위), kPa(ISO단위), bar(ISO 유도단위), kgf/cm^2(공학단위) 중 2개를 사용한다. 부압에는 수은주(mmHg 또는 in.Hg)를 사용하거나, kPa, bar 또는 kgf/cm^2에 (−)부호를 붙여 표기한다.

> $1kgf/cm^2 = 14.223psi$, $200psi = 14kgf/cm^2$, $1bar = 100kPa \approx 1kgf/cm^2$,
> 완전 진공(진공도 1)$= -760mmHg \approx -30in.Hg \approx -100kPa$

⑤ 매니폴드 게이지의 고압/저압 밸브핸들의 사용법(그림 9-11 참조)

저압/고압 밸브핸들을 각각 시계방향으로 돌려 완전히 닫으면 중앙의 진공/충전용 포트와 차단되고, 또 각각 반시계방향으로 돌리면 중앙의 진공/충전 포트와 연결된다.

- 고압측과 저압측 밸브핸들을 모두 완전히 시계방향으로 돌려 닫은 상태(a)
  압력계와 에어컨 시스템의 서비스포트가 연결된다. 중앙의 포트는 연결이 없다. 저압계는 시스템의 저압만을, 고압계는 시스템의 고압만을 측정할 수 있다.
- 고압측 밸브핸들을 시계방향으로 돌려 완전히 닫은 상태에서 저압측 밸브핸들을 반시계 방향으로 돌려 열면(b, c)
  에어컨 시스템의 저압측과 매니폴드 게이지의 중앙 포트가 연결된다.

주로 냉매 충전에 이용한다.

- 저압측 밸브핸들을 시계방향으로 돌려 완전히 닫은 상태에서 고압측 밸브핸들을 반시계방향으로 돌려 열면(d, e)

  에어컨 시스템의 고압측과 매니폴드 게이지의 중앙 포트가 연결된다.

  주로 냉매 과다의 경우, 냉매를 일정량 회수하는데 이용한다.

- 저압측과 고압측 밸브핸들을 모두 반시계방향으로 돌려 완전히 연 상태(f)

  에어컨 시스템의 고압측과 저압측은 매니폴드 게이지의 중앙 포트와 연결된다. 주로 진공작업에 이용한다.

일반적으로 냉매를 회수하고 시스템을 진공시킬 때는 밸브를 모두 연 상태로(f), 냉매를 주입할 때는 필요에 따라 동시에(f) 또는 고압측(d, e)이나 저압측 밸브(b, c)만 연다.

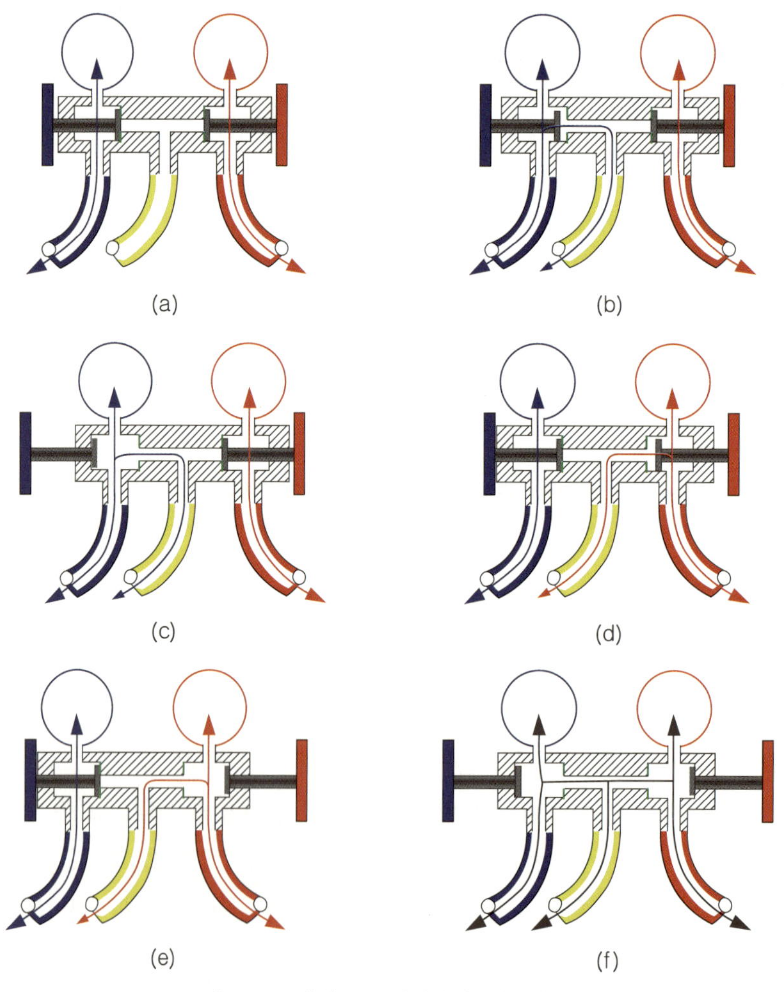

▲ 그림 9-11 매니폴드 게이지의 밸브핸들 조작법

⑥ **시스템 압력 측정 위치**(제 6장 그림 6-70, 6-88 참조)

고압 서비스 포트(service port)는 대부분 압축기 토출구로부터 응축기 사이에, 저압 서비스 포트는 증발기 출구로부터 압축기 흡입구 사이에 각각 설치되어 있다. 저압계는 저압 서비스 포트와, 고압계는 고압 서비스 포트와 연결한다. 뒤바뀌지 않도록 유의해야 한다.

(3) 압력계 지시값을 이용한 고장진단(예 : R134a)

여기에 제시된 작업번호는 pp 445 ~ 464. 9-2절 7. 에어컨 시스템 각 부분별 점검 및 정비에 설명된 작업 번호이다.

① 정상 작동 상태에서의 압력계 지시값

고압계와 저압계의 지시값이 모두 대기온도를 고려한 범위를 벗어나지 않고 안정되어 있고, 냉방상태가 양호하고, 이상 소음이 없으면, 시스템은 정상이다.

냉방성능 및 고압/저압 압력계 지시값은 정상이지만, 에어컨 스위치를 ON한 직후에 압축기 소음이 발생할 수 있다. 그 경우

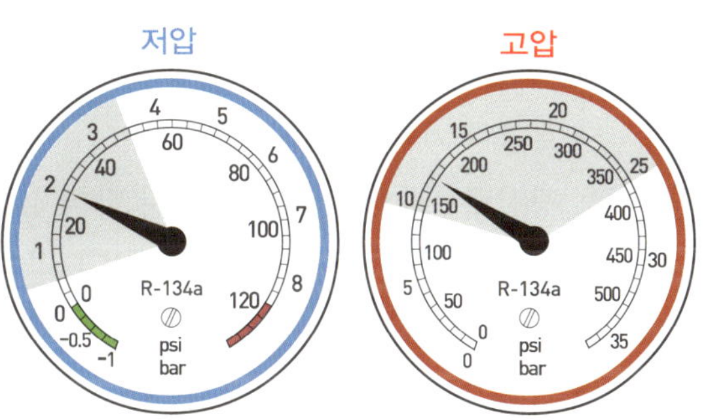

▲ 그림 9-12(a) 압력계 지시값이 모두 정상일 경우

- 냉동기유 과다 → 냉매 회수, 진공, 냉동기유 주입, 냉매 재충전 작업

② 저압은 정상 또는 낮고, 고압은 정상

냉방능력이 불량하다. (약간 차가운 또는 따뜻한 바람이 나온다.)

- 팽창밸브식에서 감온구 풀림 또는 단열불량 → 작업(5) 참조

  증발기 출구 ↔ 압축기 사이의 호스에 착상 흔적을 볼 수 있음,

- 증발기 유닛 또는 차실내로 따뜻한 공기가 침투한다. → 작업(7) 참조

▲ 그림 9-12(b)

- 히터 유닛의 코어에 더운 물이 흐른다. → 작업(7) 참조
- 증발기 코어의 빙결 → 작업(6) 참조
- 파이프의 꺾임이나 찌그러짐, 또는 내부적 손상 → 교환한다.

③ **저압은 정상 또는 낮고, 고압도 낮다.**

- 외기온도가 아주 낮을 경우 (예 : 5℃ 이하)에는 정상 작동압력일 수 있다.
- 냉매 부족(규정량보다 70~75% 부족) → 작업(8) 참조 (누설을 점검한다.)
- 냉매가 비응축성 기체(공기)에 오염되었다.

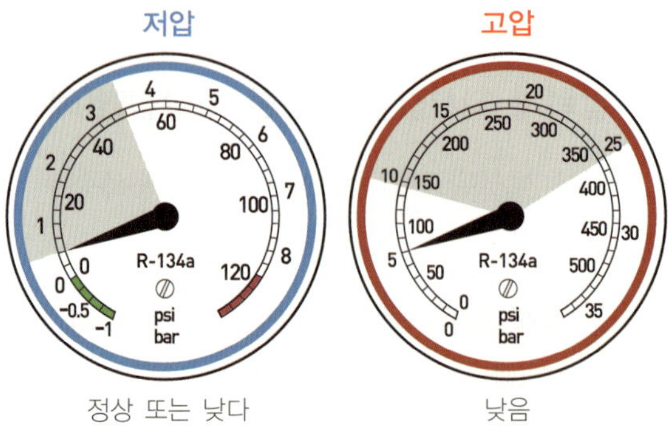

▲ 그림 9-12(c)

- 토출량 가변식 시스템에서 팽창밸브가 일부 닫혀 있거나 막혀 있다.→ 작업(5) 참조
- 토출량 가변식에서 필터(리시버 드라이어)와 증발기 사이의 저압 라인 또는 고압 라인의 막힘 →9-2절 3. 시스템 세척 참조
- 압축기와 응축기 사이 또는 응축기와 리시버 드라이어 사이의 고압 라인에 막힘. (고압 서비스 포트 바로 앞) →9-2절 4. 시스템 세척 참조
- 압축기 고장 → 작업(4) 참조

④ **저압이 정상이거나 높고, 고압도 아주 높다.**

- 대기온도가 높을 경우 (예 : 43℃ 이상)에는 정상 작동압력일 수도 있다.
- 냉방성능 불량
- 냉매 과충전(규정량보다 30~35% 많음), 오염 →작업(8) 참조
- 냉동기유 과다 → 작업(8) 참조
- 응축기 과열(냉각핀 사이 막힘, 냉각팬 결함) → 작업(1) 참조
- 에어컨 시스템에 공기 유입 → 작업(7) 참조

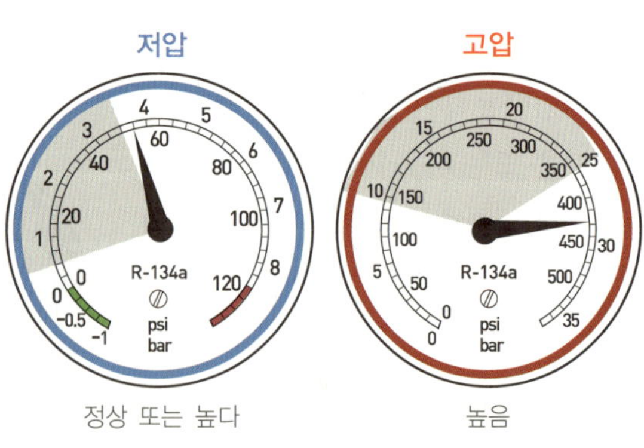

▲ 그림 9-12(d)

- 토출량 가변식에서 토출량 조절밸브 결함 → 작업(3) 참조
- 압축기와 응축기 및 리시버 드라이어 사이의 고압 라인에 막힘이 있다. 고압 서비스포트 바로 다음에. →9-2절 3. 시스템 세척 참조
- 팽창밸브의 감온구 풀림 또는 단열불량 → 작업(5) 참조
- 기관 과열(냉각수 부족, 물펌프 불량, 서모스탯 및 방열기 불량, 점화시기 불량 등)

⑤ 고압과 저압이 서로 비슷하다.

- 압축기 구동벨트 점프(jumped) 또는 슬립, 구동 풀리 정렬 불량이 원일일 수 있다.
- 압축기 마그넷 클러치의 슬립 또는 결함 → 작업(2) 참조
- 압축기 손상 → 작업 (4)
- 가변 토출식에서 토출량 조절밸브 고장 → 작업(3) 참조

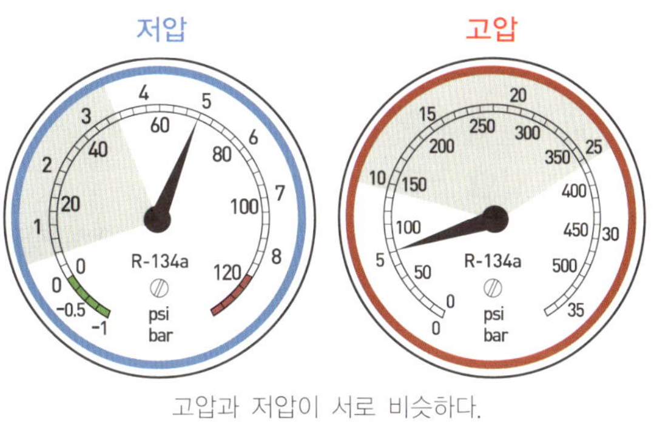

고압과 저압이 서로 비슷하다.

▲ 그림 9-12(e)

⑥ 저압은 높고, 고압은 정상 또는 낮다.

- 고압호스와 저압호스가 반대로 접속됨 → 수정하고, 냉매를 재충전한다.
- 마그넷 클러치 결함, 슬립 또는 접속되지 않음, 벨트 슬립 → 작업(2) 참조
- 전기부품(사이클링 스위치, 압력 스위치(들), 대기온도센서, 증발기 서미스터 등)의 결함

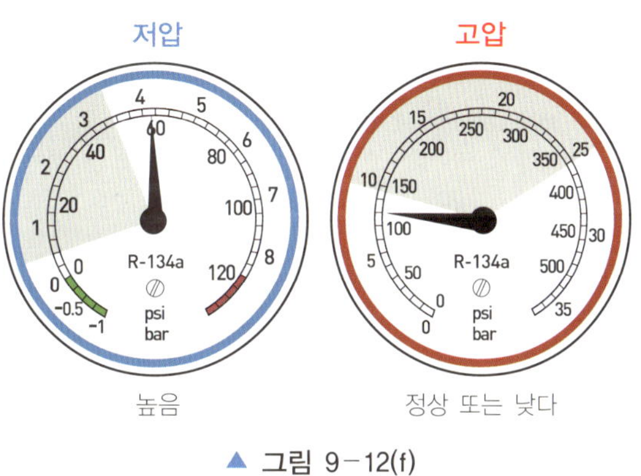

▲ 그림 9-12(f)

- 팽창밸브 열린 상태로 고착됨
  토출량 가변식의 경우, 저압이 낮지만 지침이 빠르게 진동을 반복한다. → 작업(5) 참조
- 토출량 가변식에서 토출량 조절밸브 세팅이 불량하거나 밸브 자체 결함 → 작업(3) 참조
- 압축기 손상 → 작업(4) 참조

⑦ **저압은 낮고, 고압은 정상 또는 아주 높다**

- 필터(리시버 드라이어 또는 어큐뮬레이터)가 수분으로 포화됨 → 작업(8) 참조
- 고정 토출방식에서 필터와 팽창밸브 간의 고압 관로 막힘 → 9-2절 4. 시스템 세척 참조
- 고정 토출방식에서 서모스탯 결함 → 작업(6) 참조
- 고정 토출 방식에서 팽창밸브 닫힌 상태로 고착 → 작업(5) 참조
- 가변 토출방식에서 토출량 조절밸브가 최대 토출량 위치에 고착됨 → 작업(3) 참조

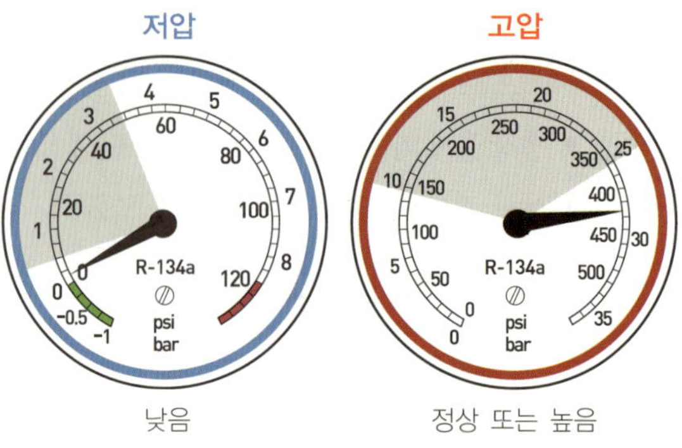

▲ 그림 9-12(g)

표 9-6 압력계 지시값을 이용한 고장진단 요약

	저 압
높다	- 압축기 마그넷 클러치 슬립 또는 스위치-ON되지 않음 - 팽창밸브 열린 상태로 고착됨. 가변 토출식 압축기의 경우는 저압측에 작지만 빠른 압력 맥동이 발생한다. - 냉매 충전량 과다 - 가변 토출식에서 토출량 조절밸브 작동 부정확 또는 결함 - 압축기 결함(개스킷 불량, 고압측 밸브 불량, 밸브에 이물질 등)
낮다	- 냉매 부족 - 고정 토출식에서 서모스탯 결함 - 고정 토출식에서 팽창밸브가 닫힌 상태로 고착 또는 막힘, 빙결 감온구 불량 및 감온구로부터 가스 누설 - 오리피스 튜브식에서 오리피스 튜브 막힘 - 고정 토출식에서 시스템의 저압측 또는 고압측에 막힘이 있다. - 가변 토출식에서 압축기의 토출량 조절밸브가 최대 토출량 상태에서 고착 - 리시버 드라이어가 수분으로 포화됨, 막힘

고압
높다
- 대기온도가 아주 높을 경우(43℃ 이상)에는 정상일 수도 있다.
- 냉매 과다 충전(규정량보다 30~35% 이상)
- 응축기 열교환 불량(핀의 막힘, 냉각팬 작동 불량 등)
- 시스템에 공기 그리고/또는 다른 가스 유입
- 가변 토출식에서 압축기의 토출량 조절밸브 결함
- 압축기의 고압 영역의 막힘, 압축기와 응축기 사이, 응축기와 리시버 드라이어 사이, 그러나 고압 서비스 포트 지나서

낮다	- 대기온도가 아주 낮을 경우(5℃ 이하)에는 정상일 수도 있다. - 냉매 충전량 부족(규정량보다 70~75% 부족), 또는 누설 - 가변 토출식에서 팽창밸브 닫힌 상태로 고착 또는 막힘, 감온구 불량 - 시스템 내에 수분 유입 - 고정 토출식에서 건조기와 증발기 사이의 고압 또는 저압 영역에 막힘, 저압측 배관(예 : 파이프) 찌그러짐 - 압축기 고장(흡/배기밸브 파손, 헤드 개스킷 파손)

저압과 고압이 동시에	
정상	- 증발기로 또는 차실내로 더운 공기 유입 - 증발기에 결빙
동일	- 압축기 구동벨트 슬립, 원인은 벨트 풀리의 정렬상태 불량일 수도 있음 - 압축기 마그넷 클러치 슬립 또는 스위치-ON되지 않음 - 압축기 손상 - 가변 토출식에서 토출량 조절밸브 결함
너무 높음	- 응축기 통과 공기량 적음(응축기 방열 불량, 냉각팬 불량) - 냉매 과다 - 외기온도의 이상 고온
너무 낮음	- 냉매 부족 - 저압 호스 부품의 막힘이나 꼬임 - 고압측 막힘 - 외기온도의 이상 저온

(4) 압력계 지시값과 온도감각을 이용한 고장진단 − 회로의 막힘 점검

때로는 압력계의 지시값만으로는 냉매회로의 막힘이나 막힌 위치를 정확하게 파악할 수 없는 경우도 있을 수 있다. 유용한 진단방법은 "감각 테스트(feel test)"이다. 이 방법은 막힘이 예상되는 지점을 손으로 직접 만져보고 온도강하를 느낌으로 테스트하는 방법이다.

이 단계에서는 에어컨 시스템의 어느 부분이 뜨거워야 하고, 어느 부분이 차가워야 하는지를 알고 있어야 한다. (그리고 특히 응축기를 만질 때는 화상 주의!!!!!)

막힌 지점이 서비스포트(압력계가 설치되는)를 기준으로 어느 쪽이냐에 따라 압력계 지시값이 달라질 수 있으므로, 압력계 지시값을 확인하고 동시에 감각 테스트를 실시하는 것이 좋다.

① **압축기와 고압 서비스포트(고압계 설치 위치) 사이에서의 막힘**

- 고압은 낮고, 저압은 정상 또는 낮다
- 압축기 소음이 발생할 수 있으며, 압축기로부터 막힌 지점까지의 관로는 매우 뜨겁다.(very hot)
- 막힌 지점을 지나서부터 응축기를 거쳐 증발기에 이르는 관로는 따뜻하거나 서늘하다. (warm/cool)

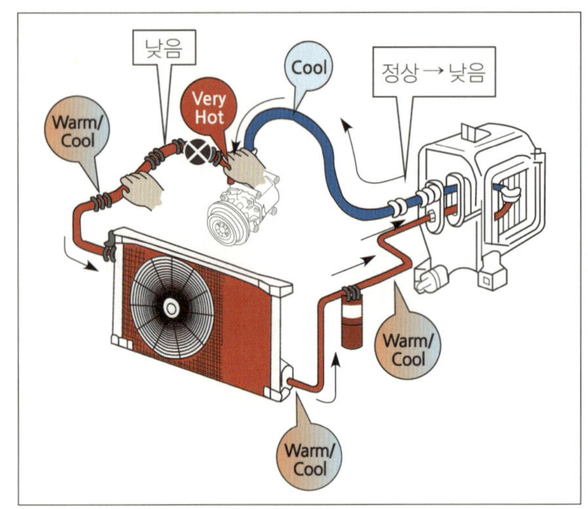

▲ 그림 9-13(a)

② **저압측(저압측 서비스포트와 압축기 흡입구 사이)에서의 막힘**

- 고압은 낮고, 저압은 높게 나타난다.
- 증발기로부터 막힌 지점까지의 관로에는 서리가 낄 수 있다.(frosted)
- 막힌 지점부터 압축기까지는 약간 차갑다.(cool)
- 압축기 토출 구부터 팽창밸브에 이르는 고압관로는 따뜻하거나 약간 차다. (warm/cool)

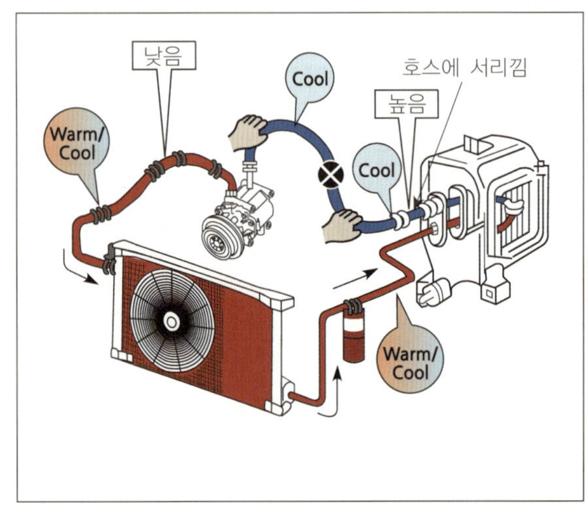

▲ 그림 9-13(b)

- 저압 스위치가 시스템을 비활성화시킬 수 있다.

③ **저압측(증발기 출구와 저압 서비스 포트 사이)에서의 막힘**

- 고압은 낮고, 저압은 낮음에서 제로(zero)까지로 나타날 수 있다.
- 증발기 출구부터 막힌 지점까지의 관로에는 서리가 낄 수 있다.(frosted)
- 증발기 출구에서 압축기 입구까지는 차갑다.(cool)
- 압축기 출구에서부터 증발기 입구까지는 따뜻하거나 차갑다.(warm/cool)
- 저압 스위치가 에어컨 시스템을 비활성화 시킨다.

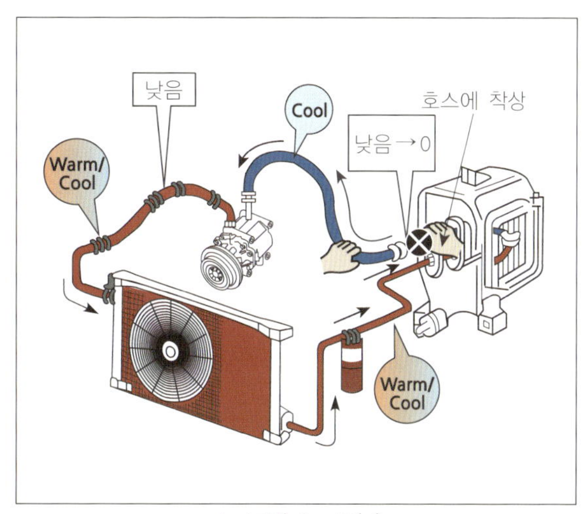

▲ 그림 9-13(c)

④ **오리피스 튜브에서의 막힘(오리피스 튜브 식에서)**

- 고압은 낮고, 저압은 낮거나 진공에 가깝다.
- 증발기 출구 호스에는 서리가 낄 수 있다.(frosted)
- 막힌 지점을 지나서부터 압축기 흡입구까지의 관로는 약간 차갑다(cool)
- 압축기 토출구부터 응축기를 거쳐서 오리피스 튜브까지는 따뜻하다.(warm)
- 저압 스위치가 에어컨 시스템을 비활성화 시킨다.

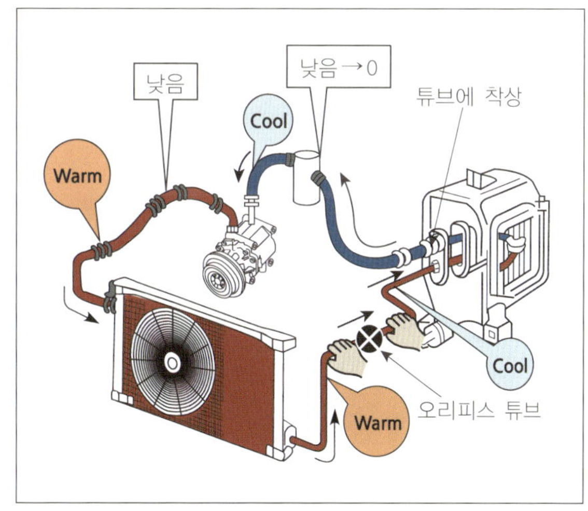

▲ 그림 9-13(d)

⑤ **리시버 드라이어에서의 막힘(팽창밸브 식에서)**

- 고압은 높고, 저압은 낮거나 진공에 가깝다.
- 증발기 출구부근에는 서리가 낄 수 있으며, 압축기까지의 관로는 약간 차갑다.(cool)
- 압축기 토출구부터 응축기를 거쳐 리시버드라이어까지의 관로는 따뜻하다. (warm).
- 리시버드라이어에서부터 증발기 입구까지는 따뜻하거나 약간 차갑다(warm/cool)
- 저압 스위치가 에어컨 시스템을 비활성화 시킨다.

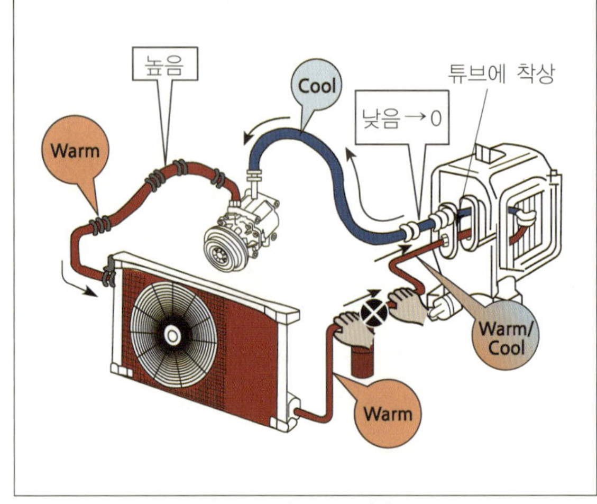

▲ 그림 9-13(e)

⑥ **냉매 충전량 점검(오리피스 튜브 시스템에서)**

에어컨을 작동시킨 상태에서 오리피스 튜브 출구측과 어큐뮬레이터의 온도를 촉감으로 비교한다. 어큐뮬레이터 온도가 오리피스 튜브 출구측 온도보다 높으면, 냉매량이 부족한 것이다.

냉매를 약간 보충하고 다시 점검한다. 냉방성능이 개선되었으면, 냉매를 전부 회수하고, 누설을 점검하고, 규정량으로 재충전한다.

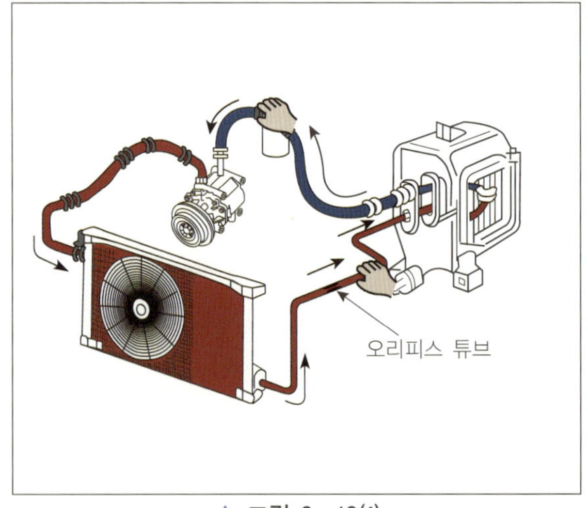

▲ 그림 9-13(f)

⑦ 응축기 막힘 점검

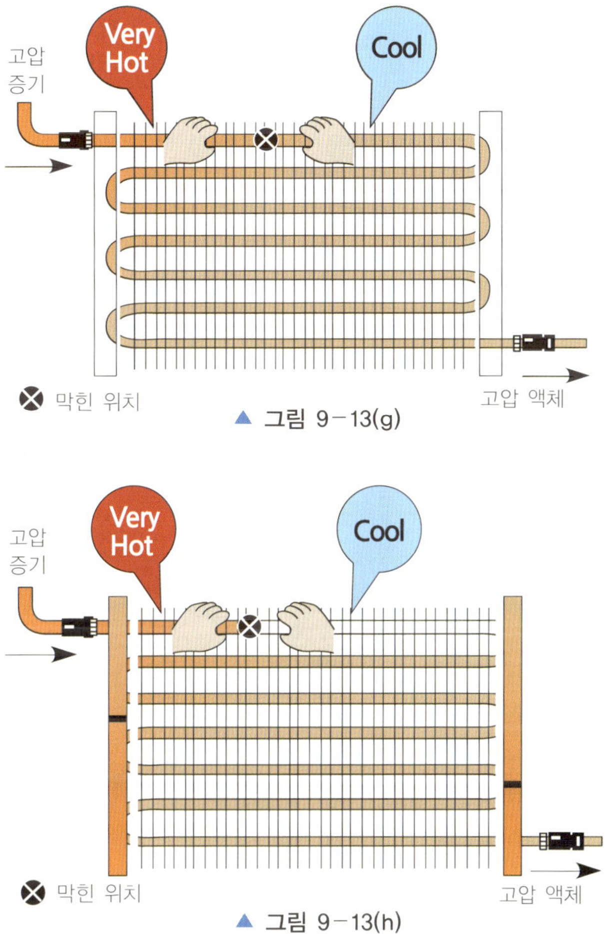

▲ 그림 9-13(g)

▲ 그림 9-13(h)

응축기는 아주 뜨겁기 때문에 손으로 만질 때 화상을 입지 않도록 조심해야 한다.
서펜타인 형식에서는 막힌 지점의 전/후 온도차를 식별하기 쉬우며, 막힘이 있으면
냉방성능이 낮아지는 것을 어느 속도에서든 감지할 수 있다.

그러나 횡류식에서는 하나의 튜브가 막혀도 나머지 다른 튜브로 냉매가 흐르기 때문
에 저속에서는 판별하기 어렵다. 온도가 상승하고 다량의 냉매가 흐르는 경우에만 그
차이가 나타난다. 즉, 압축기 부하가 높을 때만 냉방성능이 저하되며, 고압측 압력도 과
도하게 상승한다.

표 9-7 에어컨 시스템 고장 진단표(요약)

상태	저압측 압력	고압측 압력	흡입라인	토출라인	리시버드 라이어	액체라인	냉방 공기
냉매 부족	아주 낮음	아주 낮음	조금 차가움	조금 따뜻함	조금 따뜻함	조금 따뜻함	따뜻함
냉매 누설	낮음	낮음	차가움	따뜻함 -뜨거움	따뜻함 -뜨거움	따뜻함	조금 차가움
냉매 과다	높음	정상 또는 높음	차가움	뜨거움	뜨거움	뜨겁다	조금 차가움
압축기 고장	높음	낮음	차가움	따뜻함	따뜻함	따뜻함	조금 차가움
응축기 기능장애	높음	높음	조금 차가움-따뜻함	뜨겁다	뜨겁다	뜨겁다	따뜻함
팽창밸브 개방상태로 고착	높다	높거나 정상	차가움-응축 또는 강하게 착상	뜨겁다	따뜻함	따뜻함	조금 차가움
팽창밸브 닫힌 상태로 고착	낮음	낮음	차가움-응축 또는 밸브 입구에 강하게 착상	뜨겁다	따뜻함	따뜻함	조금 차가움
응축기와 팽창밸브 사이 막힘	낮음	낮음	차가움	막힌 위치까지 뜨거움	차가움 또는 응축 또는 착상	차가움 또는 응축 또는 착상	조금 차가움
압축기와 응축기 사이 막힘	높다	높은 정상 또는 낮음	조금 차거나 따뜻함	뜨겁다	따뜻하거나 뜨겁다	따뜻하거나 뜨겁다	따뜻함
정상	정상	정상	차갑다 약하게 응축	뜨겁다	따뜻함	따뜻함	차갑다 (pp 415 참조)

에어컨 시스템 점검 및 정비
(Diagnosis and repair of mobile air conditioning systems)

9-1절에서는 압력계를 이용하여 에어컨 시스템의 고장을 진단하는 방법, 그리고 압력계 지시값과 감각을 이용하여 회로의 막힌 위치를 찾는 방법에 대해 상세하게 설명하였다. 그러나 실제로 가장 쉬우면서도 좋은 진단 방법은 고객의 불만에 근거하여 고장을 진단하는 방법이다.

자동차 에어컨 시스템의 고장은 대부분 냉방 불량, 소음 그리고 악취와 관련된 것들이다. 그 중에서도 고장 및 작업의 빈도가 높은 항목을 중심으로 간략하게 설명한다.

1 고객의 불만에 근거한 고장 진단(요약)

고객의 불만은 대체적으로 다음의 범위에 속한다.
① 냉방이 되지 않는다.
② 냉방이 되지만, 냉방성능이 약하다.
③ 냉방이 간헐적이다.
④ 작동 소음이 심하다.
⑤ 에어컨을 작동시키면 악취가 난다.

온도 자동 컨트롤(ECC : Electronic Climate Control) 또는 전자동 에어컨(FATC : Full Automatic Temperature Control)의 경우는 자기진단을 실시하면 된다. 그러나 가장 단순한 수동식 에어컨에서부터 완전 자동 에어컨에 이르기까지 다양한 시스템들이 사용되고 있다. 따라서 시스템 고유의 상세한 진단방법 및 대책을 모두 설명할 수는 없다. 여기서는 일반적이고, 기초적이면서도 기본적인 진단 방법을 소개하여, 에어컨 시스템 고장에 대한 포괄적인 개념의 확립을 돕고자 한다.

(1) 냉방이 되지 않는다

원인	증상	대책
전기적		
퓨즈 소손	해당 부품이 기능하지 않음	퓨즈 교환
배선 단선 또는 파손		커넥터의 헐거움 및 파손 배선의 피복 손상 및 단선 여부를 점검, 수리한다.
접지 단선 또는 파손		
클러치 코일의 소손 또는 단선, 서멀 프로텍터 결함	압축기 클러치 작동하지 않음	클러치 전류 점검 클러치 코일 교환
사이클링 스위치, 압력스위치, 대기온도센서, 증발기온도센서의 결함		해당 부품 교환
블로어 모터의 단선 또는 소손	블로어 작동하지 않음	블로어 배선 점검, 수리
기계적		
구동벨트의 느슨함 또는 끊어짐	육안 점검	장력 조절 또는 교환
압축기가 일부 또는 완전히 고착됨, 헤드가스켓 파손	벨트가 풀리에서 슬립 또는 클러치가 접속되어도 압축기가 회전하지 않는다.	압축기 수리 또는 교환
압축기 밸브 불량	모든 회전속도에서 고압과 저압이 거의 비슷하다.	압축기 수리 또는 교환
팽창밸브가 열린 상태로 고착	고압은 정상 또는 높고, 저압도 높다. 증발기에 액냉매가 흐른다.	팽창밸브 교환
팽창밸브가 닫힌 상태로 고착	고압과 저압 모두가 낮다	팽창밸브 교환
냉매회로		
냉매회로의 파손	냉매가 완전히 누설됨	외부응력 또는 접촉마모에 의해 파손된 흔적이 있는지를 점검, 교환한다.
가용전 파손 또는 릴리프밸브 고장	냉매가 완전히 누설됨	시스템 이상 고압 원인을 찾는다. 가용전이 녹았을 경우, 가용전과 리시버드라이어를 교환하고 재충전
시스템으로부터의 누설	고압/저압 압력계 압력이 지시되지 않는다.(완전 누설)	누설점검부터 냉매 재충전까지 작업한다.
압축기 샤프트 씰로부터의 누설	압축기 마그넷 클러치판에 오일이 묻어 있다.	압축기 샤프트씰 교환, 재충전
팽창밸브 또는 리시버/드라이어의 스크린 필터 막힘 또는 호스의 막힘	고압은 정상 또는 높고, 저압은 아주 낮거나 진공. 막힌 지점에 대부분 착상됨	팽창밸브 또는 리시버/드라이어 교환, 막힘 수리

(2) 냉방성능이 충분하지 않다(냉방 성능이 불량하다)

원인	증상	대책
전기적		
블로어 회전속도가 느리다	토출 풍량이 적다. 블로어 모터에서 소음이 날 수도 있다.	블로어 탈착, 수리 또는 교환
기계적		
압축기 클러치 슬립	육안 점검	클러치 수리 또는 교환
블로어 공기통로 파손 또는 블로어 팬 손상	블로어 회전속도는 높으나, 토출 풍량이 적다	공기통로의 비틀림, 플랩의 위치 및 팬을 점검한다. 수리 또는 교환
공기 필터의 막힘	블로어 송풍량이 아주 적다	공기 필터 교환
외기 플랩이 열린 상태로 고착됨	외기온도가 높을 때, 냉방 성능이 약하다.	외기 플랩의 작동상태 점검, 조정 및 수리
응축기 코일을 통과하는 냉각 공기량이 너무 적다. 냉각핀이 먼지 또는 이물질에 의해 막힘	고압이 아주 높고, 엔진 냉각수 온도도 높다. 토출측 냉각 불량	엔진 방열기와 응축기 표면을 청소한다. 냉각팬 쉬라우드의 파손 여부 및 설치상태 점검
증발기 표면의 막힘	보푸라기, 먼지에 의해 막힘 또는 담배 타르가 코팅됨	증발기 탈착, 표면 청소, 담배 타르가 코팅되어 있을 경우는 솔벤트로 세척한다.
냉매 회로		
냉매 부족	고압은 정상이거나 약간 낮아지고, 저압은 급격히 낮아진다. 냉방출력이 불량하다.	누설점검 및 냉매 충전
팽창밸브 스크린의 막힘	고압은 정상 또는 약간 낮음, 저압은 낮음. 토출측 온도가 규정값보다 높음	냉매를 회수, 팽창밸브와 리시버/드라이어 교환, 진공 및 냉매 재충전
팽창밸브 감온구의 가스 누설	저압이 과도하게 낮다.	팽창밸브 교환, 재충전
리시버/드라이어의 막힘	고압은 정상 또는 낮음 저압은 정상보다 낮음 리시버/드라이어는 차갑거나 착상되었을 수 있음	리시버/드라이어 교환. 시스템 세척, 진공, 재충전
증발기 서모스탯의 결함	저압이 높고, 마그넷 클러치 사이클이 너무 빠름	증발기 서모스탯 교환

(3) 냉방이 간헐적이다(냉방이 되었다, 안 되었다를 반복한다)

원인	증상	대책
전기적		
블로어 스위치, 블로어 모터 또는 회로 브레이커 결함	블로어가 간헐적으로 작동한다.	수리 및 교환
압축기 마그넷 클러치 접속단자 접촉 불량 또는 접지불량. 마그넷 코일의 부분 단선	작동중 클러치가 너무 빨리 열린다.	클러치 코일의 단자 점검 및 코일의 단선 여부 점검. 불량이면 교환
냉매 회로		
시스템이 수분으로 포화됨 (수분에 의해 오염됨)	처음에는 고압과 저압이 정상이지만, 약간의 시간이 지나면 고압은 규정값보다 높아지고 저압은 크게 낮아진다. 원하는 냉방출력에 미달, 증발기 간헐적 결빙	리시버/드라이어를 교환하고 냉매 재충전
팽창밸브 감온구의 부식 또는 단열 불량 팽창밸브 불량	증발기가 간헐적으로 결빙	팽창밸브 감온구의 설치상태를 점검.
서모스탯 결함	저압이 낮거나 또는 과도하게 높다	서모스탯 교환

참고도 : 액압축에 의해 파손된 압축기

(4) 시스템 소음

원인	증상	대책
전기적		
압축기 마그넷 클러치 코일의 결함 또는 접촉단자 불량	육안 점검. 압축기 클러치의 진동을 육안으로 관찰	수리 또는 교환
기계적		
구동벨트의 느슨함 또는 과도한 마모	벨트 슬립 소음	장력 조절 또는 교환
클러치 소음	슬립 또는 슬립이 아닐 수도 있음(결합될 때의 소음)	클러치 점검 마찰면이 불량이면 교환 간극 과대의 경우는 간극 조정
압축기 윤활 부족	압축기 작동 소음	냉매를 회수하고, 압축기 분해 수리
블로어 팬 소음	블로어 모터 작동 소음	블로어 교환
아이들러 풀리 또는 베어링 소음	작동중 긁는 소음, 윙윙거리는 소음, 손으로 돌렸을 때 마찰 감각이 느껴진다.	베어링 및 풀리 교환
냉매 회로		
냉매 과다	고압 라인에서의 맥동 또는 우르륵거리는 소음. 압축기에서 강한 타격음, 고압은 정상 또는 높고, 저압은 아주 높다. 냉방출력 불량	압력계 지시값을 관찰하면서, 과잉된 냉매를 회수한다.
냉매 부족	팽창밸브에서 쉿-잇하는 소리가 난다. 고압과 저압이 모두 낮다	누설을 점검하고 수리한다.
시스템에 수분이 너무 많다		리시버/드라이어를 교환하고 냉매를 재충전한다.

참고도 : 윤활 부족에 의한 스크롤 압축기의 파손

2 누설 점검

 누설 개소를 확인하는 작업은 서비스 작업 중에서 빈도가 가장 높으면서도 가장 중요한 작업이며, 제일 먼저 시작하는 작업이다. 누설은 육안으로, 액체세제나 형광염료, 또는 전자식 누설감지기를 이용하여 점검할 수 있다. 최근에는 전자식 누설감지기를 많이 사용한다. 전자식 누설감지기는 연간 약 4g(0.15온스, 1oz＝28.3495g) 이하의 작은 누설을 감지할 수 있는 고감도 제품이어야 하도록 SAE J2791에 규정되어 있다.

 누설을 점검하기 위해서는 시스템 압력이 정상보다 높은 것이 좋으며, 시스템은 최소한 규정 충전량의 1/2 이상으로 충전되어 있어야 한다. 압력계를 접속하고 에어컨 시스템을 10~15분 동안 작동시켜 시스템을 안정시킨 다음에 엔진과 에어컨의 작동을 정지하고 누설을 점검한다.

 이때 응축기에 냉각공기가 통과할 수 없도록 가려 고압측 압력을 정상 압력보다 높인 다음에 에어컨 작동을 멈추고 고압측부터 누설을 점검한다. 고압측을 점검하는 사이에 고압측은 압력이 점차 낮아지고 저압측은 압력이 상승할 것이다. 저압측 압력도 최소한 345kPa(50psi, 3.5kgf/cm^2) 이상으로 유지하는 것이 좋다.

 단, 대기온도가 15.6℃(60℉) 이하일 경우에는 저압측 압력이 345kPa(50psig)에 도달하지 못할 수도 있기 때문에 누설을 발견할 수 없을 수도 있다.

 누설을 점검하는 동안에도 시스템 압력이 낮아지면, 다시 에어컨을 작동시켜 시스템 압력을 높인 다음에, 에어컨을 스위치 OFF하고, 약 2분 후에 다시 누설점검을 계속한다.

(1) 육안으로 누설 점검(leak test by visual check)

 냉매가 누설될 때, 대부분 냉동기유도 냉매와 함께 누설된다. 누설된 냉동기유에 먼지가 달라붙어 호스 연결부 및 부품 외부에 오염 흔적을 남긴다. 이를 근거로 누설을 확인할 수 있다.

 특히 개방형 압축기에서는 샤프트 씰(shaft seal) 또는 개스킷의 파손, 볼트 주위에서의 누설 흔적, 압축기 마그넷 클러치판이 누설된 냉동기유에 의해 오염된 흔적 등은 육안으로 쉽게 판별할 수 있다.

(2) 액체 세제 또는 누설감지 스프레이(spray)를 이용하여 누설 점검

액체 세제(예 : 주방 세제와 물을 혼합)를 파이프 연결부 및 부품 접속부에 도포하거나, 또는 누설감지용 스프레이를 뿌려 기포 발생 여부를 점검한다. 누설 부위에서 기포가 발생하는 것으로 누설을 확인할 수 있다.

(3) 전자식 누설감지기를 이용한 누설 점검

2013년 SAE가 재개정한 SAE J 2791에 따르면 전자식 누설감지기는 누설감도가 3등급((A) 4g/년, (B) 7g/년, (C) 14g/년)으로 세분되어 있으며, 작업자가 임의로 감도등급을 선택할 수 있다. 누설 부위로부터 9.5mm(3/8 in.) 간격을 두고 1초당 75mm(3 in.)의 속도로 이동하면서 2초 이내에 누설을 감지할 수 있어야 한다. 그리고 누설부위로부터 멀리하면 2초 이내에 초기화 되어야 하며, 아울러 기관 윤활유나 변속기 윤활유에는 반응하지 않아야 한다. 또 자기 교정(self calibrating) 기능을 갖추고 있어야 한다. 이와 같은 고감도 누설감지기를 요구하는 이유는 물론 냉매에 대한 대기환경 규제에 대응하기 위해서 이다.

전자식 누설감지기는 다양한 원리로 작동한다. 가장 일반적인 형식은 스위치-ON한 상태로 감지 탐침(probe)을 누설 부위에 근접시키면 똑딱거리는 소리가 커지면서 동시에 횟수가 빨라진다. 점멸식일 경우에는 램프의 점멸속도가 빨라진다.

① 감지 탐침을 파이프 연결부나 부품으로부터 약 3mm~5mm 간격으로 근접시켜 누설을 확인한다. 이때 탐침의 이동속도는 초당 약 25mm~50mm 범위를 유지한다. 냉매는 공기보다 무겁기 때문에 피팅이나 부품의 아래쪽을 먼저 확인하고 그 다음에 위쪽을 확인하는 것이 좋다.

② 탐침을 파이프 피팅이나 부품에 직접 접촉시켜서는 안 된다. 직접 접촉시킬 경우, 지시값에 오류가 발생할 수 있으며, 탐침이 파손될 수도 있다.

③ 서비스 포트를 통한 누설이 많다는 점에 유의한다.

서비스 포트는 대부분 매니폴드 게이지가 접속된 상태일 경우가 많기 때문에 누설을 점검하지 않는 경우가 흔하다. 서비스 포트로부터 매니폴드 게이지를 제거하고, 에어건(air gun)으로 살짝 주변을 불어낸 다음에 점검한다.

방진 캡이 완전한 밀봉을 보장하는 것은 아니다. 방진 캡은 말 그대로 서비스포트에 먼지가 유입되는 것을 방지하는 데 그 목적이 있으나, 방진 캡이 없는 경우에는 누설이 촉진되고, 시스템 오염의 원인이 되기도 한다. 그러므로 점검 후에는 반드시 서비스포트에 방진 캡을 다시 씌워야 한다.

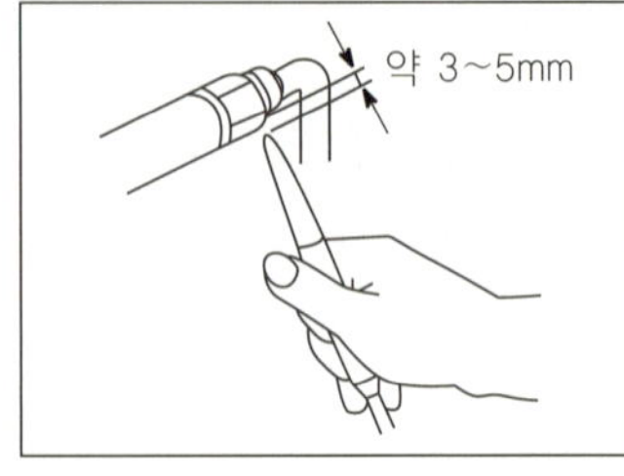
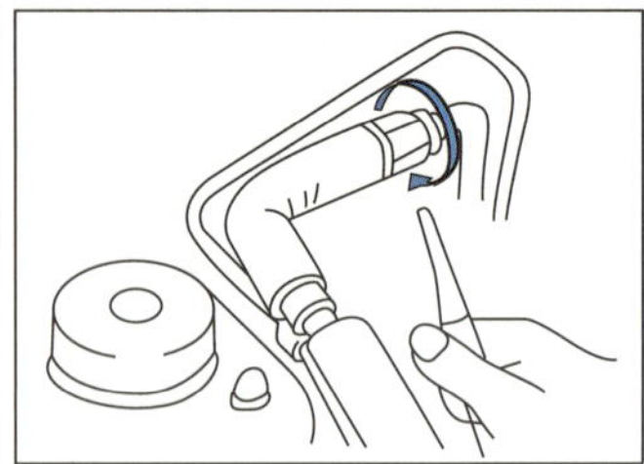
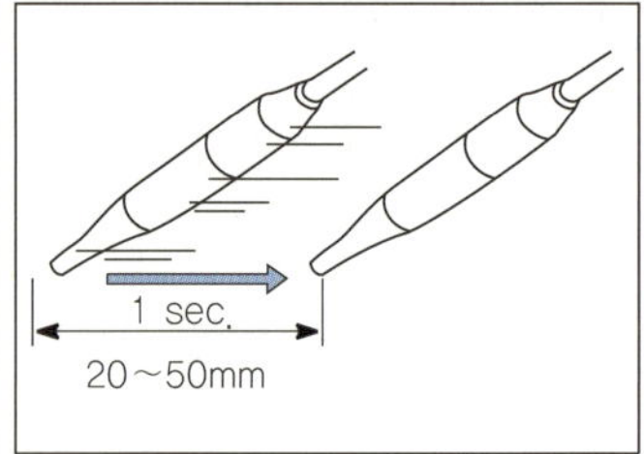

▲ 그림 9-14 전자식 누설감지기를 이용한 누설 감지 방법

○ 유의사항

① 해당 에어컨 시스템 냉매의 누설 감지용으로 설계된 감지기만을 사용해야 한다.
② 점검 개소에 묻어있는 먼지나 이물질을 제거한 다음에 누설을 점검한다.
  경우에 따라서 탐침의 선단(tip)이 막혀 있을 수도 있다.
③ 정기적으로 누설감지기의 민감도를 테스트한다.
  ● 누설 교정 기준(leak reference : 참고도 참조)을 이용하여 테스트한다.
④ 누설은 바람의 영향을 받지 않는 장소에서, 그리고 엔진이 작동하지 않는 상태에서 점검한다.

참고도 : 누설 교정 기준(leak reference)(예 : 4g/year)

(4) 형광염료와 자외선(UV) 전등을 이용한 누설 점검

이 방법은 아주 미세한 누설을 확인할 수 있는 좋은 방법이다. 그러나 염료가 미세한 누설을 통해 외부로 드러날 때까지 상당한 시간이 소요될 수도 있다. 따라서 염료를 사용할 경우에는 고객에게 미리 이 사실을 설명해야 한다.

일부 자동차회사는 자사의 에어컨 시스템에 형광염료의 사용을 금지하거나, 특정한 염료만을 사용하도록 제한하기도 한다. 특히 필터나 건조제 등을 손상시키지 않는 지의 여부를 제작사 자료를 통해서 반드시 확인해야 한다.

작업 순서 및 방법은 다음과 같다.(R134a 시스템과 R1234yf 시스템에서 동일)

① 형광염료를 주입하기 전에, 이전에 형광염료를 주입했는지의 여부를 먼저 확인한다. 이전에 주입했다는 꼬리표가 붙어있을 경우엔, 저압측 서비스 포트의 방진 캡을 열고, 서비스포트의 밸브를 살짝 눌러 염료가 주입되어 있는 지 확인한다. 염료가 이미 주입되어 있다면, 자외선 전등으로 누설을 검사하면 된다. 염료를 추가로 다시 주입해서는 안 된다. 그리고 이 때 반드시 자외선(UV) − 보안경을 착용하고 점검해야 한다!!!!!! 누설이 있을 경우, 누설개소에 자외선 램프를 비추면 누설된 형광염료가 밝게 보인다.

② 염료가 주입되어 있지 않을 경우는, 해당 냉매에 적합한 염료(SAE J2297을 만족하는)를 지침에 따라 적정량 주입한다. 주입압력이 최소한 551.6kPa(80psig) 이상이어야만, 염료를 확실하게 에어컨 시스템에 주입할 수 있다.

③ 염료 생산회사가 제공하는 스티커를 저압측 서비스포트 근처, 잘 보이는 곳에 부착한다.

④ 에어컨 시스템에 적정량의 냉매가 주입되어 있는 지 확인하고, 최소한 15분 동안 에어컨을 작동시킨 다음, 시동을 끄고, UV − 보안경을 착용하고, 자외선램프로 누설을 검사한다.

응축수 배출구에 자외선램프를 비추었을 때 반짝거리는 것을 확인할 수 있다면, 이는 증발기에 누설이 있음을 의미한다. 이 단계에서는 큰 누설만을 확인할 수 있다.

⑥ 누설을 발견하지 못했으면, 최소한 1주일 후에 다시 작은 누설을 점검해야 한다는 점을 고객에게 설명한다.

⑦ 누설을 발견하였으면, 해당 부품을 수리(예 : 압축기 샤프트 씰) 또는 교환한다.

⑧ 누설을 수리한 다음, 자동차 회사, 에어컨 생산자 또는 염료회사가 제공하는 클리너를 사용하여 형광염료 잔류물을 깨끗이 제거한다.

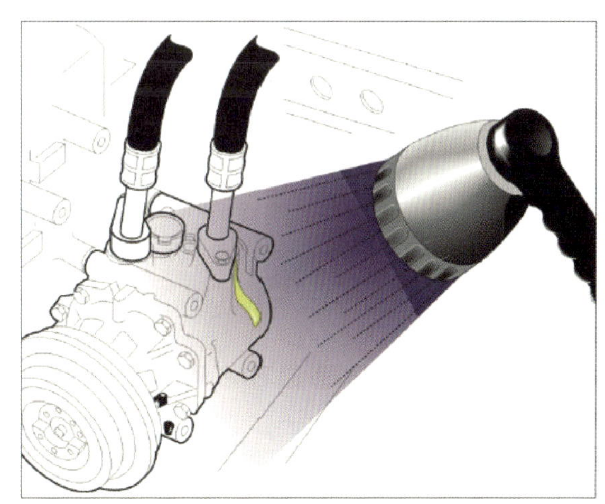

▲ 그림 9−15 형광염료와 자외선 램프를 이용한 누설 점검

3　에어컨 시스템의 소음 및 악취 대책

(1) 에어컨 시스템에서의 소음

에어컨을 처음 작동시킬 때 나는 소음의 원인은 다음 중 하나일 수 있다.

원 인	대 책
벨트의 마모 또는 슬립	벨트의 마모상태와 장력을 점검한다.
아이들러 풀리, 베어링 소음	풀리 및 베어링 교환
마그넷 클러치 슬립 또는 소음	마그넷 클러치와 압축기 구동풀리 사이의 간극을 0.3~0.5mm 범위로 조정한다. 클러치 코일의 단선, 또는 접촉 불량 : 교환
압축기 마운트의 진동과 공명	마운트(mount) 위치를 조정하고 볼트를 고정한다.
압축기 내부의 기계적 소음 (윤활 부족에 의한 마찰 소음 포함)	압축기 수리 또는 교환,
압축기 내부 노킹 소음	고압릴리프 밸브가 불량이면 교환
팽창밸브 소음(whistle)	팽창밸브 교환
송풍기 소음	송풍기 모터 교환 및 팬 밸런싱 점검
응축수 배출호스에서의 꾸르륵거리는 소음	응축수 배출호스에 체크밸브 설치 (배출되는 응축수가 역류하지 않도록 조치한다.)

아래와 같은 결함이 있을 경우에도, 압력계 지시값이 허용 범위를 벗어날 수 있으며, 소음이 발생할 수 있다.

① 냉매 충전량 과다 또는 부족 → 회수/진공/재충전

- 규정량보다 30~35% 과충전 : 압축기에서 딱딱거리는 소음, 고압 라인의 진동
- 규정량보다 70~75% 부족 : 팽창밸브에서 쉬–잇 소음

② 팽창밸브가 닫혀 있거나 막혀 있음 → 팽창밸브 교환

③ 토출량 가변식에서 토출량 조절밸브 결함 → 조절밸브 교환

④ 시스템 회로 내에 막힘 → 시스템 회로 플러싱, 해당 부품 교환

⑤ 필터가 수분으로 포화됨 → 필터 교환, 진공/ 재충전

(2) 에어컨 시스템으로부터의 악취

일반적으로 증발기 코어와 냉각핀의 표면에 박테리아(대부분 대기에 존재하는)나 곰팡이
가 서식하면, 에어컨을 작동했을 때 악취가 차실내로 유입될 수 있다.

① 증발기 표면을 항균성 소독제(스프레이 또는 가스)로 소독한다.

② 오염된 실내 공기 필터를 교환한다.

　대기 중에는 인체에 유해한 여러 가지 공해물질들이 포함되어 있다. 따라서 악취가
나지 않더라도 정기적으로 공기필터를 교환하여 깨끗하고, 건강한 실내 공기 품질을
확보해야 한다.

③ 운전자에게 조언한다.

　에어컨을 스위치 OFF하고 3~5분 동안 송풍기만을 추가로 작동시킨 후에 엔진을 정
지시키면, 증발기 표면으로부터 박테리아의 서식을 돕는 수분을 제거할 수 있다.

④ 위에 언급한 정비를 한 다음에도 악취가 계속될 경우에는, 증발기 유닛, 응축수 팬
(pan), 응축수 배출 호스 등을 탈거하여 깨끗이 청소, 건조 및 소독한 다음에 다시 설
치해야 한다.

(a) 신품 공기 필터　　　(b) 장기간 사용으로 오염되고 막힌 필터

▲ 그림 9-16 신품 공기필터와 오염된 공기필터(예)

> **○ 공기 중의 오염물질의 영향**
> ① **광물 분진** : 석면, 규산 등의 광물 분진은 장시간 호흡하면 폐 조직에 섬유성 변화를 일으키
> 고, 폐 기능을 저하시키는 데, 이를 진폐증이라고 한다.
> ② **중금속 및 금속 증기** : 납, 수은, 카드뮴 등 중금속을 함유한 먼지는 인체에 축적되어 중독증
> 을, 아연이나 Be 등의 금속 증기는 아연열, 폐 육아종증 등을 유발한다.
> ③ **꽃가루, 진드기 등** : 천식이나 피부염 등의 알레르기성 반응을 나타낸다.
> ④ 기타 인플루엔자 바이러스, 결핵균, 디프테리아균 등은 인체에 감염되어 전염성 질환을 유발
> 한다.
> ⑤ 아황산가스(SO_2), 매연, 분진 등 역시 호흡기 질환을 유발한다.

 시스템 세척(플러싱 : flushing) 및 냉동기유 보충

(1) 시스템 오염원 및 오염의 결과

오염의 원인이 되는 이물질이 유입 또는 생성되는 근원은 다음과 같다.
- 건조제의 결함
- 방부제(냉동기유에 함유)
- 섬유 보푸라기(조립작업 시에 유입)
- 납땜 또는 브레이징(brazing) 잔류물(생산 공정에서의)
- 부식에 의해 떨어져 나온 작은 입자들

위와 같은 이물질들은 에어컨 시스템에서 다음과 같은 고장을 일으킬 수 있다.
- 압축기 베어링 손상 및 고착
- 팽창밸브나 오리피스 튜브 파손
- 금속부품의 부식
- 냉매의 분해 및 변질
- 냉동기유의 열화 및 분해

(a) 신품 오리피스 튜브

(b) 손상된(막힌) 오리피스 튜브

▲ 그림 9-17 신품 오리피스 튜브와 심하게 막힌 오리피스 튜브(예)

수분이 물방울로 석출되어 팽창밸브에 도달하면, 팽창밸브의 온도가 낮기 때문에 빙결될 수 있다. 수분이 팽창밸브에서 빙결되면 냉방이 간헐적으로 이루어지거나 냉방출력이 약화될 수 있다.

고온과 이물질이 에어컨 시스템의 고장을 일으킨다. 대부분의 경우, 수분이 개입하여 고장을 가속시킨다. 고온, 수분 그리고 냉매의 결합으로 생성된 산이 치명적인 부식을 일으킨다.

1차적으로 수분이 에어컨 시스템 내부의 금속과 결합하면, 철－수산화물과 알루미늄－수산화물을 생성한다. 주요 생성물은 다음과 같은 3가지 산(acid)이다.

- 카보닉(Carbonic ; H_2CO_3) → 탄산가스가 물에 녹아, 생성되는 약한 산
  분자구조에 탄소(C)를 가지고 있는 냉매(예 : R134a, R1234yf, R744)에서 생성된다.
- 염산(Hydrochloric; HCl) → 독성이 강한 물질, R－12에서 생성된다.
- 불산(Hydrofluoric; HF) → 맹독성 물질, R－134a, R－1234yf에서 생성된다.

부식 및 부식에 의한 부산물은 팽창밸브나 오리피스 튜브는 물론이고 관로를 막히게 할 수 있으며, 압축기 베어링을 파손하고, 압축기 토출밸브의 손상을 촉진시킨다.

(2) 오염된 시스템의 내부 세척(flushing : 관로에 액체를 흘려 세척하는 작업)

고착되었거나 파손된 압축기를 교환할 경우에는 우선 점검하기 쉬운 고압호스의 내부부터 점검하는 것이 좋다. 호스 내부에 금속(예 : 알루미늄)분말이나 이물질이 들어있으면, 시스템 내부의 관로를 세척하고, 동시에 필터(리시버 드라이어 또는 어큐뮬레이터) 유닛을 신품으로 교환해야 한다.

시스템 냉매를 사용하여 시스템 전체를, 또는 부품을 개별적으로 세척할 수 있다. 그리고 세척에 사용한 냉매는 회수, 재활용(recover & recycling)할 수 있다.

그림 9－18은 파손된 압축기를 제외한 나머지 시스템 구성부품들을 접속하여 밀폐회로를 구성하고, 세척 유닛(flushing unit)을 작동시켜 시스템회로 내부를 세척하는 방법을 보여주고 있다. 리시버/드라이어는 별도의 연결 키트로 대체하고 플러싱(flushing)

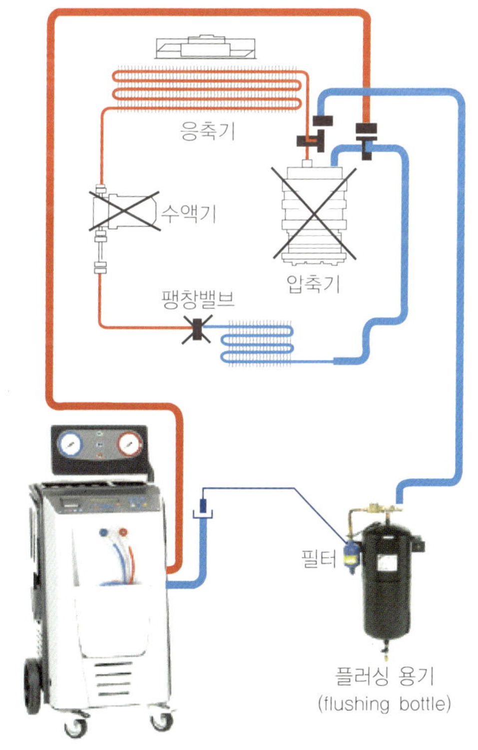

▲ 그림 9－18 플러싱 유닛을 이용한 시스템 세척

을 종료한 다음에 신품 리시버/드라이버를 설치하면 된다. 플러싱은 2차에 걸쳐서 하되, 2차 세척은 1차와는 반대방향으로 하여 금속분말이나 이물질을 완전히 제거한다.

오염된 내부회로를 완벽하게 세척하지 않으면, 리시버/드라이어(또는 응축기 내부의 필터/건조제 어셈블리)와 팽창밸브 또는 오리피스 튜브와 어큐뮬레이터가 이물질에 의해 다시 막힐 수 있으며, 또 다시 압축기 손상의 원인이 될 수도 있다.

세척한 후에는 건조 질소로 내부 관로를 다시 한 번 불어내는 것이 좋다.

(3) 냉동기유 주입 및 보충하기

부품을 교환할 때는 설치하기 전에 새 부품에 미리 주입해야 할 냉동기유의 양을 제작사 자료에서 확인한다. 아래는 각 부품에 들어있는 냉동기유의 양에 대한 일반적인 예이다. 제작사로부터의 정보가 없을 경우에는 전체 냉동기유의 양에, 아래에 제시된 비율을 곱하여 해당 부품에 주입할 냉동기유의 양을 개략적으로 예측할 수 있을 것이다.

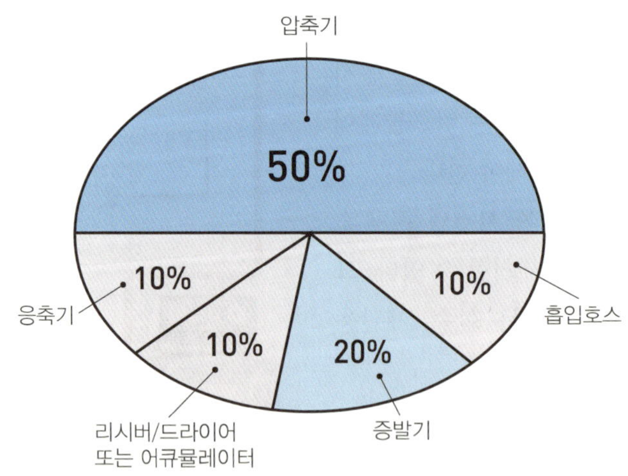

▲ 그림 9-19 승용자동차 에어컨 시스템에서의 냉동기유 분포(예)

압축기를 교환할 경우에는 다음과 같은 순서로 냉동기유를 보충한다.

① 떼어낸 압축기로부터 냉동기유를 완전히 배출하여 그 양을 측정한다.

눈금이 매겨진 용기 또는 측정 실린더를 이용한다.(예 : 100cc)

② 신품 압축기에 들어있는 냉동기유를 모두 빼낸다.

③ ①항에서 측정한 양과 동일한 양의 냉동기유에 10cc를 더한 양(예 : 100＋10=110cc)
을 신품 압축기에 주입한다.

▲ 그림 9-20 압축기 교환 시 냉동기유 계량, 주입하기

여기서 10cc는 압축기를 떼어내기 위해 시스템을 개방했을 때 냉매와 함께 배출된 냉
동기유의 양에 해당한다. 따라서 자동 회수/충전기를 사용하여 냉매와 냉동기유를 회
수한 경우에는, 회수한 냉동기유의 양(x mℓ)에, 떼어낸 압축기로부터 배출한 냉동기유
의 양(y mℓ)을 더한 만큼(($x + y$)mℓ)만 주입하면 된다.

④ 냉동기유 주입 플러그가 없는 압축기에서는 흡입포트와 토출포트를 통해 냉동기유
를 주입한다.

⑤ 손으로 압축기를 여러 번 돌려 압축기 내부에 냉동기유가 고루 분산되게 한다.

5 시스템 진공작업 - 회로 안의 수분과 공기 제거하기

수분은 공기와 함께 에어컨 시스템에 유입된다.

(1) 에어컨 시스템 내부의 수분 및 공기의 유입 경로

① 냉매(예 : R134a)에 포함된 수분

　새 냉매의 수분함량은 대부분 10ppm 이하

　리사이클링(recycling) 냉매의 수분함량 기준 (15ppm 이하 ; SAE J2099)

② 냉동기유 자체에 포함된 수분(예 : PAG(최대 300 ppm), POE(최대 100ppm))

③ 부품(예 : 호스)의 내부에 혼입된 공기 및 수분

④ 조립 시에 유입된 공기 및 수분

⑤ 작동 중 유입된 공기 및 수분

⑥ 진공펌프 불량 또는 진공시간이 짧아서 공기가 완전히 제거되지 않음.

(2) 에어컨 시스템에 유입된 수분 및 공기의 영향

에어컨 회로 내의 수분은 빙결, 부식, 냉동기유의 열화를, 그리고 공기는 전열을 방해하며 시스템 압력을 지나치게 상승시키는 원인이 될 수 있다.

① 수분의 영향

시스템에 유입된 수분이 냉매와 함께 가열되어 냉매 및 냉동기유와 혼합되면, 슬러지의 생성을 촉진시키고 냉동기유를 열화 시킨다. R-12에서는 시스템 내부의 부식을 촉진시키는 염산도 생성된다. 또 일반적으로 시스템 안의 수분이 20ppm을 초과하면 팽창밸브를 빙결시켜 시스템에 심각한 손상을 일으킬 수 있는 것으로 알려져 있다.

② 공기의 영향

에어컨 시스템 내에서 공기는 응축되지 않기 때문에 응축되는 냉매에 비해 상대적으로 많은 공간을 차지한다. 따라서 응축기의 방열면적이 감소하여 방열성능이 약화된다. R-134a 시스템에서는 공기가 150ppm(wt.) 이상이면, 시스템이 오염되는 것으로 알려져 있다. 시스템이 공기에 오염되면, 고압측 압력이 정상보다 높고, 고압측 게이지 지침이 느리게 맥동하거나 떨게(flutter) 된다. 동시에 냉방출력은 약화된다. 팽창밸브식에서는 고압측 압력이, 오리피스 튜브식(FOT)에서는 고압측과 저압측 압력이 모두 정상보다 높게 나타난다.

(3) 공기나 수분의 유입을 방지하기 위한 기본 수칙

① 리시버/드라이어나 어큐뮬레이터는 마지막에 설치한다.
② 호스나 피팅(fitting)을 개방한 다음에는, 즉시 캡으로 밀봉한다.
③ 비가 내리는 날, 습기가 많은 장소, 물 근처에서는 작업하지 않는다.
④ 냉매나 냉동기유가 오염되지 않도록 관리한다.
⑤ 냉동기유는 사용하지 않을 경우는 반드시 용기의 캡을 닫아 둔다.
⑥ 항상 주위를 깨끗하게 관리한다.

(4) 회로 내의 수분을 제거하는 가장 좋은 방법

회로 내의 압력을 낮추어 수분을 기화시켜 제거하는 것이 가장 좋은 방법이다.

물(수분)은 해수면을 기준으로 기온 20℃에서는 −742.5mmHg에서, 22.5℃에서는 −740mmHg에서, 25℃에서는 −736.25 mmHg에서, 30℃에서는 −728.17mmHg에서 비등한다. 따라서 기온 20℃∼30℃ 범위에서는 이론적으로 시스템 내부압력을 −742.5∼−728.2 mmHg (−0.977∼−0.958kgf/cm²G) 이하로 낮추면, 시스템 내부에 존재하는 수분을 기화시켜 모두 제거할 수 있다.

이와 같은 이유에서 현장에서는 진공도 750mmHg(29 in.Hg) 이상으로 진공시킬 것을 권장하고 있으며, 자동차회사에 따라서는 진공도 755mmHg를 기준 값으로 제시하기도 한다. 참고로 매니폴드 게이지에는 완전 진공은 76(cmHg), 30(in.Hg), −1(kgf/cm²) 또는 −100(kPa)로 표시되어 있다. 진공을 의미하는 부호 (−) 대신에 숫자를 청색(또는 녹색)으로 표시하기도 한다.

위에 제시하는 진공도는 해수면을 기준으로 한 값이다. 그러나 고도가 높아짐에 따라 대기압은 낮아진다.(고도 300m(1000ft)당 대략 25.4mmHg(1 in.Hg). 따라서 고지대에서는 이를 감안해야 한다. 즉, 현지 표준 대기압이 750mmHg인 고지대라면, 100% 완전 진공시켜도 게이지 지침은 −75cmHg를 지시할 뿐, −76cmHg에 도달할 수 없다.

(5) 진공펌프를 이용한 진공 작업 순서

진공펌프의 성능이 만족스럽지 못했던 과거에는 반복 진공 방법을 추천하였으나, 최근에는 단 1회의 진공작업으로도 시스템 내의 수분과 공기를 완전히 제거할 수 있을 만큼의 고성능 진공펌프가 대부분이다. 고성능 진공 펌프는 대부분 −75.59cmHg(=−29.76 in.Hg=0.81kPa absolute)까지 진공시킬 수 있다.

참고로 진공작업 소요시간은 시스템 내부체적의 크기, 작업장의 대기온도, 시스템 내부의 리스트릭션(restriction), 시스템과 진공펌프 사이의 리스트릭션(restriction), 진공펌프의 진공성능 및 진공방법 등의 영향을 받는다.

에어컨 시스템 내부의 수분과 공기를 완전히 제거하기 위해서는 진공펌프의 회전속도 1500min⁻¹에서 최소한 30분 동안 진공작업을 수행해야 한다.

> **○ 리스트릭션(restriction)**
> 냉매통로가 이물질에 의해 막히거나 또는 변형되어 통로 단면적이 좁아져, 냉매의 흐름이 제한되는 부분

① **매니폴드 게이지(manifold gauge)를 압축기 및 진공펌프에 연결한다.**

- 매니폴드 게이지의 밸브핸들을 모두 시계방향으로 완전히 돌려, 고압밸브(HI)와 저압밸브(LO)를 모두 닫은 다음, 고압계(적색) 호스는 에어컨 시스템의 고압측 서비스 포트에, 저압계(청색) 호스는 저압측 서비스 포트에, 그리고 중앙의 호스(대부분 황색)는 필요에 따라 진공펌프 또는 충전용 냉매실린더에 접속한다.
- 매니폴드 게이지의 저압측 및 고압측 밸브핸들을 모두 반시계방향으로 완전히 돌려 시스템 내부회로가 진공펌프와 연결되도록 한다. (그림 9-11, 9-21 참조)

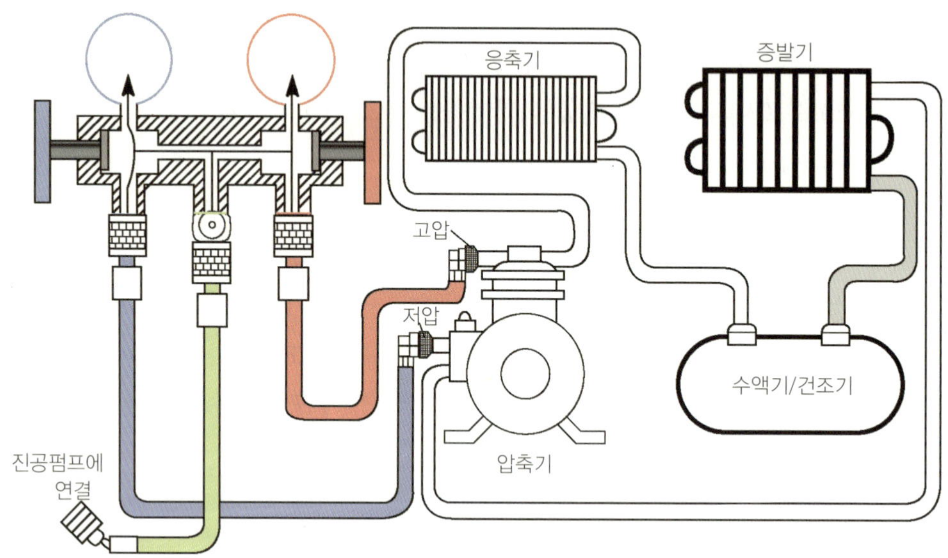

▲ 그림 9-21 시스템 진공작업 구성도

② 매니폴드 게이지의 고압 및 저압밸브가 완전히 열린 상태에서 진공펌프를 작동시킨다.

- 진공펌프를 작동시킨 후 5분이 경과해도 목표 진공도에 도달하지 않으면, 진공펌프의 작동을 멈추고, 연결부 또는 진공펌프에서의 누설 여부를 점검하고, 수정한 다음에 다시 진공펌프를 작동시킨다.(시스템에 액냉매가 남아있는 경우에는 5분 이내에 완전 진공에 도달할 수 없다는 점에 유의한다.)

③ 목표 진공도(예 : -750mmHg)에 도달한 상태에서 약 30분 이상을 계속 진공시킨다. 자동차회사에 따라서는 냉동기유가 주입된 경우에는 약 3시간 이상을 권장하기도 한다.

④ 진공작업이 완료되면, 먼저 매니폴드 게이지의 고압/저압 밸브핸들을 시계방향으로 완전히 돌려 잠그고(진공펌프와 시스템회로의 연결 차단), 진공펌프의 작동을 정지

시킨다.

- 이 상태에서 약 10분 정도 기다린다. (서비스 스테이션에서는 대부분 2분)

⑤ 매니폴드 게이지의 지시값이 10분 전과 동일하면, 시스템은 누설이 없는 진공상태이므로 진공작업을 종료한다. 매니폴드 게이지의 중앙 호스를 진공펌프로부터 분리하여, 냉매 실린더에 연결하고 냉매 충전작업을 시작한다.

⑥ 게이지 지시값이 5분당 3kPa(1 in.Hg) 이상 상승하면, 시스템에 누설이 있음을 의미한다.

- 다시 누설 점검을 실시한다.

  이때 시스템 냉매나 질소가스를 시스템에 주입하고 누설을 점검할 수도 있다.

- 누설 개소를 확인, 수정한 후에 다시 과정 ①~⑤를 반복한다.

장마철, 또는 비가 올 때나 습기가 많을 때에는 시스템에 수분이 들어가기 쉬우므로, 이와 같은 날씨에는 에어컨 시스템의 수리작업을 하지 않는 것이 좋다.

이상과 같이 진공작업이 종료되면, 게이지 매니폴드의 고압(HI), 저압(LO) 밸브를 모두 닫고(시스템과 매니폴드 중앙 포트와의 연결이 차단된다.), 충전작업을 준비한다.

대부분 진공작업이 종료되면, 곧바로 계속해서 냉매를 충전한다. 작업 순서는 다음과 같다.

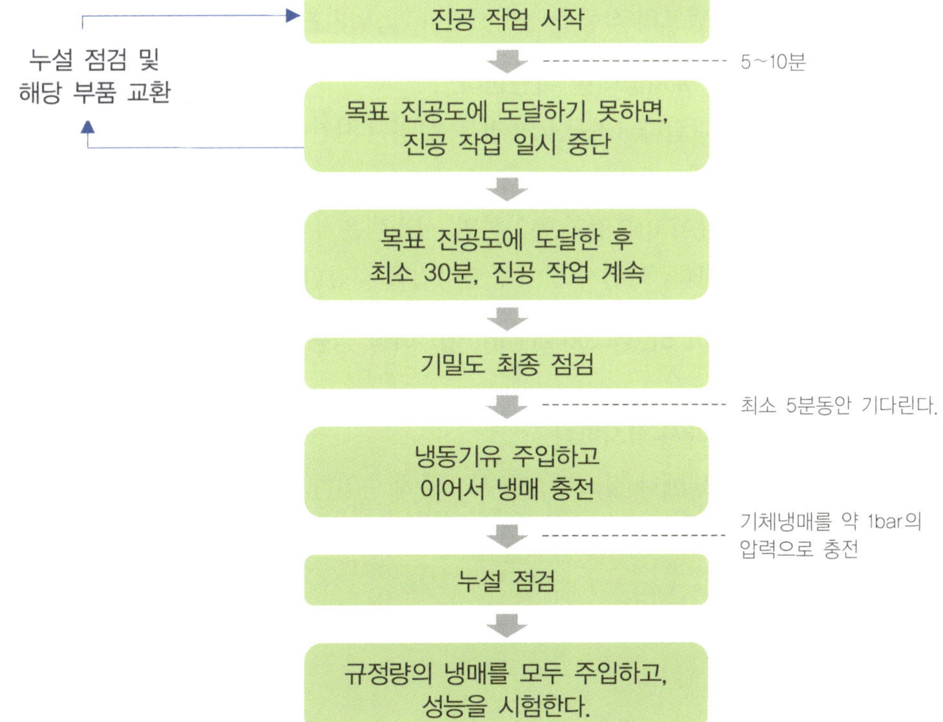

(6) 충전 스테이션(charging station)을 이용한 진공작업

시스템 진공작업과 냉매 충전을 자동적으로 실행할 수 있는 디지털 냉매충전기가 일반화되어 있다. 충전기에 따라 다양한 기능(회수, 진공, 진공 유지, 비우기, 누설시험, 재충전 및 냉동기유 주입 등)을 순서에 따라 자동적으로 수행한다.

상세한 조작방법은 해당 작동 지침서에 따라야 한다.

① **진공펌프를 작동시킨다.**
- 에어컨 시스템의 고압측/저압측 서비스 포트에 각각 충전 스테이션의 압력계 호스를 접속한다. 충전 스테이션의 진공펌프와 에어컨 시스템과의 호스 연결은 자동적으로 구축된다.
- 충전 스테이션의 고압측 및 저압측 압력계 밸브를 연다.
- 진공펌프를 작동시킨다.(스위치 'ON'한다)
  * 5분 이상 진공시켜도 진공도가 750~760mmHg(28~29.5 in.Hg)에 도달하지 않으면, 시스템 누설을 점검하고, 수리해야 한다.
- 누설이 없을 경우, 최소한 30분 이상 진공작업을 더 계속한다.(자동식의 경우, 설정된 시간이 지나면 자동으로 정지한다.)

② **저압측 및 고압측 압력계 밸브를 잠근다.**
- 동시에 진공 펌프의 작동을 정지시킨다.(스위치를 'OFF'한다.)

③ **시스템의 진공 유지능력을 확인한다.**
- 10분 정도 기다린다. (자동식의 경우, 설정된 시간(예 : 2분)이 지나면 자동으로 다음 단계로 진행한다.)
- 압력계 지시값이 10분전과 동일하면, 시스템은 누설이 없는 진공상태이므로 진공작업을 종료한다. 이어서 냉매 충전작업을 시작한다.

④ **압력계 지시값이 5분당 3kPa(1 in.Hg) 이상 상승하면, 시스템에 누설이 있음을 의미한다.**
- 누설 점검을 다시 실시한다.
  이때 시스템 냉매나 질소가스를 시스템에 주입하고 누설을 검사할 수도 있다.
- 누설개소를 확인, 수정한 후에 다시 과정 ①~③을 반복한다.

6 냉매 충전 작업

냉매를 충전시킬 때는 특히 진공작업을 완료한 회로 내에 공기나 수분이 다시 유입되지 않도록 주의해야 한다. 진공작업이 완료된 시스템에 냉매를 충전한다. 규정된 양의 냉매를 주입하는 것이 중요하다. 부족해도 또는 많아도 안 된다.

자동차 에어컨은 시스템 구성 및 작동 조건상 냉매 충전량에 민감하다. 최근에는 과거에 비해 시스템에 주입하는 냉매량이 현저하게 감소되었으며, 대부분 점검창(sight glass)을 설치하지 않는다. 이와 같은 이유에서 서비스 스테이션은 내장된 전자저울로 냉매질량(g 또는 oz)을 정밀 계측하는 구조를 갖추고 있다.

▲ 그림 9-22 냉매 실린더와 전자저울을 이용하여 충전하는 방법

(1) 냉매 회수/재충전 시스템

현재 우리나라를 비롯해서 대부분의 선진국에서는 자동차 에어컨 시스템의 냉매(R134a)를 대기로 방출하는 대신에 회수하도록 법으로 강제하고 있다. 2007년 SAE가 도입한 냉매 회수/재충전 시스템의 성능기준(SAE J2788)에는 측정 및 지시능력은 ±1oz(28.3495g), 재충전 능력은 ±0.5oz(14.17g)의 정밀도를 확보하도록 규정하고 있다.

회수, 진공, 리사이클링 그리고 재충전의 모든 과정을 연속적으로 실행할 수 있는 시스템과 이 시스템에 PDA(Personal Digital Assistant) 기능까지를 갖춘, 인공지능형 올-인-원 스테이션들이 출시되고 있다.

냉매 회수/재충전에 사용되는 용어에는 "Recover", "Reclaim", "Recycling" 등이 있다. 정비공장 현장에서는 구분하지 않고 혼용하는 경향이 있으나, 이들의 정의는 다음과 같다.

① **리커버(Recover : 회수)**

에어컨 시스템으로부터 임의 상태의 냉매를 회수하여, 어떠한 처리나 테스트를 거치지 않고 다른 용기에 저장하는 것을 말한다. 경우에 따라서는 그대로 원래의 시스템에 다시 주입하거나, 폐기물로서 재생 공장으로 보낼 수도 있다.

② **리클레임(Reclaim : 재생, 개선)**

사용한 냉매를 재생 공정을 거쳐 새로운 제품규격을 만족하는 냉매로 만드는 과정을

말한다. 이 공정은 새로운 제품규격을 만족하는 제품인지의 여부를 확인하는 화학적 분
석을 필요로 한다. 이 용어는 재가공 시설에서만 사용하는 장비 및 공정을 포함하고 있
다. 엄밀하게 말하면, 현장에서 가능한 공정은 아니다.

③ 리사이클링(Recycling : 재활용)

사용한 냉매를 재사용하기 위해서 여과/건조와 같은 공정을 거쳐 수분, 전산가, 미립
자 등을 감소시켜, 정화시키는 것을 말한다. 재활용은 주로 정비공장 현장에서 이용하
는 방법으로 분석 시험은 포함하지 않는다.

(2) 냉매의 순도 기준

① SAE J2099에 명시된 재활용(recycled) 냉매(R134a와 R1234yf)에 대한 순도 기준
정비공장의 서비스 스테이션에서 리사이클링 하여 이 품질을 만족시켜야 한다.

- 수분 : 15 ppm wt. 이하
- 비응축성 기체(공기) : 1.5% vol. 이하
- 냉동기유 : 500ppm wt. 이하

② AHRI 규격 700-2006에 명시된 자동차 에어컨용 신품, 재생 및 재활용 냉매 규격
자동차 에어컨 서비스용으로 제3의 재활용 사업자가 공급하는 냉매(R134a와
R1234yf)의 순도 규격

- 수분 : 10ppm wt. 이하
- 공기 및 기타 비응축성 기체 : 1.5% wt. 이하
- 고 비등점 잔류물 : 0.01% vol. 이하
- 염화물 함량 : 3ppm 이하
- 전산가(acidity) : 1ppm wt.(HCl 등가)
- 불포화 불순물 : 40ppm 이하
  * AHRI(Air Conditioning, Heating and Refrigeration Institute)

(3) 충전 냉매량의 단위 변환(예)

① 규정값은 그램(g)으로, 충전 스테이션은 온스(oz)로 표시되어 있을 경우
그램(g)에 0.0353을 곱하면 온스(oz)로 변환된다. (예 : 600g)

$600g \times 0.0353 = 21.18oz$

② 규정값은 그램(g)으로, 충전 스테이션은 파운드(lb)로 표시되어 있을 경우

그램(g)에 0.002205를 곱하면 파운드(lb)로 변환된다. (예 : 600g)

600g × 0.002205 = 1.323lb

③ 규정값은 온스(oz)로, 충전 스테이션은 그램(g)으로 표시되어 있을 경우

온스(oz)에 28.35를 곱하면 그램(g)으로 변환된다. (예 : 28 oz)

28oz × 28.35 = 794g

④ 규정값은 파운드(lb)로, 충전 스테이션은 온스(oz)로 표시되어 있을 경우

파운드(lb)에 16을 곱하면 온스(oz)로 변환된다. (예 : 2.25lb)

2.25lbs × 16 = 36oz

⑤ 규정값은 온스(oz)로, 충전 스테이션은 파운드(lb)로 표시되어 있을 경우

온스를 16으로 나누면 파운드(lb)로 변환된다. (예 : 28 oz)

28oz ÷ 16 = 1.75lb

$$1lb = 16oz = 453.592g \approx 453.6g, \qquad 1oz = 28.3495g \approx 28.35g$$

(4) 냉매 충전작업 순서

① 진공작업을 종료한 다음에 매니폴드 게이지 중앙의 호스(대부분 황색)를 진공펌프에서 분리하여 충전용 냉매 실린더에 연결한다. 이때 고압측과 저압측의 밸브는 진공작업 종료 시의 잠긴 상태를 유지한다(그림 9-11(a) 참조).

- 충전 호스는 매니폴드 게이지 쪽은 느슨하게, 그리고 냉매 실린더 쪽은 확실하게 조인다.

② 냉매 실린더와 매니폴드 게이지를 연결하는 충전호스 내의 공기를 냉매로 제거한다. 한 손으로는 느슨하게 연결된 너트(충전호스의 매니폴드 게이지 쪽)를 잡고, 다른 손으로 냉매 실린더의 충전밸브를 약간 열어 냉매가 나오는 순간에 느슨한 상태의 너트를 잠그면 된다. 이 조작은 가능한 한 빠르게 하여 가스누설을 최소화해야 하며, 반드시 보호 장갑을 끼고 작업해야 한다!!!!!!

③ 냉매를 충전한다.

- 게이지 매니폴드의 고압밸브(HI)와 냉매 실린더의 충전밸브를 열어 충전을 시작한다(그림 9-11(d), (e) 참조).
- 이때 기관은 작동시키지 않고 게이지 매니폴드의 저압(LO)밸브는 잠근 상태로 그대로 둔다(그림 9-11(d), (e) 참조).

- 고압계 압력이 천천히 상승하기 시작할 때 매니폴드 게이지의 저압측 밸브를 연다 (그림 9-11(f) 참조).
- 저압계 압력이 천천히 상승하기 시작하면 매니폴드 게이지의 고압측 밸브를 잠근다(그림 9-11(c) 참조).

  냉매 실린더를 거꾸로 뒤집어 액체냉매가 시스템에 주입되게 해서는 안 된다. 냉매 실린더를 전자저울에 올려놓고 저울눈금이 내려가는 것으로 냉매 충전량을 계량할 수 있다.

④ 냉매 실린더의 충전밸브와 매니폴드 게이지의 저압측 밸브를 잠근다(그림 9-11(a) 참조). 이제 매니폴드게이지의 압력계는 시스템의 고압측 및 저압측과만 연결상태를 유지한다.

⑤ 에어컨 시스템의 성능을 테스트한다.(pp 409 에어컨 시스템 성능 테스트 참조)
- 기관을 시동하고 자동차 도어를 모두 열어두고
- 냉방능력(온도설정 다이얼(또는 레버)) 및 풍량은 각각 최대에 맞춘다.
- 에어컨을 스위치 ON하여 압축기를 작동시키고, 기관회전속도는 규정속도(예 : $1500min^{-1}$)를 유지하면서 시스템 성능을 테스트한다.

⑥ 보완 충전(시스템 냉매량이 부족할 경우)
- 매니폴드 게이지 저압밸브(LO)와 냉매 실린더의 충전밸브를 열어 보완 충전한다.
- 이때 매니폴드 게이지의 고압밸브(HI)를 열면, 시스템 냉매가 냉매 실린더로 역류하여 냉매 실린더를 파손시킬 수 있다. 따라서 기관을 운전하면서 냉매를 충전할 때에는 매니폴드 게이지의 고압밸브를 열어서는 절대로 안 된다.

⑦ 과정 ⑥의 작업을 시작하면서 동시에 게이지 압력을 관찰한다.
- 규정 압력에 도달할 때까지 냉매를 천천히 충전한다.
  (예 : R-134a의 경우, 외기온도 약 30℃에서 고압 약 15+2 bar, 저압 약 1.5~2.0bar)

(5) 회수/ 충전 스테이션을 이용한 냉매 충전

회수/충전 스테이션을 이용하면, 냉동기유와 냉매의 적정량을 입력하고 버튼을 한 번 눌러 간단하게, 그리고 쉽게 충전을 완료할 수 있다. (4)항의 냉매 충전작업순서를 알고 있으면, 충전 스테이션의 작동원리 및 작업 순서는 쉽게 파악할 수 있을 것이다. 형식에 따라 로직(logic)이 다양하므로, 상세한 설명은 생략한다.(해당 충전 스테이션의 사용설명서를 참조할 것)

(1) 응축기의 방열 불량

냉각핀의 변형 및 오염, 전기회로의 결함이 원인이 있을 수 있다. 원인을 확인하여, 그에 합당한 정비 대책을 수행한다.

① **열교환기(기관 방열기와 에어컨 응축기)에 먼지와 오물이 퇴적되어 공기통과 불량**

방열기와 응축기의 표면으로부터 먼지와 이물질 제거한다.

② **고압 스위치 또는 냉각수온도센서가 정확한 압력과 온도를 감지하지 못함.**

스위치와 센서를 점검, 불량이면 교환한다.

③ **전기식 냉각팬 작동 불량(회전방향이 반대일 수도)**

팬의 회전 방향, 팬 구동모터 및 릴레이 점검, 불량일 경우 교환한다.

④ **전기식 냉각팬 작동하지 않음**

팬 모터를 전원에 직결시켜 작동시켜 본다. 작동하지 않을 경우 교환한다.

⑤ **기관 과열(기관 냉각수 과열)**

기관 냉각시스템의 과열 원인을 찾아 수리한다.

⑥ **응축기 설치 위치 부정확 및 고정 불량**

응축기와 방열기 간의 간격은 일반적으로 대략 15~20mm 정도가 확보되어야 한다. 공기 유도 덕트의 손상 여부 및 장착상태를 점검하고, 필요하면 수정한다.

(2) 압축기 마그넷 클러치의 슬립(slip) 또는 접속 불량

참고 : 온도 자동 컨트롤(ECC) 또는 전자동 에어컨(FATC)의 경우는 자기진단을 실시한다.

① 고장 원인이 냉매 부족(규정량보다 70~75% 부족)일 경우는 누설을 점검하여 수리하고 냉매를 재충전한다.

② 마그넷 클러치 코일에 전류가 흐르지 않거나, 간헐적으로 전류가 흐를 경우에는 마그넷 클러치 코일을 회로로부터 분리하여, 직접 축전지와 결선(7.5A 퓨즈 사용)하고 작동상태를 점검한다.

③ 마그넷 클러치 코일에 이상이 없으면, 압축기 안전회로를 구성하는 기타 다른 전기부

품을 점검한다. (예 : 퓨즈, 트리플 스위치, 에어컨 릴레이, 마그넷 코일의 서멀 프로
텍터, 증발기 서미스터(또는 서멀 스위치) 등등)

④ 마그네틱 클러치의 슬립 여부를 점검한다.

　릴레이 불량, 단자전압 강하, 마그네틱 클러치판에 오일 부착 등등

⑤ 마그네틱 클러치가 흡착되지 않는다.

　배선에 이상이 없을 경우, 마그네틱 클러치판과 구동풀리 간의 간극 과대일 수 있다.
　구동풀리와 마그넷 클러치판 사이의 간극은 0.3～0.5mm 범위로 조정한다.

(3) 압축기 토출량 조정밸브의 결함(가변 토출량 압축기에서)

① 원인으로는

- 불순물에 의해 밸브가 막힘(증발기가 결빙되기 쉬움)
- 토출량 조절 스프링의 조절 불량 또는 장력 약화 등이다.

② 토출량 조절밸브를 교환한다. 교환 순서는 다음과 같다.

- 에어컨 시스템으로부터 냉매를 회수한다.
- 압축기 뒤 커버에 설치된 토출량 조절밸브를 교환한다.
- 최소한 30분 이상 진공 펌프를 작동시켜, 에어컨 시스템으로부터 비응축성 기체
  (공기)와 수분을 완전히 제거한다.
- 누설을 테스트한다.
- 회수한 양만큼의 냉동기유를 주입하고, 규정량의 냉매를 재충전한다.

(4) 압축기 본체의 파손

① 압축기 본체의 파손 원인으로는 흡입/토출 밸브의 파손, 토출량 조절밸브의 불량, 운
동부품의 고착 및 파손 등을 예상할 수 있다.

② 정비 작업 순서는 다음과 같다.

- 에어컨 시스템으로부터 냉매를 회수한다.
- 압축기를 떼어낸다.
- 압축기가 고착되었을 경우, 시스템 냉매 또는 특수 세척제를 사용하여 냉매회로 내
  부를 세척하고, 건조 질소로 불어낸다. 그리고 리시버드라이어(또는 어큐뮬레이
  터)를 교환한다. 이 경우, 멀티－탱크 형식의 응축기와 증발기는 반드시 교환해야
  한다. 플러싱(flushing)해도 응축기와 증발기로부터 금속분말이나 이물질을 완전
  히 제거할 수 없기 때문이다

- 새 압축기에 규정량의 냉동기유를 주입한 다음에, 압축기를 설치한다.
- 진공펌프를 최소한 30분 이상 작동시켜, 에어컨 시스템으로부터 비응축성 기체(공기)와 수분을 완전히 제거한다.
- 누설을 테스트한다.
- 회수한 양만큼(또는 규정량)의 냉동기유를 주입하고, 규정량의 냉매를 재충전한다.

(5) 팽창밸브의 고장

① 팽창밸브의 고장원인으로는
- 모세관 또는 감온구 자체에 결함이 있거나, 설치상태가 불량하거나
- 밸브기구가 끼어, 또는 막혀 움직이지 않는 경우이다.
  완전히 열린 상태로 고착되었을 경우는 매니폴드 게이지로 측정한 고압과 저압이 모두 높게 나타나고, 완전히 닫힌 상태로 고착되었을 경우는 저압이 0에서 진공까지로 나타난다.

② 교환 순서는 다음과 같다.
- 에어컨 시스템으로부터 냉매를 회수한다.
- 증발기 출구부에서 팽창밸브를 떼어낸다.(대부분 증발기 유닛 자체를 탈거해야 한다)
- 교환할 신품 팽창밸브의 제원(예 : 냉동톤, 과열도 등)을 확인한다.
- 신품 팽창밸브의 개방상태를 점검한다(그림 9-23(a)).
  감온구를 손 위에 올려놓고, 팽창밸브 입구를 입으로 불어본다. 반대쪽 출구로 바람이 나오면 정상이다.

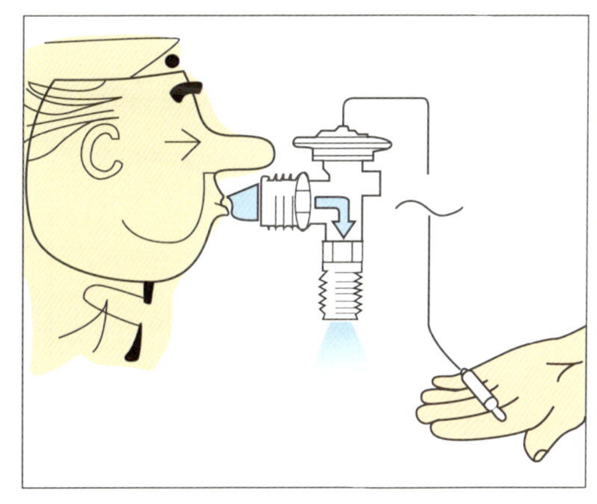

▲ 그림 9-23(a) 팽창밸브 개방상태 점검

- 신품 팽창밸브의 밀폐상태를 점검한다.
  감온구를 얼음물에 담그고, 1~2분 후에 밸브의 어느 한 쪽을 입으로 불어본다. 반대쪽으로 바람이 나오지 않아야 한다.(막힘) (그림 9-23(b))
- 기능 테스트를 거친 팽창밸브를 증발기에 설치한다.
  감온구는 기존의 설치위치에 붙어있는 이물질을 완전히 제거한 다음에, 파이프의

아래쪽, 수평에서 약 30도 정도의 경사 위치에 설치한다. 움직이지 않도록 설치한 후에, 단열 테이프로 잘 감싸서 외부 온도의 영향을 받지 않도록 해야만 팽창밸브의 오작동을 방지할 수 있다. 그리고 감온구와 모세관에는 냉매가 들어 있으며, 파손 또는 변형되기 쉬우므로 조심해서 다루어야 한다. (그림 9–23(c)참조)

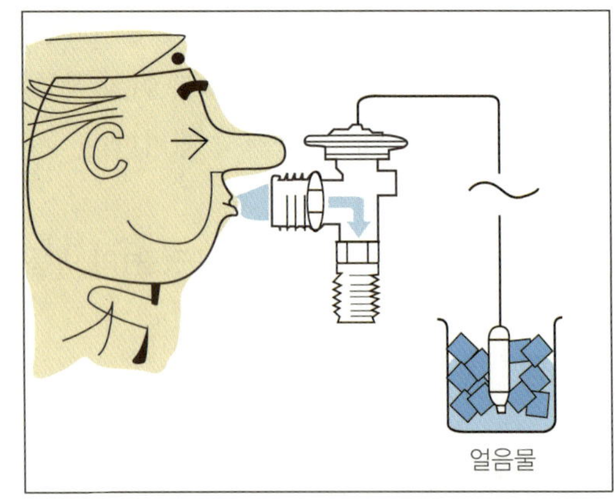

▲ 그림 9–23(b) 팽창밸브 밀폐상태 점검

- 최소한 30분 이상 진공펌프를 작동시켜, 에어컨 시스템으로부터 비응축성 기체(공기)와 수분을 완전히 제거한다.
- 누설을 테스트한다.
- 회수한 양만큼의 냉동기유를 주입하고, 규정량의 냉매를 재충전한다.

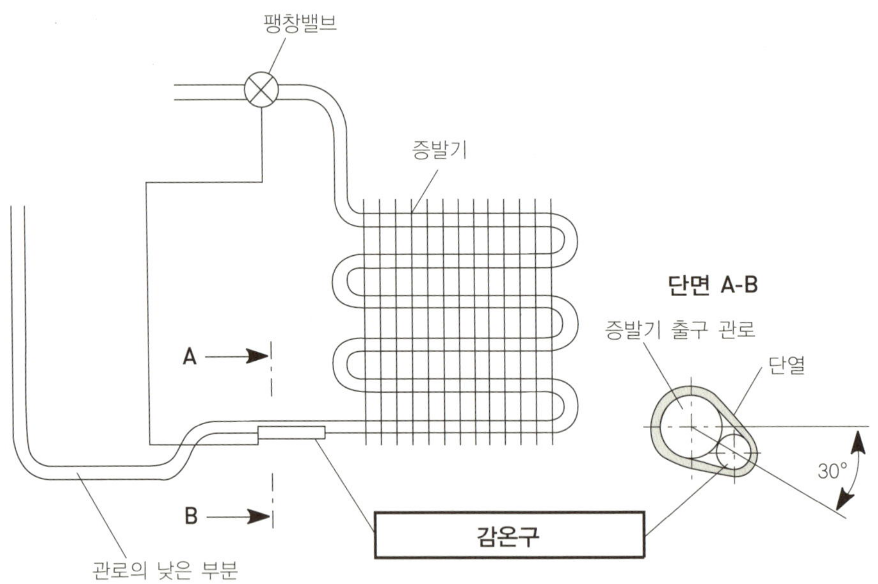

▲ 그림 9–23(c) 감온구의 설치위치 및 설치방법

(6) 증발기의 결빙

증발기 결빙 현상은 에어컨 시스템의 작동을 시작하고 몇 분만 지나도 발생할 수 있다. 전자동 에어컨의 경우는 자기진단을 실행하면 된다.

① 서모스탯 또는 빙결방지 센서(설치되어 있을 경우) 자체의 결함 또는 설치상태 불량일 수 있다. 센서나 서모스탯 자체에 결함이 있으면 교환한다.

② 블로어에 결함이 있으면, 전기 결선 및 구동모터를 점검한다.

블로어는 에어컨 시스템이 작동하는 동안은 최소한 송풍속도 1단 이상으로 작동해야 한다.

③ 가변 토출식 압축기에서 토출량 조절밸브가 불량해도 증발기에 결빙이 발생할 수 있다.

토출량 조절밸브를 점검하고, 필요할 경우 교환한다.

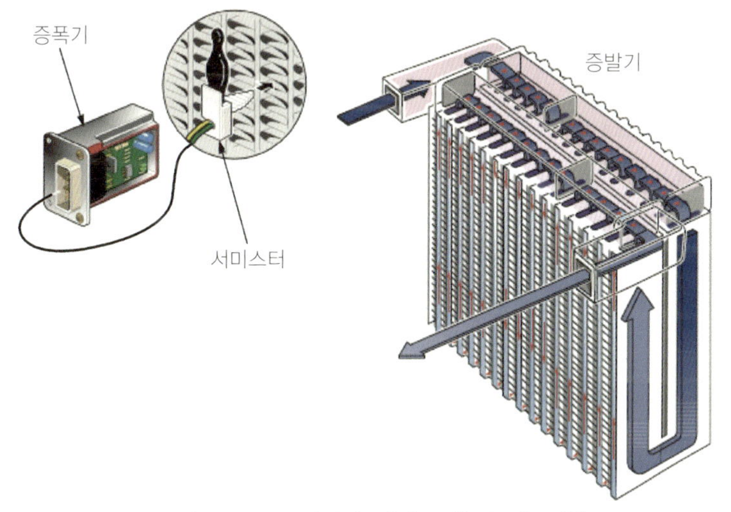

▲ 그림 9-24 증발기와 서미스터(증폭기 포함)

(7) 차실내로 더운 공기가 유입되거나 히터 유닛에 뜨거운 물이 흐를 경우

① 히터 유닛의 워터 밸브(설치되어 있을 경우)가 제대로 닫히지 않았다.

레버기구 또는 밸브 컨트롤 모터를 점검하고, 필요하면 해당 부품을 교환한다.

② 공기 혼합 또는 순환 플랩이 제대로 닫히지 않는다.

레버기구 또는 플랩 컨트롤 모터를 점검한다.

③ 증발기 유닛의 기밀 불량

증발기 유닛 케이스의 기밀 상태를 점검한다. 외부로부터 더운 공기의 유입을 차단하기 위해 덕트(duct) 계통까지 점검하고, 수정한다.

(8) 냉매의 부족 또는 과다, 공기 및 수분 유입에 의한 작동 상태 불량

① 냉매가 부족할 때의 대표적인 증상
- 고부하 상태에서 냉방출력 불량
- 압축기 클러치 ON－OFF의 빠른 반복(클러치 사이클링 압력 스위치가 설치되어 있을 경우)
- 압축기의 과열 및 조기 손상
- 압력계 지시값이 고압과 저압 모두 낮다.

② 냉매가 과충전 되었을 때의 대표적인 증상
- 고압측 압력이 정상보다 높다.
- 어느 부하에서든 냉방출력이 불량하다.
- 작동압력 제어가 불량하다.
- 압축기의 소음(고장 촉진)

③ 수분 및 공기의 유입, 냉매 오염의 대표적인 증상
- 팽창밸브에서의 빙결
- 회로의 막힘에 의한 냉방성능 약화
- 수분으로 포화된 필터 등

④ 수리 및 정비 방법
- 에어컨 시스템으로부터 냉매를 회수한다.
- 회로가 막혔을 경우는 세척하고, 팽창밸브(또는 오리피스 튜브)의 정상 여부를 점검한다.
- 필터가 포화되었을 경우, 리시버드라이어(또는 어큐뮬레이터)를 교환한다.
- 최소한 30분 동안 진공펌프를 작동시켜, 에어컨 시스템으로부터 비응축성 기체와 수분을 완전히 제거한다.
- 누설을 테스트한다.
- 회수한 양만큼의 냉동기유를 주입하고, 규정량의 냉매를 재충전한다.

(9) 과열도와 과냉각도를 측정하여 냉매 충전 수준을 진단하는 방법

에어컨 시스템의 온도와 압력을 동시에 측정할 수 있는 지능형 테스터들이 출시되고 있다. 이들 테스터로 동시에 측정한 시스템의 온도와 압력 그리고 냉매의 "포화온도－압력표"를 이용하여 시스템의 과열도와 과냉각도를 계산할 수 있다.

과열도와 과냉각도 정보를 이용하여 오리피스 튜브(FOT)식에서는 냉매 충전 수준(부족 또는 과다 여부)을, 팽창밸브(TXV)식에서는 팽창밸브의 작동상태를 진단할 수 있다.

① **과열도(superheat capacity) 계산**

- 저압측 라인 압력을 측정한다.(예) 저압계 지시값 ; 208.9kPa(G)
- 측정한 저압측 압력 208.9kPa에서의 포화온도를 표에서 찾는다. (예) 1.7℃
- 압축기로부터 약 15cm 거리의 저압측(흡입측) 라인의 온도를 측정한다.(예) 7.2℃
- 과열도(흡입라인 온도−저압측 압력 포화온도)를 계산한다.

  (예) 7.2℃−1.7℃=5.5℃

표 9-8 냉매 R134a의 온도/압력 표

Temp ℉	R134 psig	R134 kPa	Temp ℃	Temp ℉	R134 psig	R134 kPa	Temp ℃
-50	18.7	129	-45.6	55	51.1	352.3	12.8
-45	16.9	116.5	-42.8	60	57.3	413.7	45.6
-40	14.8	102	-40	65	63.9	477.8	18.3
-35	12.5	86.2	-37.2	70	71	489.5	21.1
-30	9.8	67.6	-34.4	75	78.6	541.9	23.9
-25	6.9	47.6	-31.7	80	85.6	590.2	26.7
-20	3.7	25.5	-28.9	85	95.1	655.7	29.4
-15	0.1	0.7	-26.1	90	104.2	718.4	32.2
-10	1.9	13.1	-23.3	95	113.8	784.6	35
-5	4.1	28.3	-20.6	100	124.1	855.6	37.8
0	6.5	44.8	-17.8	105	134.9	930.1	40.6
5	9.1	62.7	-15	110	146.3	1008.7	43.3
10	11.9	82	-12.2	115	158.4	1092.1	46.1
15	15	103.4	-9.4	120	171.1	1179.7	48.9
20	18.4	126.9	-6.7	125	184.5	1272.1	51.7
25	22.1	152.3	-3.9	130	198.7	1370	54.4
30	26	179.2	-1.1	135	213.6	1472.7	57.2
35	30.3	[1] 208.9	[2] 1.7	140	229.3	1581	60
40	35	241.3	4.4	145	245.7	1694	[3] 62.8
45	40	275.8	[3] 7.2	150	263	[1] 1813.3	[2] 65.6
50	45.4	313	10				
과열도 ; 7.2−1.7 = 5.5℃				과냉각도 ; 65.6−62.8 = 2.8℃			

② **과냉각도(subcooling capacity) 계산**
  - 고압측 라인 압력을 측정한다. (예) 고압계 지시값 ; 1813kPa(G)
  - 측정한 고압측 압력 1813kPa에서의 포화온도를 표에서 찾는다. (예) 65.6℃
  - 가능한 한 팽창밸브나 오리피스 튜브에 근접한 고압라인의 온도를 측정한다.
    (예) 62.8℃
  - 과냉각도(고압측 포화온도 − 고압측 라인 온도)를 계산한다.
    (예) 65.6℃ − 62.8℃ = 2.8℃

③ **과열도와 과냉각도를 이용한 진단 방법**
  - 과열도와 과냉각도가 규정값에 비해 모두 낮을 때
    TXV가 열린 상태로 고착되었다. FOT식에서는 직경이 큰 오리피스 튜브가 장착됨
  - 과열도와 과냉각도가 규정값에 비해 모두 높을 때
    팽창밸브(TXV)나 고정 오리피스 튜브(FOT), 증발기 또는 라인의 막힘 여부를 점검한다.
  - 과열도는 낮고, 과냉각도가 높을 때
    시스템에 충전된 냉매의 양이 많을 수 있다.
  - 과열도는 높고, 과냉각도는 낮을 때
    시스템은 냉매 부족일 수 있다(충전량의 부족, 누설 등).

(10) 고정 오리피스 튜브(FOT)식에서 냉매 충전 수준을 테스트하는 방법

고압측 액체냉매 온도 측정용 서모커플(thermocouple)을 FOT 입구에 가능한 한 가깝게 설치한다. 그래야만 액체 냉매의 온도를 더 정확하게 측정할 수 있기 때문이다. 그리고 고압측 서비스포트에 압력계를 접속한다. 참고로 이 테스트는 대기온도 21~29℃(70~85℉) 범위에서 실행한다.

테스트 순서는 다음과 같다.
  ① 앞서 설명한 무부하 성능시험의 순서 및 방법에 따라 에어컨을 작동시킨다.
    강력 냉방, 최대 풍량, 외기모드 등등
  ② 응축기를 통과하는 냉각공기의 양을 제한(예 : 응축기를 판지로 가려서)하여, 고압측 라인압력을 약 260psig(1793kPa)까지 상승시킨다.
  ③ 고압측 게이지 압력을 확인, 기록한다.
  ④ FOT 입구에 가까운 위치에서 측정한 고압 액냉매 온도를 확인, 기록한다.
  ⑤ 측정한 온도와 압력을 아래와 같은 기준표와 비교하여, 냉매 충전 수준을 판정한다.

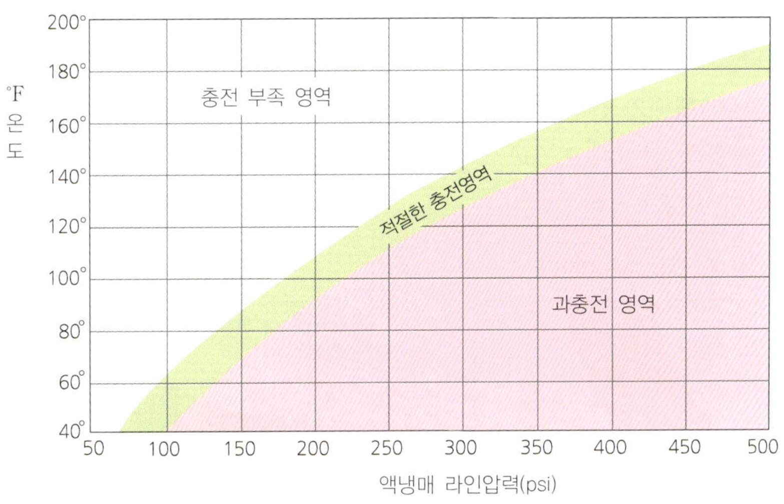

▲ 그림 9-25 FOT 시스템의 충전 수준 판정용 그래픽(예)

(11) 마그넷 클러치의 ON-OFF 사이클 시간을 비교하여 냉매 충전 수준을 진단하는 방법

그림 9-26은 FORD 사이클링 클러치 시스템에서 대기온도에 따른, 압축기 마그넷 클러치의 ON-OFF 시간을 나타낸 그래픽이다. 마그넷 클러치-ON 시간은 표시된 범위 내에 있어야 한다.

다음과 같은 순서로 에어컨을 작동시킨다.

① 설정은 순환공기 모드, 최대 냉방, 송풍기 속도 최고에 맞춘다.

② 기관을 약 $1500min^{-1}$으로 약 10분 동안 운전한다.

③ 차실 내 온도가 21~27℃(70~80°F)의 범위에서 안정되어 있는지 확인한다.

④ 클러치-ON시간과 클러치-OFF시간, 전체 클러치 사이클링 시간 등을 계측한다.

⑤ 측정한 자료를 진단 그래픽과 비교하여 냉매 충전 수준을 판정한다.

클러치가 분리될 때, 저압측 게이지에서 기록된 가장 낮은 압력은 클러치 사이클링 압력 스위치의 저압 설정값이다. 역으로 클러치가 결합될 때, 고압측에서 기록된 가장 높은 압력은 클러치 사이클링 압력 스위치의 고압 설정값이 된다.

일반적으로 외기온도가 38℃(100°F) 이상일 때, 압축기 클러치는 사이클링 하지 않는다. 그리고 특별한 경우 예를 들면, 상대습도나 엔진회전속도에 따라서는 21℃(90°F) 이상에서도 압축기 클러치는 사이클링하지 않는다. 또 엔진회전속도가 높을 때에도 클러치는 사이클링 하지 않는다.

시스템으로부터 냉매가 전부 누설되었거나, 냉매가 아주 부족할 때에는 클러치가 사이클링 하지 않을 수 있다. 반면에 오리피스 튜브가 막혔거나 냉매 충전량이 약간 부족할 때는 클러치 사이클링의 빈도가 높아진다.

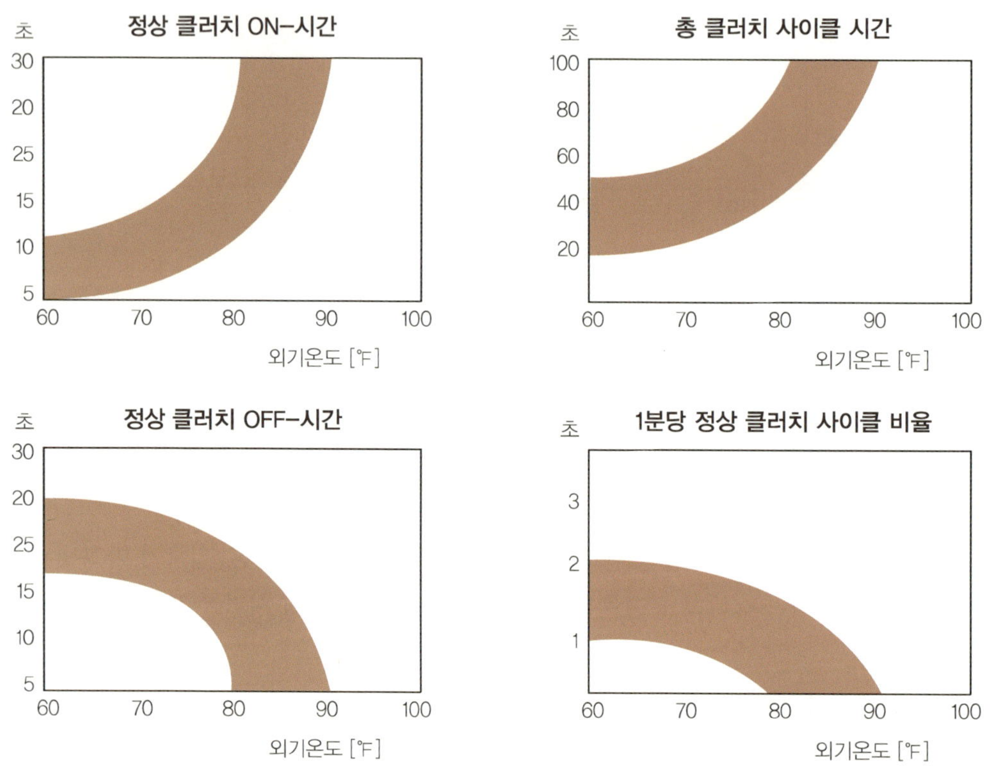

▲ 그림 9-26 FORD의 사이클링 클러치 시스템 진단 및 테스트용 그래픽

부 록

Appendices

⬤ 길이 척도(linear dimensions)

	meter	inch	foot	yard
1 m	1	39.37	3.2808	1.0936
1 in	0.0254	1	0.0833	0.0278
1 ft	0.3048	12	1	0.333
1 yd	0.9144	36	3	1

$$1\text{m} = 10^{-3}\text{km} = 10\text{dm} = 10^2\text{cm} = 10^3\text{mm} = 10^6\mu\text{m} = 10^{12}\text{nm}$$

⬤ 면적(area)

	cm^2	m^2	square inch	square foot	square yard
1cm^2	1	$1 \cdot 10^{-4}$	0.155	$1.0764 \cdot 10^{-3}$	$1.196 \cdot 10^{-4}$
1m^2	$1 \cdot 10^{-4}$	1	1550	10.764	1.196
1sq in	6.4516	$0.64516 \cdot 10^{-3}$	1	0.00694	$0.772 \cdot 10^{-3}$
1sq ft	929.0	0.0929	144	1	0.1111
1sq yd	8360	0.8360	1296	9	1

$$1\text{m}^2 = 10^{-6}\text{km}^2 = 10^{-4}\text{ha} = 10^2\text{dm}^2 = 10^6\text{mm}^2$$

⬤ 체적(volume)

	liter (dm^3)	m^3	cubic inch	cubic foot	Gallons US	Gallons Imperial
1 ℓ	1	$1 \cdot 10^{-3}$	61.024	0.03531	0.2642	0.220
1m^3	1000	1	61024	35.31	264.2	220
1cu in	$16.387 \cdot 10^{-3}$	$16.387 \cdot 10^{-6}$	1	$0.5787 \cdot 10^{-3}$	$4.329 \cdot 10^{-3}$	$3.606 \cdot 10^{-3}$
1cu ft	28.320	$28.320 \cdot 10^{-3}$	1728	1	7.481	6.229
1US−gal	3.785	$3.785 \cdot 10^{-3}$	231	0.13368	1	0.8327
1Imp−gal	4.546	$4.546 \cdot 10^{-3}$	277.3	0.1605	1.20095	1

※ Imperial(Imp)=British(Br) ; 영국

⬤ 질량(mass) ; 무게(weight)

	kilogram	pound	tons short(US)	tons long(Imp)
1kg	1	2.205	$1.102 \cdot 10^{-3}$	$0.9843 \cdot 10^{-3}$
1lb	0.4536	1	$0.500 \cdot 10^{-3}$	$0.4464 \cdot 10^{-3}$
1short ton(US)	907.2	2000	1	0.8929
1 long ton(Imp)	1016	2240	1.12	1

$$1\text{kg} = 10^3\text{g}, \quad 1\text{oz} = 28.35\text{g}, \quad 1\text{lb} = 0.4536\text{kg}, \quad 1\,metric\ ton = 1000\text{kg}$$

○ 밀도(density)

density	kg/ℓ	kg/m³	pound cubic foot	pound/gallon	
				Imperial	US
1kg/ℓ	1	1000	62.43	10.022	8.345
1kg/m³	0.001	1	0.06243	0.010022	0.008345
1 lb/cu ft	0.01602	16.02	1	0.16054	0.1337
1 lb/gal(Imp)	0.0998	99.78	6.229	1	0.8327
1 lb/gal(US)	0.1198	119.8	7.481	1.201	1

○ 비체적(specific volume)

	ℓ/kg	m³/kg	cubic foot pound
1 ℓ/kg	1	0.001	0.01602
1m³/kg	1000	1	16.02
1 cu ft/lb	62.43	0.06243	1

○ 힘(force)

	newton	kilogram force	poundal
1N	1	0.1020	7.2333
1kgf(=1kp)	9.80665	1	70.9344
1pdl	0.13825	0.00141	1

$$1N = 10^5 dyn; \quad 1dyn = 1g \times 1\frac{cm}{s^2}; \quad 1kgf = 1kg \times g(중력가속도), \quad kp=kilopond$$

$$1Poundal = 1lb \times \frac{ft}{s^2}$$

○ 압력(pressure)

	bar	at	poundal sq ft	poundal sq in = psi
1Pa = 1N/m²	$1 \cdot 10^{-5}$	$1.02 \cdot 10^{-5}$	0.0209	$1.45 \cdot 10^{-4}$
1 bar	1	1.0197	2089	14.504
1 at	0.980665	1	2048	14.22
1 pdl/ft²	$0.4790 \cdot 10^{-3}$	$0.4882 \cdot 10^{-3}$	1	$6.944 \cdot 10^{-3}$
1 pdl/in² (psi)	0.06895	0.07031	144	1
1 atm	1.013	1.033	2120	14.70
1 mm Hg	$1.330 \cdot 10^{-3}$	$1.360 \cdot 10^{-3}$	2.78	0.0193
1 in Hg	0.0339	0.0345	70.7	0.4910
1 m H₂O	0.0981	0.1000	205	1.4220
1 ft H₂O	0.0299	0.0305	62.4	0.4340

$1N/m^2 = 1Pa(pascal) = 10dyn/cm^2, \quad 1kPa = 1000N/m^2, \; 1psi = 6.895kPa$

$1bar = 10^5 N/m^2, \quad 1at = 1kgf/cm^2$

$1 \text{ in } H_2O = 0.2484kPa \; @68°F,$

$1 \text{ in } Hg = 3.386kPa, \; @32°F, \quad 1 \text{ in } Hg = 13.63 \text{ in } H_2O$

atm(0℃)	Hg−column(0℃)		H₂O−column(WS)(4℃)		
	mm Hg	in Hg	m H₂O	ft H₂O	
$9.87 \cdot 10^{-6}$	0.0075	$2.95 \cdot 10^{-4}$	$1.02 \cdot 10^{-4}$	$3.35 \cdot 10^{-4}$	1 Pa$=$1N/m^2
0.9869	750	29.5	10.20	33.5	1 bar
0.96784	735.56	29.0	10.00	32.8	1 at
$0.4725 \cdot 10^{-3}$	0.359	0.0141	$4.88 \cdot 10^{-3}$	0.0160	1 pdl / ft^2
0.06805	51.7	2.04	0.703	2.31	1 pdl / in^2(psi)
1	760	29.9	10.33	33.9	1 atm
$1.316 \cdot 10^{-3}$	1	0.0394	0.0136	0.0446	1 mm Hg
0.0334	25.4	1	0.3450	1.133	1 in Hg
0.0968	73.6	2.90	1	3.28	1 m H₂O
0.0295	22.4	0.883	0.3050	1	1 ft H₂O

1atm = 760Torr = 760 mm Hg, 1mm Hg = 1 Torr

○ 유효일(effective work), 에너지(energy), 열량(amount of heat)

	kcal	kgfm(=kpm)	Btu	kWh
1 kcal	1	427.0	3.968	$1.163 \cdot 10^{-3}$
1 kgfm	$2.342 \cdot 10^{-3}$	1	$9.294 \cdot 10^{-3}$	$2.723 \cdot 10^{-6}$
1 Btu	0.252	107.59	1	$0.293 \cdot 10^{-3}$
1 kWh	860	$367.1 \cdot 10^{3}$	3412.8	1
1 psh	632.3	$270 \cdot 10^{3}$	2509.3	0.7353
1 hph	641.1	$273.7 \cdot 10^{3}$	2545	0.7457
1 ton−day	$72.57 \cdot 10^{3}$	$30.99 \cdot 10^{6}$	$288 \cdot 10^{3}$	84.39
1 J	$0.239 \cdot 10^{-3}$	0.102	$0.948 \cdot 10^{-3}$	$0.278 \cdot 10^{-6}$

Btu(British thermal unit : 영국 열량 단위),　1kgfm=1kpm

$1 \mathrm{erg} = 1 \mathrm{dyn\,cm} = 10^{-7} \mathrm{Nm} \; ; \; 1 \mathrm{kJ} = 10^{3} \mathrm{J}$

horsepower−hour		ton−day of refrigeration	J $=$Nm $=$Ws	
metric (psh)	Imperial (hph)			
$1.581 \cdot 10^{-3}$	$1.560 \cdot 10^{-3}$	$13.779 \cdot 10^{-6}$	4186.8	1 kcal
$3.704 \cdot 10^{-6}$	$3.653 \cdot 10^{-6}$	$32.270 \cdot 10^{-6}$	9.807	1 kgfm
$0.398 \cdot 10^{-3}$	$0.3931 \cdot 10^{-3}$	$3.472 \cdot 10^{-6}$	1055	1 Btu
1.360	1.341	$11.850 \cdot 10^{-3}$	$3.6 \cdot 10^{6}$	1 kWh
1	0.9863	$8.713 \cdot 10^{-3}$	$2.65 \cdot 10^{6}$	1 psh
1.014	1	$8.834 \cdot 10^{-3}$	$2.67 \cdot 10^{6}$	1 hph
114.78	113.2	1	$304 \cdot 10^{6}$	1 ton−day
$0.378 \cdot 10^{-6}$	$0.372 \cdot 10^{-6}$	$3280 \cdot 10^{-9}$	1	1 J

$$1 \mathrm{psh} = 75 \frac{\mathrm{kgf \cdot m}}{\mathrm{s}} \mathrm{h}, \qquad 1 \mathrm{hph} = 550 \frac{\mathrm{ft \cdot lbf}}{\mathrm{s}} \mathrm{h} \; , \quad 1 \mathrm{J(joul)} = 1 \mathrm{Nm} = 1 \mathrm{Ws}$$

⭕ 공률(power), 에너지 유량률(energy flow rate), 열 유량률(heat flow rate)

	$\dfrac{kcal}{h}$	$\dfrac{kgf \cdot m}{s}$	Btu/h	kcal/s
1 kcal/h	1	0.1186	3.968	$0.278 \cdot 10^{-3}$
1 kgf·m/s	8.4312	1	33.455	$2.342 \cdot 10^{-3}$
1 Btu/h	0.252	$29.89 \cdot 10^{-3}$	1	$0.07 \cdot 10^{-3}$
1 kcal/s	3600	427	$14.285 \cdot 10^3$	1
1 kW	860.0	102.0	3414	0.2389
1 PS	632.3	75	2509.3	0.1756
1 hp	641.1	76.04	2545	0.1781
1 US 냉동 ton	3024	358.2	$12.0 \cdot 10^3$	0.831
1 Br 냉동 ton	3340	396.9	$13.26 \cdot 10^3$	0.9277

Br(영국) ; 1kcal/s= British theoretical unit of refrigeration, $1 kgfm/s = 1 kpm/s$

kW(=kJ/s)	마력(horse power)		표준 US 냉동톤	표준 영국 냉동톤	
	metric(PS)	Imperial(hp)			
$1.163 \cdot 10^{-3}$	$1.581 \cdot 10^{-3}$	$1.560 \cdot 10^{-3}$	$0.331 \cdot 10^{-3}$	$0.299 \cdot 10^{-3}$	1 kcal/h
$9.804 \cdot 10^{-3}$	$13.333 \cdot 10^{-3}$	$13.150 \cdot 10^{-3}$	$2.792 \cdot 10^{-3}$	$2.520 \cdot 10^{-3}$	1 kgf·m/s
$0.293 \cdot 10^{-3}$	$0.398 \cdot 10^{-3}$	$0.393 \cdot 10^{-3}$	$0.083 \cdot 10^{-3}$	$0.078 \cdot 10^{-3}$	1 Btu/h
4.186	5.693	5.615	1.190	1.078	1 kcal/s
1	1.360	1.341	0.2846	0.2572	1 kW
0.736	1	0.9863	0.2094	0.1891	1 PS
0.7455	1.014	1	0.2123	0.21227	1 hp
3.513	4.776	4.711	1	0.9037	1 TR(US)
3.888	5.287	5.214	1.1045	1	1 TR(Br)

미터계 마력 ; $1PS = 75 \dfrac{kgf \cdot m}{s}$, 영국 마력 ; $1hp = 550 \dfrac{ft \cdot lbf}{s}$, TR(Ton of refrigeration)

⭕ 엔탈피 차(enthalpy difference), 잠열(latent heat)

Δh	$\dfrac{kJ}{kg}$	$\dfrac{kcal}{kg}$	$\dfrac{Btu}{pound}$
1 kJ/kg	1	0.239	0.43
1 kcal/kg	4.1868	1	1.80
1 Btu/lb	2.33	0.556	1

$1 cal/g = 1 kcal/kg$

⭕ 엔트로피 차(entropy difference), 비 열용량(specific heat capacity)

Δs	$\dfrac{kJ}{kg \cdot K}$	$\dfrac{kcal}{kg \cdot ℃}$	$\dfrac{Btu}{pound \cdot ℉}$
1 kJ / [kg K]	1	0.239	0.239
1 kcal / [kg℃]	4.1868	1	1
1 Btu / [lb ℉]	4.1868	1	1

O 체적 냉동 용량(volumetric refrigerating capacity; refrigerating effect per unit of swept volume)

q_{vol}	$\dfrac{kJ}{m^3}$	$\dfrac{kcal}{m^3}$	$\dfrac{Btu}{cubic\ foot}$	$\dfrac{ton-day}{cubic\ foot}$
1 kJ / m^3	1	0.239	0.02685	$0.0929 \cdot 10^{-6}$
1 kcal / m^3	4.1868	1	0.1123	$0.3901 \cdot 10^{-6}$
1 Btu / ft^3	37.253	8.90	1	$3.473 \cdot 10^{-6}$
1 ton-day / ft^3	$10.734 \cdot 10^6$	$2.563 \cdot 10^6$	$0.288 \cdot 10^6$	1

O 열 전도도(thermal conductivity)

λ	$\dfrac{J}{msK} = \dfrac{W}{mK}$	$\dfrac{kJ}{mhK}$	$\dfrac{kcal}{mh℃}$	$\dfrac{Btu}{fth°F}$	$\dfrac{Btu\ IN}{sqfth°F}$
1J/ (msK)	1	3.60	0.860	0.578	6.94
1kJ / (mhK)	0.278	1	0.239	0.1605	1.926
1kcal / (mh℃)	1.163	4.1868	1	0.6719	8.064
1Btu / (fth°F)	1.730	6.23	1.488	1	12
1Btu in / (ft^{2}h°F)	0.144	0.519	0.124	0.0833	1

$$1\frac{cal}{cm\,s\,℃} = 418.68\frac{J}{m\,s\,K} = 1507\frac{kJ}{m\,h\,K} = \frac{360kcal}{m\,h\,℃} = 242\frac{Btu}{ft\,h\,°F} = 2900\frac{Btu\,in}{sqft\,h\,°F}$$

O 총 열전달계수(overall coefficient of heat transfer),
표면 열전달계수(surface coefficient of heat transfer)

k, α	$\dfrac{J}{m^2sK} = \dfrac{W}{m^2K}$	$\dfrac{kJ}{m^2hK}$	$\dfrac{kcal}{m^2h℃}$	$\dfrac{Btu}{ft^2h°F}$
1J / [m^{2}sK]	1	3.60	0.860	0.1761
1kJ / [m^{2}hK]	0.278	1	0.239	0.0498
1kcal / [m^{2}h℃]	1.163	4.1868	1	0.2050
1Btu / [ft^{2}h°F]	5.680	20.40	4.880	1

$$1\frac{cal}{cm^2s\,℃} = 41868\frac{J}{m^2h\,K} = 150725\frac{kJ}{m^2hK} = 36000\frac{kcal}{m^2h\,℃} = 7380\frac{Btu}{ft^2h°F}$$

O 기타

중력상수	$32.2\text{ft/s}^2 \Leftrightarrow 9.81\text{m/s}^2$
속 도	$1\text{ft/m} = 5.08 \times 10^{-3}\text{m/s}$ $1\text{ft/s} = 0.3048\text{m/s}$
체적유량률	$1\text{CFM}(\text{ft}^3/\text{min}) = 0.4719 \times 10^{-3}\ \text{m}^3/\text{s}$ 1영국 $\text{GPM}(\text{gallon/min}) = 0.2728\text{m}^3/\text{h} = 4.546\ell/\text{min}$ 1미국 $\text{GPM}(\text{gallon/min}) = 0.2271\text{m}^3/\text{h} = 3.785\ell/\text{min}$

1/4

TEMP. ℃	PRESSURE kPa(abs)	VOLUME m³/kg		DENSITY kg/m³		ENTHALPY kJ/kg			ENTROPY kJ/(kg)(K)		TEMP. ℃
		LIQUID v_f	VAPOR v_g	LIQUID $1/v_f$	VAPOR $1/v_g$	LIQUID h_f	LATENT h_{fg}	VAPOR h_g	LIQUID s_f	VAPOR s_g	
-100	0.57	0.0006	25.0000	1580.5	0.040	77.3	259.9	337.2	0.4448	1.9460	-100
-99	0.63	0.0006	22.7273	1577.8	0.044	78.4	259.4	337.8	0.4514	1.9407	-99
-98	0.70	0.0006	20.4082	1575.0	0.049	79.6	258.8	338.4	0.4581	1.9356	-98
-97	0.77	0.0006	18.5185	1572.3	0.054	80.7	258.2	339.0	0.4646	1.9306	-97
-96	0.86	0.0006	16.9492	1569.5	0.059	81.9	257.7	339.6	0.4711	1.9257	-96
-95	0.95	0.0006	15.3846	1566.8	0.065	83.0	257.1	340.1	0.4776	1.9209	-95
-94	1.04	0.0006	13.8889	1564.1	0.072	84.2	256.6	340.7	0.4841	1.9161	-94
-93	1.15	0.0006	12.6582	1561.3	0.079	85.3	256.0	341.3	0.4905	1.9115	-93
-92	1.27	0.0006	11.6279	1558.6	0.086	86.5	255.4	341.9	0.4968	1.9070	-92
-91	1.40	0.0006	10.6383	1555.8	0.094	87.6	254.9	342.5	0.5032	1.9025	-91
-90	1.53	0.0006	9.7087	1553.1	0.103	88.8	254.3	343.1	0.5095	1.8982	-90
-89	1.68	0.0006	8.9286	1550.4	0.112	89.9	253.8	343.7	0.5158	1.8939	-89
-88	1.84	0.0006	8.1967	1547.6	0.122	91.1	253.2	344.3	0.5220	1.8898	-88
-87	2.02	0.0006	7.5188	1544.9	0.133	92.3	252.7	344.9	0.5282	1.8857	-87
-86	2.20	0.0006	6.8966	1542.1	0.145	93.4	252.1	345.5	0.5344	1.8817	-86
-85	2.41	0.0006	6.3291	1539.4	0.158	94.6	251.6	346.2	0.5406	1.8778	-85
-84	2.63	0.0007	5.8480	1536.7	0.171	95.7	251.0	346.8	0.5467	1.8739	-84
-83	2.86	0.0007	5.4054	1533.9	0.185	96.9	250.5	347.4	0.5528	1.8702	-83
-82	3.11	0.0007	4.9751	1531.2	0.201	98.0	249.9	348.0	0.5589	1.8665	-82
-81	3.39	0.0007	4.6083	1528.5	0.217	99.2	249.4	348.6	0.5650	1.8629	-81
-80	3.68	0.0007	4.2553	1525.7	0.235	100.4	248.8	349.2	0.5710	1.8594	-80
-79	3.99	0.0007	3.9526	1523.0	0.253	101.5	248.3	349.8	0.5770	1.8559	-79
-78	4.33	0.0007	3.6630	1520.2	0.273	102.7	247.7	350.4	0.5830	1.8525	-78
-77	4.69	0.0007	3.3898	1517.5	0.295	103.9	247.2	351.1	0.5890	1.8492	-77
-76	5.07	0.0007	3.1546	1514.8	0.317	105.0	246.6	351.7	0.5949	1.846	-76
-75	5.48	0.0007	2.9326	1512.0	0.341	106.2	246.1	352.3	0.6009	1.8428	-75
-74	5.92	0.0007	2.7248	1509.3	0.367	107.4	245.5	352.9	0.6068	1.8397	-74
-73	6.39	0.0007	2.5381	1506.5	0.394	108.6	245.0	353.5	0.6126	1.8366	-73
-72	6.89	0.0007	2.3641	1503.8	0.423	109.7	244.4	354.2	0.6185	1.8336	-72
-71	7.42	0.0007	2.2075	1501.0	0.453	110.9	243.9	354.8	0.6243	1.8307	-71
-70	7.98	0.0007	2.0576	1498.3	0.486	112.1	243.3	355.4	0.6302	1.8279	-70
-69	8.58	0.0007	1.9231	1495.5	0.520	113.3	242.8	356.0	0.6360	1.8251	-69
-68	9.22	0.0007	1.7986	1492.8	0.556	114.5	242.2	356.6	0.6417	1.8223	-68
-67	9.89	0.0007	1.6835	1490.0	0.594	115.6	241.6	357.3	0.6475	1.8196	-67
-66	10.61	0.0007	1.5773	1487.3	0.634	116.8	241.1	357.9	0.6532	1.817	-66
-65	11.37	0.0007	1.4771	1484.5	0.677	118.0	240.5	358.5	0.6590	1.8144	-65
-64	12.18	0.0007	1.3850	1481.8	0.722	119.2	239.9	359.2	0.6647	1.8119	-64
-63	13.03	0.0007	1.3004	1479.0	0.769	120.4	239.4	359.8	0.6704	1.8095	-63
-62	13.93	0.0007	1.2210	1476.3	0.819	121.6	238.8	360.4	0.6760	1.8071	-62
-61	14.88	0.0007	1.1481	1473.5	0.871	122.8	238.2	361.0	0.6817	1.8047	-61
-60	15.89	0.0007	1.0799	1470.7	0.926	124.0	237.7	361.7	0.6873	1.8024	-60
-59	16.95	0.0007	1.0163	1468.0	0.984	125.2	237.1	362.3	0.6929	1.8001	-59
-58	18.07	0.0007	0.9579	1465.2	1.044	126.4	236.5	362.9	0.6985	1.7979	-58
-57	19.25	0.0007	0.9025	1462.4	1.108	127.6	236.0	363.6	0.7041	1.7958	-57
-56	20.49	0.0007	0.8511	1459.6	1.175	128.8	235.4	364.2	0.7097	1.7937	-56
-55	21.80	0.0007	0.8032	1456.9	1.245	130.0	234.8	364.8	0.7152	1.7916	-55

TEMP. ℃	PRESSURE kPa(abs)	VOLUME m³/kg		DENSITY kg/m³		ENTHALPY kJ/kg			ENTROPY kJ/(kg)(K)		TEMP. ℃
		LIQUID v_f	VAPOR v_g	LIQUID $1/v_f$	VAPOR $1/v_g$	LIQUID h_f	LATENT h_{fg}	VAPOR h_g	LIQUID s_f	VAPOR s_g	
-54	23.17	0.0007	0.7587	1454.1	1.318	131.2	234.2	365.4	0.7208	1.7896	-54
-53	24.62	0.0007	0.7168	1451.3	1.395	132.4	233.6	366.1	0.7263	1.7876	-53
-52	26.14	0.0007	0.6775	1448.5	1.476	133.7	233.1	366.7	0.7318	1.7857	-52
-51	27.73	0.0007	0.6410	1445.7	1.560	134.9	232.5	367.3	0.7373	1.7838	-51
-50	29.41	0.0007	0.6068	1442.9	1.648	136.1	231.9	368.0	0.7428	1.7819	-50
-49	31.16	0.0007	0.5747	1440.1	1.740	137.3	231.3	368.6	0.7482	1.7801	-49
-48	33.00	0.0007	0.5447	1437.3	1.836	138.5	230.7	369.2	0.7537	1.7783	-48
-47	34.93	0.0007	0.5165	1434.5	1.936	139.8	230.1	369.9	0.7591	1.7766	-47
-46	36.95	0.0007	0.4902	1431.6	2.040	141.0	229.5	370.5	0.7645	1.7749	-46
-45	39.06	0.0007	0.4653	1428.8	2.149	142.2	228.9	371.1	0.7699	1.7732	-45
-44	41.27	0.0007	0.4419	1426.0	2.263	143.5	228.3	371.8	0.7753	1.7716	-44
-43	43.58	0.0007	0.4198	1423.2	2.382	144.7	227.7	372.4	0.7805	1.77	-43
-42	45.99	0.0007	0.3992	1420.3	2.505	145.9	227.1	373.0	0.7860	1.7685	-42
-41	48.51	0.0007	0.3798	1417.5	2.633	147.2	226.5	373.7	0.7913	1.767	-41
-40	51.14	0.0007	0.3614	1414.6	2.767	148.4	225.9	374.3	0.7967	1.7655	-40
-39	53.88	0.0007	0.3441	1411.8	2.906	149.6	225.3	374.9	0.8020	1.7641	-39
-38	56.74	0.0007	0.3279	1408.9	3.050	150.9	224.7	375.5	0.8073	1.7627	-38
-37	59.72	0.0007	0.3125	1406.0	3.200	152.1	224.0	376.2	0.8126	1.7613	-37
-36	62.83	0.0007	0.2980	1403.1	3.356	153.4	223.4	376.8	0.8178	1.7599	-36
-35	66.07	0.0007	0.2843	1400.2	3.518	154.6	222.8	377.4	0.8231	1.7586	-35
-34	69.43	0.0007	0.2713	1397.4	3.686	155.9	222.2	378.1	0.8283	1.7573	-34
-33	72.93	0.0007	0.2590	1394.5	3.861	157.1	221.5	378.7	0.8336	1.7561	-33
-32	76.58	0.0007	0.2474	1391.5	4.042	158.4	220.9	379.3	0.8388	1.7548	-32
-31	80.36	0.0007	0.2365	1388.6	4.229	159.7	220.3	379.9	0.8440	1.7536	-31
-30	84.29	0.0007	0.2260	1385.7	4.424	160.9	219.6	380.6	0.8492	1.7525	-30
-29	88.37	0.0007	0.2162	1382.8	4.625	162.2	219.0	381.2	0.8544	1.7513	-29
-28	92.61	0.0007	0.2069	1379.8	4.833	163.5	218.3	381.8	0.8595	1.7502	-28
-27	97.02	0.0007	0.1981	1376.9	5.049	164.7	217.7	382.4	0.8647	1.7491	-27
-26	101.58	0.0007	0.1896	1373.9	5.273	166.0	217.1	383.1	0.8698	1.7481	-26
-25	106.32	0.0007	0.1817	1371.0	5.504	167.3	216.4	383.7	0.8750	1.747	-25
-24	111.22	0.0007	0.1741	1368.0	5.743	168.6	215.7	384.3	0.8801	1.746	-24
-23	116.31	0.0007	0.1669	1365.0	5.991	169.8	215.1	384.9	0.8852	1.745	-23
-22	121.57	0.0007	0.1601	1362.0	6.247	171.1	214.4	385.5	0.8903	1.744	-22
-21	127.02	0.0007	0.1536	1359.0	6.511	172.4	213.7	386.2	0.8954	1.7431	-21
-20	132.67	0.0007	0.1474	1356.0	6.784	173.7	213.1	386.8	0.9005	1.7422	-20
-19	138.50	0.0007	0.1415	1353.0	7.066	175.0	212.4	387.4	0.9055	1.7413	-19
-18	144.54	0.0007	0.1359	1349.9	7.357	176.3	211.7	388.0	0.9106	1.7404	-18
-17	150.78	0.0007	0.1306	1346.9	7.658	177.6	211.0	388.6	0.9157	1.7395	-17
-16	157.23	0.0007	0.1255	1343.8	7.968	178.9	210.4	389.2	0.9207	1.7387	-16
-15	163.90	0.0007	0.1207	1340.8	8.288	180.2	209.7	389.8	0.9257	1.7379	-15
-14	170.78	0.0007	0.1160	1337.7	8.618	181.5	209.0	390.4	0.9307	1.7371	-14
-13	177.89	0.0007	0.1116	1334.6	8.958	182.8	208.3	391.1	0.9357	1.7363	-13
-12	185.22	0.0008	0.1074	1331.5	9.309	184.1	207.6	391.7	0.9407	1.7356	-12
-11	192.79	0.0008	0.1034	1328.4	9.671	185.4	206.9	392.3	0.9457	1.7348	-11
-10	200.60	0.0008	0.0996	1325.3	10.044	186.7	206.2	392.9	0.9507	1.7341	-10
-9	208.65	0.0008	0.0959	1322.1	10.428	188.0	205.4	393.5	0.9557	1.7334	-9
-8	216.95	0.0008	0.0924	1319.0	10.823	189.3	204.7	394.1	0.9605	1.7327	-8
-7	225.50	0.0008	0.0890	1315.8	11.231	190.7	204.0	394.7	0.9656	1.7321	-7
-6	234.32	0.0008	0.0858	1312.6	11.650	192.0	203.3	395.3	0.9705	1.7314	-6
-5	243.39	0.0008	0.0828	1309.4	12.082	193.3	202.5	395.9	0.9755	1.7308	-5
-4	252.74	0.0008	0.0798	1306.2	12.526	194.6	201.8	396.4	0.9804	1.7302	-4
-3	262.36	0.0008	0.0770	1303.0	12.983	196.0	201.1	397.0	0.9853	1.7295	-3
-2	272.26	0.0008	0.0743	1299.8	13.454	197.3	200.3	397.6	0.9902	1.729	-2
-1	282.45	0.0008	0.0718	1296.5	13.937	198.7	199.6	398.2	0.9951	1.7284	-1

TEMP. ℃	PRESSURE kPa(abs)	VOLUME m³/kg		DENSITY kg/m³		ENTHALPY kJ/kg			ENTROPY kJ/(kg)(K)		TEMP. ℃
		LIQUID v_f	VAPOR v_g	LIQUID $1/v_f$	VAPOR $1/v_g$	LIQUID h_f	LATENT h_{fg}	VAPOR h_g	LIQUID s_f	VAPOR s_g	
0	292.93	0.0008	0.0693	1293.3	14.435	200.0	198.8	398.8	1.0000	1.7278	0
1	303.70	0.0008	0.0669	1290.0	14.946	201.3	198.0	399.4	1.0049	1.7273	1
2	314.77	0.0008	0.0646	1286.7	15.472	202.7	197.3	400.0	1.0098	1.7267	2
3	326.16	0.0008	0.0624	1283.4	16.013	204.0	196.5	400.5	1.0146	1.7262	3
4	337.85	0.0008	0.0604	1280.1	16.569	205.4	195.7	401.1	1.0195	1.7257	4
5	349.87	0.0008	0.0583	1276.7	17.140	206.8	194.9	401.7	1.0244	1.7252	5
6	362.21	0.0008	0.0564	1273.4	17.726	208.1	194.2	402.3	1.0292	1.7247	6
7	374.88	0.0008	0.0546	1270.0	18.329	209.5	193.4	402.8	1.0340	1.7242	7
8	387.88	0.0008	0.0528	1266.6	18.948	210.8	192.6	403.4	1.0389	1.7238	8
9	401.23	0.0008	0.0511	1263.2	19.583	212.2	191.8	404.0	1.0437	1.7233	9
10	414.92	0.0008	0.0494	1259.8	20.236	213.6	190.9	404.5	1.0485	1.7229	10
11	428.97	0.0008	0.0478	1256.3	20.906	215.0	190.1	405.1	1.0533	1.7224	11
12	443.37	0.0008	0.0463	1252.9	21.594	216.4	189.3	405.6	1.0582	1.722	12
13	458.11	0.0008	0.0448	1249.4	22.301	217.7	188.5	406.2	1.0630	1.7216	13
14	473.25	0.0008	0.0434	1245.9	23.026	219.1	187.6	406.8	1.0678	1.7212	14
15	488.78	0.0008	0.0421	1242.3	23.770	220.5	186.8	407.3	1.0726	1.7208	15
16	504.68	0.0008	0.0408	1238.8	24.533	221.9	185.9	407.8	1.0773	1.7204	16
17	520.98	0.0008	0.0395	1235.2	25.317	223.3	185.1	408.4	1.0821	1.72	17
18	537.67	0.0008	0.0383	1231.6	26.121	224.7	184.2	408.9	1.0869	1.7196	18
19	554.76	0.0008	0.0371	1228.0	26.945	226.1	183.3	409.5	1.0917	1.7192	19
20	572.25	0.0008	0.0360	1224.4	27.791	227.5	182.5	410.0	1.0964	1.7189	20
21	590.16	0.0008	0.0349	1220.7	28.659	228.9	181.6	410.5	1.1012	1.7185	21
22	608.49	0.0008	0.0338	1217.0	29.549	230.4	180.7	411.0	1.1060	1.7182	22
23	627.25	0.0008	0.0328	1213.3	30.462	231.8	179.8	411.6	1.1107	1.7178	23
24	646.44	0.0008	0.0318	1209.6	31.399	233.2	178.9	412.1	1.1155	1.7175	24
25	666.06	0.0008	0.0309	1205.9	32.359	234.6	178.0	412.6	1.1202	1.7171	25
26	686.13	0.0008	0.0300	1202.1	33.344	236.1	177.0	413.1	1.1250	1.7168	26
27	706.66	0.0008	0.0291	1198.3	34.354	237.5	176.1	413.6	1.1297	1.7165	27
28	727.64	0.0008	0.0283	1194.4	35.389	238.9	175.2	414.1	1.1345	1.7161	28
29	749.04	0.0008	0.0274	1190.6	36.451	240.4	174.2	414.6	1.1392	1.7158	29
30	771.02	0.0008	0.0266	1186.7	37.540	241.8	173.3	415.1	1.1439	1.7155	30
31	793.43	0.0008	0.0259	1182.8	38.657	243.3	172.3	415.6	1.1487	1.7151	31
32	816.28	0.0008	0.0251	1178.8	39.802	244.8	171.3	416.1	1.1534	1.7148	32
33	839.66	0.0009	0.0244	1174.9	40.975	246.2	170.3	416.6	1.1581	1.7145	33
34	863.53	0.0009	0.0237	1170.8	42.179	247.7	169.3	417.0	1.1628	1.7142	34
35	887.91	0.0009	0.0230	1166.8	43.413	249.2	168.3	417.5	1.1676	1.7138	35
36	912.80	0.0009	0.0224	1162.7	44.679	250.6	167.3	418.0	1.1723	1.7135	36
37	938.20	0.0009	0.0218	1158.6	45.977	252.1	166.3	418.4	1.1770	1.7132	37
38	964.14	0.0009	0.0211	1154.5	47.308	253.6	165.3	418.9	1.1817	1.7129	38
39	990.60	0.0009	0.0205	1150.3	48.672	255.1	164.2	419.3	1.1864	1.7125	39
40	1017.61	0.0009	0.0200	1146.1	50.072	256.6	163.2	419.8	1.1912	1.7122	40
41	1045.16	0.0009	0.0194	1141.9	51.508	258.1	162.1	420.2	1.1959	1.7119	41
42	1073.26	0.0009	0.0189	1137.6	52.980	259.6	161.0	420.6	1.2006	1.7115	42
43	1101.93	0.0009	0.0184	1133.3	54.490	261.1	159.9	421.1	1.2053	1.7112	43
44	1131.16	0.0009	0.0178	1128.9	56.040	262.7	158.8	421.5	1.2101	1.7108	44
45	1161.01	0.0009	0.0174	1124.5	57.630	264.2	157.7	421.9	1.2148	1.7105	45
46	1191.41	0.0009	0.0169	1120.0	59.261	265.7	156.6	422.3	1.2195	1.7101	46
47	1222.41	0.0009	0.0164	1115.6	60.934	267.3	155.4	422.7	1.2242	1.7097	47
48	1253.95	0.0009	0.0160	1111.0	62.652	268.6	154.3	423.1	1.2290	1.7093	48
49	1286.17	0.0009	0.0155	1106.4	64.415	270.4	153.1	423.5	1.2337	1.709	49
50	1319.00	0.0009	0.0151	1101.8	66.225	271.9	151.9	423.8	1.2384	1.7086	50

TEMP. ℃	PRESSURE kPa(abs)	VOLUME m³/kg		DENSITY kg/m³		ENTHALPY kJ/kg			ENTROPY kJ/(kg)(K)		TEMP. ℃
		LIQUID v_f	VAPOR v_g	LIQUID $1/v_f$	VAPOR $1/v_g$	LIQUID h_f	LATENT h_{fg}	VAPOR h_g	LIQUID s_f	VAPOR s_g	
51	1352.44	0.0009	0.0147	1097.1	68.084	273.5	150.7	424.2	1.2432	1.7082	51
52	1386.52	0.0009	0.0143	1092.4	69.902	275.1	149.5	424.6	1.2479	1.7077	52
53	1421.23	0.0009	0.0139	1087.6	71.952	276.6	148.3	424.9	1.2527	1.7073	53
54	1456.58	0.0009	0.0135	1082.8	73.966	278.2	147.0	425.3	1.2574	1.7069	54
55	1492.59	0.0009	0.0132	1077.9	76.035	279.8	145.8	425.6	1.2622	1.7064	55
56	1529.26	0.0009	0.0128	1072.9	78.162	281.4	144.5	425.9	1.2670	1.7059	56
57	1566.61	0.0009	0.0124	1067.9	80.348	283.0	143.2	426.2	1.2717	1.7055	57
58	1604.63	0.0009	0.0121	1062.8	82.596	284.6	141.9	426.5	1.2765	1.705	58
59	1643.35	0.0009	0.0118	1057.7	84.908	286.3	140.5	426.8	1.2813	1.7044	59
60	1682.76	0.0010	0.0115	1052.5	87.287	287.9	139.2	427.1	1.2861	1.7039	60
61	1722.88	0.0010	0.0111	1047.2	89.735	289.5	137.8	427.4	1.2909	1.7033	61
62	1763.72	0.0010	0.0108	1041.8	92.255	291.2	136.4	427.6	1.2957	1.7028	62
63	1805.28	0.0010	0.0105	1036.4	94.851	292.9	135.0	427.9	1.3006	1.7021	63
64	1847.47	0.0010	0.0103	1030.9	97.526	294.5	133.6	428.1	1.3054	1.7015	64
65	1890.54	0.0010	0.0100	1025.3	100.283	296.2	132.1	428.3	1.3102	1.7009	65
66	1934.36	0.0010	0.0097	1019.6	103.125	297.9	130.6	428.5	1.3151	1.7002	66
67	1978.94	0.0010	0.0094	1013.8	106.058	299.6	129.1	428.7	1.3200	1.6995	67
68	2024.28	0.0010	0.0092	1008.0	109.085	301.3	127.5	428.8	1.3249	1.6987	68
69	2070.42	0.0010	0.0089	1002.0	112.212	303.0	126.0	429.0	1.3298	1.6979	69
70	2117.34	0.0010	0.0087	995.9	115.442	304.8	124.4	429.1	1.3347	1.6971	70
71	2165.08	0.0010	0.0084	989.7	118.783	306.5	122.7	429.2	1.3397	1.6963	71
72	2213.63	0.0010	0.0082	983.4	122.239	308.3	121.1	429.3	1.3446	1.6954	72
73	2263.01	0.0010	0.0079	977.0	125.818	310.1	119.4	429.4	1.3496	1.6945	73
74	2313.23	0.0010	0.0077	970.4	129.527	311.8	117.6	429.5	1.3547	1.6935	74
75	2364.31	0.0010	0.0075	963.7	133.373	313.7	115.8	429.5	1.3597	1.6924	75
76	2416.25	0.0010	0.0073	956.9	137.366	315.5	114.0	429.5	1.3648	1.6913	76
77	2469.08	0.0011	0.0071	949.9	141.514	317.3	112.2	429.5	1.3699	1.6902	77
78	2522.79	0.0011	0.0069	942.7	145.830	319.2	110.3	429.4	1.3750	1.689	78
79	2577.42	0.0011	0.0067	935.4	150.324	321.0	108.3	429.3	1.3801	1.6877	79
80	2632.97	0.0011	0.0065	927.8	155.010	322.9	106.3	429.2	1.3854	1.6863	80
81	2689.46	0.0011	0.0063	920.0	159.904	324.9	104.2	429.1	1.3906	1.6849	81
82	2746.90	0.0011	0.0061	912.1	165.022	326.8	102.1	428.9	1.3959	1.6834	82
83	2805.31	0.0011	0.0059	903.9	170.383	328.8	99.9	428.7	1.4012	1.6818	83
84	2864.70	0.0011	0.0057	895.5	176.010	330.7	97.7	428.4	1.4066	1.68	84
85	2925.11	0.0011	0.0055	886.7	181.929	332.8	95.3	428.1	1.4121	1.6782	85
86	2986.54	0.0011	0.0053	877.6	188.169	334.8	92.9	427.7	1.4176	1.6762	86
87	3049.01	0.0012	0.0051	868.2	194.766	336.9	90.4	427.3	1.4232	1.6741	87
88	3112.55	0.0012	0.0050	858.4	201.761	339.0	87.7	426.8	1.4289	1.6719	88
89	3177.10	0.0012	0.0048	848.1	209.206	341.2	85.0	426.2	1.4347	1.6694	89
90	3242.87	0.0012	0.0046	837.3	217.162	343.4	82.1	425.5	1.4406	1.6668	90
91	3309.78	0.0012	0.0044	826.0	225.706	345.7	79.1	424.8	1.4466	1.6639	91
92	3377.85	0.0012	0.0043	814.0	234.936	348.0	75.9	423.9	1.4528	1.6607	92
93	3447.13	0.0012	0.0041	801.1	244.978	350.4	72.5	422.9	1.4592	1.6572	93
94	3517.65	0.0013	0.0039	787.4	256.005	353.0	68.9	421.8	1.4658	1.6533	94
95	3589.44	0.0013	0.0037	772.3	268.255	355.6	64.9	420.5	1.4727	1.6489	95
96	3662.57	0.0013	0.0035	755.8	282.079	358.4	60.5	418.9	1.4799	1.6439	96
97	3737.09	0.0014	0.0034	737.1	298.029	361.3	55.7	417.0	1.4877	1.6381	97
98	3813.08	0.0014	0.0032	715.4	317.065	364.6	50.0	414.6	1.4963	1.6311	98
99	3890.64	0.0015	0.0029	688.6	341.133	368.4	43.2	411.5	1.5061	1.6221	99
100	3969.94	0.0015	0.0027	651.4	375.503	373.2	33.8	407.0	1.5187	1.6092	100
101	4051.35	0.0018	0.0022	566.4	457.594	383.0	13.0	396.0	1.5447	1.5794	101

Temperature (℃)	Pressure (bar)	Liquid Density (g/cm³)	Vapor Density (g/cm³)	Liquid Enthalpy (J/g)	Vapor Enthalpy (J/g)	Liquid Entropy (J/g−K)	Vapor Entropy (J/g−K)
−20	1.500	1.237	0.0087	175.58	348.80	0.9077	1.5919
−18	1.624	1.231	0.0094	177.97	350.09	0.9171	1.5916
−16	1.755	1.226	0.0101	180.37	351.37	0.9264	1.5914
−14	1.895	1.220	0.0109	182.79	352.65	0.9357	1.5912
−12	2.042	1.214	0.0117	185.21	353.93	0.9450	1.5910
−10	2.199	1.208	0.0125	187.64	355.20	0.9542	1.5909
−8	2.365	1.202	0.0134	190.09	356.46	0.9634	1.5909
−6	2.540	1.196	0.0144	192.55	357.72	0.9726	1.5909
−4	2.724	1.190	0.0154	195.02	358.98	0.9818	1.5909
−2	2.919	1.184	0.0164	197.50	360.22	0.9909	1.5910
0	3.125	1.178	0.0176	200.00	361.46	1.0000	1.5911
2	3.341	1.172	0.0187	202.51	362.70	1.0091	1.5913
4	3.568	1.165	0.0200	205.03	363.92	1.0182	1.5915
6	3.807	1.159	0.0213	207.57	365.14	1.0272	1.5917
8	4.058	1.152	0.0227	210.12	366.35	1.0362	1.5919
10	4.321	1.146	0.0241	212.68	367.55	1.0452	1.5922
12	4.596	1.139	0.0256	215.26	368.74	1.0542	1.5924
14	4.885	1.133	0.0272	217.85	369.92	1.0632	1.5927
16	5.188	1.126	0.0289	220.46	371.09	1.0721	1.5931
18	5.504	1.119	0.0307	223.08	372.24	1.0811	1.5934
20	5.834	1.112	0.0325	225.72	373.39	1.0900	1.5937
22	6.179	1.105	0.0345	228.38	374.52	1.0989	1.5941
24	6.539	1.098	0.0365	231.05	375.64	1.1078	1.5944
26	6.915	1.090	0.0387	233.74	376.75	1.1167	1.5948
28	7.307	1.083	0.0410	236.44	377.84	1.1256	1.5952
30	7.715	1.076	0.0433	239.16	378.91	1.1345	1.5955
32	8.140	1.068	0.0458	241.91	379.97	1.1434	1.5959
34	8.582	1.060	0.0485	244.67	381.01	1.1523	1.5962
36	9.041	1.052	0.0512	247.45	382.03	1.1612	1.5965
38	9.519	1.044	0.0541	250.25	383.03	1.1701	1.5968
40	10.015	1.036	0.0572	253.07	384.01	1.1789	1.5971
42	10.531	1.028	0.0604	255.91	384.96	1.1878	1.5973
44	11.066	1.019	0.0638	258.78	385.89	1.1967	1.5975
46	11.621	1.010	0.0673	261.67	386.79	1.2057	1.5977
48	12.197	1.001	0.0711	264.59	387.67	1.2146	1.5978
50	12.794	0.992	0.0750	267.53	388.51	1.2235	1.5979
52	13.413	0.983	0.0792	270.50	389.32	1.2325	1.5979
54	14.054	0.973	0.0836	273.50	390.09	1.2415	1.5979
56	14.717	0.963	0.0883	276.53	390.83	1.2505	1.5978
58	15.404	0.953	0.0933	279.60	391.52	1.2596	1.5976
60	16.115	0.943	0.0986	282.70	392.17	1.2687	1.5973
62	16.851	0.932	0.1042	285.84	392.76	1.2779	1.5969
64	17.612	0.921	0.1101	289.02	393.30	1.2871	1.5964
66	18.399	0.909	0.1165	292.25	393.77	1.2964	1.5957
68	19.213	0.897	0.1234	295.53	394.18	1.3058	1.5949
70	20.054	0.884	0.1307	298.86	394.51	1.3152	1.5940
72	20.923	0.871	0.1387	302.25	394.75	1.3248	1.5928
74	21.822	0.857	0.1473	305.72	394.89	1.3345	1.5914
76	22.751	0.843	0.1567	309.26	394.92	1.3444	1.5897
78	23.710	0.827	0.1670	312.90	394.81	1.3544	1.5877
80	24.702	0.811	0.1783	316.64	394.53	1.3647	1.5853
82	25.728	0.793	0.1911	320.52	394.07	1.3753	1.5824
84	26.788	0.773	0.2055	324.57	393.35	1.3863	1.5789
86	27.884	0.751	0.2222	328.84	392.32	1.3978	1.5746
88	29.018	0.726	0.2420	333.42	390.83	1.4101	1.5691
90	30.193	0.696	0.2668	338.48	388.67	1.4236	1.5618
92	31.411	0.656	0.3010	344.43	385.24	1.4395	1.5512
94	32.681	0.588	0.3641	353.14	378.09	1.4627	1.5306
94.8	32.660	0.4709	0.4709	365.85	365.85	1.4970	1.4970

Temperature (°F)	Pressure (psia)	Liquid Density (lbm/ft³)	Vapor Density (lbm/ft³)	Liquid Enthalpy (Btu/lbm)	Vapor Enthalpy (Btu/lbm)	Liquid Entropy (Btu/lbm−°R)	Vapor Entropy (Btu/lbm−°R)
-8	17.5	85.2	0.386	73.46	165.71	0.212	0.417
-4	19.3	84.8	0.424	74.70	166.30	0.215	0.416
0	21.2	84.4	0.463	75.94	166.89	0.218	0.416
4	23.2	83.9	0.506	77.19	167.48	0.221	0.415
8	25.5	83.5	0.552	78.44	168.06	0.223	0.415
12	27.8	83.1	0.601	79.69	168.64	0.226	0.414
16	30.4	82.6	0.654	80.95	169.22	0.229	0.414
20	33.1	82.2	0.710	82.21	169.79	0.231	0.414
24	36.0	81.7	0.769	83.49	170.36	0.234	0.413
28	39.2	81.3	0.833	84.76	170.92	0.236	0.413
32	42.5	80.8	0.901	86.04	171.48	0.239	0.413
36	46.0	80.4	0.973	87.33	172.04	0.242	0.413
40	49.7	79.9	1.050	88.62	172.59	0.244	0.412
44	53.7	79.4	1.131	89.92	173.13	0.247	0.412
48	57.9	79.0	1.218	91.23	173.67	0.249	0.412
52	62.4	78.5	1.309	92.54	174.21	0.252	0.411
56	67.1	78.0	1.407	93.86	174.74	0.254	0.411
60	72.1	77.5	1.510	95.19	175.26	0.257	0.411
64	77.4	77.0	1.619	96.52	175.77	0.259	0.411
68	82.9	76.5	1.734	97.86	176.28	0.262	0.411
72	88.8	76.0	1.857	99.21	176.78	0.265	0.410
76	94.9	75.5	1.986	100.56	177.27	0.267	0.410
80	101.4	74.9	2.123	101.93	177.75	0.270	0.410
84	108.2	74.4	2.268	103.30	178.23	0.272	0.410
88	115.3	73.9	2.421	104.68	178.69	0.275	0.410
92	122.8	73.3	2.583	106.08	179.14	0.277	0.410
96	130.6	72.7	2.754	107.48	179.59	0.280	0.409
100	138.9	72.2	2.935	108.89	180.02	0.282	0.409
104	147.4	71.6	3.127	110.31	180.44	0.285	0.409
108	156.4	71.0	3.329	111.74	180.85	0.287	0.409
112	165.8	70.4	3.544	113.19	181.25	0.290	0.409
116	175.6	69.8	3.771	114.64	181.63	0.292	0.408
120	185.9	69.1	4.012	116.12	181.99	0.295	0.408
124	196.5	68.5	4.267	117.60	182.34	0.297	0.408
128	207.7	67.8	4.537	119.10	182.67	0.300	0.408
132	219.3	67.1	4.825	120.61	182.98	0.302	0.407
136	231.4	66.4	5.130	122.14	183.27	0.305	0.407
140	243.9	65.7	5.455	123.69	183.54	0.307	0.407
144	257.0	65.0	5.801	125.25	183.78	0.310	0.407
148	270.6	64.2	6.171	126.84	184.00	0.312	0.406
152	284.8	63.4	6.567	128.45	184.19	0.315	0.406
156	299.5	62.6	6.991	130.08	184.35	0.317	0.405
160	314.7	61.8	7.447	131.74	184.46	0.320	0.405
164	330.6	60.9	7.939	133.42	184.54	0.323	0.405
168	347.1	60.0	8.471	135.14	184.58	0.325	0.404
172	364.2	59.0	9.049	136.90	184.56	0.328	0.403
176	381.9	57.9	9.681	138.70	184.48	0.331	0.403
180	400.3	56.9	10.376	140.54	184.33	0.334	0.402
184	419.5	55.7	11.146	142.44	184.10	0.336	0.401
188	439.3	54.4	12.009	144.41	183.77	0.339	0.400
192	459.9	53.0	12.988	146.46	183.31	0.342	0.399
196	481.3	51.5	14.120	148.63	182.68	0.346	0.397
200	503.6	49.8	15.465	150.95	181.83	0.349	0.396
204	526.7	47.7	17.135	153.50	180.64	0.353	0.394
208	550.9	45.0	19.392	156.46	178.83	0.357	0.390
213.9	588.8	32.0	32.0	167.63	167.63	0.373	0.373

Temp (℃)		Pressure		Density	Specific volume	Enthalpy [1]		Entropy	
		kPa (abs)	kPa gauge	kg/m^3	$m^3/kg \times 10^{-3}$	kJ/kg		kJ/(kg)(K)	
				solid or liquid	vapor	solid or liquid	vapor	solid or liquid	vapor
고체와증기	−102	11.36	−89.97	1597	2837	123.5	710.1	1.415	4.841
	−100	13.97	−87.36	1595	2327	125.8	711.3	1.428	4.809
	−98	17.15	−84.18	1593	1916	128.2	712.4	1.442	4.777
	−96	20.95	−80.38	1591	1583	130.5	713.6	1.455	4.746
	−94	25.49	−75.84	1588	1314	132.9	714.8	1.469	4.716
	−92	30.89	−70.44	1585	1095	135.3	715.9	1.482	4.687
	−90	37.27	−64.06	1582	917.3	137.7	717.1	1.495	4.658
	−88	44.76	−56.57	1579	771.9	140.2	718.2	1.508	4.630
	−86	53.53	−47.80	1576	651.3	142.6	719.3	1.521	4.603
	−84	63.77	−37.56	1573	550.7	145.1	720.4	1.534	4.576
	−82	75.72	−25.61	1569	467.1	147.6	721.4	1.548	4.550
	−80	89.62	−11.71	1565	397.7	150.1	722.4	1.561	4.523
	−78.5	101.3	0.0	1562	354.7	152.1	723.1	1.569	4.504
	−78	105.7	4.4	1561	339.8	152.7	723.4	1.574	4.498
	−76	124.2	22.9	1558	291.1	155.3	724.4	1.586	4.473
	−74	145.6	44.3	1554	249.9	157.9	725.4	1.599	4.449
	−72	170.0	68.7	1549	215.1	160.5	726.3	1.612	4.425
	−70	198.1	96.8	1545	185.7	163.1	727.1	1.625	4.402
	−68	230.2	128.9	1541	160.8	165.8	727.7	1.638	4.378
	−66	267.0	165.7	1536	139.5	168.4	728.1	1.651	4.353
	−64	308.9	207.6	1532	121.1	171.1	728.4	1.664	4.328
	−62	356.7	255.4	1527	105.1	173.9	728.6	1.677	4.304
	−60	409.8	308.5	1522	91.23	176.7	728.7	1.690	4.281
	−558	467.1	365.8	1517	81.00	179.5	728.8	1.703	4.262
	−56.6	518.0	416.7	1513	72.22	181.4	729.0	1.722	4.250
Triple point (삼중점)									

<table>
<tr><th colspan="10" style="text-align:center">Triple point (삼중점)</th></tr>
<tr><th rowspan="3">Temp
(℃)</th><th colspan="2">Pressure</th><th>Density</th><th>Specific volume</th><th colspan="2">Enthalpy [1]</th><th colspan="2">Entropy</th></tr>
<tr><th>kPa</th><th>kPa</th><th>kg/m³</th><th>m³/kg×10⁻³</th><th colspan="2">kJ/kg</th><th colspan="2">kJ/(kg)(K)</th></tr>
<tr><th>(abs)</th><th>gauge</th><th>solid or liquid</th><th>vapor</th><th>solid or liquid</th><th>vapor</th><th>solid or liquid</th><th>vapor</th></tr>
<tr><td>−56.6</td><td>518.0</td><td>416.7</td><td>1178</td><td>72.22</td><td>380.5</td><td>729.0</td><td>2.641</td><td>4.250</td></tr>
<tr><td>−56</td><td>531.7</td><td>430.4</td><td>1176</td><td>71.10</td><td>381.5</td><td>729.1</td><td>2.643</td><td>4.244</td></tr>
<tr><td>−54</td><td>578.9</td><td>477.6</td><td>1168</td><td>64.72</td><td>385.2</td><td>729.5</td><td>2.659</td><td>4.229</td></tr>
<tr><td>−52</td><td>629.5</td><td>528.2</td><td>1161</td><td>59.78</td><td>388.9</td><td>729.8</td><td>2.675</td><td>4.215</td></tr>
<tr><td>−50</td><td>683.6</td><td>582.3</td><td>1154</td><td>55.41</td><td>392.5</td><td>730.2</td><td>2.691</td><td>4.203</td></tr>
<tr><td>−48</td><td>741.0</td><td>639.7</td><td>1146</td><td>51.36</td><td>396.2</td><td>730.6</td><td>2.707</td><td>4.192</td></tr>
<tr><td>−46</td><td>801.9</td><td>700.6</td><td>1139</td><td>47.63</td><td>399.9</td><td>731.1</td><td>2.723</td><td>4.181</td></tr>
<tr><td>−44</td><td>866.3</td><td>865.0</td><td>1131</td><td>44.20</td><td>403.7</td><td>731.5</td><td>2.739</td><td>4.170</td></tr>
<tr><td>−42</td><td>934.3</td><td>833.0</td><td>1123</td><td>41.05</td><td>407.5</td><td>732.0</td><td>2.756</td><td>4.160</td></tr>
<tr><td>−40</td><td>1006</td><td>904.7</td><td>1115</td><td>38.16</td><td>411.3</td><td>732.4</td><td>2.772</td><td>4.149</td></tr>
<tr><td>−38</td><td>1082</td><td>981</td><td>1107</td><td>35.52</td><td>415.1</td><td>732.9</td><td>2.788</td><td>4.139</td></tr>
<tr><td>−36</td><td>1162</td><td>1061</td><td>1099</td><td>33.11</td><td>419.0</td><td>733.3</td><td>2.803</td><td>4.129</td></tr>
<tr><td>−34</td><td>1246</td><td>1145</td><td>1091</td><td>30.90</td><td>422.9</td><td>733.7</td><td>2.819</td><td>4.119</td></tr>
<tr><td>−32</td><td>1335</td><td>1234</td><td>1083</td><td>28.87</td><td>426.8</td><td>734.1</td><td>2.835</td><td>4.109</td></tr>
<tr><td>−30</td><td>1429</td><td>1328</td><td>1074</td><td>27.00</td><td>430.8</td><td>734.4</td><td>2.851</td><td>4.100</td></tr>
<tr><td>−28</td><td>1527</td><td>1426</td><td>1066</td><td>25.27</td><td>434.8</td><td>734.7</td><td>2.867</td><td>4.091</td></tr>
<tr><td>−26</td><td>1630</td><td>1529</td><td>1057</td><td>23.66</td><td>438.8</td><td>734.9</td><td>2.883</td><td>4.081</td></tr>
<tr><td>−24</td><td>1739</td><td>1638</td><td>1048</td><td>22.16</td><td>442.8</td><td>735.0</td><td>2.899</td><td>4.072</td></tr>
<tr><td>−22</td><td>1852</td><td>1751</td><td>1039</td><td>20.76</td><td>446.9</td><td>735.0</td><td>2.915</td><td>4.062</td></tr>
<tr><td>−20</td><td>1971</td><td>1870</td><td>1030</td><td>19.45</td><td>451.0</td><td>735.0</td><td>2.931</td><td>4.053</td></tr>
<tr><td>−18</td><td>2095</td><td>1994</td><td>1021</td><td>18.24</td><td>455.1</td><td>734.9</td><td>2.947</td><td>4.044</td></tr>
<tr><td>−16</td><td>2226</td><td>2125</td><td>1011</td><td>17.13</td><td>459.3</td><td>734.7</td><td>2.963</td><td>4.034</td></tr>
<tr><td>−14</td><td>2362</td><td>2261</td><td>1002</td><td>16.09</td><td>463.6</td><td>734.4</td><td>2.979</td><td>4.024</td></tr>
<tr><td>−12</td><td>2503</td><td>2402</td><td>991.9</td><td>15.11</td><td>467.8</td><td>734.1</td><td>2.994</td><td>4.014</td></tr>
<tr><td>−10</td><td>2649</td><td>2548</td><td>982.0</td><td>14.19</td><td>472.2</td><td>733.6</td><td>3.010</td><td>4.004</td></tr>
<tr><td>−8</td><td>2804</td><td>2703</td><td>971.8</td><td>13.34</td><td>476.6</td><td>733.0</td><td>3.027</td><td>3.993</td></tr>
<tr><td>−6</td><td>2964</td><td>2863</td><td>961.5</td><td>12.54</td><td>481.1</td><td>732.2</td><td>3.043</td><td>3.983</td></tr>
<tr><td>−4</td><td>3131</td><td>3030</td><td>951.5</td><td>11.79</td><td>485.6</td><td>731.4</td><td>3.059</td><td>3.973</td></tr>
<tr><td>−2</td><td>3305</td><td>3204</td><td>940.7</td><td>11.07</td><td>490.3</td><td>730.5</td><td>3.076</td><td>3.962</td></tr>
<tr><td>0.0</td><td>3485</td><td>3384</td><td>929.4</td><td>10.38</td><td>495.0</td><td>729.4</td><td>3.092</td><td>3.950</td></tr>
<tr><td>2.0</td><td>3673</td><td>3572</td><td>917.4</td><td>9.703</td><td>499.8</td><td>727.7</td><td>3.109</td><td>3.937</td></tr>
<tr><td>4.0</td><td>3869</td><td>3768</td><td>905.0</td><td>9.046</td><td>504.7</td><td>725.4</td><td>3.126</td><td>3.923</td></tr>
<tr><td>6.0</td><td>4071</td><td>3970</td><td>892.1</td><td>8.435</td><td>509.8</td><td>723.1</td><td>3.143</td><td>3.908</td></tr>
<tr><td>8.0</td><td>4282</td><td>4181</td><td>878.0</td><td>7.878</td><td>515.0</td><td>720.8</td><td>3.161</td><td>3.894</td></tr>
<tr><td>10.0</td><td>4501</td><td>4400</td><td>863.6</td><td>7.375</td><td>520.4</td><td>718.5</td><td>3.179</td><td>3.879</td></tr>
<tr><td>12.0</td><td>4730</td><td>4629</td><td>848.2</td><td>6.900</td><td>525.9</td><td>716.1</td><td>3.198</td><td>3.864</td></tr>
<tr><td>14.0</td><td>4966</td><td>4865</td><td>831.9</td><td>6.446</td><td>531.6</td><td>713.5</td><td>3.217</td><td>3.849</td></tr>
<tr><td>16.0</td><td>5210</td><td>5109</td><td>814.3</td><td>6.006</td><td>537.6</td><td>710.5</td><td>3.236</td><td>3.833</td></tr>
<tr><td>18.0</td><td>5464</td><td>5363</td><td>795.5</td><td>5.577</td><td>543.8</td><td>707.2</td><td>3.256</td><td>3.817</td></tr>
<tr><td>20.0</td><td>5727</td><td>5626</td><td>775.2</td><td>5.157</td><td>550.4</td><td>703.5</td><td>3.278</td><td>3.800</td></tr>
<tr><td>22.0</td><td>6001</td><td>5900</td><td>753.6</td><td>4.745</td><td>557.8</td><td>699.4</td><td>3.303</td><td>3.783</td></tr>
<tr><td>24.0</td><td>6285</td><td>6184</td><td>728.9</td><td>4.337</td><td>566.0</td><td>694.6</td><td>3.331</td><td>3.765</td></tr>
<tr><td>26.0</td><td>6581</td><td>6480</td><td>696.4</td><td>3.914</td><td>575.4</td><td>688.2</td><td>3.364</td><td>3.745</td></tr>
<tr><td>28.0</td><td>6890</td><td>6789</td><td>655.7</td><td>3.460</td><td>586.3</td><td>679.1</td><td>3.403</td><td>3.710</td></tr>
<tr><td>30.0</td><td>7211</td><td>7110</td><td>593.1</td><td>2.910</td><td>602.5</td><td>664.4</td><td>3.454</td><td>3.658</td></tr>
<tr><td>31.1</td><td>7382</td><td>7281</td><td>467.9</td><td>2.137</td><td>634.3</td><td>634.3</td><td>3.552</td><td>3.552</td></tr>
</table>

[1] Based on 0 for the perfect crystal at zero kelvin(−273.15℃).

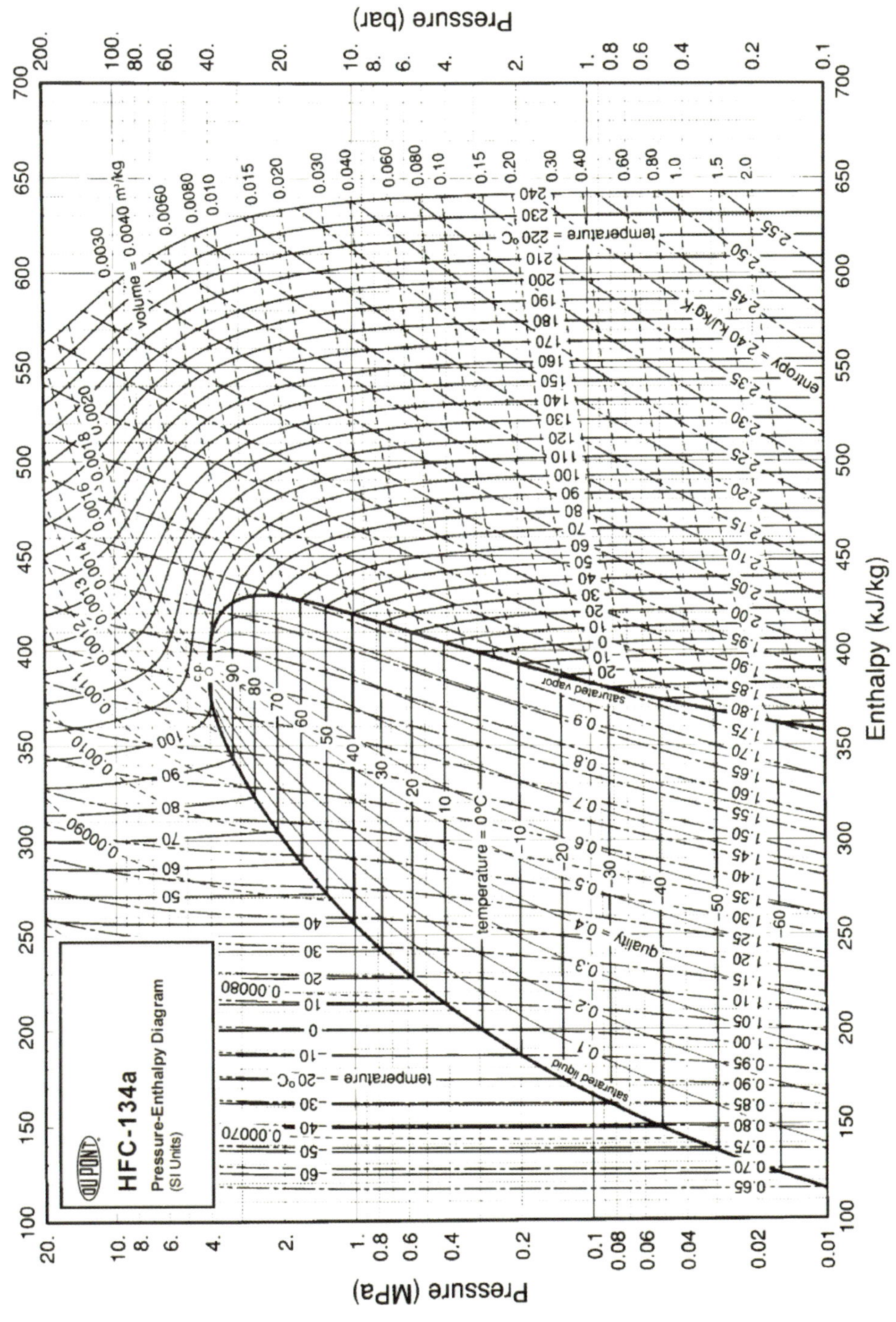
DUPONT
HFC-134a
Pressure-Enthalpy Diagram
(SI Units)
Pressure (bar)
Pressure (MPa)
Enthalpy (kJ/kg)
volume = 0.0040 m³/kg
temperature = 220 °C
entropy = 2.40 kJ/kg·K
temperature = 0 °C
quality = 0.4
saturated vapor
saturated liquid
temperature = -20 °C

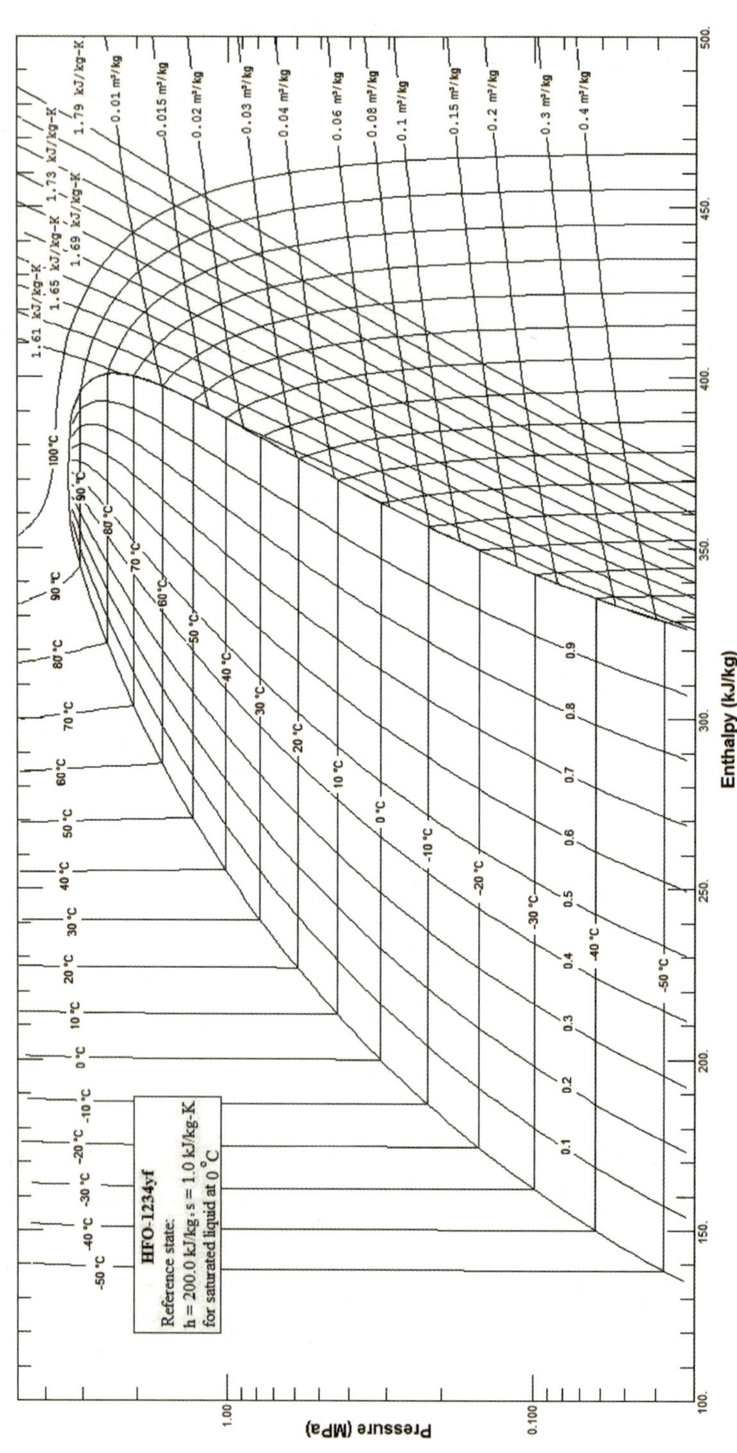

HFO-1234yf
Reference state:
h = 200.0 kJ/kg ; s = 1.0 kJ/kg-K
for saturated liquid at 0 °C
Pressure (MPa)
Enthalpy (kJ/kg)
1.61 kJ/kg-K
1.65 kJ/kg-K
1.69 kJ/kg-K
1.73 kJ/kg-K
1.79 kJ/kg-K
0.01 m³/kg
0.015 m³/kg
0.02 m³/kg
0.03 m³/kg
0.04 m³/kg
0.06 m³/kg
0.08 m³/kg
0.1 m³/kg
0.15 m³/kg
0.2 m³/kg
0.3 m³/kg
0.4 m³/kg
100 °C
90 °C
80 °C
70 °C
60 °C
50 °C
40 °C
30 °C
20 °C
10 °C
0 °C
-10 °C
-20 °C
-30 °C
-40 °C
-50 °C

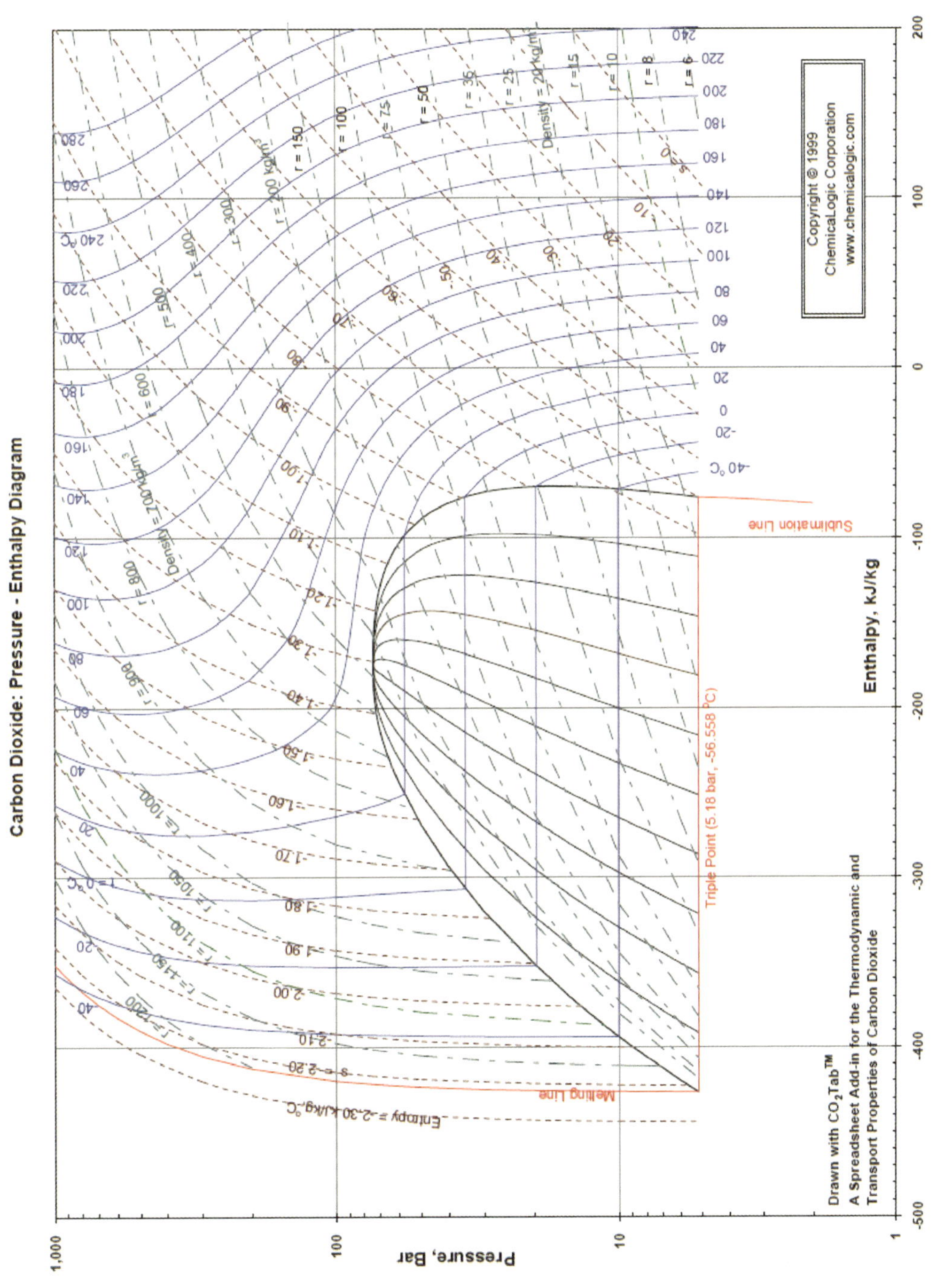
Carbon Dioxide: Pressure - Enthalpy Diagram
Pressure, Bar
Enthalpy, kJ/kg
Triple Point (5.18 bar, -56.558 °C)
Sublimation Line
Melting Line
Entropy = 2.30 kJ/kg.°C
Density = 20 kg/m³
Copyright © 1999
ChemicaLogic Corporation
www.chemicalogic.com
Drawn with CO₂Tab™
A Spreadsheet Add-in for the Thermodynamic and
Transport Properties of Carbon Dioxide

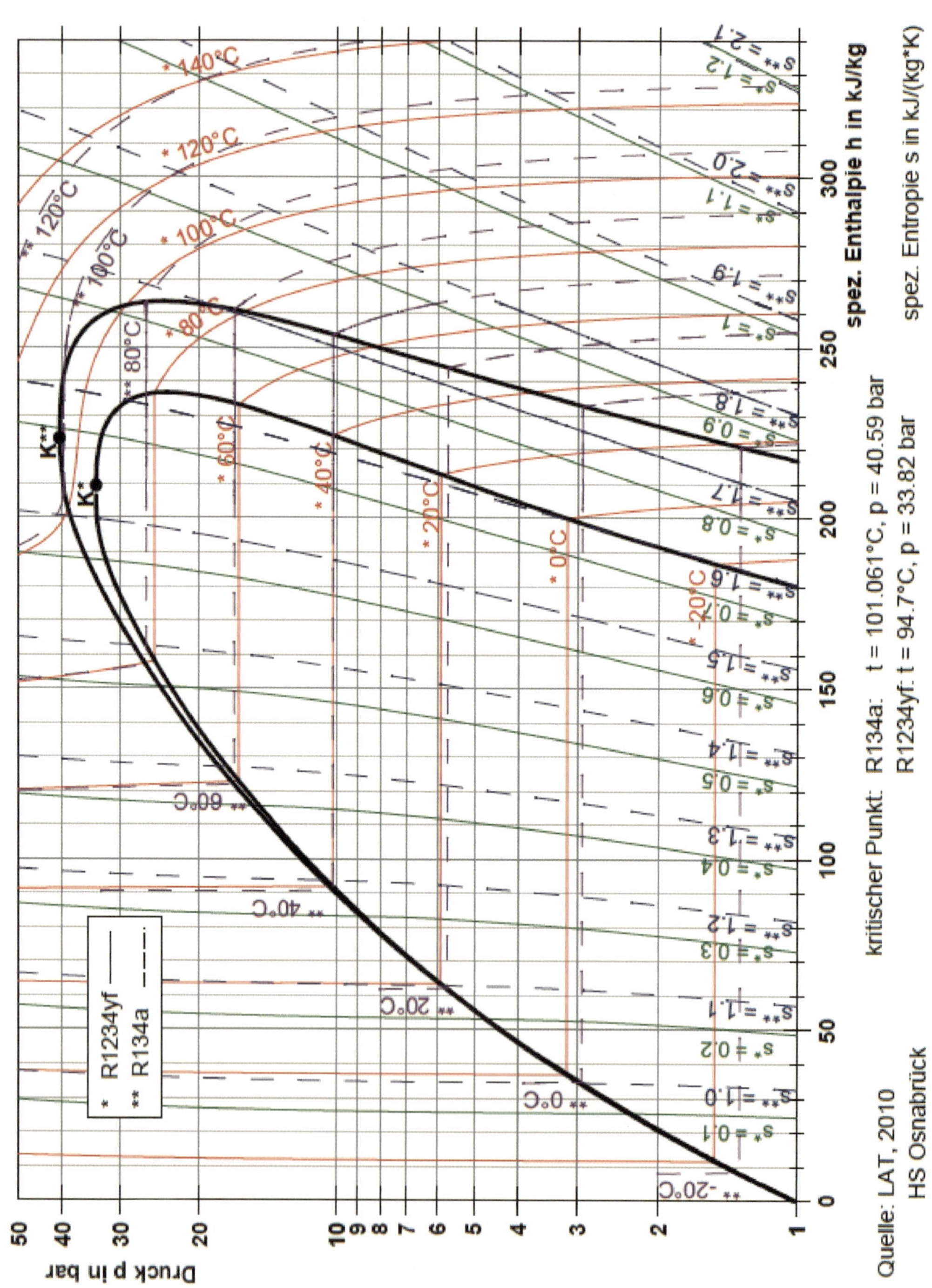
140°C
120°C
100°C
80°C
60°C
40°C
20°C
0°C
120°C
100°C
80°C
60°C
40°C
20°C
0°C
-20°C
-20°C
K*
K**
Druck p in bar
spez. Enthalpie h in kJ/kg
spez. Entropie s in kJ/(kg*K)
s* = 0.1
s* = 0.2
s* = 0.3
s* = 0.4
s* = 0.5
s* = 0.6
s* = 0.7
s* = 0.8
s* = 0.9
s* = 1.2
s** = 1.0
s** = 1.1
s** = 1.2
s** = 1.3
s** = 1.4
s** = 1.5
s** = 1.6
s** = 1.7
s** = 1.8
s** = 1.9
s** = 2.0
s** = 2.1
* R1234yf
** R134a
kritischer Punkt: R134a: t = 101.061°C, p = 40.59 bar
R1234yf: t = 94.7°C, p = 33.82 bar
Quelle: LAT, 2010
HS Osnabrück

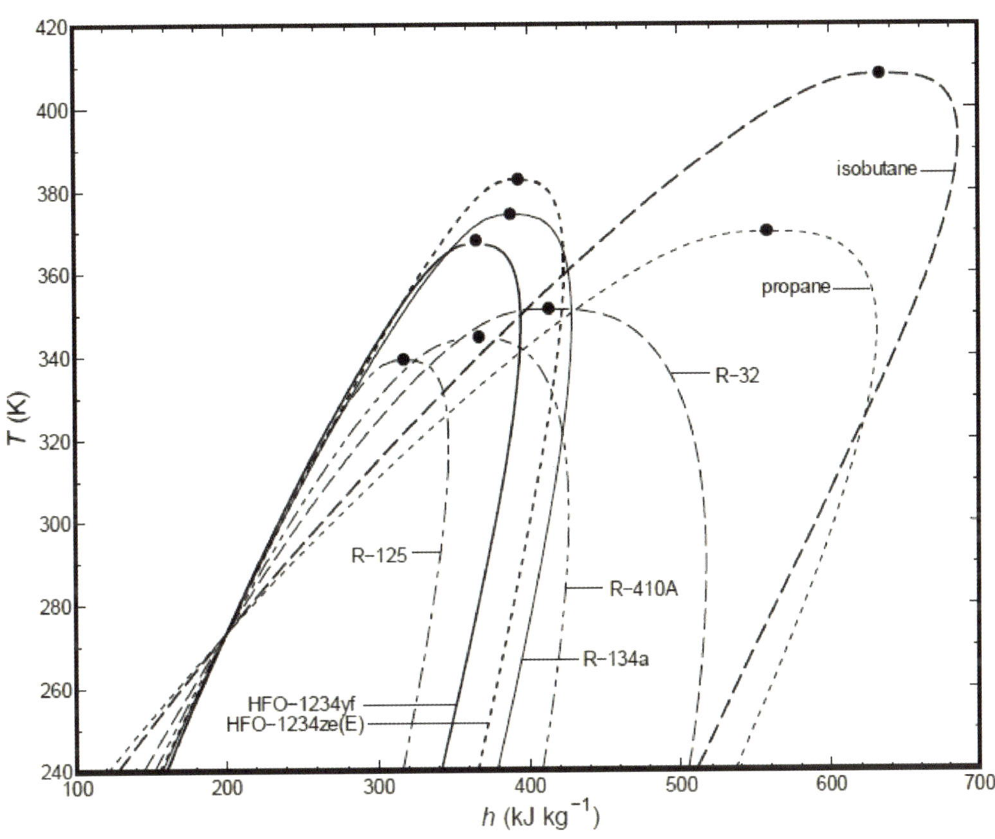
420
400
380
360
340
320
300
280
260
240
T (K)
100
200
300
400
500
600
700
h (kJ kg^{-1})
isobutane
propane
R-32
R-125
R-410A
R-134a
HFO-1234yf
HFO-1234ze(E)

자동차회사별 에어컨의 냉매 종류 및 냉매 주입량, 그리고 냉동기유의 종류 및 주입량에 대한 서비스 데이터의 일부를 발췌하여 정리하였다. 최근에는 냉매는 가능한 한 적게 사용하면서도, 냉방성능을 향상시키는 기술을 사용한다.

● 기아자동차

모델	형식	모델년도 (부터)	참고사항	냉매(R134a)		냉동기유(ml)
				충전량(g)	오차(±)	총 량
K9	KH			650	25	
K7	VG			550	25	PAG046
K7하이브리드	VG HEV			550	25	PAG046
K5	TF		−	550	25	PAG046
K5하이브리드	TF HEV		−	550	25	PAG046
K3	YD		−	530	25	PAG046
Cerato	가솔린	2004	−	500	25	PAG046 120−135
Cerato	디젤	2005	−	500	25	PAG046 200−215
*Clarus	1.8	1996	−	700	−	PAG046 150
*Clarus	2.0	1996	−	700	−	PAG100 200
*Joice		2000	−	730	−	PAG046 210
*Magentis		2001	−	670	25	150
		2005	구동벨트6PK	500	25	PAG046 140−160
리오	BC			650	25	−
로체	MG	2005	−	500	−	PAG046 150

모델	형식	모델년도 (부터)	참고사항	냉매(R134a)		냉동기유(ml)
				충전량(g)	오차(±)	총 량
Opirus	GH	2003	—	650	25	PAG046 140 − 160
Morning	SA	2004	—	450	25	PAG046 110 − 130
All NeW Morning	TA	2011	—	370	25	PAG046 120
Carens	FJ	1999	02년 7월까지	800	—	PAG046 120
Carens II	RS	2002	—	680	20	PAG046 200
New Carens	UN			450	25	
Carens	RP			550	25	
*Carnival		2000		1150	50	PAG046 200
*	2.5i GV6	2001	—	1000	—	PAG046 200
*		2006	—	800	25	PAG046 200
*Cee'd/ Pro − Cee'd		2006	—	500	—	PAG046 140
레이 EV	TAMEV			400	25	—
레이	TAM			400	25	—
*Clarus	1.8	1996	—	700	—	PAG046 150
*Clarus	2.0	1996	—	700	—	PAG100 200
*Joice		2000	—	730	—	PAG046 210
*Magentis		2001	—	670	25	150
		2005	구동벨트6PK	500	25	PAG046 140 − 160
*Picanto		2004	—	450	25	PAG046 110 − 130
*Picanto(TA)		2011	—	420	—	PAG046 120
Rio II		2005	—	500	25	PAG046 110 − 130
Rio III (UB)		2011	—	420	—	PAG046 120
Sorento	BL	2002	—	600	25	PAG046 150±10
Sorento	UM		싱글	700	25	—
	UM		듀얼	850	25	—
Sorento R	XM	2009	싱글	600	25	PAG046 120
	XM	2009	듀얼	750	25	PAG046 180

모델	형식	모델년도 (부터)	참고사항	냉매(R134a)		냉동기유(ml)
				충전량(g)	오차(±)	총 량
Soul	AM	2009*		550	25	PAG046 105
	PS			550	25	−
Soul EV	PSEV		에어컨 사양	550	25	−
	PSEV		히트펌프 사양	900	25	−
Sportage	AL	1995	−	700	30	PAG100
New Sportage	KM	2004	구동벨트 6PK	510	25	PAG046 200−215
Sportage R	SL	2013이전	−	510	25	PAG046 120
		2014이후		550	25	
*Venga		2009	−	550	−	PAG046 110
비스토	BD			550	30	
세피아 II	BB			630	25	
뉴 세피아	BB			630	30	
아벨라	FV			750		
옵티마 리갈	MS	2002년 이후		680	25	
포르테/쿱	TD			500	25	
포르테 하이브리드	TDHEV			480	25	
프라이드	UB		−	470	25	
뉴 프라이드	JB		−	500	25	
모하비	HM		싱글	600	25	−
			듀얼	750	25	−
카니발 밴	FL			800	50	−
카니발 코치				1000	50	
카니발II 밴	GQ			800	50	
카니발II 코치				1000	50	−
그랜드 카니발	VQ			800	25	
카니발	YP		람다엔진	1100	25	−
카니발			R2.2엔진	1000	25	
프레지오			12인승 코치	1150	50	
프레지오	PF		15인승 코치	1300	50	
프레지오 밴				800	50	
하이베스타				1150	30	
봉고3	PU11			450	30	
봉고3밴	PU21			850	25	
봉고3코치				1500	25	

🚗 2011 K5

❖ 에어컨 장치

항　　　　목		제　　　　원
압축기	형식	6VSX16(External variable displacement)
	윤활유 타입 및 용량	PD46XG(PAG) 100±10cc
	풀리 타입	6PK−TYPE
	토출량	166cc/rev
응축기	방열량	14,400±5% kcal/hr
에어컨 프레셔 트랜스듀서	압력 측정값	전압=0.00878835 * 압력(psig)+0.5
팽창밸브	형식	블록 타입
냉매	형식	R−134a
	냉매량	550±25g

❖ 블로어 유닛

항　　　　목		제　　　　원
내/외기 선택	작동 방식	액추에이터
블로어	형식	시로코 팬
	풍량 조절	오토 : 오토+8단, 매뉴얼 : 1~8단
	풍량 조절 방식	오토 : 파워 모스펫
에어필터	형식	파티클 필터

❖ 히터 및 증발기 유닛

항　　　　목		제　　　　원
히터	형식	공기 혼합 온수식
	방열 성능	4,850−5% kcal/hr
	모드 작동방식	액추에이터
	온도 작동방식	액추에이터
증발기	온도 조절방식	증발기 온도 센서
	에어컨 ON/OFF	ON : 2.1±0.5℃, OFF : 0.6±0.5℃

2012 K5하이브리드

❖ 에어컨 장치

항　　　목		제　　　원
압축기	형식	ESC33i(전동 스크롤식)
	제어 방식	CAN X 통신
	윤활유 타입 및 용량	PVE OIL, 160±10cc
	모터 타입	BLDC
	정격 전압	288V
	작동 전아 범위	190~320V
	토출량	33cc/rev
응축기	방열량	17,085 kcal/hr
팽창밸브	형식	블록 타입
냉매	형식	R-134a
	냉매량	550±25g

❖ 블로어 유닛

항　　　목		제　　　원
내/외기 선택	작동 방식	액추에이터
블로어	형식	시로코 팬
	풍량 조절	오토+8단
	풍량 조절 방식	PWM 블로어 모듈
에어필터	형식	파티클 필터

❖ 히터 및 증발기 유닛

항　　　목			제　　　원
히터	형식		공기 혼합 온수식
	방열 성능		4,850-5% kcal/hr
	모드 작동방식		액추에이터
	온도 작동방식		액추에이터
증발기	온도 조절방식		증발기 온도 센서
	에어컨 ON/OFF	블러오 3단 이하시	ON : 3.1±0.5℃, OFF : 1.6±0.5℃
		블러오 4단 이하시	ON : 2.1±0.5℃, OFF : 0.6±0.5℃

🚐 2016 K5

❖ 에어컨 장치

항 목		제 원
컴프레서	형식	6SES14
	윤활유 타입 및 용량	ND12 OIL 80±10g
	풀리 타입	A1-PD(Demper & Torque Limiter)
	토출량	140㏄/rev
팽창밸브	형식	블록 타입
냉매	형식	R-134a
	냉매량	570±25g

❖ 블로어 유닛

항 목		제 · 원
내/외기 선택	작동 방식	액추에이터
블로어	형식	시로코 팬
	풍량 조절	오토 : 오토+8단, 매뉴얼 : 1~4단
	풍량 조절 방식	오토 : 파워 모스펫, 매뉴얼 : 레지스터
에어필터	형식	파티클 필터

❖ 히터 및 증발기 유닛

항 목		제 원
히터	형식	공기 혼합 온수식
	방열 성능	4,850-5% kcal/hr
	모드 작동방식	액추에이터
	온도 작동방식	액추에이터
증발기	방열 성능	4,800 - 5% kcal/hr
	온도 조절방식	증발기 온도 센서
	에어컨 ON/OFF	ON -0.5℃, OFF -1.5℃

📷 2016 K3

❖ 에어컨 장치

항 목		제 원
압축기	형식	매뉴얼 : 6SES14, 듀얼 : 6VSX14
	윤활유 타입 및 용량	FD46XG(PAG) 110±10cc
	풀리 타입	6K-TYPE
	토출량	140cc/rev
응축기	방열량	GSL : 13,400 −3% kcal/hr T−GDI : 11,500 −3% kcal/hr
팽창밸브	형식	블록 타입
냉매	형식	R−134a
	냉매량	530 ± 25g

❖ 블로어 유닛

항 목		제 원
내/외기 선택	작동 방식	액추에이터
블로어	형식	시로코 팬
	풍량 조절	듀얼 : 오토+8단, 매뉴얼 : 1~4단
	풍량 조절 방식	듀얼 : 파워 모스펫, 매뉴얼 : 레지스터
에어필터	형식	파티클 필터

❖ 히터 및 증발기 유닛

항 목		제 원
히터	형식	공기 혼합 온수식
	방열 성능	4,800±5% kcal/hr
	모드 작동방식	액추에이터
	온도 작동방식	액추에이터
증발기	냉각 성능	4,600±5% kcal/hr
	온도 조절방식	증발기 온도 센서
	에어컨 ON/OFF	ON : 2.1±0.5℃, OFF : 0.6±0.5℃

🚗 2010 포르테 하이브리드

✤ 에어컨 장치

항 목		제 원
		감마 1.6
압축기	형식	DVe 13
	윤활유 타입 및 용량	120±10
	풀리 타입	6K-TYPE
	토출량	130cc/rev
응축기	방열량	13,400 -5% kcal/hr
에어컨 프렌셔 트랜스듀서	압력 측정값	전압=0.00878835 * 압력(psig)+0.5
팽창밸브	형식	블록 타입
냉매	형식	R-134a
	냉매량	480±25g

✤ 블로어 유닛

항 목		제 원
내/외기 선택	작동 방식	액추에이터
블로어	형식	시로코 팬
	풍량 조절	오토 : 오토+8단
	풍량 조절 방식	오토 : 파워 모스펫
에어필터	형식	파티클 필터

✤ 히터 및 증발기 유닛

항 목		제 원
히터	형식	공기 혼합 온수식
	방열 성능	4,800±5% kcal/hr
	모드 작동방식	액추에이터
	온도 작동방식	액추에이터
증발기	온도 조절방식	증발기 온도 센서
	에어컨 ON/OFF	ON : 3±0.5℃, OFF : 1±0.5℃

🚙 2013 쏘렌토

❖ 에어컨 장치

항 목			제 원
압축기	형식		DVE 18
	윤활유 타입 및 용량	싱글(리어 에이컨 미장착)	PAG OIL 120±10cc
		듀얼(리어 에어컨 장착)	PAG OIL 180±10cc
	풀리 타입		6PK-TYPE
	토출량		180cc/rev
응축기	방열량		13,850-5% kcal/h(16.1-5kw)
팽창밸브	형식		블록 타입
냉매	형식		R-134a
	냉매량	싱글(리어 에이컨 미장착)	600±25g
		듀얼(리어 에어컨 장착)	700±25g

❖ 블로어 유닛

항 목		제 원
내/외기 선택	작동 방식	액추에이터
블로어	형식	시로코 팬
	풍량 조절	오토 : 오토+8단, 매뉴얼 : 1~4단
	풍량 조절 방식	오토 : 파워 모스펫, 매뉴얼 : 레지스터
에어필터	형식	파티클 필터

❖ 히터 및 증발기 유닛

항 목		제 원
히터	형식	공기 혼합 온수식
	방열 성능	4,700-5% kcal/hr
	모드 작동방식	액추에이터
	온도 작동방식	액추에이터
증발기	온도 조절방식	증발기 온도 센서
	에어컨 ON/OFF	ON : 3.0±0.3℃, OFF : 1.0±0.3℃

🚙 2015 쏘렌토

❖ 에어컨 장치

항 목			제 원
압축기	형식		DVE 18
	윤활유 타입 및 용량	싱글(리어 에이컨 미장착)	PAG 120±10cc
		듀얼(리어 에이컨 장착)	PAG 180±10cc
	풀리 타입		6PK-TYPE
	토출량		180cc/rev
응축기	방열량		13,850-5% kcal/h(16.1-5kw)
팽창밸브	형식		블록 타입
냉매	형식		R-134a
	냉매량	싱글(리어 에이컨 미장착)	700±25g
		듀얼(리어 에이컨 장착)	850±25g

❖ 블로어 유닛

항 목		제 원
내/외기 선택	작동 방식	액추에이터
블로어	형식	시로코 팬
	풍량 조절	오토 : 오토+8단, 매뉴얼 : 1~4단
	풍량 조절 방식	오토 : 파워 모스펫, 매뉴얼 : 레지스터
에어필터	형식	파티클 필터

❖ 히터 및 증발기 유닛

항 목		제 원
히터	형식	공기 혼합 온수식
	방열 성능	5,100-5% kcal/hr
	모드 작동방식	액추에이터
	온도 작동방식	액추에이터
증발기	방열 성능	4,800 -5% kcal/hr
	온도 조절방식	증발기 온도 센서
	에어컨 ON/OFF	ON : 2.1℃, OFF : 0.6℃

🚗 2014 카렌스

❖ 에어컨 장치

항 목		제 원
압축기	형식	6VSX16(외부제어 가변식)
	윤활유 타입 및 용량	FD46XG(PAG) 100±10cc
	풀리 타입	6PK–TYPE
	토출량	160 cc/rev
응축기	방열량	NU : Min. 14,000 kcal/h U2 : Min. 13,100 kcal/h
팽창밸브	형식	블록 타입
냉매	형식	R–134a
	냉매량	550±25g

❖ 블로어 유닛

항 목		제 원
내/외기 선택	작동 방식	액추에이터
블로어	형식	시로코 팬
	풍량 조절	듀얼 : 오토+8단, 매뉴얼 : 1~4단
	풍량 조절 방식	듀얼 : 파워 모스펫, 매뉴얼 : 레지스터
에어필터	형식	파티클 필터

❖ 히터 및 증발기 유닛

항 목		제 원
히터	형식	공기 혼합 온수식
	방열 성능	4,700±5% kcal/hr
	모드 작동방식	액추에이터
	온도 작동방식	액추에이터
증발기	온도 조절방식	증발기 온도 센서
	에어컨 ON/OFF	ON : 2.1±0.5℃, OFF : 0.6±0.5℃

🚗 2011~2016 스포티지

✤ 에어컨 장치

항 목		제 원	
압축기	형식	DVE16	
	윤활유 타입 및 용량	PAG(ND-OIL8) 120±10cc	
	풀리 타입	6K-TYPE	
	토출량	160cc/rev	
응축기	방열량	가솔린	14,000 kcal/hr
		디젤	11,000 kcal/hr
에어컨 프레셔 트랜스듀서	압력 측정값	전압=0.00878835 * 압력(kgf.com)+0.5	
팽창밸브	형식	블록 타입	
냉매	형식	R-134a	
	냉매량	510±25g	

✤ 블로어 유닛

항 목		제 원
내/외기 선택	작동 방식	액추에이터
블로어	형식	시로코 팬
	풍량 조절	듀얼 : 오토+8단, 매뉴얼 : 1~4단
	풍량 조절 방식	오토 : 파워 모스펫, 매뉴얼 : 레지스터
에어필터	형식	파티클 필터

✤ 히터 및 증발기 유닛

항 목		제 원
히터	형식	공기 혼합 온수식
	방열 성능	4,600-5% kcal/hr
	모드 작동방식	액추에이터
	온도 작동방식	액추에이터
증발기	온도 조절방식	증발기 온도 센서
	에어컨 ON/OFF	ON : 1.5±0.5℃, OFF : −0.5±0.5℃

2012 쏘울

❖ 에어컨 장치

항　　목		제　　원
압축기	형식	VS12(가변용량 컴프레서)
	윤활유 타입 및 용량	PAG OIL, 100±5~10cc
	풀리 타입	5K-TYPE
	토출량	126cc/rev
응축기	방열량	가솔린 : 13,400-5% Min kcal/hr 디　젤 : 12,300 Min kcal/hr
에어컨 프레셔 트랜스듀서	압력 측정값	전압=0.00878835 * 압력(psig) + 0.37081095
팽창밸브	형식	블록 타입
냉매	형식	R-134a
	냉매량	550±25g

❖ 블로어 유닛

항　　목		제　　원
내/외기 선택	작동 방식	액추에이터
블로어	형식	시로코 팬
	풍량 조절	오토 : 오토+8단, 매뉴얼 : 0~4단
	풍량 조절 방식	오토 : 파워 모스펫, 매뉴얼 : 블로어 레지스터
에어필터	형식	파티클 필터

❖ 히터 및 증발기 유닛

항　　목		제　　원
히터	형식	공기 혼합 온수식
	방열 성능	4,500-5% kcal/hr
	모드 작동방식	액추에이터
	온도 작동방식	액추에이터
증발기	온도 조절방식	증발기 온도 센서
	에어컨 ON/OFF	ON : 2.1±0.5℃, OFF : 0.6±0.5℃

🚗 2015 쏘울

✤ 에어컨 장치

항 목		제 원	
압축기	형식	ESC33n(전동 스크롤식)	
	제어 방식	CAN 통신	
	윤활유 타입 및 용량	POE OIL, 180±10g	
	모터 타입	BLDC	
	정격 전압	360V	
	작동 전압 범위	240~413V	
	토출량	33cc/rev	
응축기	방열량	13,400−3% kcal/hr	
에어컨 프레셔 트랜스듀서	압력 측정값	전압=0.00878835 * 압력(psig)+0.5	
팽창밸브	형식	블록 타입	
냉매	형식	R−134a	
	냉매량	A/C 사양	550±25g
		히트 펌프 사양	900±25g

✤ 블로어 유닛

항 목		제 원
내/외기 선택	작동 방식	액추에이터
블로어	형식	시로코 팬
	풍량 조절	오토+8단
	풍량 조절 방식	PWM 타입
에어필터	형식	파티클 필터

✤ 히터 및 증발기 유닛

항 목			제 원
PTC 히터	형식		공기 혼합 온수식
	방열 성능		DC 240V~DC 420V
	모드 작동방식		4,700±5% kcal/hr
	온도 작동방식		공기 혼합 온수식
히트펌프	실외 콘덴서	방열량	17,000 −3% kcal/hr
	실내 콘덴서		2,600 −5% kcal/hr
	칠러		770g
	어큐뮬레이터		950cc
	모드 작동방식		액추에이터
증발기	온도 작동방식		액추에이터
	온도 조절방식		증발기 온도 센서
	에어컨 ON/OFF		ON : 2.3±0.5℃, OFF : 0.6±0.5℃
	방열량		4,700 −5% kcal/hr

모델	형식	모델년도 (부터)	참고사항	냉매(R134a)		냉동기유(ml)
				충전량(g)	오차(±)	총 량
에쿠스	LZ		3.0 STD	680	25	
	LZ		3.0DLX, 3.5, 4.5	910	25	
뉴 에쿠스VI	VI			650	25	
제네시스	DH			700	25	
	BH			650	25	
	BK		쿠페	570	25	
아슬란	AG			550	25	
그랜저	XG	2002이후	−	680	25	PAG046 150
	TG			550	25	−
	HG			550	25	−
그랜저 하이브리드	HGHEV			550	25	−
Sonata	Y2/Y3			730	30	PAG046 207−230
	EF	2001		670	25	PAG046 150
	NF	2005		550	25	PAG046 150
	YF			550	25	
	LF			650	25	
Sonata 하이브리드	YFHEV			550	25	
	LFHEV			650	25	
아반테	RD		아반테/투어링	700	25	
	JK		쿠페	500	25	
	MD			500	25	
	HD			500	25	
	XD		2003년 이후	680	25	
	XD		2002년 이전	600	25	
	HDHEV		HD 하이브리드	850	25	
Accent	−	2000		675	25	PAG046 140−160
뉴 액센트	RB			420	25	−
*Atos		1998	−	650	25	PAG046 150
엘란트라	J1			650	30	PAG046 120−135
클릭	TB			500	25	
투스카니	GK			600	25	
티뷰론	RC			700	25	
갤로퍼	M1	1998	듀얼	980	25	PAG046 170−190
		1998	싱글	780	20	PAG046 170−190

모델	형식	모델년도 (부터)	참고사항	냉매(R134a)		냉동기유(ml)
				충전량(g)	오차(±)	총 량
Santa Fe	SM	2001	−	600	25	PAG046 160
	CM	2006	싱글	600	20	PAG046 150
		2006	듀얼	850	20	PAG046 210
Grandeur	3.3i/3.8i	2005		500	20	140−160
Getz		2002	−	500	25	PAG046 110−130
H1/H300/ Starex	2.5D CRDi	2008	−	650	−	PAG046 150
* i10		2008	−	450	−	PAG046 120
* i20		2009	−	450	−	PAG046 120
i30	GD/FD	2008		500	25	PAG046 150
i40	VF	2011		550	25	PAG046 120
ix20		2010	−	550	−	PAG046 100
ix35		2010	−	510	−	PAG046 120
ix55	3.0CRDi	2008		700	−	PAG046 150
ix55	3.0CRDi	2008	듀얼	900	−	PAG046 210
* i800/iLoad/ iMax	−	2008	−	650	−	PAG046 150
	−	2008	듀얼	850	−	PAG046 210
	2.5CRDi	2008	−	650	−	PAG046 150
	2.5CRDi	2008	듀얼	850	−	PAG046 210
스타렉스	A1	1997	싱글	650	25	PAG100 230−240
	A1	1997	듀얼	950	10	PAG046 230−240
그랜드 스타렉스	TQ	2008	싱글	650	20	PAG046 150
			듀얼	850	25	
테라칸	HP		−	730	25	
투싼	JM			510	25	PAG046 120−135
투싼 Ix	LM			510	25	PAG046 200−215

모델	형식	모델년도 (부터)	참고사항	냉매(R134a)		냉동기유(ml)
				충전량(g)	오차(±)	총 량
투싼	TL		싱글	600	25	
	TL		듀얼	750	25	
투싼 연료전지	LMFCEV			510	25	
Trajet XG	FO	2000	싱글	670	–	PAG046 180
	FO	2008	더블	850	–	PAG046 180
그레이스				650	25	
			12인승/15인승	1200	25	
포터				650	25	
포터2	HR			400	25	
리베로	SR			650	30	
라비타	FC			570		
벨로스터	FS			420	25	
맥스쿠르즈	NC		싱글	600	25	
			더블	800	25	
베라쿠르즈	EN		(FR)	700	25	
			(RR)	900	25	
싼타모	M2			740	30	
블루온	EAEV			450	25	
마르샤	H1			720	30	
베르나	LC	2002년 이후		550	25	
	MC			500	25	
스쿠프				650	30	

🚗 2011 아반떼 하이브리드

❖ 에어컨 장치

항 목		제 원
		1.6(LPI)
압축기	형식	VS16M(가변 용량)
	윤활유 타입 및 용량	PAG 150±10cc
	토출량	160cc/rev
응축기	방열량	13,400 −5% kcal/hr
에어컨 프레셔 트랜스듀서	압력 측정값	전압 = 0.00878835 * 압력(psig) + 0.37081095
팽창밸브	형식	블록 타입(L−TxV)
냉매	형식	R−134a
	냉매량	500±25g

❖ 블로어 유닛

항 목		제 원
내/외기 선택	작동 방식	액추에이터
블로어	형식	시로코 팬
	풍량 조절	오토 : 오토+8단
	풍량 조절 방식	파워 모스펫
에어필터	형식	파티클 필터

❖ 히터 및 증발기 유닛

항 목		제 원
히터	형식	공기 혼합 온수식
	방열 성능	4,300±5% kcal/hr
	모드 작동방식	액추에이터
	온도 작동방식	액추에이터
증발기	온도 조절방식	증발기 온도 센서
	에어컨 ON/OFF	ON : 1.7±0.5℃, OFF : 0.2±0.5℃
	팽창밸브 입구측 압력	15.7 kgf/cm
	증발기 출구측 입력	2.0 kgf/cm

2016 아반떼(AD)

❖ 에어컨 장치

항 목		제 원		
		Gamma엔진	Nu엔진	U2엔진
압축기	형식	6VS×14		
	윤활유 타입 및 용량	FD46×G(PAG) 100±10g		
	풀리 타입	6PK-TYPE		5PK-TYPE
	토출량	142cc/rev		
팽창밸브	형식	블록 타입		
냉매	형식	R-134a		
	냉매량	500±25g		

❖ 블로어 유닛

항 목		제 원
내/외기 선택	작동 방식	액추에이터
블로어	형식	시로코 팬
	풍량 조절	오토 : 오토+8단, 매뉴얼 : 1~4단
	풍량 조절 방식	오토 : 파워 모스펫, 매뉴얼 : 레지스터
에어필터	형식	파티클 필터

❖ 히터 및 증발기 유닛

항 목			제 원	
히터	형식		공기 혼합 온수식	
	타입		튜브-Fin 1Way	
	모드 작동방식		액추에이터	
	온도 작동방식		액추에이터	
증발기	온도 조절방식		증발기 온도 센서	
	블로어 단수		에어컨 출력 OFF온도	에어컨 출력 ON온도
	매뉴얼 컨트롤	1~2단	1.5℃	3.0℃
		3~4단	0.6℃	2.1℃
	듀얼 컨트롤	1~4단	0.5℃	3.0℃
		5~6단	1.0℃	2.5℃
		7~8단	0.6℃	2.1℃
제조사	한라비스테온공조(HVCC)			

🚙 2016 쏘나타 PHEV

❖ 에어컨 장치

항　　　목		제　　　원
압축기	형식	HES33(전동 스크롤식)
	제어방식	CAN통신
	윤활유 타입 및 용량	POE Oil, 130±10cc
	모터 타입	BLDC
	정격 전압	360V
	작동 전압 범위	240~413V
팽창밸브	형식	블록 타입
냉매	형식	R-134a
	냉매량	650±25g

❖ 블로어 유닛

항　　　목		제　　　원
내/외기 선택	작동 방식	액추에이터
블로어	형식	시로코 팬
	풍량 조절	오토+8단
	풍량 조절 방식	PWM 블로어 모듈
에어필터	형식	파티클 필터

❖ 히터 및 증발기 유닛

항　　　목			제　　　원
히터	형식		공기 혼합 온수식
	방열 성능		4,920±5% kcal/hr
	모드 작동방식		액추에이터
	온도 작동방식		액추에이터
증발기	온도 조절방식		증발기 온도 센서
	에어컨 ON/OFF	블로어 1~4단	ON : 3±0.5℃, OFF : 1.5±0.5℃
		블로어 5~6단	ON : 2.5±0.5℃, OFF : 1.0±0.5℃
		블로어 7~8단	ON : 2.1±0.5℃, OFF : 0.6±0.5℃

2016 그랜저(HG HEV)

❖ 에어컨 장치

항 목		제 원
압축기	형식	ESC33i(전동 스크롤식)
	제어방식	CAN통신
	윤활유 타입 및 용량	POE OIL, 125±10cc
	모터 타입	BLDC
	정격 전압	288V
	작동 전압 범위	190~320V
	토출량	33cc/rev
응축기	방열량	17,085kcal/hr
팽창밸브	형식	블록 타입
냉매	형식	R-134a
	냉매량	550±25g

❖ 블로어 유닛

항 목		제 원
내/외기 선택	작동 방식	액추에이터
블로어	형식	시로코 팬
	풍량 조절	오토+8단
	풍량 조절 방식	PWM 블로어 모듈
에어필터	형식	파티클 필터

❖ 히터 및 증발기 유닛

항 목			제 원
히터	형식		공기 혼합 온수식
	방열 성능		4,850±5% kcal/hr
	모드 작동방식		액추에이터
	온도 작동방식		액추에이터
증발기	온도 조절방식		증발기 온도 센서
	에어컨 ON/OFF	블로어 3단 이하시	ON : 3.1±0.5℃, OFF : 1.6±0.5℃
		블로어 4단 이상시	ON : 2.1±0.5℃, OFF : 0.6±0.5℃

🚗 2016 제네시스 DH

❖ 에어컨 장치

항 목		제 원
압축기	형식	7VS×18
	윤활유 타입 및 용량	PAG(FD46×G) 120±10cc
	풀리 타입	Around Rubber Damper
	토출량	180cc/rev
응축기	방열량	18,500kcal/hr
팽창밸브	형식	블록 타입
냉매	형식	R-134a
	냉매량	700±25g

❖ 블로어 유닛

항 목		제 원
내/외기 선택	작동 방식	액추에이터
블로어	형식	시로코 팬
	풍량 조절	오토+8단
	풍량 조절 방식	파워 모스펫
에어필터	형식	파티클 필터

❖ 히터 및 증발기 유닛

항 목		제 원
히터	형식	공기 혼합 온수식
	방열 성능	4,850±5% kcal/hr
	모드 작동방식	액추에이터
	온도 작동방식	액추에이터
증발기	냉각 성능	4,500±5% kcal/hr
	온도 조절방식	증발기 온도 센서
	에어컨 ON/OFF	ON : 2.1±0.5℃, OFF : 0.6±0.5℃

2009 제네시스 쿠페

✤ 에어컨 장치

항 목		제 원	
		세타 2.0	람다 3.8
압축기	형식	10PA17C	10PA17C
	윤활유 타입 및 용량	FD46XG(PAG) 150±10	FD46XG(PAG) 150±10
	풀리 타입	6K-TYPE	
	토출량	180rev	180rev
응축기	방열량	15,700±5% kcal/hr	
에어컨 프레셔 트랜스듀서	압력 측정값	전압=0.00878835 * 압력(psig)+0.5	
팽창밸브	형식	블록 타입	
냉매	형식	R-134a	
	냉매량	570±25g	570±25g

✤ 블로어 유닛

항 목		제 원
내/외기 선택	작동 방식	액추에이터
블로어	형식	시로코 팬
	풍량 조절	오토 : 오토+8단, 매뉴얼 : 1~8단
	풍량 조절 방식	오토 : 파워 모스펫
에어필터	형식	파티클 필터

✤ 히터 및 증발기 유닛

항 목		제 원
히터	형식	공기 혼합 온수식
	방열 성능	4,500±5% kcal/hr
	모드 작동방식	액추에이터
	온도 작동방식	액추에이터
증발기	온도 조절방식	증발기 온도 센서
	에어컨 ON/OFF	ON : 2.1±0.5℃, OFF : 0.6±0.5℃

🚗 2016 i30(GD)

❖ 에어컨 장치

항 목		제 원
압축기	형식	매뉴얼 : 5VS 12 DATC : 5VSX 12
	윤활유 타입 및 용량	PAG OIL 100±10cc
	토출량	126cc/rev
응축기	방열 성능	가솔린 : 15.6−3% kw 디젤 : 14.3−3% kw
팽창밸브	형식	블록 타입
냉매	형식	R−134a
	냉매량	500±25g

❖ 블로어 유닛

항 목		제 원
내/외기 선택	작동 방식	액추에이터
블로어	형식	시로코 팬
	풍량 조절	DATC : 오토+8단, 매뉴얼 : 1~4단
	풍량 조절 방식	DATC : 파워 모스펫, 매뉴얼 : 레지스터
에어필터	형식	파티클 필터

❖ 히터 및 증발기 유닛

항 목		제 원
히터	형식	공기 혼합 온수식
	방열 성능	4,800±5% kcal/hr
	모드 작동방식	액추에이터
	온도 작동방식	액추에이터
증발기	냉각 성능	4,600±5% kcal/hr
	온도 조절방식	증발기 온도 센서
	에어컨 ON/OFF	ON : 2.1±0.5℃, OFF : 0.6±0.5℃

2016 i40

❖ 에어컨 장치

항 목		제 원
압축기	형식	가솔린 : DVE 16, 디젤 : DVE 13
	윤활유 타입 및 용량	PAG OIL, 120±10cc
	풀리 타입	6K-TYPE
	토출량	DVE 13 : 130 cc/rev DVE 16 : 160 cc/rev
응축기	방열성능	가솔린 : 17.8-5% kw 디젤 : 13.9-5% kw
팽창밸브	형식	블록 타입
냉매	형식	R-134a
	냉매량	550±25g

❖ 블로어 유닛

항 목		제 원
내/외기 선택	작동 방식	액추에이터
블로어	형식	시로코 팬
	풍량 조절	DATC : 오토+8단, 매뉴얼 : 1~4단
	풍량 조절 방식	파워 모스펫
에어필터	형식	파티클 필터

❖ 히터 및 증발기 유닛

항 목		제 원
히터	형식	공기 혼합 온수식
	방열 성능	4,600±5% kcal/hr
	모드 작동방식	액추에이터
	온도 작동방식	액추에이터
증발기	냉각 성능	4,500±5% kcal/hr
	온도 조절방식	증발기 온도 센서
	에어컨 ON/OFF	ON : 3.0±0.3℃, OFF : 1.0±0.3℃

🚙 2016 투싼

❖ 에어컨 장치

항 목		제 원	
		R 2.0	U2 1.7
압축기	형식	DVE16N	
	윤활유 타입 및 용량	PAG 30 120±10g	
	풀리 타입	6PK-TYPE	5PK-TYPE
	토출량	160cc/rev	
팽창밸브	형식	블록 타입	
냉매	형식	R-134a	
	냉매량	550±25g	

❖ 블로어 유닛

항 목		제 원
내/외기 선택	작동 방식	액추에이터
블로어	형식	시로코 팬
	풍량 조절	오토 : 오토+8단, 매뉴얼 : 1~4단
	풍량 조절 방식	오토 : 파워 모스펫, 매뉴얼 : 레지스터
에어필터	형식	파티클 필터

❖ 히터 및 증발기 유닛

항 목		제 원	
히터	형식	공기 혼합 온수식	
	타입	튜브-Fin 1Way	
	모드 작동방식	액추에이터	
	온도 작동방식	액추에이터	
증발기	온도 조절방식	증발기 온도 센서	
	블로어 단수	에어컨 출력 OFF온도	에어컨 출력 ON온도
	매뉴얼 컨트롤	0.5℃	1.5℃
	듀얼 컨트롤	0.5℃	1.5℃
제조사		두원공조	

🚗 2016 싼타페(DM)

✤ 에어컨 장치

항 목			제 원
압축기	형식		7VSX18
	윤활유 타입 및 용량	싱글(리어 에어컨 미장착)	PAG OIL 120±10
		듀얼(리어 에어컨 장착)	PAG OIL 210±10
	풀리 타입		6PK-TYPE
	토출량		180cc/rev
응축기	방열량		14,600min.kcal/h
에어컨 프레셔 트랜스듀서	압력 측정값		전압=0.00878835*압력(psig)+0.4
팽창밸브	형식		블록 타입
냉매	형식		R-134a
	냉매량	싱글(리어 에어컨 미장착)	600±25g
		듀얼(리어 에어컨 장착)	750±25g

✤ 블로어 유닛

항 목		제 원
내/외기 선택	작동 방식	액추에이터
블로어	형식	시로코 팬
	풍량 조절	오토 : 오토+8단, 매뉴얼 : 1~4단
	풍량 조절 방식	오토 : 파워 모스펫, 매뉴얼 : 레지스터
에어필터	형식	파티클 필터

✤ 히터 및 증발기 유닛

항 목		제 원
히터	형식	공기 혼합 온수식
	방열 성능	4,700-5% kcal/h
	모드 작동방식	액추에이터
	온도 작동방식	액추에이터
증발기	온도 조절방식	증발기 온도 센서
	에어컨 ON/OFF	ON : 2.1℃, OFF : 0.6℃

모델	형식	모델년도 (부터)	참고사항	냉매(R134a) 충전량(g)	오차(±)	냉동기유(ml) 총 량
Aveo/Kalos	–	2005	GM Delphi/ Harrison V5	520	–	200
캡티바	가솔린	2007	–	660	20	150
	디젤	2007	–	520	20	150
Cruze		2009	–	650	–	–
Epica		2008	–	820	–	220
Lacetti/		2005	–	670	–	175
Nubira		2005		670	–	175
Matiz		2008	–	330	–	110
Spark		2008	–	380	–	110
칼로스	T200	2002	Delphi/Harrison V5	600	20	PAG150 220
라노스	T100		라노스 줄리엣	750	20	PAG150 265
			라노스	720	30	
레간자	V100	1997	–	830	20	PAG150 265
티코				500	30	
마티즈	M100	1998	–	550	30	PAG046 150
마티즈 II	M150			550	30	
	M200			330	20	110
	M300		크리에이티브	450		
누비라	J100	2002	누비라 I	730	20	PAG150 220
			누비라 II	700	20	
레조	U100	2000	–	750	20	220
라세티	J200			640	20	
			라세티 프리미어	650		
프린스			로얄 프린스	1000	30	
			프린스	900	30	
르망				730	30	
매그너스	V200			780	20	
브로엄				900	30	
씨에로				700	30	
스테이츠맨	W			650		
알페온				575		
올란도				650		
젠트라				600		
아베오	T300	2005		520		200
토스카	V250			780	20	
윈스톰	S3X			550	20	
말리부	V300			650		
라보				500		

모델	형식	모델년도 (부터)	참고사항	냉매(R134a)		냉동기유(ml)
				충전량(g)	오차(±)	총 량
SM3	CF			550	50	
	L38	2009 이후		550	50	
SM5	KPQ	2005 이전	–	550	25	
	EX1	2006 이후		550	25	
	DF	2007 이후		550	25	
	L43	2010 이후		600	25	
SM7	EX2		–	550	25	
	L47			650	25	
QM5	QMX		–	550	50	
QM3						
야무진				700		

모델	형식	모델년도 (부터)	참고사항	냉매(R134a)		냉동기유(ml)
				충전량(g)	오차(±)	총 량
체어맨 H	W100			750	50	
체어맨 W	W200	2008		650	60	
		2009		850	30	
		2011		650	30	
		2013		650	30	
렉스턴	Y20		싱글	850	50	
			더블	1200	50	
무쏘	Y100		601, 230(한라)	700	50	PAG100 200
			602, 290	775	30	
액티언/스포츠	C100			650	30	
이스타나			싱글	700	30	
			듀얼/냉장고	1200	30	
카이런	D100			650	30	
로디우스	A100			1050	30	
코란도		1997	코란도	700	50	PAG100 200
			코란도 C	430	30	
			코란도 밴	700	30	
			코란도 훼미리	1150	30	
	KJ		뉴 코란도	700	50	
			코란도 투리스모	1050	30	
			코란도 스포츠	650	30	
티볼리				500	30	

모델	형식	모델년도 (부터)	참고사항	냉매(R134a)		냉동기유(ml) PAG 046
				충전량(g)	오차(±)	총 량
A2	1.2TDI/1.4i/ 1.4TDI/1.6FSI	2001		505	25	180
A3	8L1	2003	산덴 압축기 PXE16	525	25	100 − 120
	8PI − 1.6i/ 1.6FSI/1.9TDI/ 2.0FSI/ 2.0TDI/3.2i	2003		525	25	170 − 190
A4	8E, B7	2004		500	50	−
	8E, B6	2000	가솔린	505	25	170 − 190
	8K	2007	덴소압축기6SEU14와 7SEU17	600	−	150
A5		2007	덴소압축기6SEU14와 7SEU17	600	−	150
A6	4F	2004		530	20	120 − 140
	4G/C7	2011		520	20	120 − 140
A7		2010	덴소/젝셀 압축기	570	−	120
A8	4E 3.0i / 3.7i /4.2i	2002		620	20	200
	4E 6.0i / 4.0TDi	2002		602	20	150
	4H	2010		780	−	130
	4H	2010	뒤 에어컨 포함	930	−	150
All road	4FH 2.7 TDi/ 3.0TDi/3.2FSi/ 4.2FSi	2006		530	20	120 − 140
Q3		2011	젝셀/발레오/산덴/ 델파이 압축기	520	−	−
		2011	덴소6SEU14 압축기	520	−	90
		2011	덴소7SEU17 압축기	520	−	140
Q5		2008	덴소 6SEU14/7SEU17	600	−	150
			덴소6SAS14/SES14 − 압축기	600	−	110
	Hybrid	2008	덴소 6SEU14/7SEU17	520	−	−
Q7	3.0TDi/4.2TDi/ 3.6FSi/4.2FSi	2005		725	25	130 − 160
		2005	뒤 에어컨 장착	1075	25	230 − 260
RS 3		2011	5기통 엔진	500	−	−
RS 4		2012		570	−	−
RS 5		2010		570	−	−
S5		2010	덴소/젝셀 압축기	600	−	−
TT	8J	2006		525	25	80 − 100
	8J	2006	델파이 압축기	525	25	100 − 120

모델	형식	모델년도 (부터)	참고사항	냉매(R134a)		냉동기유(ml) PAG 046
				충전량(g)	오차(±)	총 량
3시리즈	E46	1998	–	740	25	–
	E46 – 디젤	2001	엔진 M47/M47TU/M57	680	10	150
	E90/E91/E92/E93	2005	덴소 압축기 7SEU17C	590	10	180
5시리즈	E60/E61 가솔린	2003	엔진 M54/N62	800	10	180
	E60/E61 디젤	2003	엔진 M57	700	10	180
	F10/F11	2010		850	–	–
5시리즈 GT	F07	2009		850	–	–
6시리즈	E63/E64 – 가솔린	2004	엔진 N52/N62	810	10	–
	F12/F13 – 640i/650i	2011	엔진 N55/N63	850	–	–
7시리즈	E65/E66 – 735i/740i/745i/750i	2002	엔진 N62	810	10	–
	E65/E66	2005	–	810	10	PAG046 180
	F01/F02/F04	2008	엔진 N54/N63/N57/N74	900	–	–
	F01/F02/F04	2008	뒤 에어컨 장착	1000	–	–
8시리즈	E31	1993	덴소 압축기	1550	25	PAG046 160 – 190
	E31	1993	세이코 압축기	1550	25	PAG046 160 – 200
X1	E84	2009	–	600	–	–
X3	E83 – 2.0d/3.0d	2004	엔진 M47T2/M57TU	680	10	PAG100
	E – 83 – 2.0i/2.5i/3.0i	2004	엔진 M54/N46/N52K	740	10	PAG100
	E83 – 2.0d	2007	엔진 N47	700	10	PAG100
	F25	2010	–	480	–	PAG046
X5	E53	2000	–	440	10	PAG100
	E70 – 3.0d/3.0Sd/3.0Si/4.8i	2007	엔진 M57T2 / N52K / N62TU	700	10	150(PAG100)
X6	E71/E72 – 3.0dx/3.5dx/3.5ix/5.0ix	2008	엔진 M57T2/N54/N63	700	10	150(PAG100)
	E71/E72 – Active Hybrid	2006	엔진 M63	925	–	–

모델	형식	모델년도 (부터)	참고사항	냉매(R134a)		냉동기유(ml) PAG 046
				충전량(g)	오차(±)	총 량
Z3		1997	덴소 응축기(납작한 관)	825	25	100−140
		1997	세이코−세이키 응축기 (납작한 관)	825	25	140−160
		1997	세이코−세이키 응축기 (둥근 관)	1000	25	140−160
		1997	−	1000	25	100−140
Z4	E85	2003	−	740	10	−
	E89− Sdrive 23i/ 30i/35i/35is	2009	−	550	−	−
Z8	S62	2000		710	25	− −

모델	형식	모델년도 (부터)	참고사항	냉매(R134a)		냉동기유(ml)
				충전량(g)	오차(±)	총 량
One/ Cooper	R50/53	2001	−	415	10	−
Clubman	R56/57, R55	2007		490	−	PAG046

모델	형식	모델년도 (부터)	참고사항	냉매(R134a)		냉동기유(ml)
				충전량(g)	오차(±)	총 량
A−Klasse	W168	1998		600	30	PAG046 100
	W169−150/ 170/200/160CDI/ 180CDI	2004		770	−	PAG100 120
	W169−200CDI/ 200Turbo	2004		840	−	PAG046 120
	W176	2012		650	−	PAG046 120
B−Klasse	W245−150/200 /180CDI/170	2005		770	−	PAG046 120
	W245− 200turbo/200CDI	2005		840	−	PAG046 120
	W246	2011		650	−	PAG046 120
C−Klasse	W203	2000		725	25	PAG046 120
	W203	2004	facelift	850	−	PAG046 120

모델	형식	모델년도 (부터)	참고사항	냉매(R134a)		냉동기유(ml)
				충전량(g)	오차(±)	총 량
C−Klasse	W204	2007		590		PAG046 120
CLC	W203	2008		850		PAG046 135
CLK	C208	1997		850		PAG046 120
	C209	2002		750		PAG046 120
CLS	W219	2005		950		PAG046 120
	W218	2011		590		
E−Klasse	W124	1993		950	−	PAG046 160
	W124	1993	뒤 에어컨	1150	−	PAG100 160
	W210	1995		1000	−	PAG046 120
	W211	2002		950	−	PAG046 120
	W212	2009		590	−	PAG046 120
	W212−6.3 E63 AMG	2009		640	−	PAG046 120
	C207	2009		530	−	PAG046 120
G−Klasse	W463	1993		1050	−	PAG046 120
	W463 322/ 323 270CDI	2001		1070	−	PAG046 170
GL −Klasse	X164	2006		970		PAG046 110
	X164	2006	뒤 에어컨	1220		PAG046 110
GLK −Klasse	X204	2008	덴소 6SEU16− 압축기	590		PAG046 120
M−Klasse	W163	1998		750		PAG046 175
	W164	2005		970		PAG046 110
	W164	2006	뒤 에어컨	1220		PAG046 110
	W166	2011		1050		PAG046 120
	W166	2011	뒤 에어컨	1300		PAG046 160
R−Klasse	W251	2006		970	−	PAG046 120
	W251	2006	뒤 에어컨	950	−	PAG100 110

모델	형식	모델년도 (부터)	참고사항	냉매(R134a)		냉동기유(ml)
				충전량(g)	오차(±)	총 량
S－Klasse	W220	1998		1050	－	120
	W220	1998	뒤 에어컨	950	－	120
S－Klasse Coupe	C215－ CL500－600	2002		950	－	PAG046 120
S－Klasse	W221	2006		1070	－	PAG046 110
	W221	2006	뒤 에어컨	1080	－	PAG046 120
SL	R230	2001		920	－	PAG046 120
SLK	R170	1996		850	－	PAG046 120
SLK	R171－ 200/280/350	2004		670		PAG046 120
Sprinter	W901－905	1995		860		PAG046 120
	W901－905	1995	뒤 에어컨	1300		PAG046 175
	W906	2006		740		PAG046 190
	W906	2006	뒤 에어컨	1125		PAG046 190
Vito/V －Klasse	W638, W638/2	1996	덴소 7SB16압축기	850		PAG046 175
	W638, W638/2	1996	덴소 10PA17C 압축기	920		PAG046 120
	W638, W638/2	1996	산덴 SD7V16 압축기	850		PAG046 135
Vito/Viano	W638, W638/2	1996	덴소 10PA17C 압축기	920		PAG046 120
	W638, W638/2	1996	산덴 SD7V16 압축기	850		PAG046 135
	W639	2003	－	550		PAG046 190
	W639	2003	뒤 에어컨	840		PAG046 190
	W639	2003	뒤 에어컨/ 긴 축간거리	870		PAG046 190

● 포르쉐(Porsche)

모델	형식	모델년도 (부터)	참고사항	냉매(R134a)		냉동기유(ml)
				충전량(g)	오차(±)	총 량
911	993	1993		840		PAG046 80－120
	996	1998		900		PAG046 180－210
968	－	1993	－	860		PAG046 100－140
Boxter	986	1996		850		PAG046 －
Cayenne	955－3.2/S4.5/ Turbo4.5	2002		700		PAG046 190－210
	955－3.2/S4.5/ Turbo4.5	2002	뒤 에어컨	1050		PAG046 290－310

● VW(폭스바겐)

모델	형식	모델년도 (부터)	참고사항	냉매(R134a)		냉동기유(ml)
				충전량(g)	오차(±)	총 량
Beetle		1998		725	25	PAG046 120－150
	5C1	2012	산덴 PXE14/PX16	525	－	PAG046 110
	5C1	2012	덴소 6SEU14C	525		PAG046 90
Golf V		2003	덴소 7SEU16C	525	25	PAG046 180
		2003	덴소 7SEU17C	525	25	PAG046 130－150
		2003	산덴 압축기	525	25	PAG046 100－120
		2003	젝셀 압축기	525	25	PAG046 105－135
Golf VI		2008	산덴/델파이압축기	525	－	PAG046 110
		2008	덴소 7SEU17C＋ES34	525	－	PAG046 145
		2008	덴소 6SEU14C	525	－	PAG046 90
		2008	델파이 6CVC140	525	－	PAG046 110
Golf VII		2012	덴소 SES14C/ 산덴 11PXE14	500		PAG046 80
Jeta V		2005	산덴 PXE16	525	25	PAG046 110
		2005	덴소 SEU16C	525	25	PAG046 180

모델	형식	모델년도 (부터)	참고사항	냉매(R134a)		냉동기유(ml)
				충전량(g)	오차(±)	총 량
Jeta V		2005	젝셀 압축기	525	–	PAG046 120
Jeta VI		2010	덴소 SES14C/ 산덴 11PXE14	500	–	PAG046 80
Passat	3B	1996	덴소 압축기	675	25	PAG046 250
	3B	1996	젝셀 압축기	675	25	PAG046 250
	3BG	2000	–	850	–	–
	3C	2005	산덴 PXE16	600	25	PAG046 100 – 120
	3C	2005	젝셀 DSC17E	600	25	PAG046 110 – 130
	3C/36	2010	산덴/델파이압축기	600	–	PAG046 110
	3C/36	2010	젝셀 DSC17E	600	–	PAG046 90
	3C/36	2011	산덴/델파이압축기	550	–	PAG046 110
	3C/36	2011	젝셀 DSC17E	550	–	PAG046 90
Passat WB	–	2001	–	512.5	12.5	PAG046 190 – 210
Passat CC		2008	산덴 PXE16	600	–	PAG046 110
		2008	젝셀 DSC17E	600	–	PAG046 120
		2008	덴소 6SEU14C	600	–	PAG046 140
		2008	델파이 6CVC140	600	–	PAG046 110
Phaeton		2002		600	25	PAG046 190 – 210
Polo	9N	2005	압축기 6Q0 820 803J	550	–	PAG046 95
	9N	2005	덴소 SEU16C	550	–	PAG046 180
	6R – 1.2i/ 1.6TDi	2009	덴소 SEU14/C	500	–	PAG046 90
Tiguan		2007	덴소 7SEU16C	660	–	PAG046 180
		2007	산덴 PXE 17	660	–	PAG046 110
Touareg		2002	덴소 7SEU16C	700	50	PAG046 190 – 210
		2002	덴소 7SEU16C와 뒤 에어컨	1050	50	PAG046 280 – 320
		2004	덴소 7SEU17C	700	50	PAG046 130 – 150

모델	형식	모델년도 (부터)	참고사항	냉매(R134a)		냉동기유(ml)
				충전량(g)	오차(±)	총 량
Touareg		2004	덴소 7SEU17C와 뒤 에어컨	1000	–	PAG046 220－260
	7P5	2010	–	850	–	–
	7P5	2010	뒤 에어컨	1150	–	–
Touran		2003	덴소 7SEU17C	525	25	PAG046 130－150
		2003	산덴 압축기	525	25	PAG046 100－120
		2003	젝셀 압축기	525	25	PAG046 105－135
		2003	덴소 7SEU16C	525	25	PAG046 180
Transporter T5	7H, 7J	2003	덴소 7SEU16C	650	50	PAG046 190－210
	7H, 7J	2003	뒤 에어컨	950	50	PAG046 280－320
	7H, 7J	2003	산덴 SD7V16	650	50	PAG046 120－150
	7H, 7J	2003	뒤 에어컨	1050	50	PAG046 210－260
Up		2012	Doowon DV9	380	–	PAG046 120

● Toyota

모델	형식	모델년도 (부터)	참고사항	냉매(R134a)		냉동기유(ml)
				충전량(g)	오차(±)	총 량
Camry		1994	–	850	–	PAG046
		1996	–	800	50	PAG046
	SXV20	1996	–	800	50	–
	MCV20	1996	–	800	50	–
	V30	2001	–	550	30	PAG046
Corolla	1.9D	2000	–	650	50	PAG100
	E12U	2002	–	450	25	PAG046 –
Prius		2004		450	30	POE
	1.8HSD	2009		470	–	POE –

모델	형식	모델년도 (부터)	참고사항	냉매(R134a)		냉동기유(ml)
				충전량(g)	오차(±)	총 량
CT200h		2010	−	470	−	POE
GS300		1997	−	600	50	PAG046 150
GS430		2000	−	600	50	−
		2005	−	450	50	PAG046 130
GS450h		2006	−	450	−	POE 120
IS200		1999	−	600	50	PAG046 150
IS300		2001	−	600	50	PAG046 −
LS400		1993	−	700	50	PAG046 150
		1993	뒤 에어컨 포함	950	50	PAG046 180
LS430		2001	−	650	50	PAG046 130
		2001	뒤 에어컨 포함	900	50	PAG046 150
LS460		2006	−	600	−	PAG046 130
		2006	뒤 에어컨 포함	750	−	PAG046 150
LS600h		2007		900	−	POE 130
		2009		840	−	POE 130
RX300		2000		650	50	PAG046 −
		2003		650	50	PAG046 120
RX400h		2005		600	50	POE 120
RX450h		2009		600	−	POE 120
SC430		2001		700	50	PAG046 125−135

[1] Grossmann H.: Pkw−Klimatisierung(Physikalische Grundlagen und technishe Umsetzungen) 2. Auflage Springer−Vieweg, 2013.

[2] Hofhaus J(Hrsg.): Pkw−Klimatisierung V, Expert Verlag, Renningen. 2007.

[3] Dieter Schlenz (Hrsg.) und 18 Mitautoren: PKW−Klimatisierung. Expert Verlag, 2000.

[4] Ulrich Deh: Kfz−Klimaanlagen 3., aktualisierte Auflage. Vogel Buchverlag. 2011.
P N Ananthanarayanan: Basic Refrigeration and Air Conditioning, 4th ED. McGraw Hill Education(India) Private Limited, New Delhi. 2013.

[5] G.F. Hundy, A.R. Trott, T.C.Welch: Refrigeration and Air Conditioning, Malestrom B.H., 2010.

[6] Cerbe G., Wilhelms G.: Technische Thermodynamik. Carl Hanser Verlag, Muenchen. 2008.

[7] Mark Schnubel: Automotive Heating & Air Conditioning, 5th Edition. DELMAR, 2013.

[8] Petz, M.: Kohlenwasserstoffe als Kaeltemittel. Renningen−Malmsheim: Expert Verlag, 1995.

[9] U. Hesse: Thermal Systems for Vehicle Thermal Management, Air−Conditioning, Heat recovery and Future Fuels. ICSAT Ingolstadt, Sep. 2013

[10] Burger R.: Das Kaeltemittel CO_2 im Vergleich zum R−134a. In: Reichelt J (Hrsg) Grundlagen der Pkw− Kaelte−Klima−Anlagen. Lehrgang im Test− und Weiterbildungszentrum Waermepumpen und Kaeltetechnik, Karlsruhe. 2000

[11] Dienhart B., Kampf H., Kies A.: Vegleich von Zuheizsystemen in Automobilen mit geringem Kraftstoffverbauch, ATZ 99(1997) Nr.10.

[12] Kohei Umezu, Hideto Noyama: Air−Conditioning system for Electric Vehicles(i−MiEV), SAE Automotive Refrigerant & System Efficiency Symposium 2010

[13] H. Hammer at al: R1234yf −A new, safe and environmentally friendly refrigerant for mobile air conditioning, VDA. Sep, 2012

[14] Toshihisa Kondo at al: Development of Automotive Air−Conditioning Systems by Heat Pump Technology. Mitsubishi Heavy Industries Technical Review Vol. 48 No.2 (June 2011).

[15] Brett Van Horn: A Primer on HFOs "Hydrofluoro−Olefins, Low−GWP Refrigerants", 2011 ASHRAE Winter Conference, Las Vegas, NV. Jan. 2011

[16] Holtappels, K.; Pahl, R.: Final Test Report: Ignition Behaviour of HFO−1234yf. Bundesanstalt fuer Materialforschung und −pruefung. BAM Referenz II−2318/2009 I, 22.06.2010.

[17] Lutz Mardorf, Peter Menger: PKW−Klimaanlage mit Waermepumpenmodus fuer Elektrofahrzeuge. Vergleich der Kaeltemittel R1234yf unf R134a. DKV Bericht. 2010.

[18] Yukihiro Higashi: Thermophysical Properities of HFO−1234yf and HFO−1234ze(E). International Symposium on Next−generation Air Conditioning and Refrigeration Technology, Tokyo, Japan, Feb. 2010.

[19] Thomas J. Leck: Evaluation of HFO−1234yf as a Potential Replacement for R−134a in Refrigeration Applications. 3rd IIR Conference on Thermophysical Properities and Transfer Processes of Refrigerants, Boulder, Co, 2009

[20] Tohru Ikegami at al(JAMA−JAPIA Consortium): New Refrigerants(r1234yf) Evaluation Results, 2008 SAE Aiternative Refrigerant Systems Symposium, Phoenix, Arizona−USA, June 2008

[21] Mark Spatz, Barbara Minor: HFO−1234yf (Low GWP Refrigerant Update), International refrigeration and Air Conditioning Conference at Purdue, July 2008

[22] John Meyer: R1234yf System Enhancements and Comparison to R134a, June, 2008

[23] Karin Binder at al: Gesundheitliche Gefaehrdung von KFZ-Nutzen durch das Kaeltemittel HFO-1234yf in Klimaanlagen. Deutscher Bundestag-17. Wahlperiode. -Drucksache 17/2002

[24] Armin Hafner at al: Life Cycle Climate Performance(LCCP) of Mobile Air-Conditioning Systems with HFC-134a, HFC-152a and R-744. Mobile Air Conditioning Summit 2004 Washington D.C. 2004.

[25] Jan Hinriches: R-744 Compressors for MAC and light commercial refrigeration, ATMOshere Europe 2012, Brussels, Nov. 2012

[26] Nicholas Lemke at al: Unterstuetzung der Marketeinfuehrung von PKW-Klimaanlagen mit dem Kaeltemittel CO2(R744)-Pruefstandmessungen und Praxistest. Umbeltbundesamt. Jan. 2010

[27] Padalkar A. S., Kadam A. D.: Carbon Dioxide as Natural Refrigerant, International Journal od Applied Engineering Research, Dindigul. Vol. 1, No.2, 2010

[28] AIGA Document "CARBON DIOXIDE-globally Harmonised Document", AIGA 068/10, Based on CGA G-6 7th Edition - 2009

[29] Perter Kroner at al: R-744 A/C systems - Test Stand and Field Test Experience, ATZ 07-08/2008 Vol. 110

[30] Armin Hafner: Besonderheiten bei der Entwicklung und Einfuehrung der R744-Technologie in KFZ-Klimaanlagen, 10. Karlsruher FahrzeugKlima-Symposium, April 2008

[31] Maketo Takeuchi: Development of CO2 Scroll Compressor for Automotive Air-Conditioning Systems. Mitsubishi Heavy Industries. Ltd. 2008

[32] Florian Wieschollek, Roman Heckt: Improved Efficiency for Small Car with R744, VDA Alternative Refrigerant Wintermeeting 2007

[33] Willi Parsch, Bernd Brunsch: Der CO2 Kompressor-Neue Technologie fuer kuehle Koepfe und warme Fuesse, Luk Kolloquium 2002

[34] B. Fagerli: A theoretical Comparison of the Mechanical Control Behavior of a R744- and R134a Automotive A/C Compressor. 2002 International Compressor Engineering Conference, paper 1575, 2002

[35] S. Tominaga, T. Tazaki, S. Hara: Various Performance of Polyvinylether(PVE) Lubricants with HFC Refrigerants, 2002 International Refrigeration and Air Conditioning Conference, paper 600. 2002

[36] Yasuhiro Kawaguchi at al: Performance Study of Refrigerating Oils with CO2. Idemitsu Kosan Co., Ltd. July 2000

[37] Man-Hoe Kim at al: The Test Results of Refrigerant R152a in an Automotive Air-Conditioning System. SAE 9th Alternative Refrigerant Systems Symposium, June 2008

[38] Material Data Sheet "R-152a" National Refrigerants, Inc. Dec. 2008

[39] Po-Hsu Lin: Performance evaluation and analysis of EV air-conditioning system. World Electric Vehicle Journal Vol.4 - ISSN 2032-6653. WEVA 2010.
Eugene Talley: Hybrid Air Conditioning Systems Overview. Southern Illinois University Carbondale. 2011.

[40] Kohei Umezu, Hideo Noyama: Air-Conditioning system for Electric Vehicles(i-MiEV), SAE Automotive Refrigerant & System Efficiency Symposium 2010.

[41] Pamela Reasor at al: Refrigerant R1234yf Performance Comparison Investigation. International Refrigeration and Air Conditioning Conference, paper 1085. 2010

[42] Gabriel Hoffmann & Wolfgang Plehn: Natuerliche Kaeltemittel fuer PKW-Klimaanlagen-Ein Beitrag zum Klimaschutz. Umwelt Bundes Amt. Sep. 2010.

[43] Transitioning to low-GWP, Alternatives in MVACs. EPA October 2010

[44] W.L. Brown: The Development of Lubricants for Automotive A/C Systems. International Compressor

Engineering Conference paper 1247. 1998

[45] Bergholter, V.: Neue Moeglichkeiten fuer die Kraft—Waerme—Kaelte—Kopplug. Thermodyna Maschinen — und Anlagen GmbH, Hamburg 2009.

[46] Bergholter, V.: Marketeintritt der Schukey—Technology. Thermodyna Maschinen— und Anlagen GmbH, Hamburg 2010.

[47] Bergholter, V.: Fahrzeugklimatisierung mit Schukey—Technologie. Thermodyna Maschinen— und Anlagen GmbH, Hamburg Juni 2010.
Vehicle Air Conditioning(compact knowledge for the Garage): Behr Hella Service GmbH. 2010.

[48] 윤경병: 제올라이트. 첨단 물리화학기술 July/August 2004

[49] Eugene Talley: Hybrid Air Conditioning Systems Overwiew. ICAIA Conference Presentation paper 22, spring 2011

[50] Alan P Cohen: Drying Alternative Refrigerants with Molecular Sieve Desiccants, SAE Alternative Refrigerant Symposium Scottsdale, AZ June, 2006

[51] Trends in der Fahrzeugklimatisierung aus regelungstechnischer Sicht: BHTC. 2006.

[52] Handbuch Kaeltetechnik: Siemens Building Technologies GmbH & Co. oHG, 2010.

[53] Automotive Air Conditioning Training Manual: Ariazone Automotive & Industrial Refrigerant Service Equipment, 2010.

[54] Webasto: Schulungs—Handbuch, Kaelte—Klima. 2000.

[55] Manual for Refrigeration Servicing Technicians: United Nations Environment Programme 2010.

[56] Service Manual, Valeo TM21 Compressor: Valeo Japan. 2014.

[57] Service Manual, Valeo TM55& TM65 Compressors: Valeo Japan. 2014.

[58] Der Phaeton Heizung und Klimaanlage(Konstruktion und Funktion): Volkswagen AG. 2002.

[59] SD Compressor service Manual: Sanden International(USA). 2010

[60] Air Conditioning Compressors: Delphi 2006.

[61] Klimaanlage im Kraftfahrzeug(Grundlagen): SKODA. 2012.

[62] Good Practices in Refrigeration: GTZ/Proklima International. Eschborn, 2010

[63] Vehicle Air Conditioning (compact knowledge for the garage): Behr Hella Service GmbH. 2010

[64] Service Manual "Air Conditioning Compressor Oil(PAG, PAO and POE oils)". Behr Hella Service GmbH. 2011

[65] Planungshandbuch—Waermepumpen: Viessmann Deutschland GmbH. 2011

[66] Air Conditioning Diagnosis, Service & Repair: Standard Motor Products, Inc. 2011

[67] Refrigerant and compressor oil filling quantities 2010/2011: Behr Hella Service. 2010

[68] Fahrzeugklimatisierung Diagnose—Handbuch: Waeco International. 2011

[69] Kaeltemittel — Report 17: Bitzer Kuelmaschinenbau GmbH. 2011

[70] Solkane—Taschenbuch" Kaelte— und Klimatechnik": Solvay Fluor GmbH, Hannover. 2010

[71] Toyota technical training Course 752 "Air conditioning and Climate Control" Toyota Motor Sales, U.S.A., Inc 2005

[72] "Ground—Level Ozone" in Pollution Prevention and Abatement Handbook, pp227—230.
WORLD BANK GROUP, July 1998

[73] Technical Information "HFC—134a (Properties, Uses, Storage, and Handling)": Dupont Fluorochemicals. 2001

[74] Technical Information(T—134a—ENG) "Thermodynamic Properities of HFC—134a": E.I. du PONT de NEMOURS and COMPANY. 2004

■ 저자(Author)

공학박사 김 재 휘(Kim, Chae-Hwi)

ex-Prof. Dr. - Ing. Kim, Chae-Hwi
Incheon College KOREA POLYTECHNIC II. Dept. of Automobile Technique
E-mail : chkim11@gmail.com

카 에어컨디셔닝

초판인쇄 | 2016년 1월 11일
초판발행 | 2016년 1월 18일

지 은 이 | 김 재 휘
발 행 인 | 김 길 현
발 행 처 | 도서출판 골든벨
등   록 | 제 3-132호(87. 12. 11) ⓒ 2016Golden Bell
I S B N | 979-11-5806-070-1
가   격 | 35,000원

이 책을 만든 사람들

본문 디자인 | 조경미	진 행 | 최병석
표지 디자인 | 조경미	오프라인 마케팅 | 우병춘, 강승구
공 급 관 리 | 오민석, 김경아, 연주민	온라인 마케팅 | 안재명

⑳04316 서울특별시 용산구 원효로 245 골든벨 빌딩 (원효로 1가)
● TEL : 영업부 02-713-4135 / 편집부 02-713-7452
● FAX : 02-718-5510   ● http : // www.gbbook.co.kr   ● E-mail : 7134135@ naver.com

이 책에서 내용의 일부 또는 도해를 다음과 같은 행위자들이 사전 승인없이 인용할 경우에는
저작권법 제93조 「손해배상청구권」의 적용을 받습니다.
　① 단순히 공부할 목적으로 부분 또는 전체를 복제하여 사용하는 학생 또는 복사업자
　② 공공기관 및 사설교육기관(학원, 인정직업학교), 단체 등에서 영리를 목적으로 복제·배포하는 대표,
　　 또는 당해 교육자
　③ 디스크 복사 및 기타 정보 재생 시스템을 이용하여 사용하는 자

※ 파본은 구입하신 서점에서 교환해 드립니다.